红土镍矿冶炼技术及应用

周建男　周天时　编著

化学工业出版社
·北京·

内容简介

本书基于红土镍矿的冶金方法——火法、湿法冶炼工艺展开，对红土镍矿的镍冶炼技术进行了深入、全面的介绍，包括火法镍冶炼工艺与装备的知识和湿法冶炼的工艺技术；对红土镍矿的镍产品、中间品（如镍铁、镍锍、混合氢氧化镍钴 MHP、混合硫化镍钴 MSP 等）及奥氏体不锈钢、新能源电池正极材料前驱体等结合生产实例，进行了详细阐述。本书作者长期从事红土镍矿冶炼技术方面的研发与技术指导，书中内容结合作者多年来的实践经验，通过丰富的案例，全面介绍了目前国内外红土镍矿的冶炼生产工艺与产品现状，会为业内技术人员提供有益的借鉴。

本书可供镍冶炼相关领域技术人员，设计、研发人员以及不锈钢、新能源电池前驱体等镍冶炼相关产业的技术人员阅读，也可供高等院校相关专业师生参考。

图书在版编目（CIP）数据

红土镍矿冶炼技术及应用/周建男，周天时编著．—北京：化学工业出版社，2024.9

ISBN 978-7-122-45661-8

Ⅰ.①红…　Ⅱ.①周…②周…　Ⅲ.①镍铁-铁合金熔炼-研究　Ⅳ.①TF644

中国国家版本馆 CIP 数据核字（2024）第 097609 号

责任编辑：刘丽宏　　　　文字编辑：林　丹　赵　越
责任校对：边　涛　　　　装帧设计：王晓宇

出版发行：化学工业出版社
（北京市东城区青年湖南街 13 号　邮政编码 100011）
印　　装：北京天宇星印刷厂
787mm×1092mm　1/16　印张 21½　字数 551 千字
2024 年 11 月北京第 1 版第 1 次印刷

购书咨询：010-64518888　　　售后服务：010-64518899
网　　址：http：//www.cip.com.cn
凡购买本书，如有缺损质量问题，本社销售中心负责调换。

定　　价：168.00 元

前言

随着红土镍矿资源量的不断发现及其冶炼技术的不断发展，以及全球对镍需求的不断增长，特别是奥氏体不锈钢、新能源电池对镍的巨大需求，使原生镍（金属镍、镍铁及其他镍中间产品）的产量不断攀升，其生产成本不断下降。利用红土镍矿经火法冶炼镍铁，进而冶炼奥氏体不锈钢，尤其以热镍铁水为母料直接经 AOD 精炼炉冶炼工艺的完美实现，使得不锈钢生产成本得到大幅度的降低，故这又进一步催长了社会对不锈钢的需求量，进而又增加了对红土镍矿的需求。中国镍消费约 75%用于不锈钢生产。

近年来，快速发展的新能源电池，尤其是二次三元锂离子电池，其正极材料使用大量的硫酸镍，该硫酸镍可利用红土镍矿经火法冶炼镍锍或经湿法冶炼混合氢氧化镍钴、硫化镍钴等镍中间产品作原料获得。中国镍消费约 15%左右用于电池制造。

本书涵盖了从红土镍矿的起源到镍的火法、湿法全部提取方法原理及工艺过程，并列举了典型的 5 个矿山和 29 个冶炼厂。全书共分 6 章，第 1 章概述，讲述了镍的发现、发展、性质、用途，概述了镍矿资源，镍冶金技术以及利用红土镍矿冶炼奥氏体不锈钢、制备锂离子电池正极材料前驱体；第 2 章红土镍矿，讲述了红土镍矿石分类、矿床分类、成矿地质特征、矿床形成过程与各种矿物特征，列举了“菲律宾棉兰老岛 TUBAY 地区红土镍矿床”等 5 个典型矿床；第 3 章红土镍矿的火法冶金，讲述了镍铁的冶炼、镍锍的冶炼、奥氏体不锈钢的冶炼；第 4 章红土镍矿的湿法冶金，讲述了红土镍矿湿法冶金工艺、原理与产品工艺，红土镍矿制备锂离子电池正极材料前驱体；第 5 章红土镍矿的火法与湿法联合冶金，讲述了高镍锍的湿法精炼，高镍铁的湿法提取，红土镍矿还原焙烧-氨浸，红土镍矿还原焙烧-盐酸浸出-熔炼镍铁；第 6 章红土镍矿冶炼工厂及生产实例，列举了“多尼安博冶炼厂”等 29 个典型冶炼厂。

在本书著述过程中借鉴了 15 年来我们与国内外设计院、科学院、红土镍矿矿山、镍冶炼厂、不锈钢厂和三元正极材料前驱体制造厂等的访问、调研、往来技术交流资料，在此，谨向帮助过我们的各位学者、老师、作者、同仁致以深深的谢意。希望能列出所有提供帮助的单位及人员名字予以致谢，显然这是不切实际的。但还是要感谢中国中钢集团有限公司（黄天文、刘安栋、宫敬升、康忠先生）、冶金工业规划研究院（李新创、范铁军、肖邦国、姜晓东、刘晓民先生及鹿宁女士）、乌克兰钛科设计研究院（АЛександров 先生）、乌克兰国家冶金学院（виличкр、萨道夫•尼克先生）、乌克兰帕布什镍厂（Nikita Novikov 先生）、中国恩菲工程技术有限公司（刘诚、卢笠渔、李曰荣、付建国、陈学刚先生）、中国瑞林工程技术有限公司（吴润华、徐赤农、刘雪珂，唐尊球、叶逢春、王玮先生）、加拿大赫氏公司（HATCH）（王友、戴刘韵、邓华、黄卫华先生及庄燕女士）、芬兰奥图泰公司（Outotec）（Olli Jarinen、周立先生）、韩国浦项集团（Posco）新事业发展部（李英龙、全戴佑先生）、中国科学院过程工程研究所（曲景奎先生及魏广叶女士）、北京矿冶研究总院有限公司（孙留根先生）、中冶东方工程技术有限公司（徐启文、于港、王世喜、王小功、王艳彪、王荣先生）、东北大学（薛向欣先生）、广东佳纳能源科技有限公司（文定强、张晨先生）、山西达康科工贸集团有限公司（王小峰先生）、罕王实业集团有限公司（杨敏女士）、青岛陆洋兴达国际贸易有限公司（李保坡先生），以及印尼能矿部研究与发展中心、印尼安塔姆公司、印尼青山工业园、印尼德龙工业园、印尼罕王-富域产业园、PT HANKING MAKMUR NICKELSEMLT。

谨以此书，向我们的母校——东北大学建校100周年（1923—2023）献礼。

限于作者水平及镍冶金工艺技术的快速发展，书中难免有不足之处，殷切希望读者批评指导。

周建男　周天时

目录

第 1 章 镍及冶炼技术概述

世界上开采的镍矿有硫化镍矿和红土镍矿（氧化镍矿）两类，这两类矿是含镍的碱性基岩经两种不同的自然冶金过程将镍富集而得。

硫化镍矿的形成可以设想成是一种自然火法冶金过程。在这个过程中，镍被选择性地从岩石中分离出来，富集为硫化镍矿。从镍、铜熔炼的角度看，由于元素亲氧及亲硫性的差异，在熔融的岩浆中，当有硫元素存在时，铁、镍、铜和硫组成的熔体，即锍，与炉渣（硅酸盐熔体）不相溶，并以液滴的形式从矿渣中分离出来，这些液滴比炉渣重，沉到炉底。实际上，硫是熔体中铁、镍、铜和其他金属的收集剂。

红土镍矿的淋滤过程也可以看作是一个自然界湿法冶金过程。含镍基岩在自然界形成的酸溶液中，所含镍、镁、钴、铁等金属被浸出，浸出液带着这些金属向地下流动、迁移，再沉积到更深的地方，经数十万年至数百万年以上产生一个含镍量异常高的区域，使得镍等金属被富集，形成红土镍矿。

两种不同的富集过程产生两种类型的镍矿，导致两种矿的性质不同，冶金工艺技术不同。

红土镍矿是镍的早期主要来源。到了 19 世纪末，由于法属新喀里多尼亚丰富的红土镍矿床，使其成为金属镍的主要产地。唯一的硫化镍矿冶炼企业是挪威的一家小型企业。后来，随着加拿大安大略省硫化镍矿床的发现和开发，镍冶金关注的重点从红土镍矿转移到硫化镍矿的处理。几十年后，随着对镍的需求不断增加及冶金工作者变得更加博学和多才多艺，他们重新开始对红土镍矿提取冶金产生了兴趣。不断地改进和创造了红土镍矿提取工艺，按历史的发展顺序：鼓风炉镍锍、镍铁熔炼，矿热炉镍铁、镍锍熔炼，回转窑镍铁熔炼，氨溶液浸出，硫酸高压浸出。

总之，因红土镍矿较硫化镍矿品位低、不能用传统的物理方法选矿、熔点高等特点，冶金难度比硫化镍矿更大。因此在过去的百年间，红土镍矿被应用得较少。直到近二十年来，随着硫化镍矿的减少，不锈钢、三元锂电池对镍的需求量巨幅增高，以及红土镍矿冶金技术的不断进步，基于红土镍矿的冶金生产得到高速发展，特别是在中国、印度尼西亚发展更为迅猛。

据有关报告，目前世界上镍储量的 72%为红土镍矿，原生镍年产量 50%以上源自红土镍矿。

1.1 镍的性质及主要用途

1.1.1 镍的性质

镍是一种化学元素。化学符号 Ni，原子序数 28，原子量 58.69，位于元素周期表第 4 周期第Ⅷ B 族中，是铁系元素组的最后一个元素，同时又与铜毗邻。由于其在元素周期表中的位置决定了镍及其化合物的一系列物理化学性质。一方面镍的许多物理性质与钴、铁相似；另一方面在亲氧和亲硫方面又接近于铜。

镍是银白色金属，熔点 (1453±1)℃，沸点 2732℃，密度 8.90g/cm^3，液体密度 7.9g/cm^3，有铁磁性和延展性，能导电和导热。

常温下，镍在潮湿空气中表面形成致密的氧化膜，不但能阻止继续被氧化，而且能耐碱、盐溶液的腐蚀。块状镍不会燃烧，细镍丝可燃，特制的细小多孔镍粒在空气中会自燃。加热时，镍与氧、硫、氯、溴发生剧烈反应。细粉末状的金属镍在加热时可吸收相当量的氢气。镍能缓慢地溶于稀盐酸、稀硫酸、稀硝酸，但在发烟硝酸中表面钝化。

镍的主要化合物有 4 类，即镍的氧化物、硫化物、砷化物和羰基镍。镍的氧化物有 3 种：NiO、Ni_3O_4 和 Ni_2O_3；镍的硫化物有 4 种：NiS_2、Ni_6S_5、Ni_3S_2 和 NiS；镍的砷化物有 2 种：NiAs 和 Ni_3As_2；羰基镍：Ni 与 CO 生成的 $Ni(CO)_4$。

1.1.2 镍的主要用途

由于镍具有良好的机械强度和延展性，难熔耐高温，并具有很高的化学稳定性、在空气中不氧化等特征，因此是一种十分重要的有色金属原料，被用来制造不锈钢、高镍合金和合金结构钢，广泛用于飞机、雷达、导弹、坦克、舰艇、宇宙飞船、原子反应堆等的制造中。镍还可作陶瓷颜料和防腐镀层。镍钴合金是一种永磁材料，广泛用于电子遥控、原子能工业和超声工艺等领域，在化学工业中，镍常用作氢化催化剂。近年来，在彩色电视机、磁带录音机和其他通信器材等方面镍的用量也正在迅速增加。总之，由于镍具有优良性能，已成为发展现代航空工业、国防工业和建立人类高水平物质文化生活的重要战略元素。

1.2 红土镍矿资源

镍矿床主要分为两大类：岩浆型硫化镍矿和风化型红土镍矿氧化（镍矿）。

硫化镍矿主要以镍黄铁矿 [$(Fe,Ni)_9S_8$]、紫硫镍铁矿（Ni_2FeS_4）、针镍矿（NiS）等游离硫化镍形态存在，有相当一部分镍以类质同象赋存于磁黄铁矿中。Ni^{2+} 具强烈亲硫性。在岩浆结晶早期，在镍含量一定的前提下，镍在岩石中的富集程度取决于硫的逸度。当有足够的硫时，镍与硫及似硫物（砷、锑）形成含镍硫化物，在硅酸矿物结晶前分离出来，形成镍的硫（或砷）化物（如针镍矿、磁黄铁矿、镍黄铁矿、红砷镍矿、砷镍矿、镍华）。也即含镍的铁高、镁高、硅低的辉长岩类以岩浆形式并入地表，与紧密伴生的硫化物一起，冷凝形成硫化镍矿床。硫化镍矿床普遍含铜，常称含铜硫化镍矿床。除铜外，一般常伴生有铁、铬、钴、锰、铂族金属、金、银及硒和碲等元素。硫化镍矿床的矿石按硫化率，即呈硫化物状态的镍（S_{Ni}）与全镍（T_{Ni}）之比将矿石分为：原生矿石 $S_{Ni}/T_{Ni}>70\%$；混合矿石 $S_{Ni}/$

T_{Ni} 为 45%～70%；氧化矿石 S_{Ni}/T_{Ni}＜45%。硫化镍矿石按镍含量可分为下列三个品级：特富矿石 Ni≥3%；富矿石 1%≤Ni＜3%；贫矿石 0.3%≤Ni＜1%。富矿石及贫矿石需经选矿，特富矿石可直接入炉冶炼。

红土（型）镍矿（Nickel Laterites）是指热带或亚热带气候条件下，超基性岩遭受强烈化学风化作用，镍从含镍的硅酸盐矿物中分解出来，随地表水往下渗透，并在风化壳中新生成富含镍的次生矿物，使原来呈分散状态的镍得到富集，从而形成可供工业利用的风化壳型镍矿床。红土镍矿主要可分为两大类：硅酸盐类（最常用的存在形式是硅镁镍矿）和含镍褐铁矿。氧化镍矿石按氧化镁含量分为：铁质矿石 MgO＜10%；铁镁质矿石 MgO 为 10%～20%；镁质矿石 MgO＞20%。

世界镍资源主要有来源于硫化物型矿和红土型矿。其中前者主要分布在加拿大、俄罗斯、澳大利亚、中国和南非等国；后者主要分布在赤道附近的古巴、印度尼西亚、菲律宾、巴西、哥伦比亚等国。

1.3 镍的冶炼技术

金属，通常是指具有金属光泽，可塑性、导电性及导热性良好的化学元素。在元素周期表中，金属元素有 80 多个。现代工业习惯把金属分为黑色金属和有色金属两大类：铁、铬和锰三种金属属于黑色金属，其余的所有金属都属于有色金属。有色金属一般分为 4 类：重金属，如铜、铅、锌、镍等；轻金属，如铝、镁等；贵金属，如金、银、铂等；稀有金属，如钨、钛、钼、钽、铌、铀、钍、铍、铟、锗和稀土金属等。稀有金属除稀土金属外，还可分为稀有轻金属、稀有高熔点金属、稀有分散金属和半金属等。重金属是指密度在 4.5g/cm^3 以上的有色金属，其中包括铜、镍、铅、锌、钴、锡、锑、汞、镉、铋等。轻金属包括铝、镁、钠、钾、钙、锶、钡等。轻金属的共同特点是相对密度小（0.53～4.5），化学活性大，与氧、硫、碳和卤族元素的化合物都相当稳定。

因此，冶金工业通常分为钢铁冶金工业和有色冶金工业。钢铁冶金工业是指黑色金属的生产，包括铁、钢和铁合金（如铬铁、锰铁）；有色冶金工业是指有色金属的生产。

自然界中的金属矿石大多以氧化物、硫化物和卤化物等形式存在。冶金是一门研究如何经济地从矿石或其他原料中提取金属或金属化合物，并用各种加工方法制成具有一定性能的金属材料的科学。冶金方法可归纳为三种方法：火法冶金、湿法冶金和电冶金。

（1）火法冶金　它是指在高温下矿石经熔炼与精炼反应及熔化作业，使其中的金属和杂质分开，获得较纯金属的过程。整个过程可分为原料准备（如选矿、干燥、焙烧、煅烧、烧结、球团等）、冶炼和精炼三个工序。

① 选矿　根据矿石中不同矿物的物理、化学性质，把矿石破碎磨细以后，采用重选法、浮选法、磁选法、电选法等，将有用矿物与脉石矿物分开，并使各种共生（伴生）的有用矿物尽可能相互分离，除去或降低有害杂质，以获得冶炼或其他工业所需原料的过程。选矿能够使矿物中的有用组分富集，降低冶炼或其他加工过程中燃料、运输的消耗，使低品位的矿石能得到经济利用。

② 干燥　除去原料中的水分。干燥温度一般为 400～600℃。

③ 焙烧　将矿石或精矿置于适当的气氛下，加热至低于它们的熔点温度，发生氧化、还原或其他化学变化的冶金过程。其目的是为改变原料中提取对象的化学组分，满足熔炼的要求。焙烧的产物称为焙砂。按焙烧过程控制气氛的不同，可分为氧化焙烧、还原

焙烧、硫酸化焙烧、氯化焙烧等。例如，硫化镍矿在氧化焙烧中可以去掉矿石中的硫。红土镍矿（氧化镍矿）在还原焙烧中可以预还原出金属镍、部分金属铁和低价氧化铁。弱磁性的赤铁矿（Fe_2O_3）通过还原磁化焙烧使其转变为具有强磁性的磁铁矿（Fe_3O_4），以便磁选。

④ 煅烧（焙解） 将碳酸盐或氢氧化物的矿物原料在空气中加热分解，除去二氧化碳或水分变成氧化物的过程。如石灰石煅烧成石灰。

⑤ 烧结和球团 将粉矿加热焙烧，固结成多孔块状或球状的物料，是粉矿造块的主要方法。

⑥ 熔炼（冶炼） 将处理好的矿石或其他原料，在高温下通过氧化还原反应，使矿石中金属和杂质分离为两个液相层，即金属液和熔渣的过程。按熔炼条件可分为还原熔炼、造锍熔炼、吹氧熔炼等。

⑦ 精炼 进一步处理熔炼所得含有少量杂质的粗金属，以提高其纯度。如熔炼铁矿石得到生铁，再经氧化精炼成钢。

火法冶金过程所需能源，主要依靠燃料燃烧供给，也有依靠过程中的化学反应热来提供的。

（2）湿法冶金（水法冶金） 它是在温度不高的条件下进行的，一般低于100℃，即使是在现代湿法冶金中的高温高压过程，温度也不过200～300℃。湿法冶金是金属矿物原料在酸性介质或碱性介质的水溶液进行化学处理或有机溶剂萃取、分离杂质、提取金属及其化合物的过程。整个过程包括浸出、分离、富集和提取等工序。

① 浸出 浸出的实质是将原料中有用成分转入溶液，即用适当的溶剂处理矿石或精矿，使要提取的金属成为某种离子（阳离子或络阴离子）形态进入溶液，而脉石及其他杂质则不溶解，这样的过程叫浸出。浸出后经澄清和过滤，得到含金属（离子）的浸出液和由脉石矿物组成的不溶残渣（浸出渣）。对某些难浸出的矿石或精矿，在浸出前常常需要进行预备处理，使被提取的金属转变为易于浸出的某种化合物或盐类。例如，转变为可溶性的硫酸盐而进行的硫酸化焙烧等，都是常用的预备处理方法。

② 分离 浸取溶液与残渣分离，同时将夹带于残渣中的冶金溶剂和金属离子洗涤回收。

③ 富集 浸取溶液的净化和富集，常采用离子交换和溶剂萃取技术或其他化学沉淀方法。

④ 提取 从净化液提取金属或化合物。

（3）电冶金 利用电能提取和精炼金属的方法。按电能形式可分为两类。

① 电热冶金 利用电能转变成热能，在高温下提炼金属，同火法冶金。

② 电化学冶金 用电化学反应使金属从含金属的盐类的水溶液或熔体中析出。前者称为溶液电解，如铜的电解精炼，可归入湿法冶金；后者称为熔盐电解，如电解铝。

从矿石或精矿中提取金属的生产工艺流程，常常是既有火法过程又有湿法过程，即使是以火法为主的工艺流程，如硫化镍精矿的火法冶炼，最后还须要有湿法的电解精炼过程；而在湿法炼锌中，硫化锌精矿还需要用高温氧化焙烧对原料进行炼前处理。

由于镍矿石之红土镍矿无法利用传统的方法选矿，即使硫化镍矿可以选矿，但精矿品位也较低，因此镍矿具有入炉矿品位低、成分复杂、伴生脉石多、难熔等特点，导致镍的冶炼技术、生产方法比较复杂。此外，由于产品销售形态、能源、交通运输和经济发展差异原因也导致镍的冶炼方法多样化。

根据矿石的种类、品位和用户要求的不同，可生产多种不同形态的产品，如纯镍类包括电解镍、镍丸、镍块、镍锭和镍粉等；非纯镍类包括烧结氧化镍、镍铁等。镍的生产方法如图 1-1 所示，采取哪种方法提取镍，在很大程度上取决于所用的原料以及要求的产品。

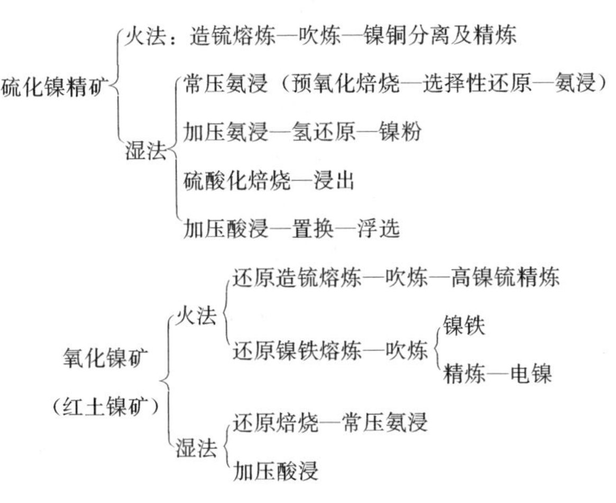

图 1-1　镍的主要生产方法

在这些镍冶炼工艺技术中，火法造锍熔炼是历来最主要的生产工艺。近年来随着硫化镍矿的减少、不锈钢的快速发展，利用红土镍矿火法冶炼镍铁又成为新一代的重要生产工艺。又因新能源电池的快速发展，特别是利用红土镍矿高压酸浸工艺技术的日趋完善和成熟，利用红土镍矿湿法冶炼镍中间产品也在快速成为又一个重要的生产工艺。

1.3.1　火法冶炼

镍的火法冶炼原理根据使用镍矿的不同、产品的不同而异。硫化镍矿造锍熔炼是利用铜、镍、钴对硫的亲和力近似于铁，而对氧的亲和力远小于铁的性质，在氧化程度不同的造锍熔炼过程中，分阶段使铁的硫化物不断氧化成氧化物，随后与脉石造渣而除去。主金属经过这些工序进入锍相得到富集，品位逐渐提高。硫化镍矿造锍熔炼过程中是一个氧化过程。

红土镍矿冶炼镍铁是利用镍（钴）对氧的亲和力远小于铁等元素的性质，利用还原剂进行有选择性的还原冶炼。镍、铁等元素被还原进入金属熔体相，脉石、熔剂和未被完全还原的铁氧化物等进入渣相。镍铁冶炼是一个还原过程。

红土镍矿也可在有硫化剂存在的条件下进行造锍熔炼，将镍富集于镍锍中，其目的是在后续的吹炼中能更好地“除铁保镍”。红土镍矿造锍，即将矿石中的镍、钴和部分铁还原出来使之硫化，形成金属硫化物的共熔体-锍与炉渣分离。红土镍矿造锍熔炼是还原硫化过程。红土镍矿与硫化镍矿的两种造锍熔炼，因其硫的来源不同有着本质的不同。

1.3.1.1　硫化镍矿的火法冶炼

硫化镍矿的火法冶炼主要包括造锍熔炼（如电炉熔炼）、低镍锍的吹炼（如转炉吹炼）、高镍锍的分离（如缓冷-磨浮）以及电解精炼等过程（图 1-2）。造锍熔炼的工艺和设备类似于铜熔炼，但不同之处是，吹炼（普通转炉以空气吹炼）不能得到粗镍金属而只能得到高镍锍。但据报道：加拿大铜崖镍精炼厂在氧气顶吹转炉的条件下，开创了高温吹炼高锍得金属镍的先例。

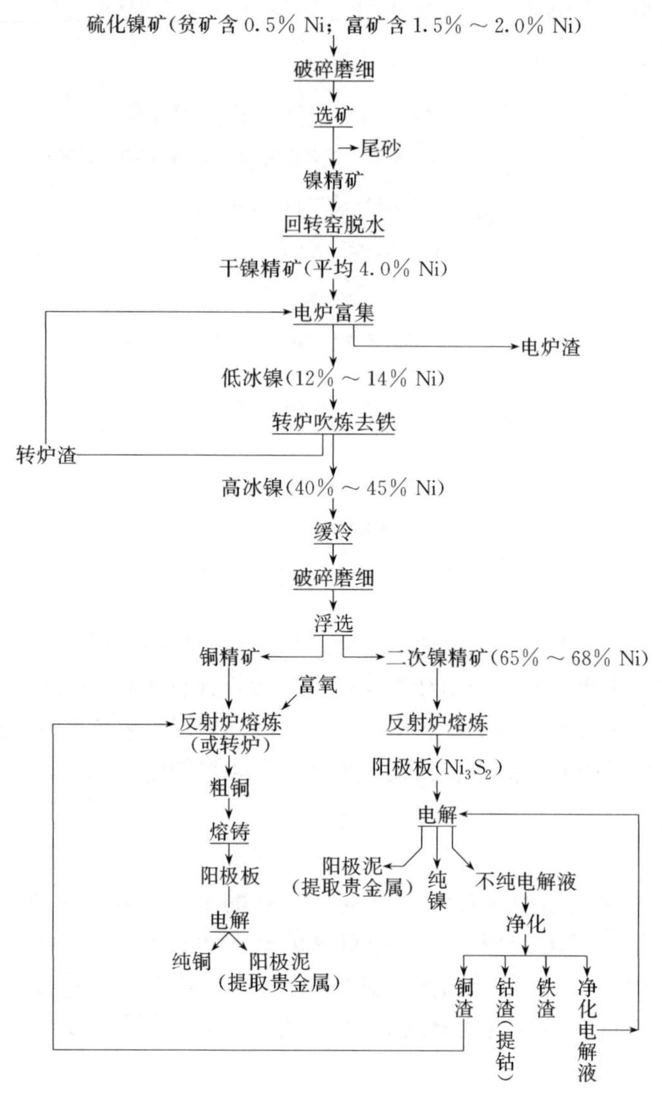

图 1-2　硫化镍矿的火法冶炼流程图

（1）造锍熔炼　造锍熔炼是铜、镍、钴火法冶金流程的一个重要工序，以制得一种称为锍的主金属硫化物和铁的硫化物共熔体而得名。从选矿厂送来的硫化镍精矿主要成分为镍、铜、钴、铁的硫化物和 SiO_2、MgO、CaO、Al_2O_3 等，此外还有金、银、铂、钯和其他钯族金属，这种硫化精矿一般含镍和铜 5%～15%。由于硫化精矿的主金属含量还不够高，除脉石外，伴生有大量铁的硫化物，其量超过主金属，用火法由精矿直接炼出粗金属，在技术上仍存在一定困难，因此需要造锍熔炼，分离除去铁的硫化物和 SiO_2、MgO、CaO、Al_2O_3 等杂质，使镍、铜、钴等和贵金属得到富集。硫化镍精矿的造锍与硫化铜精矿一样属于氧化熔炼。

红土镍矿也可在有硫化剂存在的条件下进行造锍熔炼，将镍富集于镍锍中。但是需要配入硫化剂，先制团或烧结成块，然后加入鼓风炉中熔炼，焦炭配入率达 20%～30%，属于还原性，所以又称为还原硫化熔炼。

① 造锍熔炼的基本原理　硫化镍精矿的火法冶金过程实质上，铁和硫是通过熔炼过程选择性氧化和造渣除去的。铜、镍对硫的亲和力与铁相近，但铁对氧的亲和力大于铜和镍，更易氧化为 FeO，如果没有足够的 SiO_2 熔剂与其造渣，FeO 将继续氧化成 Fe_3O_4，但 Fe_3O_4 在高温下易被 C 还原为 FeO。在相对低的温度（1200～1300℃）下，使 Cu_2S 氧化可得到金属铜，同样的过程对于镍则需要 1600℃以上的高温。对炼镍而言，造锍熔炼和吹炼的产物是一种低铁（0.5%～3%）、含硫（10%～22%）的转炉镍锍而不是粗镍。

② 造锍熔炼过程的主要物理化学反应　进行造锍熔炼时，炉料有铜镍硫化矿和熔剂等，如镍黄铁矿 $(Ni,Fe)_9S_8$、含镍磁黄铁 $(Ni,Fe)_7S_8$、辉铁镍矿 $3NiS \cdot FeS_2$ 以及与硫化镍矿伴生的磁黄铁矿 Fe_7S_8、黄铜矿 $CuFeS_2$、黄铁矿 FeS_2 以及 Fe_2O_3、SiO_2、MgO、CaO、Al_2O_3 等脉石氧化物。这些物料经过在尚未与氧充分接触时高价硫化物分解［如辉铁镍矿 $3NiS \cdot FeS_2 = Ni_3S_2 + 3FeS + 1/2S_2$（气）］、硫化物的氧化（如 $Ni_3S_2 + 7/2O_2 = 3NiO + 2SO_2$）和造渣反应（如氧化反应生成的 FeO 在 SiO_2 存在的条件下形成炉渣，$2FeO + SiO_2 = 2FeO \cdot SiO_2$），最终形成互不相容的镍锍或铜镍锍和炉渣。

③ 造锍熔炼工艺技术　造锍熔炼可在反射炉、鼓风炉、电炉、闪速炉中实现。其中反射炉、鼓风炉、电炉熔炼统称为传统熔炼方法，而闪速炉熔炼是新的熔炼方法。下面对电炉熔炼、闪速炉熔炼做一介绍。

a. 电炉熔炼　电炉（矿热炉）是一种用电加热的膛式炉，有一个高温熔池。精矿或焙砂从炉顶加入炉内熔化成液体镍锍和液体熔渣。电极从炉顶插入渣层内，熔炼所需的热量是由通过电极之间的渣层的电流转化而成的。电流通过的路线有两种：一种由电极通过炉渣流向镍锍；一种由一根电极通过炉渣流向另一根电极。这两种负荷的比例取决于电极插入的深度。有效放热区占整个熔池的 30%～40%。炉内不产生热量的部位，由于熔池内部的热交换作用（主要是炉渣的对流运动），也可获得热量。镍锍和炉渣从炉子的铁口、渣口间歇地放出，烟气从炉顶的一端排出。

电炉炉料必须是干精矿或焙砂，不能装湿精矿，因为湿精矿所含的水分在炉内蒸发会引起炉料喷出。

电炉熔炼的优点是热源来自于电，可以有效地控制熔池温度，可以使炉渣过热，所以对炉料的适应性强，适合熔炼含氧化镁高的难熔精矿，同时，由于炉渣可以过热，导致炉渣和镍锍分离得比较好，金属回收率比较高；由于电炉不需要燃料燃烧获得热量，因而烟气量少。不足是耗电量比较高；脱硫量比较低。

在电炉里，当物料加热到 1000℃时，复杂硫化物、硫酸盐、碳酸盐和氢氧化物产生热分解反应：

$$Fe_7S_8 = 7FeS + \frac{1}{2}S_2$$

$$2CuFeS_2 = Cu_2S + 2FeS + \frac{1}{2}S_2$$

$$3(Fe,Ni)S_2 = Ni_3S_2 + 3FeS + \frac{1}{2}S_2$$

$$MeSO_4 = MeO + SO_3$$

$$MeCO_3 = MeO + CO_2$$

$$Me(OH)_2 = MeO + H_2O$$

当物料加热到1000℃以上时，物料中各种化合物之间开始产生交换反应：

$$Cu_2O + FeS = Cu_2S + FeO$$

$$3NiO + 3FeS = Ni_3S_2 + 3FeO + \frac{1}{2}S$$

$$CoO + FeS = CoS + FeO$$

$$2Cu_2O + Cu_2S = 6Cu + SO_2$$

$$2Cu + FeS = Cu_2S + Fe$$

$$CuO \cdot Fe_2O_3 + (Cu_2S + FeS) = 3Cu + Fe_3O_4 + S_2$$

上述反应生成的各种硫化物互相溶解生成电炉熔炼的主要产物——低镍锍。在低镍锍中还溶解有贵金属和一部分磁性氧化铁。

氧化铁和其他碱性氧化物（CaO、MgO）与 SiO_2 反应生成各种硅酸盐 $m MeO \cdot n SiO_2$，成为电炉炉渣。

造渣反应

$$10Fe_2O_3 + FeS = 7Fe_3O_4 + SO_2$$

$$3Fe_3O_4 + FeS + 5SiO_2 = 5(FeO)_2 \cdot SiO_2 + SO_2$$

$$2FeO + SiO_2 = (FeO)_2 \cdot SiO_2$$

$$CaO + SiO_2 = CaO \cdot SiO_2$$

$$MgO + SiO_2 = MgO \cdot SiO_2$$

$(FeO)_2 \cdot SiO_2$、$CaO \cdot SiO_2$、$MgO \cdot SiO_2$ 以及 Fe_3O_4 互相溶解成为炉渣。

当电炉炉料中加入还原剂时，大量的金属铁被还原，生成以铁为主的金属合金，金属合金溶解在低镍锍中形成金属化低镍锍。当金属化低镍锍与渣中铜、镍、钴的氧化物相遇时，渣中铜、镍、钴被铁还原，还原后的金属溶解在低镍锍中，再与 FeS 转变成硫化物，故使渣中的有价金属量可以进一步降低，从而提高了金属回收率。

b. 闪速炉熔炼　闪速炉熔炼法最初用于熔炼铜精矿，是由芬兰奥托昆普公司哈贾法尔塔冶炼公司于1959年应用于熔炼硫化镍精矿的。

硫化镍精矿的造锍熔炼一般分为三个过程：焙烧、熔炼、吹炼。焙烧和吹炼过程实质上都是硫化铁的氧化过程，它是一种放热反应，产生大量的热能，除供给过程本身消耗的热能外，往往还有过剩热；而熔炼过程则往往是一个消耗大量热能的过程。闪速熔炼则是将硫化物的焙烧、熔炼和部分吹炼合在一个冶金炉内完成，利用焙烧和吹炼时硫化物氧化产生的热供给熔炼所需要的大部分热能，不足的热量可靠补充部分燃料供给。可见，闪速熔炼的能耗低。

闪速炉熔炼是将磨细的粉状干精矿与预热空气（或富氧空气）一起吹入一个高温炉膛内成为一种均匀的悬浮体。精矿颗粒被其周围的氧化性气体迅速氧化并加热熔化，这个过程在0.3s内完成。因此闪速熔炼是一个强化的冶金过程，生产能力大。

奥托昆普的闪速熔炼生产过程：其闪速炉由反应塔（相当一个竖炉）、沉淀池和上升烟道三部分组成，如图1-3所示。经充分干燥的粉状炉料（含水<0.3%）和预热空气（或富

氧空气）按一定的比例加到精矿喷嘴中，混合后喷入炉内。炉料从精矿喷嘴进入反应塔后，呈悬浮体向下运动，迅速被加热燃烧，发生剧烈氧化反应，颗粒温度上升到熔融温度。熔融颗粒和反应气体进入水平的沉淀池得到分离。炉气通过沉淀池上空进入上升烟道排除炉外，经冷却、收尘后送入硫酸厂制酸。熔融产物在沉淀池与气体分离后落到熔池内，完成造锍和造渣反应并进行分离。生成的镍锍液滴通过炉渣层沉降而形成镍锍层。镍锍品位可以通过调节空气和精矿比例来控制。镍锍从沉淀池放出送往转炉吹炼。炉渣一般采用电炉贫化处理。

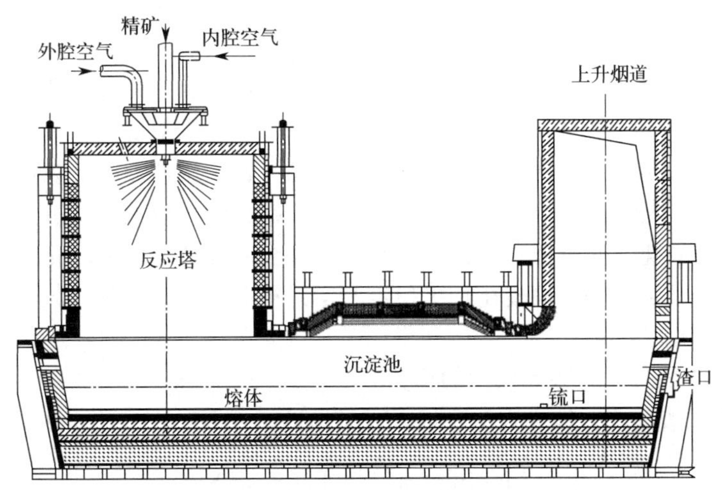

图 1-3　闪速炉示意

闪速熔炼反应过程分为两段进行：第一段为精矿-空气悬浮体的氧化熔化过程。氧化首先生成硫酸盐，温度升高时硫酸盐再分解为氧化物。反应产物为悬浮熔融硫化物相，以及由固体磁性氧化铁、浮氏体和炉渣氧化物构成的一种悬浮氧化物相；第二段为沉淀池的镍锍和炉渣生成过程。当大部分反应悬浮体落到熔体表面时，镍锍和炉渣开始互相分离。悬浮体中的硫化物通过熔体与沉淀池底部已有的镍锍相汇合。在反应塔产物中硫化物过渡到镍锍相，硫化铁量大大下降，这部分硫化铁主要用于把氧化时产生的三价铁还原成二价铁，并且使镍、钴、铜的氧化物还原或硫化，最后在镍锍层表面上产生有价金属和三价铁含量低的炉渣。

闪速熔炼的化学反应和产物基本和传统熔炼流程是相同的。但是闪速熔炼有它特殊的机理，使产出的镍锍一般比电炉熔炼产出的镍锍所含镍和铜要高，而含硫低。

（2）低镍锍的吹炼　通过造锍熔炼获得低镍锍，其主要由 Ni_3S_2、Cu_2S 和 FeS 组成，此外还有少量的 CoS 和一些游离贵金属及合金。低镍锍的密度取决于其成分，FeS 密度为 $4.6g/cm^3$，Ni_3S_2 密度为 $5.3g/cm^3$，Cu_2S 密度为 $5.7g/cm^3$。低镍锍越贫，其密度越小，一般密度为 $4.6\sim5g/cm^3$。低镍锍与炉渣的密度差越大，分离越完全。由于精矿的化学成分及熔炼方式（反射炉、鼓风炉、电炉、闪速炉和各种熔池熔炼炉）、操作条件的不同，低镍锍的化学成分多数波动在以下范围：Ni 10%～25%、Cu 4%～12%、Fe 45%～50%、S 24%～28%。因其成分不能满足精炼工序的处理要求，故必须对低镍锍进一步处理，处理过程通常在卧式转炉中进行。卧式转炉具有较低的液面静压力，因此鼓风压力低，一般为 50～120kPa，对鼓风机的选择及能耗均有利。通过转炉侧面的一排风口向转炉送风。卧式转炉的直径一般为2～4m、长度3～10m。风口数量因炉子的大小而异，通常15～48个，风口直径通常40～60mm。

在转炉吹炼的条件下（鼓入空气、加入适量熔剂——石英），熔融低镍锍与吹入空气中的氧反应，可除去大部分铁和一部分硫，产出高镍锍和转炉渣，由于它们各自的密度不同而进行分层，密度小的转炉渣浮于上层被排出，高镍锍中的 Ni、Cu 大部分仍然以金属硫化物状态存在，少部分以合金状态存在，低镍锍中的贵金属和部分钴也进入高镍锍中。转炉吹炼是一个自热过程，通过铁、硫及其他杂质的氧化放热和造渣反应放热来提供所需的全部热量。高镍锍的成分一般为 Ni 40%～45%、Cu 20%～30%、Fe 2%～4%、S 18%～24%、Co 0.5%～0.8%。

① 低镍锍的吹炼原理　其实质是金属硫化物的氧化反应。由于铁对氧的亲和力最大，依次为铁、钴、镍、铜，即铁最易被氧化。而铁、钴、镍、铜对硫的亲和力较对氧的亲和力正好相反，铜对硫的亲和力最大，依次为铜、镍、钴、铁，因此，在低镍锍吹炼过程中铁最易被氧化造渣除去，若继续吹氧接下来便是钴、镍、铜相继被依次氧化造渣。由于钴含量很少，又不能使镍被氧化，这样就必须控制在铁还没完全氧化造渣之前停止吹炼，以免镍被氧化造渣损失。由于铜硫化物比镍硫化物更稳定而不易被氧化，在转炉鼓风吹炼的条件下绝大部分 Cu_2S 被保留在镍高锍中。

② 在低镍锍吹炼过程中主要元素的行为

a. 铁的氧化造渣反应　鼓入空气、加入适量熔剂——石英（85%SiO_2）：

$$FeS+\frac{3}{2}O_2 = FeO+SO_2$$

$$FeO+SiO_2 = FeO\cdot SiO_2$$

b. 镍的富集　在吹炼后期，锍中含铁量降低一定程度时或在风口附近，Ni_3S_2 被氧化入渣，但由于吹炼工艺控制炉内熔体中有适量 FeS 存在，生成的氧化镍又被硫化，镍入渣量很少，仍以 Ni_3S_2 形态存在于镍高锍中：

$$Ni_3S_2+\frac{7}{2}O_2 = 3NiO+2SO_2\uparrow$$

$$3NiO+FeS = Ni_3S_2+3FeO+\frac{1}{2}S_2$$

c. 铜的富集　在吹炼过程中，虽然铜不易被氧化，但也有少部分的 Cu_2S 被氧化为 Cu_2O，Cu_2O 进而与未氧化的 Cu_2S 反应生成少量的金属 Cu，Cu 又还原镍锍中的 Ni_3S_2，得到金属 Ni 进入高镍锍：

$$Cu_2S+\frac{3}{2}O_2 = Cu_2O+SO_2$$

$$Cu_2S+2Cu_2O = 6Cu+SO_2$$

$$4Cu+Ni_3S_2 = 3Ni+2Cu_2S$$

d. 钴的富集与去除　在镍锍和渣中的分配主要取决于镍锍中铁的含量，若铁含量低，FeS 大量氧化造渣以后，则 CoS 开始氧化入渣。当镍锍含铁量在15%左右时，钴在镍锍中的含量最高，此时钴得到最大程度的富集。

e. 硫的去除　在低镍锍中，硫与金属结合以化合物的形态存在。在对低镍锍吹炼的过程中，在吹入的空气对金属氧化的同时，硫也被氧化生成二氧化硫气体随烟气排出。但高镍锍中的含硫量不应太低，因为这不仅会延长吹炼时间、增加有价金属在渣中的损失，同时使高镍锍中合金含量增加，给以后的高镍锍处理工序带来麻烦。

f. 金、银、铂族金属抗氧化性能较强　在吹炼过程中大部分入锍。

(3) 高镍锍的分离　转炉吹炼产出的高镍锍主要是镍和铜的硫化物，并含有少量的铁、钴和氧以及极少量的贵金属、硒、碲等元素，其中含铁量已降至1%～3%。因此，高镍锍的铜镍分离和精炼是硫化镍矿冶炼的生产关键。通常采用分层熔炼法和磨浮分离法处理高镍锍，前者现在已经不用了。

① 分层熔炼法的理论依据　将高镍锍和硫化钠混合熔化，在熔融状态下，硫化铜极易溶解于硫化钠中，而硫化镍不易溶解于硫化钠中。硫化镍和硫化铜的密度为5.7g/cm^3，而硫化钠的密度仅为1.9g/cm^3。当高镍锍和硫化钠混合熔化时，硫化铜大部分进入硫化钠相，因其密度小浮在顶层，而硫化镍因其密度大留在底层。当温度下降达到凝固温度时，二者分离得更彻底，凝固后的顶层和底层很容易分开。

② 磨浮分离法的理论依据　当熔融的高镍锍缓慢冷却时，其中的硫化镍和硫化铜生成粗颗粒的结晶体，二者以其化学成分进行离析。其结晶颗粒的大小，决定于凝固时的冷却速度。高镍锍由硫化镍、硫化铜和铜镍合金三种晶体组成，缓冷的高镍锍结晶颗粒较粗。当缓冷的高镍锍破碎并磨成矿浆在强碱性的介质中进行浮选时，大部分硫化铜被泡沫浮起，硫化镍则进入尾矿，分别产出两种精矿，而铜镍合金可以用磁选的方法分出，贵金属基本富集在铜镍合金中。

(4) 电解精炼　高镍锍通过磨浮分离后得到高镍精矿（硫化镍），一般含硫20%～25%，含镍65%～75%。但还需要进一步精炼，目的是得到电镍及其他镍产品，主要方法包括硫化镍阳极电解和粗镍电解精炼。

① 硫化镍阳极电解精炼　将高镍精矿熔铸成阳极进行电解。电解时，阳极上发生氧化反应，而阴极上得到电子发生还原反应析出金属镍，其主要反应为

阳极：　$Ni_3S_2 = 3Ni^{2+} + 2S^0 + 6e^-$

阴极：　$Ni^{2+} + 2e^- = Ni$

② 粗镍电解精炼　首先将高镍精矿焙烧得到氧化镍，然后再在电炉内用焦炭还原熔炼成粗镍阳极（或镍产品），再通过电解精炼得到金属镍。

$$Ni_3S_2 + \frac{7}{2}O_2 = 3NiO + 2SO_2$$

$$NiO + CO = Ni + CO_2$$

硫化镍阳极电解和粗镍电解精炼两种工艺的共同特点是溶液需要深度净化；采用隔膜电解；电解液为弱酸性。

电解产物：纯镍、阳极泥（提取贵金属）、电解液渣（提钴、提铜）。

1.3.1.2　红土镍矿的火法冶炼

火法冶炼处理红土镍矿有两类方法：一类是还原硫化熔炼产出含铁的镍锍；另一类是还原熔炼产出镍铁。前者一般在鼓风炉中进行，也可用电炉熔炼。后者主要在电炉中进行，也可以在鼓风炉、高炉和回转窑中进行。

红土镍矿一般含水较高，熔炼前需脱水干燥，有时还需要制团或烧结。主要的生产方法有高炉法、鼓风炉法、矿热炉法和回转窑粒铁法等。其中镍铁熔炼的高炉法、鼓风炉法基本与黑色冶炼生产炼铁法一样，矿热炉法既与黑色冶炼生产铁合金相近又与有色冶炼相似；造锍熔炼，鼓风炉法、矿热炉法是有色冶炼的方法。本书主要讲述的就是利用红土镍矿基于火

法的冶炼。

（1）鼓风炉法　鼓风炉法是最早用于红土镍矿炼镍的方法。鼓风炉主要用来还原硫化熔炼生产镍锍和还原熔炼生产镍铁。

① 生产镍锍　还原硫化造锍熔炼是指将矿石中的镍、钴和部分铁还原出来使之硫化，形成金属硫化物的共熔体与炉渣分离。红土镍矿的鼓风炉还原硫化造锍熔炼和镍硫化矿的造锍熔炼有本质的不同：后者，矿石中的矿物（如镍黄铁矿、黄铜矿和磁黄铁矿）本身即是硫的来源，而前者却需要另外配入含硫的物料（如黄铁矿、石膏等）。鼓风炉是竖炉的一种，通常使用石膏作硫化剂，当从鼓风炉上部加入的物料（由矿石、焦炭、石膏及石灰石组成）在炉中下降时，与上升的由风口鼓入炉内的空气和焦炭燃烧产生的热还原气体形成对流，从而实现炉料的预热、还原焙烧、熔化和造锍过程。鼓风炉产出的低镍锍用转炉吹炼成高镍锍，这种高镍锍与硫化矿冶炼产出的高镍锍略有不同，它不含铜或者含铜很少，可经焙烧直接产出氧化亚镍，再用电炉还原成金属。或还需要铸成阳极进行电解精炼。

② 生产镍铁　鼓风炉还原硫化熔炼红土镍矿的方法长期以来是最受欢迎的方法。其实，早在19世纪的一段时期内，新卡利多尼亚红土镍矿在鼓风炉中熔炼成镍铁。然而，当精炼粗镍铁产品的尝试未能生产纯度可接受的镍金属时，镍铁的操作就被放弃了。以后随着合金钢，特别是不锈钢产量的日益增长，为满足其对镍和铁的需要，促使将这种矿石炼成镍铁来直接使用，而不需要再进一步地将镍与铁分开，更不需要将镍铁硫化造锍。镍铁已成为商品镍的一种重要形式。

鼓风炉熔炼镍铁的流程简单，只是一个还原过程，而不需要加入硫化剂造锍，产出粗镍铁，再进一步精炼产出商品镍铁。

（2）高炉法　高炉也是一种竖炉，用高炉冶炼红土镍矿产出镍铁原理与其炼铁相同，只是有红土镍矿综合品位（含Ni＋Fe品位）低、烧结矿强度低、透气性不好、焦比高、渣量大、渣碱度低等不同点。如红土镍矿烧结矿强度较铁矿低，导致炉料空隙度（ε）、炉料空隙当量直径（$d_э$）减小，使得炉料对煤气的阻力（ΔP）增加，透气性不好。通过物料（矿石、石灰、燃料、还原剂配比混合）烧结成烧结矿，将烧结矿、焦炭、熔剂从炉顶按规定批次加入炉中，炉料不断在炉中下降，与上升的由风口鼓入炉内的热空气和焦炭燃烧产生的热还原气体形成对流，从而实现炉料的干燥、预热、脱水、间接还原、直接还原、熔化和渣-镍铁分离过程。

由于高炉法是剩碳操作，不能控制氧化铁的还原量，使铁几乎全部进入镍铁中，因此镍铁品位除与矿中的镍含量有关外，主要取决于矿的含铁量，所以高品位的镍铁对矿的成分要求是高镍、低铁。有工业价值的红土镍矿的镍含量为1%～3%，与其对应的铁含量是49%～10%，由于高品位镍铁要求矿镍高铁低，进而使得镍矿的综合品位较低，造成炉渣量大、烧结矿强度低，使得综合品位低的红土镍矿在大高炉上几乎不能顺行，必须使用中小高炉（$\leqslant 450m^3$）。这就是高炉生产镍铁的品位越高，反而使用的高炉容积越小的原因。

高炉容积的选择原则：在利用红土镍矿火法冶炼镍铁的鼓风炉法、高炉法、矿热炉法和直接还原粒铁法四种方法中，鼓风炉法、高炉法（小高炉）在含镍高的镍铁（Ni≥10%）生产工艺中逐渐被矿热炉法所取代，直接还原法还在发展完善中。由于含镍较低的镍铁（Ni 2%～8%）在不锈钢的冶炼中作为母料（而不是作为合金剂），加之适合于矿热炉工艺矿石的短缺和昂贵，因此利用低品位红土镍矿高炉法冶炼低品位镍铁的工艺得以保存，且有较大的发展空间。高炉和矿热炉生产镍铁的主要区别在于：前者使用焦炭作为还原剂、料架和热源，是富碳操作，不能对铁进行有选择性的还原（铁几乎被全部还原），同时，S、P等杂质加入合金较多；后者使用电作热源，用煤作还原剂，可采用缺碳操作，对铁进行有选择性的还原，同时，S、P等杂质加入合金较少。

镍铁品位取决于原矿的镍铁比、冶炼所采用的工艺以及镍的回收率。镍铁比高，则镍铁品位高；利用选择性还原工艺，则镍铁品位高；镍的回收率低，则镍铁品位高。

可见，在使用同样的原矿时，矿热炉工艺比高炉工艺镍铁品位高，但经济适合矿热炉的原矿资源少；由于红土镍矿金属品位低（含 Ni＋Fe 量低），烧结矿强度也低，同时渣量也较大，造成炉缸温度低，导致高炉不易顺行。所以，尽管使用中小高炉，则较低炉身高炉比高炉身高炉冶炼镍铁品位高，适合高炉冶炼原矿资源多且便宜。但高炉越小，燃料比会越高，操作成本会增高，镍铁成分波动大、铁水温度偏低、每炉铁水量少，使得与下步炼钢不易匹配。

选择高炉冶炼红土镍矿高炉容积的原则是：视红土矿金属品位和镍铁比确定镍铁品位，在满足冶炼工艺使用小高炉的前提下尽可能选大的。

在表 1-1 中，根据红土矿镍铁比、金属量及冶炼成相应的镍铁品位，给出了高炉容积选择意见，仅作参考。选择意见相对分为五级：最好、好、一般、不好、最不好。

表 1-1　高炉炉型选择建议

序号	炉型 镍铁/%	高炉 70～80m^3	高炉 150～180m^3	高炉 300～400m^3	鼓风炉	矿热炉	红土矿/%
1	Ni 1.5～2.0	不好	一般	最好	不好	最不好	Ni 0.8～1.1 Fe 45～49
2	Ni4～6	一般	好	好	不好	不好	Ni 1.3～1.6 Fe 25～30
3	Ni 7～8	好	一般	不好	一般	好	Ni 1.7～2.0 Fe 19～22
4	Ni 9～12	一般	不好	不好	一般	最好	Ni 1.8～2.0 Fe 10～20
5	Ni＞12	不好	不好	不好	一般	最好	Ni 2.0～2.2 Fe 10～15

（3）矿热炉法　红土镍矿之硅酸镍矿的特点是熔点高，矿热炉的特点是能容易地达到熔炼所要求的高温。

① 熔炼镍铁　电炉熔炼镍铁一般需要增加炉料预热和预还原的过程。炉料预热时同时进行干燥脱水，旨在降低电能消耗，将炉料熔化时翻料事故降到最低限度。例如，利用回转窑还原焙烧工艺对红土镍矿进行预热和预还原，所获得的高温预还原焙砂直接热装入矿热炉熔炼，该工艺称为回转窑-矿热炉工艺，即 RKEF 工艺。炉料的预热和预还原是在固态下进行的，温度在 538～980℃之间，窑内呈还原气氛。预还原程度取决于反应时间、温度和气体的还原强度。

由于矿热炉炉料含碳量低，炉料内的镍钴氧化物是在回转窑预还原阶段生成的金属铁还原的。

进入矿热炉的焙砂在熔化的过程中进行还原反应，几乎所有的镍和钴的氧化物都被还原成金属（被金属铁），金属铁被氧化。如果炉料中的金属铁量超过反应的需要，则多的铁将进入镍铁合金中。所以镍铁合金中镍和钴的含量取决于炉料中的 NiO、CoO 与 Fe 之比。氧化铁还原成金属的量由加入的还原剂量确定。为了控制镍铁品位，则必须严格控制铁的还原量，通常并不把氧化铁完全还原成金属铁，而是将其一部分还原成氧化亚铁并进入炉渣（氧化铁的还原次序是 $Fe_2O_3 \rightarrow Fe_3O_4 \rightarrow FeO \rightarrow Fe$），因为将过多的铁还原成金属，会降低镍铁的品位。同时，增加炉渣中的氧化亚铁的含量可降低炉渣的熔点，降低操作温度，还可提高炉渣的导电性。氧化亚铁的含量还决定渣的氧势，从而决定镍铁中碳、硅、铬、磷等杂质的含量。

但是，随着镍铁品位的提高，即氧化铁不完全还原成金属 Fe 的量越大，镍的还原率越低，导致镍的回收率降低。

随着进入矿热炉的固态物料温度逐渐提高，物料与其他造渣物料一起生成镍铁钴的合金和含硅酸铁的炉渣。

还原熔炼产出的粗镍铁需经过进一步的精炼去除碳、硫、磷、硅等杂质。脱硫是在还原条件下进行，而脱硅、脱碳、脱磷则是在氧化条件下完成。因此，精炼作业是通过还原和氧化两个阶段完成。

② 熔炼镍锍　危地马拉某厂的生产流程：红土镍矿石经干燥窑干燥至含水 18%～20% 后用回转窑（ϕ5.5m×100m）进行选择性还原，并在窑尾喷入熔融硫黄使金属镍和铁硫化（还原硫化段温度 900℃），然后加入电炉（ϕ18m 三根电极、功率 45MW）熔化产出低镍锍，再用转炉（7.6×4m 卧式转炉）吹炼产出高镍锍。选择电炉生产镍锍而不生产镍铁，是为了使用当地含硫的燃料。该厂红土镍矿成分、电炉产出低镍锍成分、电炉渣成分及转炉产出的高镍锍成分见表 1-2。

表 1-2　危地马拉某厂镍锍成分　　单位：%

元素	Ni	Fe	S	SiO_2	MgO	元素	Ni	Fe	S	SiO_2	MgO
矿石	2.1	18.6		32.5	20.8	电炉渣	0.2	18	0.3	42	27.7
低镍锍	32.4	57.2	9.5			高镍锍	76.7	0.6	21.7		

（4）回转窑粒铁法　该法是指采取直接还原炼粒铁的方法，即克虏伯-雷恩（Krupp-Renn）法冶炼镍铁合金。回转窑粒铁法就是使炉料在回转窑中经过预热和还原后，再进一步提高温度（>1200℃）进入粒铁带，金属铁与炉渣开始软化，在半熔化状态下金属铁由小颗粒堆集成卵状，炉料出炉后经水淬冷却后很容易用磁选把粒铁与脉石分开。

回转窑粒铁法冶炼红土镍矿就是利用回转窑将红土镍矿中的镍铁还原，再经破碎-重选-磁选冶炼镍铁。该法始于用低质煤作燃料和还原剂，在回转窑内将低品位高硅铁矿石还原，实现渣铁分离，铁聚合成细颗粒被夹裹在半液态的黏稠渣中，经水淬、破碎、磁选分离出铁粒。

典型的例子是日本冶金工业公司大江山冶炼厂，其采用回转窑高温还原焙烧产出粒铁，经跳汰、磁选富集产出镍铁合金。

1.3.2　湿法冶炼

直到 20 世纪 40 年代，火法冶炼仍然是处理镍矿的唯一方法。因为湿法冶金能更好地综合利用资源，保护环境，现代湿法冶金技术已成为从矿石中，特别是从红土镍矿中提取镍的一种重要手段。湿法冶金过程除可以生产纯金属外，也有大量的中间产品（如 MHP、MSP）被下游产业利用。

1.3.2.1 高镍锍的湿法提取技术

现行高镍锍精炼工艺如图 1-4 所示。20 世纪 40 年代以前，除英国克莱达奇镍精炼厂采用常压羰基法处理高镍锍生产高纯镍外，几乎其他镍厂都采用电解精炼法处理高镍锍生产电解镍，但该法流程比较烦琐。20 世纪 60 年代后，国内外同步开展高镍锍的湿法提取技术研究，目前国外已经工业化的方法主要有三类：奥托昆普的硫酸选择性浸出电解提取法，鹰桥公司的氯化浸出电解提取法和舍里特·高尔顿的氨浸-氢还原法。下面将这三种方法的工艺作一介绍。

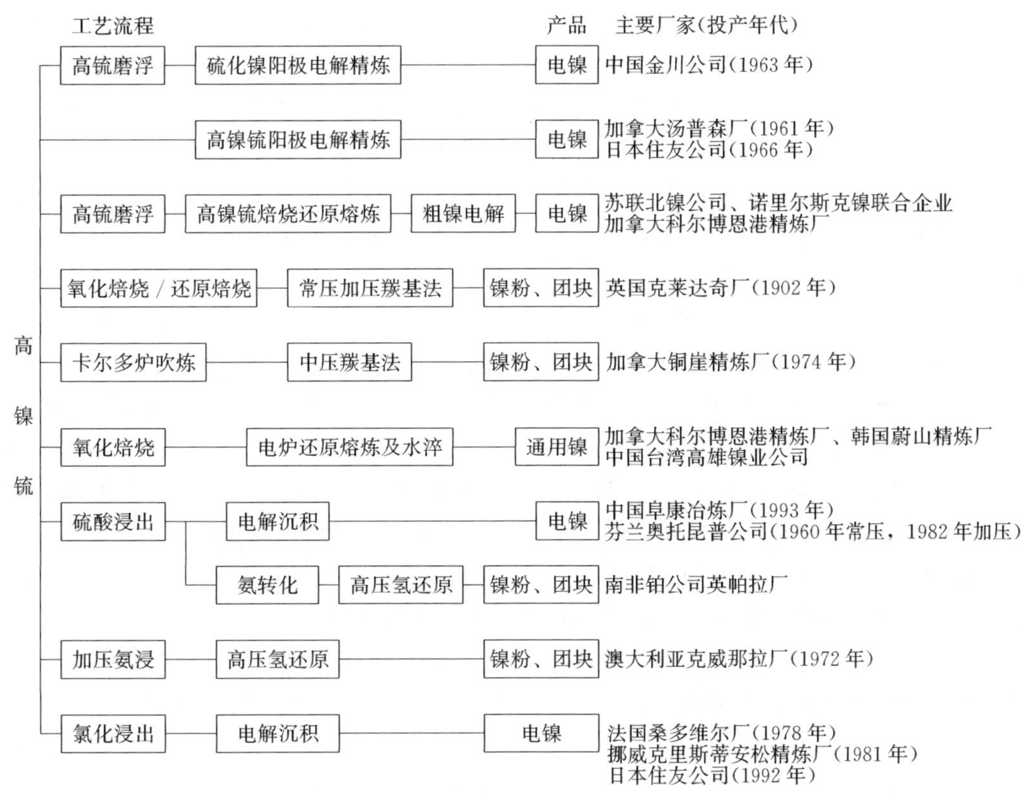

图 1-4 现行高镍锍精炼工艺方法示意

(1) 硫酸选择性浸出电解提取法 该法基本工艺为高镍锍经水淬、细磨，再采用常压和加压结合的方法进行分段浸出，镍、钴选择性被浸出进入溶液，铜、铁、贵金属则抑制于浸出渣中。浸出液经脱铅和除钴净化，经净化后的浸出液用电解沉积法或氢还原法产出金属镍。与镍电解精炼法相比，硫酸选择性浸出法的生产流程比较短，用一个浸出工序代替了高镍锍磨浮、焙烧、电炉还原熔炼等若干工序。镍电积回收率可达 98%。

用于硫酸选择性浸出的高镍锍最好含硫较低，因为镍的溶解率主要取决于高镍锍的含硫量，镍的溶解率随含硫量的增高而降低，对于镍铜比小于 2 的高镍锍，在含硫量一定时，镍的溶解率随含铜量的增高而增大。这种高镍锍主要由铜镍合金、Ni_3S_2 和 Cu_2S 三相组成。镍主要存在于合金相和 Ni_3S_2 相中，铜存在于 Cu_2S 和合金相中，铁和钴存在于合金相中。

硫酸选择性浸出由二段或三段常压浸出和一段加压浸出组成。在常压浸出时，金属相的镍基本上能全部溶解，而 Ni_3S_2 相中的镍最多只能溶解 1/3，Cu_2S 相则不溶解。加压浸出工序的目的是使镍、钴达到尽可能高的浸出率，同时浸出部分的铜供常压浸出工序使用，而将高镍锍中大部分铜和贵金属抑制于浸出渣中，以实现选择性浸出。

浸出液富含镍、钴，几乎不含铜、铁等杂质，因而浸出液的净化作业只需要脱铅和除钴。采用碳酸钡（或氢氧化钡）脱铅，将碳酸钡与粉状高镍锍一起加入浸出系统中，生成硫酸钡和硫酸铅共结晶沉淀物，铅被脱除。除钴的氧化剂采用特制的镍的高价氢氧化物——黑镍（NiOOH），用其氧化溶液中的二价钴离子，使之呈三价氢氧化钴（CoOOH）沉淀出来。镍钴分离后，硫酸镍溶液用电解沉积法或氢还原法生产金属镍。

浸出渣中残存的镍大部分呈硫化镍状态，并有极少量的未浸出的 NiO 及含镍的碱式硫酸盐。渣中的铜基本是以 Cu_2S 和 CuS 状态存在。

（2）氯化浸出电解提取法　氯化浸出是指在水溶液中进行的湿法氯化过程，即通过氯化使高镍锍中的镍、钴、铜等呈氯化物形态溶解的过程。由于氯和氯化物化学活性很高，生成的氯化物溶解度大，对杂质的络合能力又较强，因此，在常温、常压下，氯化浸出就能达到在其他介质中必须加温、加压下才能达到的技术指标。根据浸出剂的种类不同，高镍锍氯化浸出分盐酸浸出和氯气浸出两种。

① 盐酸浸出法　盐酸是一种强酸，能够与多种金属、金属氧化物以及某些金属硫化物作用，生成可溶性的金属氯化物。因而盐酸浸出法具有以下特点。

a. 盐酸浸出过程有一定的选择性。高镍锍中的 FeS、Ni_3S_2、CoS 能被盐酸选择浸出，而 Cu_2S、CuS 和铂族金属则很难被浸出。

b. 在浸出液中，除镍以外，大多数金属离子都能与 Cl^- 络合成络阴离子，镍则不形成络阴离子。利用这一特性，可以用胺类溶剂萃取，分离镍与其他金属离子。

c. 浸出液中氯化镍的溶解度随盐酸浓度的增加而降低，因此，可利用提高盐酸浓度的方法，如向浸出液中鼓入氯化氢，不用中和即可沉淀出氯化镍。

② 氯气浸出法　在酸性水溶液中通入氯气，使物料氯化溶出的过程称为氯气浸出。氯气是一种强氧化剂，其氧化-还原电位很高。氯在水溶液中还会水解生成盐酸和次氯酸，次氯酸有比氯更正的氧化-还原电位。因此，用氯气浸出高镍锍时，高镍锍中的镍、钴、铜等贱金属和金、银、铂、钯等贵金属都会氯化进入溶液。在炼镍的工业生产中仅需要镍、钴氯化进入溶液，而要求铜及贵金属留在浸出渣中。由于高镍锍中的镍、钴等贱金属的氧化-还原电位较负，而铜及贵金属的氧化-还原电位较正，因而利用两者电位的差异，选择适宜的电位进行浸出，可以达到选择性浸出的目的。

在氯气浸出的过程中，溶液的氧化-还原电位随氯气的通入而升高，并随高镍锍的加入而下降。因此，只要控制溶液的通氯速度和高镍锍的加入速度，就可以把溶液的氧化-还原电位控制在适宜的范围内。

氯气浸出精炼工艺：在 110℃下，通氯气选择性浸出镍，浸出液经置换脱铜，溶剂萃取分离镍钴，分别电积阴极镍和阴极钴，在阳极上产生的氯气返回浸出。原料中的铜和硫几乎全部以 CuS 形态留在浸出渣中。

（3）氨浸-氢还原法　该法原理与用加压氨浸法处理硫化精矿相同。其主要生产工艺流程包括加压氨浸、蒸氨除铜、氧化水解、液相氢还原制取镍粉和镍粉压块等工序。其过程是将粉状高镍锍置于加压釜内，通入空气和氨，镍、铜、钴等有价金属在加压条件下溶解。铁和其他杂质则留在浸出渣中被废弃。从浸出液中除铜采用一种称为蒸氨除铜的工艺，当溶液中蒸出部分氨之后，铜呈硫化铜沉淀。为了避免不饱和硫在氢还原制取镍粉时分解，使镍粉含硫增高，脱铜后溶液用氧化水解法将不饱和硫氧化成硫酸盐。氧化水解后的溶液用氢气在加压条件下将镍还原成镍粉。还原后的尾液通入硫化氢沉淀出残留的镍和钴。不含金属的尾液用真空蒸发结晶法回收硫酸铵。

1.3.2.2 硫化镍矿的湿法提取技术

目前工业上应用的硫化镍矿的湿法冶金方法主要有高压氨浸法、硫酸化焙烧浸出法、氧化焙烧还原氨浸法和氧压浸出法四种。

（1）高压氨浸法　其主要生产工艺流程包括加压氨浸、蒸氨除铜、氧化水解、加压液相氢还原制取镍粉和镍粉压块等工序。该法只适宜处理不含贵金属的镍精矿。

① 加压氨浸　氨浸的目的是使硫化镍精矿中的镍、钴、铜能最大限度地溶入氨溶液中。在一定的压力和温度条件下，当有氧存在时，镍精矿中的金属硫化物与溶解的氧、氨和水起反应，镍、钴、铜等生成可溶性的氨络合物［如镍的六氨络合物 $Ni(NH_3)_6SO_4$］进入溶液。由于铁的络合物很不稳定，转变为不溶的三氧化二铁留于浸出渣中。金属硫化物中的硫经过一系列反应最终氧化成硫酸盐和氨基磺酸盐［$(NH_4)SO_3NH_2$］。

加压氨浸法通常采用两段逆流操作。第一段称为调节浸出，要求产出的浸出液中含有一定数量的未饱和硫氧离子（$S_2O_3^{2-}$、$S_3O_6^{2-}$、SO_4^{2-}），以满足下一工序脱铜的需要。第一段浸出的矿浆经浓密、过滤后，滤饼用新的氨溶液浆化，送入加压釜中进行第二段浸出（又称最终浸出）。通常加压氨浸的技术条件见表 1-3。

表 1-3　通常加压氨浸的技术条件

名　称	单　位	第一段浸出	第二段浸出	名　称	单　位	第一段浸出	第二段浸出
压力	MPa	0.82	0.88	液固比		4∶1	4∶1
温度	℃	85	75	浸出时间	h	6～7	13～14
游离氨浓度	g/L	100	100				

② 蒸氨除铜　浸出液中含有镍、铜、钴的氨络合物，游离氨以及 $S_2O_3^{2-}$、$S_3O_6^{2-}$、SO_4^{2-}、$SO_3 \cdot NH_2^-$ 等离子。在其后的镍氨还原工序，则要求降低游离氨含量。因此，大部分游离氨必须在除铜过程中用蒸馏法除去。这是蒸氨除铜工序的蒸氨过程。由于铜为正电位的金属，溶液中若有铜，在其后液相氢还原制取镍粉的条件下，铜会与镍粉一起被还原出来，污染了镍粉，因此，必须在氢还原之前除去铜。随着蒸氨过程的进行，游离氨逐渐减少，铜离子与未饱和的硫氧离子发生反应，生成硫化物沉淀。这是蒸氨除铜工序中的除铜过程。除铜过程生成的产物是 CuS、Cu_2S 的混合物。除铜后溶液含有一定量的 Cu（如 0.1～0.3g/L），若进一步送液相氢还原制取镍粉，需要液相含铜量低于 0.005g/L。因此，再需要采用硫化氢深度除铜，但硫化氢除铜选择性较差，铜渣内会含有相当数量的镍和钴，需要返回浸出车间处理。

③ 氧化水解　氧化水解是指氧化和水解两个化学反应。其目的是把溶液中的未饱和硫氧离子和氨基磺酸盐转变成硫酸盐。因为未饱和的硫氧离子和氨基磺酸盐在液相氢还原制取镍粉的条件下会发生分解，使镍粉含硫升高。因此，蒸氨除铜后的溶液送往氢还原之前，必须将硫代硫酸根和连多硫酸根氧化成稳定的硫酸根离子，而使氨基磺酸根水解成硫酸根离子。

氧化水解过程是在加压釜内进行的，其结构与浸出加压釜相似。氧化水解的主要技术条件是温度 250℃，压力 4.1MPa，溶液在釜内停留时间约 20min。其反应如下：未饱和硫氧离子很容易氧化成硫酸根离子

$$S_2O_3^{2-}+S_3O_6^{2-}+4O_2+3H_2O+6NH_3 \longrightarrow 6NH_4^++5SO_4^{2-}$$

氨基磺酸盐水解

$$(NH_4)SO_3NH_2+H_2O \longrightarrow (NH_4)_2SO_4$$

④ 加压液相氢还原　镍的液相氢还原是一个气、液、固多相反应，通常采用硫酸亚铁（$FeSO_4$）作晶种来提供初始固相表面。硫酸亚铁在氨溶液中能生成分散的 $Fe(OH)_2$ 固体微粒，氢还原过程即以此为核心，镍离子吸附在 $Fe(OH)_2$ 表面，再被还原成金属粉。

镍粉长大是在晶种制取之后进行的。排除晶种尾液之后，再往还原釜内注入料液，通入氢气，料液与氢气在晶种表面发生反应，镍在晶核上沉积，镍粉颗粒增大。还原完成后，澄清适当时间，排除尾液，再开始下一循环，这样的过程称为长大。

⑤ 镍粉压块　镍粉可以直接销售，但用于生产不锈钢或合金时需要将镍粉压成块。为了保证压块的强度，还需要将压块进行烧结。此外，烧结还可以脱除大部分的硫和碳。

压块烧结工艺：将加压氢还原产出的镍粉干燥后加入 0.5%胶黏剂，在对辊压块机上压成圆枕形块。压块烧结时（800℃以上）用氢气和少量的 CO_2 脱硫（H_2S↑）、脱碳（CO↑）。

镍块烧结前含 S 0.02%、C 0.02%，烧结后分别为 S 0.003%～0.05%、C 0.002%。

（2）硫酸化焙烧浸出法　用该法处理镍磁黄铁矿的过程是，将含镍磁黄铁矿精矿先在流态化焙烧炉内进行硫酸化焙烧，使精矿内含的镍、铜、钴等转变为水溶性硫酸盐。然后将焙砂进行浸出，再从浸出液中回收有价金属；浸出渣经烧结后可作为炼钢原料。

硫酸化流态化焙烧是在含氧的气氛、较低的焙烧温度下进行的。焙烧过程发生的反应：

$$MeS+3O_2 \longrightarrow 2Me+2SO_2$$

$$2SO_2+O_2 \longrightarrow 2SO_3$$

当焙烧温度低于金属硫酸盐的分解温度时，SO_3 就能与金属氧化物发生下列反应生成金属硫酸盐：

$$MeO+SO_3 \longrightarrow MeSO_4$$

为了促进镍选择性硫酸化，在焙烧的过程中添加硫酸钠。焙砂的主要成分是硫酸镍、硫酸钴、硫酸铜、硫酸钠、氧化铁。

（3）氧化焙烧还原氨浸法　用该法处理镍磁黄铁矿的过程是，将精矿在流态化焙烧炉中氧化焙烧后，加入回转窑内进行选择性还原。还原后的焙砂用碳酸铵溶液进行逆流浸出，浸出液经蒸氨除铜处理后沉淀得到碳酸镍，最后经干燥、煅烧后得到高品位的氧化镍产品。铁渣制粒和烧结。

氧化焙烧与硫酸化焙烧不同，控制焙烧温度在 760℃，要高于硫酸铁和其他金属硫酸盐的分解温度（670℃），要能将绝大部分磁黄铁矿死烧成赤铁矿。

焙烧炉产出的焙砂所含的镍绝大部分是铁酸盐，少部分与磁性氧化铁形成固溶体，极少量的镍呈硫化镍形态。还原作业的目的是把焙砂中的镍转变成金属镍，使其能在氨液中溶解。

（4）氧压浸出法　该法的过程是将精矿用富氧空气进行加压浸出，浸出渣为铁精矿，浸

出液采用硫酸化沉淀法使镍、钴沉淀，用浮选法选出镍精矿送火法处理。

1.3.2.3 红土镍矿的湿法提取技术

对于含镍较高而含铜和钴低的红土镍矿，较多采用火法冶金还原熔炼生产镍铁或还原硫化造锍。火法冶炼红土镍矿适合处理品位较高的矿石，但能耗较大、钴不能回收等是其主要缺点。红土镍矿的湿法冶金工艺主要适宜处理低品位褐铁矿层及过渡层红土镍矿，这类矿石一般含 MgO 比较低。浸出是常用的湿法处理方法，目前红土镍矿的湿法提取工艺可归纳为湿法氨浸和湿法酸浸两种流程。氨浸和酸浸是两种完全不同的浸出方法，所用方法取决于矿石中碱性氧化物氧化镁含量的高低。氨浸法适用于含硅酸盐较多、氧化镁较高的矿石，而酸浸法适用于褐铁矿高、氧化镁低的矿石。

普遍采用的红土镍矿湿法冶金工艺主要有三种：还原焙烧-氨浸工艺（RRAL）、加压酸浸工艺（HPAL）和硫酸常压浸出工艺（AL）。此外，湿法技术还包括盐酸常压浸出（ACPL）、硫酸化焙烧-浸出工艺（RAL）、硫酸加压-常压联合工艺（HPAL-AL）以及生物冶金工艺、微波浸出工艺、氯化离析工艺等。

红土镍矿湿法处理工艺的主要优点是金属回收率高，能够综合回收镍、钴、铁等有价金属，能耗低，能够处理低品位矿石等。

（1）还原焙烧-氨浸工艺（RRAL） 还原焙烧-氨浸工艺又称 Canon 法，由 Canon 教授发明，最早应用于古巴尼加罗冶炼厂。氨浸法基于红土镍矿中的镍一般与铁结合成铁酸盐状态，经过还原焙烧使铁酸镍（$NiFe_2O_4$）转变成金属镍或镍铁合金，以便在氨液中溶解。其原则工艺流程为：将磨细后的矿石在多膛炉或回转窑内进行还原焙烧。经还原焙烧后，矿石中的镍、钴和少量的铁转变为金属状态。焙砂用氨-碳酸铵混合溶液浸出，浸出液经浓密机处理，得到的浸出液经净化、蒸氨后产出碳酸镍浆料，再经回转窑干燥和煅烧后，得到氧化镍产品。同时采用磁选法从浸出渣中选出铁精矿。氨浸的目的主要是在氨性溶液中将焙砂中的镍、钴以氨络离子的形式浸出，而铁、镁等杂质则留在浸出渣中，从而实现镍、钴与铁等杂质的初步分离。

氨浸法主要优点是能选择性溶解焙砂中的镍、铜、钴，并生成稳定的络合物分离回收，设备简单；主要缺点是镍、钴的回收率较低，全流程镍回收率仅为 75%～80%，钴的回收率为 40%～50%。氨浸法是火法-湿法联合工艺，工艺流程长，加工成本高。目前新建工厂采用氨浸工艺的不多。

（2）加压酸浸工艺（HPAL） 硫酸加压浸出红土镍矿工艺最早应用于古巴的毛阿镍厂，该厂于 20 世纪 50 年代由美国负责设计建设。该工艺的最大优点就是镍、钴的浸出率达到 90%以上，大大高于还原焙烧-氨浸工艺，而且能耗及试剂消耗均低于氨浸工艺。该工艺适合于处理低品位褐铁矿层含氧化镁低、含钴相对较高的红土镍矿。近年来，世界上新建成的红土镍矿湿法处理厂绝大部分均采用该工艺，如澳大利亚的考斯（Cawse）、布隆（Bulong）以及菲律宾的珊瑚湾项目等。该工艺是国际上比较成熟的主流工艺，优点是镍钴浸出率高，酸耗低；缺点是投资过大，操作条件要求严格。

硫酸加压浸出红土镍矿工艺：在 240～265℃条件下，用硫酸进行浸出，使 Ni、Co 等氧化物与 H_2SO_4 反应形成可溶的硫酸盐进入溶液，而铁则形成难溶的赤铁矿留在渣中。浸出过程是在高压浸出釜内进行的，高压浸出釜的材质为碳钢衬砖或钢-钛复合。早期的古巴毛阿厂采用的是立式碳钢衬砖加压釜，20 世纪以后，随着材料工业的发展，新建的红土镍矿加压浸出厂均采用钢-钛复合材质的卧式加压釜，单台浸出釜的有效体积可以达到 $300m^3$ 以上，使红土镍矿的生产规模得到大幅提升，从而促进了该工艺的应用进展。加压浸出矿浆经浓密机逆流洗涤后，得到的浸出液在加压釜内通入硫化氢，选择性沉淀浸出液中的 Ni、Co，得到品位较高的镍钴硫化物精矿，送镍钴精炼厂进行镍钴的分离提取。

(3) 硫酸常压浸出工艺（AL） 虽然硫酸加压浸出工艺具有较高的镍钴浸出率以及较低的加工成本，但是由于其浸出过程是在高温高压条件进行的，操作控制要求较高，且设备投资大。因此，越来越多的研究者开始关注常压酸浸工艺，寻求在常压条件下有效地从红土镍矿中分离出镍、钴的工艺方法。

常压浸出方法适合处理过渡型红土镍矿，具有工艺简单，能耗低，投资费用低，操作简单，环境友好，综合回收镍、钴、镁等优点，但也存在浸出矿浆液固分离困难、镍钴浸出率低、浸出液杂质含量高、浸出液处理困难等缺点。目前，中国云锡元江镍业有限责任公司、广西银亿科技矿冶有限公司、江西江锂科技有限公司等生产厂，均采用常压硫酸浸出工艺处理红土镍矿。

(4) 硫酸化焙烧-浸出工艺（RAL） 该工艺是将硫酸与矿石混匀后，在 700℃左右的温度下进行焙烧，矿石中的镍和钴形成可溶性硫酸盐，而矿石中的铁则转化为难溶于水的赤铁矿，焙砂经过水或稀酸浸出后，镍钴进入到浸出液中，铁则留在渣中，从而实现了镍钴的选择性浸出。该工艺目前尚处于研究阶段，大规模工业化应用尚需要解决镍浸出率低的问题。

(5) 盐酸常压浸出工艺（ACPL） 红土镍矿盐酸常压浸出比较成熟的工艺是加拿大切斯巴尔资源公司（Chesbar Resources）开发的切斯巴尔法——氯化物常压酸浸工艺。该工艺的主要特点是通过喷雾热解工艺使浸出剂盐酸和中和剂氧化镁在流程中循环使用，从而大幅度降低了试剂消耗，废水排放量也大幅度减少，同时矿石中的镁得到综合回收。

虽然盐酸常压浸出工艺镍的浸出率可以达到 90%以上，但同时矿石中的铁也被大量浸出，给后续浸出液处理工序带来较大困难。因此，该工艺应用于实际生产，还需要解决铁被大量浸出的问题。

(6) 硫酸加压-常压联合工艺（HPAL-AL） 不管是硫酸加压浸出工艺，还是硫酸常压浸出工艺，都面临除铁的问题。由于加压酸浸或硫酸常压浸出工艺处理低镁矿时，浸出液中有一定浓度的游离酸，从而导致浸出过程中主要杂质离子——铁离子不能发生完全水解而被除去。因此，出现了用镁质红土镍矿进行二段常压浸出的工艺，其目的就是中和浸出液中的游离酸，有利于铁离子的沉淀去除。

1.3.3 气化冶金-羰基法炼镍

羰基法是一种气化冶金方法。气化冶金主要是指金属或杂质通过气相迁移达到分离提取的冶金方法。气化冶金是利用金属单质或化合物的沸点与所含杂质的沸点不同的特点，通过加热控制温度使挥发性金属化合物的蒸汽热分解或还原而由气相析出金属的方法。按反应方法可分为气相热分解法和气相还原法两种。适用于气相析出法的金属是高熔点、难挥发的，但必须是能够生成在低温易于合成，而在高温易于分解的挥发性化合物的金属。镍的气化冶金主要指羰基法及氯化挥发焙烧和氯化离析法。

早在1898年，L. 蒙德和C. 兰格首先发现镍与CO在低温下能生成易挥发的羰化镍；在加热升温的条件下，该羰化物又分解为镍粉及CO。常与镍伴生的铜却很难生成羰化物，铁、钴等虽然与CO较易作用，但根据生成及挥发性质的差异，可达到选择性挥发及分解的目的。

镍羰基法冶金的基本原理：羰基是由碳和氧两种原子通过双键连接构成的一种很活泼的原子团（C═O），由几个这种原子团与金属原子在特定的条件下结合而成的一种特殊的化合物，即金属羰基配合物。在铁、钴、镍的化合物中，它们常见氧化态是+2、+3。但在羰基络合物中，铁、钴、镍的氧化态表现为0，例如五羰基合铁［$Fe(CO)_5$］，八羰基合二钴［$Co_2(CO)_8$］和四羰基合镍［$Ni(CO)_4$］。羰基络合物的熔点、沸点一般都比常见的相应金属化合物低，容易挥发，受热易分解为金属和一氧化碳，利用上述特性，可先将金属制成羰基配合物，使它挥发与其他杂质分离，然后进行分解得到纯金属。

镍在常压和高于室温（>38℃）条件下，可与一氧化碳作用生成羰基镍［$Ni(CO)_4$］：

$$Ni+4CO \xlongequal{} Ni(CO)_4$$

当温度高至180～200℃时，羰基镍又分解为金属镍。

基于各种羰基镍络合物热物理性质的差异，在进行羰基合成反应时，粗镍中的杂质大部分不能进入气相，而残留于渣中，得到的粗羰基络合物又可按沸点的不同进行蒸馏分离，然后再加热分解就可以得到高纯度的金属镍。例如镍和铁的羰基络合物由于沸点相差很大，可用简单的方法分离。而羰基镍则用无水的液态氨形成羰基钴氨络合物［$Co(NH_3)_6$］［$Co(CO)_4$］$_2$，从粗液态羰基镍中沉淀析出。

1.3.4 红土镍矿的其他处理工艺

对于红土镍矿而言，除了成熟的火法和湿法处理工艺外，还有其他一些处理工艺方法在不断地研发中。如生物冶金工艺、微波浸出工艺和氯化离析工艺等。

（1）生物冶金工艺　生物冶金工艺是利用微生物自身的氧化或还原特性，使矿物的某些组分氧化或还原，从而达到有价组分从矿物中分离出来的目的。其具有投资少、成本低等优点。但也存在反应速度慢、生产效率低、受环境影响较大、细菌对环境的适应性和耐热性较差、可用于红土镍矿浸出的细菌种类较少等缺点。

目前该工艺仍处于实验室研究阶段，一些学者使用特殊添加剂，通过电场、磁场、超声波等进行强化浸出，以及通过基因工程对菌种进行优良，但是浸出效果未得到明显改善。

（2）微波浸出工艺　由于微波对物质具有选择性加热，并对吸波物质的化学反应具有催化作用，物质吸收的微波能几乎100%转化为热效应等特点，使微波加热矿物的热效率较高、吸波物质升温速度较快。

微波浸出工艺具有加热速度快、镍的浸出率高、选择性好等优点，但大型微波设备研发难度大，将该工艺用于大规模生产还需要开展大量的试验工作。

（3）氯化离析工艺　氯化离析法是一种气化冶金方法，是指在矿石中加入一定量的炭质还原剂（煤或焦炭等）和氯化剂（氯化钠、氯化钾、氯化钙等），在中性或弱还原气氛中加热，使有价金属从矿石中氯化挥发并同时在还原剂表面还原成金属颗粒的过程，它既不是单纯的氯化挥发过程，也不是单纯的还原过程，而是两者的结合过程。其目的在于使矿石中呈难选矿物形态存在的有价金属转变为金属颗粒，然后采用常规的选矿方法进行富集，得到品位比较高的金属精矿。因此，离析法实际上是选矿工艺中对矿石的一种预处理方法，适宜于处理一些贫镍矿，即低品位红土镍矿及复杂的硫化镍矿。贫镍矿的共同特点是：不能用选矿的方法富集或选矿回收率很低；矿相及脉石组成复杂，且常伴生有少量的贵金属，故不宜采用还原氨浸或加压酸浸等常规湿法流程。

1.4 红土镍矿火法和湿法联合冶炼

红土镍矿采用火法与湿法联合冶金生产高品位镍铁、铁、镍、钴、“半钢”、钢工艺流程如图 3-26 所示。下面仅以此例说明红土镍矿火法与湿法联合冶金美妙的技术和应用。

红土镍矿经回转窑焙烧，焙砂入电炉选择性还原镍（钴）和一部分铁，还原的金属铁和镍一同入金属熔体，未还原的氧化铁和其他脉石及熔剂一同入渣，生成粗镍铁和富含铁的炉渣。用氧气转炉根据选择性氧化的原理吹炼粗镍铁，使其中的部分铁氧化入渣，镍得到富集，产出高品位的镍铁，再将镍铁铸成电解电极，用电解的方法生产金属镍和钴。电炉渣和转炉渣富含铁。同时在另一座电炉利用焦炭对富含铁的电炉渣、转炉渣进行还原熔炼，从而获得生铁，进而再将此生铁投入转炉吹氧炼钢。

1.4.1 高品位镍铁的生产

为了获得高品位镍铁，利用选择性氧化的原理，采用吹氧转炉吹炼。在转炉吹炼的过程中，因大量的金属铁被氧化入渣使得镍得到富集，获得高品位镍铁。由于大量的金属铁被氧化放热使得炉温升高，此时用红土镍矿作为冷却剂比较合适，在冷却的同时，还能给转炉以简单而又廉价的镍和氧，可以抵消部分甚至全部处理费用。

虽然铁优先镍被氧化，但随着镍铁品位的提高，镍铁中镍被氧化的量逐渐加大，即炉渣中 NiO 的含量随合金-镍铁品位的提高而提高，因而合金品位的提高受到限制。有研究表明，当合金富集到 60%时，渣中含镍量迅速升高。将产出的富镍渣返回处理，用吹氧的方法可将合金富集到所要求的任何品位，并能获得较高的镍回收率，这样做在经济上是有利的。希腊拉瑞姆纳矿业公司已把合金品位提高到镍和钴占 90%，而镍的回收率仍可达到 97.18%。

1.4.2 金属镍的生产

电解方法主要适用于有色金属的生产。电解的实质是电能转化为化学能的过程。有色金属的电化学冶金工艺可分为可溶阳极电解与不溶阳极电解。根据电解质性质的不同，将电解过程分为熔盐电解和水溶液电解。有些金属元素，如 Al、Mg 等，其析出电位较负的金属离子在水溶液中无法生成，必须采用熔盐电解法；而有些金属元素，如 Ni、Co、Cu、Zn 等不适合熔盐电解法，可适用于水溶液电解法。镍的水溶液电解质电解应用在两个方面：从浸出液中提取镍；从粗镍、镍铁或镍锍中提取镍。

这样，在镍的电解实践中有两种电解过程：从粗镍、金属合金（镍铁）阳极及硫化镍阳极中电解属可溶阳极电解；从浸出的镍盐水溶液中电解属电解沉积或不溶阳极电解。

将上面所述的高品位镍铁铸成合金阳极（镍铁阳极），采用电解的方法生产出高质量的金属镍（电解镍）。如希腊拉瑞姆纳矿业公司使用的镍铁合金阳极，含镍和钴 90%、铁 10%。

镍铁合金电解的阳极过程：主要是金属镍在阳极上放电溶解，负电性金属杂质也一起被溶解。而正电性的贵金属等则不溶解而留于阳极泥中。但由于大多数杂质金属与镍形成固溶体合金，加之镍的阳极化超电压比较大，使得一些较正电性的金属杂质元素，在阳极过程中也与镍一道溶解。为此，阳极液必须经过复杂的净化过程，才能返回到阴极室使用。

阳极液净化通常包括除铁、除铜（视含铜量）和除钴等工序。如氧化中和除铁、除钴。

净化后的阳极液送入阴极室作为阴极液，镍在阴极沉积到一定的时间后被剥下，即得电解镍。

1.4.3 铁的生产

铁的生产实质是从炉渣中回收铁。电炉渣含铁较高，通常含铁45%、铬3%，同时还有1550℃的高温，因此利用渣中含有的热量和使用廉价的劣质燃料来回收铁是经济的。

利用炉渣、铁矿石和焦粉使用另一台炼渣电炉炼铁的工艺流程为：氧化铁渣、铁矿石和焦粉按比例先后加入炼渣电炉中，在电炉炉床上形成一个相对较薄的料层，从而料层能被均匀加热，迅速还原成含铬生铁和含铬渣。电炉生产的生铁含碳3.5%和少量的硅、磷，含锰和铬的量取决于还原操作的条件。由于利用液态渣内的热焓，吨铁电耗较低，仅为1700～2000kW·h/t。

1.4.4 钢的生产

将上述得到的含铬生铁用纯碱脱硫（S<0.05%），脱硫后的生铁加入转炉内精炼可生产各种规格的优质钢。炼钢所需要的热量主要来源于生铁中的碳和铬的氧化。生铁精炼时，碳氧化成CO，铬氧化成Cr_2O_3，形成一种奶酪状的高熔点渣浮于熔池面上。由于吹炼时造成剧烈的搅动，因此部分铁与Cr_2O_3混在一起。在氧的作用下，这一部分铁也会被氧化成FeO和Fe_2O_3进入炉渣。为了减少铁的损失，必须避免加入诸如熔剂之类的转炉附加料以及增加扒渣次数，以便尽量限制固体渣的数量。

用这种方法生产的钢含铬0.12%、含碳低于0.15%，不含硅和锰。因处理红土镍矿得到的钢常含有一定数量的镍，但由于加入了大量的普通铁矿石，钢中含镍量很容易保持在0.25%以下。

1.4.5 “半钢”的冶炼

红土镍矿焙砂经电炉熔炼、氧气转炉吹炼所得的铁渣含有红土矿内几乎全部的Cr_2O_3，即含铬铁渣，送往电炉或高炉冶炼可获得含铬铁水。铬是一种合金元素，但在炼钢过程中又容易氧化入渣，其氧化程度与炼钢工艺有关。从炼含铬合金钢的角度看，希望铬按要求的成分留在钢内，但由于铬易于氧化以及红土镍矿品位的波动，钢水中的铬很难控制到所需要的成分。此外，铬在氧化过程中生成氧化铬在渣内溶解度较低，炉渣能为Cr_2O_3饱和，析出固相Cr_2O_3和尖晶石$CrO \cdot Cr_2O_3$，使熔渣变稠，流动性很差，不利于脱硫和脱磷。基于上述两种原因，人们决定要先脱铬再炼钢。

若利用该含铬铁水炼钢必须先脱铬，此外，还必须保留一定量的碳，才能在炼钢时有充足的热源以达到出钢的温度，即脱铬保碳。为此要进行选择性的氧化。脱铬并保留有一定量碳（C 1.4%～2.4%）的铁水通常称作半钢。

依据选择性的氧化原理，脱铬保碳，即在低于 Cr、C 氧化转化温度时选择铬的氧化。在转炉吹炼的过程中，在碳焰上来之前，即熔池温度低于转化温度之前将铬氧化入渣。如果温度过高，则要向熔池加冷却剂控制温度，以保证碳不被或少被氧化。

Cr、C 氧化转化温度不是一成不变的，是随半钢和炉渣成分的变化而变化。当半钢中［C］维持一定时，余［Cr］越低，转化温度越低，吹炼必须在更低的温度下进行。换言之，余［Cr］越低，保［C］越难。一般的情况下熔池的温度不宜超过 1400℃。如果脱铬达到一定程度，而要求半钢温度较高，则只能在多氧化一部分碳的条件下才能做到。

1.5 红土镍矿冶炼奥氏体不锈钢

镍是奥氏体不锈钢中形成奥氏体相的主要元素，故奥氏体不锈钢的冶炼除需要铬、铁外，同时还需要镍。即同时需要镍和铁，不必将镍从镍铁合金中分离。利用红土镍矿火法冶炼得到的镍铁正适合这个要求，由于不用进一步提取金属镍，因此可使得镍的获得成本大大降低。

不锈钢冶炼与普碳钢冶炼的主要区别是钢中加入大于 12%的铬，为了获得更好的耐蚀性能，铬加入量高达 16%～27%，同时需要低碳（如<0.12%）乃至超低碳（如 0.02%）。在吹氧脱碳时，铬与碳氧化转化温度很高，如冶炼含 18%Cr、9%Ni、0.02%C 的奥氏体不锈钢，氧化转化温度高达 2133℃。如果温度达不到，则会有大量的铬被氧化掉。因此，如何脱碳保铬便成了奥氏体不锈钢冶炼的核心问题，高碳真空吹炼法即是针对其展开的，如氩氧混吹脱碳法即 AOD 法、用水蒸气代替氩气的 H_2O-O_2 混吹法即 CLU 法和真空吹氧脱碳法即 VOD 法。如用 VOD 法同样冶炼含 18%Cr、9%Ni、0.02%C 的奥氏体不锈钢，炉中真空度高于 3.91kPa，则氧化转化温度可降到 1650℃。

（1）300 系奥氏体不锈钢的冶炼　矿热炉冶炼镍铁采用的是选择性还原法，通常矿热炉冶炼的镍铁较高炉生产的镍铁品位高，含镍量大于 10%，其含镍量与 300 系奥氏体不锈钢含镍量接近，其作金属母料最经济。其工艺流程如下。

采用二步法有三种工艺：①镍铁（铸块)-电炉-AOD（或 VOD)-LF；②矿热炉（镍铁水)-电炉（或转炉)-AOD（或 VOD)-LF；③矿热炉（镍铁水)-AOD-LF。

采用三步法也有三种工艺：①镍铁（铸块)-电炉-AOD-VOD；②矿热炉（镍铁水)-电炉（或转炉)-AOD-VOD；③矿热炉（镍铁水)-AOD-VOD。

（2）节镍型奥氏体不锈钢的冶炼　通常高炉冶炼的镍铁较矿热炉生产的镍铁品位低，目前生产的镍铁产品有含镍量 1.5%左右所谓的低镍铁及含镍量 4%～6%所谓的中镍铁，其中含镍量 1.5%左右的与牌号 J4 不锈钢含镍量接近，含镍量 4%～6%的与 201、202、J1 不锈钢含镍量接近，用其作金属母料最经济。采用二步法有三种工艺：①镍铁（铸块)-电炉（或感应炉)-AOD-LF；②高炉（镍铁水)-电炉（或转炉)-AOD（或 VOD)-LF；③高炉（镍铁水)-AOD-LF。

1.6 红土镍矿制备锂离子电池正极材料前驱体

三元锂离子电池正极材料前驱体（NCM）由硫酸镍、硫酸钴、硫酸锰按比例合成，红土镍矿中恰恰同时含有镍钴锰三元素，而且三元素含量比例与高镍 NCM 中比例高度相关。同时，镍钴锰也不必制成单质金属来合成前驱体，因此，可大大减少冶金工序及生产费用，使得前驱体生产费用也得到大幅度降低。

红土镍矿经冶炼制得镍中间品，如氢氧化镍钴（MHP）中间品，MHP 经浸出、除铁铝、脱硅、萃取、除油分别制得符合三元正极材料前驱体制备要求的硫酸镍溶液、硫酸钴溶液，反铜锰液通过化学净化、萃锰、反萃得到精制硫酸锰液，硫酸镍、硫酸钴、硫酸锰溶液再经配液、三元前驱体制备、干燥、包装，生产出最终产品锂离子电池三元正极材料前驱体。

第2章 红土镍矿

红土（型）镍矿（Nickel Laterites），即氧化镍矿，是指在热带或亚热带气候条件下，超基性岩如纯橄榄岩、橄榄岩、蛇纹岩等受地质应力作用，尤其是化学的风化作用，镍从含镍的硅酸盐矿物如橄榄岩、蛇纹石、辉石等中分解出来，随地表水往下渗透，并在风化壳中新生成富含镍的次生矿物。一般来讲，风化作用可将富镁矿物的镍富集20～30倍，并且在局部地段形成可供工业利用的风化壳型红土镍矿床。

镍元素虽然在地球中的含量仅次于硅、氧、铁、镁而居第5位（在地核中含镍最高，是天然的镍铁合金），但在地壳中的含量并不多，其藏量约为0.01%，在元素中占24位。尽管在地壳中镍含量比铜、锌和铅的含量加在一起还要多，但是与这三种元素相反，具有工业价值的镍矿却比较少。

基于镍的地球化学特征，镍首先赋存于铁镁硅铝酸岩浆所形成的铁镁橄榄岩中，在不同的岩石中含镍的一般规律是：在氧化镁和氧化铁等碱性脉石中含镍高，在 SiO_2 及 Al_2O_3 等酸性脉石中含镍低。如橄榄石平均含镍量为0.2%，是花岗岩的1000倍。镍及一些主要成分在各种岩石中的平均含量如表2-1所示。

表2-1　镍及一些主要成分在各种岩石中的平均含量

岩石名称	Ni含量/%	MgO+FeO含量/%	$SiO_2+Al_2O_3$含量/%
橄榄石	0.2	43.3	45.9
辉长石	0.016	16.6	66.6
闪长石	0.04	11.7	73.4
花岗岩	0.0002	4.4	78.7

红土镍矿是由上述含镍的岩石风化浸淋蚀变富集而成。如以含镍橄榄石为主的橄榄岩，在含有 CO_2 酸性地面水的长期作用下，橄榄岩被分解，镁、铁及镍进入溶液；硅则趋向于形成胶状悬浮液向下渗透；铁逐渐氧化并很快呈氢氧化铁沉淀，最终失去水而形成针铁矿和赤铁矿，少量镍、钴也一起沉淀。铁的氧化物沉淀在地表，而镁、镍及硅则留在溶液中进入地表层下，与岩石或土壤作用被中和之后呈含水硅酸盐沉淀下来。由于镍比镁优先沉淀，故在沉淀的矿石中，镍镁比高于溶液中的镍镁比，因此镍得以富集。由于溶入及沉淀多次产生，故一般红土矿中含镍可由原矿的0.4%富集至1.5%～4%。这个富集过程可能经历了数万年到几百万年。

2.1 红土镍矿石及矿床分类

通常，从金属矿床中开采出的并具有冶炼金属价值的固体物质均称作矿石，简称矿。在选矿上称为原矿、粗矿或冒沙。矿石一般是由有用的矿物，即由矿石矿物与其伴生的脉石矿物所构成。矿石矿物是指在工业上能从其中提取一种或数种有用金属元素的矿物。工业上所用的各种金属是从许多种金属矿物中提炼出来的。一种金属元素可以从几种不同的矿石矿物中提取出来，如镍可从镍黄铁矿、磁黄铁矿等硫化矿物和硅镁镍矿、含镍褐铁矿等红土镍矿中提炼；同样有的矿石矿物也可以提取两种或者两种以上金属元素，如硅镁镍矿可提取镍铁及镍、铁和钴。

矿体是赋存于地壳中或地球表面并具有各种形态、产状和一定规模的矿石自然聚集体，是矿床的基本组成单位。矿床是地表或地壳里由于地质作用形成的并在现有条件下可以开采和利用的矿物的集合体。一个矿床至少由一个矿体组成。

矿床是地质作用的产物，但又与一般的岩石不同，它具有经济价值，包含了地质方面和经济技术方面的双重属性。地质属性是矿床的基本属性，经济技术属性是界定矿与非矿的主要标志，即地壳中富集了有用矿物或组分，在质和量上已达到工业要求，并具备开采条件的部位。矿床周围的岩石叫作围岩，而提供矿床中成矿物质来源的岩石叫作母岩。

矿床的概念随经济技术的发展而变化。矿床中含有矿石，随着技术和经济的发展，某种矿物集合体是否可作为矿石是可以变化的，相应地矿床的概念也是可变的。矿床是自然界中分散存在的矿质富集到一定程度的产物。例如红土镍矿物，是法国加尼尔于 1865 年首次在新喀里多尼亚发现的（硅镁镍矿），于 1875 年开始开采，用鼓风炉炼镍，其成为矿床。到 1886 年发现克里斯顿矿床，从而发现了世界闻名的萨德伯里超大型铜镍硫化物矿床，1901 年露采出矿，从此世界镍的冶炼由氧化镍转向硫化镍。昔日遭受冷落的红土镍矿矿床，其在近七十多年，特别是近三十年又繁盛了起来。镍矿床的一般工业要求见表 2-2。

表 2-2　镍矿床的一般工业要求

项　　目	硫化镍矿				氧化镍-硅酸镍矿
	原生矿石		氧化矿石		
	坑采	露采	坑采	露采	
边界品位(质量分数)/%	0.2～0.3	0.2～0.3	0.7	0.7	0.5
最低工业品位(质量分数)/%	0.3～0.5	0.3～0.5	1	1	1
矿床平均品位(质量分数)/%	0.8～2	0.6～1	1.5	1.2	
最小可采厚度/m	1	2	1	2	1
夹石剔除厚度/m	≥2	≥3	≥2	≥3	1～2

2.1.1　红土镍矿矿石分类

根据风化阶段和矿石矿物成分，红土镍矿主要可分为两大类：

（1）硅酸盐类　通常储藏于红土镍矿床的较深层——腐岩带。矿物成分以淋滤作用生成的含镍蛇纹石、暗蛇纹石、含镍绿脱石及石英等为主。镍含量一般为 1.2%～3.0%，硅、镁含量较高，铁、钴含量较低。镍在含水 Mg-Fe 硅酸盐的晶格中，最常见的存在形式是硅镁镍矿，如蛇纹石 $Mg_6[Si_4O_{10}](OH)_8$ 中的 Mg^{2+} 可被 Ni^{2+} 顶替，则成硅镁镍矿 $(Ni,Mg)_6Si_4O_{10}(OH)_8$。即镍主要是以类质同相赋存于表生含水硅酸盐矿物中。

（2）含镍褐铁矿　通常储藏于红土镍矿床的表层——红土带。矿物成分以表生的针铁矿、赤铁矿、锰土类、钴土类、铝土类以及少量黏土类矿物为主。矿石中镍低，铁、钴高，硅、镁较低。一般镍含量为 0.8%～1.6%，钴含量为 0.08%～0.3%，铁含量 36%～50%。其中主要含有含水针铁矿 $FeO(OH)\cdot nH_2O$，高度分散的氧化镍（NiO）和三氧化二铁嵌在其中，即（Fe，Ni)O(OH)·$n$$H_2O$。含镍褐铁矿（Fe，Ni)O(OH)·$n$$H_2O$中，氧化镍主要是与铁的氧化物组成固溶体存在。镍多以类质同象或吸附的形式存在于铁的氧化物、氢氧化物和黏土矿物中。

由于红土镍矿中的镍常以类质同象分散在脉石矿物中并呈化学浸染状态，且粒度很细，故不能采用已知的物理方法选矿。

2.1.2 红土镍矿矿床分类

（1）根据红土风化壳的矿化剖面结构和主要载镍矿物学特征，可将红土镍矿床分为3种类型：硅酸盐型、黏土型和氧化物型。

① 硅酸盐型红土镍矿床（A类）。其以红土化剖面下部出现富镍含水硅酸盐矿物层为特征，主要载镍矿物为硅镁镍矿、蛇纹石、滑石等，主要含矿层位是腐岩带。一般来讲，A型镍矿床易形成于活动大地构造环境、湿热气候和排水较好的地区，以镍含量高为特征。这类矿床基本处在赤道附近地区，如印度尼西亚、菲律宾、新喀里多尼亚、多米尼加和哥伦比亚等国家和地区，矿床镍平均品位1.53%。目前世界上主要开采的红土镍矿大部分属于此类矿床。如印尼苏拉威西岛Sorowako矿床和新喀里多尼亚Goro矿床。

② 黏土型红土镍矿床（B类）。其以在红土剖面中上部层位出现以蒙脱石（含水铝硅酸盐）为主的黏土类矿物层为特征，主要载镍矿物为含镍蒙脱石和含镍针铁矿。黏土型红土镍矿床主要发育在距赤道较远的南半球大陆，并以澳大利亚西部伊尔冈地遁区（属热带半干旱气候）为发育典型。这类矿床镍平均品位1.21%。如澳大利亚的莫林莫林（Murrin Murrin)、布隆（Bulong）等，以及非洲的Sipilou和Moyango矿床。

③ 氧化物型红土镍矿床（C类）。其以红土带特别发育且腐岩带弱少为特征，含水铁氧化物和氧化物构成红土剖面主要矿物成分，含镍针铁矿是主要载镍矿物。这类矿床镍平均品位1.03%，如澳大利亚考斯（Cawse)、土耳其Caldag矿床。

（2）根据产地气候分类又可将红土镍矿床分为2种类型：湿型和干型。

① 湿型红土镍矿床。该矿床矿石含水量高，通常平均含水量大于30%。此外，其与干型矿床比，具有矿石的硅镁含量低、黏土矿物含量低、成分较单纯、矿石品位高、易于加工处理等特点，且覆盖层通常较薄、易于开采。其主要分布于赤道附近地区，如印度尼西亚、菲律宾以及新喀里多尼亚、巴布亚新几内亚和加勒比海地区。

② 干型红土镍矿床。该矿床矿石含水量低。相对湿型矿床具有矿石的硅镁含量高、黏土矿物含量高、成分复杂且变化大、难于加工处理等特点，且覆盖层通常较厚、开采剥离量大。其主要分布于距赤道较远的热带半干旱气候地区，如澳大利亚西部等地区。

硅酸盐型红土镍矿床大多数在构造活动频繁、热带气候环境和排水系统相对发达的地域内产出，其品位较另两种类型矿床高，平均可达1.53%，而黏土型和氧化物型矿床分别只有1.21%和1.03%。与此相反，黏土型镍矿床主要发育在排水不畅的水文地质环境中。

在新喀里多尼亚、印度尼西亚、菲律宾、巴布亚新几内亚和加勒比海地区等国家或地区产出的红土型镍矿床均属硅酸盐型，此类矿床又被称为湿型矿床。相比之下，在距赤道较远的南半球大陆，如澳大利亚的西澳大利亚州、昆士兰州和新南威尔士州等地，由于受地形地貌特点、排水系统发育程度和半干旱到干旱气候条件影响，红土镍矿床主要为黏土型和氧化物型，此类矿床又被称为干型矿床。蚀变橄榄岩在干燥、过渡及湿润气候条件下形成的典型红土剖面对比见图2-1，各层的主要元素化学成分见表2-3。

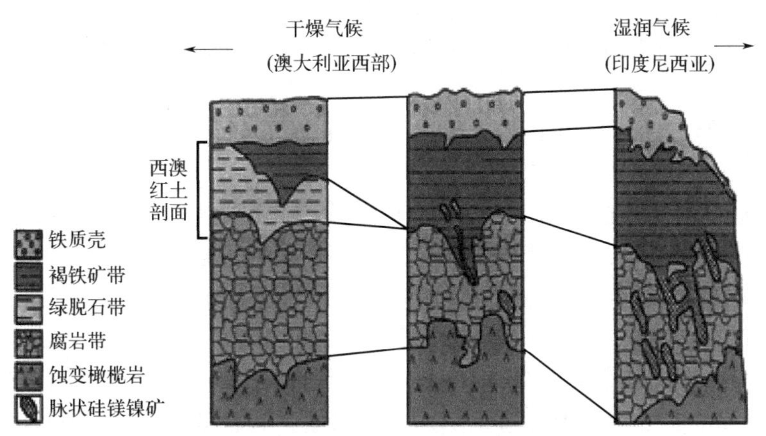

图 2-1　蚀变橄榄岩典型红土剖面对比

表 2-3　蚀变橄榄岩典型红土剖面各层的主要元素化学成分　单位：%（质量）

气候	干燥气候				过渡型气候				湿润气候			
主要成分	Ni	Co	Mg	Fe	Ni	Co	Mg	Fe	Ni	Co	Mg	Fe
铁质壳	0.2～0.5	0.02	0.6	35+	0.2～0.5	0.02	0.6	35+	0.2～0.5	0.02	0.6	35+
褐铁矿层	0.6～1.4	0.1～0.2	1～2	45	1.2～1.7	0.1～0.2	1～2	45	1.2～1.7	0.1～0.2	1～4	45
绿脱石层	1.2	0.08	3.5	18	—	—	—	—	—	—	—	—
腐岩层	0.4	0.02	12.0	9	1.5～3	0.05～0.1	12～20	10～25	1.5～3	0.05～0.1	10～30	10～20

2.2　红土镍矿成矿地质特征

自然界各类岩石中，以超基性岩-橄榄岩含镍最高，但也只有 0.2%左右，不具工业意义。要形成具有经济价值的镍矿，必须经天然的富集作用提高品位。可见要形成红土镍矿床，除了具有良好的母岩条件外，地质作用非常重要。因此，地形地貌、气候条件、排水系统、大地构造、岩石构造、地壳活动和时间等是必不可少的重要控矿因素。红土镍矿床是特殊地质基础和特定地表环境共同耦合作用的产物。

2.2.1　红土镍矿的成矿条件

① 富镁超基性岩并出露是形成红土镍矿的物源基础。基性岩也是红土镍矿的成矿母岩之一。世界上的超基性岩主要有两种产出部位：

a. 产于古老的大陆（地盾）中，超基性岩沿着断裂剪切带侵入，如加拿大、巴西、澳大利亚、非洲、亚洲。这种地区的超基性岩中可有两种矿石类型，加拿大为硫化镍矿，澳大利亚为红土镍矿。

b. 产于蛇绿岩带中，因板块相互碰撞，形成岛弧，在接触处或大陆边缘有超基性岩侵入。这些超基性岩经风化作用使镍富集可形成红土镍矿。在加勒比海地区的古巴、多米尼加、危地马拉及东南亚地区的印尼、菲律宾都属于此类型。

菲律宾岛弧的东西两侧，都有超基性岩呈带状分布，也是红土镍矿及铬铁矿的主要产地。这里的红土镍矿一般赋存在方辉橄榄岩及纯橄榄岩中。因此这两类岩石的发育就成为寻找红土镍矿的前提条件。

镍在超基性岩内以类质同象混入物的形式代替镁而进入硅酸盐矿物晶格，橄榄石是主要载体矿物，其次为斜方辉石和角闪石。基岩的蛇纹石化强度对红土化产物也具有重要影响，中低强度蛇纹石化有利于高品位硅镁镍矿的发育，而未蛇纹化或过度蛇纹石化均不利于矿床发育。

② 气候因素是红土化作用的表生营力，它促成镍元素从母矿中活化释放。赤道附近热带气候，温度大致在30℃以上，年降雨量需500～2540mm。气温越高、湿度越大，化学反应越强烈，有利于岩石风化淋滤。虽然世界上有部分红土镍矿床产于非温暖潮湿的气候带，如俄罗斯乌拉尔红土镍矿位于温带气候、澳大利亚西部红土镍矿位于温暖的半干旱气候，但在数百万年成矿的过程中，当时这些地方的气候可能类似现在的热带、亚热带温暖潮湿气候。

③ 旱、湿季明显。旱季地下水位下降，湿季上升。由于地下水的上下循环，促使岩石分解、交替。有学者认为旱季利于红土剖面淋滤流体中溶解组分达到过饱和。因此，降雨量的交替变化是矿化剖面中出现骨架状硅质网脉的原因。

④ 靠近海岸地区，由于海水蒸发，降雨中的氯化钠含量增高，例如南美近海地区降雨中的氯化钠含量每年可达 $90kg/100m^2$。这可提高镍的溶解度，有利于镍的次生富集。

⑤ 地形地貌影响镍矿体堆积空间。在地貌上低山平台、山脊、山前丘陵等地貌利于矿体堆积，反之高山和沟谷地貌由于强烈剥蚀不利于矿体堆积。

⑥ 构造发育为镍元素活化-淋滤-沉淀提供了良好的通道和空间场所。有学者强调断裂系统，特别是同风化期断裂活动是硅酸盐型红土矿形成的重要条件。如在Kolonodale矿区构造发育主要体现为超基性岩内的密集节理带和同风化期活动的构造断裂带。它们构成了镍元素活化并垂向迁移的主要通道。基岩内由于节理密度发育不均，极易产生差异风化。在矿区平面上，厚大矿体的走向与区域性断裂带走向基本一致。在矿化剖面垂向上硅酸镍矿石常沿断裂带形成楔状和囊状矿体。

⑦ 时间也是红土镍矿床的一个必要成矿条件。由超基性岩风化形成红土镍矿床最短也需要数十万年至数百万年以上的时间，而澳大利亚和巴尔干地区的红土镍矿床，形成时间可能长达数千万年。

2.2.2 红土镍矿垂向分带规律

通过探矿发现，红土型镍矿床的风化壳剖面均有带状发育特点（岩石学垂向分带）。虽然各矿床不尽相同，但可以看出Ni、Fe、SiO_2、MgO、Cr、Al_2O_3从基岩经弱风化、强风化最后变成红土一路走来，其中各元素的含量变化规律。

超基性岩体顶部的红土风化壳剖面存在三个明显的分化带，即从上到下依次为红土带、腐岩带和基岩带。其中红土是指在热带气候条件下，岩石强烈风化作用形成的贫硅和富铁氧化物的表土层，同样的红土也可在亚热带或温带地域中的某些地段找到；腐岩是指化学成分未发生充分改变的基岩（橄榄岩）风化物质，其没有体积的改变，大多仍保留原岩的结构特征，多为红黄色、黄色至浅黄绿色，呈土状、碎块状、块状；基岩是指风化作用发生以后，原来高温高压下形成的矿物被破坏，形成一些在常温常压下较稳定的新矿物，构成陆壳表层风化层，风化层之下的完整的岩石。

按岩性变化将上述三带又可细分为几层，典型硅酸盐型红土矿床一般由6层组成（图2-2），分别为腐殖土层、红色褐铁矿层、黄色褐铁矿层、黄色黏土层（腐岩带上部）、灰绿色硅镁镍矿层（腐岩带下部）及基岩。其中，腐殖土层是黑棕色到黑色含有腐殖质的土壤，厚度为几厘米到几米。腐殖土层镍、钴的含量相对低于下部的褐铁矿层，该层镍钴品位在边界品位以下，是采矿中主要剥离对象。腐殖土层也是矿区复垦的重要表土层，所以剥离过程中需要集中堆存，并合理保护防止被雨水冲走。褐铁矿层又分为红色褐铁矿层和黄色褐铁矿层。红色褐铁矿层为氧化运移的褐铁矿层，厚度从 1～10m 不等，平均厚度小于 3m，含 Ni<0.8%、Co<0.1%、Fe>50%、MgO<0.5%，该层也是采矿剥离的主要对象；黄色褐铁矿层的颜色多样，在微黄褐色、微红褐色到橘黄赭色之间变化，矿层为多孔状，有可塑性，岩石的残余结构比较少，主要矿物有褐铁矿、针铁矿、赤铁矿、少量次生石英和高岭土等，该层是主要的镍和钴矿化层，平均厚度小于 10m，含 Ni 0.8%～1.5%、Co 0.1%～0.2%、Fe 40%～50%、MgO 0.5%～5%，黄色褐铁矿层是主要开采对象。黄色黏土层由红色和黄色疏松黏土组成，其性脆呈土状。该层是由橄榄岩经过长期的强烈风化残留形成的，主要矿物有蛇纹石、橄榄石及少量的褐铁矿和针铁矿等。层厚度一般介于 1～10m，含 Ni 1.5%～4%、Co 0.02%～0.1%、Fe 25%～40%、MgO 5%～15%。该层与上覆的红土层及下伏的硅镁镍矿层之间的界线渐变发育，因此，也有人称该层为过渡层。灰绿色硅镁镍矿层为矿体主要产出部位，由灰绿色风化土状、碎块状、块状蛇纹石化橄榄岩组成。上部风化程度较高，以土状为主，间夹团块状、椭球状半风化橄榄石，沿裂隙或节理多见浸染状翠绿色硅镁镍矿。向下逐渐变为碎块状、块状，岩石的硬度逐渐增加，沿节理或裂隙多见网格状次生石英细脉及翠绿色硅镁镍矿脉和褐黑色铁质薄膜。该层含 Ni 1.8%～3%、Co 0.02%～0.1%、Fe 10%～25%、MgO 15%～35%，厚度一般介于 1～5m。基岩主要在海岸带出露，少部分被探矿工程揭露，主要由原生超基性岩组成，手标本多呈褐绿色、黑褐色、灰绿色等，岩性主要包括蛇纹石化橄榄岩、橄榄岩和二辉橄榄岩等。基岩蛇纹石化强度随出露地区不同而表现出明显差异。该层含 Ni 0.3%、Co 0.01%、Fe 5%、MgO 35%～45%。

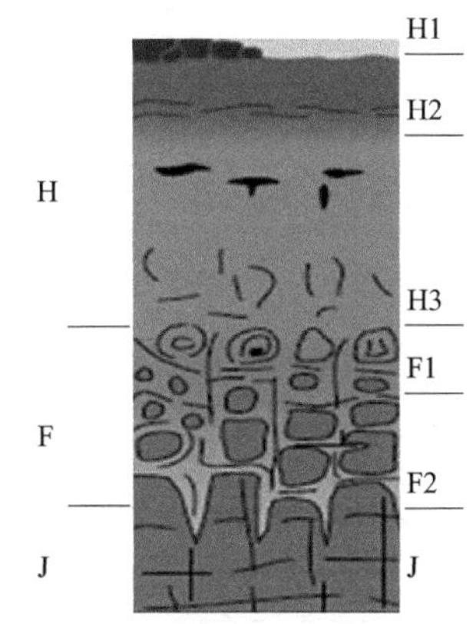

图 2-2　典型硅酸盐型红土矿床剖面图

H—红土带；F—腐岩带；J—基岩带；
H1—腐殖土层；H2—红色褐铁矿层；
H3—黄色褐铁矿层；F1—黄色黏土层；
F2—灰绿色硅镁镍矿层；J—基岩

可见，红土矿床剖面上面两层，即腐殖土层和红色褐铁矿层在采矿时被剥离，最底层基岩层为未风化的超基岩层，含镍在 0.3%以下，一般不开采。因此，红土镍矿床有价值的矿层主要为黄色褐铁矿层、黄色黏土层（过渡层）和灰绿色硅镁镍矿层。

2.2.3　红土镍矿矿化剖面岩石元素的分布

矿物中 Ni、Fe、Al、SiO_2、MgO 元素为主要组分（平均质量分数超过 1%），Ti、Cr、Mn、Co、Cu 和 Ca 等元素属微量组分。根据印尼中苏拉威西省摩落湾利县（Morowali）镍矿红土风化壳及基岩主要化学成分（表 2-4）可看出矿化剖面元素地球化学成分异常显著，各元素在剖面上下分布有如下规律：Al、Fe、Cr 等元素，其含量呈上高下低；SiO_2、MgO 两元素，其含量呈上低下高；Ca、Ni、Mn、Co 等元素，其含量呈中下部高，而顶部和底部均低。

同时，在腐岩下部至地面红土带 Ni 与 Al、Fe、Cr 等元素呈负相关，而与 SiO_2、MgO 正相关。Ni 与 Co、Mn、Ca、Mg 分段相关。Co 与 Mn 正相关。

表 2-4 印尼中苏拉威西省摩落湾利县镍矿红土风化壳及基岩主要化学成分 单位：%

深度/m	Ni	Co	Fe	SiO_2	MgO	Cr	Al	Mn	Ca
1	0.69	0.09	46.7	3.1	1.5	2.22	6.25	0.5	0.01
2	0.73	0.08	47.1	3.9	1.4	2.31	5.78	0.4	0.02
3	0.68	0.11	44.7	2.9	1.2	2.29	7.47	0.61	0.02
4	0.97	0.12	49.6	3.2	1.3	2.06	4.42	0.79	0.01
5	0.95	0.11	44.4	3.7	1.6	2.23	6.79	0.78	0.03
6	1.28	0.1	47.2	4.3	1.9	2.7	3.84	0.71	0.03
7	1.33	0.11	46.6	5	2.3	2.43	3.24	1	0.01
8	1.43	0.05	18	38.2	19.8	0.92	1.05	0.3	1.09
9	1.71	0.05	19.3	37.5	18	1.05	1.1	0.32	0.98
10	1.81	0.04	17.9	39.3	21.2	0.91	1.21	0.28	0.66
10.7	2.3	0.04	14.7	40.9	23.7	0.76	0.87	0.23	0.42
11	1.93	0.04	16.6	41.6	21.1	0.81	1.16	0.28	0.62
12	1.48	0.03	11.4	42.4	29.6	0.5	0.68	0.16	0.26
12.23	1.77	0.03	12.2	41.3	29.3	0.6	0.72	0.16	0.22
13	2.28	0.04	15.7	39.9	22.1	0.75	0.92	0.24	0.43
13.68	2.65	0.04	14.8	40	23.2	0.69	1.15	0.22	0.51
14	2.19	0.03	12.8	39.8	24.5	0.56	2.14	0.18	1.04
15	2.07	0.02	8.6	43.2	31.4	0.43	0.67	0.13	0.38
15.66	0.35	0.02	7.5	41.2	34.1	0.32	0.44	0.1	0.28
16	1.84	0.02	9.6	44.3	27.2	0.44	0.5	0.13	0.24
17	0.34	0.01	7.3	44.8	32.7	0.36	0.45	0.1	0.79
17.51	0.29	0.02	7.7	41.9	35.3	0.32	0.39	0.11	0.35
18	0.3	0.01	6.8	46.5	37.7	0.34	0.42	0.1	0.52
19	0.3	0.01	7.1	45.6	36.9	0.33	0.39	0.1	0.39
21	0.25	0.01	6.2	43.7	37.2	0.3	0.39	0.09	0.27

2.3 红土镍矿矿床形成过程

红土镍矿是超基性岩体风化—淋滤—沉淀的产物，是红土化过程的产物。即出露的基岩经地质作用变成腐岩，腐岩再进一步作用变成红土，最终形成了一个从上到下依次为红土带→腐岩带→基岩带红土风化壳矿化剖面的矿床，这是一个极其漫长的过程。其产出规模、分布范围、品位高低和矿床类型与母岩类型、气候条件、地形地貌和构造条件具有密切关系。对照红土风化壳矿化剖面基岩带→腐岩带→红土带风化程度的递增现象，成矿的过程依富镁超基性岩经地质作用由弱到强的时间序列分 3 个成矿阶段，即腐岩化阶段、红土化阶段和次生富集阶段。

2.3.1 腐岩化阶段

出露地表的超基性岩——橄榄石矿物遭受风化，风化作用自基岩节理和裂隙逐渐向节理块核心发展。由于受氧化作用、水解作用、碳酸作用等表生作用影响，红土化过程中元素迁移行为产生差异。氧化作用会促使基岩原生矿物中的变价元素氧化（如 $Fe^{2+}\rightarrow Fe^{3+}$），形成在表生条件下稳定的较高价次氧化物或氢氧化物。水解作用引起矿物分解，OH^- 离子和矿物中金属阳离子一道溶解于水而被带出，H^+ 与铝酸络阴离子结合形成难溶黏土矿物而残留在风化壳中。碳酸作用对硅酸盐和铝硅盐矿物（如橄榄石、辉石、蛇纹石、蒙脱石等）分解起着重要作用，致使矿物中的阳离子及二氧化硅被带出。生物作用也是加快超基性岩红土化作用的重要因素，微生物的生理活动和有机体的分解，能生成大量的二氧化碳、硫化氢和有机酸等，改变红土剖面的物理化学环境，还可能参与元素地球化学迁移。

受水解作用，在富含二氧化碳和腐植酸的地下水作用下，介质呈酸性反应，橄榄石分解，Fe、Mg、Ni 进入溶液，Si 则形成 SiO_2 胶体，而 Fe 被氧化，形成氧化物后很稳定，多保留在原地（如针铁矿）。辉石和蛇纹石的风化作用晚于橄榄石，其产物多为蒙脱石和铁氧化物，它们多呈母矿物的假象存在。在这些过程中，Ni 与 Mg 随橄榄石和蛇纹石矿物风化而被释放，部分保留在原地被针铁矿吸附或进入晶格，部分进入皂石矿物晶格。风化水解作用使得矿物破碎分解且孔隙度急剧增大，密度可降至基岩的一半。Ni 品位可由基岩增高至 0.6%～0.8%。

2.3.2 红土化阶段

由于风化作用继续发展，岩石孔隙度增高加快了表层淋滤液流动，水解淋滤作用进一步增强，进而使基岩结构完全得到破坏，沿节理破碎的岩石碎块全部变成黏土粒级矿物，完成了红土化过程。该阶段使铁氧化物所占比例进一步提高，红土剖面顶层几乎全被铁氧化物所占据。部分 Ni 被针铁矿吸附（或进入晶格）仍残留原地，部分 Ni 由于针铁矿脱水形成赤铁矿进入淋滤流体向下迁移。该阶段 Ni 矿品位在 0.5%～1%左右。

2.3.3 次生富集阶段

风化作用继续进行，地表风化产物中逐渐富集有机质，产生低 pH 环境。铁氧化物（主要是针铁矿）发生溶解和重新沉淀，其吸附或晶格中的 Ni 被再次释放，并随淋滤溶液向剖面深部迁移。在剖面深部的腐岩带，特别是基岩节理裂隙或风化断裂带，碱性环境利于镍以弱酸性的重碳酸盐溶液沉淀，并且通过与淋滤液中的 Si 和 Mg 反应而生成含镍的层状硅酸盐，即暗镍蛇纹石类矿物。当淋滤流体中富 Si 时，暗镍蛇纹石矿物常和石英共生沉淀，形成胶状环带构造。与此同时，淋滤溶液中的 Ni 可与原腐岩带中蛇纹石、蒙脱石类矿物进行离子交换反应。在该阶段，腐岩化阶段形成矿物与淋滤沉淀次生矿物共存，在淋滤沉淀以及离子交换等次生富集作用下，Ni 品位可提高至 1.5%左右，最高可达 8.71%。

由上述成矿过程知镍的赋存规律：在红土剖面中上部的 Ni 被铁质氢氧化物捕获（如针铁矿）；向下迁移到红土层下部的 Ni 被富集于硅镁镍矿（镍蛇纹石、镍滑石）和含镍黏土（镍蒙脱石、镍绿泥石）系列矿中。

2.4 红土镍矿矿物

通常红土镍矿石中的矿石矿物几乎与残余红土和腐岩层的主要矿物组成大体一致，即残余红土主要为褐铁矿；腐岩层主要是层状硅酸盐，如蛇纹石、滑石及少量的绿泥石，及其他少量含镍矿物，如铬铁矿、赤铁矿等。矿石中的脉石矿物为次生石英、少量黏土矿物和次生碳酸盐，偶见少量的硫化物，如黄铁矿、黄铜矿、镍黄铁矿等。基岩和含矿岩石中可见到含镍较低的橄榄岩的原生矿物，如橄榄石、斜方辉石、单斜辉石、闪石和含镍较低的蛇纹石等，它们也有可能成为脉石矿物。

红土镍矿中常见的矿物为氧化物、氢氧化物及硅酸盐、含水硅酸盐等。

2.4.1 氧化物、氢氧化物矿物

(1) 褐铁矿　褐铁矿［成分 $FeO(OH) \cdot nH_2O$］是含水氧化铁矿石，是由其他矿石风化后生成的。它并不是一个矿物种，而是针铁矿、纤铁矿、水针铁矿、水纤铁矿以及含水氧化硅、泥质等的混合物。其化学成分变化很大，含水量变化也大。褐铁矿的化学式为 $nFe_2O_3 \cdot mH_2O(n=1\sim3、m=1\sim4)$，常脱水成赤铁矿。

褐铁矿呈褐色、棕褐色、黑褐色。外形一般为土状、豆状、多孔状、蜂窝状和葡萄状，也有像黄铁矿那样的晶体形状（称为假象）。其硬度随矿物形态而异，一般 1～4。无解理、无磁性。褐铁矿是氧化条件下极为普遍的次生物质，在矿床表面形成的红色铁帽是找矿的标志。红土镍矿也是以此为标志找矿。

镍通常以吸附和晶格替代形式赋存在褐铁矿物中，含镍褐铁矿通常储藏于氧化矿床的表层。褐铁矿主要含有含水针铁矿［$FeO(OH)$］，高度分散的氧化镍（NiO）和三氧化二铁嵌在其中，即为含镍褐铁矿 $(Fe, Ni)O(OH) \cdot nH_2O$。含镍褐铁矿 $(Fe, Ni)O(OH) \cdot nH_2O$ 中，氧化镍主要是与铁的氧化物组成固溶体存在。

(2) 针铁矿　针铁矿［成分 $FeO(OH)$］是一种水合铁氧化物，化学式为 α-$FeO(OH)$，含 Fe 62.9%。若该矿物继续发生水合作用，含不定量的结晶水，所产生的亚种叫作水针铁矿，即 $FeO(OH) \cdot nH_2O$。褐铁矿实际上是由针铁矿和纤铁矿继续水化而形成的无定形矿物，由于它通常是不纯的，或者说它会包含这两种原生矿物，所以现在人们不把它认为是一种独立矿物。在大多数发现的褐铁矿中，原生矿物是以针铁矿为主体的。

晶体形态：斜方双锥晶类，晶体平行 c 轴呈针状、柱状并具纵纹，或平行 b 成薄板状或鳞片状。常见单形有斜方柱。莫氏硬度 5～5.5，相对密度 4.38。颜色为褐黄至褐红色，条痕为褐黄色，金属光泽。

(3) 纤铁矿　纤铁矿［成分 $FeO(OH)$］是氢氧化物矿物，它是褐铁矿的组成矿物之一，但纤铁矿比较少见，化学式为 γ-$FeO(OH)$，含 Fe 62.9%。若该矿物继续发生水合作用，含不定量的结晶水，所产生的亚种称为水纤铁矿，即 $FeO(OH) \cdot nH_2O$。它一般为鳞片状、纤维状或块状，红到红褐色，条痕橘红色。莫氏硬度 5，相对密度 4.09，半金属光泽。纤铁矿与针铁矿多呈同质多象产出。

(4) 赤铁矿　赤铁矿（成分 Fe_2O_3）晶体属三方晶系的氧化物矿物。与等轴晶系的磁赤铁矿成同质多象。晶体常呈板状；集合体通常呈片状、鳞片状、肾状、鲕状、块状或土状等。颜色种类多，呈土红、暗红、猪肝色、鲜红色、钢灰色和铁黑色，故又称红铁矿。条痕均为棕红色。金属至半金属光泽。莫氏硬度 5.5～6.5，相对密度 4.9～5.3，无解理。呈铁黑色、金属光泽、片状的赤铁矿称为镜铁矿；呈钢灰色、金属光泽、鳞片状的称为云母赤铁矿。赤铁矿形成肾状时，称为肾铁矿。

2.4.2 硅酸盐、含水硅酸盐矿物

这是一类由金属阳离子与硅酸根化合而成的含氧酸盐矿物。硅和氧是地壳中分布最广的两种元素，其克拉克值分别为 27.72% 和 46.60%。由硅、氧和其他金属氧离子组成的硅酸盐矿物是组成地壳的物质基础，是构成地壳、上地幔的主要矿物，估计占整个地壳的 90% 以上。镍主要是以晶格取代的方式赋存在硅酸盐矿物中，如蛇纹石 $Mg_6[Si_4O_{10}](OH)_8$ 中的 Mg^{2+} 可被 Ni^{2+} 顶替，则成硅镁镍矿 $(Ni, Mg)_6Si_4O_{10}(OH)_8$。

虽然组成硅酸盐矿物的元素不多，仅 40 余种。但由这些元素组成的矿物却已有 800 多种，约占已知矿物种类的 1/4 还多。其中除了构成硅酸根所必不可少的 Si 和 O 以外，作为金属阳离子存在的主要是 Na^{+}、K^{+}、Mg^{2+}、Ca^{2+}、Ba^{2+}、Al^{3+}、Fe^{2+}、Fe^{3+}、Mn^{2+}、Mn^{3+}、Cr^{3+}、Ti^{3+}等元素。此外，还有 OH^{-}、O^{2-}、F^{-}、Cl^{-}、CO_3^{2-}、SO_4^{2-} 等以附加阴离子的形式存在。在硅酸盐矿物的化学组成中广泛存在着类质同象替代，除金属阳离子间的替代非常普遍外，经常有 Al^{3+}，同时有 Be^{2+}或 B^{3+}等替代硅酸根中的 Si^{4+}，从而分别形成铝硅酸盐、铍硅酸盐和硼硅酸盐矿物。此外，少数情况下还可能有 OH^{-} 替代硅酸根中的 O^{2-}。

由于在矿物中仅有硅灰石膏（或再加上斯石英）属于六氧硅酸盐，因而硅酸盐矿物的分类实际上只限于四氧硅酸盐矿物。四氧硅酸盐结构中一个硅的周围都有四个氧，形状成四面体。硅氧四面体是一切硅酸盐矿物的基本结构单位。根据硅氧络阴离子骨干中［ZO_4］四面体（Z 主要为 Si^{4+}，还可为类质同象替代 Si^{4+}的 Al^{3+}、Be^{2+}、B^{3+}等）的连接形式而划分为岛状、环状、链状、层状和架状五种结构形式，硅酸盐矿物相应分为岛状、环状、链状、层状和架状构造五类硅酸盐。

（1）蛇纹石　蛇纹石［成分 $(Mg, Fe, Ni)_3Si_2O_5(OH)_4$］是一种含水的富镁硅酸盐矿物的总称，如叶蛇纹石［成分 $(Mg, Fe)_3Si_2O_5(OH)_4$］、利蛇纹石［成分 $Mg_3Si_2O_5(OH)_4$］、纤蛇纹石［成分 $Mg_3Si_2O_5(OH)_4$］等。它们都是含 OH^{-} 的镁质层状硅酸盐矿物，化学成分通式为 $A_6[Si_4O_{10}](OH)_8$，A 主要为 Mg^{2+}，Fe^{2+}、Ni^{2+}可代替 Mg^{2+}，呈绿色、浅灰、白色或黄色等。因为它们往往是青绿相间像蛇皮一样，故此得名。蛇纹石的结构常会有卷曲状，像纤维一样，称呈纤维状集合体者为蛇纹石石棉。块状或纤维状的蛇纹石都会具有光泽，块状如蜡，纤维状如丝。

晶系：单斜。结晶状态：晶质集合体，常呈细粒叶片状或纤维状。光泽：蜡状光泽至玻璃光泽。解理：{001} 解理完全。莫氏硬度：2.5～3.5。相对密度：2.83。光性特征：非均质集合体。多色性：无。

（2）滑石　滑石［成分 $Mg_3Si_4O_{10}(HO)_2$］是热液蚀变矿物。富镁矿物经热液蚀变常变为滑石，故滑石常呈橄榄石、顽火辉石、角闪石、透闪石等矿物假象。滑石是一种常见的硅酸盐矿物，它非常软并且具有滑腻的手感。柔软的滑石可以代替粉笔画出白色的痕迹。滑石一般呈块状、叶片状、纤维状、放射状集合体，颜色为浅绿到深绿、白色、灰白色，并且会因含有其他杂质而带各种颜色。光泽：块状脂肪光泽，片状集合体珍珠光泽。透明度：半透明。条痕：白色。晶系：三斜晶系。莫氏硬度：1。相对密度：2.58～2.83。

（3）绿泥石　绿泥石 $(Mg, Al, Fe)_6[Si_4O_{10}](OH)_8$，层状结构硅酸盐矿物。通常所称的绿泥石，指主要为 Mg 和 Fe 的矿物种，即斜绿泥石 $(Fe^{2+}, Mg, Fe^{3+})_5Al(Si_3, Al)O_{10}(OH, O)_8$、鲕绿泥石 $(Mg, Fe)_3Fe_3(Al, Si_3)O_{10}(OH)_8$ 等。

绿泥石多型发育，多型的种类与其成分的变化和形成条件有关。晶体呈假六方片状或板状，薄片具挠性，集合体呈鳞片状、土状。颜色随含铁量的多少呈深浅不同的绿色。玻璃光泽至无光泽，解理面上呈珍珠光泽。相对密度 2.6～3.3，莫氏硬度 2～3。绿泥石主要是中、低温热液作用、浅变质作用和沉积作用的产物。在火成岩中，绿泥石多是辉石、角闪石、黑云母等蚀变的产物。富铁绿泥石主要产于沉积铁矿中。

（4）蒙脱石　蒙脱石又名微晶高岭石，是一种硅铝酸盐，是由颗粒极细的含水铝硅酸盐构成的层状矿物，因其最初发现于法国的蒙脱城而命名。蒙脱石主要由基性火成岩在碱性环境中风化而成，也有的是海底沉积的火山灰分解后的产物。蒙脱石为膨润土的主要成分。

化学式：$(Al, Mg)_2[Si_4O_{10}](OH)_2 \cdot nH_2O$。中间为铝氧八面体，上下为硅氧四面体所组成的三层片状结构的黏土矿物，常呈土体块状。在晶体构造层间含水及一些交换阳离子，有较高的离子交换容量，具有较高的吸水膨胀能力。颜色：白色，有时为浅灰、粉红、浅绿色。光泽：光泽暗淡。晶系：单斜晶系。莫氏硬度：2～2.5。晶体惯态：片状的晶体。

绿脱石又称绿高岭石、囊脱石，实际上是一种含铁的蒙脱石，主要是超基性岩中铁镁矿物风化分解后所形成的次生矿物。单斜晶系。通常呈隐晶质土状和致密块状集合体。黄绿或褐绿色。致密块状者呈蜡状光泽。贝壳状断口。莫氏硬度 2～2.5。相对密度 1.7～1.9。化学成分 $Na_{0.33}Fe_2^{3+}[(Al,Si)_4O_{10}](OH)_2 \cdot nH_2O$，有时含镍，含镍的绿脱石可作为镍矿石利用。

(5) 高岭石　高岭石［成分 $Al_2Si_2O_5(OH)_4$］(别称观音土、白鳝泥、膨土岩) 是长石和其他富含铝的硅酸盐矿物在酸性介质条件下，经风化作用形成的产物，是一种含水的层状结构铝硅酸盐。该矿物包括高岭石、珍珠陶土和埃洛石，它们总是以极微小的微晶或隐晶状态存在，并以块状、致密集合体和土状或黏土块状体产出。

颜色：白色和无色至浅黄色、浅棕色、浅红色或浅蓝色。条痕：白色。光泽：珍珠到暗淡或土状。透明度：透明至半透明。晶系：三斜晶系。解理：完全底面。断口：无断口，土状。莫氏硬度：2～2.5。相对密度：2.60～2.63。晶体惯态：黏土状。

(6) 辉石　辉石是一种常见的造岩硅酸盐矿物，主要广泛存在于火成岩和变质岩中，由硅氧分子链组成主要构架，晶体结构为单斜晶系或正交晶系，主要成分为 $XY(Si,Al)_2O_6$，其中 X 代表 Ca、Na、Mg 和 Fe^{2+} 等种类的离子。Y 代表较小的离子如 Cl、Al、Fe^{3+}、V、Sc 等。

辉石族分类：辉石族矿物属于链状结构硅酸盐，是最主要的造岩矿物之一。辉石可以结晶成正交晶系或单斜晶系，因此可分为两个亚族，即正辉石亚族（顽火辉石、古铜辉石、紫苏辉石、正铁辉石）和斜辉石亚族（透辉石、钙铁辉石、普通辉石、霓石、霓辉石、硬玉、锂辉石）。

① 顽火辉石（成分 $Mg_2Si_2O_6$）形成于基性岩和超基性岩中，偶尔形成柱状晶体，常以块状、纤维状或片状集合体产出。颜色：无色、绿色、棕色或浅黄色。条痕：无色或灰色。透明度：透明到几乎不透明。玻璃或珍珠光泽。相对密度：3.2～3.4。莫氏硬度：5～6。解理：良好。

② 紫苏辉石［成分 $(Mg, Fe)_2Si_2O_6$］形成于超基性岩和基性岩中，偶尔形成柱状晶体，常以块状或片状集合体产出。颜色：棕绿色或黑色。条痕：棕灰色。透明度：半透明到不透明。半金属光泽。相对密度：3.4～3.8。莫氏硬度：5～6。解理：良好。

③ 透辉石（成分 $CaMgSi_2O_6$）形成于许多变质岩和基性岩中，短柱状晶体，常成双晶，集合体块状、片状、粒状和柱状。颜色：无色、白色、灰色、绿色、绿黑色、黄棕色或红棕色。条痕：白色到灰色。透明度：透明到几乎不透明。玻璃光泽。相对密度：3.22～3.38。莫氏硬度：5.5～6.5。解理：良好。

④ 钙铁辉石（成分 $CaFeSi_2O_6$）形成于大理岩和多种岩浆岩中，短柱状晶体，常成双晶，常见的是块状、刃状或片状集合体。颜色：棕绿色、灰绿色或暗绿色到灰黑色或黑色。条痕：白色或灰色。透明度：半透明到几乎不透明。玻璃到松脂或暗淡光泽。相对密度：3.50～3.56。莫氏硬度：6。解理：良好。

⑤ 普通辉石［成分（Ca，Na）（Mg，Fe，Al，Ti）（Si，Al）$_2$O$_6$］形成于多种基性岩、超基性岩和深变质岩中，短柱状晶体，常成双晶，以块状、致密状和粒状集合体产出。颜色：浅绿色或黑色。条痕：灰绿色。透明度：半透明到几乎不透明。玻璃到暗淡光泽。相对密度：3.23～3.52。莫氏硬度：5.5～6。解理：良好。

⑥ 硬玉［成分 $Na(Al, Fe)Si_2O_6$］形成于蛇纹岩化超基性岩和某些片岩中，还见于小矿脉以及燧石和杂砂岩透镜体。硬玉很少形成晶体，形成时，呈细长的小柱状晶体，且常成双晶。常见的是以块状或粒状集合体产出。颜色：绿色、白色、灰色、紫红色等。条痕：无色。透明度：半透明。玻璃到油脂光泽。相对密度：3.24。莫氏硬度：6～7。解理：良好。

⑦ 锂辉石（成分 $LiAlSi_2O_6$）形成于花岗伟晶岩中，柱状晶体，常扁平，成双晶，且柱面上有纵纹，有时晶体可能很大，还可以劈裂的块体产出。颜色：无色、白色、灰色、浅黄色、浅绿色、祖母绿色、粉红色或淡紫色。条痕：白色。透明度：透明到半透明。玻璃光泽。相对密度：3.0～3.2。莫氏硬度：6.5～7.5。解理：完全。

（7）闪石　闪石是常见的硅酸盐矿物，是火成岩和变质岩的主要造岩矿物。晶体一般为细长的针状和纤维状，根据化学成分的不同，具有多个种类，如普通角闪石、斜方角闪石、铁闪石、蓝闪石、钠闪石、透闪石、钠铁闪石、碱锰闪石等等。

① 普通角闪石［成分 $Ca_2(Mg, Fe)_4Al(Si_7Al)O_{22}(OH, F)_2$］形成于岩浆岩，也见于变质岩、角闪岩，晶体柱状，常成双晶，以块状、致密状、粒状、柱状、刃片状和纤维状集合体产出。颜色：绿色、棕绿色或黑色。条痕：白色或灰色。透明度：半透明到不透明。玻璃光泽。相对密度：3.28～3.41。莫氏硬度：5～6。解理：完全。

② 斜方角闪石［成分 $(Mg, Fe)_7Si_8O_{22}(OH)_2$］形成于结晶片岩和片麻岩，晶体柱状，常成双晶，常以块状、纤维状或片状集合体产出。颜色：白色到灰色、浅绿色、棕绿色和棕色。条痕：无色或灰色。透明度：透明到几乎不透明。玻璃光泽。相对密度：2.85～3.57。莫氏硬度：5.5～6。解理：完全。

③ 铁闪石［成分 $(Fe, Mg)_7Si_8O_{22}(OH)_2$］形成于接触变质的岩石中，晶体纤维状或片状，并常聚成放射状集合体，常成双晶。颜色：灰色、暗绿色或棕色。透明度：半透明到几乎不透明。丝绢光泽。相对密度：3.44～3.60。莫氏硬度：5～6。解理：良好。

④ 蓝闪石［成分 $Na_2(Mg, Fe)_3Al_2Si_8O_{22}(OH)_2$］是低温高压下形成的变质岩，晶体柱状，集合体块状、纤维状和粒状。颜色：灰色、蓝色、蓝黑色或紫蓝色。条痕：灰蓝色。透明度：半透明。玻璃到暗淡或珍珠光泽。相对密度：3.08～3.15。莫氏硬度：6。解理：完全。

⑤ 钠闪石［成分 $Na_3(Fe^{2+}, Mg)_4Fe^{3+}Si_8O_{22}(OH)_2$］形成于许多岩浆岩和片岩中，晶体柱状，晶面上有纵纹，还以块状、纤维状和石棉状集合体产出。颜色：深蓝色到黑色。条痕：未定。透明度：半透明。玻璃或丝绢光泽。相对密度：3.32～3.38。莫氏硬度：5。解理：完全。

⑥ 透闪石［成分 $Ca_2(Mg, Fe)_5Si_8O_{22}(OH)_2$］形成于接触变质白云岩及蛇纹岩，晶体呈长刃片状，常成双晶，还以柱状、纤维状或羽毛状以及块状和粒状集合体产出，与阳起石属于同一亚族。颜色：无色、白色、灰色、绿色、粉红色或棕色。条痕：白色。透明度：透明到半透明。玻璃光泽。相对密度：2.9～3.2。莫氏硬度：5～6。解理：良好。

⑦ 钠铁闪石［成分 $Na_3(Fe, Mg)_4FeSi_8O_{22}(OH)_2$］形成于岩浆岩（正长岩）和变质岩（片岩）中，晶体柱状和板状，通常呈集合体，常成双晶。颜色：绿黑色到黑色。条痕：深蓝灰色。透明度：几乎不透明。玻璃光泽。相对密度：3.37～3.50。莫氏硬度：5～6。解理：完全。

⑧ 碱锰闪石［成分 $Na_2Ca(Mg,Fe)_5Si_8O_{22}(OH)_2$］形成于碱性岩以及接触变质石灰岩中，晶体长柱状。颜色：棕色、黄色、棕红色，或从淡绿色到深绿色。条痕：淡黄色。透明度：透明到半透明。新鲜面呈玻璃光泽。相对密度：2.97～3.13。莫氏硬度：5～6。解理：完全。

（8）橄榄石　橄榄石（成分 Fe_2SiO_4-Mn_2SiO_4）是一种相当常见的造岩矿物，也是岩浆结晶时最早形成的矿物之一，主要成分是铁或镁的硅酸盐，同时含有锰、镍、钴等元素，多见于辉长岩、玄武岩和橄榄岩之类的暗色基性或超基性火成岩。共生矿物有钙斜长石和辉石。橄榄石主要是由 Mg_2SiO_4 和 Fe_2SiO_4 两个端员组分形成的完全类质同象混晶体。在富铁的成员中有时有少量的 Ca^{2+} 及 Mn^{2+} 置换其中的 Fe^{2+}，而富镁的成员则可有少量的 Cr^{3+} 及 Ni^{2+} 置换其中的 Mg^{2+}，此外还可含有微量的 Fe^{3+}、Zn^{2+} 等。作为橄榄石矿物系列代表的端员成分，镁橄榄石（Mg_2SiO_4）形成于基性岩和超基性岩，也见于大理岩。另一端员成分代表矿物是铁橄榄石（Fe_2SiO_4），形成于快速冷却的酸性盐。

橄榄石是一种岛状结构硅酸盐矿物，化学分子式为 $(Mg,Fe)_2SiO_4$，属斜方晶系。晶体呈现短柱状或厚板状，且末端常呈楔形，一般呈块状、致密状和粒状集合体。颜色：绿色、绿黄色、黄绿色、橄榄绿色、棕色和白色。玻璃光泽。透明度：透明到半透明。莫氏硬度 6.5～7.0。相对密度：3.27～4.32。解理：不完全。

橄榄石因其颜色多为橄榄绿色而得名。橄榄石变质可形成蛇纹石或菱镁矿。橄榄石与石英不共生，因此中性岩与酸性岩皆不存在橄榄石。

（9）海泡石　海泡石［成分 $Mg_4Si_6O_{15}(OH)_2 \cdot 6H_2O$］形成于蛇纹岩风化壳，以块状、纤维状、致密状、土状和结核状集合体产出。颜色：白色、浅红色、浅黄色、浅灰色或蓝绿色。条痕：浅白色。透明度：不透明。暗淡光泽。相对密度：2。莫氏硬度：2～2.5。解理：未定。

（10）硅镁镍矿　硅镁镍矿［成分 $(Ni,Mg)_6Si_4O_{10}(OH)_8$］是岩浆岩中的硫化镍受热液蚀变所形成的，晶体片状，也以微晶皮壳状和块状产出。颜色：白色、鲜绿色。条痕：浅绿色。透明度：透明到不透明。油脂状、蜡状或土状光泽。相对密度：2.3～2.5。莫氏硬度：2～4。解理：无。

2.5 红土镍矿矿床举例

地壳上红土镍矿矿床主要是围绕赤道在南、北回归线之间热带区域分布的，如古巴、哥伦比亚和巴西，东南亚的印度尼西亚、菲律宾、缅甸，大洋洲的澳大利亚、新喀里多尼亚和巴布亚新几内亚等。下面介绍五个矿床：菲律宾棉兰老岛 TUBAY 地区矿床、印尼东南苏拉威西省北科纳威县矿床、印尼中苏拉威西省 Morowali 县矿床、菲律宾迪纳加特群岛瓦伦西亚矿床和缅甸达贡山矿床。

2.5.1 菲律宾棉兰老岛 TUBAY 地区红土镍矿床

有学者（石文堂）对菲律宾棉兰老岛 TUBAY 地区红土镍矿的矿物组成进行了研究，其中对不同粒级矿物试样进行的化学成分分析、矿物赋存状态试验很有意义。

该矿床剖面分层明显，即由上至下为红土层、腐岩层和基岩层。其中将红土层分为铁帽层和褐铁矿层。铁帽层：矿床上部的呈巧克力色的风化充分的矿层，这里定义为第一层。一般矿物中含铁较高，含镍低（<0.8%），在采矿时被剥离。褐铁矿层：在铁帽层之下黄褐色的矿，视为第二层，含铁45%左右，镍的品位为1.0%～1.5%，镁的含量低于3%。过渡层：在红土层下部腐岩层上部两层接触过渡区，呈黄色的矿层，视为第三层，含铁30%左右，镍的含量在1.5%左右。腐岩层（中下部）：在过渡层之下呈绿黄色的矿层，视为第四层，含镍1.5%以上，镁的含量明显上升，一般在15%左右，铁的含量为10%～15%。基岩层：未风化的超基岩层，视为第五层，含镍在0.2%以下，一般不开采。

对有价值的可成为红土矿石的褐铁矿层、过渡层和腐岩层矿石取试样，分别对其进行化学成分分析、物相分析和镍的赋存状态实验研究。

（1）化学成分　首先利用X射线荧光光谱仪对样品矿石进行全元素半定量检测分析，以确定样品的化学成分，为物相组成分析提供依据，并在此基础上，再用等离子发散光谱仪（ICP）对矿石的主要成分进行定量分析，确定矿石的准确化学成分。各层矿石的化学成分见表2-5。

表2-5　各层矿石的化学成分　　单位：%

层位	Ni	Co	Fe	Si	Mg	Al	Mn	Cr	Ti	Ca	P	S
第二层	1.12	0.16	34.8	2.20	3.50	1.50	0.74	1.27	0.03	0.38	0.03	0.08
第三层	1.86	0.05	21.20	14.28	9.55	1.53	0.39	0.41	0.03	0.24	0.03	0.06
第四层	1.64	0.02	8.37	19.28	29.30	0.41	0.13	0.13	0.02	0.26	0.04	0.03

通过对试样粒度以及各粒级矿物的化学成分进行分析，可以明确试样不同粒级中各元素的分布情况，从而确定目标金属在矿石中的嵌布状况。通过筛分以及化学成分分析的方法，对试样的粒度组成和各粒级化学成分分布进行分析，化学分析采用ICP进行检测。不同粒级的矿物化学成分见表2-6。

表2-6　不同粒级的矿物化学成分

层级	粒径/mm	Mn含量/%	Mg含量/%	Al含量/%	Ni含量/%	Co含量/%	Fe含量/%	Cr含量/%	Ca含量/%	占比/%
二	0.25～0.42	0.43	6.79	1.08	0.68	0.07	22.10	0.75	0.37	8.90
	0.18～0.25	0.60	7.07	1.40	0.91	0.11	30.01	1.00	0.37	11.72
	0.15～0.18	0.69	6.74	1.43	0.95	0.13	30.02	1.05	0.37	13.81
	0.12～0.15	0.91	5.22	1.64	1.16	0.18	36.30	1.29	0.34	27.35
	0.10～0.12	0.97	2.55	1.85	1.33	0.20	43.28	1.35	0.28	26.52
	−0.10	0.90	1.68	1.95	1.35	0.19	46.30	1.51	0.25	12.70
三	0.25～0.42	0.29	7.76	1.26	1.10	0.04	14.70	0.27	0.27	6.91
	0.18～0.25	0.48	9.40	1.38	1.65	0.05	19.80	0.42	0.25	12.73
	0.15～0.18	0.41	10.34	1.51	1.76	0.05	21.23	0.42	0.28	11.85
	0.12～0.15	0.42	10.35	1.62	1.75	0.05	20.68	0.41	0.23	28.33
	0.10～0.12	0.43	10.33	1.61	1.86	0.05	22.60	0.42	0.20	21.58
	−0.10	0.44	10.01	1.58	1.95	0.05	23.70	0.43	0.21	18.60

从分析结果可以看出：第二层试样中不同粒级的矿物化学成分有一定差别。试样中镁的含量随着矿石粒径的增大而升高，说明颗粒越大，其风化程度越不完全。并且颗粒越粗，有价金属镍、钴的含量越低，故可以采取筛分的方法对矿石进行简单选矿，分离出少量的低品位大颗粒矿石，以降低冶金过程的消耗。同时，矿石的粒径越小，其钴的含量越高，并且锰含量的变化趋势与钴基本相同。因此，可以初步判断，矿石中的钴和锰的赋存状态有较强的关联。有关研究也认为，红土镍矿中大部分锰存在于二氧化锰颗粒中，说明该样品中的钴主要赋存在二氧化锰颗粒中。铁含量的变化趋势与镁相反，颗粒越细的矿物中铁的含量越高，

同时镍和铬的含量也略有升高，说明褐铁矿层红土矿镍中的镍有可能主要赋存于铁的矿物中。总体而言，镍在各粒级矿物中的含量变化趋势不大，除粒径在 0.25～0.42mm 之间矿物中镍含量较低外，其他粒径的矿物中镍的含量基本都在 1%左右，因此，无法采用常规选矿法对矿石进行选矿富集。从上述分析可知，试样中不同粒径矿物化学成分不尽相同，其中铁和镁的含量变化较大，而镍、钴含量变化不大。

第三层试样中不同粒级的矿物化学成分差别不大。除 0.25～0.42mm 粒径范围的化学成分与其他粒级有较大差别外，其余各粒级的差别不大。总的趋势为，试样中镁的含量随着矿石粒径的增大而降低，同时镍的含量也随着粒径增大而降低，说明矿石中部分镍可能存在于镁的矿物中。而钴和锰的含量变化趋势相同，基本不随矿石粒径的变化而变化，说明钴和锰在矿物中分布比较均匀，同时大部分钴也是存在于氧化锰颗粒中。铁的含量随矿石粒径增大而降低，其变化趋势跟镍相同，说明部分镍可能与铁矿物共存。由于各粒径的矿石中的有价金属镍和钴的含量变化不大，说明富含有价金属的矿物无法与其他矿物进行解离，因此不能采用选矿的方法对矿石中的镍、钴进行富集。也说明该矿石中存在独立镍矿物的可能性较小。

（2）矿物组成　采用 X 射线衍射仪、扫描电子显微镜、能谱仪以及热重分析仪对矿物物相组成进行分析研究。

第二层、第三层、第四层试样 X 射线衍射结果见图 2-3～图 2-5。

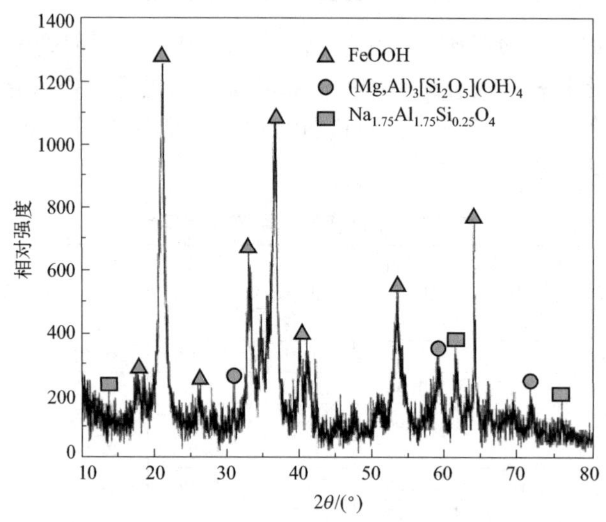

图 2-3　第二层试样 X 射线衍射图谱

从图 2-3 可以看出，第二层红土镍矿主要矿物为针铁矿（占 80%以上），并含有少量的绿脱石、赤铁矿、蛇纹石等，说明该矿石为褐铁矿层红土镍矿。图中未显示含镍矿物，表明镍可能主要是以晶格取代形式存在于针铁矿中，没有单独的镍矿物。通过扫描电镜和能谱对试样进一步分析，试样中不同粒径的矿物化学成分差别不大，其主要矿物为铁的氧化物，镍主要赋存于铁的矿物中。矿物中铬、硅、铝的含量也较高，但是脉石成分较少。通过对不同粒径矿物的能谱分析，可确定矿石中不存在独立的镍矿物，其中粒径为 5μm 和 1μm 矿物化学组成基本相同，说明该矿物不能通过磨矿的方式，对矿石中不同矿物进行解离，因此无法采用分选的方式对有价矿物进行富集。

从图 2-4 可以看出，第三层红土镍矿的主要矿物为蛇纹石、高岭石、针铁矿、赤铁矿等，其中主要矿物为蛇纹石，镍主要赋存于针铁矿以及镁的硅酸盐中，主要以非结晶或弱结晶以及类质同象的形态存在于硅酸盐矿物中，少部分存在于针铁矿的晶格中。通过扫描电镜以及能谱分析，进一步确定其矿物组成及分布状况。结果显示矿物中硅和镁的含量较褐铁矿有所升高，铁的含量有所降低，矿物中主要元素为铁、硅、镁、氧，说明矿物物相主要为铁和镁的硅酸盐。

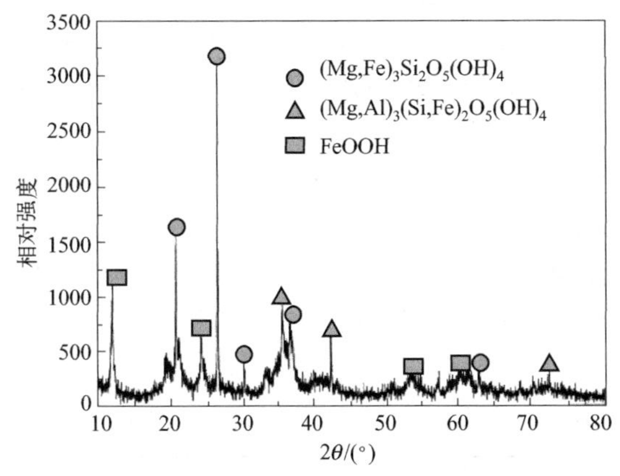

图 2-4 第三层试样 X 射线衍射图谱

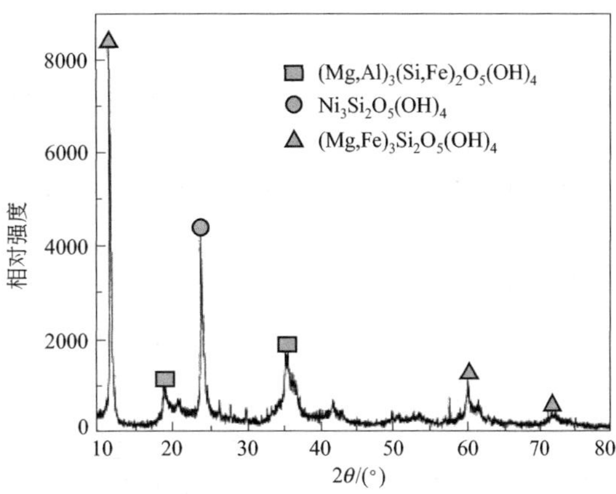

图 2-5 第四层试样 X 射线衍射图谱

由图 2-5 可以看出，第四层红土镍矿的主要物相为利蛇纹石、镍绿泥石、蒙脱石等，其中大部分为利蛇纹石，其主要特征表现为高镍低铁高镁富硅。镍主要以吸附状态或类质同相形态存在于镁或铁的硅酸盐矿物中。

(3) 镍的赋存状态研究　一般情况下，在红土镍矿中无单独的镍矿物，镍主要是以吸附和晶格取代形式赋存于矿物中。其中：

① 吸附　附着在非晶型或弱晶型针铁矿中，主要是以物理吸附作用存在，因此易于被浸出；以弱吸附的形式存在于晶体状针铁矿表面，其吸附作用表现为化学吸附，需采用较强的酸才能被浸出。

②晶格取代　如含镍褐铁矿（Fe，Ni)O(OH)·nH$_2$O、硅镁镍矿（Ni，Mg)$_6$Si$_4$O$_{10}$(OH)$_8$：镍以晶格取代的方式存在于矿物中，其在矿物中的结合形式最为牢固，在常压条件下，需采用强酸才能被完全浸出。

试验研究采用串级浸出的方式确定矿石中不同赋存状态镍的含量。首先将矿石样品磨至−40 目以下，样品混匀后，取 50g 进行浸出试验。先将样品用 0.2mol/L 草酸-草酸铵进行浸出，以确定矿石中以物理吸附形式存在的镍含量；浸出矿浆经过滤后，用稀 H_2SO_4 (0.1mol/L) 对浸出渣进行继续浸出，以确定针铁矿表面化学吸附的镍含量；最后用浓 HCl (11mol/L) 继续浸出硫酸浸出残留渣，以确定矿样中以晶格替代形式存在的镍量。浸出时间为 2h，浸出温度为 80℃。

第二层、第三层、第四层红土镍矿的赋存状态试验结果见表 2-7～表 2-9。

表 2-7　第二层红土镍矿的赋存状态试验结果

浸出剂	矿石中金属量/mg			各元素浸出率/%			浸出渣中金属量/mg		
	Ni	Co	Fe(g)	Ni	Co	Fe	Ni	Co	Fe(g)
草酸-草酸铵	112.00	16.00	3.48	8.67	30.69	2.66	102.29	11.09	3.39
稀硫酸	102.29	11.09	3.39	8.55	30.75	2.74	92.71	6.17	3.29
盐酸	92.71	6.17	3.29	81.88	36.63	94.25	1.00	0.31	0.01

从表2-7数据可以看出，采用草酸-草酸铵浸出时，试样中镍的浸出率为8.67%，钴的浸出率为30.69%，铁的浸出率为2.66%，说明该矿石中8.67%的镍是以物理吸附状态存在于矿物中，附着在非晶型或弱晶型铁矿物中，易于被浸出。钴的浸出率较高的原因是草酸具有一定的还原性，能够将少量钴从氧化锰颗粒中还原出来。铁的浸出率较低，被浸出的铁主要是以非晶型状态存在。采用稀硫酸浸出时，镍的浸出率为8.55%，钴的浸出率为30.75%，铁的浸出率为2.74%，证明矿物中仅8.55%的镍是以化学吸附的形式存在于针铁矿表面。钴的浸出率也较高，说明以化学吸附存在于锰颗粒表面的钴较多，此外铁的浸出率较低，主要原因是针铁矿晶体在稀硫酸中比较稳定，难以被浸出。采用高浓度盐酸浸出剩余的浸出渣，镍的浸出率达到81.88%，镍总浸出率达到99.10%，说明镍基本被浸出，可以确定以取代晶格形式存在于针铁矿中的镍含量为81.88%。铁也基本上被浸出，最终铁的总浸出率达到99.65%。试验结果还表明镍和铁的浸出基本上同步，说明褐铁矿层红土镍矿中的镍主要赋存于铁的矿物中。钴的浸出率为36.63%，总浸出率为98.07%，说明有30%左右的钴也被赋存在晶格中。

表2-8　第三层红土镍矿的赋存状态试验结果

浸出剂	矿石中金属量/mg			各元素浸出率/%			浸出渣中金属量/mg		
	Ni	Co	Fe(g)	Ni	Co	Fe	Ni	Co	Fe(g)
草酸-草酸铵	186.00	5.30	2.26	23.00	6.22	3.09	143.21	4.97	2.19
稀硫酸	143.21	4.97	2.19	2.77	0.37	0.44	138.06	4.95	2.18
盐酸	138.06	4.95	2.18	68.31	91.70	94.26	11.00	0.09	0.05

从表2-8数据可以看出，采用草酸-草酸铵浸出时，试样中镍的浸出率达到23.00%，钴的浸出率为6.22%，铁的浸出率为3.09%，说明该矿石中23.00%的镍是以物理吸附状态存在于矿物中，附着在非晶型或弱晶型矿物中，易于被浸出。钴的浸出率不高，主要是因为试样中钴的含量较低，并且以物理吸附状态存在的更少。铁的浸出率较低，被浸出的铁主要是以非晶型状态存在，说明绝大部分铁还是以针铁矿形态存在。采用稀硫酸浸出时，镍的浸出率仅为2.77%，钴几乎不被浸出，铁的浸出率也仅为0.44%，证明矿物中仅2.77%的镍是以化学吸附的形式存在于矿物表面。钴几乎不被浸出，说明以化学吸附存在的钴是微量的。此外，铁的浸出率较低，主要原因是酸浓度很低，不足以破坏针铁矿晶体，致使铁难以被浸出。采用高浓度盐酸浸出剩余的浸出渣，镍的浸出率达到68.31%，镍总浸出率达到94.08%，说明镍基本被浸出。结合物相分析结果，可以确定以取代晶格形式存在于针铁矿中的镍含量很小，而绝大部分是以取代晶格形式存在于硅酸盐矿物中。铁也基本上被浸出，最终铁的总浸出率达到97.79%。钴的浸出率达到91.70%，总浸出率达到98.29%。

表2-9　第四层红土镍矿的赋存状态试验结果

浸出剂	矿石中金属量/mg			各元素浸出率/%			浸出渣中金属量/mg		
	Ni	Co	Fe	Ni	Co	Fe	Ni	Co	Fe
草酸-草酸铵	164.00	2.00	837.00	30.65	5.00	4.38	113.73	1.90	800.32
稀硫酸	113.73	1.90	800.32	1.89	5.50	0.89	110.63	1.79	792.82
盐酸	110.63	1.79	792.82	65.25	84.00	93.53	3.62	0.11	10.00

从表2-9数据可以看出，采用草酸-草酸铵浸出时，试样中镍的浸出率为30.65%，钴的浸出率为5%，铁的浸出率为4.38%，说明该矿石中30.65%的镍是以物理吸附状态存在于矿物中，附着在非晶型或弱晶型矿物中，易于被浸出。钴的浸出率较低的原因是，矿石中钴的含量较低，只有0.02%，在成矿过程中，钴并没有通过淋漓得到富集，因此矿物表面吸

附的钴量很少。铁的浸出率较低，主要是因为矿石中的铁主要是以晶型状态存在。采用稀硫酸浸出时，镍的浸出率仅为 1.89%，钴的浸出率为 5.5%，铁的浸出率也仅为 0.89%，证明矿物中仅 1.89%的镍是以化学吸附的形式存在于矿物表面。钴的浸出率低，说明以化学吸附存在的钴是微量的。此外铁的浸出率很低的主要原因是酸浓度很低，不足以破坏针铁矿晶体，致使铁难以被浸出。采用高浓度盐酸浸出剩余的浸出渣，镍的浸出率达到 65.25%，镍总浸出率达到 97.79%，说明镍基本被浸出，镍主要以取代晶格形式存在于镁的硅酸盐矿物中。铁也基本上被浸出，最终铁的总浸出率达到 98.80%。

2.5.2 菲律宾迪纳加特群岛瓦伦西亚镍矿床

菲律宾迪纳加特群岛（Dinagat Islands）瓦伦西亚（Valencia）镍矿床位于迪纳加特群岛省 Cagdianao 市瓦伦西亚。它由隶属于亚洲镍业公司（Nickel Asia Corporation，NAC）的 Cagdianao Mining Corporation（CMC）经营。

2.5.2.1 矿区地理及地质情况

（1）自然地理　迪纳加特群岛位于菲律宾棉兰老岛东北沿岸岛屿，东邻太平洋，西临莱特湾，南与棉兰老岛北端的苏里高隔海相望。全岛有色金属（镍、钴）矿产资源丰富，有多处拟开发和正在开发的矿山。

（2）地质情况　菲律宾群岛主要由一系列蛇绿岩带组成。迪纳加特群岛属于东棉兰老岛比科尔地区蛇绿岩带。它的南部组成了东棉兰老岛山脊。东棉兰老岛山脊呈 NNW-SSE 方向夹在菲律宾断层和海沟之间，菲律宾断层和海沟是菲律宾最主要的两个地质构造特征。它们的存在，导致了多方面地质断裂和挤压，造成了冲断层和紧密折叠的地质特点，形成了蛇绿岩岩石结构特征。

上新世和更新世，大量的安山岩火山活动形成了北苏里高地区的浅成热液金矿。晚第三纪，更新世形成了大量的石灰岩。第四纪则形成了大量石灰岩和碎屑岩沉积层。

迪纳加特群岛主要由三种岩石组成：

① 由多种火山沉积岩形成的前白垩纪变质基底片岩；

② 早白垩纪蛇绿岩套（迪纳加特蛇绿岩）；

③ 第三纪火山沉积砂屑灰岩和石灰岩。

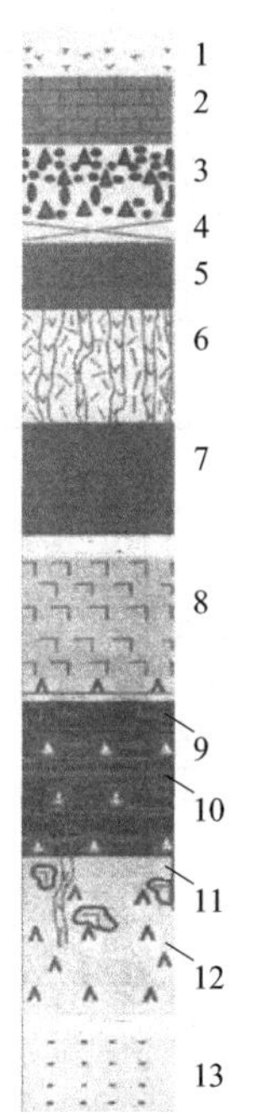

图 2-6　矿化剖面岩石特征
（1～13 意义见表 2-10）

2.5.2.2 矿床矿化剖面岩石特征及矿石储量

（1）矿床矿化剖面岩石特征　在矿区共钻孔 2366 个，覆盖 124.96 公顷，占全部面积的 18%。矿床矿化剖面岩石特征见图 2-6、表 2-10。

表 2-10　矿化剖面岩石特征

纵向剖面	岩性	构造	年代	放射性年龄/Ma
1			第四纪到近代	
2	礁灰岩			
3	碎屑沉积物和浊积岩	洛雷托碎屑物	下中新统	
4	不一致		第三纪下层到渐新世	

续表

纵向剖面	岩性	构造	年代	放射性年龄/Ma
5	玄武岩枕状熔岩(细碧岩)	枕状熔岩		
6	玄武岩和微辉长岩的岩脉群	辉绿岩	晚白垩纪	84.8
7	各向异性辉长岩	辉长岩		
8	高度蛇纹石化及异性纯橄榄岩	纯橄榄岩		
9	浸染的铬铁岩分层堆积带有纯橄榄岩夹层的斜辉橄榄岩	过渡带		
10	分层的铬铁岩			84.8
11	辉岩岩脉			
12	大规模的斜辉橄榄岩	斜辉橄榄岩		
13	角闪片岩		白垩纪	

（2）矿区矿石储量　该矿区镍矿（镍≥1.0%，TFe≥18%）探明储量约为3154万吨（湿吨）。其中褐铁质红土镍矿2659.5万吨（湿吨）（表2-11）；腐泥质红土镍矿494.4万吨（湿吨）（表2-12）。

表2-11　褐铁质红土镍矿探明储量

含Fe范围/%	Ni含量/%	Fe含量/%	储量/湿吨	储量/干吨
18～20	1.26	19.07	55794	36230
20～30	1.12	26.87	1462176	949465
30～40	1.06	36.37	9447512	6134748
40～50	1.09	43.75	15446145	10029964
>50	1.13	51.26	183434	119113
合计	1.08	40.20	26595061	17269520

注：50m×50m或更小间距。

表2-12　腐泥质红土镍矿探明储量

含Fe范围/%	Ni含量/%	Fe含量/%	储量/湿吨	储量/干吨
18～20	1.52	18.89	2197900	1427208
20～30	1.59	22.99	2543913	1651892
30～40	1.46	33.05	176156	114387
40～50	1.38	41.67	26264	17055
>50	0.00	0.00	0	0
合计	1.56	21.63	4944234	3210541

注：25m×25m或更小间距。

2.5.3　印尼北科纳威镍矿床

印度尼西亚北科纳威镍矿区位于苏拉威西岛的东南支岛，分别隶属印度尼西亚东南苏拉威西省北科纳威县的郎克克马镇（Langgikima）、维维拉诺镇（Wiwirano）、拉索罗镇（Lasolo）管辖。矿区面积400多平方千米。地理坐标为：东经122°11′～122°23′，南纬3°11′～3°27′。矿区与印尼首都雅加达的直线距离约1740km。

2.5.3.1　矿区地理及地质情况

（1）矿区自然地理　该矿区位于印尼苏拉威西岛的东南支岛中部，东临班达海。总体为临海山地及丘陵地貌，其中有山间盆地及冲积平原，区内水系发达。

（2）大地构造位置及成矿背景　东南苏拉威西岛所处大地构造位置为太平洋板块与印度

（大洋洲）板块聚合部的岛弧带，属菲律宾—新几内亚的岛弧—海沟构造体系。位于澳大利亚板块北侧，处于印太海沟岛弧带的东端与西太平洋海沟岛弧带的交汇部。

晚白垩纪，由于澳大利亚板块向北俯冲、挤压，区域内岛弧式造山构造——岩浆活动十分强烈，基性-超基性岩（侵入岩、喷出岩）分布广泛，为区域内红土风化壳型硅酸镍矿床的形成奠定了物质基础。由于地处赤道附近，区内气候炎热、湿润，雨量充足，生物化学风化作用强烈，成为区域内红土风化壳型硅酸镍矿床形成的有利条件。

风化壳是地壳表层岩石风化的结果，除一部分溶解物质流失以外，其碎屑残余物质和新生成的化学残余物质大都残留在原来岩石的表层。这个由风化残余物质组成的地表岩石的表层部分，即已风化了的地表岩石的表层部分称为风化壳（风化带）。

（3）矿区地质概况　矿区为大面积超基性杂岩体分布，三叠系陆缘碎屑岩主要分布矿区西北及东北部，而在山间盆地或平原地段为第四系河流冲积物堆积及黏土覆盖。其超基性杂岩体，岩性主要由橄榄岩、方辉橄榄岩、辉石岩、辉长岩、蛇纹岩组成，这些岩石通常都有不同程度的蛇纹石化。在地形相对平缓地段，大部分超基性岩的顶部均不同程度地风化蚀变并发育有褐红色、紫红色黏土，未风化或弱风化的新鲜超基性岩出露于地形较陡的山坡和水系冲沟中。

矿区内红土风化壳发育广泛，且发育程度较高，为矿区内红土镍矿的主要赋矿层。

2.5.3.2　矿床地质特征

矿区红土镍矿床主要产于超基性岩体顶部的红土风化壳中。红土风化壳大致呈面型，总体分布于地形较为平缓的缓坡及丘陵地带，分布面积达几百平方千米，其分布范围和发育程度受地形地貌及水系发育程度的控制。

在地形较为平缓的缓坡及丘陵地带，红土风化壳发育保存相对完好，红土化较为成熟；而在地形坡度较陡的山坡、尖锐山脊和水系深沟发育地形剥蚀较严重地段，风化壳较薄，甚至基岩直接出露地表。红土风化壳厚大部位多分布于山坡陡缓交替地段、缓斜坡地段和山丘鞍部地带。

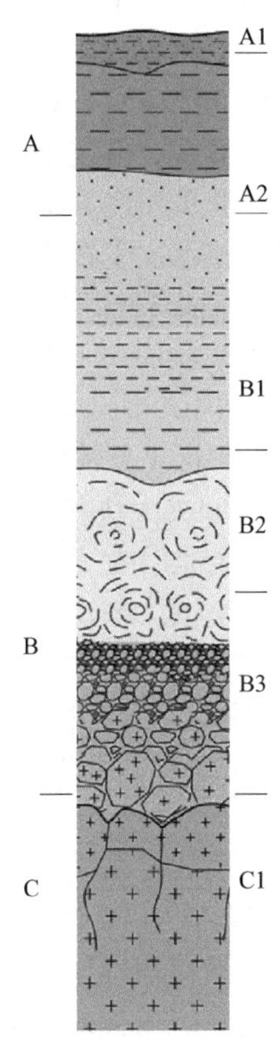

图 2-7　印尼北科纳威镍矿区红土风化壳剖面

A—红土盖层；B—腐岩层；C—基岩；A1—褐红色腐殖土；A2—褐红色、褐黄色黏土；B1—红黄色土状风化橄榄岩；B2—黄色、黄绿色土块状风化橄榄岩；B3—浅黄色、浅灰色块状半风化橄榄岩；C1—棕灰色、灰黑色橄榄岩

（1）红土风化壳发育程度及结构分带　矿区内出露的自然剖面及探矿工程揭露显示，超基性岩体顶部的红土风化壳存在三个明显的分化带（图 2-7）：A 红土盖层（残余红土带）；B 腐岩层（蚀变橄榄岩带）；C 基岩（原始橄榄岩带）。按岩性变化大致可分为 6 层，依从上往下次序分别为：A1 褐红色腐殖土，厚 0～1.5m；A2 褐红色、褐黄色黏土，部分地段见褐铁矿铁帽，局部夹褐铁矿团块和结核，厚 0～53.0m，平均厚 1.60～4.24m，为主要含矿层位；B1 褐红色-褐黄色土状风化橄榄岩，部

分地段缺失，厚0～46.0m，平均厚3.22～5.50m，为主要含矿层位；B2黄色、黄绿色土块状风化橄榄岩（土夹石），部分地段缺失，厚0～68.0m，平均厚4.36～9.78m，为主要含矿层位；B3浅黄色、浅灰色块状半风化橄榄岩，厚度变化较大，沿节理有不同程度蛇纹石化，底部多夹浅绿色硅酸镍细脉和石英碎块，厚0～37m，平均厚1.25～3.90m，为主要含矿层位；C1棕灰色、灰黑色橄榄岩，呈致密块状，岩石节理发育，沿节理面有不同程度蛇纹石化，局部可见少量浅绿色硅酸镍细脉。

腐岩带各层之间及与基岩为渐变过渡关系，而腐岩带与上覆的腐殖土层或褐红色黏土层之间无明显的分界，接触关系也多为渐变过渡关系。

（2）矿床红土风化壳地质特征

① 红土盖层（A） A为A1及A2，两者为渐变过渡关系，局部夹褐铁矿团块和结核，部分地段夹大块状的未风化橄榄岩团块（浮砾）。主要矿物有褐铁矿、针铁矿、赤铁矿、少量次生石英和高岭土等。该层在矿区内总体较为发育，厚度较大，且红土风化程度较为成熟，厚0～20m，局部厚达50m以上，平均厚约1.60～4.24m。

② 腐岩层（B） 上部风化程度较高，以土状为主，间夹团块状蛇纹石化橄榄石和网格状次生石英碎块，沿裂隙或节理多见黑褐色铁锰质细脉及绿色镍硅化物，局部夹大块状的弱风化或未风化的橄榄岩团块；向下逐渐变为碎块状、块状，岩石的硬度逐渐增加，沿裂隙或节理多见网格状次生石英细脉及绿色镍硅化物薄膜。由上至下根据其颜色、结构、构造不同大致可分为三个岩性层：B1、B2、B3。B1：腐岩层上部，为褐红色-褐黄色土状风化橄榄岩，偶夹大块状的未风化橄榄岩团块（浮砾）。岩石风化程度较高，多呈黏土状，松散易碎。该层在矿区内大部分地段发育较厚，部分地段缺失。厚0～46.0m，平均厚约3.22～5.50m，为矿区主要镍含矿层位和富钴层位。B2：腐岩层中部，为黄色、黄绿色土块状风化橄榄岩，间夹大块状的未风化橄榄岩团块和砾石（土夹石）。以仍保留原岩的原始结构和矿物晶体结构为显著特征，沿节理裂隙面常见黑红色锰土和铁质物。该层在矿区内部分地段缺失，厚0～8.0m，平均厚约2.5m，为矿区主要的镍含矿层位。B3：腐岩层下部，为浅黄色、浅灰色碎块状、块状半风化橄榄岩，多夹黄绿色土块状风化橄榄岩，由上向下呈碎块状—块状—大块状逐渐变化。岩石沿节理有不同程度的蛇纹石化，底部多夹浅绿色硅酸镍细脉和网格状石英碎块，厚1～10m，平均厚约2.02m，为矿区主要的镍含矿层位。

矿区内腐岩层总厚2～30m，局部厚度可达80m以上，平均厚11.24～16.53m。

③ 基岩（C） C为暗绿色、棕灰色、灰黑色橄榄岩或方辉橄榄岩，呈致密块状，岩石节理发育，沿节理面有不同程度蛇纹石化，局部可见少量浅绿色硅酸镍细脉。岩石中的主要矿物有橄榄石、蛇纹石、蒙脱石、少量的顽辉石残余物等。

红土盖层以高Fe_2O_3、Al_2O_3，低MgO、SiO_2为特征；腐岩层与红土盖层比之具有较低的Fe_2O_3、Al_2O_3含量，而与母岩相比，又具有较低的MgO、SiO_2含量，但随着深度的增加这种差别越来越小。矿区红土风化壳各层的主要化学成分见表2-13。

表2-13 红土风化壳各层及镍矿石平均化学成分表

岩性类型	样品数	Ni/%	Co%	TFe%	MgO%	Al_2O_3%	SiO_2%	Cr_2O_3%
腐殖土(A1)	21	0.79	0.062	30.67	3.92	14.64	19.99	3.40
褐红色黏土(A2)	587	1.06	0.073	44.63	1.62	10.48	8.92	2.70
土状腐岩(B1)	2553	1.34	0.095	40.66	3.05	10.10	12.42	2.77
土块状腐岩(B2)	1143	1.61	0.080	33.64	6.16	8.48	20.80	2.27

续表

岩性类型	样品数	Ni/%	Co%	TFe%	MgO%	Al_2O_3%	SiO_2%	Cr_2O_3%
碎块状、块状腐岩(B3)	1612	1.40	0.029	14.34	24.10	2.97	37.93	0.82
基岩(C)	96	0.55	0.016	8.92	35.47	1.90	40.14	0.48
风化壳平均值	6012	1.37	0.071	32.11	9.67	7.80	20.98	2.11
腐岩层(B)	5310	1.42	0.072	31.15	10.12	7.59	21.97	2.07
镍矿石(Ni≥1.0%)	4958	1.48	0.076	32.56	8.92	7.71	20.85	2.18

在该矿床实际开采时，于 2019 年 8 月对同一采坑确定 A、B、C、D 四个采样部位，按矿化剖面垂向每间隔 1m 取样，并对样品进行了镍和铁元素含量分析。详见图 2-8、表 2-14。

图 2-8　北科纳威镍矿床实际开采时矿化剖面的 A、 B、 C、 D 四个采样部位

表 2-14　北科纳威镍矿床实际开采时矿化剖面的 A、B、C、D 四个采样部位镍和铁元素含量

深度/m	A		B		C		D	
	Ni 含量/%	Fe 含量/%	Ni 含量/%	Fe 含量/%	Ni 含量/%	Fe 含量/%	Ni 含量/%	Fe 含量/%
1	0.42	43.27	0.74	43.33	0.34	46.81	0.46	51.44
2	0.43	41.07	0.32	38.89	0.78	46.92	0.44	50.20

续表

深度/m	A		B		C		D	
	Ni含量/%	Fe含量/%	Ni含量/%	Fe含量/%	Ni含量/%	Fe含量/%	Ni含量/%	Fe含量/%
3	0.49	41.07	0.42	45.24	0.36	48.55	0.39	49.80
4	0.56	43.6	0.44	39.48	0.38	46.00	0.40	51.25
5	0.51	38.45	0.38.	36.74	0.64	49.55	0.49	49.60
6	0.43	42.03	0.51	37.05	0.53	46.76	0.53	51.19
7	0.72	43.26	0.59	35.86	0.53	48.40	0.57	50.70
8	0.68	44.98	1.33	24.35	0.61	49.20	0.72	50.60
9	0.68	44.33	0.52	32.53	0.62	43.91	1.50	49.00
10	0.85	43.16	0.82	27.47	0.31	48.21	1.54	47.41
11	1.03.	41.87	0.82	25.10	0.89	48.51	1.66	45.86
12	1.24	45.28	1.09	27.47	0.98	48.70	1.57	47.16
13	1.28	43.58	1.12	33.10	1.26	49.41	1.57	44.71
14	1.52	46.26	1.20	27.76	1.24	48.21	2.57	24.40
15	1.51	46.46	1.18	27.25	1.12	44.88	1.55	45.07
16	1.39	41.04	1.63	35.33	1.18	43.17	1.90	41.83
17	1.59	46.08	1.76	42.02	1.21	42.83	1.73	42.66
18	1.34	32.04	1.47	42.12	1.20	47.26	1.82	43.08
19	1.17	27.61	1.52	46.01	1.43	47.41	1.57	44.49
20	1.70	29.11	1.40	43.16	1.37	48.16	1.66	43.00
21	1.52	36.64	1.14	34.10	1.31	44.32	1.65	45.85
22	2.04	23.38	1.37	30.08	1.03	46.01	2.45	15.15
23	2.71	13.76	1.16	26.14	1.11	46.30	2.30	19.82
24	2.56	13.97	0.87	20.86	1.25	46.91	2.70	11.86
25	2.35	10.79	1.36	27.71	1.63	37.96	2.74	15.38
26	2.67	23.8	1.62	30.15	2.56	19.40	2.43	11.55
27	2.32	24.06	1.72	21.69	2.80	18.96		
28	3.16	17.86			2.33	26.24		
29	2.02	12.99			2.47	24.40		
30					2.54	24.71		
31					2.81	24.70		
32					2.09	31.24		
33					2.05	34.73		

（3）矿床各层含矿性　矿区内红土风化壳各层都有不同程度的镍、钴、铬矿化。从上至下，镍从残余红土带到腐岩带的转变过程中逐步富集，在腐岩带的中上部的土状、土块状腐岩层中达到最大富集，且品位会增高到1.0%以上而形成矿体；少数情况下在较深的腐岩底部才出现最大富集，镍含量与岩石的蚀变、风化程度有关，在蛇纹石化强烈及硅酸镍细脉发育部位含镍可达工业品位以上；钴主要在腐岩带的上部土状腐岩层中达到最大富集。

在残余红土层中，上部腐殖土段及块状褐铁矿层镍、钴含量相对较低，其镍品位多小于0.7%；下部褐红色、褐黄色黏土层镍含量相对较高，普遍含镍可达工业品位以上，个别地段含镍可达1.5%以上。

在腐岩层上部的土状腐岩及中部的土块状腐岩，含镍相对较高，一般含镍0.07%～5.84%，含钴在0.010%～1.50%；而下部的碎块状、块状腐岩的含镍则与蛇纹石化强烈程度和浅绿色硅酸镍细脉发育程度有关，一般含镍0.19%～4.42%，含钴在0.010%～0.80%。

基岩中的镍矿化则与其风化蚀变程度有关，岩石相对节理发育地段一般含镍0.02%～1.29%，个别可达3.35%。未风化的原生橄榄岩的镍原始含量约在0.25%。

2.5.3.3 矿物质量特征

（1）矿石化学成分　红土风化壳各层及以1.0%为边界品位所圈定矿体中矿石的七个主要组分平均化学成分见表2-13。矿石的主要化学成分为：Ni，1.48%；Co，0.076%；TFe，32.56%；MgO，8.92%；Al_2O_3，7.71%；SiO_2，20.85%；Cr_2O_3，2.18%。由于矿体主要产于红土风化壳中的腐岩层的中上部，矿石的化学成分与腐岩层的化学成分非常相似。矿石中的TFe、Al_2O_3 和 Cr_2O_3 较腐岩层中的平均值稍高，而MgO和 SiO_2 含量则相对较低；由于Ni在层状硅酸盐中替代了Mg，矿体中的MgO平均含量较超基性母岩低得多。

（2）矿石矿物组成　矿石的矿物成分与腐岩层的矿物成分大体一致。

① 残余红土层（或称褐铁矿带）的褐红色铁质黏土，其主要矿物为褐铁矿（部分为针铁矿），少量矿物为赤铁矿、次生石英、铝土矿、高岭土、高铁铬铁矿和残留的铬铁矿等。化学成分以 Fe_2O_3 含量高于40%，MgO含量通常低于5%为主要特征，Al_2O_3 有明显的增加，可达15%左右；Cr_2O_3 含量有时亦相对较高，可达2%以上，但Mn、Co含量极微；次生石英也相对较少，只有在 SiO_2 相对含量增高的样品中，可见到较多的次生石英；因受到非常彻底的风化，原始基岩结构已荡然无存，岩石的微观结构为微结核状、碎块状。

② 腐岩上部风化程度较高，以土状为主，间夹团块状蛇纹石化橄榄石和网格状次生石英碎块，沿裂隙或节理多见黑褐色铁质细脉，局部夹大块弱风化或未风化的橄榄石团块；向下逐渐变为碎块状、块状，岩石的硬度逐渐增加，沿裂隙或节理多见网格状次生石英细脉及绿色镍硅化物薄膜。腐岩的总体化学成分的特征是与残余红土相比具有较低的 Fe_2O_3、Al_2O_3；而与基岩相比则又具有较低的MgO、SiO_2，随着风化程度和深度的减少或增加，与上述两者的差别会越来越小。因此，严格来说，腐岩是指两者的过渡层。

a. 褐黄色土状腐岩，因基岩所受的风化程度较高，腐岩多呈黏土状，松散易碎，偶夹块状、大块状已严重风化的尚有少量橄榄石的团块。主要矿物有蛇纹石、绿泥石、滑石、褐铁矿以及少量橄榄石、铬铁矿和针铁矿等。在不同层位中，主要矿物可能随母岩的差别，以及风化条件的变化，可能有较大的变化，有的以蛇纹石为主，有的以绿泥石为主，而有的则以滑石为主。

b. 黄色-黄绿色土块状腐岩，则以仍保留原岩的原始结构和矿物晶体结构为显著特征，由上至下岩石的硬度逐渐增加，由土状逐渐变为碎块状、块状，间夹大块未风化橄榄岩团块和砾石，沿节理或裂隙多见网格状次生石英细脉和褐黑色、黑红色的铁质薄膜。

③ 基岩为暗绿色、棕灰色、灰黑色橄榄岩。致密块状，岩石节理发育，沿节理面有不同程度蛇纹石化。岩石中的主要原生矿物有橄榄石、斜方辉石、单斜辉石等，局部可能有闪石，少量矿物可见铬铁矿等，受风化作用的影响，局部可见蛇纹石、蒙脱石等次生矿物，含镍很低，平均只有0.2%左右。

矿石中的矿石矿物几乎与残余红土和腐岩层的主要矿物组成大体一致，即残余红土主要为褐铁矿；腐岩层主要是层状硅酸盐，如蛇纹石、滑石及少量的绿泥石，其他含镍矿物，如铬铁矿、赤铁矿等均较少。矿石中的脉石矿物为次生石英、少量黏土矿物和次生碳酸盐，偶见少量的硫化物，如黄铁矿、黄铜矿、镍黄铁矿等。基岩和含矿岩石中可见到含镍较低的橄榄岩的原生矿物，如橄榄石、斜方辉石、单斜辉石、闪石和含镍较低的蛇纹石等，它们也有可能成为脉石矿物。

残余红土层中矿物几乎都是非晶质化。腐岩所受的风化也已很强烈，基岩中的矿物在腐岩中几乎都被风化，特别是橄榄石几乎都变成蛇纹石，辉石矿物等部分风化成绿泥石，部分尚有残留，褐铁矿和针铁矿不多见，所产生的次生石英也很少；基岩的风化很弱，只有少量橄榄石风化为蛇纹石，基岩中的原始矿物保存完好，橄榄石、辉石及少量长石结晶完好。

主要常见矿物的特征如下：

褐铁矿和针铁矿：它是残余红土中主要矿石矿物。在残余红土中，FeO%含量可达40%以上，其主要矿物应是褐铁矿，因为褐铁矿中的铁往往达到50%～70%，同时含有不等量的Si、Al，有时可高达10%左右。Ni的含量往往也在1.0%左右，因此，褐铁矿是一个重要的矿石矿物。结晶度较高的Fe_2O_3一般并不多见，它也是地表风化的产物，所含杂质元素较少，也含有高于边界品位的Ni。褐铁矿在腐岩中的含量较少，主要见于一些裂缝中。

蛇纹石：它是腐岩中的主要矿石矿物，在腐岩中的含量大约在20%～60%以上，在残余红土中，一般含量较低，1%～10%左右，蛇纹石中的Ni总体来看要高于褐铁矿中的Ni，有时可达1%～2%，是硅酸盐型镍矿石的主要矿石矿物。

绿泥石：可见于局部的腐岩中，可能与原始基岩中含有较高的单斜辉石或闪石有关，由于这些矿物含Al、Fe等元素高于橄榄石，极易生成绿泥石，绿泥石中的Ni含量也较高，可达1%～2%，也是一个常见的矿石矿物。

滑石：仅见于局部的腐岩中，可能与原始基岩中含有较高的铁矿物有关，形成富含铁的滑石，铁滑石中的Ni含量较高，可达2%，是硅酸盐型镍矿石的主要矿石矿物。

铬铁矿及高铁铬铁矿：铬铁矿基岩中的主要副矿物，通常是高铝低铬的铬铁矿，几乎不含镍，铬铁矿受氧化后，可以生成氧化程度不等的高铁铬铁矿，随着氧化程度的不断升高，铁的含量也逐渐升高，Ni的含量也随之增加，因此高铁铬铁矿也是矿石矿物。

在脉石矿物中，最常见的是次生石英、铝土矿等，含量较少，在基岩中则可见到橄榄石、单斜辉石、斜方辉石等，可能还有闪石和斜长石。它们都不含或仅含低于品位的镍。次生石英颗粒通常极细，常含有较高的Fe等其他元素，并含有较多的H_2O。铝土矿可能为三水铝石，也含有许多其他杂质元素。橄榄石、单斜辉石、斜方辉石的成分显示基岩并不是橄榄岩，而是二辉橄榄岩。

（3）主要元素的赋存状态　矿石中有用金属元素主要为镍，伴生钴、铁、铬等。大部分镍都不同程度地浸染在残余红土和腐岩中，部分镍以吸附形式出现，部分以类质同象替代矿物中的主元素存在。其主要含镍矿物为褐铁矿、赤铁矿和基岩的次生风化矿物，如蛇纹石、滑石、绿泥石等。矿石中的镍主要以硅酸镍形式产出。

据矿区“D块段”的镍物相分析（表2-15），镍在硅酸镍矿物中平均占78.6%，其他项中镍占10.5%，氧化镍中镍占8.6%，硫酸镍和硫化镍中镍所占的比例均较小，分别为1.9%和0.9%。

表2-15　北科纳威镍矿区镍矿石镍物相分析结果表

分析项目	样品数	Ni总量/%	硫酸镍含镍/%	氧化镍含镍/%	硅酸镍含镍/%	硫化镍含镍/%	其他/%
褐红色黏土(A2)	3	1.01	0.011	0.020	0.870	0.013	0.102
土状腐岩(B1)	4	1.17	0.015	0.054	0.965	0.015	0.128
土块状腐岩(B2)	7	2.92	0.048	0.301	2.226	0.027	0.320
碎块状、块状腐岩(B3)	3	0.91	0.016	0.075	0.607	0.029	0.190
基岩(C)	1	0.62	0.027	0.130	0.420	0.028	0.020
总平均值	18	1.75	0.033	0.152	1.350	0.023	0.200
镍矿石	13	2.14	0.041	0.186	1.680	0.020	0.227

尽管矿石镍的含量普遍较高，但矿石中真正构成富镍矿物的数量并不多，仅偶见镍硬锰矿，镍含量可高达 20%，这些矿物多数也同时富锰。大部分镍都不同程度地浸染在蛇纹石、滑石、绿高岭石、绿泥石、铁闪石以及少量褐铁矿中，这些含镍的矿物只能称为镍蛇纹石、镍褐铁矿、镍绿泥石、镍滑石、含镍针铁矿、含镍铬铁矿等，但它们是含镍主体。镍黄铁矿等原生含镍硫化物几乎未见，由于矿石中普遍含有少量硫，少量的镍可能以硫盐状态存在。

富镍锰土多分布在土状腐岩层中或其与土块状腐岩层的分界处，呈条带状和壳状赋存在残留的树根上；而在土块状腐岩层中则呈残留衬里状、充填物或镶边状赋存于裂隙或节理中，在断面或断口上表现为黑色斑点。

矿石中的铁主要以褐铁矿、针铁矿的形式产出（表 2-16）。

矿石中的钴主要以吸附形式存在于锰的氧化矿物和锰钴土中，在锰钴土中的锰容易富集镍和钴。大多数情况下锰钴土主要分布在褐黄色褐铁矿黏土层和上部土状腐岩层中，尤其在两层的分界处最为常见。

矿石中的铬主要以铬铁矿的形式产出，在矿区部分地段的浅井中可见。

表 2-16　北科纳威镍矿区镍矿石铁物相分析结果表

分析项目	样品数	Fe 总量/%	磁铁矿、磁黄铁矿含铁/%	菱铁矿含铁/%	赤铁矿、褐铁矿含铁/%	硫化铁含铁/%	硅酸铁含铁/%
褐红色黏土(A2)	1	42.75	2.78	0.10	39.45	0.10	0.34
土状腐岩(B1)	5	48.65	1.08	0.14	46.46	0.12	0.68
土块状腐岩(B2)	6	33.81	0.20	0.23	32.43	0.12	0.60
碎块状、块状腐岩(B3)	2	17.71	0.09	0.86	15.64	0.14	0.94
基岩(C)	2	7.71	0.14	1.26	5.69	0.07	0.52
总平均值	16	33.73	0.61	0.40	31.81	0.12	0.64
镍矿石	13	33.45	0.53	0.31	31.67	0.12	0.65

（4）矿石结构、构造　由于矿床属超基性岩经红土化作用形成，矿体属于红土风化壳中腐岩层的上部含镍大于 1.0%部分。矿石的结构、构造与腐岩层岩石的结构、构造类似。因此矿石中多见次生构造，部分地段及深部矿石仍保留了原岩的结构、构造。

矿石的结构主要为粗中粒结构、假象结构、碎裂结构、交代网格结构。

矿石的构造主要为土状、土块状、碎块状、块状等（图 2-9、图 2-10）。此外由于红土风化壳上部的硅酸盐矿物分解形成的 SiO_2 胶体沿裂隙或节理充填形成含镍绿蛋白石、石髓脉，矿石中还可见蜂窝状、网格状构造（图 2-11）。

图 2-9　北科纳威镍矿区土状、土块状矿石

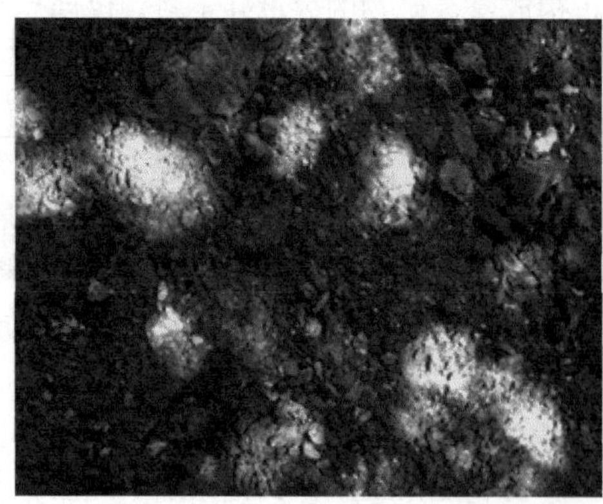

图 2-10　北科纳威镍矿区碎块状、块状矿石

图 2-11　镍矿石中的网格状、蜂窝状构造

2.5.3.4　矿床成因

矿区内镍矿体的矿床类型为红土风化壳硅酸镍淋积型矿床，与超基性岩-橄榄岩风化淋积作用有关。大面积分布的超基性岩岩体是该类矿床形成的内在物质基础；热带的高温、多雨、潮湿的气候则是该类矿床形成的外在有利条件。

镍在超基性岩内基本上是以类质同象混入物形式代替镁而进入硅酸盐矿物中，主要是进入橄榄岩晶格，部分进入斜方辉石和角闪石晶格，原生纯橄榄岩、橄榄岩原岩中镍的含量为0.25%左右。而从纯橄榄岩、橄榄岩到辉石岩，镍的含量逐渐降低，由0.24%降到0.16%，由铁质蛇纹岩到铁镁质蛇纹岩，镍的含量也逐渐降低。

超基性岩中的橄榄石和辉石在风化作用下蚀变为蛇纹石，而在蛇纹石分解作用的早期镍即被释放出来，主要呈重碳酸盐，少量呈硫酸盐和氢氧化镍溶胶进入溶液，从风化壳上部逐渐迁移到风化壳下部，以次生镍矿物和次生含镍矿物再沉淀下来导致镍的富集。

由于风化作用，各风化层的镍含矿性表现为Mg含量的降低而Ni含量的增高，镍自上覆的褐铁矿化层中淋滤出来并主要向下迁移，在腐岩层的上部产生镍的富集。整个矿体不管是腐岩层上部的镍富集还是整个腐岩层的镍富集，均取决于岩石中镍的丰度。在局部地段只有腐岩层的下部才有镍的富集作用，这可能是流体迁移路径的差别、某些部位较低的镍吸收能力和（或）上部腐岩层原岩的镍含量极低等因素造成的。

镍矿体的形成大致可分为两个阶段：

第一阶段：在富含二氧化碳和腐植酸的地下水作用下，介质呈酸性反应，橄榄石等矿物分解，铁、镁、镍进入溶液，而硅则形成二氧化硅胶体。铁则形成氧化物后很稳定，保留在原地。

第二阶段：由于风化作用继续发展，介质仍为酸性溶液，更多的镁、镍、硅进入溶液，并随溶液向下渗透到地下水带，由于中和反应，便呈含水硅酸盐沉淀，或镍离子置换铁、镁离子，形成硅酸盐和含镍硅酸盐矿物（如硅镁镍矿、镍铁绿泥石、暗镍蛇纹石、含镍绿高岭石）沉淀，最终镍在红土风化壳的中上部富集而形成矿体。

2.5.4 印尼摩落湾利（Morowali）县镍矿床

采挖中的 Morowali 矿区矿石见图 2-12。

图 2-12 中苏拉威西 Morowali 矿区矿石

2.5.4.1 矿区地理及地质情况

矿区位于印度尼西亚中苏拉威西省 Morowali 县 BungkuTimur 乡，约南纬 2°，东经 121°30′以东沿海区域。苏拉威西岛全岛遍布陡峭山崖，自中央向四周扩散，形成四个半岛，呈字母 K 形，森林占 50%，其余为灌木丛和荒山野。农业用地不到总面积的 10%，矿区由较平缓地带绵延到陡峭山区，树木杂草覆盖严重，植被发育的原始森林。

苏拉威西岛处于赤道上，属热带雨林气候，高温、多雨。岛上年均气温 25～27℃，空气中绝对和相对湿度都很大。因受海洋性季风影响，岛上年平均降雨量达 2000mm 左右，且年内分配比较均匀，最少降水量也在 50mm 以上。矿床所在地多雨，常年主导东南风，最大 7～8 级，气温 24～34℃。

全年没有四季之分，仅有雨季和旱季，旱季为每年的 8 月至 11 月，雨季则为当年 12 月至次年 7 月。

2.5.4.2 矿床地质特征及化学成分

矿区位于印度尼西亚苏拉威西岛，中苏拉威西省东部沿海。矿床的大地构造位置为太平洋板块与印度（大洋洲）板块聚合部的岛弧带，属菲律宾-新几内亚的岛弧-海沟系。苏拉威西岛位于澳大利亚板块北侧，处于印度-太平洋海沟岛弧带的东端，呈 K 字形展布。矿床赋存于 K 字形构造的大陆残块增生体的蛇绿岩带中部超基性岩相之上的红土风化壳中。矿区内超基性岩广泛分布，主要岩性为蛇纹石化的橄榄岩。

由于中苏拉威西岛位于赤道附近，气候炎热，旱湿交替，雨季时间长且雨水较多，生物化学风化作用强烈，对化学风化矿床的形成特别有利。

在矿区 1500m×1200m 面积范围内取 624 点钻探，该面积地面高程范围 129.11～371.299m。从地表坐标点（x、y、z）为（206229、381700、235.681）的一个点的钻探深度对应的化学成分（表 2-17）看，主要元素含量和相关关系符合红土镍矿矿化剖面分带规律和地球化学特征。

表 2-17 Morowali 矿区红土风化壳及基岩主要化学成分

深度/m	Ni 含量/%	Co 含量/%	Fe 含量/%	SiO_2 含量/%	MgO 含量/%	Cr 含量/%	Al 含量/%	Mn 含量/%	Ca 含量/%	层位
1	0.63	0.045	44.9	5.1	2	1.98	5.7	0.27	0.01	红土带
2	0.63	0.06	46.6	3.2	1	1.96	5.9	0.35	0.01	
3	0.68	0.078	46.2	3.6	1.2	1.89	5.89	0.51	0.01	
4	0.79	0.075	47.8	2.7	1	2.02	4.95	0.47		
5	0.96	0.089	48.6	3.6	1.4	2.21	3.93	0.57	0.02	
6	1.09	0.093	48.2	3.7	1.5	2.48	3.58	0.64	0.01	
7	0.95	0.143	40.1	9.3	2.7	2.69	5.37	0.95	0.01	腐岩带
7.77	1.09	0.083	36.6	13.7	4.6	2.81	4.38	0.71	0.32	
8	1.34	0.034	16.4	36.9	21.6	0.95	1.27	0.27	0.24	
8.46	1.1	0.023	11.4	39.2	29	0.72	0.97	0.17	0.1	
9	1.81	0.031	15.6	38.8	22.4	1.15	1.47	0.23	0.63	
9.64	1.89	0.037	18.6	36.9	19.6	1.33	1.61	0.26	0.48	
10	1.49	0.032	15.8	39	21.1	0.92	1.36	0.25	0.26	
11	1.27	0.022	11.7	40.8	26.9	0.74	0.96	0.17	0.3	
12	1.01	0.021	11	40.7	29	0.54	0.89	0.17	0.21	
13	1.21	0.028	15.3	37.9	24.2	0.92	1.1	0.22	0.33	
14	0.99	0.02	11	43.8	29.9	0.62	0.8	0.16	0.68	
15	0.49	0.014	7.2	48.1	33.9	0.42	0.6	0.12	1.09	基岩带
15.48	0.39	0.01	5.2	43.2	37	0.21	0.39	0.09	0.05	

2.5.5 缅甸达贡山镍矿床

达贡山镍矿床位于超基性岩体之上的红土风化壳中腐化岩层的上部。矿体中镍主要以类质同象形式存在于含镍硅酸盐矿物中，属硅酸盐型红土镍矿床。经过地质勘探，在达贡山超基性岩体顶部 3.8km^2 的红土风化壳内，以含镍 1.4%为边界品位，圈定金属量近 70 万吨的镍矿资源（平均品位 2.0%左右）。达贡山镍矿床由中国有色集团和山西太原钢铁公司投资开发。

达贡山镍矿床在缅甸曼德勒省、实皆省和北禅邦省的三省交界处，位于曼德勒省达贡镇北约 25km，伊洛瓦底江东岸约 10km 处的达贡山上，隶属曼德勒省德贝金镇。其坐标位置为东经 96°06′～96°10′，北纬 23°33′～23°36′。达贡山东西长约 18km，南北宽约 12km，主峰海拔 700～775m。矿区属亚热带季风气候，常年无霜，分旱、雨两季，每年 4 月中旬至 11 月中旬为雨季，其他月份为旱季，年平均降雨量约 1491mm，常年平均气温 19.5～28.5℃。

2.5.5.1 矿床地质特征

达贡山红土风化壳发育深度一般 3～40m，平均 23.6m，最深达 70.3m。其剖面有明显岩石学垂向分带，自上而下依次为红土盖层、褐铁矿层、腐岩层、基岩层。部分地段因褐铁矿层缺失致使红土盖层直接覆盖在腐岩层上。其矿化剖面岩石学特征见图 2-13。达贡山红土风化壳的发育情况见图 2-14。

（1）红土盖层　为紫红色、红棕色黏土，其中粒径<2μm的约占78.6%，主要矿物成分为针铁矿、赤铁矿、石英、白云母/伊利石和高岭土。厚度0～19.2m，平均厚度3.8m，含镍较低。

（2）褐铁矿层　为褐黄色、红棕色褐铁矿化黏土，夹蜂窝状褐铁矿块，呈土状、碎块状、蜂窝状。主要矿物成分为褐铁矿、针铁矿及次生石英。该层局部发育，厚度不稳定，为0～11m，平均厚度2.71m，一般厚度4m。与上覆的红土盖层及下伏的腐岩层之间呈渐变或突变的接触关系。以Fe_2O_3高含量为特征，同时Cr_2O_3、MnO和Co含量也相对较高。次生石英发育地段，Fe_2O_3含量降低，SiO_2相对增高。

（3）腐岩层　为浅黄绿色，呈土状、碎块状、块状。上部风化程度较高，以土状为主，夹团块状蛇纹石化橄榄石和网格状次生石英碎块。沿裂隙或节理多见绿色镍硅化物；向下逐渐变为碎块状、块状，并且岩石的硬度逐渐增加。沿裂隙或节理多见网格状次生石英细脉及绿色镍硅化物薄膜。

矿物成分以蛇纹石和蒙脱石为主，其次为滑石、绿泥石及风化作用形成的针铁矿和石英，见少量残余顽火辉石，偶见橄榄石残余物。该层厚1～30m，平均厚度8m。与上覆褐铁矿层及下伏超基性岩之间呈渐变过渡关系，为主要含矿层位。

红土盖层:含Ni 0.6%、Fe_2O_3 24.33%,为红色黏土,主要矿物针铁矿、赤铁矿、石英、白云母、伊利石和高岭石。厚0～19.2m

褐铁矿层:含Ni 1.01%、Fe_2O_3 34.9%,为含褐铁矿块的褐铁矿化黏土,主要矿物褐铁矿、针铁矿及次生石英。厚0～11m

腐岩层:含Ni 1.56%、$Fe_2O_3$13.62%,为土状、碎块状、块状风化蛇纹石化方辉橄榄岩,主要矿物蛇纹石和蒙脱石。厚1～30m

基岩:含Ni 0.3%、Fe_2O_3 7.39%,为方辉橄榄岩、橄榄岩等

图2-13　达贡山红土镍矿矿化剖面岩石学特征

（4）基岩层　主要为强烈蛇纹石化方辉橄榄岩，并含纯橄榄岩及少量二辉橄榄岩、异剥橄榄岩等，呈褐色、黑褐色块状，主要矿物成分为蛇纹石和数量不等的蒙脱石、少量顽火辉石和橄榄石残余矿物。

图2-14　达贡山红土风化壳的发育情况

2.5.5.2　矿物质量特征

（1）矿石化学成分　矿化剖面各分层化学成分平均含量见表2-18。

表 2-18　各分层化学成分平均含量

层位	Ni/%	Fe_2O_3/%	SiO_2/%	MgO/%	Al_2O_3/%	CaO/%	TiO_2/%	MnO/%	Cr_2O_3/%	P_2O_5/%	烧损/%
红土盖层	0.6	24.33	33.65	2.34	14.23	0.04	0.55	0.49	1.23	0.16	11.26
褐铁矿层	1.01	34.49	27.80	3.23	8.11	0.03	0.22	0.63	2.07	0.08	11.58
腐岩层	1.56	13.62	43.19	19.65	1.54	0.4	0.02	0.22	0.79	0.01	12.6
基岩层	0.49	7.39	42.99	31.8	0.80	0.52	0.01	0.13	0.45	0	12.39
风化壳平均	1.38	17.28	40.33	15.74	2.69	0.34	0.06	0.28	0.98	0.02	12.43

Ni 主要在红土风化壳中 6～30m 深处富集。在 1～6m 深度，镍矿化随深度增加而逐渐增强，由红土盖层至腐岩层逐步富集。以 Ni 的质量分数变化区间为 0.49%～1.56%为例，以基岩（基岩平均含镍量 0.49%，未风化的超基性岩中镍的原始含量 0.3%）为背景，腐岩层镍矿石中 Ni 的富集系数为 3，而褐铁矿层矿石 Ni 富集系数为 2。由表 2-18 知其矿化剖面元素化学分异性非常显著：

① TiO_2、Al_2O_3、Fe_2O_3、MnO、Cr_2O_3 等组分，高值区间分布在矿化剖面中上部的红土盖层和褐铁矿层，从腐岩层向下这些元素含量急剧降低。

② SiO_2、MgO、CaO 表现在高值区间分布在矿化剖面中下部，而顶部含量极低，显示自上而下逐渐增高趋势。

③ Ni 高值区间分布在矿化剖面中下部，剖面顶部和底部均为低值点。Ni 与 TiO_2、Al_2O_3、Fe_2O_3 等元素呈负相关，与 SiO_2 正相关，与 MgO 的协变关系具有分段性，从红土盖层至腐岩层顶部，二者正相关，而从腐岩层中下部至基岩，二者呈负相关。

由于矿体主要产于红土风化壳中的腐岩层的中上部，矿石的化学成分与腐岩层的化学成分非常相似。矿石中的 TFe、Al_2O_3 和 Cr_2O_3 较腐岩层中的平均值稍高，而 MgO 和 SiO_2 含量则相对较低；由于镍在层状硅酸盐中替代了 Mg，矿体中的 MgO 平均含量较超基性母岩低得多；矿石中其他微量元素的含量与红土风化壳各层中没有明显的差别，矿石中的有害元素 P 含量很低。

（2）矿石矿物组成　矿石的矿物组成也与腐岩层的矿物成分大体一致，主要为含镍层状硅酸盐，其含量次依排序为蛇纹石、蒙脱石、滑石和绿泥石。此外，还有针铁矿、石英、顽火辉石，残余矿物蛇纹石化橄榄石等。矿石主要矿物组成见表 2-19。

表 2-19　矿石主要矿物组成

矿物类型	主要矿物		矿物类型	主要矿物	
	矿物名称	估量/%		矿物名称	估量/%
氧化物	铬铁矿	2.5	硅酸盐	富镁蒙脱石	12
	磁铁矿	1.5		石英	10
	铬镁尖晶石	2.0	硅酸盐次要矿物	伊利石	7
	硬铬尖晶石			绿泥石	3
硫化物	黄铁矿	<0.1		铁闪石	2
	镍黄铁矿	0.1		普通辉石	2
硅酸盐	硬蛇纹石	35		镍蛇纹石	1
	磷蛇纹石	15		镍绿泥石	1
	滑石				

（3）主要元素的赋存状态　矿石中有用金属元素主要为镍，伴生钴、铁、铬等。大部分镍都不同程度地浸染在残余红土和腐岩中，部分镍以吸附形式出现，还有部分以类质同象替代矿物中的主元素存在。其主要含镍矿物为褐铁矿、赤铁矿和基岩的次生风化矿物蛇纹石、滑石、绿泥石等。矿石中的镍主要以硅酸镍形式产出。镍在硅酸镍矿物中平均占 88.3%，在硫化镍和硫酸镍中占的比例很小，其他相中含镍 8.5%。

(4) 矿石结构、构造　矿石的结构、构造也与腐岩层岩石的结构、构造类似。次生构造多见，部分地段及深部矿石仍保留了原岩的构造。

矿石的结构主要为粗中粒结构、假象结构、碎裂结构、交代网格结构。

矿石的构造主要为土状、土块状、致密块状、胶状等，还有硅酸盐矿物分解形成的 SiO_2 胶体沿裂隙或节理充填，形成含镍绿蛋白石、石髓脉，构成蜂窝状、网格状构造。

第3章

红土镍矿的火法冶金

红土镍矿火法冶炼有两种工艺：一种是还原熔炼产出镍铁；另一种是造锍熔炼，即还原硫化熔炼产出含铁、镍的镍锍。在此基础上可进一步将粗制镍铁精炼成精炼镍铁、镍铁阳极和奥氏体不锈钢等；将粗制镍锍进一步吹炼成高镍锍、硫化阳极和粗镍阳极等。

3.1 镍铁的冶炼

利用红土镍矿冶炼镍铁实质上是将镍、铁从自然形态——矿石化合物中还原出来的过程，它的主要化学反应是还原反应，通常采用碳、氢作为还原剂。红土镍矿是共生铁矿，是多种金属以氧化物或复杂氧化物存在的。这种多金属共生的红土镍矿在冶炼过程中，哪些金属被还原入镍铁，哪些金属氧化物不被还原而进入炉渣是遵循氧化还原基本规律的。镍铁的精炼是利用氧气将铁水中的C、Si、Mn、P等杂质元素及部分铁快速氧化掉，达到吹炼终点的要求，获得不同规格的精炼镍铁，它们主要的化学反应是氧化反应。

金属氧化物标准摩尔生成吉布斯自由能 $\Delta_r G_m^{\ominus}$ 与温度 T 的关系见图 3-1。对某元素的氧化物，它的 $\Delta_r G_m^{\ominus}$ 值越小或负值越大，则该元素被氧化倾向越大，氧化物越稳定，不容易被还原。

对某元素的氧化物，它的 $\Delta_r G_m^{\ominus}$ 值越大或越正，则该元素氧化倾向越小，氧化物越不稳定，越容易被还原。

从图 3-1 中可以看到：镍比铁易还原，在高炉冶炼镍铁的过程中，理论上讲镍全部还原到镍铁水中。在矿热炉冶炼镍铁的过程中，是用缺碳操作的方法，使镍全部还原到镍铁水中，选择性还原其他比镍氧化物 $\Delta_r G_m^{\ominus}$ 线低的金属进入镍铁水中，比如铁就不用全部还原出来。这也是矿热炉生产镍铁镍品位较高炉高的原因。

设用还原剂X还原金属氧化物MeO的反应为：

$$MeO + X \xlongequal{} Me + XO$$

反应的自由能变化：

$$\Delta_r G_m = \Delta_r G_m^{\ominus} + RT\ln Q = \Delta_r G_m^{\ominus} + RT\ln \frac{a_{Me} a_{XO}}{a_{MeO} a_X}$$

当 $\Delta_r G_m < 0$ 时还原反应能进行。

式中 a——活度；

R——气体常数；

T——温度；

Q——反应商，即在实际条件下化学反应产物的活度（压力）乘幂与反应物的活度（压力）乘幂之比。

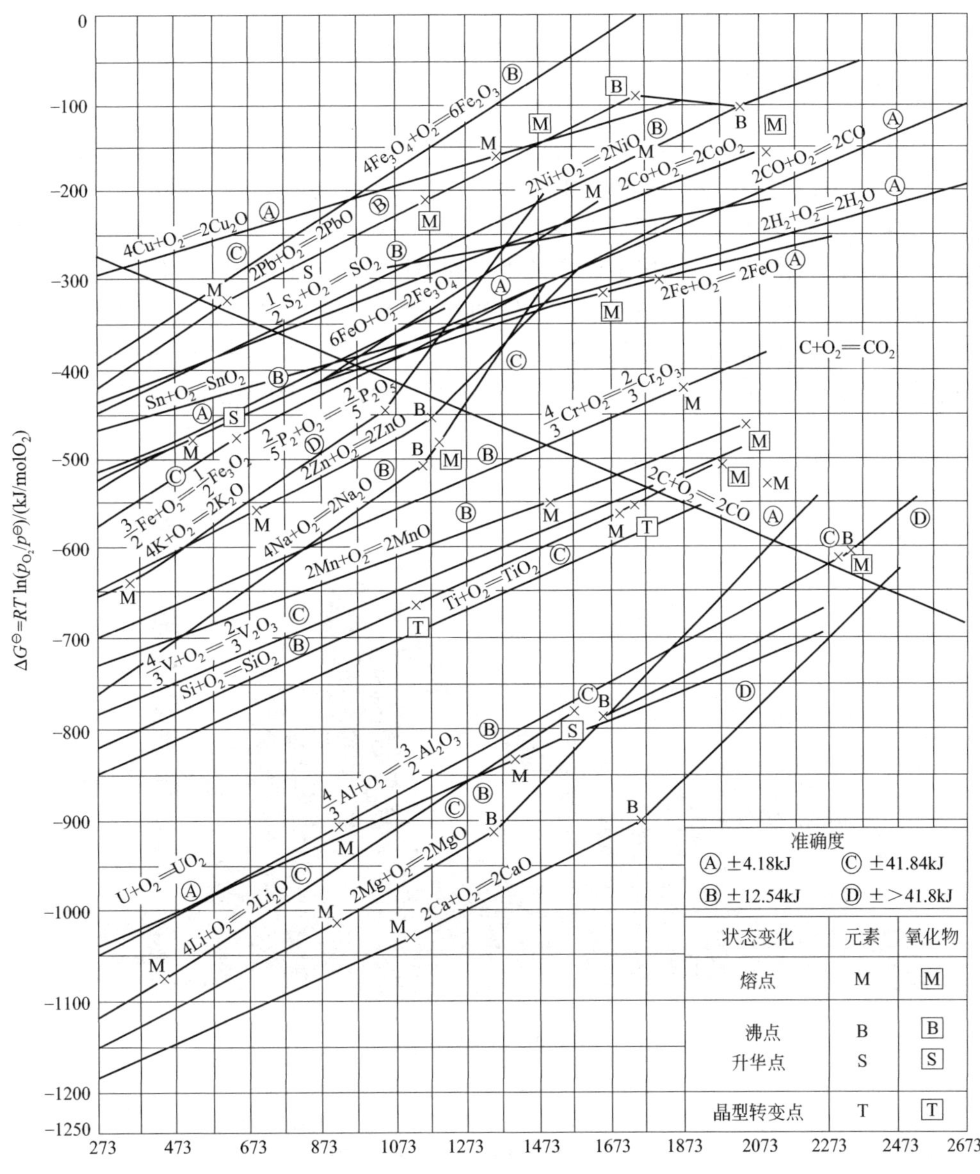

图 3-1 金属氧化物标准摩尔生成吉布斯自由能 $\Delta_r G_m^\ominus$ 与温度 T 关系图

当体系中参加反应物的反应商 $Q=1$ 时，说明各物质处于标准状态下，只有当 XO 的氧势（或分解压）小于被还原氧化物（MeO）的氧势（或分解压）时，还原反应才能进行。

当 $Q\neq1$ 时，各物质的活度会改变还原反应的进行方向。降低生成物的活度或增大反应物的活度，有利于还原反应的正向进行。因此，如果参加反应的物质均为凝聚相，则向体系加入能与 XO 生成复杂化合物的溶剂，从而降低 XO 活度以利于还原反应正向进行。红土镍矿在还原过程中，NiO 易与 Fe_2O_3 发生固相反应，生成了更容易还原的 $NiFe_2O_4$，促进铁氧化物还原反应的进行；如生成物 XO 为气体，其他为凝聚相，则降低 XO 压力，以利于还原反应正向进行。

镍铁主要的熔炼方法有高炉法、鼓风炉法、矿热炉法和回转窑粒铁法等。其中高炉法主要用于生产含镍较低镍铁（Ni≤6%），矿热炉法主要用于生产含镍较高镍铁（Ni≥10%），目前鼓风炉法已被淘汰，回转窑粒铁法尚待进一步完善。

镍铁主要的精炼方法有 LD 转炉吹炼，AOD、GOR 等转炉造真空吹炼，钢包吹氧精炼等。

3.1.1 高炉法熔炼镍铁

当今高炉主要用来生产炼钢生铁、铸造生铁和其他特种生铁。高炉生产镍铁合金时的操作方法基本上与生铁的生产方法类似，但宜使用小高炉，容积为 $300\sim500m^3$。在高炉的还原条件下，金属被碳充分饱和，因而高炉生产的镍铁较矿热炉镍铁含碳高。同时由于铁被充分还原，在入炉矿品位相同的情况下，高炉生产的镍铁较矿热炉镍铁品位低。高炉冶炼的三大任务：还原，即实现矿石中金属元素镍、铁和氧元素的化学分离；造渣，即实现已还原的金属与脉石的熔融态机械分离；传热及渣铁反应，即实现成分及温度均合格的液态镍铁水。图 3-2 所示为高炉断面图，图 3-3 所示为高炉生产原、燃料，镍铁及炉渣流程图。

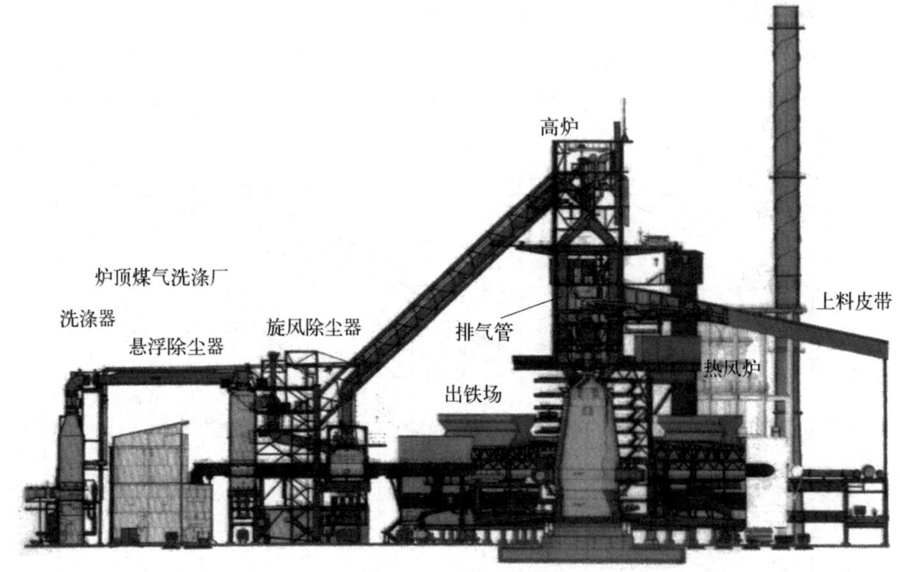

图 3-2 高炉断面图

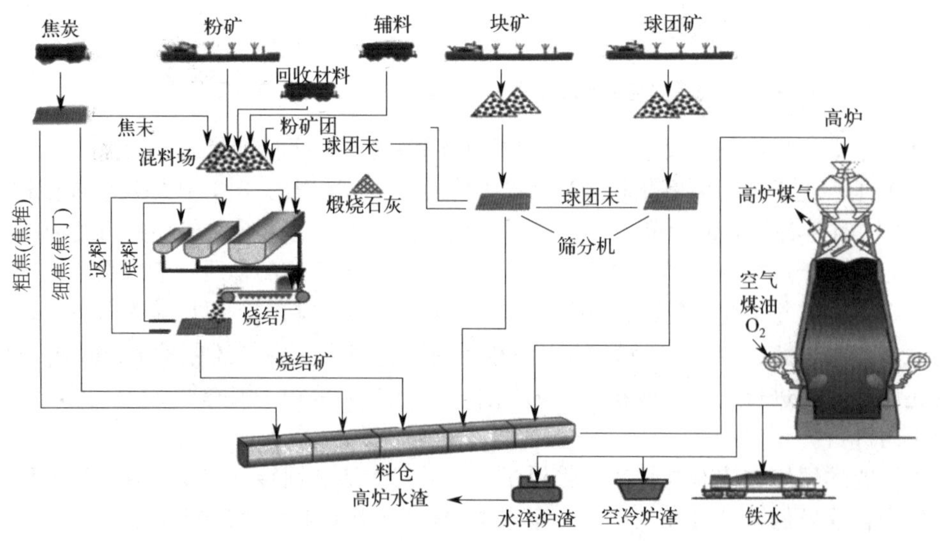

图 3-3 高炉生产原、燃料，镍铁及炉渣流程图

高炉生产镍铁的工艺流程主要是：矿石干燥—筛分—配料（配加溶剂）—烧结—烧结矿＋焦炭—高炉熔炼—镍铁（镍铁水、铸锭或粒化）＋熔渣水淬—水淬渣。高炉生产镍铁与生产生铁在技术上大同小异，但生产成本却差异巨大。通常在生产生铁时，原料含铁量每降低一个百分点，焦比将上升两个百分点，产量将下降三个百分点。生铁原料含铁一般都在 60% 以上，而红土镍矿的冶炼时，则要根据不同的镍铁品位，矿的最高含铁在 20%～50%左右，这将造成生产成本的巨大差别。目前国内用高炉生产镍铁所用原料为含铁 50%左右、含镍 1%左右的红土镍矿，生产含镍 1.5%左右的镍铁，焦比在 550～800kg/t 镍铁，利用系数 2～3t/(m^3·d)。用原料含铁 25%左右、含镍 1.5%左右的红土镍矿，生产含镍 5%左右的镍铁，焦比在 1300kg 焦炭/t 镍铁左右，利用系数 1.0t/(m^3·d) 左右。高炉镍铁生产工艺流程和主要设备如图 3-4 所示。

3.1.1.1 烧结生产

烧结是人工造块的方法之一，目前红土镍矿高炉冶炼应用最广泛的是烧结法。入炉矿石造块的必要性如图 3-5 所示。由于红土镍矿粒度过细，必须经过人工造块（也称人造富矿或熟料），达到一定粒度后才能进行高炉冶炼。在造块过程中，除了能改变矿料的粒度组成、机械强度之外，通过烧结得到的烧结矿具有许多优于天然富矿的冶炼性能，如高温强度高，还原性好，还可加入一定量的 CaO、MgO 等，调节炉料的碱度，而且已事先造渣，高炉可不加或少加石灰石。通过烧结还可除去矿石中的 S、Zn、Pb、As、K、Na 等有害杂质，提高矿料质量，改变矿相结构和冶金性能，因而使用人造块矿有利于强化高炉冶炼，降低焦比，获得良好的生产效率及效益。

将矿粉、熔剂、燃料（焦粉、煤粉）和返矿及其他含镍（镍铁）原料按一定比例配合后，经混合机混均、加水湿润造球，将混好的料在烧结机布料、点火，借助炉料氧化产生的高温，使烧结料水分蒸发并发生一系列物理化学反应，部分混合料颗粒表面发生软化和熔化，产生部分液相黏结，冷却后成块，经合理破碎和筛分，这个过程称为烧结，最终得到的块矿就是烧结矿。

（1）烧结生产工艺　根据烧结过程的特点和所用设备的不同，烧结方法可分为以下几种：

① 鼓风烧结法，如堆烧（平地吹）、箱式烧结、带式烧结、立窑烧结；

② 抽风烧结法，如带式烧结、环式烧结、盘式烧结；

③ 在烟气内烧结，如回转窑烧结、悬浮烧结。

目前生铁生产普遍使用的是抽风法带式烧结，镍铁生产也普遍使用的是抽风法带式烧结，此外，在一些小高炉镍铁生产中也采用环式烧结、箱式烧结和立窑烧结。抽风法带式烧结的一般工艺流程见图 3-6。由于红土镍矿吸附水 35%左右，通常将石灰粉按一定比例拌入其中，主要目的是适度提高镍矿碱度和吸收水分、打散泥矿。

红土镍矿烧结生产工艺流程：

① 拌石灰粉　即镍矿到原料场后，直接将石灰粉拌入镍矿中，采取比例视原矿成分及烧结矿的碱度而定。

② 镍矿分筛　即将混合镍矿（含矿泥、块矿、石灰块灰）初步筛选后，筛下物粉矿进入烧结配料仓，筛上物块矿经破碎后运抵高炉。

③ 烧结配料　即根据烧结实际生产情况将高炉返矿、烧结返矿、镍矿粉矿、焦末、无烟煤或洗精煤、石灰经配料室比例配料后，送入一、二混合料筒，混匀加湿造球。混好的料

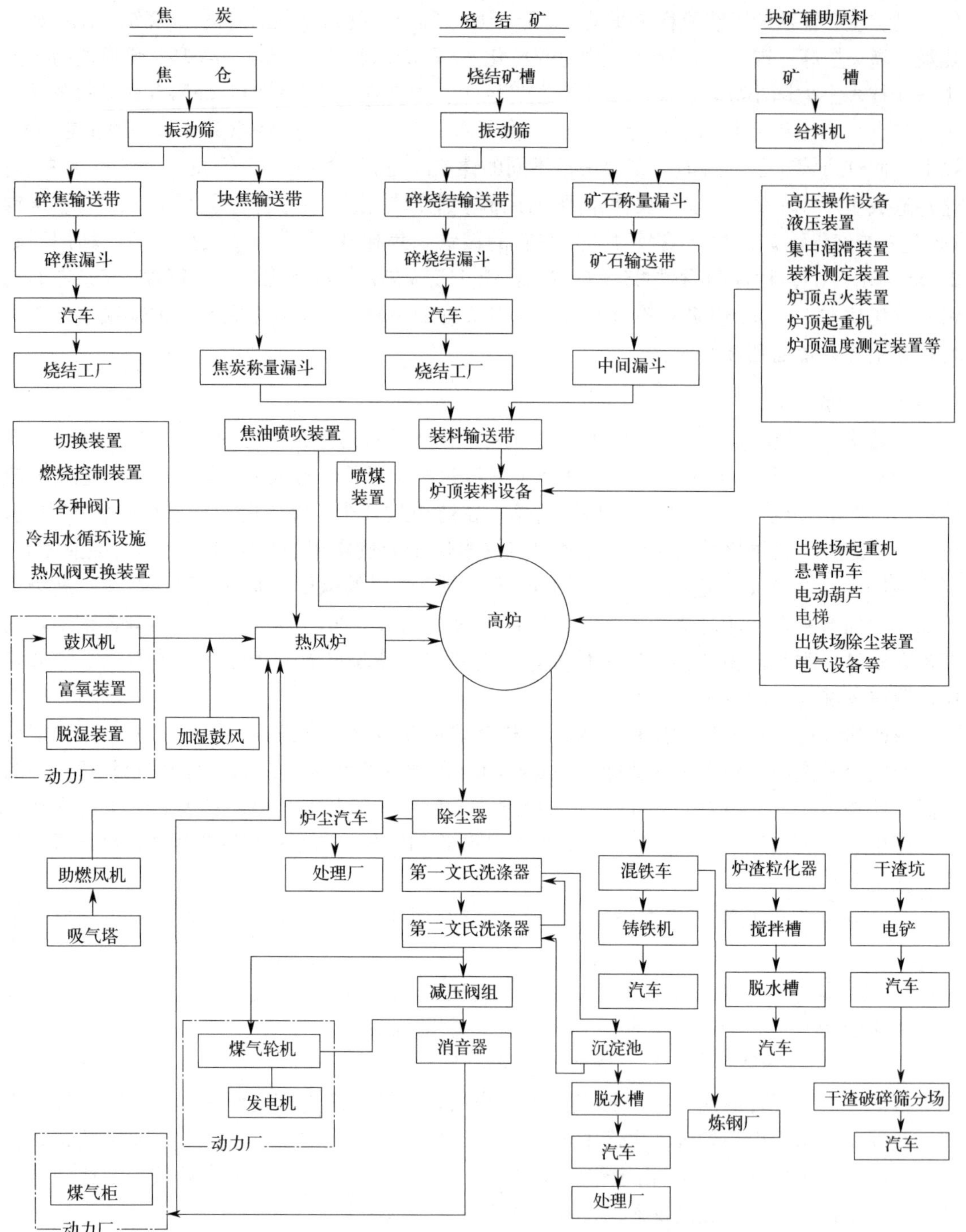

图 3-4 高炉镍铁生产工艺流程和主要设备方框图

由布料器铺到烧结机台车上，进行点火烧结。

④ 烧结矿冷却、破碎和分筛 成品经皮带直接送入高炉高架料仓以备高炉使用，筛下物为返矿或作垫底料。

(2) 烧结矿质量 烧结矿按其成品是否经过冷却，分为冷矿与热矿。按碱度（CaO/SiO_2）不同分为三类：酸性烧结矿（$CaO/SiO_2<1.0$）、自熔性烧结矿（$CaO/SiO_2=1.0\sim$

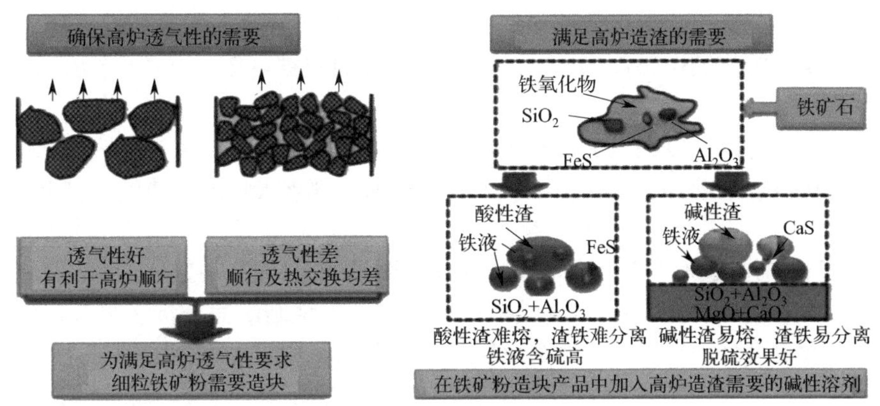

图 3-5　红土镍矿造块的必要性示意图

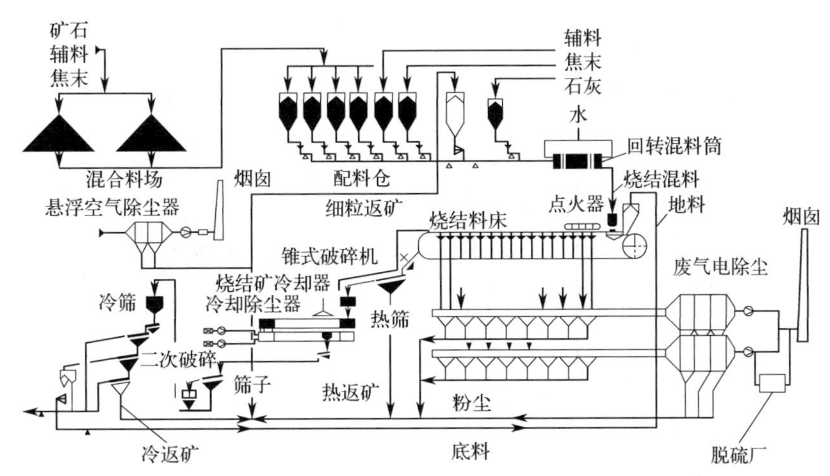

图 3-6　烧结（抽风法）的一般工艺流程示意图

1.5）和高碱度烧结矿（溶剂性烧结矿）（CaO/SiO_2＝2.0～4.0）。

烧结矿质量对高炉冶炼有很大影响。对烧结矿质量的要求：镍铁比适合镍铁品位的要求，强度好，成分稳定，还原性好，粒度均匀，粉末少，碱度适宜，有害杂质少。

① 强度和粒度　烧结矿强度好，粒度均匀，可减少转运过程中和炉内产生的粉末，改善高炉料柱透气性，保证炉况顺行，从而导致焦比降低，产量提高。烧结矿强度提高意味着烧结机产量（成品率）增加，同时大大减少了粉尘，改善烧结和镍铁厂的环境，改善设备工作条件，延长设备寿命。

② 还原性　烧结矿还原性好，有利于强化冶炼并相应减少还原剂消耗，从而降低焦比。还原性的测定和表示方法亦未标准化。生产实践表明：烧结矿氧化亚铁含量低易还原，高难还原。因此，生产上习惯用烧结矿中的 FeO 含量高低来评价烧结矿还原性的好坏。游离的氧化亚铁易还原，但烧结矿中的 FeO 不是以游离状态存在，而都是与 SiO_2、CaO、Fe_3O_4 等生成化合物或固溶体，如硅酸铁 $2FeO \cdot SiO_2$、浮氏体（Fe_3O_4 和 FeO 的固溶体，是 Fe_3O_4 还原成 FeO 过程中的中间产物）、铁橄榄石等，烧结矿过熔而使结构致密，气孔率低，故还原性差。因此，亚铁越高，生成这些物质就多，还原性能就差。反之，若 FeO 降低，则还原性好。一般要求 FeO 应低于 10%。

③ 碱度　烧结矿碱度一般用 CaO/SiO_2 表示。为了改善炉渣的流动性和稳定性，烧结矿中常含有一定量的 MgO(如 2%～3%或更高)，使渣中 MgO 含量达到 7%～8%或更高，

促进高炉顺行。在此情况下，烧结矿和炉渣的碱度应按（CaO+MgO）/SiO_2 来考虑。

一般红土镍矿的烧结矿碱度为：含 4%～6% Ni 的镍铁，R_2=0.7～0.8；含 1%～2% Ni 的镍铁，R_2=1.2～1.7。

（3）烧结反应过程　以抽风法烧结为例。抽风烧结过程是将铁矿粉、熔剂和燃料经适当处理，按一定比例加水混合，铺在烧结机上，然后从上部点火，下部抽风，自上而下进行烧结，得到烧结矿。

① 烧结过程料层变化　带式抽风烧结过程有明显的分层性，按其温度的变化情况，从上到下依次分为五层（或五带）。在烧结机台车上取某一烧结断面分析（图 3-7），可见料层有明显分层，大致可分为五层，即烧结矿层、燃烧层、预热层、干燥层和湿料层。这五层并不是截然分开的。点火烧结开始后依次出现，然后各层又依次消失，而最后只剩下烧结矿层。这种分层性，是烧结过程自上而下进行的特点所决定的。

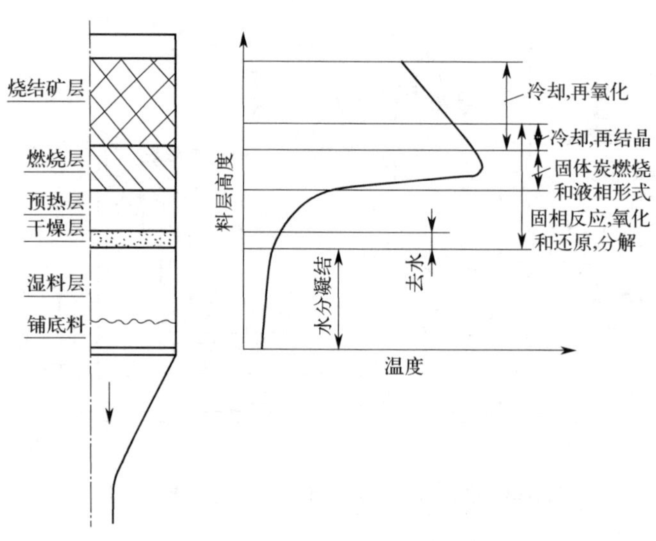

图 3-7　烧结过程示意图

a. 烧结矿层（成矿层）　烧结料中的燃料点燃之后，被抽入的空气继续燃烧，于是料层的表面形成了燃烧层，当这一层的燃料燃烧完毕后，下部料层的燃料继续燃烧，于是燃烧层向下移动，而其上部形成了烧结矿层，该层从表面开始随着烧结过程的进行逐渐增厚。抽入的空气通过烧结矿层被预热供给燃烧，而烧结矿层则被冷却和氧化。在同燃烧层接近处，进行液相的冷却结晶（1000～1100℃），使烧结物固结形成多孔的烧结矿。主要变化是液相凝固，析出新矿物，预热空气。因表层温度低，矿物来不及析晶，故表层强度低。

b. 燃烧层　燃料与抽入的空气燃烧形成了燃烧层，燃烧层是由上向下移动的，它产生1100～1500℃的高温，使烧结料局部熔化、造渣并进行还原、氧化，如石灰石及硫化物的分解反应。从燃料着火开始到燃烧完毕，需要一定时间。燃烧层厚度约 15～80mm。料层厚度对烧结矿质量有较大影响。料层过厚，透气性差，导致产量降低；料层过薄，烧结温度低，液相不足，烧结矿固结不好，强度低。燃烧层沿着高度下移的速度称为垂直烧结速度，一般为 10～40mm/min。这一速度决定着烧结机的生产率。

c. 干燥层和预热层（也有称干燥-预热层）　燃烧层产生的高温烟气进入下层，使下层烧结料温度急剧上升，当升至 100℃以上时，首先出现混合料中的吸附水蒸发，直到 300～400℃水分蒸发完毕，继续升高到 800℃（燃料的着火点一般为 700℃左右），混合料中的燃料着火。这样，燃烧层下部形成了100～400℃之间以水分蒸发为主的干燥层和400～800℃之间的预热层。实际上两层之间没有明显的界线，因此，也有统称为干燥-预热层的。预热层进行氧化、还原、分解和固相反应，出现少量液相。

d. 湿料层（冷料层） 由于干燥层来的烟气中含有大量的水蒸气，当其被湿料层冷却到露点温度（大约60℃）以下时，水汽便重新冷凝于料层中，使料的湿分超过原始水分，形成过湿层。由于过湿现象，料层透气性恶化。随着烧结过程的进行，烧结矿层逐渐扩大，湿料层逐渐缩小，最后全部烧结料变成烧结矿层。

可见烧结过程是许多物理和化学变化过程的综合。其中有燃烧和传热；蒸发和冷凝；氧化和还原；分解和吸附；熔化和结晶；矿（渣）化和气体动力学等。在某一层中可能同时进行几种反应，而一种反应又可能在几层中进行。

② 烧结过程的主要反应

a. 烧结料中水分的分解反应 矿物中的水不仅是形成矿物的一种重要介质，也是矿物中的一种成分。按其存在形式，矿物中的水可分为以下几类：

结构水，以OH^-、H^+、$(H_3O)^+$的形式存在于矿物中的水，在晶格中占有一定的位置。它是矿物中结合最牢的水，因此只有在温度很高的条件下，水才会逸出而破坏晶格。矿物分类中的氢氧化物矿物，如红土镍矿中存在不稳定的利蛇纹石$\{(Mg,Al)_3[(Si,Fe)_2O_5]OH)_4\}$，含有结构水。这种水与矿物结构融为一体，其所受约束远比结晶水要大，只有将矿物的晶格破坏，才能使这些水失去。如将利蛇纹石中的OH^-驱除，要将温度加热到620℃以上。

结晶水，在矿物的晶格中呈水分子状态，在晶格中有一定的位置，水分子的数量与矿物中其他成分成简单整数比，如石膏为$CaSO_4 \cdot 2H_2O$。含结晶水的矿物失水的温度是一定的，比结晶水失水温度低，一般在500℃以下。

吸附水，是指机械地吸附于矿物中的水，没有参加晶格，含量不等，随温度变化而变化。当加热时，这种水就从矿物中逐渐失去，温度升至110℃时，吸附水就全部逸出。

为加速结晶水分解必须严格控制粉料的粒度。因为结晶水的高温分解要吸收热量，同时消耗碳素，这不论在烧结过程还是高炉冶炼中都要引起燃耗增加，因而不利。其反应为：

$$2H_2O + C \xlongequal{} CO_2 + 2H_2 \qquad \Delta H = 99600J/mol$$

$$H_2O + C \xlongequal{} CO + H_2 \qquad \Delta H = 133100J/mol$$

b. 燃料燃烧反应 烧结所用的燃料主要是焦粉和无烟煤粉，它们含有大量的固定碳，在700℃时即可着火。烧结料中固体碳的燃烧为形成黏结所必需的液相和进行各种反应提供了必要条件（温度、气氛）。烧结过程所需要热量的80%～90%为燃料燃烧供给。然而燃料在烧结混合料中所占比例很小，按质量计仅3%～5%，按体积计约10%。在碳量少、分布稀疏的条件下，要使燃料迅速而充分地燃烧，必须供给过量的空气，空气过剩系数达1.4～1.5或更高。由于燃料分布不均，在燃料少、透气性好、空气充足处，进行完全燃烧形成氧化区，$C + O_2 \xlongequal{} CO_2$；在燃料多、透气性差、空气不足处，进行不完全燃烧形成还原区，$2C + O_2 \xlongequal{} 2CO$；在高温条件下，还有可能产生碳气化反应，$CO_2 + C \xlongequal{} 2CO$。但由于燃烧层很薄，废气温度降低很快，所以产生CO的反应受到一定的限制。

总的来说，在燃烧层的燃烧产物中，以CO_2为主，同时还有CO、过剩的O_2和N_2。在燃烧层中是弱氧化性气氛，但在炭粒周围的局部区域属还原性气氛。增加燃料用量，减小燃烧速度，可增强还原性气氛。减少燃料用量，改善料层透气性，增加气流速度和含氧量，可提高燃烧速度，提高烧结过程的氧势。

燃料燃烧虽然是烧结过程的主要热源，但仅靠它并不能把燃烧层温度提高到1300～

1500℃的水平。相当部分的热量是靠上部灼热的烧结矿层将抽入的空气预热到足够高的温度来供给燃烧层燃料燃烧的。灼热的烧结矿层相当于一个“蓄热室”。这一作用称为烧结过程中的自动蓄热作用。热平衡分析指出，这种自动蓄热作用带来的热量约占供热总量的40%。随着烧结过程的进行，燃烧层向下移动，烧结矿层增厚，自动蓄热作用愈显著，愈到下层燃烧温度愈高。这就出现上层温度不足（一般为1150℃左右），液相不多，强度较低，返矿较多；而下部温度过高，液相多，过熔，强度虽高而还原性差，即上下烧结矿质量不均的现象。为改善这种状况，提出了具有不同配碳量的双层或多层烧结的方法。即上层含碳量应高于平均含碳量，而下层应低于平均含碳量，以保证上下层温度均匀，质量一致，而且节省燃料。在铁矿石的烧结中，苏联采用分层烧结某矿粉，下部含碳量低1.2%，节省燃料10%，德国某厂使用双层烧结，节省燃料15%，日本用此法节省燃料10%。随着烧结料层的增厚，自动蓄热量增加，有利于降低燃料消耗，但随着料层厚度增加，蓄热量的增加逐渐减少，所以燃耗降低幅度也减小。当烧结矿层形成一个稳定的蓄热层后，蓄热量将不再增加，燃耗也不再降低。因此，从热量利用角度看，厚料层烧结是有利的，但不是愈厚愈好，在一定的条件下，存在着一个界限料层高度。同时料层高度的进一步增加还受到透气性的限制。高温区（燃烧层）的温度、下移速度和厚度也对烧结过程有重大影响。高温区厚度增加可保证高温烧结反应有充分时间进行，提高质量，但过厚则增加气流阻力。

c. 碳酸盐分解及矿化作用　当生产溶剂性烧结矿时，烧结配入的溶剂有白云石、石灰石，碳酸盐有$CaCO_3$、$MgCO_3$，某些矿石还可能带入$FeCO_3$和$MnCO_3$。这些碳酸盐在烧结过程达到一定温度时会发生分解反应，$CaCO_3$的分解温度较其他碳酸盐高。其分解反应为：

$$CaCO_3 = CaO + CO_2 \text{（750℃以上）}$$

$$MgCO_3 = MgO + CO_2 \text{（720℃以上）}$$

其分解速度同温度、粒度、外界气流速度和气相中CO_2浓度等相关，温度升高，粒度减小，气流速度加快，气相中CO_2浓度降低，则分解加速。

由于烧结过程很短，为使碳酸盐完全分解，要求配入的溶剂粒度一般小于3mm。这一方面有利于其迅速分解，更重要的是有利于矿化作用，即CaO、MgO等同其他氧化物反应形成新的矿物的作用。

d. 镍、铁氧化物的分解、还原和氧化　烧结过程中，在燃料颗粒表面附近或燃料集中处，CO浓度极高，故在料层中既有氧化区也有还原区，因此对矿物同时存在着氧化、还原、分解等反应。在有CO存在的区域，NiO、Fe_2O_3具有较大的分解压力，氧化转化温度较低，其可进行以下还原：

$$NiO + CO = Ni + CO_2$$

$$3Fe_2O_3 + CO = 2Fe_3O_4 + CO_2$$

此反应所需的CO平衡浓度很低，所以一般烧结矿中自由Fe_2O_3很少。

红土镍矿中的镍主要和铁呈类质同象结构以氧化物形式存在，和镁、铁呈类质同象结构以硅酸盐矿物的形式存在，以及还以吸附镍、氧化镍、硫化镍的单体存在。从红土镍矿中镍和铁的赋存状态看出，镍和铁在矿石中大都以类质同象的形式存在，即使用烧结的方法，温度低也不能改变其晶格状态，很难将镍和铁分离开。但NiO可部分被还原。

Fe_3O_4分解压很小，在烧结温度下不会自行分解，但在有SiO_2存在时，在1300～1350℃以上亦可进行热分解：

$$2Fe_3O_4 + 3SiO_2 = 3(2FeO \cdot SiO_2) + O_2$$

在900℃以上，Fe_3O_4可被CO还原：

$$Fe_3O_4+CO = 3FeO+CO_2$$

SiO_2 存在时，可促进 Fe_2O_3 和 Fe_3O_4 的还原，因为 SiO_2 与 FeO 形成稳定的铁橄榄石（$2FeO \cdot SiO_2$）：

$$2Fe_3O_4+3SiO_2+2CO = 3(2FeO \cdot SiO_2)+2CO_2$$

CaO 的存在对 Fe_3O_4 和 Fe_2O_3 的还原都不利，因为 CaO 与 Fe_2O_3 作用有固相反应生成 $CaO \cdot Fe_2O_3$，阻止了 Fe_2O_3 还原和 $2FeO \cdot SiO_2$ 的生成。因此，烧结矿碱度提高后，FeO 会有所降低。

FeO 在烧结过程中不是单独存在的，它可形成少量的浮氏体 Fe_xO，大部分 FeO 与 SiO_2 和 CaO 在燃烧带的高温下形成铁橄榄石和钙铁橄榄石［$CaO_x \cdot FeO_{2-x} \cdot SiO_2$（$x=0.25\sim1.5$）］。此种矿物具有较高的强度，但还原性较差。因此烧结要降低 FeO，关键在于控制气氛为氧化性气氛和燃烧带的温度。

FeO 分解压力很小，在一般烧结条件下，FeO 很难被 CO 还原为 Fe。因为在 700℃时，反应 $FeO+CO = Fe+CO_2$ 的气相平衡中 $CO_2/CO=0.666$，温度升高，此值下降，所需 CO 浓度较高。在配碳量很高和烧结温度很高情况下，上述反应可进行，从而获得一定数量的金属铁。

在远离燃料的混合料中，特别是在烧结矿层的冷却过程中，可以使 Fe_3O_4 和 FeO 再氧化：

$$2Fe_3O_4+\frac{1}{2}O_2 = 3Fe_2O_3$$

$$3FeO+\frac{1}{2}O_2 = Fe_3O_4$$

在空气通过灼热的烧结矿层时，也进行氧化反应，因此，烧结过程中还原得到的少量金属铁，很容易被抽入的空气氧化。因此烧结矿中金属铁量甚微，一般在 0.5%以下。

e. 脱硫反应　烧结过程可以部分去除矿石中硫、铅、锌、砷、氟、钾、钠等有害元素，以改善烧结矿的质量和高炉冶炼过程。这是烧结的一个突出优点。

烧结过程是一个有效的脱硫过程，可以去除大部分的硫，一般脱硫效率可达 90%以上。矿石中的硫以有机硫、硫化物（FeS_2）和硫酸盐（$CaSO_4$、$BaSO_4$ 等）形态存在。有机硫在烧结过程中挥发或燃烧成 SO_2 逸出，大部分硫化物通过氧化被脱出。

$$2FeS_2+5\frac{1}{2}O_2 = Fe_2O_3+4SO_2$$

$$2FeS+3\frac{1}{2}O_2 = Fe_2O_3+2SO_2$$

硫酸盐的分解压很小，开始分解的温度相当高，如 $CaSO_4$ 大于 975℃，$BaSO_4$ 高于 1185℃。因此其去硫比硫化物困难。但当有 Fe_2O_3 和 SiO_2 存在时，可改善其去硫热力学条件。

$$CaSO_4+Fe_2O_3 = CaO \cdot Fe_2O_3+SO_2+\frac{1}{2}O_2 \qquad \Delta H=485J/mol$$

$$BaSO_4+SiO_2 = BaO \cdot SiO_2+SO_2+\frac{1}{2}O_2 \qquad \Delta H=459J/mol$$

硫化物的去硫反应为放热反应，而硫酸盐的去硫反应则为吸热反应。因此，提高烧结温度对硫酸盐矿石去硫有利。

硫化物烧结去硫主要是氧化反应。高温、氧化性气氛有利于去硫。两者都与燃料量直接有关。燃料量不足时，烧结温度低，氧化反应速度慢。但燃料过多，温度过高，易产生过熔（FeO 与 FeS 易形成低熔物）和表面渣化，阻碍了 O_2 向硫化物表面的扩散吸附和 SO_2 的扩散脱附过程，反而使脱硫率降低，同时燃料量过多，料层中还原气氛浓，亦影响去硫。凡能够提高烧结过程氧势的措施均有利于去硫。

矿粉粒度大，扩散阻力增加，不利于去硫；但若粒度过细，料层透气性不好，容易引起烧结过程不均，产生烧不透的生料，降低去硫率。最佳去硫率的适宜矿粉粒度为0～6mm。

③ 烧结矿的形成　烧结矿的成矿机理，包括烧结过程的固相反应、液相形成和结晶过程。在烧结料中主要矿物都是高熔点，在烧结温度下大多不能熔化。当烧结温度达到一定时，各组分之间开始固相反应，生成低熔点新化合物，这些新化合物可在较低温度下生成液相，并将周围烧结料浸润和熔融。当燃烧层移动后，被熔物温度下降，液相放出能量并结晶，液相冷凝固结形成多孔烧结矿。

a. 固相反应　在未生成液相的低温条件下（500～700℃），烧结料中的一些组分就可能在固态下进行反应，生成新的化合物。固态反应的机理是离子扩散。烧结料中各种矿物颗粒紧密接触，它们都具有离子晶格构造。在晶格中各结点上的离子可以围绕它们的平衡位置振动。温度升高，振动加剧，当温度升高到使质点获得的能量（活化能）足以克服其周围质点对它的作用能时，便失去平衡而产生位移（即扩散）。相邻颗粒表面电荷相反的离子互相吸引，进行扩散，遂形成新的化合物，使之连接成一整体。开始，这种反应产物具有高度分散性，其微小晶体具有严重的缺陷和极大的表面自由能，因而处于活化状态，使晶体质点向降低自由能的方向即减少表面积的方向移动，结果晶格缺陷逐渐得到校正，微小的晶体也聚集成了较大的晶体，反应产物也就变得较为稳定。

固相反应开始进行的温度（$T_{固}$）远低于反应物的熔点（$T_{熔}$），其关系为：对于金属，$T_{固}=(0.3\sim0.5)T_{熔}$；对于盐类，$T_{固}=0.75T_{熔}$；对于硅酸盐，$T_{固}=(0.8\sim0.9)T_{熔}$。如固相反应 $MgO+Fe_2O_3 \longrightarrow MgO\cdot Fe_2O_3$ 的开始反应温度600℃；$CaCO_3+Fe_2O_3 \longrightarrow CaO\cdot Fe_2O_3$ 的开始反应温度590℃；$Fe_3O_4+SiO_2 \longrightarrow 2FeO\cdot SiO_2$ 的开始反应温度990℃。

最具有意义的固相反应是铁矿粉本身含有的 Fe_3O_4 与 SiO_2 的作用。它们接触良好，反应能有一定程度的发展，其生成物 $2FeO\cdot SiO_2$ 是低熔点物质，可促进烧结反应过程。

固相反应在温度较低的固体颗粒状态下进行，反应速度一般较慢，而烧结过程又进行得很快，所以固相反应不可能得到充分发展。必须进一步提高温度，发展足够数量的液相，才能完成烧结过程。然后固相反应生成的低熔点化合物已为形成液相打下了基础。固相反应的最初产物，与反应物的混合比无关，两种反应物无论以何种比例混合，反应的最初产物总是一种。

要想得到与反应物质量比相当的最终产物．需要很长的时间。烧结过程中，由于加热速度快，在高温区停留时间短。通常得不到与反应物质量比相对应的固相反应产物，所以，对烧结过程具有实际意义的是固相反应开始的温度和反应的最初产物。

b. 液相黏结　烧结矿的固结主要依靠发展液相来完成。基本液相是硅酸盐和铁酸盐体系的矿物，如 $FeO\cdot SiO_2$（硅酸铁）、$CaO\cdot SiO_2$（硅酸钙）、$CaO\cdot Fe_2O_3$（铁酸钙）、$CaO\cdot FeO\cdot SiO_2$（铁钙橄榄石）等是烧结矿成型的主要胶结物。

烧结料中许多矿物具有很高的熔点，如磁铁矿（Fe_3O_4）为1550℃，CaO为2570℃，SiO_2 为1713℃，都在烧结温度之上，怎么能使它们熔化而烧结呢？一方面，上述固相反应形成的低熔点化合物足以在烧结温度下生成液相；另一方面，随着燃料层的移动，温度升高，各种互相接触的矿物又形成一系列易熔化合物，在燃烧温度下形成新的液相。

液滴浸润并溶解周围的矿物颗粒而将它们黏结在一起；相邻液滴可能聚合，冷却时产生收缩；往下抽入的空气和反应的气体产物可能穿透熔化物而流过，冷却后便形成多孔、坚硬的烧结矿。可见烧结过程中产生的液相及其数量对烧结矿的质量和产量有决定性的影响。例如，铁矿粉中的 FeO 和 SiO_2 接触紧密，在烧结过程中易于化合成 $2FeO \cdot SiO_2$（铁橄榄石），其熔点为 1205℃。$2FeO \cdot SiO_2$ 还可同 SiO_2 或 FeO 组成低熔点共晶混合物，其熔点为 1178℃或 1177℃；$2FeO \cdot SiO_2$ 又可同 Fe_3O_4 组成熔点更低的混合体（1142℃）。这个液相是生成低碱度酸性烧结矿的主要胶结物。其生成条件是必须有足够数量的 FeO 和 SiO_2。FeO 的形成需要较高的温度和还原性气氛。这就需要有较高的配碳量。SiO_2 则主要取决于精矿品位和矿石类型。一般的酸性脉石矿，品位提高，则 SiO_2 降低，但总含有一定量的 SiO_2。$2FeO \cdot SiO_2$ 是难还原的物质。以它为主要黏结液相的烧结矿强度好，但 FeO 高，还原性差。当生产自熔性烧结矿时，同酸性烧结矿比较，由于外加相当多的 CaO，它与矿粉中的 SiO_2 作用，在烧结过程中，生成两种可熔的硅酸钙液相，即：硅灰石 $CaO \cdot SiO_2$，熔点为 1544℃，它与 SiO_2 在 1486℃时形成最低共熔点；硅钙石 $3CaO \cdot 2SiO_2$，熔点为 1475℃，它与 $CaO \cdot SiO_2$ 在 1455℃时形成最低共熔点。其他尚有正硅酸钙 $2CaO \cdot SiO_2$ 等，但其熔点为 2130℃，在烧结中不能熔化为液相。硅酸钙液相体系在生产自熔性烧结矿时占重要地位，它的熔化温度较高，它的混合物的最低共熔点也比较高，均在 1430℃以上，所以在烧结温度条件下这个体系所产生的液相不会很多。在生产自熔性烧结矿时，若温度高，还原性气氛强，则大量存在的 CaO、FeO 和 SiO_2 便可能结合生成钙铁硅酸盐低熔点化合物，如钙铁橄榄石、钙铁辉石、铁黄长石。提高碱度，增加烧结料中的 CaO 量可降低液相生成温度。在 CaO 含量为 10%～20%的范围内，这个体系化合物的熔化温度范围大部分都在 1150℃之内。钙铁橄榄石与铁橄榄石同属一个晶系，构造相似，还原性较差，生成条件亦相同，即要求高温和还原性气氛。钙铁硅酸盐的熔化温度较铁橄榄石低，液相黏度小，故烧结时气流阻力较小，透气性较好，但同时易形成大气孔烧结矿。

生产高碱度烧结矿，尤其是生产超高碱度烧结矿，在生产熔剂性烧结矿时，由于要求碱度更高，需加入大量 CaO。CaO 同矿粉中的 Fe_2O_3 在 500～600℃即可进行固相反应生成铁酸钙 $CaO \cdot Fe_2O_3$。其熔点为 1216℃。不仅熔点低，而且生成速度快，对生产熔剂性烧结矿具有重要意义。黏结相铁酸钙使烧结矿的强度和还原性同时得到提高的原因是：铁酸钙（CF）自身的强度和还原性都很好；铁酸钙是固相反应的最初产物，熔点低，生成速度快，超过正硅酸钙的生成速度，能使烧结矿中的游离 CaO 和正硅酸钙减少，提高烧结矿的强度；由于铁酸钙能在较低温度下通过固相反应生成，减少 Fe_2O_3 和 Fe_3O_4 的分解和还原，从而抑制铁橄榄石的形成，改善烧结矿的还原性。所以，发展铁酸钙液相，不需要高温和多用燃料，就能获得足够数量的液相，以还原性良好的铁酸钙黏结相代替还原性不好的铁橄榄石和钙铁橄榄石，大大改善烧结矿的强度和还原性。

生成铁酸钙黏结相的条件。高碱度：虽然固相反应中铁酸钙生成早，生成速度也快，但一旦形成熔体后，熔体中 CaO 与 SiO_2 的亲和力和 SiO_2 与 FeO 的亲和力都比 CaO 与 Fe_2O_3 的亲和力大得多，因此，最初形成的 CF 容易分解形成 $CaO \cdot SiO_2$ 熔体，只有当 CaO 过剩时（即高碱度），才能与 Fe_2O_3 作用形成铁酸钙。强氧化性气氛：可阻止 Fe_2O_3 的还原，减少 FeO 含量，从而防止生成铁橄榄石体系液相，使铁酸钙液相起主要黏结相作用。低烧结温度：高温下铁酸钙会发生剧烈分解，因此低温烧结对发展铁酸钙液相有利。

总之，在烧结过程中，若液相太少，则黏结不够，烧结矿强度不好，若液相过多，则产生过熔，使烧结矿致密，气孔率降低，还原性变差。因此无论靠何种液相黏结，数量都应适当。

c. 冷却固结　燃烧层移过后，烧结矿的冷却过程随即开始。随着温度的降低，液相黏结着周围的矿物颗粒而凝固。各种低熔点化合物（液相）开始结晶。烧结矿的冷却固结实际上是一个再结晶过程。首先是晶核的形成，凡是未熔化的矿物颗粒和随空气带来的粉尘都可充当晶核。晶粒围绕晶核逐渐长大。冷却快时，结晶发展不完整，多呈玻璃相，裂纹较多，强度较差；冷却慢时，晶粒发展较完整，玻璃质较少，强度较好。上层烧结矿容易受空气急冷，强度较差；下层烧结矿的强度则较好。还要看到，在液相冷凝结晶时，成千上万的晶粒同时生成，它们互相排挤，各种矿物的膨胀系数又不相同，因而在晶粒之间产生内应力，使烧结矿内部产生许多微细裂纹，导致强度降低。在烧结矿冷却固结中，$2CaO \cdot SiO_2$ 起到极坏的作用，它虽不能形成液相，但在冷却过程中产生四种晶型变化，进而产生体积膨胀。这种相变产生很大的内应力和体积膨胀，使得已固结成型的烧结矿发生粉碎，强度大减，因此烧结过程中要尽量避免正硅酸钙（$2CaO \cdot SiO_2$）的生成。同时要严格掌握冷却温度，有效控制其晶型转变。

红土镍矿的烧结矿成矿机理与铁矿石烧结矿成矿机理相似，但在红土镍矿的烧结中，碱度较低，一般中镍铁（含 Ni 5%左右）生产 $R_2=0.7 \sim 0.8$。烧结矿含铁、镍品位低（如 Ni+Fe≈21%～23%），液相太少，黏结不够，烧结矿强度不好，这也是不能用大高炉冶炼镍铁的重要原因之一。

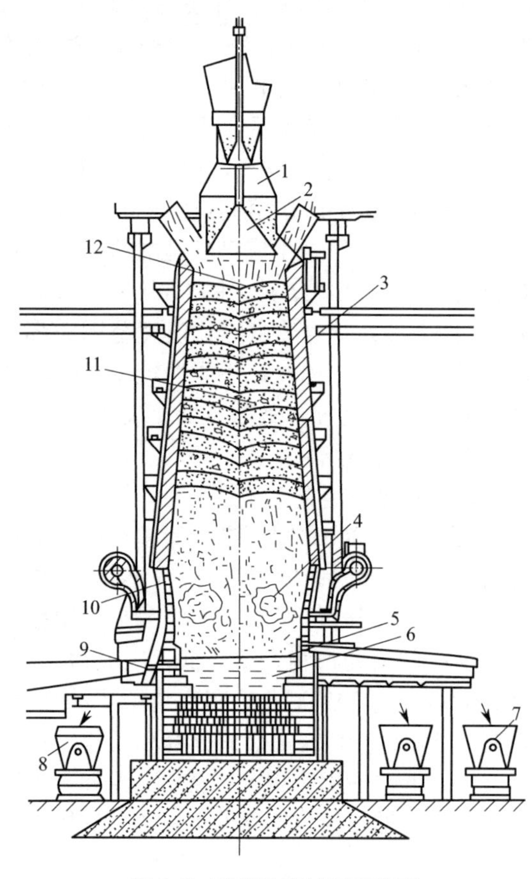

图 3-8　高炉冶炼过程示意图

1—料斗；2—大钟；3—焦炭；4—燃烧带；5—炉渣；6—镍铁水；7—渣罐；8—铁罐；9—铁口；10—风口；11—矿石（烧结矿）；12—上升煤气

3.1.1.2　高炉生产

在高炉利用红土镍矿冶炼镍铁同冶炼铁的过程基本相同。高炉冶炼过程是一个连续的生产过程，是在炉料自上而下、煤气自下而上的相互接触过程中完成的，高炉实质是一个炉料下降、煤气上升两个逆向流运动的反应器，如图 3-8 所示。

高炉冶炼的三大特点是：在逆流过程中，完成复杂的物理化学反应；在投入原、燃料及产出镍铁、渣、煤气之外，无法直接观察炉内反应过程；维持高炉顺行，即保证煤气流合理分布及炉料均匀下降是冶炼过程的关键。

炉料按一定料批从炉顶装入炉内，从风口鼓入经热风炉加热的热风（1000～1300℃），炉料中焦炭在风口前燃烧带与风中的氧燃烧，产生还原气体和高温，在炉内上升过程中加热缓慢下降的炉料，并还原矿石中的镍、铁等金属，矿石升到一定温度后软化，熔融滴落，矿石中未被还原的物质形成熔渣，实现渣与镍铁分离。已熔化的渣、镍铁聚集在炉缸内，调整铁液的成分和温度，根据渣、镍铁的密度差异，定期从渣口和镍铁口排放渣、镍铁，使镍铁从红土矿中分离。在炉内燃烧产生的还原气体和高温，在上升的过程中，不断与炉料进行热交换和还原反应（被氧化），最终形成高炉煤气（成分：CO_2 22%、CO 22%、H_2 5%、N_2 51%）从炉顶导出管排出。

高炉的整个冶炼过程取决于风口前焦炭的燃烧，上升煤气流与下降炉料间的一系列物理化学变化，如传热、传质、干燥、蒸发、挥发、分解、还原、软熔、造渣、渗碳和脱硫等，见图 3-9。

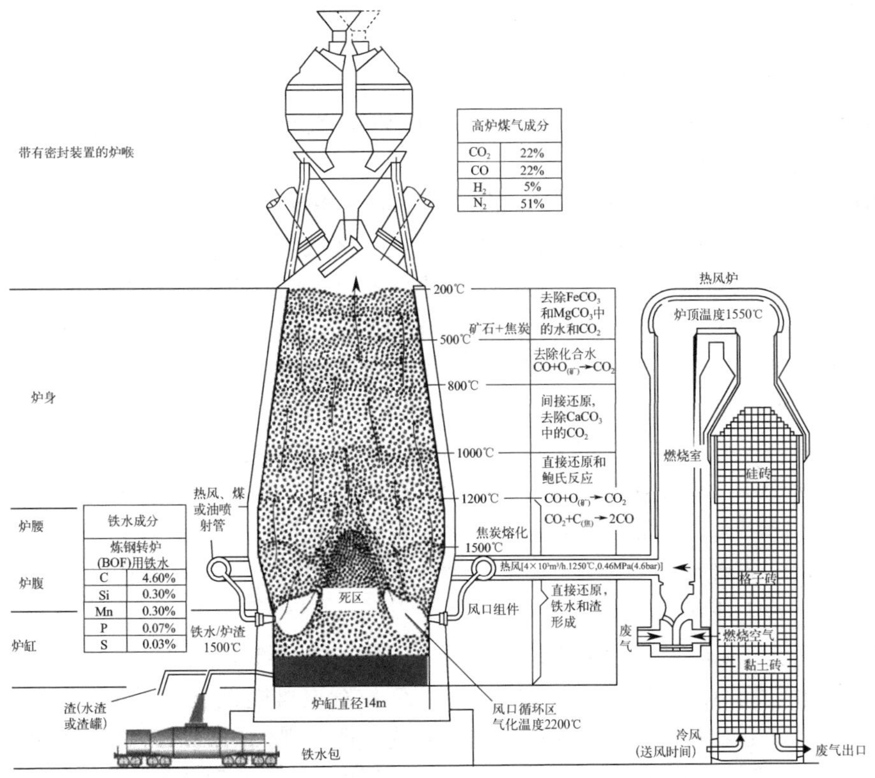

图 3-9 高炉和热风炉断面图、炉内主导温度和主要化学反应

高炉冶炼是在密闭的容器中进行的，是在高温高压下连续的自动化的生产过程。

(1) 高炉内各区域反应状况 将正在运行中的高炉突然停炉并进行解剖分析，结果表明，炉料下降过程分布是呈层状的，直至下部熔化区域，但炉料中焦炭在燃烧前始终处于固体状态而不软化熔化。根据物料存在形态的不同，可将高炉划分为五个区域：块状带、软熔带、滴落带、风口前回旋区、渣铁聚集区（炉缸带），见图 3-10。

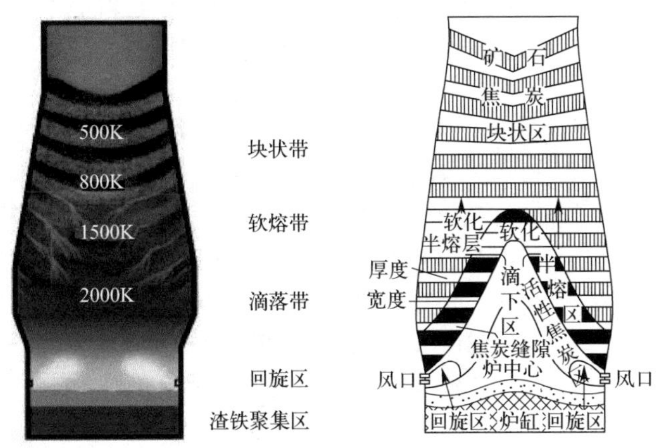

图 3-10 高炉炉内状况

各区内进行的主要反应及特征分别为：

① 块状带：炉料中水分蒸发及受热分解，铁矿石间接还原，炉料与煤气热交换；焦炭与矿石层状交替分布，呈固体状态；以气固相反应为主。

② 软熔带：炉料在该区域软化，在下部边界开始熔融滴落；对煤气阻力大，主要从焦炭层空间通过；为固、液、气间多相反应，主要进行还原反应，初渣形成。

③ 滴落带：滴落的液态渣、镍铁与煤气及固体碳之间进行多种复杂的化学反应，夹杂着渣、镍铁液滴的松动焦炭下降至回旋区。

④ 回旋区：热风中氧与焦炭及喷入的燃料发生燃烧反应，产生高热煤气上升，是炉内温度最高的区域、炉内唯一存在的氧化性区域。在该区域内焦炭做回旋运动。

⑤ 渣铁聚集区（炉缸带）：在渣镍铁层间的交界面及镍铁滴穿过渣层时发生渣金反应。

因冶炼条件的不同，软熔带通常呈三种可能的形状，即倒 V 形、V 形和 W 形。

倒 V 形的特点是：由于中心温度高，边部温度低，煤气利用好，对反应有良好的影响；V 形软熔带的特点与倒 V 形正好相反，中心温度低，边部温度高，煤气利用变坏，对反应也有不良的影响；W 形软熔带的特点介于倒 V 形、V 形两者之间。

除软熔带形状外，其位置及尺寸对高炉顺行影响很大。如软熔带高度大，含焦炭夹层就多，煤气通过的面积大，透气性就好，可使高炉接受的风量就大，有利于强化高炉冶炼，提高产量。但是软熔带高度增大的结果，会导致块状带体积减小，矿石间直接还原区减小，使煤气利用变坏，焦比升高。

高炉冶炼红土镍矿时，其软熔带位置会发生变化。由于红土矿的成分与造渣制度，用高炉冶炼的软熔带位置不同于现代炼铁工艺，软熔带位置更可能偏上，恶化上部炉料透气性。解决的办法是通过更多的焦炭来保证冶炼过程的透气性。现代高炉炼铁焦比在 380～450kg/t 左右，而红土矿冶炼过程焦比为 550～800kg/t（镍铁含 Ni 1.5%左右），对于铁品位更低的红土矿，焦比为 1.2～1.6t/t（镍铁含 Ni 5%左右）。

（2）还原反应　高炉镍铁生产是一个还原过程。高炉内的 Cu、Ni 几乎全部被还原，除 Fe 外还有 Mn、Si、P 等元素的还原。而 Mn、Si、V 等较难还原，只有部分被还原进入镍铁中。

① 镍、铁还原　从图 3-1 中可以看到：镍易于还原，且优先于铁还原。利用红土镍矿在高炉冶炼镍铁的过程中，金属被碳充分饱和，理论上讲镍全部还原到镍铁水中，铁也全部被还原。因而高炉生产的镍铁较矿热炉镍铁含碳高、品位低且镍回收率高。

高炉中氧化镍和氧化铁被还原时可能发生的化学反应是：

$$CO_2+C=\!=\!=2CO \tag{3-1}$$

$$NiO+C=\!=\!=Ni+CO \tag{3-2}$$

$$NiO+CO=\!=\!=Ni+CO_2 \tag{3-3}$$

$$3Fe_2O_3+CO=\!=\!=2Fe_3O_4+CO_2 \tag{3-4}$$

$$Fe_3O_4+CO=\!=\!=3FeO+CO_2 \tag{3-5}$$

$$FeO+CO=\!=\!=Fe+CO_2 \tag{3-6}$$

$$3Fe_2O_3+C=\!=\!=2Fe_3O_4+CO \tag{3-7}$$

$$Fe_3O_4+C=\!=\!=3FeO+CO \tag{3-8}$$

$$FeO+C=\!=\!=Fe+CO \tag{3-9}$$

式(3-1) 表示固体 C 和 CO_2 发生反应，吸收大量热能，生成 CO，进行 C 的气化反应，产生的 CO 参与镍矿石的间接反应。

将用 CO 间接还原镍、铁氧化物的平衡曲线与碳气化反应的平衡曲线画在一张图中，可得固体碳还原镍、铁氧化物的平衡图，如图 3-11。从图中可以看出，NiO、Fe_2O_3 被 CO 间接还原的平衡曲线 CO 的平衡浓度很低，这进一步说明 NiO、Fe_2O_3 极易被还原。

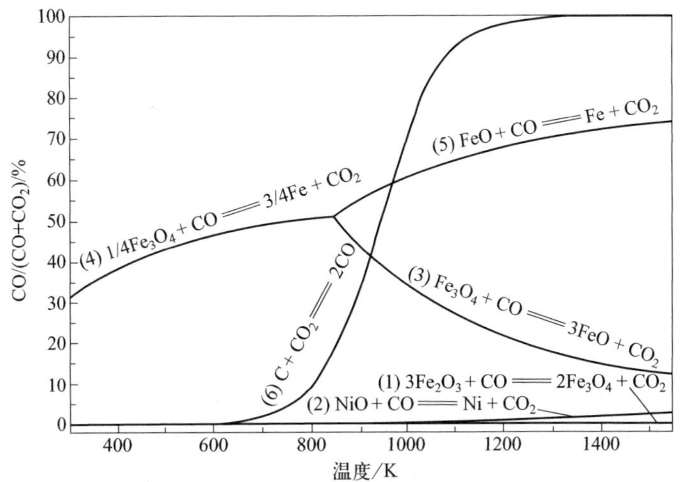

图 3-11　固体碳直接还原铁、镍氧化物的平衡气相组成与温度的关系

a. 镍还原　碳的氧化物与氧化镍的标准摩尔生成吉布斯自由能 $\Delta_r G_m^{\ominus}$ 见图 3-12。从图中可以看出，温度 $T=725\text{K}$ 是 NiO 被 C 还原的最低温度，即式(3-2) 反应在此温度下开始进行。同样从图 3-12 可以看出，CO 氧化生成 CO_2 的 $\Delta_r G_m^{\ominus}$ 线在 NiO 的 $\Delta_r G_m^{\ominus}$ 线之下，即式(3-3) 反应的 $\Delta_r G_m^{\ominus}$ 为负值，该反应极易发生。

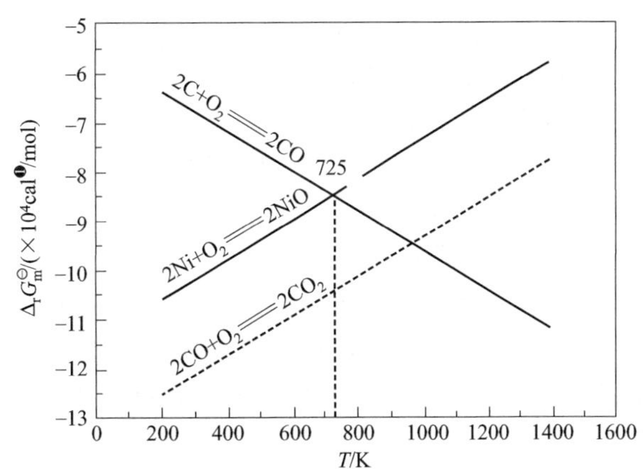

图 3-12　碳的氧化物与氧化镍的标准摩尔生成吉布斯自由能 $\Delta_r G_m^{\ominus}$

氧化镍的直接还原反应为：

$$NiO + C \Longrightarrow Ni + CO \qquad (3\text{-}2)$$

$$2NiO + C \Longrightarrow 2Ni + CO_2 \qquad (3\text{-}10)$$

生成物 CO 与 CO_2 的相对比例取决于 C-CO-CO_2 体系的平衡，根据碳的气化反应，即布都阿尔得（Boudouard）反应或碳的熔损（carbon solution loss）反应 $C(s)+CO_2(g) \Longrightarrow 2CO(g)$ 及常压下 CO 的平衡浓度和温度的关系，当温度低于 1000℃时，碳的气化反应平衡

❶ 1cal=4.1868J。

成分中 CO、CO_2 共存，反应(3-2)、反应(3-10) 同时存在，即 NiO 与 C 反应生成 Ni、CO 和 CO_2。

在高温下(>1000℃)C-CO-CO_2 体系中 CO_2 几乎全部转变为 CO，因此高温下反应 (3-8) 基本上不存在，固体碳还原的反应是下面两个反应的组合，即：

$$NiO+CO = Ni+CO_2 \tag{3-3}$$

$$CO_2+C = 2CO \tag{3-1}$$

$$NiO+C = Ni+CO \tag{3-2}$$

铁氧化物及硅酸盐等复杂化合物中氧化镍的还原可视为由复杂化合物离解和简单氧化物还原两个反应组成。

b. 铁还原　Fe 的氧化物存在形式为 Fe_2O_3、Fe_3O_4、FeO 等，但在<570℃(843K) FeO 是不稳定的，会分解成 Fe_3O_4 和 Fe。这是由于 FeO 是一种缺位固溶体，以浮士体 (Fe_xO) 形式存在，其含氧量是变化的 (23.15%～25.60%)，在某温度下其平衡气相成分也是可变的。为了方便起见，Fe_xO 仍记为 FeO，并认为是有固定成分的氧化物，其理论含氧量定为 22.28%。而 Fe_3O_4、Fe_2O_3 分别为 27.64%、30.6%。因此，铁氧化物还原的顺序为：

当 $T<570$℃时，$Fe_2O_3 \rightarrow Fe_3O_4 \rightarrow Fe$；

当 $T>570$℃时，$Fe_2O_3 \rightarrow Fe_3O_4 \rightarrow FeO \rightarrow Fe$。

根据逐级反应的原则，其还原过程应为：

ⅰ. 用 CO 还原 (间接)

大于 570℃时：

$$Fe_2O_3+CO \longrightarrow Fe_3O_4+CO_2+\uparrow \text{(放热)}$$

$$Fe_3O_4+CO \longrightarrow FeO+CO_2-\downarrow \text{(吸热)}$$

$$FeO+CO \longrightarrow Fe+CO_2+\uparrow$$

小于 570℃时 (FeO 不能稳定存在)：

$$Fe_2O_3+CO \longrightarrow Fe_3O_4+CO_2+\uparrow$$

$$Fe_3O_4+CO \longrightarrow Fe+CO_2+\uparrow$$

图 3-13a 为用 CO 还原铁氧化物平衡图。

ⅱ. 用固体碳还原 (直接) 铁氧化物被 C 直接还原时，反应体系内的气体产物是 CO。原因是：反应体系内有固体碳存在，必然存在碳的气化反应；即使用 CO 还原铁氧化物，如果有固体碳存在，则也必然有碳的气化反应发生，尤其在高温下。从而得到铁氧化物被 C 直接还原反应是：

大于 570℃时：

$$Fe_2O_3+C \longrightarrow Fe_3O_4+CO-\downarrow$$

$$Fe_3O_4+C \longrightarrow FeO+CO-\downarrow$$

$$FeO+C \longrightarrow Fe+CO-\downarrow$$

小于 570℃时：

$$Fe_2O_3+C \longrightarrow Fe_3O_4+CO-\downarrow$$

$$Fe_3O_4+C \longrightarrow Fe+CO-\downarrow$$

由此可知：铁矿石的还原过程是逐级进行的，即由含氧最多的高级氧化物逐步失去氧，最后成为金属 Fe。FeO 是含氧量最低的中间产物，在自然界中不能单独存在，只有在炉内还原气氛下，或与其他成分组成复杂矿物才能存在。每个还原反应都伴随有热量的收入或放出。用 CO 作还原剂总的效果是放热，用 C 作还原剂则为强烈的还原反应，都是吸热反应，即必须额外供给大量的热，否则反应不能完成，这从炉内热补偿的角度来说是不希望发生的。高炉中由于碳的气化反应 $C+CO_2 \longrightarrow 2CO$ 的存在，把直接还原与间接还原沟通起来。例如，铁的氧化物与 CO 发生间接还原反应，但其产物 CO_2 又与碳素发生气化反应，总的效果是：

$$FeO+CO \longrightarrow Fe+CO_2$$
$$CO_2+C \longrightarrow 2CO$$

$$FeO+C \longrightarrow Fe+CO$$

即：间接还原＋碳的气化＝直接还原

实际上，在高炉中矿石仍保持固体状态时，它与焦炭靠互相接触而发生直接还原的机会很少，但间接还原是在气体与固体之间发生的，两者接触条件比较好，反应容易发生。碳的气化反应也是气体与固体之间的反应，所以，高炉内某地区主要进行哪一类反应，要看碳的气化反应能否顺利进行而定。图 3-13 为还原铁氧化物平衡图。

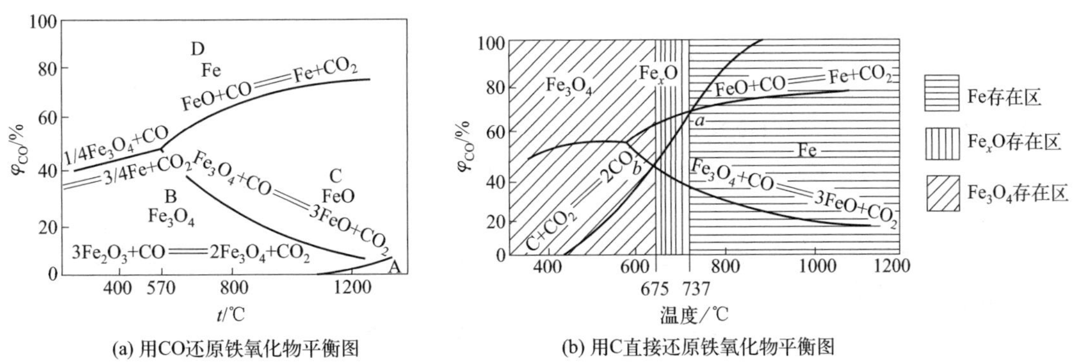

(a) 用CO还原铁氧化物平衡图　(b) 用C直接还原铁氧化物平衡图

图 3-13　还原铁氧化物平衡图

A—Fe_2O_3 稳定区；B—Fe_3O_4 稳定区；C—FeO 稳定区；D—Fe 稳定区

由图 3-13(a) 知：

● $Fe_2O_3 \rightarrow Fe_3O_4$ 还原反应是在微量 CO 下进行的，不可逆。A 区为 Fe_2O_3 稳定区，B 区为 Fe_3O_4 稳定区。

● 在温度＜570℃时，D 区发生 $Fe_3O_4 \rightarrow Fe$ 还原反应，还原反应平衡曲线上部相应的 D 区为 Fe 稳定区。

● 在温度为 570℃时，$Fe_3O_4 \rightarrow FeO$ 还原反应平衡曲线在 570℃交叉，形成叉子曲线。在交点处 Fe_3O_4、FeO 和 Fe 三相平衡共存。该点处温度为 570℃，气相组成为 50.7% CO、49.3% CO_2。因 $Fe_3O_4+CO \longrightarrow FeO+CO_2$ 是吸热反应，故温度升高，反应所需还原剂降低，相应的平衡曲线向下斜。在 C 区形成 FeO 稳定区，但随着温度、CO 含量的增加发生着浮氏体含氧量的变化（减少）。

● $FeO+CO \longrightarrow Fe+CO_2$ 是放热反应，故温度升高，反应所需还原剂增高，相应的平衡曲线向上斜。D 区（温度＞570℃）发生 $FeO \rightarrow Fe$ 还原反应，还原反应平衡曲线上部相应的 D 区为 Fe 稳定区。

由图 3-13(b) 知：

● 由于体系中平衡的 CO 和 CO_2 含量最终取决于碳的气化反应。而碳气化反应平衡曲线分别与 Fe_3O_4 和 FeO 还原曲线交于 675℃（42.4% CO）和 737℃（60% CO）。因此，在碳过剩时，Fe_3O_4 和 FeO 的开始还原温度已不是 570℃，而是分别为 675℃和 737℃。

当温度<675℃时，由于没有足够的CO（在还原反应平衡曲线之下），则Fe_3O_4不能被还原为FeO，所以为Fe_3O_4的稳定区；当温度>737℃时，由于有足够的CO（在还原反应平衡曲线之上），FeO能被还原为Fe，所以为Fe的稳定区；当温度在675～737℃之间时，由于CO始终保持在形成浮氏体的量，所以为FeO的稳定区。

• 压力对碳的气化影响很大，影响碳化反应平衡曲线的位置，进而影响碳还原各级铁氧化物的开始温度。总压降低，碳气化反应平衡向正方向移动，因此气化反应曲线左移，使铁稳定性扩大，开始还原温度降低；反之，总压升高，气化反应曲线右移，使铁稳定性缩小，开始还原温度升高。

喷吹燃料时，煤气中H_2含量增多，其还原作用不可忽视。

② Si的还原　高炉内SiO_2的还原，只在炉子下部及炉缸的高温区进行直接还原，这是由于SiO_2分解压较小，小于FeO和CO_2分解压（见图3-1）。绝大部分Si在红土矿石脉石或焦炭灰分中，以SiO_2或硅酸盐的形式进入高炉内，通常进入镍铁的Si有0.4%～3%。SiO_2的直接还原反应为：

$$SiO_2+2C=\!=\!=Si+2CO-\downarrow$$

因硅还原反应是强吸热反应，温度升高有利于硅的还原。同时也表明，镍铁中含硅量越高炉温也越高，生产中常以镍铁水中含硅的高低来反映炉温变化。

镍铁水中C、P、Cu等元素含量增加，不利于硅的还原。熔渣碱度提高也不利于硅的还原。

因此，在实际生产中要促进硅还原，就采取“高温、低碱度”操作；要抑制硅还原，则采取“高碱度”操作。

③ Mn的还原　红土镍矿中带有少量的锰，通常锰还原入镍铁中1%左右。在Cr-Mn-Ni系奥氏体不锈钢中锰是有用合金元素。

锰的氧化物是逐级还原的，高价氧化物MnO_2、Mn_2O_3和Mn_3O_4等较易被CO还原成MnO，MnO分解压比FeO小得多，很稳定，不能被间接还原，一般在炉缸高温部位被固体碳直接还原。其反应式如下：

$$2MnO_2+CO=\!=\!=Mn_2O_3+CO_2+\uparrow$$
$$3Mn_2O_3+CO=\!=\!=2Mn_3O_4+CO_2+\uparrow$$
$$Mn_3O_4+CO=\!=\!=3MnO+CO_2+\uparrow$$
$$MnO+C=\!=\!=Mn+CO-\downarrow$$

锰氧化物的直接还原反应为吸热放应，温度升高有利于锰的还原。

铁水中C、P、S等元素含量增加，利于锰的还原。熔渣碱度提高也利于锰的还原。因此，在实际生产中要促进锰还原，就采取“高温、高碱度”操作。

④ P的还原　磷是化学性质很活泼的元素，自然界中不存在游离态的磷。炼铁高炉炉料中，P主要以磷酸钙$3CaO\cdot P_2O_5$、磷酸铁$3FeO\cdot P_2O_5\cdot 8H_2O$形态存在。在高炉冶炼的条件下，磷几乎全部被还原而进入铁水中。虽然红土镍矿中含磷量较低，但不锈钢对磷的要求很严格，同时在不锈钢的冶炼工艺AOD过程（铁水中含有大量的铬）脱磷较难，因此，在高炉操作中采用控制原料中P量的方法，以控制铁水中的P。

在高炉中P的还原：

$T<950\sim1000$℃时，主要为间接还原

$$2(3FeO\cdot P_2O_5)+16CO=\!=\!=3Fe_2P+P+16CO_2$$

$T>950\sim1000$℃时，主要为直接还原

$$2(3FeO \cdot P_2O_5)+16C \xlongequal{} 3Fe_2P+P+16CO$$

Fe_2P、P 均溶于铁液中。

$3CaO \cdot P_2O_5$ 较难还原，$T_{开始}=1000 \sim 1100℃$。主要靠直接还原：

$$3CaO \cdot P_2O_5+5C \xlongequal{} 3CaO+2P+5CO$$

因矿石中含有 SiO_2，它可以降低 $3CaO \cdot P_2O_5$ 的熔点，使还原过程加速进行，P 的还原更容易，即

$$2(3CaO \cdot P_2O_5)+3SiO_2 \xlongequal{} 3(2CaO \cdot SiO_2)+2P_2O_5$$

$$P_2O_5+5C \xlongequal{} 2P+5CO$$

总反应为：$2(3CaO \cdot P_2O_5)+3SiO_2+10C \xlongequal{} 3(2CaO \cdot SiO_2)+4P+10CO$

还原出的 P 被铁吸收全部进入镍铁液中。

⑤ Cr 的还原　铬和氧组成一系列化合物：CrO、Cr_2O_3、CrO_3。CrO 是碱性氧化物，常温下不稳定，在空气中被氧化成 Cr_2O_3。CrO_3 是酸性氧化物，橙红色晶体，热稳定性差，超过熔点开始气化而且发生 $4CrO_3 \xlongequal{} 2Cr_2O_3+3O_2$ 的反应。Cr_2O_3 是两性氧化物，绿色晶体，不溶于水。铬氧化物中 Cr_2O_3 最稳定，自然界几乎全部都呈 Cr_2O_3 存在。氧化铬的还原按下列反应进行：

$$\frac{2}{3}Cr_2O_3+\frac{18}{7}C \xlongequal{} \frac{4}{21}Cr_7C_3+2CO$$

$$\Delta_r G_m^{\ominus}=121986-87.61T\,(J/mol)$$

开始还原温度：$T_{开始}=1392K(1119℃)$。

$$Cr_2O_3+3C \xlongequal{} 2Cr+3CO$$

$$\Delta_r G_m^{\ominus}=788130-524.79T\,(J/mol)$$

开始还原温度：$T_{开始}=1501K(1229℃)$。

⑥ 硅酸铁的还原　烧结矿中，一些主要氧化物是以复杂氧化物或复杂化合物存在的，如 Fe_2SiO_4、Mn_2SiO_4、$3CaO \cdot P_2O_5$、$3FeO \cdot P_2O_5$、$2FeO \cdot TiO_2$ 等。高炉内的硅酸铁主要来自高 FeO 的烧结矿，在高炉冶炼过程中由于还原的 FeO 与 SiO_2 作用也生成一部分硅酸铁。硅酸铁难还原，其结构（$2FeO \cdot SiO_2$）复杂，组织致密，气孔率低，内扩散阻力大，不利于还原气体和气体产物的扩散。同时硅酸铁熔点低（1150～1250℃），流动性好，一经熔化便迅速滴入炉缸。由于未经充分加热，带入炉缸的热量较少，又由于未能充分还原，而到炉缸内进行直接还原，需要消耗大量的热量，使炉缸的温度降低，甚至造成炉凉。其反应过程为：

$$Fe_2SiO_4 \xlongequal{} 2FeO+SiO_2$$

$$2FeO+2CO \xlongequal{} 2Fe+2CO_2$$

$$2CO_2+2C \xlongequal{} 4CO$$

$$Fe_2SiO_4+2C \xlongequal{} 2Fe+SiO_2+2CO$$

在高炉中有 CaO 存在，它可把硅酸铁中的 FeO 置换成自由状态并放出热量，因而有利于硅酸铁的还原，这时的反应为：

$$Fe_2SiO_4+2CaO \xlongequal{} Ca_2SiO_4+2FeO$$

$$2FeO+2C \xlongequal{} 2Fe+2CO$$

$$Fe_2SiO_4+2CaO+2C \xlongequal{} Ca_2SiO_4+2Fe+2CO$$

用 CO 在不同温度下还原硅酸铁时，有无 CaO 存在还原度是有差别的。可见，促进硅酸铁还原的条件是提高炉渣碱度，保证足够的 CaO 量，同时提高炉缸温度，保证足够的热

量。然而这些都要引起燃料消耗的增加。因此最好的措施是采用高碱度、高还原性、低 FeO 的烧结矿，尽量减少硅酸铁入炉。

（3）燃烧反应　火法冶金过程是在高温下进行的，则需要大量的热能，而冶炼过程的燃烧反应即燃料中的可燃成分（C、CO、H_2）与气相中的 O_2 发生氧化反应可以提供热能。此外，可燃成分还是还原剂，C、CO 还是独具特点、经济的强还原剂。本节只介绍 C-O 体系热力学分析。

① C-O 体系热力学及 C 的气化反应　C-O 体系可能存在的物质有 C、CO、CO_2 和 O_2 四种。可能发生的反应如下：

a. 碳的完全燃烧反应：

$$C+O_2 = CO_2 + \uparrow \qquad \Delta_r G_m^{\ominus} = -395350 - 0.54T$$

b. 碳的不完全燃烧反应：

$$2C+O_2 = 2CO + \uparrow \qquad \Delta_r G_m^{\ominus} = -228800 - 171.54T$$

c. CO 的燃烧反应：

$$2CO+O_2 = 2CO_2 + \uparrow \qquad \Delta_r G_m^{\ominus} = -565390 + 172.02T$$

d. 碳的气化反应：

$$C+CO_2 = 2CO - \downarrow \qquad \Delta_r G_m^{\ominus} = 166550 - 171T$$

a～c 三个反应在火法冶金的可能温度范围内 $\Delta G^{\ominus} \leqslant 0$，因此都是不可逆的。若碳过剩，体系是一个强还原气氛。

当有固定碳存在时，b、c 两个反应的 $\Delta_r G_m^{\ominus}$ 线相交，即

$$-228800 - 171.54T = -565390 + 172.02T$$

整理得：$T = 979.7$K

当 $T > 979.7$K 时，碳的不完全燃烧反应（$2C+O_2 = 2CO$）$\Delta_r G_m^{\ominus}$ 线位于 CO 的燃烧反应（$2CO+O_2 = 2CO_2$）$\Delta_r G_m^{\ominus}$ 线下方，因此，CO 比 CO_2 稳定。故在火法冶金条件下，高温区燃烧产物主要是 CO，只有在低温条件下或富氧缺碳时，才有较大的 CO_2。

d 反应，即碳的气化反应，其逆反应称为碳的沉积（carbon deposition）反应。该反应是吸热反应，产物 CO 的物质的量是反应物 CO_2 物质的量的 2 倍，因此总压对反应平衡有重要的影响。图 3-14 给出了总压力为 100kPa 体系内 CO 和 CO_2 含量与温度的关系及不同总压下 CO 含量与温度的关系，此图也称 C-CO-CO_2 系优势区图。

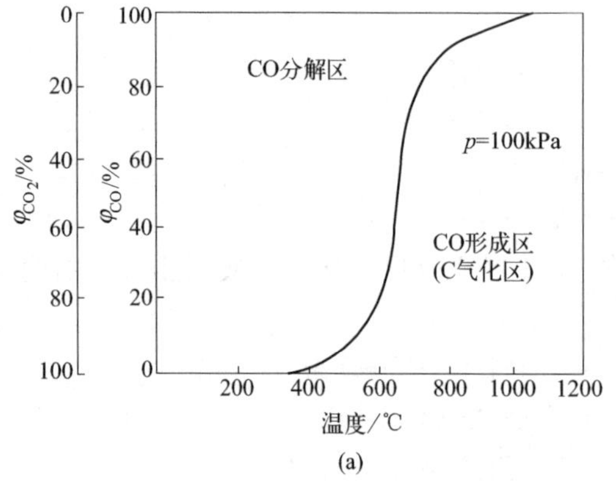

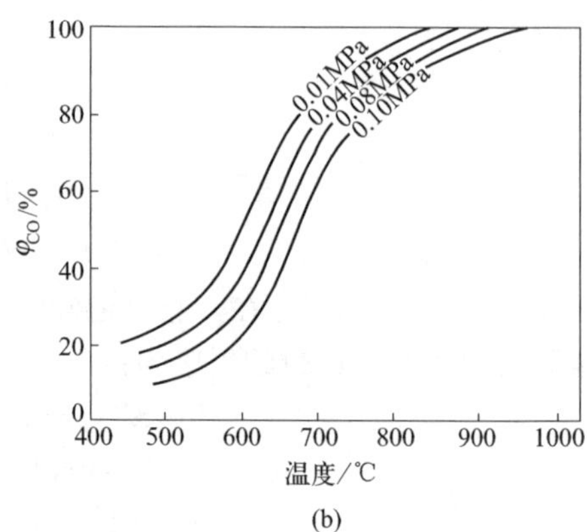

图 3-14　碳的气化反应平衡图

由图 3-14(a) 知，温度 $T<400℃$时，体系中平衡的气相 CO 体积分数 φ_{co} 趋于 0，平衡的气相 CO_2 体积分数 φ_{co_2} 趋于 100%，C 不能气化，气相产物为 CO_2，体系中几乎不存在 CO；温度 $T=400\sim1000℃$时，φ_{co} 随温度 T 增高而提升，φ_{co_2} 随温度 T 增高而下降；温度 $T>1000℃$时，φ_{co} 趋于 100%，φ_{co_2} 趋于 0，C 气化完全，气相产物为 CO，体系中几乎不存在 CO_2。

如果体系实际状态位于平衡线上方，则该温度下 CO 体积分数（或 CO 分压）高于体系中平衡的气相 CO 体积分数 φ_{co}（或 CO 分压），因此反应应逆向进行，即发生碳的沉积（carbon deposition）反应，CO 分解。故平衡线上方的区域为 CO 分解区，也是固体碳的稳定区。同理，平衡曲线下方的区域为 CO 生成区，也是固体碳发生气化的区域。

由图 3-14(b) 知，随着体系总压力增大，平衡曲线右移，开始发生碳气化反应的温度提高，碳稳定性提高。φ_{co} 一定时，气相总压力 p 仅随温度变化。随着温度的增加，反应右向进行，这是因为碳气化为吸热反应。

② 高炉风口区的燃烧　装入高炉的焦炭中含有的碳素，除少部分消耗于直接还原和镍铁渗透外，大部分在风口区与鼓入炉内的热风中的氧燃烧。从风口喷吹的燃料也基本上在风口区燃烧。风口区燃料的燃烧和炉缸工作对高炉冶炼过程极为重要。燃料燃烧是高炉冶炼所需热能和化学能的源泉。

热风中的氧在风口前首先发生碳的完全燃烧反应，生成 CO_2。由于风口前端存有大量的过剩 C，CO_2 使周围的 C 气化，即发生 C 的气化反应，生成 CO。上述两个过程的总结果是 C 的不完全燃烧反应。焦炭剧烈燃烧着的风口前的燃烧空间，即焦炭回旋运动区是高炉中温度最高的部分，可达 2297℃。燃烧反应放出大量的热，并产生高温还原性气体（CO、H_2），保证了炉料的加热、分解、还原、熔化、造渣等等过程的进行。其次，燃料燃烧是高炉炉料下降的前导。风口区焦炭及其他燃料的燃烧和炉料的熔化，产生了空间，为炉料的不断下降创造了基本条件。风口区燃料燃烧是否均匀有效，对炉料和煤气运动具有重大影响。没有燃料燃烧，高炉冶炼就没有动力和源泉，就没有炉料和煤气的运动，其他过程也就无法进行。最后，炉缸反应除燃料燃烧外，还包括直接还原，渗碳，渣、铁间脱硫等尚未完成的反应，都集中在炉缸内来最后完成，最终形成镍铁和炉渣，自炉缸内排出。

高炉内焦炭燃烧所发生的 CO/CO_2 的比例，由碳的气化反应的平衡决定，即布都阿尔得（Boudouard）反应决定。

高炉内绝大部分区域都处于焦炭过剩并有大量 CO 的还原性气氛中，只有风口区例外，是氧化性气氛。因为这里有着从风口喷射出来的强大鼓风气流，存在着大量的自由氧并且使碳素激烈燃烧。

(4) 炉缸煤气成分　风口前发生碳的完全燃烧反应和 C 的气化反应，两个过程的总结果是 C 的不完全燃烧反应，产物是 CO，同时鼓风也带入氮气和蒸汽。氮在高炉内不参加反应，高温下水蒸气与碳发生如下强吸热反应：

$$C+H_2O = CO+H_2-\downarrow$$

可见炉缸煤气是由 CO、N_2 和 H_2 等成分组成的。

当高炉从风口喷入辅助燃料时，由于燃料中都含有大量碳氢化合物，这些碳氢化合物与氧发生燃烧反应：

天然气中 CH_4　　$CH_4+\frac{1}{2}O_2 = CO+2H_2+\uparrow$

重油中 C_nH_{2n+2}　　$C_nH_{2n+2}+\frac{n}{2}O_2 = nCO+(n+1)H_2+\uparrow$

煤粉中 C　　　　　　　　$2C+O_2 = 2CO+\uparrow$

表 3-1 表示高炉冶炼生铁时鼓入干风（湿度=0）和各种湿度空气时炉缸的煤气成分。

表 3-1　鼓风湿度对炉缸煤气成分的影响

鼓风湿度/%	干风含氧/%	炉缸煤气成分/%		
		CO	N_2	H_2
0	21	34.70	65.30	0
1	21	34.96	64.22	0.82
2	21	35.21	63.16	1.63
3	21	35.45	62.12	2.43
4	21	35.70	61.08	3.22

表 3-2 表示高炉冶炼生铁时喷吹重油时炉缸的煤气成分。

表 3-2　喷吹重油对炉缸煤气成分的影响

喷油量/(kg/t 铁)	鼓风湿度/%	炉缸煤气成分/%		
		CO	N_2	H_2
0	2.55	36.5	61.3	2.2
41	1.50	34.1	61.8	4.1
52	2.81	34.5	59.3	6.2
60	3.27	34.1	59.3	6.7
94	1.69	32.3	58.4	9.3

表 3-3 表示高炉冶炼生铁时富氧鼓风、喷煤时的炉缸煤气成分。

表 3-3　富氧鼓风、喷煤对炉缸煤气成分的影响

鼓风含量/%	鼓风湿度/%	喷煤量/%	炉缸煤气成分/%		
			CO	N_2	H_2
21.0	0.75	145	33.6	62.2	4.2
22.5	0.94	219	34.8	59.6	5.6
23.3	1.19	181	35.9	58.7	5.4
24.6	1.13	265	36.7	56.0	7.3
25.5	1.95	323	37.8	54.6	7.6

可见，增加鼓风湿度（加湿鼓风），则煤气中 H_2、CO 含量增加，N_2 相对减少；喷吹燃料在风口前燃烧的产物都是高温还原性气体（CO、H_2），并放出热量，替代焦炭的热源和还原的两大作用，是降低焦比的重要措施。富氧鼓风时，可使 N_2 减少而 CO 相对增多，进而强化了高炉冶炼。

（5）燃烧带与回旋区　在现代强化高炉上，鼓风以 200m/s 以上的速度从风口喷射而入高炉，具有很大的鼓风动能，推动风口前焦炭，使风口前形成一个疏松而近似球形空间的区域，在此焦块随着鼓风气流处于激烈的回旋运动状态（图 3-15），速度可达 10m/s，称此空间区域为回旋区（raceway）。焦炭在随气流做回旋运动中被燃烧。回旋运动主要发生在风口中心线以上，中心线以下只有在料层不够紧密时，才在不大的区域进行。回旋区外围是厚约 200～300mm 的中间层。此层焦炭一方面受高速回旋气流的冲击，堆积得比较疏松，另一方面又受到四周焦炭层焦炭的阻力而不能随意移动。边缘的焦炭不断被气流带走、燃料消耗，又从中间层里得到不断补充，而外围焦炭层的焦炭又继续补充进入中间层。这就是现代化强化高炉风口区焦炭的燃烧和运动过程。

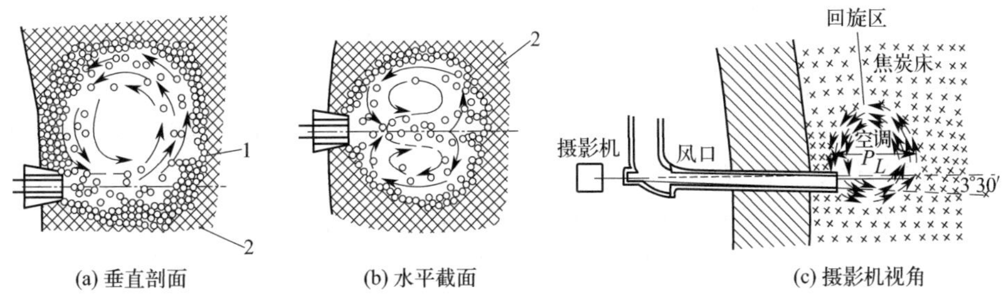

图 3-15 风口回旋区焦炭回旋运动示意

1—气流中心线；2—焦炭的中间层

风口前焦炭燃烧的区域称为燃烧带，它由氧化区和还原区两部分区域组成，并以 CO_2 的消失作为燃烧带的界线标志。有氧存在的区域主要发生的反应是 $C+O_2 = CO_2$，故称此区域为氧化区。氧消失，CO_2 出现峰值后，有 $C+CO_2 = 2CO$ 的反应发生，此区域称为还原区。

经对炉缸风口水平煤气成分和温度的变化研究证明，炉缸燃烧反应过程是逐渐完成的。在风口前，沿炉缸半径的不同位置上，由于燃烧条件不同，生成的煤气成分各异，如图 3-16 所示。

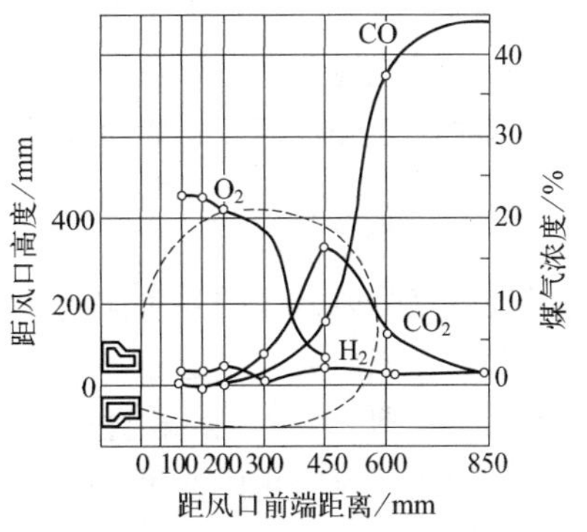

图 3-16 炉缸煤气成分变化

它说明以下几个关系：

① O_2 与 CO_2 风口前 O_2 充足，与 C 激烈燃烧生成大量 CO_2，O_2 激烈降低及至消失，CO_2 迅速升高达到最大值。即发生碳的完全燃烧反应。

② CO_2 与 CO CO_2 达最大值后，逐渐降低；已出现的 CO 则迅速升高，在燃烧带边缘，CO 接近达到理论值 34.7%，而向炉缸中心则高达 40%～50%，甚至更高，这是由于除发生了碳的气化反应外，直接还原反应也产生大量 CO。

③ O_2 与 H_2 在通常鼓风条件下，O_2 消失后，鼓风中的水蒸气开始被 C 分解成 H_2。

另外，风口前随着 C 的激烈燃烧，CO_2 升高，温度也逐渐升高。当 CO_2 达到最大值，温度亦达最高点。这是高炉内温度最高之处，成为燃烧焦点。根据压力条件的不同，焦点温度变动在 1900～2200℃范围内。随着向炉缸中心深入，CO_2 消失。CO 大量生成，直接还原热量消耗的增加，温度逐渐降低。一般风口水平炉缸中心温度约为 1400℃左右。

燃烧带大小及其分布，对煤气流在炉缸内初始分布和炉料下降状况有很大的影响。燃烧带和回旋区既是一个空间，就有长、宽、高三个方向的尺寸。沿风口中心线两侧为宽，向上为高，径向为长。显然，燃烧带的长度＝回旋区与中间层长度之和。可见燃烧带和回旋区是相互联系而又有区别的两个概念。

燃烧带的大小可按 CO_2 消失的位置来确定。但是当 CO_2 降低到 2%左右时，往往延续相当长的距离才消失。因此，实践中以 CO_2 降低到 1%～2%的位置，来确定燃烧带的尺寸。

在喷吹燃料或大量加湿的情况下，产生较多的水蒸气，H_2O 同 CO_2 一样，也起着把 O_2 搬到炉缸深处的作用，此时还应参考 H_2O 的影响（亦按 1%～2% H_2O）来确定燃烧带。

燃烧带是高炉煤气的发源地。燃烧带的大小和分布决定着炉缸煤气的初始（即一次）分布，也在很大程度上决定或影响着煤气流在高炉内的二次分布（软熔带）和三次分布（炉喉）。煤气分布合理，则其能量利用充分，高炉顺行。在冶炼条件一定的情况下，一般扩大燃烧带，可使炉缸截面煤气分布较为均匀，有较多的煤气到达炉缸中心和相邻风口之间，有利于炉缸工作均匀化。但燃烧带过长，则炉缸中心气流过分发展，产生中心“过吹”；若燃烧带过短而向两侧发展，则造成中心堆积，边缘气流过分发展。这两种情况都使煤气能量不能充分利用，后者还使炉衬过分冲刷，高炉寿命降低。燃烧带向炉缸中心伸长，可发展中心气流，使炉缸中心温度升高。燃烧带缩短而向两侧扩展，可发展边缘气流，使炉缸周围温度升高。对大型高炉，炉缸直径大，风口数目已定，首要的问题是发展、吹透中心。否则中心“死料柱”过大，易产生中心堆积。总之，生产中希望燃烧带沿高炉圆周分布均匀，在半径的方向大小适当。通过调节鼓风动能、炉料分布和燃烧反应速度以适当调节燃烧带大小，可保证炉缸工作的均匀化，避免边缘或中心堆积，从而保证镍铁质量和高炉顺行。

影响燃烧带大小的各种因素很多。这些因素可归纳为鼓风动能、燃烧反应速度和理论分布状况等三方面。一般说来，燃烧反应速度快，燃烧反应便可在较小的空间内完成，因而燃烧带缩小；反之，则扩大。在现代高炉条件下，燃烧反应速度已不是限制环节，焦炭（喷吹燃料）的燃烧性对燃烧带影响不大。而炉料分布的影响主要表现为：炉缸中心堆积，中心料柱紧密时，燃烧带缩短；炉缸中心活跃，中心料柱疏松时，燃烧带伸长。

鼓风动能 $E=\frac{1}{2}mv^2$（m、v 分别为鼓风质量、鼓风速度）与燃烧带的关系。鼓风动能是指鼓风克服风口区的各种阻力向炉缸中心穿透的能力。

高炉容积愈大，炉缸直径（d）愈大，为了保证炉缸工作均匀活跃，要求相应有更大的鼓风动能，即 $E \propto d$（炉缸直径）。同一座高炉，冶炼强度低，原料条件差时，应采用较大的鼓风动能，以防止中心堆积。冶炼强度高，原料条件好时，应采用较小的鼓风动能，以防止中心过吹。

影响鼓风动能的主要因素有风量、风温、风压和风口截面积等：

① 风量 Q 影响。因 $E \propto Q$，风量增加，鼓风动能显著增加，这种机械力的作用迫使回旋区和燃烧带扩大，特别是向中心延伸。另一方面化学因素也在起作用，即风量增加，要求相应扩大燃烧反应空间，从而使燃烧带在各向都扩大。

②风温 T 影响。因 $E \propto T^2$，提高风温，鼓风体积膨胀，动能增加，燃烧带扩大。风温升高，燃烧反应加速，相应只需较小的反应空间，因而燃烧带缩小。最终结果燃烧带是扩大还是缩小，要看矛盾双方在具体条件下谁占优势而定。

③风压 p 影响。因 $E \propto p^{-2}$，风压升高，动能减小，燃烧带缩短。采用高压操作时，由于炉顶压力提高，风压相应升高，鼓风体积压缩，鼓风密度增大，则鼓风动能增加；但由于鼓风体积减小，风速降低，故动能减小，燃烧带缩短。所以高压操作时如不注意调剂，会导致边缘气流的发展。如果风压的升高系由增加风量所引起，则 E 不是降低，而是增加，因 $E \propto Q$。由以上分析可见，在鼓风参数中，风量对动能的影响最大。

④ 风口截面积 f 影响。因 $E \propto f^{-2}$，风量一定，扩大风口直径，风口截面积 f 增加，风速降低，动能减小，燃烧带缩短并向两侧扩散，有利于抑制中心而发展边缘气流。反之，采用小风口，则风速提高，动能增加，燃烧带变得狭长，有利于抑制边缘而发展中心气流。除风口直径外，风口长度（突入炉缸内壁的长度）和角度对燃烧带亦有影响。风口突入炉缸

内壁长，则燃烧带向炉缸中心延伸；反之则燃烧带缩短。一般风口为水平，若使用斜风口（与水平成一定角度），则使燃烧带相对缩短，而且位置下移，有利于提高炉缸渣、铁温度。这在小高炉上经常采用。

可见，改变风口尺寸（截面积、长短、倾角），调整鼓风动能，是控制燃烧带的一个重要手段，也是高炉下部调剂的重要内容之一。在喷吹燃料条件下，鼓风动能除与上述因素有关外，还与喷吹燃料情况有关。高炉喷吹燃料后，鼓风动能明显增大，因而燃烧带扩大。这是因为炉料从直吹管喷入时，有一部分燃料在风口内即燃烧，产生煤气，使气体体积增加，因而动能增加。

软熔带的位置和结构形状影响煤气流运动的阻力与煤气流分布。软熔带位置的高低对高炉冶炼的影响是：顶点位置较高的“∧”形软熔带，由于增加了软熔带中的焦窗数目，减小煤气阻力，有利于强化冶炼，软熔带位置较低，则由于焦窗数目减少，煤气阻力增加，不利于强化，但扩大了块状带间接还原区，有利于提高煤气利用率。

软熔带宽度和软熔层厚度对煤气阻力的影响是：当软熔带宽度增加时，由于煤气通过软熔带的横向通道加长，煤气阻力增加；而软熔带厚度增加意味着矿石批重加大，虽因焦窗厚度相应增加使煤气通道的阻力减小，但焦窗数目减少，而且由于扩大矿批后块状带中分布到中心部分的矿石增加，煤气阻力呈增加趋势，从而使总的煤气阻力和总压差可能升高，不利于强化和高炉顺行。只有适当的焦、矿层厚度才能达到总阻力最小。这个适宜的厚度是因冶炼条件不同而异的，需通过实践摸索。

滴落带煤气运动阻力的主要影响因素。滴落带是已经熔化成液体的渣铁在焦炭缝隙中滴状下落的区域。在这里，煤气运动的阻力受固体焦炭块和熔融渣铁两方面的影响。一方面，焦炭粒度均匀、高温机械强度好、粉末少，炉缸充填床内的孔隙度大，煤气阻力小；同时焦炭反应性好说明气化反应易于进行，这意味着焦炭在高温容易破裂，增加煤气阻力。因此，从高炉冶炼的角度看，希望焦炭的反应性差一些为好。

（6）炉渣的作用及造渣过程　炉渣是火法冶金中形成的以氧化物为主要成分的多组分熔体，是金属提炼和精炼过程中，除金属熔体以外的另一产物。金属熔体是人们所希望得到的冶炼产品，如高炉冶炼获得的镍铁。根据冶炼过程目的的不同，炉渣一般分为4类：

Ⅰ. 还原渣或冶炼渣，如利用高炉还原炼镍铁或炼钢生铁的高炉渣，利用矿热炉还原镍铁的矿热炉渣。在以矿石为原料进行的还原熔炼，得到粗金属的同时，未被还原的氧化物和加入的熔剂形成了该炉渣。

Ⅱ. 氧化渣或精炼渣，如利用氧气转炉精炼镍铁或不锈钢的转炉渣。在精炼粗金属时，得到精炼金属或钢的同时，由粗金属中元素氧化形成的氧化物组成了该炉渣。

Ⅲ. 富集渣，如利用高炉选择性还原熔炼的还原渣——富锰渣，吹炼含钒、铌生铁得到的氧化渣——钒渣、铌渣。欲将原料中有用的成分提取，则先将其富集于渣中，进而在下道工序中将其回收。

Ⅳ. 合成渣，如电渣炉重熔渣洗用渣、浇铸保护渣。

实质冶炼过程的炉渣是由还原熔炼中未能还原的氧化物，氧化熔炼中氧化形成的氧化物，为适应冶炼要求而加入的溶剂及被侵蚀的耐火炉衬的氧化物，以及少量硫化物及 CaF_2 等卤化物组成的，也夹带着少量金属粒。

① 炉渣在高炉冶炼中的作用　高炉冶炼是为了从红土镍矿中得到镍铁，不但要使 Fe-O、Ni-O 化学分离，还要使镍、铁与氧化物-炉渣实现机械和物理分离，这就需要有良好的液态炉渣。利用渣铁密度的不同而达到分离的目的。

矿石中的脉石和焦炭中的灰分多系 SiO_2、Al_2O_3 等酸性氧化物，它们各自的熔点都很高（SiO_2 1713℃，Al_2O_3 2050℃左右），不可能在高炉中熔化。即使它们有机会组成较低熔点的化合物，其熔化温度仍然很高，（约 1545℃），在高炉中只能形成一些非常黏稠的物质，造成渣、铁不分，难于流动。因此，必须加入助熔物质，如石灰石、白云石等作为熔剂。尽管熔剂中的 CaO 和 MgO 自身的熔点也很高（CaO 2570℃，MgO 2800℃），但它们能同 SiO_2、Al_2O_3 结合成低熔点（＜1400℃）化合物，在高炉内足以熔化，形成流动性良好的炉渣，按相对密度与铁水分开（镍铁水相对密度 6.8～8.4，炉渣 2.8～3.0），达到渣铁分离流畅，高炉正常生产的目的。高炉镍铁炉渣是由矿石、焦炭、熔剂中不能被还原的氧化物等组成，高炉冶炼要求炉渣应起以下作用：

a. 分离渣铁，具有良好的流动性。

b. 调节炉渣成分，使之具有保证镍铁质量所需的性能，例如造碱性渣脱硫。

c. 炉渣必须具有促进有益元素和抑制有害元素还原的职能，如调节炉渣碱度控制硅、锰的还原等。

d. 保护炉衬的寿命。

高炉炉渣是由矿石、焦炭和熔剂中不能被还原的氧化物等组成，主要成分是 SiO_2、CaO、MgO、Al_2O_3、MnO、FeO、CaS 等，若向高炉中除红土镍矿外还加入铬矿，则渣中也有 Cr_2O_3。高炉生铁炉渣与镍铁炉渣成分见表 3-4。

表 3-4　高炉低镍镍铁（序号 1～5）、生铁（序号 6、7）炉渣化学成分

序号	铁水的含 Ni 量/%	SiO_2 含量/%	CaO 含量/%	MgO 含量/%	Al_2O_3 含量/%	FeO 含量/%	$R_2=\frac{CaO}{SiO_2}$	$R_4=\frac{CaO+MgO}{SiO_2+Al_2O_3}$
1	1.95	34.07	25.37	13.49	21.10	1.13	0.74	0.70
2	1.60	28.63	32.5	9.18	25.24	0.54	1.14	0.77
3	1.57	32.57	30.14	10.30	22.08	1.31	0.92	0.74
4	4.44	43.24	24.4	18.66	10.05	0.20	0.56	0.8
5	4.7	43.12	23.59	17.94	12	0.17	0.55	0.75
6	0	40.06	42.14	7.03	6.88	0.53	1.05	1.05
7	0	38.53	43.59	7.98	10.02	0.46	1.13	1.06

现代高炉炼铁的造渣制度由其富铁矿成分决定，大致以 CaO-SiO_2 为主相，并通过调节 MgO 与 Al_2O_3 质量含量来得到熔化性温度与黏度适宜的渣系。高炉渣成分大致在 CaO/SiO_2＝1.0～1.2、MgO 5%～10%、Al_2O_3＜15%。这四个主要成分的质量总和占到炉渣总质量的 95%以上。红土镍矿由于成分的特殊性，特别是 MgO 含量较高，且入炉矿综合品位（Ni＋Fe）较炼铁入炉矿低很多，通常生产中镍镍铁（含 Ni 5%左右）所用矿品位 25%左右，生产低镍镍铁（含 Ni 1.5%左右）所用矿品位为＜50%，此时若造高碱度渣势必要加入大量的 CaO 等，进而会造成渣量进一步加大，焦比增大。可见，造渣难以遵循现代炼铁工艺的造渣制度。目前红土镍矿的造渣制度：在能满足脱硫的条件下，将炉渣碱度 CaO/SiO_2 控制在 0.7 左右、MgO 控制在 15%左右。低碱度渣可最大程度地降低造渣原料如石灰石、生石灰或白云石的使用，节约了原料成本，同时还尽可能地降低了渣量，从而有利于降低焦炭使用量，进一步降低镍铁合金冶炼成本。

② 高炉造渣过程　初渣是指在高炉的适当温度区域（软熔带）刚开始出现的液相炉渣；中间渣是指在处于滴落过程中成分、温度在不断变化的炉渣；终渣是指已经下达炉缸，并定期从炉内排出的炉渣。成渣过程如下：

a. 固相反应和矿石软化　目前高炉多用熔剂性熟料冶炼，基本上不直接加入熔剂。因此在烧结（或球团）生产过程中熔剂已事先矿化成渣，这就大大改善了高炉内造渣过程。

实验证明，CaO 和 SiO_2 混合烧结，混合物中有硅酸钙生成。这证明 CaO 和 SiO_2 发生了固相反应。此外，CaO、SiO_2 与 Fe_2O_3，SiO_2 与 FeO，CaO 与 Al_2O_3 之间在较低温度下都能进行固相反应。事实上在烧结、球团生产过程中已有固相反应进行。其生成的低熔点化合物为软化和生成液相的初渣打下了基础。

随着炉料的下降，炉内温度升高，固相反应生成的低熔点化合物首先出现微小的局部熔化，这就是软化的开始。液相的出现改善了各种矿物的接触条件，炉料越向下运动温度越高，使液相不断增多，最终软化下来变成了熔融、流动状态的渣——初渣。可见软化是矿石从固态变成液态的一个过渡阶段，是造渣过程中对高炉顺行很有影响的一个环节。矿石软化的产物是软熔的黏稠物质，对煤气运动产生很大的阻力，也降低了炉料的下降速度，严重时会造成悬料，这个区域就是前述的软熔区。

在矿石完全熔化滴落之前，在软熔带内仍基本上维持着焦、矿分层的状态，只是固态的矿石层变成了软熔层（融着层）。软熔带对煤气阻力和顺行的影响，除矿石的软化特性外，还与矿石品位及渣量有关。入炉矿品位愈高，渣量愈少，软融层中黏稠物质愈少，软熔层愈薄，对气流阻力愈小，愈利于顺行。反之，阻碍顺行。此外，还与矿、焦层厚度（料批重）有关。

显然，矿石开始软化温度愈低，初渣出现愈早，软熔带位置就愈高；而软化温度区间愈大，软熔层愈宽，对气流的阻力愈大，对高炉顺行不利。所以一般希望矿石的开始软化温度要高，软化区间要窄。这样软熔带位置较低，软熔层较窄，对高炉顺行有利。一般说来矿石软化温度波动在 700～1200℃之间。

b. 初渣生成　初渣的生成包括固相反应、软化、熔融、滴落几个阶段。随着温度的提高，软化的造渣成分开始熔化，并处于向下流动状态，这时形成的渣为初渣。由于矿石没有固定的熔点，熔剂在炉内分布也不均匀，所以熔化不可能同时进行，而是在一个温度范围内完成。通常出现初渣的区域是炉身下部炉腹上部，称这个区域为成渣带。

由于矿石还原得到的 FeO 易与 SiO_2 结合成低熔点的硅酸铁，所以初渣中总是含有较高的 FeO，矿石越难还原，初渣中 FeO 就越高。这是初渣与终渣在化学成分上的最大差别。

c. 中间渣的变化　形成的初渣在滴落下降过程中，随着温度升高，化学成分和物理性质将不断发生变化，这种成分不断发生变化的炉渣称为中间渣。中间渣成分不断变化的原因是，矿石中被还原的 FeO 和 SiO_2 最易组成低熔点的硅酸盐，所以初渣中的 FeO 含量不断降低；而熔剂中的 CaO 和 MgO 随温度的升高而不断熔入渣中；炉渣滴入燃烧带时，焦炭中大量灰分进入炉渣，使渣中酸性组分增加；炉渣滴落通过氧化气氛的风口时，会被氧化。

d. 终渣的形成　中渣通过风口水平面聚集在炉缸中的渣成为终渣。这样的炉渣流入炉缸，在镍铁液上面逐渐形成增厚的渣层，镍铁水穿过渣层和渣铁界面发生脱硫等反应，调节镍铁成分，直至成为终渣，定期排出炉外。

一般所说的高炉渣系指终渣。终渣对控制镍铁成分、保证镍铁质量有重要影响。终渣应是预期的理想炉渣。若有不当，应在实践中通过配料调整，使其达到适宜成分。

③ 高炉渣性质及其对冶炼的影响　高炉中凡没有或不能进入镍铁的熔融物质都全部转入炉渣。炉渣的性质及其化学成分密切相关，其中碱度对渣的性质有很大影响。直接影响高炉冶炼的炉渣性质有熔化温度、熔化性温度、黏度、稳定性和脱硫性能等。一般希望高炉渣具有适宜的熔化性，较小的黏度，良好的稳定性和较高的脱硫能力。

a. 炉渣碱度　为便于判断炉渣的冶炼性质，常利用炉渣中碱性氧化物和酸性氧化物质量百分含量的比值，即碱度 R 这个特性参数。

按照氧化物对氧离子的行为，将氧化物分为 3 大类。渣中能离解出 O^{2-} 的氧化物是碱性氧化物，如 CaO、FeO、MgO 等；能吸收 O^{2-}，转变为络离子的氧化物是酸性氧化物，如 SiO_2、P_2O_5 等。

$$CaO \xlongequal{} Ca^{2+} + O^{2-} \qquad SiO_2 + 2O^{2-} \xlongequal{} SiO_4^{4-}$$

此外，少数氧化物在酸性熔渣中能离解出 O^{2-}，显示碱性，而在碱性熔渣中能吸收 O^{2-}，显示酸性，称为两性氧化物，如 Al_2O_3。

按此原则，组成熔渣的氧化物有 3 类：

酸性氧化物：SiO_2、P_2O_5、V_2O_5、Fe_2O_3 等；

碱性氧化物：CaO、FeO、MgO、MnO V_2O_3 等；

两性氧化物：Al_2O_3、TiO_2、Cr_2O_3 等。

同一种金属元素的氧化物在高价时，显酸性，低价时，显碱性。几种氧化物酸碱性强弱顺序：

CaO、MnO、FeO、MgO、CaF_2、Fe_2O_3、TiO_2、Al_2O_3、SiO_2、P_2O_5

↑

碱性增加←中性→酸性增加

通常，当渣中除 CaO、SiO_2 外的其他氧化物含量较低，或其他与氧化物的含量变化不大时，将炉渣碱度用 R=CaO 质量分数/SiO_2 质量分数来表示，也称二元碱度 R_2。

当渣中 MgO、Al_2O_3 含量较高时，则需要考虑其对碱度的影响，将炉渣碱度用 R=(CaO 质量分数+MgO 质量分数)/SiO_2 质量分数或 R=CaO 质量分数/(SiO_2 质量分数+Al_2O_3 质量分数)（也称三元碱度 R_3），或 R=(CaO 质量分数+MgO 质量分数)/(SiO_2 质量分数+Al_2O_3 质量分数)（也称四元碱度 R_4）来表示。

对于高炉渣，碱度大于 1 的渣为碱性渣，碱度小于 1 的渣为酸性渣。生铁实际生产中常用碱度 CaO/SiO_2，而且习惯上常把 CaO/SiO_2>1 的炉渣称为碱性渣；CaO/SiO_2<1 的炉渣称为酸性渣。炉渣碱度的选择主要根据高炉冶炼中的需要和对炉渣性能的要求而定。这对高炉顺行和镍铁质量有较大影响。根据条件变化和冶炼要求，碱度可通过改变熔剂加入量随时调整。

b. 熔化性　熔化性就是炉渣熔化的难易程度。它可用熔化温度和熔化性温度两个指标来表示。熔化温度是加热炉渣时，炉渣固相完全消失，开始完全熔化为液相的温度，即液相线温度（或称熔点）。它可由炉渣相图中的液相线或液相面的温度来确定。熔化温度高则渣难熔；反之，则易熔。

熔化温度与炉渣组成有关，炉渣是个多组分体系，由多个不同熔点的化合物组成，故它无固定的熔化温度（熔点），而只有一个从固相变为液相的较宽的温度区间。高炉冶炼要求炉渣具有适当的熔化温度，温度过高，则渣难熔，处于半熔状态的炉渣难于流动，达不到渣铁分离的目的；温度过低，则在高炉内温度较低部位熔化滴落，到达炉缸后难于继续提高温度，加之 FeO 进行直接还原又要大量吸热，这样不但引起炉凉，其流动性并不一定好，而且会使脱硫能力减弱，进而导致焦比升高。

当一种物质溶解于另一种物质中，两种或多种氧化物形成复合化合物或多元共晶体时，均可使它们构成的渣系的熔点降低。加入后能使炉渣熔点降低的物质称为助熔剂。例如在 CaO-SiO_2 系内配入适当的组分，如 FeO、Na_2O、CaF_2 等，均可在一定组成范围内，获得低熔点的渣系。CaF_2 除了如同 FeO、Na_2O 能与硅酸钙形成熔点低的复合化合物或共晶体外，还能分别与 CaO、MgO、Al_2O_3 等高熔点的氧化物形成低熔点的共晶体，从而降低了它们的熔化温度。所以 CaF_2 常作为这些氧化物配制的渣系的助熔剂。

值得注意的是：一种助熔剂的用量不能过多，否则会改变渣系的成分和性质，选用两种以上的助熔剂来造渣是合理的。

高炉要求炉渣在熔化后必须具有良好的流动性。炉渣的熔化温度是炉渣中固相完全消失的温度，但此时熔渣的黏度是比较高的，甚至在相当广阔的温度范围内还处于半流体状态。而为了使高炉冶炼顺行，应使炉渣溶化后的温度能保证炉渣达到自由流动。这个最低温度称为熔化性温度，与熔渣的黏度有关。熔化性温度将熔化温度和流动性统一起来了。黏度较低，则熔化性温度也较低。这一点使熔化温度在生产中应用不多，而对高炉生产有实际意义的是熔化性温度。它就是指炉渣从不能流动转变为能自由流动时的温度。熔化性温度高，则表示渣难熔，反之，则易熔。炉渣的熔化性温度可通过测定该渣在不同温度下的黏度，然后画出黏度-温度曲线来确定。在图 3-17 黏度-温度曲线上，作 45°的切线，切点 A 对应的温度即是炉渣的熔化性温度。当该渣温度高于 A 点对应的温度时，渣黏度较小，有很好的流动性。反之，黏度增高，炉渣失去流动性。

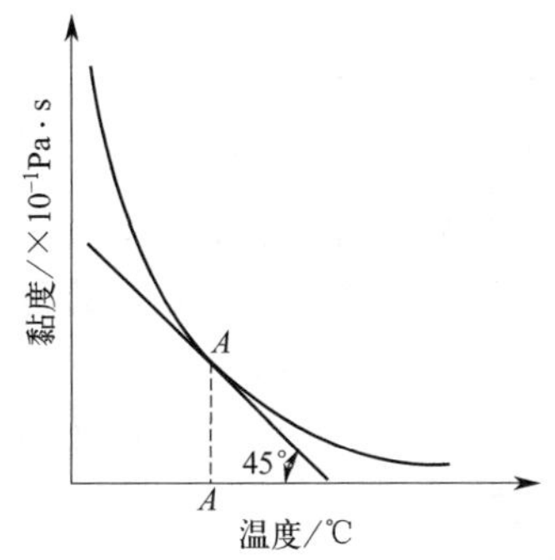

图 3-17 炉渣的熔化性温度定义

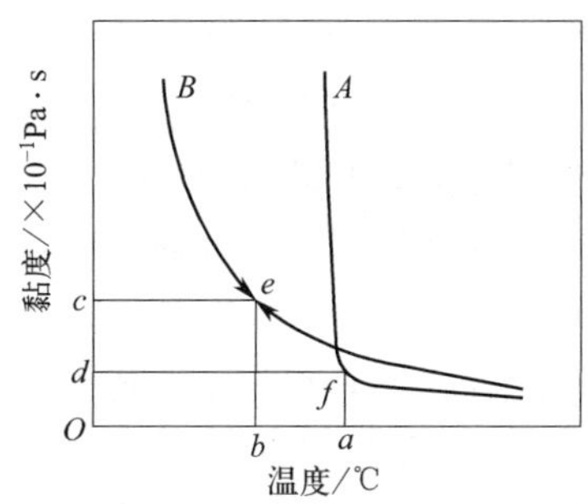

图 3-18 炉渣黏度与温度的关系

因炉渣成分和性能不同，温度对黏度的影响不同。如图 3-18 所示，在足够高的过热度下，碱性渣的黏度比酸性渣的黏度小。当温度下降时，酸性渣的黏度曲线（曲线 B）变化平缓，黏度曲线上没有明显的转折点，其切点 e 对应的温度 b 为熔化性温度，此渣能拉成长丝，故称为长渣。从断面形状看，常渣呈玻璃状，也叫玻璃渣。

而当温度下降时，碱性渣的黏度曲线（曲线 A）的黏度随温度的变化率则较大。黏度曲线上有明显的转折点，其切点 f 对应的温度 a 为熔化性温度，在 f 点处黏度急变，渣从自由流动变为不能流动，取样时渣滴不能拉成长丝，渣样断面呈石头状，俗称短渣或石头渣。目前高炉渣的熔化性温度为 1250～1400℃。

c. 黏度　在流动的液体中，各层的定向运动速度并不相等，相邻层间发生了相对运动，相邻两层间产生的内摩擦力力图阻止这种运动的延续，液体的流速因而减慢，这就是黏滞现象。

根据牛顿黏性定律：

两层间的内摩擦力 F(N)，与液体层的接触面积和速度梯度成正比

$$F=\eta A\frac{\mathrm{d}v}{\mathrm{d}x}$$

式中 A——层间的接触面积，m^2；

dv——两液层间流体沿流动方向的速度差，m/s；

dx——平行于液体流动方向的两个相邻液层间距离，m；

$\frac{dv}{dx}$——两液层间的速度梯度，s^{-1}；

η——黏滞系数或动力黏度，简称黏度，Pa·s 或 N·s/m^2。

当取 $A=1$，$\frac{dv}{dx}=1$，则 $F=\eta$，故液体黏度是单位速度梯度下，作用于液层间单位面积的摩擦力。

炉渣黏度与其流动性互为倒数。黏度大，流动性不好的初渣，恶化软熔带透气性，增大煤气流阻力，造成高炉不顺。黏稠的终渣则易造成炉缸堆积，风口烧坏，渣、铁难排。黏度过小，流动性不好的炉渣，不利于在炉衬上形成保护性渣皮，相反会加剧对炉衬的冲刷和侵蚀，不利延长高炉寿命。表 3-5 列出了常见液体在一定温度下的黏度值。

表 3-5　常见液体在一定温度下的黏度

名称	水	松节油	蓖麻油	甘油	铁水(4% C)	钢水	正常炉渣	黏稠炉渣
温度/℃	20	25	25	25	1400	1600	1600	1600
黏度/Pa·s	0.01	0.016	0.8	0.5	0.0015	0.0025	0.02	>0.2

影响炉渣黏度的主要因素是温度和炉渣成分。一般规律是黏度随温度升高而降低。不过酸性渣和碱性渣黏度随温度变化的规律有所不同，一般前者温度超过熔化温度后，黏度继续随温度升高而降低，黏度也高于后者；而后者超过熔化温度后，黏度比较低，随温度的变化也不大。

除温度外，炉渣黏度还受其化学成分的影响。在 $CaO-SiO_2-Al_2O_3$ 三元系和 $CaO-SiO_2-MgO-Al_2O_3$ 四元系渣系中，炉渣化学成分影响的黏度规律：

ⅰ. SiO_2 在炉渣中的含量对黏度有着很大的影响。SiO_2 35%左右黏度最低，超过 35%，随 SiO_2 含量的增加，炉渣黏度不断增高。

ⅱ. CaO 对炉渣黏度的影响正好与 SiO_2 相反，随着渣中 CaO 含量的不断增加，可以使黏度逐渐降低。当 $CaO/SiO_2=0.8\sim1.2$ 时黏度最低，如果超过黏度最小区再继续减少 SiO_2，或者增加 CaO，都将引起黏度的急剧增高。产生这种影响的原因是往 SiO_2 含量高的酸性渣中加入 CaO 后引起了液态炉渣结构方面的变化，如是碱性渣，并且黏度也已达到最小的情况下，在继续增加 CaO 时，由于引起了熔化温度的升高，致使在这种温度下炉渣不能完全熔化呈均一的液相，而是在液相中有悬浮的固体颗粒，因而使测得的黏度（称为表现黏度）值增大。

ⅲ. MgO 对黏度的影响基本与 CaO 相同，即一定范围内随着 MgO 的增加黏度下降。碱度不变而 MgO 增加时，这种作用更明显，三元碱度不变而用 MgO 代替 CaO 时，这种作用不明显。但何种情况下 MgO 都不能太多。高炉冶炼实践和实验室研究表明，高炉渣中 MgO 含量不超过 15%就不会使炉渣黏度过分升高，相反有利于改善炉渣的稳定性和难熔性。

高炉冶炼对炉渣黏度的要求主要是保证顺行和脱硫。只要满足此要求，过高的碱度和 MgO 含量是不必要的。因为这将引起渣量和燃耗的增加，并给冶炼带来困难。

ⅳ. Al_2O_3 的影响，在碱度 $R_2=1.0$ 和 MgO 含量不变时，随着渣中 Al_2O_3 的增加，黏

度升高。因此，当渣中 Al_2O_3 含量较高时，炉渣的碱度或三元碱度允许稍高一些。渣中 Al_2O_3 能改善炉渣稳定性。

ⅴ. FeO 能显著降低炉渣黏度，但在一般终渣中含量甚少（0.5%左右），影响不明显，但在初渣和中间渣中 FeO 含量较高，且波动范围较大（2%～2.5%或更高），因而影响很大。无论碱度如何，FeO 含量增加都能使黏度降低，而 FeO 含量相同，碱度在 1.0 左右时炉渣黏度最低。生产中当炉温低 FeO 来不及还原，炉渣 FeO 含量高达 2%以上时，高炉常出现畅流如水的黑渣。在矿热炉冶炼镍铁时，由于采用选择性还原镍，使得铁氧化物不全部还原成铁，有较多的 FeO 入渣，同时，红土镍矿的硅、镁含量很高，尽管矿石自然碱度为酸性，但也有不加 CaO 熔剂的熔炼工艺。

ⅵ. MnO 对炉渣黏度的影响与 FeO 相似，它对碱性渣的影响比酸性渣大。江西新余钢铁厂 $255m^3$ 高炉用二步法炼锰铁，炉渣碱度 1.5 左右，MnO 含量约 5%或更高，流动性很好。

ⅶ. CaF_2 对炉渣的熔化性和黏度有显著的影响。CaF_2 含量愈高，则熔化性温度降低的幅度愈大。由于含氟炉渣的熔化性温度低，黏度小，严重侵蚀高炉的炉衬。另外，由于易熔和流动性过好，含氟炉渣易使炉缸温度不足，从而会引起炉缸堆积和风口大量烧坏。

d. 稳定性　炉渣的稳定性是指当炉渣成分或温度发生变化时，炉渣熔化性、黏度等保持稳定的能力。当炉渣成分和温度波动时，其性质变化不大或保持在允许范围内，这样的炉渣稳定性好，称为稳定渣。反之则为不稳定渣。炉渣的稳定性又有热稳定性和化学稳定性之分。炉渣在温度波动条件下，保持性能稳定的能力称为热稳定性。炉渣在成分波动条件下，保持稳定性的能力称为化学稳定性。采用稳定性渣冶炼有利于高炉顺行和获得良好的技术经济指标，也有利于在炉衬上结成稳定的渣皮，保护砖衬。稳定性差的炉渣在炉温或原料成分波动时，软熔带产生波动，造成炉况失常，如难行、悬料、崩料、结瘤或砖衬脱落等。一般酸性渣稳定性较好。

红土矿冶炼时，由于高炉下部的渣量远远大于高炉炼铁，导致铁水温度降低。高炉炼铁吨铁渣量约在 350kg，炉渣密度以 $2500kg/m^3$ 计算，吨铁炉渣体积约为 $0.14m^3$，1t 铁水（铁水密度 $7138kg/m^3$）的体积约为 $0.14m^3$，以等截面炉缸来说，炉渣的高度与铁水的高度大约相等。而红土矿冶炼镍铁，以含镍 5%镍铁，渣铁比 2.6 为例，1t 镍铁合金产生 2.5t 炉渣保守计算，吨铁炉渣体积约为 $1m^3$，是 1t 液态镍铁体积的 7.14 倍，即炉缸内炉渣的高度较液态镍铁的高度高很多。高炉冶炼红土矿时的热量来自风口区焦炭（或煤粉）的燃烧，由于渣层太厚，导致热量难以有效传到炉缸下部，引发镍铁水温度变低，容易产生镍铁水不易流出难题。小高炉由于炉缸小，铁水温度的下降趋势较小，从而利于流出镍铁水。只要适度提高风口前的理论燃烧温度，可以解决铁水流动性差的难题。大高炉的炉缸大，炉缸下部的铁水温度降低，对冶炼镍铁合金不利。但可以通过改造炉型扩大炉缸炉渣区的截面积，降低炉渣高度来提高炉缸铁水温度；也可以提高风口区的鼓风动能与理论燃烧温度，让从高炉上部的炉料经过风口区获得更多的物理热。红土矿高炉冶炼除存在渣量大、炉缸镍铁水温度低与镍铁水流动性差等问题外，红土矿的另一特点是含有一定量的 Cr_2O_3，Cr_2O_3 熔点高，并且黏度大，由于 Cr_2O_3 的存在，加剧了炉渣变稠，不利于对流传热与传导传热，从而导致炉缸铁水的温度更低，进一步影响铁水流动性。这也是高炉长期不敢冶炼红土矿的重要原因。有文献报道了通过添加萤石来减缓 Cr_2O_3 的副作用，并成功改善了铁水流动性。这是因为，萤石是一种助熔剂，同时也是还原反应催化剂，因此可以显著改善反应动力学条件，让更多的 Cr_2O_3 即时被还原成金属铬溶于液态镍铁合金中，消除了渣中 Cr_2O_3 的副作用，从而避免了铁水温度下降导致铁水流动性变差问题。其难点是如何掌握萤石添加量的尺度。加少了，不易改善炉渣与液态镍铁合金的流动性，加多了，容易产生其他副作用，如耐火材料严重侵蚀问题。经研究表明，可以根据红土矿中的铬含量大致确定萤石添加量，红土矿中每含有1% Cr，就大约添加1%的萤石。但是在现代高炉炼铁与钒钛磁铁矿的冶炼过程中是忌讳使用萤石的，正常冶炼要通过合理的造渣制度来完成，除非出现冻缸意外，才允许添加。因此，萤石不是现代高炉的一种常规生产原料，只有等待突发事故时，才临时使用。在红土矿的冶炼中，将萤石作为一种镍铁合金常规原料使用，并确定了萤石的添加量因红土矿中铬含量不同而改变。

（7）高炉脱硫　硫是钢中最常见的有害元素之一。硫在铁液中以FeS形式存在。FeS熔点为1190℃，当温度大于熔点时，Fe与FeS能无限地相互溶解。FeS是一个固溶体而不是一个纯化合物。因在固体Fe内，FeS的溶解度极小。故在含硫铁液冷却到固态的过程中，不能溶于γ-Fe的多余的硫即逐渐富集在液相之中，在988℃共晶温度凝固时，这种富硫的共晶体即分布在各个γ-Fe的晶体之间，形成类似网状的薄膜结构。当金属锭、坯、材加热到锻、轧温度（900～1100℃）时，富硫的共晶体就又变成液态，这时进行热压力加工，则会引起这些富硫液相沿晶界滑动，造成金属锭、坯、材的破裂。这种现象称为热脆现象，热脆现象即是硫被称为有害元素的原因。

硫含量超过规定标准，将导致钢的热脆，耐蚀性能变坏，对钢的热加工、力学、焊接、腐蚀、成型、冷镦等性能有不利的影响。

为了减轻炼钢工序的脱硫负担，特别是对冶炼低硫或超低硫钢来说，要充分利用高炉炼铁本身的炉内脱硫优势，同时还要采用在高炉和炼钢炉之间的炉外脱硫，即铁水预脱硫。

我国规定，一般生铁含硫量≤0.07%，优质生铁含硫量≤0.03%。对镍铁含硫量的要求通常在0.03%～0.4%。

降低镍铁含硫量的途径：

① 降低硫负荷。硫负荷就是冶炼每吨镍铁由炉料带入的总硫量。通常高炉炼生铁硫负荷为4～8kg左右。高炉中的硫来自入炉的炉料，如焦炭、矿石、熔剂和喷吹燃料。但以焦炭带来的最多，占60%～80%，矿料带入的不会超过1/3。但在红土镍矿的冶炼中，因矿石品位低，矿铁比高，焦比高，渣量大、硫负荷较高。加强洗煤（可去除其中的无机硫）、使用低硫煤、低硫焦并尽可能地降低焦比，充分利用矿石造块工序脱硫，以减少入炉原、燃料含硫量，是降低镍铁含硫量，获得优质镍铁的根本途径和有效措施。同时，由于硫负荷减小，可减轻炉渣脱硫负担，从而减少了熔剂用量和渣量，这对降低燃耗和改善顺行都很有利。

② 提高煤气带走的硫量。

③ 增大渣量。增大渣量能降低镍铁含硫量。渣量愈大，渣中硫的浓度相对愈低，愈有利于硫从镍铁转入炉渣。

但在镍铁的冶炼中渣量巨大，焦比很大，入炉的硫负荷比生铁冶炼多很多，增加渣量适得其反。因为增加渣量要引起热耗增加，焦比升高，从而使焦炭带入炉内的硫增加。如果在增加渣量的同时，不提高焦比，过多的热耗得不到补偿，将使炉温降低，黏度升高，从而降低了炉渣的脱硫能力。此外，增加渣量对高炉顺行和强化都很有害。

④ 提高硫在渣、铁间的分配系数（L_s值），也就是要改善造渣，提高炉渣的脱硫能力，使更多的硫从铁水中转到渣中去。

⑤ 提高炉渣的脱硫能力。提高脱硫率除取决于渣-铁界面脱硫化学反应外，还取决于硫

在铁中和渣中的传质速度。在炉缸渣-铁界面温度条件下，化学反应速率要比硫的传质速率大得多。因此，硫的传质是炉渣脱硫的限制环节。

提高炉渣脱硫能力应从这四个方面考虑：

a. 适当提高炉渣碱度。高碱度是强化脱硫的先决条件，对脱硫起到决定性作用。即增加渣中 CaO 量，碱度提高，L_s 提高，以利于生铁中的［S］转变为 CaS，稳定转入炉渣。但是，当碱度超过一定水平时，脱硫能力下降，如图 3-19 所示。这是因为碱度过高，使渣的熔化温度增高，产生高熔点的 $2CaO \cdot SO_2$，在炉缸内不能完全熔化，因而增加了渣的黏度，使炉渣脱硫能力降低。同时还会造成渣量增大及焦比增高。

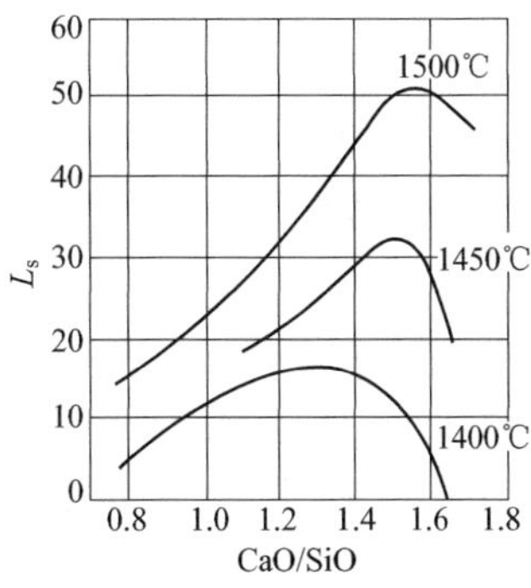

图 3-19　炉渣碱度、温度对 L_s 影响

b. 提高炉缸温度。因为脱硫总反应吸热，因此炉缸温度高，分配系数 L_s 高，利于脱硫。更重要的是，高温使熔渣的过热度大，可降低炉渣黏度，改善其流动性，增加硫在渣中的传质速度，大大改善反应的动力学条件，有利于脱硫反应的进行。

c. 金属液中各元素含量影响。镍铁液中 C、Si、P、Mo 和 W 等能使 S 的活度系数增大，L_s 提高，利于脱硫反应的进行；而 Mn、Cr、Nb、Ti 和 V 等能使 S 的活度系数降低，L_s 降低，从而不利于脱硫反应的进行；Ni 对 S 的活度系数影响很小。铁水中 C、Si 和 P 的含量比炼钢炉内钢水中高得多，因此铁水脱硫条件要比钢水优越。

d. 强烈的还原性气氛，可使渣中 FeO 不断地被还原，不断降低其浓度，有利于反应向脱硫方向进行。

在实际镍铁生产中，为使镍铁的硫含量达到规格要求，工作首先是围绕如何减少入炉炉料的硫负荷展开的，其次靠提高炉渣碱度、提高炉缸温度来进行脱硫，即根据镍铁含硫情况及时调整入炉石灰石用量来调节炉渣碱度和镍铁中的含硅量，及时调节炉缸温度，改变其脱硫能力。

同高炉比较起来，高温、高碱度，炼钢都具备而且比高炉优越，唯有高炉是强还原性气氛，对脱硫有利，所以高炉脱硫比炼钢脱硫具有得天独厚的优点。在钢铁生产过程中，脱硫的任务理所当然应由高炉来完成。如果把脱硫的主要任务由炼钢完成，那是极不经济、很不合理的。

（8）炉料与煤气运动　高炉内在高温下的各种变化和反应是极其复杂的，存在着固、气、液三相物质流的上下运动。三相物质流动的情况见图 3-20。

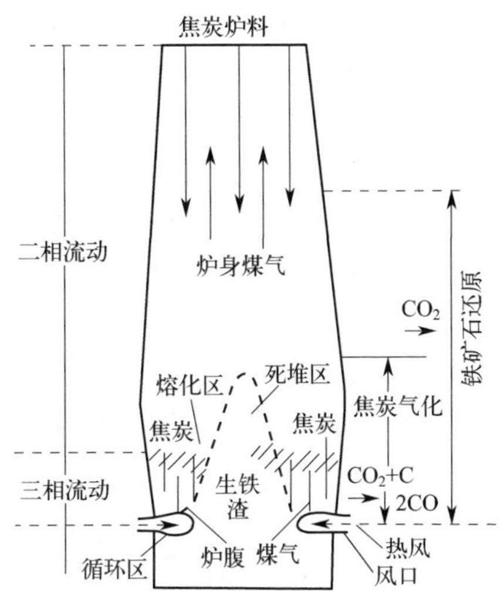

图 3-20　高炉内三相物质流动示意图

从风口前焦炭燃烧产生的煤气流向上高速运动；从炉顶加入的固体炉料流在软熔带以上缓慢向下运动；从软熔带开始有液相渣铁生成，熔化到具有一定的流动性时向下滴落，进而穿过焦炭层流入炉缸，形成液体渣铁流。换言之，在块状带有气、固两相的逆向运动，在滴落带有气、固和液三相的逆向运动。还

原反应就在这种逆向运动状态下进行着，这种逆向运动是高炉冶炼区别于钢铁冶炼其他炉窑的最主要特点之一。

① 炉料运动　在高炉内由于受煤气浮力和摩擦力等原因，由炉顶装入的散状固体炉料缓慢向下移动，移动速度约 0.5～1.0mm/s，矿石在软熔带熔化成渣铁。焦炭在风口前仍保持固体状态，故炉腹下部和炉缸的料柱，几乎全由焦炭构成。

a. 炉料运动（下降）的力学条件　取一炉料块 A 为隔离体进行某一时刻受力分析，A 受三个力即重力 mg、煤气流压力 f_f 和摩擦力 f_m，由牛顿第二定律知

$$\sum F = ma$$

$$\sum F = mg - f_f \pm f_m$$

式中　$\sum F$——A 所受的合外力；

m——A 的质量；

a——A 的加速度；

f_f——A 所受的煤气流压力；

f_m——A 所受的摩擦力，该力的方向与 A 的运动方向相反，当方向与重力相反时取“—”号。

当$\sum F=0$ 时，$a=0$，炉料保持原运动状态，即三种可能：静止、匀速直线向下运动或向上运动。

此时高炉会出现难行或悬料。

当$\sum F>0$ 时，$a>0$，炉料向下做加速运动，炉料能顺利下降。

当$\sum F<0$ 时，$a<0$，炉料向上做加速运动，炉料被吹出。

在高炉内炉料的分布是不均匀的，高炉内煤气流沿径向分布是不均匀的，故沿高炉高度煤气的压降梯度也是不均匀的。空隙度大的料层，压降梯度小，软熔层或粉末聚集层压降梯度大，重则将破坏炉料下降条件。因此，为保证炉料顺行，下降速度均匀而稳定，首先要加强原料处理，提高炉料品位，均匀块度，使用熟料，减少熔剂量，增加焦炭负荷；其次要采用合理的操作制度。

b. 炉料下降的必要条件　炉料能否下降在于是否满足下降的运动力学条件，但炉内如果没有足够的下降空间即使满足了运动力学条件也是办不到的。所以炉料下降的必要条件是炉内应具有促其不断下降的空间。

ⅰ. 焦炭的消耗腾出了空间　由于红土镍矿的冶炼焦比较高，在含镍 5%镍铁冶炼时，焦比为 1.6t/t。烧结矿镍铁比 4t/t 左右，炉内焦炭占料柱总体积比例较大，焦炭的 75%碳量在风口前燃烧气化，可提供一定的空间，焦炭的 15%参加直接还原和渗 C 消耗，在焦炭的下降过程中，腾出了空间。

ⅱ. 矿料的物理密排、相变及耗用腾出了空间　矿料在下降过程中小颗粒镶入大颗粒孔隙，排列紧密。矿料受热由固态变成液态体积收缩，也为下料提供了一定的空间。矿料生成液态镍铁、渣排除炉外，产生部分空间，促使炉料下降。

c. 冶炼周期及炉料下降速度　炉料在炉内的停留时间称为冶炼周期（T）。冶炼周期可根据高炉有效容积和生产 1t 生铁所消耗的炉料量计算。冶炼周期是评价冶炼强度的指标之一，冶炼周期越短，利用系数越高。冶炼周期与高炉容积有关，小高炉料柱短，冶炼周期也较短。矮胖型大高炉易接受大风，料柱相对较短，故利用系数较高。

炉料在高炉内的运动速度（v），通常用料柱高度（H：从风口中心至料面高度）和冶

炼周期的比值表示，关系式为 $v=\frac{H}{T}$，对大中型高炉料速约为 5～6m/h，小型高炉料速约为 3m/h。此料速仅为平均料速，实际上高炉内的炉料运动是极其复杂的，料速是不均匀的，它与炉料性能、燃烧带位置、煤气流分布和压差等因素有关。

② 煤气运动　风口前焦炭燃烧产生高温还原性煤气，为高炉冶炼提供了热能和化学能。下面要讨论三个方面的问题：高炉煤气在鼓风压力推动下，形成自下而上穿过料层的运动，运动时以对流、传导、辐射等方式将热量传给炉料，同时进行着传质，使煤气在上升过程中，体积、成分和温度发生了重大变化；煤气流上升时，受到来自炉料和炉墙的摩擦阻力，使煤气流压力逐渐降低，产生压力降（Δp）；煤气流在固体散料层和有液相存在时的运动状况。

a. 煤气上升过程中的变化　煤气上升过程中与炉料发生了一系列的物理化学反应，使煤气的体积、成分和温度发生了重大变化。

ⅰ. 煤气温度的变化　热煤气上升的过程中，经热交换后把热量传给炉料，本身温度下降。沿高炉截面上，煤气温度分布是不均匀的，它主要取决于煤气分布。一般中心和边缘气流较发展，煤气温度也较高。沿高炉高度由下向上，煤气温度是逐渐降低的，且温降很大，炉缸煤气在几秒内就可以上升到炉顶，温度会从 1800℃左右降至 200～300℃，见图 3-21。

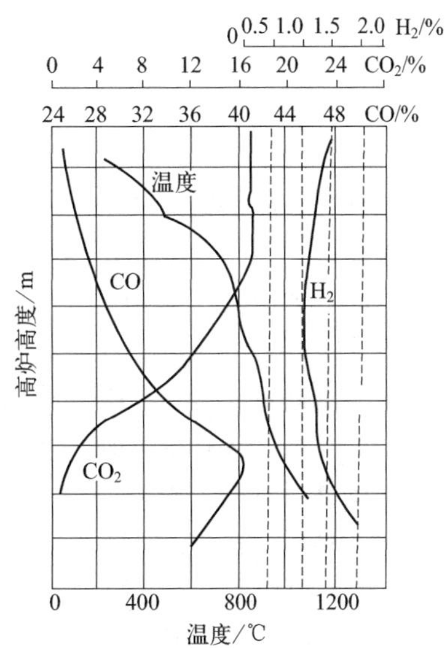

图 3-21　沿高炉高度煤气成分与温度变化

可见，高炉的热交换条件优于其他冶金炉，热效率可高达 78%～86%。煤气热能利用得好坏常用炉顶煤气温度及煤气中 CO_2 含量来表示。炉顶煤气温度低，煤气中 CO_2 含量高，则表明热能利用好。

ⅱ. 煤气成分和体积的变化　高炉煤气主要成分为 CO、CO_2、N_2、H_2、CH_4 等，其中可燃成分 CO 含量约占 25%左右，H_2、CH_4 的含量很少，CO_2、N_2 的含量分别占 15%、55%，热值仅为 3500kJ/m^3 左右。

煤气在上升的过程中与炉料发生了各种化学反应，使其体积和成分沿高炉高度发生变化。

CO 的变化：风口前生成的煤气，在其上升过程的初期吸收直接还原产生的 CO，但到了中温区，由于大量间接还原消耗了 CO，所以 CO 是先增后减。煤气升到炉顶，炉顶煤气 CO 含量为 25%～30%。

CO_2 的变化：CO_2 在高温时不稳定，所以在炉缸、炉腹高温区几乎为零。从中温区开始，由于间接还原和碳酸盐分解，才逐渐增多。炉顶煤气 CO_2 含量为 12%～16%。

H_2 的变化：H_2 在上升过程中有 1/3～1/2 参加间接还原。炉顶煤气含 H_2 为 1%～2%，喷吹燃料时略高些。

N_2 的变化：煤气上升过程中，N_2 不参加任何反应，体积基本不变，只有煤气总量增加时，其浓度才相对降低些。

煤气的总体积自下而上有所增加。通常鼓风时，炉缸煤气量（指体积而言）约为风量的 1.21 倍；而炉顶煤气量约为风量的 1.35 倍。喷吹燃料时，炉缸煤气量约为风量的 1.30 倍；

而炉顶煤气量约为风量的 1.45 倍。

b. 煤气流穿过料柱的压力降（Δp）

$$\Delta p = p_{缸} - p_{喉} \approx p_{热} - p_{顶}$$

式中 $p_{缸}$——炉缸煤气压力即风口前初始煤气压力；

$p_{喉}$——炉喉煤气压力即从炉喉料面逸出的煤气压力；

$p_{热}$——热风压力；

$p_{顶}$——炉顶煤气压力。

实践中常用 $p_{热}$ 近似代表 $p_{缸}$，显然 $p_{热} > p_{缸}$。用 $p_{顶}$ 代表 $p_{喉}$，一般 $p_{顶} < p_{喉}$。煤气流就是在这个压差的作用下向上运动的。对炉料运动而言，压差是阻碍炉料下降的力，而对煤气运动来说，则是为克服煤气流上升的阻力而造成的能量损失。

c. 煤气流经固体散料层和有液相存在时的运动状况

ⅰ. 煤气流在固体散料层的运动状态　高炉内煤气流穿过固体散料层的通道好比许多平行的、曲折的、断面形状变化的管束，因而产生能量损失，即阻力损失，这部分损失是由煤气流的压力降 Δp 来补充。

炉料对 Δp 影响主要是通过散料体的空隙度、散料颗粒的粒度及表面形状等起作用。颗粒度越小，空隙度越小，即使颗粒度不小，但粒度不均匀，粒度相差越大，其空隙度越小，煤气通过阻力越大。特别是 0～5mm 的粉末易堵塞孔隙，颗粒下限最好控制在 8mm 较为合适。按不同颗粒分级入炉，筛出粉末是提高孔隙度、降低阻力的有效措施。

煤气流速 v、温度、压力和黏度对 Δp 都有影响。通常在低流速阶段，Δp 正比于 v，随 v 增大而增大。当 v 增大到一定值时，炉料开始松动，散料体体积开始膨胀，空隙度增大，散料颗粒重新排列，颗粒间发生摩擦而消耗部分能量使 Δp 有所上升，但当重新排列完成后，Δp 下降，此时空隙度最大。若 v 进一步增大，颗粒间失去接触而悬浮，料层高度增加，Δp 几乎不变。若再使 v 增大而接近于流态化的速度时，气流会穿过料层形成局部通道而逸出，即“管道行程”，Δp 下降。

炉温高时，煤气温度就高，使 v 变快，Δp 增大，这就是高炉向热时，热风压力上升的原因。提高炉顶压力，结果使炉内平均压力增加，煤气体积收缩，有利于顺行，这就是高炉采用高压操作的最基本道理。

高炉采用透气性指数评价料柱的透气性，即通过散料层的风量 G 与 Δp 之比 $\frac{G}{\Delta p}$ 来计算。在一定的条件下，$\frac{G}{\Delta p}$ 有一个适宜的范围表示高炉顺行，超过或低于这个范围，会引起炉况不顺，需及时调整。

ⅱ. 煤气流经有液相存在部位时的运动状况　在高炉下部自软熔带开始有液相产生，固体焦炭空隙中有液体渣铁滴落穿过，使煤气通过的截面积变小，上升的煤气流要克服向下运动的焦炭层阻力、滴落渣铁的阻力和摩擦力，使气流通过料层压降梯度 $\Delta p/L$（L 为料层高度）与散料层比有所增加。当煤气流速超过一定值时，煤气浮力超过液体向下的重力，液体将滞留在焦炭层内而不能下流，严重时会产生液泛。一旦液泛，渣铁被煤气反吹到上部低温区，黏度增加，堵塞料柱的空隙，使压降梯度剧增，导致难行和悬料，高炉顺行被破坏。

为改善有液相存在部位料柱的透气性，应提高焦炭的高温强度，改善焦炭的粒度组成；改进矿石的冶炼性能，如提高矿石品位，使用熟料，提高还原性，改善炉渣的流动性和稳定性；改进操作制度，降低软熔带位置，创造一个合理的软熔带形式，如“Λ”形。

（9）高炉内能量　利用高炉内进行着逆流散料热交换，即进行着气体与料层之间的外部热交换及料块内部的热量传递。外部热交换是靠传导、对流和辐射等形式进行的。内部热交换则与料块大小、形状及导热性能有关。

改善煤气化学能利用的关键是，提高 CO 利用率（η_{CO}）和 H_2 利用率（η_{H_2}）。炉顶煤气中 CO_2 愈高，CO 愈低，则煤气化学能利用愈好。反之，CO_2 愈低，CO 愈高，则化学能利用愈差（传质不良）。CO 利用率一般表示为

$$\eta_{CO}=\frac{CO_2}{CO_2+CO}\times 100\%$$

显然，在 CO_2+CO 之和基本稳定不变的情况下，提高炉顶煤气 CO_2 含量，意味着 CO 必然降低，而 η_{CO} 必然提高。这就是说，有更多的 CO 参与了间接还原变成了 CO_2，改善了煤气（CO）能量的利用。

炉顶煤气温度（$t_{顶}$）是高炉内煤气热能利用的标志。$t_{顶}$愈低，说明炉内热交换愈充分，煤气热能利用愈好；反之，$t_{顶}$愈高，煤气热能利用愈差（传热不好）。

炉顶煤气中的 CO（或 CO_2）含量和 $t_{顶}$又是互相联系、表现一致的。一般 $t_{顶}$高，CO 含量也高，CO_2 含量则低，煤气能量利用变坏；反之，$t_{顶}$低，CO 也低，CO_2 则高，煤气能量利用改善。这说明高炉内传热、传质过程是密切相关的。

① 高炉内热交换的基本规律　前面已提到，高炉内煤气温度仅几秒钟就由炉缸内的 1800℃左右降低到炉顶处的 200℃左右。而炉料（使用冷料）温度则在数小时内，由常温升高到风口水平处的 1500℃左右。显然，在煤气和炉料之间进行着激烈的热交换。其基本方程可表示为：

$$dQ=aF\Delta t\,d\tau$$

式中　dQ——$d\tau$ 时间内，煤气传给炉料的热量，kJ/h；

a——传热系数，kJ/(m^2·h·℃)；

F——炉料表面积，m^2；

Δt——煤气与炉料之间的温度差，℃，$\Delta t=t_g-t_s$。

由上式可知，单位时间内炉料所吸收的热量与炉料表面积、煤气和炉料温差、传热系数成正比。而 a 又与煤气速度、温度、炉料性质有关。在风量、煤气量、炉料性质一定的情况下，dQ 主要取决于 Δt。然而，由于沿高度上煤气与炉料温度不断变化，因而 Δt 也是变化的，这种变化规律可用图 3-22 表示。

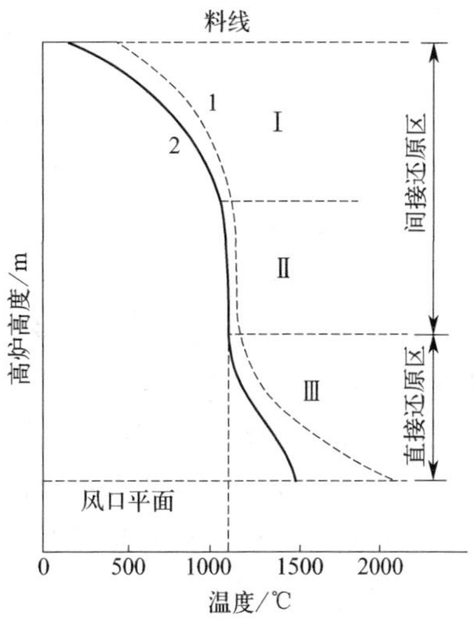

图 3-22　高炉内热交换过程

Ⅰ—上段热交换；Ⅱ—空区；Ⅲ—下段热交换；1—煤气；2—炉料

由图可见，沿高炉高度上煤气和炉料之间的热交换分为三段区域：Ⅰ——上段热交换区；Ⅱ——中段热交换平衡区；Ⅲ——下段热交换区。在上、下两段热交换区（Ⅰ和Ⅲ），煤气和炉料之间存在着较大的温差 Δt，而且下段比上段还大；Δt 随着高度而变化，在上段是愈向上愈大，在下段是愈向下愈大。因此在这两个区域存在着激烈的热交换。在中段（Ⅱ），Δt 较小，而且变化不大（<50℃），热交换不激烈，被认为是炉料和煤气之间热交换的动态平衡区，因此有人把它称为空段或空区、呆区，为研究并阐明这个问题，引用水当量这个概

念。所谓水当量就是单位时间内通过高炉某一截面的炉料（或煤气），其温度升高（或降低）1℃所吸收（或放出）的热量。简言之，水当量就是单位时间内使煤气或炉料温度改变1℃所产生的热量变化。

炉料水当量 $W_s = G_s C_s$

煤气水当量 $W_g = V_g C_g$

式中 G_s，V_g——通过高炉某一截面上的炉料量（kg/h）和煤气量（m^3/h）；

C_s，C_g——炉料热容[kJ/(kg·℃)]和煤气热容[kJ/(m^3·℃)]。

实际高炉不是一个简单的热交换器，因为在煤气和炉料进行热交换的同时，还进行着传质等一系列的物理化学反应，有些吸热，有些放热，使得炉料和煤气的水当量沿高度方向上是变化着的。煤气水当量基本保持不变，而炉料水当量变化较复杂。

在高炉下部热交换区（Ⅲ），由于炉料中碳酸盐激烈分解，直接还原反应激烈进行和熔化造渣等，都需要消耗大量热量，愈到下部需热量愈大，因此，$W_s > W_g$，愈往下愈不断增大。即单位时间内通过高炉下部某一截面使炉料温度升高1℃所需之热量远大于煤气温度降低1℃所放出的热量，热量供应相当紧张，因此煤气温度迅速下降，而炉料温度升高并不快，即煤气的降温速度远大于炉料的升温速度。这样两者之间就存在着较大的温差（Δt），而且愈向下愈大，从而推动热交换激烈进行。煤气上升到中部某一高度后，由于直接还原等耗热反应的减少，间接还原放热反应的进行，W_s 逐渐减小，以至在某一时刻与 W_g 相等，即 $W_s = W_g$，此时煤气和炉料间的温差很小（$\Delta t \leqslant 50$℃），并维持相当时间，煤气放出的热量和炉料吸收的热量基本保持平衡，炉料的升温速率大致等于煤气的降温速率，热交换进行很缓慢，而成为空段（Ⅱ）。煤气何时、何温度下进入空段？当用天然矿冶炼使用大量石灰石入炉时，空段开始温度取决于石灰石激烈分解温度，即900℃左右。在使用溶剂性烧结矿，高炉不加石灰石时，则取决于直接还原开始大量发展的温度，即1000℃左右。煤气从空段往上进入上部热交换区（Ⅰ）。此外进行着炉料的加热、蒸发和分解以及间接还原反应等。由于所需热量较少，因而，$W_s < W_g$，即此时单位时间内炉料温度升高1℃所吸收的热量小于煤气降温1℃所放出的热量，热量供应充足，炉料迅速被加热，其升温速率大于煤气降温速率。因此，自下而上，始终保持着愈来愈大的温差，从而进行着较激烈的热交换。而自上而下，炉料的温度便很快接近煤气的温度，进入中部空区，$W_s \approx W_g$。总的来看，煤气和炉料，一个是放热，一个是吸热；一个是降温，一个是升温。这一对矛盾取决于煤气和炉料水当量的变化。即它们温度升降的速率决定着热交换曲线变化的趋势。

热交换强度与高炉适宜高度的关系：煤气和炉料间的温差在风口水平最大（$\Delta t = 400 \sim 500$℃），在炉喉料线附近次之（$\Delta t = 200$℃左右），而在炉身（空区）最小（$\Delta t = 10 \sim 20$℃），因此，高炉高度上热交换强度的变化规律是两头大，中间小。由于高炉不论大小，都存在着这样一个热交换达到平衡（或缓慢）的空区，因此，过去有人企图增加高炉高度来降低炉顶温度，改善煤气能量利用，其效果不大。既然增加高度徒劳，而空段对热交换作用不大，因此，又有人提出取消空段，大幅度降低高炉高度。这又走向了另一个极端。事实证明，高炉过矮，将妨碍间接还原，使能量利用变坏，焦比升高。因此空段尽管热交换缓慢，但进行着十分重要的间接还原反应等过程，因此，空段虽可缩短，但不能取消。高炉应维持一个适宜的高度，即适宜的高径比。

② 高炉内能量利用及节能途径　钢铁工业耗能很大，而高炉炼铁工序能耗占钢铁生产总能耗的50%以上。高炉炼铁工序能耗是由燃料、动力和扣除能源回收所组成的，其中燃

料消耗占总能耗的90%，动力消耗占10%，能回收的二次能源是高炉煤气，约占30%。研究高炉节能具有重要意义。高炉节能的主要方向：

a. 降低焦比和燃料比　焦比和燃料比占高炉总能耗的75%左右，而占燃耗的85%左右。在降低焦比的同时，降低燃料比，是高炉节能的首要任务。为此，必须用精料，改善高炉操作，如采用高压操作及高风温、富氧鼓风、喷吹燃料、脱湿鼓风等新技术。

所谓精料是使用高品位、低渣量、高还原性、低 FeO、高强度、低粉末、成分稳定、粒度均匀的自熔性人造富矿。

所谓高压操作是指提高炉内煤气压力的操作，它是靠安装在高炉煤气系统管道上的调压阀组来调节的。炉顶压力低于0.03MPa的为常压操作，高于0.03MPa的称为高压操作。高炉采用高压操作后，炉内煤气流速降低，从而减小煤气通过料柱的阻力，则可获得增加产量的效果。同时还可减少炉尘吹出量，改善煤气净化质量，降低焦比。一般顶压提高0.01MPa，可增产2%、降焦1%。

所谓高风温是指高炉风口鼓入的风具有较高的温度，如1200℃。提高风温可降低焦比，同时喷吹技术也需要热风温。但随着风温的提高，焦比降低与燃烧焦炭所需风量减少，则热风减焦的效果也减小。目前红土矿冶炼高炉风温在1000℃以上。

所谓富氧鼓风是指在鼓风中加入一定量工业用氧，以提高鼓入风中的氧浓度。富氧鼓风使燃烧加速、减少煤气量，有利于风量的增加和炉况顺行。鼓风中富氧1%，煤气量减少3%～4%，理论燃烧温度可提高40℃。富氧鼓风还能克服喷吹燃料时炉缸趋冷的问题。

所谓喷吹燃料是指用廉价的燃料（煤粉、天然气、重油等）代替昂贵、资源短缺的焦炭喷吹加入高炉。喷吹的辅助燃料可代替部分焦炭，大幅度降低焦比。目前喷吹的燃料已占高炉全部燃料用量的10%～30%，有的达40%。常用于喷吹的燃料有固体、液体、气体三种。气体燃料有天然气和煤气，天然气的主要成分是甲烷（CH_4），其发热值在33500～50200kJ/m^3之间，属高热值燃料。焦炉煤气主要成分是H_2（50%～60%）和CH_4（20%～30%），发热值为15500～19700kJ/m^3，亦是高热值煤气。喷吹气体的种类和数量主要取决于当地资源条件；液体燃料有重油、柴油、焦油，重油是由石油分馏提取汽油、柴油、煤油后剩下的产品。其中可燃物多，含碳86%～89%，氢10%～12%，硫、灰分、水分少。发热量高达40～42MJ/kg，燃烧温度高，火焰辐射能力强，喷吹效果好，贮存方便，喷吹设备简单，易于操作控制，是适宜高炉喷吹的优质燃料；固体燃料有无烟煤、烟煤、褐煤等，各煤种都可以用来喷吹。其中无烟煤固定碳高，发热值高。一般认为，高炉喷吹用煤应满足低灰分、低硫分、低水分、适宜挥发分产率等质量要求。现代高炉炼铁喷煤量已达200kg/t铁，由于焦炭骨架作用的不可替代性，尤其是红土矿冶炼的特点，喷煤量的最佳目标是综合能耗最低。目前小高炉冶炼红土矿工艺焦比较高，而喷煤量较少或者不喷煤。通过喷煤来降低焦比，有利于降低镍铁合金生产成本。但是提高喷煤量也有比较大的困难，具体表现在：红土矿冶炼软熔带上移，透气性变差，通过大喷煤时，一方面会增加从风口穿过软熔带的风量，另一方面又会因为焦炭量的减少恶化高炉上部透气性。因此通过大喷煤技术降低冶炼成本还需要进一步实践。

将喷吹1kg或1m^3燃料与替换焦炭的量的比值，称为置换比，即每喷吹单位燃料量所能置换的焦炭量，这是一个衡量喷吹效果的重要指标。如喷吹1kg无烟煤粉可置换0.8kg焦炭，置换比为0.8kg/kg。重油为1.0～1.4kg/kg，天然气为0.7～1.0kg/m^3。

自然鼓风的湿度随大气湿度而变化，而鼓风湿度波动对料速和炉温都有影响，故不能任鼓风湿度自然波动。通常采用两种办法：通过脱湿鼓风将鼓风湿度控制在最低水平；或通过加湿鼓风将鼓风湿度控制在某一适当水平。喷吹燃料多时宜采用脱湿鼓风；不喷吹燃料或喷吹量少时宜采用加湿鼓风。

所谓脱湿鼓风是指用脱湿剂或冷冻机将鼓风中的水分吸收或冷凝而去除，其目的是鼓入高炉的风经脱湿后可降低焦比。空气中的湿度是随着大气湿度和温度的变化而变化的，脱湿鼓风可使鼓风湿度降至 $6\sim10g/m^3$，每脱湿 $10g/m^3$，可降低焦比 $8\sim10kg/m^3$，相当于提高风温 60～70℃。它不仅稳定了炉况，而且又提高了风口前理论燃烧温度，为增加喷吹燃料量创造了条件。

总之，从高炉本身来看，凡一切有利于降低综合焦比的措施，都可导致高炉有效节能。

b. 节约高炉煤气，提高鼓风有效利用率　燃烧热风炉用的高炉煤气约占高炉总能耗的13%。改进燃烧器结构，采用合理的燃烧制度，降低高炉煤气含水量和含灰量，提高或保持煤气的温度，均可改善燃烧，提高理论燃烧温度，从而节约煤气用量和节省煤气热值。

鼓风占高炉总能耗的7%左右，而占动力消耗项的70%。选择适宜冶炼强度，配用恰当的高炉鼓风机，防止"大马拉小车"白费电力。同时，改善高炉操作，保证炉况顺行，加强设备维护管理，防止事故，防止漏风和非计划休风，使高炉常处于全风操作状态，最大限度地发挥高炉鼓风机的潜力和提高鼓风的有效利用率，从而提高产量，有效地降低单位风耗和能耗。

c. 加强能源回收，充分利用二次能源　高炉煤气必须予以充分回收，杜绝无理放散，降低放散率。凡是高压操作的高炉都应实行炉顶煤气余压发电，即在高炉煤气除尘安装煤气透平，以回收高压煤气的机械能，而且无论是大高炉还是小高炉均可实现，其发电量一般相当于鼓风机所需电力的30%。

热风炉废气余热回收，用来预热助燃空气，或供余热锅炉生产蒸汽。

利用高炉冲渣水采暖是利用炉渣显热的一种方便形式。目前，国外正在研究熔融粒化新技术，即在使熔渣粒化成可用材料的同时，回收其所放出的显热。例如，可在一定的装置中，用风力将熔渣击碎，风被加热后引入锅炉产生蒸汽，使渣的显热得到回收。此外，还可利用高炉冷却水落差发电。二次能源的回收利用潜力巨大，内容广泛，方式灵活，效果显著，前途宽广。

（10）镍铁形成　镍铁的形成伴随着镍和铁的还原和不断渗碳以及其他元素还原进入金属液中的过程。矿石在下降过程中首先被还原成含镍的海绵铁（还原去除矿石中的氧得到的内部含有海绵状孔隙的铁）。海绵铁在随炉料下降过程中不断吸收碳素，即渗C，发生在炉身部分（块状带）的这种渗C过程可能是由于活泼的海绵铁与CO接触作用，促进其分解。CO分解析出活性很高的炭黑，并吸附在海绵铁表面上，同时不断扩散溶入铁中，使铁渗C，形成 Fe_3C，反应过程如下：

$$2CO = CO_2 + C$$

$$3Fe + C = Fe_3C$$

$$3Fe + 2CO = Fe_3C + CO_2$$

由于渗碳，海绵铁的熔点降低，随着炉料下降进入软熔带，温度升高，海绵铁逐渐熔化为液体，镍、铁液向下滴落，与焦炭接触良好，加速了渗碳过程的进行。渗碳过程在炉腹中大量发生，在炉缸中继续进行。随着铁水的形成和滴落，Ni、Si、Mn、P等元素还原溶入铁液中，加上渗碳作用，使各种元素溶在一起，最终形成了镍铁。

镍铁最终含碳量通常是无法控制的，碳在铁水中的溶解度随温度的升高而增加，而且与铁水中其他元素的含量有关。凡能与碳形成碳化物的元素（如锰、铬、钒、钛等）均能促进铁水含碳量的增加，因为这些碳化物稳定且易溶解于铁水中。而另有一些元素（如硅、磷、硫等）却能阻碍镍铁渗碳，它们不能形成稳定的碳化物，而与铁生成的化合物则较为稳定，破坏铁与碳的结合，使 Fe_3C 分解，析出游离的石墨碳。

生产中一般不化验镍铁的含碳量，利用生铁的经验公式估算：

$$[C]=1.34+2.54\times10^{-3}t+0.04[Mn]-0.35[P]-0.54[S]-0.03[Si]$$

式中，t 为铁水温度，1450～1500℃。

镍铁中的碳几乎全部来源于焦炭，可见焦炭除作为燃料、料架和还原剂外，还有供碳作用。

3.1.1.3 高炉生产主要技术经济指标

对高炉生产技术水平和经济效益的总要求是：高产、优质、低耗、减排、长寿。为此，制定了一系列技术经济指标，对高炉的运行质量加以对比评价。

（1）技术经济指标　评价高炉生产的技术经济指标主要有：

① 高炉有效容积利用系数 η　η 是指每立方米高炉有效容积（V_u）每日生产炼钢铁的量，即高炉每日生产某品种的铁量（P）乘以该品种折合为炼钢铁的折算系数（A）后与有效容积的比值：

$$\eta=\frac{P\times A}{V_u},\mathrm{t/(m^3\cdot d)}$$

为了使各铁种如镍铁与炼钢生铁焦比的对照，本书 A 取 1，即

$$\eta=\frac{P}{V_u},\mathrm{t/(m^3\cdot d)}$$

由上式可知，利用系数愈大，铁的产量愈高，高炉的生产率也就愈高。目前平均生铁高炉有效容积利用系数为 3t/(m^3·d) 左右，先进高炉达 4t/(m^3·d) 以上。但镍铁生产的利用系数不高，目前国内高炉生产镍铁所用原料为含铁 50%左右、镍 1%左右的红土镍矿，生产含镍 1.5%左右的镍铁，利用系数为 2～3t/(m^3·d)。用原料含铁 25%左右、镍 1.5%左右的红土镍矿，生产含镍 5%左右的镍铁，利用系数为 1.0t/(m^3·d) 左右。

② 冶炼强度 I　I 是指每立方米高炉有效容积（V_u），每天消耗干焦炭的质量（Q_k）。

$$I=\frac{Q_k}{V_u},\mathrm{t/(m^3\cdot d)}$$

在喷吹燃料条件下，相应有综合冶炼强度（$I_{综}$），即不仅计算消耗的焦炭量，还应将喷吹的燃料按置换比折合成相当的焦炭量（$Q_{喷}$）一起计算，即

$$I_{综}=\frac{Q_k+Q_{喷}}{V_u},\mathrm{t/(m^3\cdot d)}$$

目前生铁高炉冶炼强度的数值，一般约在 1.5～1.8t/(m^3·d)。高炉生产镍铁冶炼强度的数值：所用原料为含铁 50%左右、镍 1%左右的红土镍矿，生产含镍 1.5%左右的镍铁，一般约在 1.4～2.0t/(m^3·d)；用原料含铁 25%左右、镍 1.5%左右的红土镍矿，生产含镍 5%左右的镍铁，一般约在 1.0～1.3t/(m^3·d)。

③ 焦比 K　K 是冶炼 1t 生铁所消耗的干焦炭量。显然，焦比愈低愈好。

$$K=\frac{Q_k}{P}$$

目前一般生产生铁焦比在 400kg/t 以下。用高炉生产镍铁所用原料为含铁 50%左右、镍 1%左右的红土镍矿，生产含镍 1.5%左右的镍铁，焦比在 550～800kg 焦炭/t 镍铁左右。用原料含铁 25%左右、镍 1.5%左右的红土镍矿，生产含镍 5%左右的镍铁，焦比在 1300kg/t 镍铁左右。

④ 燃料比 $K_{燃}$　在喷吹燃料时，高炉的能耗情况用燃料比（$K_{燃}$）表示，即每吨生铁耗用各种入炉燃料之总和。

如将每吨生铁喷煤量、喷油量等，分别称为煤比 $K_{煤}$ 和油比 $K_{油}$ 等，则

$$K_{燃}=K+K_{煤}+K_{油}+\cdots$$

目前生产生铁燃料比一般在 450kg/t 左右。目前国内用高炉生产镍铁所用原料为含铁 50%左右、镍 1%左右的红土镍矿，生产含镍 1.5%左右的镍铁，燃料比在 750kg/t 镍铁左右，如某镍铁厂耗焦炭 530kg/t、焦末 40kg/t、喷煤 100kg/t。

⑤ 综合焦比 $K_{综}$　冶炼 1t 生铁喷吹燃料按置换比折算为相应的干焦炭量（喷吹燃料焦比 $K_{喷}$）与实际耗用的焦炭量（焦比 K）之和称为综合焦比（$K_{综}$）。

$$K_{综}=K+K_{喷}$$

⑥ 利用系数 η、焦比 K 和冶炼强度 I 三者之间的关系

$$\because \quad \eta=\frac{P}{V_u} \quad I=\frac{Q_k}{V_u} \quad K=\frac{Q_k}{P}$$

$$\therefore \quad \eta=\frac{I}{K}$$

可见，利用系数与冶炼强度 I 成正比，与焦比 K 成反比，要提高利用系数，强化高炉生产，应从降低焦比和提高冶炼强度两方面考虑。在当前能源紧张的情况下，首先应考虑降低焦比（燃料比）。

⑦ 生铁合格率　生铁的化学成分符合国家标准时叫合格生铁。合格生铁量占高炉总产量的百分数叫生铁合格率。此外，优质生铁占生铁总量的百分数称为优质率。合格率和优质率都是生铁质量指标。对生铁质量的考查主要看其化学成分（如 S 和 Si）是否符合国家标准。镍铁合格率可以按照镍铁标准执行。

⑧ 休风率　高炉休风时间（不包括计划大、中、小修）占规定日历作业时间的百分数。利用系数、冶炼强度和休风率三个指标是反映高炉生产率、作业率方面的指标。前两者越高、后者越低表示高炉越高产。

（2）目前国内高炉冶炼镍铁指标情况　由于红土镍矿高炉冶炼镍铁存在烧结矿综合品位低且强度差、渣量大、炉缸铁水温度低与铁水流动性差等问题，加之 Cr_2O_3 的存在，更加剧了炉渣变稠，不利于对流传热与传导传热，从而导致炉缸铁水的温度更低，进一步影响铁水流动性。这也是高炉长期不敢冶炼红土矿的重要原因，导致目前国内冶炼镍铁所用高炉为中小型高炉，其有效容积≤450m^3。

① 某厂 180m^3 高炉生产低镍铁（含镍 1.5%左右）指标

a. 焦炭成分（表 3-6）

表 3-6　焦炭成分　　单位：%

成分	水分	灰分	挥发分	S	固定碳
样 1	5.50	15.18	1.26	1.7	84.5
样 2	5.00	13.60	1.23	1.23	85.17

b. 烧结矿成分（表 3-7）

表 3-7　烧结矿成分

成分	TFe/%	FeO/%	SiO_2/%	Ni/%	S/%	P/%	CaO/%	MgO/%	Al_2O_3/%	R_2
样 1	47.2	17.1	8.19	0.90	0.081	0.019	10.36	2.82	3.26	1.26
样 2	49.2	19.87	7.99	0.89	0.081	0.012	8.59	2.19	2.86	1.17

c. 铁水成分（表 3-8）

表 3-8　铁水成分　　单位：%

成分	Si	S	P	Ni
样 1	1.99	0.042	0.067	1.58
样 2	1.73	0.044	0.058	1.54
样 3	1.04	0.058	0.056	1.64

d. 渣成分（表 3-9）

表 3-9　渣成分

成分	SiO_2/%	Al_2O_3/%	CaO/%	MgO/%	FeO/%	R_2	R_3
样 1	28.63	25.24	32.5	9.18	0.54	1.14	1.46
样 2	26.28	26.39	34.5	6.66	0.20	1.32	1.59
样 3	26.26	26.26	31.0	9.36	0.51	1.10	1.40

e. 焦比：K=820～890kg/t。

f. 产量：P=300t/d。

g. 利用系数：η=1.67t/(m^3·d)。

② 某厂 450m^3 高炉生产低镍铁（含镍 1.5%左右）指标

a. 主要工艺设备与主要技术指标　180m^2 烧结机 1 台；450m^3 高炉 1 座。烧结矿品位(Fe+Ni)：50%；烧结矿碱度：R_2=1.0～1.2；炉渣碱度：R_2=0.8～0.9；湿焦比 760kg/t，干焦比 620kg/t。镍铁水产量：1150～1250t/d；利用系数：约 2.7。

b. 生产情况　该厂采用三班二倒作业制，下面是甲班（20:00—8:00）的生产情况。

烧结厂配料情况：红土镍矿成分见表 3-10，含铁原料见表 3-11。

表 3-10　红土镍矿成分　　单位：%

成分	TFe	CaO	SiO_2	MgO	Ni	Al_2O_3	H_2O	Cr_2O_3
指标	48.58	1.05	4.13	1.88	0.93	4.44	36.40	4.13

表 3-11　含铁原料（每小时记录一次）　　单位：t

项目	时间	红土矿	高返	返矿	铁精矿	除尘灰	生石灰	煤粉	批重
第 1 次记录	1:00—2:00	235.44	126.05	62.98	12.29	4.21	9.65	27.27	420
12 次范围值	19:00—6:00	213～235.5	114～126	60～76	11.4～12.6	3.77～4.2	9.12～10.0	24.69～27.7	380～420
12 次合计		2729	1641	818	145	48.67	114.86	318	4880

180m^2 带烧：生产量见表 3-12；烧结矿成分见表 3-13；配料变更情况见表 3-14。

表 3-12 生产量

班次	产量/t	利用系数/(t/m^2·h)	开机时间/h	作业率/%
丙班	2537.84	1.45	9.7	80.83
甲班	3386.0	1.57	12	100

表 3-13 烧结矿成分

成分	TFe/%	FeO/%	CaO/%	SiO_2/%	MgO/%	Cr_2O_3/%	NiO/%	R_2	转鼓指数
样 1	46.2	13.31	10.61	8.72	3.42	6.07		1.22	
样 2	45.30	13.85	10.5	9.09	3.46			1.16	61
样 3	48.93	21.03	8.84	7.08	3.07		0.93	1.25	

表 3-14 配料变更情况

料比	镍矿	高返	返矿	铁精粉	生石灰	除尘灰	无烟煤粉	批重
含量/%	56	30	20	3	2.5	1	6.5	
料重/(kg/s)	59.58	31.92	21.28	3.19	2.67	1.06	6.92	106.4

450m^3 高炉：操作参数见表 3-15；出铁情况见表 3-16；镍铁成分见表 3-17；渣成分见表 3-18。

表 3-15 操作参数

时间	冷风流量/(m^3/min)	热风压力/kPa	热风温度/℃	压差/kPa	透气性指数
20:00	1646	270	1055	135	12.3
日均	1647	272	1036		11.8

表 3-16 出铁情况

时间	理论/t	铁水温度/℃
8:53—10:05	91	1453

表 3-17 镍铁成分 单位:%

时间	Ni	Cr	Si	S	Mn	P	C
8:53—10:05	1.89	4.74	0.78	0.079	0.91	0.023	5.70
日均	1.95	3.87	1.47	0.094	0.72	0.024	4.91

表 3-18 渣成分

时间	CaO/%	SiO_2/%	Al_2O_3/%	MgO/%	FeO/%	R_2
10:36	25.37	34.07	21.10	13.49	1.31	0.74

③ 某厂 150m^3 高炉生产中镍铁（含镍 5%左右）指标

a. 红土镍矿成分（表 3-19）。

表 3-19 红土镍矿成分 单位:%

成分	H_2O	TFe	Ni	S	P	MgO	SiO_2	CaO	Al_2O_3
样 1	34	36.01	1.51	0.04	0.0073	4.93	12.17	1.37	2.68
样 2	34	34.27	1.3	0.057	0.013	4.99	12.91	1.91	2.73

b. 烧结矿化学成分（表 3-20）。

表 3-20 烧结矿化学成分

成分	TFe/%	FeO/%	SiO_2/%	CaO/%	MgO/%	Al_2O_3/%	P/%	S/%	Ni/%	R_2
样 1	26.52	17.00	19.57	15.88	6.01	5.04	0.017	0.17	1.36	0.81
样 2	25.26	15.56	19.39	14.32	6.74	5.21	0.022	0.20	1.28	0.74

c. 镍铁成分（表 3-21）。

表 3-21　镍铁成分　　单位：%

成分	Si	Ni	S	P
样 1	1.57	4.57	0.103	0.038
样 2	1.89	4.57	0.074	0.055

d. 渣成分（表 3-22）。

表 3-22　渣成分

成分	SiO_2/%	CaO/%	Al_2O_3/%	MgO/%	R_2	R_4
样 1	42.95	23.10	10.57	19.39	0.54	0.79
样 2	43.66	23.59	10.84	16.94	0.54	0.73

e. 风温：900℃。

f. 风压：106～120kPa。

g. 风量：410～460m^3/min。

h. 焦比：K=1244kg/t。

i. 利用系数：0.92t/(m^3·d)。

④ 某厂 380m^3 高炉生产中镍铁（含镍 5%左右）指标

a. 红土镍矿成分（表 3-23）。

表 3-23　红土镍矿成分　　单位：%

成分	H_2O	TFe	MgO	SiO_2	CaO	Al_2O_3	S	P	Ni
样 1	37	26.71	7.98	17.31	1.10	7.27	0.057	0.006	1.6
样 2	37	31.52	7.63	17.60	1.53	7.18	0.072	0.003	1.5

b. 烧结矿化学成分（表 3-24）。

表 3-24　烧结矿化学成分

成分	TFe/%	FeO/%	SiO_2/%	CaO/%	MgO/%	Al_2O_3/%	P/%	S/%	Ni/%	R_2
样 1	19.22	11.92	21.52	16.80	9.87	6.70	0.010	0.09	1.28	0.78
样 2	18.51	15.39	22.46	16.17	10.99	6.54	0.020	0.10	1.38	0.72

c. 镍铁成分（表 3-25）。

表 3-25　镍铁成分　　单位：%

成分	Si	Ni	S	P
样 1	2.22	5.16	0.029	0.053
样 2	2.22	5.16	0.037	0.053

d. 渣成分（表 3-26）。

表 3-26　渣成分

成分	SiO_2	CaO	Al_2O_3	MgO	R_2	R_4
样 1	38.89	22.82	10.50	19.68	0.57	0.84
样 2	42.68	24.44	11.69	17.46	0.57	0.77

e. 焦比：1301kg/t。

f. 利用系数：0.75t/(m^3·d)。

⑤ 某厂 128m^3 高炉生产中镍铁（含镍 5%左右）指标

a. 烧结矿化学成分（表 3-27）。

表 3-27　烧结矿化学成分

项目	TFe/%	SiO_2/%	CaO/%	MgO/%	Ni/%	R_2
指标	22～24	22.3	14.9	8.42	1.2～1.4	0.67

b. 镍铁成分（表 3-28）。

表 3-28　镍铁成分　　单位：%

成分	Si	Ni	S	P	C
指标	1.6～2.5	5.00	＜0.5	0.05～0.07	3.8～4.1

c. 渣成分（表 3-29）。

表 3-29　渣成分

项目	SiO_2/%	CaO/%	MgO/%	R_2
指标	35.00	24.00	18.00	0.69

d. 焦比（湿）：1355kg/t。

e. 利用系数：0.96t/(m^3·d)。

f. 冷风流量：350～460m^3/min。

g. 风压：95～120kPa。

h. 热风温度：＞900℃。

i. 炉顶压力及炉顶温度：20kPa；160℃。

j. 矿铁比：3.93t/t。

⑥ 某厂 125m^3 高炉生产较高镍铁（含镍 8%左右）指标　该厂 125m^3 高炉，生产含镍 7%～8%镍铁，偶尔出 9%的镍铁。

a. 红土镍矿成分（表 3-30）。

表 3-30　红土镍矿成分　　单位：%

成分	Fe	Ni	SiO_2	Al_2O_3	MgO	P
指标	18～20	1.7～1.8	21	不测	不测	0.016

b. 烧结矿成分（表 3-31）。

表 3-31　烧结矿成分

项目	Fe/%	Ni/%	SiO_2/%	CaO/%	Al_2O_3/%	MgO/%	P/%	S/%	R_2
指标	15～17	1.4～1.55	30～32	17～19	不测	不测	0.03	0.12～0.14	0.5～0.65

c. 镍铁成分（表 3-32）。

表 3-32　镍铁成分　　单位：%

成分	Ni	Si	P	S
指标	7.5～8.5	2～3	0.12～0.14	0.03～0.08

d. 渣成分（表 3-33）。

表 3-33　渣成分

项目	SiO_2/%	CaO/%	Al_2O_3/%	MgO/%	P/%	S/%	R_2
指标	40～45	25～30	不测	40～45	0.03	0.12～0.14	0.65～0.7

e. 风温：800℃。

f. 风压：65～70kPa。

g. 风量：280～300m^3/min。

h. 焦比（干）：2.0t/t 铁。

i. 高炉利用系数：0.52～0.6。

j. 产量：65～75t/d。

3.1.1.4 小高炉冶炼镍铁的优势

由于红土镍矿不能靠传统的选矿方法富集，且高品位镍铁矿要求镍高铁低，进而使得镍矿的综合品位（含 Ni、Fe 量）较低，造成炉渣量大、烧结矿强度低，冶炼时透气性差，炉缸温度低等不利因素，这使得综合品位低的红土镍矿在大高炉上几乎不能顺行，必须使用中小高炉（$\leqslant 450m^3$）。这就是高炉生产镍铁的品位越高，反而使用的高炉容积越小的原因。

用较小高炉（炉身矮）冶炼镍铁基于以下优势：①炉内料柱低，使煤气通过阻力小，透气性好；②相对横断面积大，煤气流速低，同样使煤气通过阻力小，透气性好；③炉料压缩率低，料柱疏松，也可以使煤气通过阻力小，透气性好；④负荷轻，料批中焦炭体积大，可改善透气性；⑤成渣带薄，高炉下部透气性好等。

（1）炉内料柱低，煤气通过阻力小　高炉料柱的透气性是指煤气通过料柱时的阻力大小。阻力大则透气性不好，反之，阻力小则透气性好。透气性直接影响炉料顺行、炉内煤气流分布和煤气利用率。

由风口鼓入高炉的热风经与焦炭反应产生煤气，煤气在向上运动中所遇到的障碍是炉内料层的阻力 ΔP：

$$\Delta P=\frac{7.6w^{1.8}\nu^{0.2}\gamma}{gd_{\partial}\varepsilon^{1.8}}H$$

式中　ΔP——压力损失，即炉料对煤气的阻力，kgf/cm^2；

H——料柱高度，m；

w——煤气平均流速，m/s；

ν——煤气运动黏度系数，kg/（s·m^2）；

γ——煤气的重度，kg/cm^3；

g——重力加速度，m/s^2；

ε——炉料空隙度，m^3/m^3；

d_{∂}——炉料空隙当量直径，m。

由上式知，ΔP 与 H、w、ν、γ 正相关，与 d_{∂}、ε 负相关。当煤气与炉料性质一定时，w、ν、γ、d_{∂}、ε 相对稳定，炉料对煤气的阻力就取决于料柱高度。即 H 值越大，ΔP 值越大，高炉越不易接受风量，冶炼强度就不易提高。小高炉炉内料柱低，则相对大高炉 ΔP 低。

（2）相对横断面积大，煤气流速低，煤气通过阻力小　随着高炉容积增大，几何尺寸均增加，但横向尺寸的增加远远小于炉容的增加。即炉容 V 的增加量远远大于炉喉横截面积 S 的增加，即炉容增大使得 S/V 减小，或者说小高炉单位炉容的炉喉横截面积大。

由于高炉单位时间内的煤气量是与高炉容积成比例增加的，所以随炉容的增加，单位面积的煤气量和炉内的煤气流速也增加。由此推断，小高炉各断面上的煤气流速低于大高炉。

根据煤气通过阻力 ΔP 与煤气流速 w 正相关，w 减小，则 ΔP 减小，透气性好，利于高炉顺行。

（3）炉料压缩率低，料柱疏松，空隙度增加，煤气通过阻力小　因为小高炉料柱短，下部承受上部料的压力小，同时，小高炉炉料上限粒度小，所以，小高炉炉料在炉内的压缩率比大高炉低。

由于压缩率减小，相应增加料间空隙度 ε，ΔP 与 ε 负相关，使得煤气通过阻力 ΔP 减小，增强了透气性，利于高炉顺行。

（4）焦炭负荷轻，料批中焦炭体积大　由于多种原因，小高炉焦比总是高于大高炉，特别是在大高炉喷吹燃料的基础上焦比差距更大。

由于焦炭透气性明显优于矿石的透气性，炉料中焦炭体积增加，料柱透气性改善，这也是小高炉易于冶炼红土镍矿的原因。

（5）成渣带薄，高炉下部透气性好　无论高炉容积大小，只要使用的原料温度相同，炉顶煤气温度大致是相近的，使用冷矿时约 200℃。风口区的温度也大致相同，约 2000℃。图 3-23 为不同容积高炉炉内温度随高炉高度的变化关系。2516m^3 高炉从风口平面到炉顶高度约 26m；15m^3 高炉从风口平面到炉顶高度约 5.7m。两个高炉从风口平面到炉顶温降均为 2000－200＝1800℃。

成渣温度范围 Δt：

$$\Delta t = t_2 - t_1$$

式中　t_1——高炉内矿石开始软熔造渣的温度；

t_2——高炉内矿石造渣完成的温度。

由图 3-23 知：与成渣温度相应的沿高炉高度成渣带分布，15m^3 高炉成渣带厚度为 $\Delta h = h_2 - h_1$，2516m^3 高炉为 $\Delta H = H_2 - H_1$。Δh 较薄，仅为 ΔH 的 1/4。由于成渣带是高炉内透气性最不好的区域，因此成渣带薄，则对煤气运动的阻力也相应减小，小高炉比大高炉 ΔP 小，易顺行。

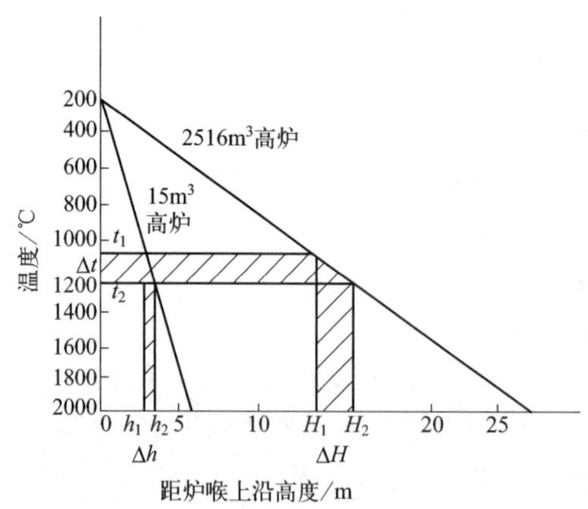

图 3-23　不同容积高炉炉内温度沿高度的变化

综上所述，较小高炉相对大高炉透气性好，用其冶炼红土镍矿时易顺行，或者说对于用红土镍矿冶炼镍铁较用精铁矿冶炼生铁的诸多不利因素的适应性强。

3.1.2　矿热炉熔炼镍铁

矿热炉熔炼红土镍矿工艺始于 20 世纪 50 年代初，埃尔克姆（Elkem）公司为新喀里多尼亚多尼安博厂研究成功回转窑-电炉法生产镍铁，以取代鼓风炉工艺，开创了火法冶炼的新篇章，促进了电炉冶炼红土镍矿的发展。

硅镁镍矿含镍高含铁低，通常用其经矿热炉冶炼镍铁合金。基于镍与氧的亲和力比铁与氧的亲和力低，先于铁还原的条件，利用选择性还原的原理，在镍铁冶炼中控制炉温、还原时间和还原剂加入量（缺碳操作）以控制铁还原程度，在满足镍金属收得率的前提下，获得高的镍品位，同时降低电的消耗。

矿热炉熔炼镍铁是当今最主要的火法镍铁生产手段。一般需要对炉料进行预处理，处理的工序包括干燥、破碎、带式烧结机/竖炉烧结或回转窑煅烧/回转窑焙烧等。经预处理后的炉料（或加还原剂）被连续地加入到矿热炉中熔炼，被加热、熔化和有选择性地还原。目前世界上新建的矿热炉镍铁厂几乎均采用回转窑焙烧（RK）＋矿热炉熔炼（EF）工艺，即RKEF工艺（图3-24），图中还可看到RKEF工艺之外，将粗制镍铁水精炼的工序，即后接钢包脱硫、转炉吹氧脱硅、脱磷和脱碳等得到精炼镍铁。矿石→回转干燥筒干燥（主要脱出矿石中的部分自由水）→炉料（矿石＋还原剂＋熔剂按比例混匀）→回转窑焙烧（主要是脱出矿石中剩余的自由水和结晶水、预热炉料、预还原部分镍和铁）→热焙砂→电炉熔炼（还原金属镍和部分铁、将渣和镍铁分开、生产粗镍铁）→镍铁水→铸块（粒）或精炼。

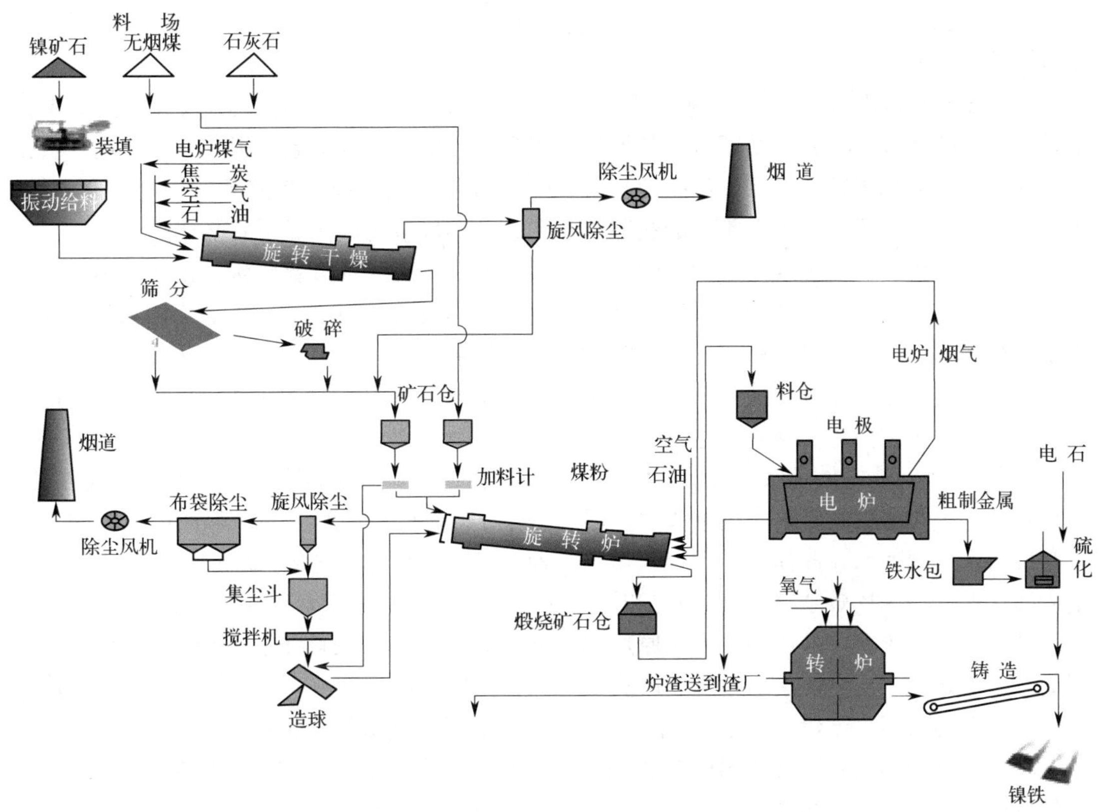

图3-24　回转窑焙烧（RK）加矿热炉熔炼（EF）的镍铁冶炼工艺（RKEF）

回转窑焙烧阶段（RK）：视红土镍矿的含水量多少来决定是否增设干燥设备。若含水量高（＞25%），则应在预还原回转窑前增加回转干燥筒干燥含水镍矿。氧化镍矿和熔剂、还原剂由汽车/火车从码头/厂外送至原料仓库，通过原料处理系统完成选料、上料、破碎及配料。回转窑燃烧器所需燃料可为天然气、煤气及喷煤粉等。配比混合后的炉料（矿石、熔剂和还原剂）进入回转窑进行干燥、加热和还原焙烧，产出焙砂。将热焙砂送至矿热炉受料位直至矿热炉中。同时产生的热烟气经处理可用于发电。

矿热炉熔炼阶段（EF）：热焙砂通过矿热炉运料系统保温送进矿热炉熔炼，经过还原熔炼，产出镍铁、炉渣和煤气。粗制镍铁水进而由铸铁机浇注成铸块或送下部精炼工序。炉渣处理系统完成炉渣水淬及脱水干燥，烟气处理系统完成烟气净化后合格烟气入回转窑作为补充燃料。

精炼阶段：粗制镍铁水再经过精炼后铸块或由粒化装置浇注成粒铁，或进一步深度吹炼铸成镍铁合金阳极，或直接送下步工序——冶炼不锈钢。

本节主要介绍 RKEF 生产工艺。

3.1.2.1 回转窑焙烧原理

矿热炉熔炼镍铁通常需要对炉料进行预处理，主要包括炉料预热、干燥脱水和预还原三个过程，目的是降低电耗、缩短冶炼时间、将炉料熔化时翻料事故降到最低限度。因此，对红土镍矿的预处理，可在一定程度上降低镍铁生产成本，提高经济效益。炉料的预热、干燥和预还原一般是利用回转窑干燥、焙烧工艺来完成。炉料的预还原是在固态下进行的，温度在 538～980℃之间，窑内呈还原气氛。矿石脱水后失去其原来的晶体结构，当温度升至 760℃时，成为无定形形态，适合于还原反应的进行。超过此温度，则又形成新的结晶结构，此时镍难以还原。

预还原的程度取决于反应时间、温度和气体的还原强度。红土镍矿还原熔炼生产镍铁中，矿石的脱水和固态阶段的还原、晶形转变等反应在整个过程中起了很重要的作用，直接关系到还原反应能否顺利进行、产品的品质、熔炼过程生产率和能耗的高低、电炉寿命等。所以，研究矿石的脱水和固态阶段的还原、晶形转变等反应的规律是很有必要的。

（1）红土镍矿干燥脱水　矿物中的水不仅是形成矿物的一种重要介质，也是矿物本身的一种成分。水在矿物中存在的形式有两类，即不加入晶格的吸附水、自由水和加入晶格的结晶水、结构水等。根据红土镍矿物理化学性质和干燥特性，红土镍矿中同时存在着吸附水、结晶水和结构水。由于红土镍矿中存在大量的水，矿热炉冶炼难以正常进行，故在红土镍矿进入矿热炉冶炼之前，必须对其进行干燥处理。

① 吸附水　其机械地吸附于矿物中，没有参加晶格，含量不等，随温度变化而变化。当加热时，这种水就从矿物中逐渐失去，温度升至 110℃时，吸附水就全部逸出。吸附水又分为佛石水、层间水、胶体水及湿存水等。这种水可以很容易地在矿物颗粒表面和裂缝间自由来往，即这种水比较“自由”。印尼和菲律宾的红土镍矿吸附水含量较高，通常在 35%左右。针对这种红土矿，一般在进入还原焙烧窑前，先经回转干燥筒干燥。但不能过于干燥，因为过于干燥的矿石会在运输过程中严重灰化，在还原焙烧时易被窑尾烟气带走。干燥筒最好将红土矿的吸附水干燥至 20%左右，余下的吸附水留在还原焙烧窑中干燥。

通常干燥筒内入口处气体温度 800～900℃，出口处的气体温度 100～120℃。被干燥物料的流向同炉气的流向相同。

② 结晶水　其在矿物的晶格中呈水分子状态，晶格中有一定的位置，水分子的数量与矿物中的其他成分成简单整数比。如变质橄榄岩，由于风化富集，镍矿多硅多镁、低铁，镍较高，称之为镁质硅酸盐镍矿，如 $(Ni, Mg)_2SiO_4 \cdot xH_2O$。矿物对结晶水的束缚力比较强，它们一般不能在矿物结构中自由运动，只有在外界条件发生大的改变时，才能从矿物中逸出。含结晶水的矿物失水温度是一定的，随着失水，矿物的晶格开始被破坏。失水温度比

结构水低，一般在500℃以下。如石膏为$CaSO_4 \cdot 2H_2O$，单位结构中含有两个水分子，且占据一定的结构位置。石膏在150℃时，其中的H_2O将失去，形成硬石膏$CaSO_4$。

③ 结构水（化合水） 其以OH^-、H^+、$(H_3O)^+$的形式存在于矿物中，在晶格中占有一定的位置。它是矿物中结合最牢的一种水，因此，只有在很高的温度下，水才会逸出而破坏晶格。如硅镁镍矿（Ni，Mg)$_6Si_4O_{10}$（OH)$_8$、镍褐铁矿$(Fe,Ni)O(OH) \cdot nH_2O$。

氧化镍矿中常见的主要矿物为：绿脱石，氧化铁，氢氧化铁，蛇纹石，自由氧化硅矿物，黏土矿物，亚氯酸盐，盐酸盐，镍硅酸盐，锰矿等等。这些成分在镍矿中占的总比例为93%～98%。

蛇纹石结构公式为$3MgO \cdot 2SiO_2 \cdot 2H_2O$，几乎全是硅酸镁，含1.2%～15.5% NiO，38.7%～44.0% SiO_2，26%～33% MgO，2%～14% α-Fe_xO_3等。这些矿物富含水。当加热至100～200℃，分解出吸附水，加热至600～700℃时，分解出结构水。

锰矿是各种不同矿物或氧化物的同质异性胶体混合物，分为镍粉、钴粉和它们的混合物。它们所含物质的百分比为：Mn<75%；Ni 0.8%～11%；Co 0.6%～0.8%；Al_2O_3 0.7%～22%；Fe 0.6%～16%，以及以氢氧化物形式存在的水。加热时，当温度达到400～650℃时大部分水析出。

Иванова等（1973，1974）对蛇纹石热转变做了许多研究，认为所有蛇纹石在600～800℃间的差热曲线上，有个很强的吸热效应，引起蛇纹石的晶格破坏，脱羟（—OH）形成新的物相。关于形成新的物相的问题，她认为有两种观点：①利蛇纹石$Mg_6Si_4O_{10}(OH)_8$加热到600～700℃，发生脱羟反应生成结晶的镁橄榄石$3Mg_2[SiO_4]+SiO_2+4H_2O$；$3Mg_2[SiO_4]+SiO_2$加热到1050～1080℃，生成结晶的镁橄榄石$2Mg_2[SiO_4]$加结晶的顽火辉石$Mg_2[Si_2O_6]$。②利蛇纹石$Mg_6(Si_4O_{10})(OH)_8$加热到600～700℃，发生脱羟反应生成结晶的镁橄榄石$2Mg_2[SiO_4]$加非晶质的顽火辉石$Mg_2[Si_2O_6]$和水$4H_2O$；结晶的镁橄榄石$2Mg_2[SiO_4]+Mg_2[Si_2O_6]$(非晶质的顽火辉石)加热到1050℃生成结晶的镁橄榄石$2Mg_2[SiO_4]+Mg_2[Si_2O_6]$（结晶的顽火辉石）。

可见，红土镍矿干燥过程是一个通过加温，脱出吸附水、结晶水和结构水的过程。随着脱水温度的提高，首先是较易脱出的吸附水被脱出，依次是使矿物结构发生变化（如脱羟基反应和晶形转变）的较难脱出的结晶水和结构水被脱出。

这里要提的一个问题是关于“拌灰干燥”问题。即红土镍矿运至原料场，在足够大的原料场将湿红土镍矿摊开，经阳光照射自然脱水并加入石灰与原矿发生放热反应脱水。但是矿石中的水除被真正蒸发掉之外，仍然含在矿中。这种“拌灰干燥”法在原矿SiO_2含量高时是可以的，目前也有很多企业在使用该法，但在SiO_2含量低的时候就不能拌灰了。原则上是要上干燥筒干燥。

(2) 焙烧预还原 回转窑焙烧预还原是在低温下进行的，是固相中的氧化镍矿石的还原。

回转窑的炉料是经过破碎的矿石、熔剂（若需要）和碳素还原剂。回转窑是稍微倾斜的圆筒型炉。以耐火砖作内衬，炉料从一端装入，在出料端设有烧嘴进行加热，炉料边从旋转的炉壁上落下边被搅拌焙烧，从下端排出。由于烟气的抽吸，防止了从炉子的两端漏出烟气和粉尘。

炉料在常温入炉，随着回转窑的旋转向前移动，炉料温度逐渐升高。炉料温度在100℃时停止一小段时间，待水分蒸发完，又继续升高，一直达到窑壁温度。在还原过程中，炉内同时发生着碳的气化反应，且高温下（>707℃）CO比CO_2稳定，即高温燃烧的产物主要是CO，所以炉料一直和含CO、CO_2的炉气接触，炉料中的氧化镍被部分还原成金属镍，氧化铁被部分还原成低价氧化铁及金属铁，形成温度为900℃左右的焙砂。

① 苏联学者焙烧预还原研究

a. 镍氧化矿的还原性、还原率　苏联学者在固相中镍和钴的氧化物还原的可能性、镍氧化矿石还原率的研究上做了大量的基础工作。尤其是优化各种焙烧的最佳数据，对各种矿石采用各种不同的方法和固体、液体、气体还原剂进行还原研究。实验用的矿石成分见表3-34。

表3-34　实验用的矿石成分　　单位：%

样品编号	Ni	Co	Fe	SiO_2	MgO	Al_2O_3	CaO	Cr_2O_3	矿产地
铁矿石									
1	1.10	0.10	48.6	5.4	4.2	5.1	1.8	2.7	Буруктальское(苏联)
2	0.91	0.08	50.3	6.8	1.6	6.5	1.5	2.9	Алабанский(苏联)
3	1.25	0.11	44.5	4.2	0.7	5.2	1.6	2.1	Moa(古巴)
4	1.46	0.13	52.5	4.9	1.2	2.9	1.2	0.5	
5	1.40	0.08	40.5	15.0	8.0	5.6	1.8	1.9	Никаро(古巴)
6	0.95	0.10	48.2	8.2	6.4	6.2	1.5	2.5	Буруктальское
硅铁矿石									
7	0.93	0.20	30.0	29.0	5.9	6.7	1.2	1.3	Буруктальское
8	0.85	0.09	28.5	31.5	7.2	5.9	2.1	1.8	
9	0.60	0.04	26.5	35.8	4.2	5.6	2.1	2.4	Побужское(苏联)
10	0.84	0.16	29.5	31.2	4.4	8.9	1.6	1.4	
锰铁矿石									
12	1.30	0.07	29.5	24.5	22.0	5.6	0.5	1.2	Никаро
13	0.95	0.07	24.0	38.0	12.1	6.2	1.7	2.1	Буруктальское
锰矿石									
14	0.81	0.05	17.5	41.4	14.0	7.2	2.1	2.7	Буруктальское
15	1.50	0.04	12.5	35.0	23.0	6.0	1.5	1.4	Никаро
16	0.90	0.04	18.5	42.5	14.6	6.5	1.2	1.4	Буруктальское

编号1、2的矿石样品，焙烧温度为1000～1100℃，经90min焙烧后，镍和铁的还原率分别达到79%～89%和18%～40%。

编号3的矿石样品中，有色金属氧化物具有良好的可还原性，其最佳焙烧温度为810℃，焙烧30min后，镍、钴、铁还原率可达到91%、87%、12%。

编号4的矿石样品，其经过碱性焙烧，水脱碱，目的是除去铬。这些因素对镍、钴和铁金属化的影响已经明确。最佳焙烧温度为800℃，还原时间为60min。

编号5的矿石样品，温度为750℃，焙烧30min后，镍和钴的金属化率提高90%。

编号7的硅铁矿石样品，在温度为950～1100℃焙烧时，焦粉为干矿石总重量的7%，镍的金属化率比较低。为了还原的剧烈化，向炉料添加了石灰和贫镍铁。石灰（石灰质量为干矿石的10%）能极大地提高铁的还原率（提高6～7倍），但是镍的还原率仅仅从18%提高到24%。贫镍铁（其质量为干矿石的10%～100%）的添加只是将氧化铁还原成氧化亚铁，实质上没有提高镍的还原率。

编号9矿石样品（Побужское产地）还原时，已经弄清了温度、时间、熔剂处理过的粒化成分、固体还原剂的类型和耗量对镍和铁金属化率的影响。温度为1000℃，焙烧180min后，使用9%的粉状无烟煤为还原剂，镍和铁的还原率可以达到40%和8%。

Буруктальское和Побужское矿产地的矿石混合物的镍、钴和铁的还原：温度为1000℃，焙烧时间为60min，可以达到金属的最佳还原率；温度降低将极大地降低金属的还原率。

编号8、10矿石样品，镍、钴和铁的还原研究仅仅在温度为800℃（8）和810℃（10），添加4%的重油，干矿石的煤气耗量为120m^3/t时进行。结果证明它有良好的可还原性。粒度为－0.074mm的矿石样品焙烧时，镍、钴、铁的还原率分别为88%～90%、84%～86%、19%～20%。

编号12、13的锰铁矿石样品，在800℃的高温下还原，煤气耗量为100m^3/t，重油为干矿石质量的4%。60min焙烧后，镍、铁的还原率分别达到84%～86%、18%～21%。

编号14、15锰矿石样品，采用焦粉进行还原，在1000℃和1100℃温度下，60～240min内，镍的最大还原率为65%，铁为31%。

编号16锰矿石样品，采用煤气还原，添加重油（质量为干矿石的4%），850℃的高温下，60min内，镍的还原率达到80%，钴和铁的分别为77%和25%。

铁含量低（低于10%）的锰矿的还原意义重大。粒度为－0.074mm的矿石的含量百分比为：Ni 1.8%；Co 0.01%；Fe 5.9%；SiO_2 40%；MgO 33%。在70min内，780℃的高温下，采用煤气（150m^3/t）进行还原，镍的还原率达到65%。提高焙烧温度至900℃，镍的还原率将提高17%。

矿石成分：Ni 1.3%～1.52%；Fe 14.2%～19.6%；MgO 28%～31%；SiO_2 42%～45%。焙烧温度880℃，时间60min，使用CO_2/CO各种比例混合气体，对其进行还原。CO_2/CO比例提高1.5，将极大地降低镍的可还原性。气相（含50% N_2）成分对镍还原率的影响见表3-35。

表3-35　气相（含50% N_2）成分对镍还原率的影响

镍的还原率/%	21.4	73.6	80.9	85.1	86.7
气相中CO_2的含量/%	40	30	25	10	10
气相中CO的含量/%	10	20	25	25(15 H_2)	25(15 H_2)

b. 矿石的选择性还原　苏联学者做的温度、焙烧时间对单一矿物中镍选择性还原的影响见表3-36。

表3-36　温度和焙烧时间对于镍选择性还原的影响

单一矿物级别	原矿石中Fe/Ni	温度/℃				焙烧时间/min			
		800	900	1000	1100	10	20	30	45
		Fe/Ni				Fe/Ni			
氢氧化铁	38.7		12.0	18.5		11.2	10.9	15.9	18.50
Буруктальский绿高岭石	11.3	2.18	2.64	3.44		3.75	2.84	3.10	4.30
Буруктальский绿泥石	11.1	3.18	4.07	4.51	6.20	2.30	3.10	4.86	4.93
Побужский绿高岭石	6.2			2.47	2.47	2.48	1.83	2.45	2.96
Побужский绿泥石	7.7	1.68	1.92	2.95		3.44	3.96	3.50	3.18

可见，焙烧时间对镍的还原性的影响比温度小；调整焙烧温度和焙烧时间，可以改变镍还原的选择性。降低温度，镍还原的选择性提高。但是随意降低温度将降低矿石的还原率。焙烧时间减少也可提高镍的选择性，但是这方面也不合理，因为时间减少的同时会导致矿石

中镍的总还原率降低。

c. 镍氧化矿石还原的最佳条件　苏联学者基于上述研究认为，温度为1000℃，采用固体碳，进行镍氧化矿石和单一粒度级别的矿石的还原具有显著的速率。高温可以加速金属氧化物的还原，可以加速碳的煤气化反应，焙砂内部生成CO气体。对于铁矿石和硅铁矿石，建议采用固体还原剂，这仅仅适用于矿石预先熔炼的进程（比如粒铁进程）。这种类型的矿石软化温度低（750～800℃）。除此，高温焙烧极大地降低镍和钴的选择性还原。

使用固体还原剂，铁氧化镁矿石和氧化镁矿石可以成功冶炼。这类矿石软化温度为1050～1100℃，这就保证了镍、钴和铁的有效还原的可能性。在指定温度范围内，还原剂的耗量为干矿石的10%～15%，焙烧时间为3.5～6.0h，矿石粒度为－2mm时，可以保证镍、钴和铁的还原率分别为80%～85%、75%～80%和25%～50%。这些矿石的还原进程没有对工业设备的密封和其运行提出严格要求，其运行时，使用可调还原气体。

同样，在高温冶金后期的方式中，焙砂中碳的剩余量可以破坏镍和钴的选择性还原，得到富含铁的金属相位。

镍氧化矿石气体或者油气还原方法的使用，取得良好结果。这个温度下焙烧比较适宜，这就保证了有色金属很高的还原选择性。

铁矿石成分：Ni 0.8%；Co 0.08%；Fe 48.5%以及其他成分。氧化镁矿石成分：Ni 0.8%；Co 0.04%；Fe 17.5%；MgO 24%以及其他成分。实验时焙烧温度为750℃，总时间为90min，干矿石中煤气耗量为125m^3/t，重油耗量为干矿石质量的3%，矿石的粒度为－0.074mm。以上数据证明：依据精选铁矿石混合物的措施，镍和钴的还原率极大提高。因此铁矿石还原时，获得最好结果，而氧化镁矿石更糟。这些结果与Никаро工厂的实际工作相一致，随意降低原矿石中铁含量，同时伴随着有色金属还原率和冶金操作过程中它的提炼率降低。

② 沈阳有色金属研究院中试厂焙烧预还原的中试研究　为配合中国有色集团缅甸达贡山镍矿项目的建设和投产，中国有色集团在沈阳有色金属研究院中试厂，对印度尼西亚红土矿进行了回转窑焙烧预还原——电炉熔炼工艺的试验研究。笔者于2010年4月到访了该中试厂。本节结合安月明、金永新、郝建军、赵景富等学者的文章介绍该厂焙烧还原中试情况。

a. 焙烧预还原工艺流程及主要设备　工艺流程（图3-25）：根据矿石含水程度，选用回转干燥窑将矿石干燥至含水20%左右。干燥窑在窑头部引入热空气，以顺流的形式对湿矿干燥。采用圆盘给料机在回转窑窑尾加入干矿和还原剂煤，回转窑采用逆流的方式对物料进行焙烧还原，所产生的烟尘经布袋收尘器收集，除尘灰经圆盘制粒机制粒后返回还原焙烧窑，焙烧好的焙砂在窑头放出。干燥窑和回转窑由煤粉制备系统提供煤粉作燃料，所用燃料煤与还原煤为同一种煤。

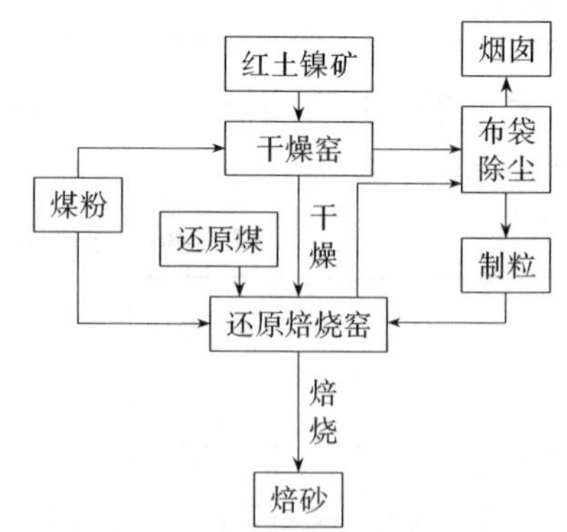

图3-25　焙烧预还原工艺流程

主要设备：圆盘制粒机；干燥筒，规格ϕ1.0m×10m；回转窑，规格ϕ1.5m×12.5m，斜度3%，整体浇注炉衬，炉衬厚度230mm，两档拖轮支撑；变频调速，常用转速1r/min；

带有可调旋流粉煤燃烧器。窑头、窑尾分别布置 2 个测温点，每个测温点布置 3 个热电偶，测量窑头和窑尾温度。在窑身上布置 2 个测温点，每个测温点布置 3 个热电偶，用以测量物料在干燥和还原焙烧过程的温度。设计产量：0.9～1.3t/h。

b. 镍、铁还原度　预还原焙烧主要是将镍、铁等有价金属还原成金属或低价氧化物。Ni 或 Fe 的还原度是指焙砂中以 Ni 或 Fe 原子形态存在的 Ni 或 Fe 量占焙砂中总的 Ni 或 Fe 含量的比值。试验用红土镍矿成分见表 3-37，用煤指标及成分见表 3-38。

表 3-37　试验用红土镍矿成分　　单位:%

组分	NiO	CoO	CuO	Fe_2O_3	SiO_2	MgO	Al_2O_3	Cr_2O_3	CaO	S	C	P
平均值	2.63	0.04	0.02	22.44	39.66	15.31	1.72	1.33	0.11	0.05	0.45	0.02

表 3-38　试验用煤指标及成分

项目	全水/%	灰分/%	固定碳/%	挥发分/%	低位发热量/(MJ/kg)	全硫/%	磷/%	碳/%
数值	5.8	16.93	46.41	33.22	25.53	0.79	0.030	64.9

ⅰ. 焙烧温度对还原度影响的试验　试验结果见表 3-39。从表 3-39 可知，随着焙烧温度的升高，出料焙砂的温度逐步升高。但是随着温度的升高，在还原剂配比一定及其他工艺条件稳定的条件下，Ni 及 Fe 元素转化为零价金属的量并没有较大提高。

表 3-39　焙烧温度对还原度的影响

序号	窑头温度/℃	出料温度/℃	Ni 的还原度/%	Fe 的还原度/%
1	750	850	23.73	0.06
2	820	900	23.80	0.05
3	910	1010	23.43	0.06
4	1000	1100	25.12	0.05

ⅱ. 回转窑不同位置金属还原度　为了考察物料从进窑到出料的整个过程中，元素 Ni、Fe 被还原的情况，分别在距离窑尾 3.4m(*A* 点)、6.5m(*B* 点) 和出料端 (*C* 点) 等 3 点进行试验。*C* 点温度 850℃左右，经推测 *A* 点温度为 450℃，*B* 点温度为 650℃，试验结果见表 3-40。由表 3-40 中可看出：从金属参加还原反应的优先程度来看应该是 NiO、Fe_2O_3，其中在温度低于 1000℃以下时，Fe_2O_3 先后转变为 Fe_3O_4、FeO。因此在 *A* 点位置上，主要是 NiO 被还原以及一部分高价铁的氧化物向低价转变，在 *B*、*C* 点，随着物料温度的升高，金属还原程度加大，开始出现了 Fe 的金属化。

表 3-40　回转窑不同位置金属还原度

位置		*A*	*B*	*C*
还原度/%	Ni	15.3	22.8	29.8
	Fe	0	0.065	0.09
	Fe^{2+}	15.9	38.0	47.26

ⅲ. 还原剂加入量与金属还原度的试验　焙烧温度选定在 800℃左右（以窑头温度为基准），在保证连续加料的前提下，分别试验了还原煤添加量为干基红土镍矿的 10%、7%、4%等 3 种情况。其试验结果见表 3-41。由表 3-41 可见，随着还原剂加入量的减少，Ni 的氧化物被还原成金属的程度逐渐降低，Fe 的氧化物被还原成金属以及高价氧化物被还原成低价氧化物的程度基本不变。说明 Ni 的氧化物还原优先于 Fe 的氧化物的还原。

表 3-41 还原剂用量与金属还原度

还原剂配比	Ni 的还原度	Fe 的还原度	Fe^{2+}的还原度
10	23.9	0.09	33.8
7	22.66	0.065	34.18
4	17.32	0.057	35.64

c. 回转窑结圈及焙砂烧结成大块情况　在做焙烧温度试验时，当窑头温度1000℃时，90min后在距离窑头不足3m的地方筒体内壁开始结圈，与此同时物料开始烧结，出现了直径不小于150mm的大块。

综上所述：金属氧化物的还原是有选择性的，如镍较铁优先还原；焙烧时间对镍的还原性的影响比温度小。调整焙烧温度和焙烧时间，可以改变镍还原的选择性。降低温度，镍还原的选择性提高。但是随意降低温度将降低矿石的还原率。焙烧时间减少也可提高镍的选择性，但是这方面也不合理，因为时间减少的同时会导致矿石中镍的总还原率的降低。苏联学者认为：温度为1000℃，采用固体碳，进行镍氧化矿石的还原具有显著的速率。沈阳有色金属研究院中试结果认为：回转窑焙烧温度控制在850℃左右，镍的还原率在25%左右，达到很好的预还原效果，可满足电炉熔炼的要求。在800～900℃的范围内，提高回转窑还原温度，可同时提高镍和铁的还原率，相比较而言，Fe^{3+}的还原率比Ni^{2+}的还原率提高更为明显，因此工厂实际操作中，850℃左右的焙烧温度是最佳操作温度，提高温度虽然能提高Ni的还原效果，但同时会增加煤的消耗，同时回转窑易结圈（当窑头温度1000℃时）；镍、铁等有价金属还原成金属或低价氧化物的行为，在矿物入窑后不久从窑尾便逐渐开始。随着还原剂加入量的减少，Ni的氧化物被还原成金属的程度逐渐降低，Fe的氧化物被还原成金属，以及高价氧化物被还原成低价氧化物的程度基本不变。这进一步说明了Ni的氧化物还原优先于Fe的氧化物还原。

3.1.2.2 矿热炉熔炼原理

矿热炉生产镍铁是利用选择性还原的原理，控制铁的还原程度以提高镍铁的品位和镍的经济回收率。

矿热炉熔炼镍铁是采用连续冶炼法、直接加热、有渣操作。熔炼时熔池的结构很复杂，它包括处于各种物理化学状态的炉料（从硬块到糊状）、熔渣和金属。熔池的电阻是炉子最重要的参数。影响这个参数的因素很多，如熔池中物料的电阻系数、熔池的几何尺寸、电极的数量和尺寸以及电极在熔池中的配置等。

（1）镍铁的选择性还原　氧化镍矿的还原可以在炉料熔化的同时进行，也可以在炉料熔化之前或之后进行，这主要取决于不同的工艺过程。炉料熔化后由固体碳还原。

红土镍矿中主要含有NiO、CoO、Fe_2O_3、Cr_2O_3、SiO_2、Al_2O_3、MgO、CaO等多种氧化物，在红土镍矿的熔点范围内（1600～1700K），组成红土镍矿氧化物的氧势从大到小排序（稳定性从小到大）：NiO、CoO、Fe_2O_3、Cr_2O_3、SiO_2、Al_2O_3、MgO、CaO。氧化物的氧势大小决定该元素的还原能力大小，氧势越大即稳定性越小越易还原。因此，红土镍矿中各氧化物在还原性气氛中被还原的程度为：NiO＞CoO＞Fe_2O_3＞Cr_2O_3＞SiO_2＞Al_2O_3＞MgO＞CaO。其中Fe_2O_3还原为Fe_3O_4比NiO还原程度高，Fe_3O_4还原为FeO，FeO还原为Fe比NiO还原程度低，即NiO的开始还原温度小于Fe_3O_4、FeO的开始还原温度。利用这一选择性还原原理，使红土镍矿中几乎所有的Ni、Co优先还原成金属，控制氧化铁还原成金属的量。铁的还原程度通过还原剂的加入量（缺碳操作）以及适当的还原温度予以调整，使高价的 Fe_2O_3 还原为 Fe_3O_4，Fe_3O_4 还原为 FeO，FeO 适量还原为金属 Fe，其余未还原的 FeO 进入熔渣，即铁不完全还原。之所以必须严格控制铁的还原量，是因为将过多的铁还原成金属，将降低镍铁的品位，增加电等损耗。这就是矿热炉生产镍铁品位较高的原因。再者，氧化亚铁入渣可降低炉渣的熔点，降低操作温度，还可提高炉渣的导电性。氧化亚铁的含量还决定渣的氧势，从而决定镍铁中碳、硅、铬、磷等杂质含量。但是，镍铁的品位不能无限制地提高，否则会降低镍的回收率。

下面举两个利用选择性还原原理的 RKEF 工艺生产镍铁的例子：

① 利用选择性还原的原理，通过 RKEF 工艺生产镍铁。原料配比为红土镍矿 83%，石灰石 12%，煤粉 5%。

红土镍矿、石灰石、煤粉、焙砂、炉渣、镍铁的成分对应数据见表 3-42～表 3-47。

表 3-42　红土镍矿的成分

项目	Ni	TFe	SiO_2	CaO	MgO	Al_2O_3	P
含量/%	1.79	15.56	36.88	2.05	21.22	0.77	0.001

表 3-43　石灰石的成分

项目	SiO_2	CaO	MgO	P	S
含量/%	0.6	53.5	2.6	0.002	0.022

表 3-44　煤粉的成分

项目	水分	灰分	挥发分	固定碳	S
含量%	5.5	8.22	9.50	81.2	0.022

表 3-45　焙砂的成分　　单位：%

编号	Ni	TFe	SiO_2	CaO	MgO	Al_2O_3	P	Cr	C	S
1	1.39	11.94	30.24	15.62	21.39	1.17	0.0046	0.46	7.01	0.033
2	1.70	14.18	31.84	12.87	21.87	1.23	0.0055	0.49	6.92	0.036
3	1.70	15.18	35.73	7.76	24.42	1.41	0.0053	0.69	6.13	0.039
4	1.83	17.68	37.08	3.33	24.08	1.76	0.0065	0.54	7.36	0.046
5	1.63	14.17	33.47	10.61	22.65	1.59	0.0067	0.61	7.16	0.060
6	1.65	13.59	31.62	13.36	21.86	1.30	0.0052	0.56	7.82	0.034
7	1.70	15.62	35.81	5.81	23.17	1.60	0.0056	0.58	6.36	0.064

表 3-46　炉渣的成分

项目	Ni	FeO	SiO_2	CaO	MgO	Al_2O_3
含量/%	0.12	6.00	43.00	14.60	29.50	1.80

表 3-47　镍铁的成分

项目	Ni	C	Si	S	P	Cr
含量/%	11.10	3.00	0.90	0.130	0.030	1.50

② 将红土镍矿作为铁矿使用时的选择性还原。某红土镍矿的成分见表 3-48。

表 3-48　红土镍矿的成分

项目	Ni	TFe	SiO_2	CaO	MgO	Al_2O_3	P_2O_5	Cr	S	Co
含量/%	0.89	48.72	7.84	1.34	2.09	5.35	0.22	1.90	0.13	0.065

如果将红土镍矿在高炉中冶炼，Ni、Cr、Co 都将被还原进入生铁。用此生铁炼钢时，大部分的 Cr 可被氧化入渣，而 Ni、Co 全部进入钢内，钢内的 Ni、Co 含量将随着矿石的品

位而波动，所得的镍钴合金钢难以控制成分，难以保证相应牌号的 Ni、Co 标准。所以当红土镍矿作为铁矿使用炼钢时，需先用矿热炉利用选择性还原的方法将 Ni、Cr、Co 综合提炼，先将 Ni、Co 分离出来。工艺流程如图 3-26 所示：原矿经回转窑焙烧，焙烧产品焙砂入矿热炉有选择性地还原，生成镍铁和富含铁的炉渣。用氧气转炉吹炼镍铁使镍富集，铸成镍铁合金阳极，电解获得阴极镍（金属镍）和含钴电解液，湿法进一步提钴。转炉渣也富含铁。利用另一座电炉对富含铁的矿热炉渣、转炉渣进行还原，从而生成不含 Ni、Co 的生铁，进而再将此生铁投入转炉炼钢。

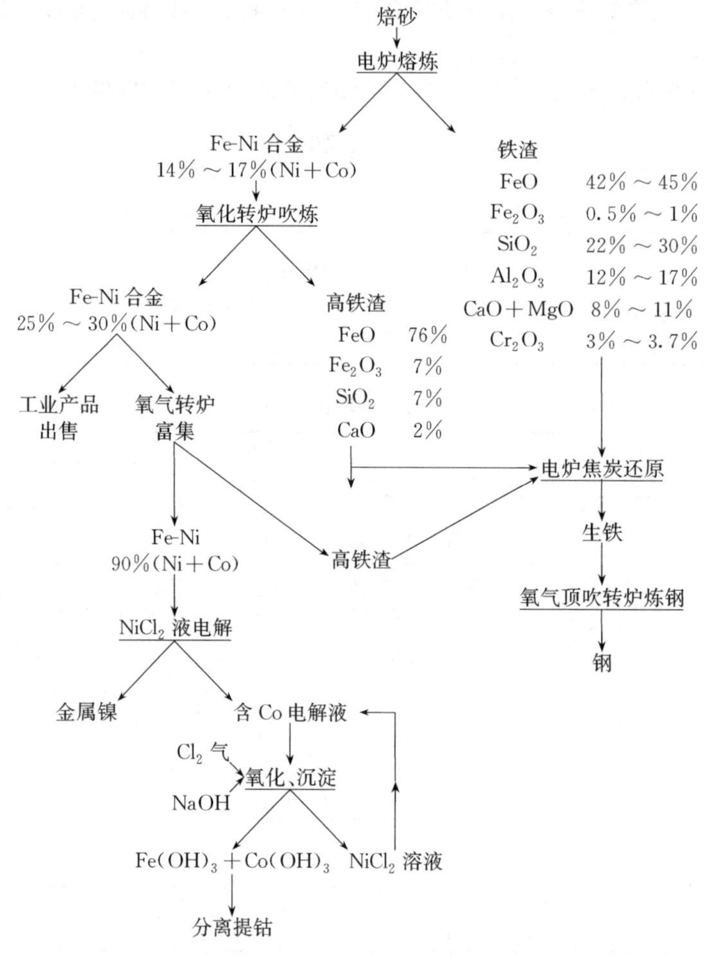

图 3-26 红土镍矿作为铁矿使用时的选择性还原工艺流程

（2）矿热炉电热原理 矿热炉是一种电弧电阻炉，矿热炉中的热量既来源于电弧，也来源于炉料和炉渣的电阻。其电能是以电弧和电阻两种方式转换成热能的：一种是由电极与熔渣交界面上形成的微电弧放电而转换成热能；另一种是电流通过炉料、熔渣时，因炉料、熔渣本身电阻的作用使电能转换为热能。

矿热炉在运行过程中，炉内温度分布是不均匀的，离电极较近的区域，获得的热量较多，温度较高，例如在电极端部附近的坩埚区内温度高达 2000～2500℃。浸满焦炭的坩埚内壁的温度约 1900℃，坩埚外壁温度约 1700℃。而离电极较远的区域，获得的热量较少，温度也较低，一般为 1300℃左右。因此，只有在离电极较近的区域内才明显地进行着炉料的熔化、还原和形成合金。

① 熔池结构　有渣熔池结构是各种各样的，其结构有的是连续发生变化的，有的则是周期发生变化的。这些变化由液态产品的聚积和出炉、料面下沉和加入新料引起。明弧操作的熔池分三层，金属层、炉渣层和部分浸入炉渣里的炉料层。可见三层的能量密度和导电率各不相同；连续作业和电极插入物料中的熔池，结构比较复杂，炉渣上面是半熔体层，这种半熔体层有时很深，它既不同于金属，又不同于炉渣，而是一种由软化了的半熔融状态的矿石、炉渣以及浸入渣内的焦末组成的集合体。在这一层中进行氧化物的主要分解反应，并形成液态的冶炼产品。该层温度与炉渣温度相差很小。计算了燃烧损失、沿烟道逸出和反应不完全等所造成的损失后，配加还原剂还要稍许过量。过剩的炭随着炉料层的下沉和炉渣的聚积，在炉渣和半熔体之间逐渐形成一焦末层，即所谓的“残炭层”，这种“残炭层”起着过滤液态冶炼产品的作用。在半熔体之上分布着一层干燥而炽热的炉料，料面上面又覆盖一层薄薄的新炉料。如图 3-27 所示为矿热炉内铁合金冶炼中主要物相。

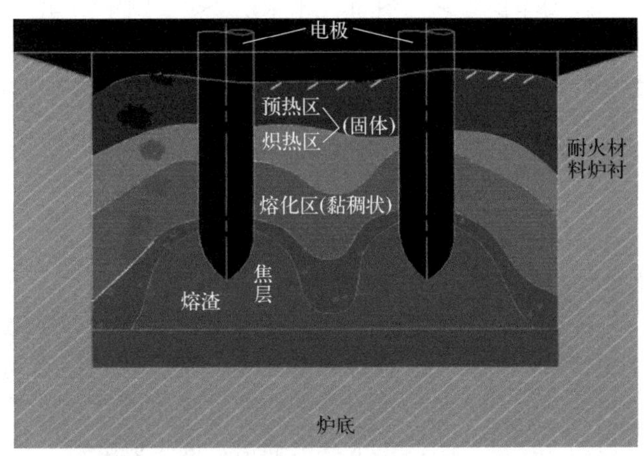

图 3-27　矿热炉内铁合金冶炼中主要物相

图 3-28 所示为矿热炉的四种熔池作业模式。图（a）为浸极式熔炼（Immersed Electrode）；图（b）为遮弧式熔炼（Shielded-Arc）；图（c）为埋弧式熔炼（Submerged-Arc）；图（d）为熔池开放式熔炼（OpenBath）。

浸极式熔炼的能量在熔渣层中释放（100%熔池功率），其工作电阻由熔渣的电阻率决定，电阻较低，操作相对简单。功率受电极载流能力和低压母线限制。由于浸极操作，炉子经常遭受炉渣的腐蚀。同时，浸极操作电弧能减少，熔池反应产生的气体通过炉料排除，炉料颗粒细小是个问题。浸极操作实际是高电流的操作，高电流的缺点是：需要大的电极和低压母线、电极消耗高、电能损耗高、炉壁热损失较高、耐火砖腐蚀速率快。在交流电路中，电阻低则功率因数低，因此在给定变压器视在功率的条件下，意味着电炉的有功功率较低。

遮弧式熔炼通过提高电压获得了更高的功率。电弧直接将能量传递给炉料，不出现炉渣严重过热的现象，此时电弧功率≥熔池功率。炉顶和炉墙上部的热损失低。用矿热炉生产镍铁通常采用遮弧操作。

② 矿热炉的电弧　矿热炉熔炼时产生的电弧属于气体放电的一种。一般情况下，气体是绝缘体，但是，当受到外界游离源的影响，如各种射线、紫外线照射时，这种绝缘性能便受到破坏。这时，如果在充有气体的容器中，封入两个电极，并在电极上加上电位差，便发现外电路有电流，同时两极间有亮光出现，此时，气体即成为较好的导体，这种现象称为气体放电现象。气体放电随着气体种类、压力、电极状态及间距、外加电压电流的不同，呈现

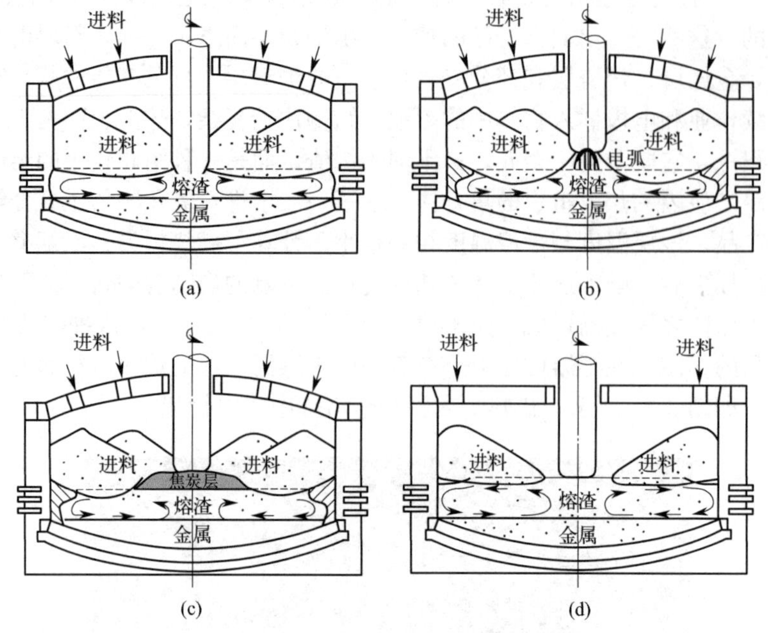

图 3-28　矿热炉的四种熔池作业模式

不同的现象，如辉光放电、电晕放电、弧光放电等。

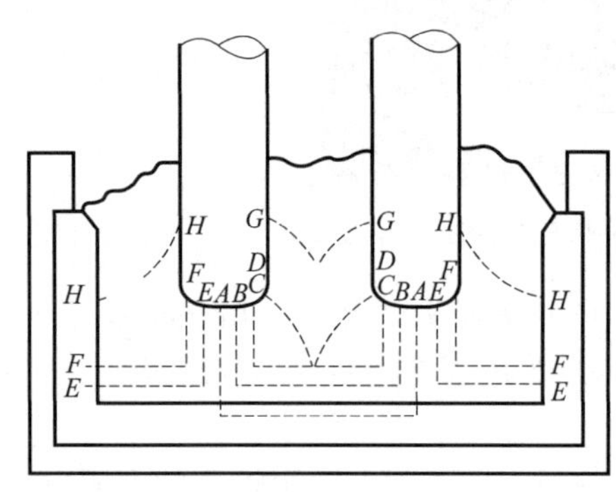

图 3-29　炉内电流回路示意图

在矿热炉电弧熔炼中，使电极端面与熔池面之间存在电位差，就可使气体电离，随电离程度的增加，导电粒子数量迅速增加，电极间气体被击穿而形成导电通道，即生成电弧。

③ 炉内电流路径　矿热炉内电流通过电极、炉料、熔渣、金属和炉衬等载体，形成了多种可能的流动路径，如图 3-29 所示。

a. *A*-*A* 回路　电流自某一电极下端，经过电弧区、熔料层、液态金属至导电炉底碳砖，再穿过另一电极下的液态金属、熔料层、电弧区而至另一电极。

b. *B*-*B* 回路　电流自某一电极至另一电极，比 *A*-*A* 回路少经过炉底碳砖，路径较短。

c. *C*-*C* 回路　电流自某一电极至另一电极，比 *B*-*B* 回路少经过液态金属，路径更短。

d. *D*-*D* 回路　电流自某一电极下电弧至另一电极下电弧，形成电弧的串联，少经过了熔料层，与上述三个回路比路径最短。这四个回路中 *A*-*A*、*B*-*B* 电流较小，所以这两部分发热量不大，对保持炉底温度有一定作用。

E-*E*、*F*-*F* 回路电流自某一电极经不同路径至炉壁碳砖后转到另一电极流回，这两回路电流使炉壁温度升高，腐蚀炉衬，希望其电流尽量减少。*G*-*G* 回路，电流由某一电极的侧面经过炉料而到达另一电极侧面。*H*-*H* 回路，电流由某一电极侧面经炉料炉衬碳砖到达另一电极侧面，要尽量减少此路电流。

④ 操作电阻　虽然炉内电流有多种可能的流动路径，但主要分为炉料区和熔池区两大部分电流。操作电阻定义为电极和炉底之间的电阻。操作电阻 $R_{操}$ 的大小可用有效相电压

$V_{相效}$与电极电流$I_{电极}$的比值来计算，即

$$R_{操}=\frac{V_{相效}}{I_{电极}}$$

操作电阻可认为是由熔池电阻$R_{池}$和炉料电阻$R_{料}$并联而成，即

$$R_{操}=\frac{R_{池}R_{料}}{R_{池}+R_{料}}$$

其中熔池电阻是电极下面电弧反应区和熔融区的电阻，从电极端流出的电流经过它将电能转换成热能。阻值大小，主要取决于电极下端对炉底的距离、反应区直径的大小及该区温度。正常情况下，该电阻值很小，因此来自电极的电流绝大部分都经过它。炉料电阻是指未熔化的炉料区的电阻。从电极圆周侧面辐向流出的电流，经过未熔化的炉料区的电阻发热而变为热能。阻值大小，主要取决于炉料的组成、电极插入炉料的深浅、电极间距离，也与该区的温度有关。正常情况下，该电阻值比熔池电阻大得多，因此来自电极的电流只有一少部分流过它。

对于熔池电阻，由电弧电阻$R_{弧}$和熔液电阻$R_{液}$串联而成。熔池电阻的等效电阻是电弧电阻与熔液电阻串联相加而得，即

$$R_{池}=R_{弧}+R_{液}$$

其中，电弧电阻为电极下端与金属熔液或熔渣气态空间的电阻，电弧的高度是靠升降电极来调节，故其电阻值也是靠升降电极来调节的；熔液电阻为气态空间下面金属熔液或熔渣的电阻。这样操作电阻可写成

$$R_{操}=\frac{(R_{弧}+R_{液})R_{料}}{R_{弧}+R_{液}+R_{料}}$$

矿热炉简化电路如图 3-30 所示。

电极电流等于熔池电流$I_{池}$加炉料电流$I_{料}$，即

$$I_{电极}=I_{池}+I_{料}$$

其中，$I_{池}=\dfrac{V_{相效}}{R_{弧}+R_{液}}$，$I_{料}=\dfrac{V_{相效}}{R_{料}}$。

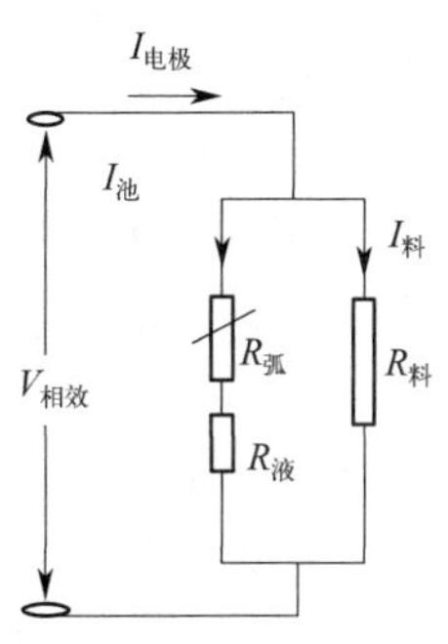

图 3-30　矿热炉简化电路图

操作电阻在电炉运行中是一个非常重要的参数。控制操作电阻的作用如下：控制有效相电压及电极电流以及它们的比值；控制热能在炉内炉料与熔池间的分配；控制三根电极输入的有效功率；控制电极在炉料中的插入深度。

a. 控制有效相电压及电极电流以及它们的比值。操作电阻本质上取决于炉料特性，即炉料的比电阻（电阻率），比电阻大，操作电阻值亦大。可见，若能控制炉料比电阻不变，既可控制操作电阻不变，进而使$\dfrac{V_{相效}}{I_{电极}}$恒定，又可保持输入炉内的功率稳定，以利于保持冶炼过程稳定和反应区结构稳定。再者，通过优化还原剂，可以增大炉料比电阻，从而提高操作电阻。

b. 控制热能在炉内炉料与熔池间的分配关系。进入电炉的有效功率（$P_{效}$）可表示为

$$P_{效}=I_{电极}^{2}R_{操}=\frac{V_{相效}^{2}}{R_{操}}$$

$P_{效}$在炉中都要变为热能，这部分热能主要部分用于熔池反应区，决定熔池温度和促进熔池区化学反应的进行。同时也用于未熔化的炉料区，提高炉料温度、熔化炉料。这两部分

热能要合理分配，电炉才能运行良好。炉内分配于未熔化炉料区的热能分配系数C，即炉料配热系数计算公式：

$$C=\frac{Q_{料}}{Q_{总}}=\frac{P_{料}}{P_{炉}}=\frac{\dfrac{V_{相效}^2}{R_{料}}}{\dfrac{V_{相效}^2}{R_{操}}}=\frac{R_{操}}{R_{料}}$$

$$R_{操}=CR_{料}$$

式中　C——未熔化炉料区所分的热量占总热量的比例；

$Q_{料}$——未熔化炉料区分得的热量；

$Q_{总}$——进入炉内的有效功率所转换的总热量；

$P_{料}$——未熔化区炉料所消耗功率；

$P_{炉}$——进入电炉的总有效功率。

由此可见，当炉料组成一定时，炉料电阻$R_{料}$就一定，则C与$R_{操}$成正比。这是因为：在总功率$P_{炉}$一定、有效电压$V_{相效}$一定时，总电流$I_{电极}$一定，熔液电阻$R_{液}$又基本不变，仅电弧电阻$R_{弧}$为可变电阻，即可随电弧的拉长或缩短而增大或减小，而电弧的长度（或高度）是可以通过电极上抬和下放来调节的。电极上抬时，因电弧的拉长，电弧电阻$R_{弧}$增大，使得熔池电流$I_{池}$减小，从而炉料电流$I_{料}$增大，导致未熔化区炉料所消耗功率$P_{料}$增加，故C加大。由于电弧电阻$R_{弧}$增大，导致操作电阻$R_{操}$增大，C加大，因此，C与$R_{操}$成正比。

当电弧过长，电极上抬时，$R_{弧}$增大，导致$R_{操}$增大、C增大，相对降低了熔池的热量，炉料熔化过快，造成熔料过多，而来不及反应，因而降低了熔池的温度，料面升高，渣多、产量少，炉底温度低，严重时会造成炉底积渣上涨，炉况异常。反之，若$R_{操}$过小，则C过小，说明该炉用于加热和熔化炉料的热量太少，几乎把热量全部用于熔池。熔池温度过高，熔料太慢，产品过热，金属挥发损失大，单位电耗高，产量少，对生产不利。总之，在炉料电阻一定时，电弧长度要适当，即电极要有一个恰当的插入深度，炉料配热系数C才能适当，指标才能好。

如果改变炉料组成，就可使炉料比电阻提高，即炉料电阻提高了。要保持最佳的配热系数C，可使操作电阻运行在较高的值，那么可采用较高一级的工作电压，即在总功率一定时，工作电流较小，就可以提高电效率以及电炉的功率因数。所以如何提高操作电阻而又不引起C的增大，是非常重要的。

c. 操作电阻与有效功率之间有一定的关系。有学者研究得出，当炉子的炉料配热系数C适当时，其操作电阻与有效功率之间存在着函数关系，即

$$R_{操}=K_{炉}P_{炉}^{-1/3}=K_{极}P_{极}^{-1/3}$$

式中　$P_{炉}$——全炉总入炉有效功率；

$P_{极}$——每根电极输入电炉的有效功率；

$K_{炉}$，$K_{极}$——产品电阻常数，随产品品种不同或所用炉料比电阻不同而不同。

可见，操作电阻值随电炉有效功率的增大而降低；在炉料一定的情况下，一定的有效功率，必有一定的操作电阻与之相适应，进而得到良好的热能分配；要提高操作电阻，且不影响其良好的热能分配，必须提高产品电阻常数，及设法提高炉料的比电阻。

d. 操作电阻与电极插入深度的关系。假设电极直径为$D_{电}$的电极，插入炉料中的深度为h，电极中心距为L，且$L=K_{心}D_{电}$（$K_{心}$是心距倍数），ρ代表各层炉料的平均比电阻。

炉料电阻是从电极侧面辐向流出的电流所经过炉料区的电阻。炉料电阻可想象成，包裹在电极圆柱体周围的圆柱体环（厚度 $L-D_{电}$，高度 h）炉料的电阻。炉料电阻是一个从电极外侧面，即 $D_{电}/2$ 处逐渐向以电极轴心为圆心以 l 作半径的炉料圆柱体环的电阻。设 S 为圆柱体环半径为 l，厚度为 dl 时的侧面积，经积分得

$$R_{料}=\int_{D_{电}/2}^{L-D_{电}/2}\frac{\rho dl}{S}$$

$$=\int_{D_{电}/2}^{L-D_{电}/2}\frac{\rho dl}{2\pi lh}$$

$$=\frac{\rho}{2\pi h}Ln\frac{2L}{D_{电}}$$

$$=\frac{\rho}{2\pi h}Ln2K_{心}$$

又 $R_{操}=CR_{料}$，故：

$$R_{操}=\frac{C\rho}{2\pi h}Ln2K_{心}$$

式中 ρ——各层炉料的平均比电阻；

h——电极插入炉料的深度；

$D_{电}$——电极直径；

$K_{心}$——心距倍数；

S——炉内电流流过的炉料界面面积，是电极插入 h 深的炉料圆柱形侧面积，而且是随炉料圆柱半径变化而变化的；

l——炉料圆柱侧面距电极轴心距离；

L——电极中心距。

可见，炉料电阻 $R_{料}$ 与 ρ 成正比，与电极插入深度 h 成反比并与电极分布圆有关。

在矿热炉已定，炉料组成一定时，$K_{心}$、ρ 值就定了，则 $R_{操}$ 与电极插入深度 h 成反比。此时一定的 $R_{操}$ 代表着一定的 h，可利用电气仪表随时观察控制 $R_{操}$ 值，来保持最佳的 h。在生产实际中，寻找炉况顺利、生产指标最好、单位电耗最低时的操作电阻最佳值 $R_{操佳}$。将 $R_{操佳}$ 再运行一段时间验证，以找出该炉适合于某个品种的 $R_{操}$。也即找到既不影响电极合理的插入深度，又有良好的热能分配，热效率较高，数值较大的操作电阻值。

⑤ 提高功率因数、电效率的措施　提高炉料比电阻是提高操作电阻进而提高矿热炉功率因数、电效率的最好措施。

a. 矿热炉的阻抗、电流、电压和功率因数　图 3-31 为简化后的矿热炉全电路。炉内负荷可看作纯电阻负荷，即操作电阻 $R_{操}$，它是一个可变电阻，阻值随电极升降而变化。将电源线路电抗（一次侧）、电炉变压器电抗、短网和电极电抗（二次侧）简化为一个固定感抗 $X_{损}$。对于既定设备，感抗基本上是一个恒定值。电阻 $R_{损}$ 是设备的电阻，基本上也是恒定值。电路简化成一个感抗固定、电阻可变的单相电路。由电工学知：

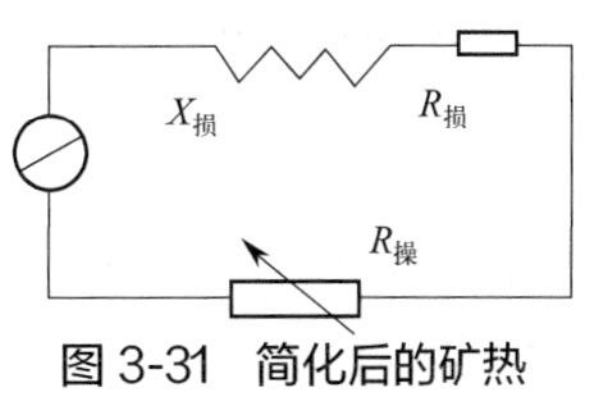

图 3-31　简化后的矿热炉全电路

电路的总电阻 $R_{总}$：　$R_{总}=R_{损}+R_{操}$

电路的总感抗 $X_{总}$：　$X_{总}=X_{损}$

电路的总阻抗 $Z_{总}$：　$Z_{总}=\sqrt{R_{总}^2+X_{总}^2}$

电路的电流 I： $I=\frac{V_{相}}{Z_{总}}=\frac{V_{相}}{\sqrt{R_{总}^2+X_{总}^2}}=\frac{V_{线}}{\sqrt{3}Z_{总}}$

电路的电压，即无功压降 $V_{无}$： $V_{无}=IX_{总}=V_{相}\sin\varphi$

损耗有功压降 $V_{损}$： $V_{损}=IR_{损}$

电炉总的有功压降 $V_{有}$： $V_{有}=IR_{总}=I(R_{损}+R_{操})=V_{相}\cos\varphi$

入炉电压降（有效相电压）$V_{相效}$： $V_{相效}=IR_{操}$

功率因数 $\cos\varphi$： $\cos\varphi=\frac{R_{总}}{Z_{总}}=\frac{R_{损}+R_{操}}{\sqrt{R_{总}^2+X_{总}^2}}=\sqrt{1-(\frac{X_{损}}{Z_{总}})^2}$

b. 矿热炉的功率分配 矿热炉运行本身只消耗有功功率，有功功率变成矿热炉冶炼的热能。而矿热炉运行过程中所产生的大量无功功率，就产生在从矿热炉电弧到系统电压不变点所在的电抗上。

电网输入的有功功率 $P_{总}$：

$$\begin{aligned}P_{总}&=I^2R_{总}\\&=I^2(R_{损}+R_{操})\\&=V_{相}I\cos\varphi\\&=\frac{V_{线}}{\sqrt{3}}I\cos\varphi\end{aligned}$$

设备损失的功率 $P_{损}$： $P_{损}=I^2R_{损}$

入炉有效功率 $P_{效}$： $P_{效}=I^2R_{操}=\frac{V_{相效}^2}{R_{操}}$

电路的无功功率 $P_{无}$： $P_{无}=I^2X_{总}=V_{相}I\sin\varphi=\frac{V_{线}I\sin\varphi}{\sqrt{3}}$

电网输入的视在功率 S：

$$S=\sqrt{P_{总}^2+P_{无}^2}=\sqrt{I^4(R_{总}^2+X_{总}^2)}=I^2Z_{总}$$

以上各种功率均是按一项计算的，若全炉三相就应乘以 3，所以三相有功功率 $P_{相}$ 为

$$P_{相}=3P_{总}=3I^2R_{总}=3V_{相}I\cos\varphi=\sqrt{3}V_{线}I\cos\varphi$$

c. 矿热炉的电效率 入炉有效功率 $P_{效}$ 与电网输入的有功功率 $P_{总}$ 之比称为电效率 η，即

$$\eta=\frac{P_{效}}{P_{总}}=\frac{P_{总}-P_{损}}{P_{总}}=\frac{R_{操}}{R_{总}}=\frac{R_{操}}{R_{损}+R_{操}}$$

对于电网输入的视在功率，并不一定就是电炉铭牌上的额定（视在）功率。应该按照实际使用负荷来计算。

d. 提高操作电阻 $R_{操}$ 是提高功率因数 $\cos\varphi$、电效率 η 的最好方法 功率因数 $\cos\varphi$、电效率 η 表达式：

$$\cos\varphi=\frac{R_{总}}{Z_{总}}=\frac{R_{损}+R_{操}}{\sqrt{R_{总}^2+X_{总}^2}}=\sqrt{1-\left(\frac{X_{损}}{Z_{总}}\right)^2}$$

$$\eta=\frac{P_{效}}{P_{总}}=\frac{P_{总}-P_{损}}{P_{总}}=\frac{R_{操}}{R_{总}}=\frac{R_{操}}{R_{损}+R_{操}}$$

由上式可知：要提高 $\cos\varphi$、η，就要尽量降低 $X_{损}$、$R_{损}$。但在设备确定后，就要尽量提高 $R_{操}$。即在保证电极插入深度、使热能分配合理、料面温度不过高、热效率不低的情况

下，提高$R_{操}$。提高$R_{操}$，可同时提高$\cos\varphi$、η，一举两得。但是，由于$R_{操}$与电极插入深度成反比，要提高$R_{操}$，又要注意不能发生电极插入不深或热能分配不合理、炉口温度过高等现象。从$R_{操}=\frac{C\rho}{2\pi h}Ln2K_{心}$中看出，$h$不能过小，$K_{心}$不能过大，$K_{心}$过大则极心圆过大，三根电极会造成三个孤立的熔池，对冶炼不利。所以最好通过提高炉料的比电阻ρ来提高炉料电阻$R_{料}$，进而提高$R_{操}$，同时可保持配热系数C不变。

（3）炉渣主要组分对炉渣性能的影响　矿热炉炉渣的主要成分为SiO_2、FeO、MgO、Al_2O_3、CaO，其中含SiO_2、MgO均很高，而FeO含量一般很低，基本上为硅酸镁钙型渣。

炉渣的熔点取决于渣的成分。渣中各单一氧化物具有极高的熔点：SiO_2 1710℃、FeO 1360℃、MgO 2800℃、Al_2O_3 2050℃、CaO 2570℃。当SiO_2与这些碱性氧化物结合成硅酸盐时，其熔点下降：$(FeO)_2SiO_2$ 1244℃、$MgO\cdot SiO_2$ 1543℃、$Al_2O_3\cdot SiO_2$ 1545℃。当三种以上氧化物组合成复杂的硅酸盐时熔点就更低了（如$FeO\cdot CaO\cdot SiO_2$ 980℃）。

比热容是炉渣最重要的热力学性质。炉渣主要成分的比热容：FeO 0.577kJ/(kg·℃)，CaO 0.748kJ/(kg·℃)，SiO_2 0.823kJ/(kg·℃)，Al_2O_3 0.949kJ/(kg·℃)，MgO 1.016kJ/(kg·℃)。

可见，MgO比热最大，即将含MgO高的炉渣加热到一定温度所消耗的热量最多。例如熔化1t固体料，当炉渣含MgO 12%～13%时，耗电720kWh。而当炉渣含MgO 24%时，电耗增加到900kWh。

炉渣的黏性是由炉渣熔体层之间内摩擦引起的，取决于炉渣分子内聚力的大小。炉渣的黏度取决于炉渣成分和温度。

炉渣的导电性与其化学成分和温度有关。炉渣在固体状态下接近非导体，而其熔融后是较好导体。不管炉渣具有何种成分，其导电率总是随着温度升高而急剧上升。

① SiO_2对炉渣性能的影响　随着渣含SiO_2的增加，其导电率下降，黏度升高，因而物料熔化耗电增加。同时，炉渣密度下降，造锍熔炼时可降低锍在渣中的溶解度，有利于降低金属损失。

② FeO对炉渣性能的影响　随着渣含FeO增加，渣的导电性增加，熔点降低，耗电减少，但其密度增加，造锍熔炼时可提高锍在渣中的溶解度，增加渣中的金属损失。

③ MgO对炉渣性能的影响　当渣含MgO 10%～14%时，对炉渣有好的影响，能增大渣的导电性，降低渣的密度、黏度和熔度。但当MgO超过14%时，炉渣熔点上升，黏度增加，电耗增大。

④ CaO对炉渣性能的影响　当炉渣含CaO 3%～8%时，对炉渣性质影响不大。随着CaO含量增加到18%，炉渣导电率增加1～2倍，渣的密度和黏度降低。

⑤ Al_2O_3对炉渣性能的影响　一般渣含Al_2O_3 5%～12%，少量的Al_2O_3对炉渣性质影响不大。随着Al_2O_3增加，炉渣黏度增加。

3.1.2.3 RKEF镍铁生产工艺

图3-32所示为某10万吨每年镍铁（含镍15%）RKEF生产线工艺流程。该生产线由2台ϕ3.6m×40m的回转干燥筒、2台ϕ4.5m×110m还原焙烧回转窑及2台30MVA矿热电炉组成，年产10万吨镍铁。原料供应条件：红土镍矿（含Ni 1.9%～2.0%）需要量100万吨每年；还原剂，烟煤需要量0.75万吨每年，无烟煤需要量2.85万吨每年；燃料，烟煤需要量11.2万吨每年；石灰需要量4万吨每年。

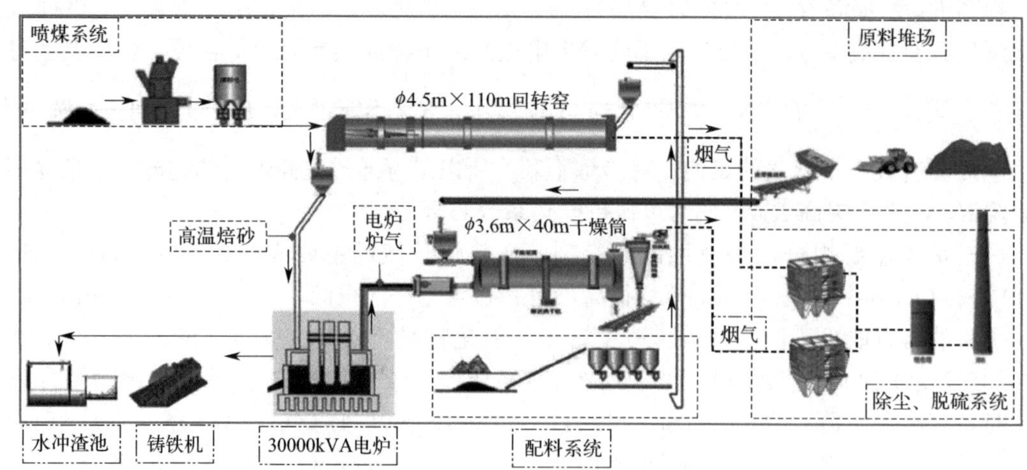

图 3-32　10 万吨每年镍铁（含镍 15%）RKEF 生产线工艺流程图

（1）回转窑焙烧工艺流程　回转窑焙烧工艺流程：湿红土矿堆存→干燥→混匀→筛分→破碎→配料→焙烧预还原等。

红土矿从港口运至露天堆场，晾晒后的红土矿经铲车或翻斗车上料至皮带输送机转运到干燥筒，干燥筒的热源由矿热炉高温炉气提供，红土矿从干燥筒出来后经过混匀、筛分、破碎至粒度小于 50mm，然后送至堆取料库。

进厂无烟煤和石灰石运送到储料棚，通过皮带输送至配料站。红土镍矿干矿由堆取料库经皮带送至配料站，经计量、称重后送至混料皮带，混合料输送至回转窑。烟煤制粉后通过气力输送至回转窑作燃料。混合料在回转窑中经过预热、升温、焙烧后脱去自由水、结晶水和结构水，镍、铁部分选择性还原后成焙砂排出，出料焙砂温度为 750～950℃。

热焙砂通过筛分去除结块，粒度小于 200 mm 的热焙砂装入热料罐，送至炉顶保温料仓，保温料仓中的热焙砂经过保温料管送至矿热炉熔炼。

① 红土矿干燥　矿石干燥采用回转式干燥筒，2 台 ϕ3.6m×40m 干燥筒。干燥筒用矿热炉高温烟气及煤粉作燃料。燃烧后的烟气温度 800～950℃进入干燥窑内。

原矿石含水 34%，防止干燥后矿石运输扬尘及入回转窑被排尘，应控制矿石干燥到含水 20%左右。干燥后矿石由胶带运输机运到筛分、破碎厂房。干燥烟气经过电收尘收集烟尘后排空，收尘流程如下：矿热炉烟气→干燥筒→干燥筒烟气→电除尘器→风机→烟囱。同焙烧回转窑共用一套脱硫装置。

烟尘率 6%左右，收集的烟尘通过气力输送装置送到烟尘制粒的干燥烟尘仓。

② 混匀　同一矿产地的各个工段和各个水平面的镍氧化矿石的化学和矿物成分各不相同，甚至矿热炉中主要成渣物微小的变化都可以损害工艺和电力制度。比如：二氧化硅的总含量从 50%提高到 55%或者降低到 45%，将会破坏矿热炉的电力制度，同时导致工艺过程中工艺指数的恶化。矿石中铁的含量提高 2%～4%，炉膛将产生泡沫，形成紧急情况。矿石的矿物成分在很大范围内的变化将使这些元素转移到镍铁里，如硅、铬和碳。

只有冶炼的矿石成分恒定，才能保证稳定的工艺参数和大功率的冶金设备无险运转，这就表明在工厂构建合理矿石混匀系统是必要的。

③ 筛分及破碎　设筛分、破碎厂房 1 座，用于破碎粒度大于 50mm 的干矿。干矿采用 1500×4200 振动筛筛分，筛下物直接由胶带运输机送到烟尘制粒及配料厂房或干矿贮存堆

场。粒度大于 50mm 的筛上物料约占干矿量的 5%～20%。筛上物料进入 600×750 的齿辊破碎机破碎至粒度小于 50mm 后，加到筛下物的胶带运输机上。

④ 干燥原料棚　设干矿干燥原料棚一座，用于后续工序不正常时临时贮存干矿，还用于贮存还原剂（烟煤和无烟煤）、熔剂、焙砂块料、块状烟尘等返料。干燥原料棚可贮存干矿 3 万吨、无烟煤 2 万吨，烟煤 1.5 万吨。

如果进口的红土矿成分偏离适合矿热电炉熔炼的渣型较多，需要加入部分熔剂调整渣型，熔剂也堆存在此。

烟煤、无烟煤、熔剂用汽车从厂外运入；焙砂块料从回转窑窑头的格栅上流出至地面，集中破碎后，用铲车运入；电炉烟气冷却器收下的块状烟尘装入料罐，由叉车运入。

烟煤、无烟煤、熔剂、返料经配料与干矿一起由窑尾加入回转窑。各种物料用铲车装入受料斗，经胶带运输机送至烟尘制粒及配料厂房的辅料仓。

⑤ 烟尘制粒及配料　回转窑产生烟尘很大，烟尘量几乎是入窑炉料的 15%。若不制粒就返回配料系统，则会造成烟尘成倍数地增加，导致生产无法正常进行，除非弃掉烟尘，但是这是不可能的。设烟尘制粒及配料厂房 1 座，包括 2 套制粒和 2 套配料系统。每套烟尘制粒及配料系统包括：

a. 干矿仓：3 个，每个仓下配有 1 台定量给料机。2 个仓为回转窑配料仓（也是窑前贮料仓），1 个仓用于贮存圆盘造球机用的干矿。

b. 辅料仓：4 个，烟煤、无烟煤、熔剂、返料各 1 个，每个仓下配有 1 台定量给料机。

c. 烟尘仓：1 个，仓下设 1 台可调速的双螺旋给料机和 1 台增湿螺旋输送机。

d. 制粒厂房：设 1 台 ϕ5.5m 圆盘造球机。

矿热炉及干燥筒烟气系统和回转窑烟气系统回收的烟尘及环境集烟系统收尘，通过气体输送泵输送到烟尘制粒厂房的烟尘仓里。烟尘制粒采用圆盘造球机，加入适量的黏结剂。烟尘制粒时烟尘按比例由螺旋输送机加到增湿螺旋输送机预增湿，然后加入圆盘造球机，干矿则经定量给料机控制加入量，按比例配入圆盘造球机。

e. 配料室：配料。冶炼镍铁时，镍氧化矿石必须与固体碳还原剂混合，在大多数情况下，还要和熔剂混合。在镍铁冶炼企业有专门的配料机，用其配制适合工艺流程的炉料。

红土矿从干燥厂房通过胶带运输机运到烟尘制粒及配料厂房的干矿仓，同时烟煤、无烟煤、熔剂、返料（块状烟尘、焙砂块料）通过胶带运输机运到烟尘制粒及配料厂房的辅料仓中。矿仓下部配有定量给料机，几种料根据生产的需要进行配料，配好的混合料用胶带运输机运送到焙烧回转窑进行焙烧。

⑥ 回转窑焙烧预还原　焙烧还原主厂房设有 2 台 ϕ4.5m×110m 回转窑。干矿、烟煤、无烟煤、熔剂（若需要）、返料和烟尘制粒的粒料一起由胶带运输机运到回转窑厂房，通过溜槽加到回转窑内。

回转窑工作为连续运转，回转窑内物料流向为逆流，回转窑筒体旋向从卸料端看为顺时针旋转。按其发生过程的特性，回转窑可划分为三个区：

a. 烘干区——距回转窑冷端（加料端）58m 左右长度段；

b. 加热区——40m 左右的长度段；

c. 还原焙烧区——12m 左右长度段。

在烘干区，炉料加热至 110～120℃，彻底蒸发红土矿的自由水并提高物料温度；在加热区，炉料加热至温度 700～800℃，除去结晶水；在焙烧区，炉料加热至 950～1000℃，炉料中的铁、镍氧化物被部分还原。还原焙烧后的焙砂温度为 750～850℃。窑头（卸料端）

设有燃烧器，燃料为煤粉（由煤粉制备车间输送到回转窑旁粉煤仓贮存）。煤粉烧嘴通过鼓入一次风和二次风的风量控制煤粉不完全燃烧，到达窑尾的还原性气氛，同时通过窑上风机鼓入三次风，将烟气中可燃性气体燃烧，保证回转窑的合理温度梯度。

控制回转窑焙烧温度在1000℃左右，以防止回转窑结圈。回转窑卸料端设有格筛，将筛上热焙砂块料排到料堆，块料破碎后返回辅料堆场。筛下热焙砂被连续、直接送到电炉厂房保温仓。回转窑排出的烟气温度为300℃，含有大量烟尘，经过处理后通过烟囱排空。回转窑烟气收尘流程如下：回转窑烟气→电除尘器→风机→烟囱。干燥窑排放烟气总量为124000m^3/h，回转窑排放烟气总量为114807×2m^3/h。二者设置一套烟气脱硫装置脱硫。

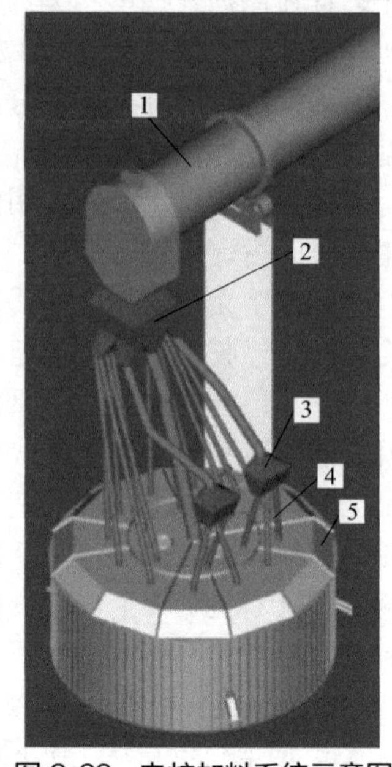

图3-33 电炉加料系统示意图

1—回转窑；2—大保温仓；3—小保温仓；4—加料管；5—矿热炉

（2）矿热炉熔炼工艺流程　热焙砂→运料系统→矿热炉熔炼→镍铁水→铸铁机→铸块；炉渣→水淬→水渣；烟气→回转干燥筒→除尘→脱硫→烟囱→排放。

采用2座圆形矿热炉熔炼。每座矿热炉额定功率22.74MW，变压器容量为30MVA，采用3台10MVA单相变压器向一座矿热炉供电。

① 矿热炉加料　加料系统见图3-33。矿热炉需要的焙砂由焙烧回转窑直接热装入焙砂保温仓，焙砂保温仓布置在矿热炉顶上方，再通过加料管加入矿热炉。

焙砂保温仓设1个大仓，2个小仓，每个加料仓下设有若干加料管，矿热炉共设有18个加料管，采用阀门控制加料。加料仓设有盖板，防止热损失和烟尘损失。为了防止产生涡流，料管及电极把持器的短网以下部分，均采用不导磁不锈钢材料制成。

② 熔炼　矿热炉采用交流矿热炉熔炼，操作采用高电压、低电流模式。从回转窑卸出的焙砂在热状态下，被均匀地分配到矿热炉内。进入矿热炉中的焙砂通过电弧-电阻作用，实现电能-热能转换，在提高焙砂温度的同时，焙砂中残留的碳对镍和铁的硅酸盐及氧化物进行有选择性的还原，将几乎全部的镍和部分铁还原成金属。由于渣、镍铁密度的差异，液体炉渣浮在液体镍铁上面，从而实现炉渣和镍铁的分离，最终产生含镍15%的粗制镍铁和炉渣。熔炼过程还产生大量的高温烟气，经烟道输送供干燥筒干燥红土镍矿（图3-34）。

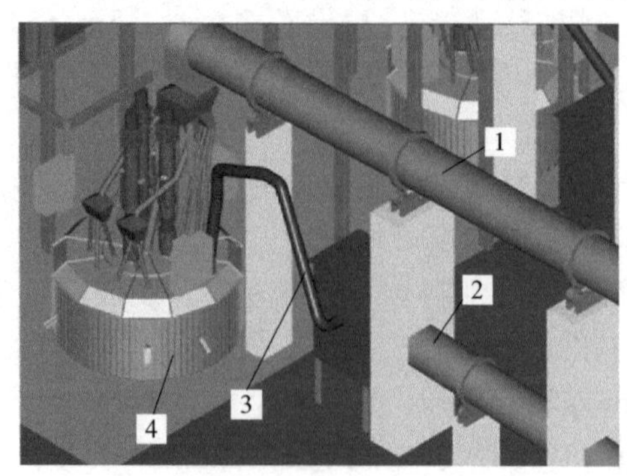

图3-34 矿热炉烟气流向简图

1—焙烧回转窑；2—回转干燥筒；3—矿热炉烟气管；4—矿热炉

每座矿热炉设 2 个出铁口，镍铁水通过这 2 个出铁口中的 1 个定期放出，流入铁水包内，铁水包由铁水包车运到浇铸厂房铸锭机浇铸成镍铁块。每座矿热炉设 2 个出渣口，炉渣通过这 2 个出渣口中的 1 个出渣口定期排出，放渣温度约为 1580℃（过热 50℃）。炉渣通过溜槽流入水碎渣系统。

出铁口和出渣口采用泥炮和挡渣器堵上。

③ 铸锭　铸锭采用双链滚轮移动式铸锭机。2 座矿热炉配 1 台铸锭机，铸锭机最大生产能力 65t/h。

铸锭机由前方支柱、铁水包、铸锭通廊构成。与铸锭机相配套的设施有冷却用的循环水池及泵房以及相关的喷浆设施。

④ 炉渣处理　炉渣采用传统水碎系统，渣经过水碎渣池的高压水喷射，液态渣变成颗粒，冲入水碎池中，粒渣由抓斗起重机抓出后就地滤水堆存，再由汽车运出。水碎渣的水经过澄清、冷却后，用水泵加压后再用于渣水碎。

3.1.3 回转窑粒铁法冶炼镍铁

回转窑法是煤基直接还原最重要、最有价值、应用较广的工艺。依据窑内的温度和物料形态，炼铁回转窑可分为直接还原窑、粒铁窑、熔态窑三种形式。此法还原铁矿石可按不同的作业温度生产海绵铁（脉石与铁不分开）、粒铁（脉石与铁可磁选分开）及液态铁水（脉石与铁分开），图 3-35 所示为回转窑法炼铁的过程示意图。

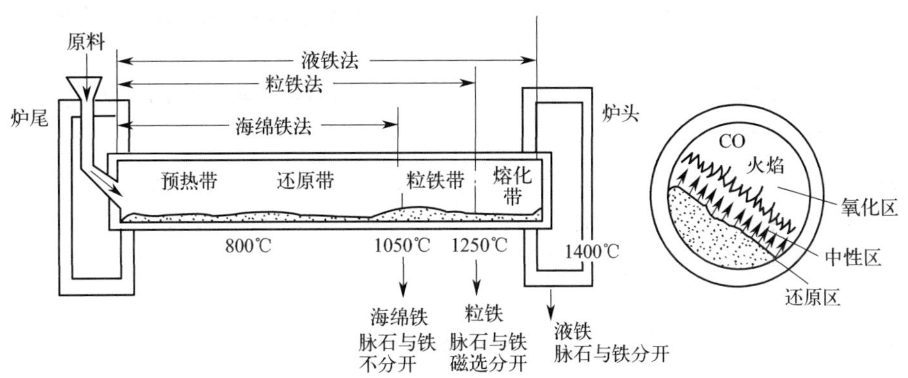

图 3-35　回转窑炼铁过程示意图

直接还原（海绵铁法）回转窑。其生产要求窑内各种物料的最低开始软化温度必须高于回转窑操作温度 100～150℃，窑内物料呈完全固体状态。在物料不熔化、不造渣的条件下，完成铁矿物从铁的氧化物转化成金属铁的还原，通常直接还原回转窑的最高操作温度约 1000℃。

粒铁法（Krupp-Renn）回转窑。其不仅完成铁矿物中铁的还原，并使物料处于半熔融状态，炉料中还原出来的金属铁形成 1.20～50.00mm 的铁颗粒，并保证铁颗粒悬浮在半熔融状态的炉渣中。因此，粒铁法通常以酸性脉石的贫铁矿为原料，渣铁比必须大于 0.50～0.60，炉渣必须是 CaO/SiO_2 为 0.10～0.30 的酸性渣，渣黏度大且随温度变化小。粒铁法回转窑内最高操作温度约 1200～1250℃。世界最大的粒铁回转窑（ϕ4.6×125m），处理原料 20～25 万吨/a，年作业时间可达 6000h。可见，回转窑粒铁法就是使炉料在回转窑中经过预热和还原后，再进一步提高温度（>1200℃）进入粒铁带，金属铁与炉渣开始软化，在半熔化状态下金属铁由小颗粒堆集成卵状粒铁，炉料出炉后经水淬冷却后很容易用磁选把粒铁与脉石分开。此法由于作业率低，产量小，耐火材料消耗高等缺点，近年来逐渐被淘汰。但此法适应性大，是唯一能直接冶炼含 SO_2 高的贫铁矿的方法，对于处理某些难选分的微细嵌布高硅质铁矿仍有较大吸引力。目前也用于红土镍矿的镍铁冶炼。

熔铁法（Basset 法）又称生铁水泥法回转窑。其内物料完成还原、熔化，金属铁形成液态铁水，并定期从回转窑内最低点处的出铁口放出，熔融炉渣从回转窑出料端排出。熔铁法回转窑操作温度>1400℃，为保证铁水、炉渣的流动性，防止熔化炉渣在转动的状态下严重侵蚀炉衬，加入大量石灰造高碱度渣，通常采用 $R_2>2.0$ 的碱性渣作业。这种渣具有水泥熟料的性质，成分为 CaO 60%～66%，SiO_2 20%～24%，Al_2O_3 1%～8%，此渣再经细磨后，配加一定量的石膏即成水泥。因为这种方法同时得到生铁及水泥两种产品，所以称为生铁水泥法。该法由于铁水冲刷炉衬，耐火材料消耗极高，生产的稳定性差。20 世纪 70 年代，我国在浙江萧山水泥厂进行过工业化试生产，目前，该法未见有工业化生产的报道。

优质海绵铁成分纯净，其可作为冶炼特种钢的原料。但海绵铁生产在较低温度下进行，矿石只进行到固态还原反应，不分离矿石中的脉石和杂质（除能被气化的物质外），因而它对矿石的要求很高，没有很纯的富矿就不能生产合格产品，因而我国几家海绵铁厂的生产很受限制，开开停停，主要是原料没保障和生产成本高。

回转窑粒铁生产由于进一步进行了还原铁的熔融、聚集和长大，实际就是铁元素与杂质和脉石分离的过程，可以得到纯净的粒铁，因而用贫矿或富矿生产均可，超贫铁矿（含铁30%以下）亦能正常生产，但相对来说燃料消耗大，成本会高一些，是否经济取决于原料和产品价格。

回转窑生铁法能耗较粒铁法高，但配加适量的熔剂后对处理含硫很高的硫铁矿烧渣有独特优势，脱硫能力很强。

回转窑（直接还原法）冶炼镍铁合金是指采取直接还原炼粒铁的方法，即克虏伯-雷恩（Krupp-Renn）法冶炼镍铁合金。利用回转窑将红土镍矿中的镍、铁还原成粒铁（脉石与铁可磁选分开），铁聚合成细颗粒被夹裹在半液态的黏稠渣中，经水淬、破碎、磁选分离出铁粒。

典型的例子是日本冶金工业公司大江山冶炼厂，其采用回转窑高温还原焙烧产出粒铁，经跳汰、磁选富集产出镍铁合金。我国也有一些企业采用此法生产镍铁，如北海诚德镍业有限公司、辽宁凯圣锻冶有限公司、泰州诚达精工新材料有限公司、南通长江镍矿精选有限公司、河南省煜晟镍业有限责任公司等，但生产效果不尽如人意，大多数生产线处于停产状态。该方法尚有许多问题需要解决，并没有被推广应用。

3.1.3.1 回转窑粒铁法原理

回转窑粒铁法是由德国克虏伯（Krupp）公司于 1930 年开发的克虏伯-雷恩（Krupp-Renn）法。粒铁冶炼是直接还原法的一种，适用于处理含酸性脉石的难选贫铁矿。原矿不需经过选矿烧结，便可直接入炉。还原剂用无烟煤或褐煤、烟煤。加热燃料选用烟煤、无烟煤、液体燃料、气体燃料任何一种均可。

（1）回转窑粒铁法的三带　回转窑沿窑身长度方向，按物理化学过程分成三带：预热带、还原带和粒铁带。较直接还原海绵铁法多出一个粒铁带。

① 预热带　炉料通过该带被干燥和加温预热，同时伴有熔剂分解。如炉料中的吸附水、结晶水、还原剂中的挥发物，随着温度的逐步升高而排除，碳酸盐也开始分解。参见

"3.1.2.1 回转窑焙烧原理"一节。

② 还原带　随着温度的升高，碳酸盐继续分解完毕，还原剂中碳对铁氧化物进行部分还原。炉料中析出大量CO在料层表面形成保护层，料层内部为还原气氛。从表面进入的氧化气氛不多，对料层内部气相还原性质影响不大，当CO燃烧时，炉衬被加热，当炉子转动时，热的炉衬再将热量传给炉料。

铁矿粒在此带若得不到充分还原，矿石将难以形成粒铁并导致沉积和结圈事故。

③ 粒铁带　炉料在温度1100～1150℃时，可以得到良好烧结，脉石、灰分、熔剂和未还原的铁氧化物形成强酸性炉渣，炉料也由固体状态变成半熔融物。在上述温度下烧结料出现高峰，此高峰名为"界山"，山前为粒铁带，山后为还原带。此带占炉子全长20%左右。

粒铁带还原生成的海绵铁，在1200～1300℃时逐渐增碳呈铁珠悬浮于渣中，由于渣的合适黏度，回转窑转动，逐步揉合焊接成粒铁，渣和铁粒的混合物统称为熔融物。

粒铁带是炉内高温区，最高温度仅为1260～1300℃，所以硅、锰难被还原进入粒铁内，磷只有一部分被还原进入粒铁中。在此温度下粒铁有渗碳反应，半熔融物态下的粒铁含碳量低，约在1%～2%之间，为半钢成分。

粒铁炉渣碱度（CaO/SiO_2）一般是0.15～0.25，难于脱S，尽管有部分S挥发，粒铁中仍含有很高的硫。

粒铁法与海绵铁法比较其主要不同点是：炉内作业温度高，使还原反应更容易完成，但预热矿石的负担重，同时多一个粒铁带。

（2）窑内炉料运动　窑内炉料运动的特征是炉料连续不断地翻滚、前移，均匀受热，传热阻力小，铁矿物还原均匀，可防止（或减轻）再氧化，窑壁磨损小等。

① 炉料在窑断面的转动方向上运动形式。窑内炉料随着回转窑的运转产生运动，其在窑断面的转动方向上运动形式随炉料与炉衬之间的摩擦力（$F_{摩}$）大小及窑的转速（$n_{窑}$）不同而变化，可能出现的形式为：滑落；塌落；滚落；瀑布式落；不落。

滑落。当$F_{摩}$太小时，不足以带动炉料，炉料不能随窑的转动而上升，而使炉料产生打滑现象，即不断出现上移、滑落、再上移、再滑落现象。同时炉料颗粒也得不到混合，传热条件极差。

塌落。当$F_{摩}$足够大，$n_{窑}$很小时，炉料随窑转动被带起上升一定高度后陡落，炉料反复被带起到一定高度后陡落的这一现象为塌落。

滚落。当$n_{窑}$加快时，炉料则由塌落进入滚动落下的状态，此现象称为滚落。这正是我们所需要的回转窑炉料的正常运动状态。

瀑布式落。当$n_{窑}$再进一步加快时，被窑带动的炉料散落形成瀑布的状态落下，此现象称为瀑布式落。

不落。当$n_{窑}$太快时，炉料的向心加速度达到一定值后，使炉料呈离心转动，则炉料随炉壁离心转动而不能落下，此现象称为不落。这种现象是不允许在回转窑中产生的。

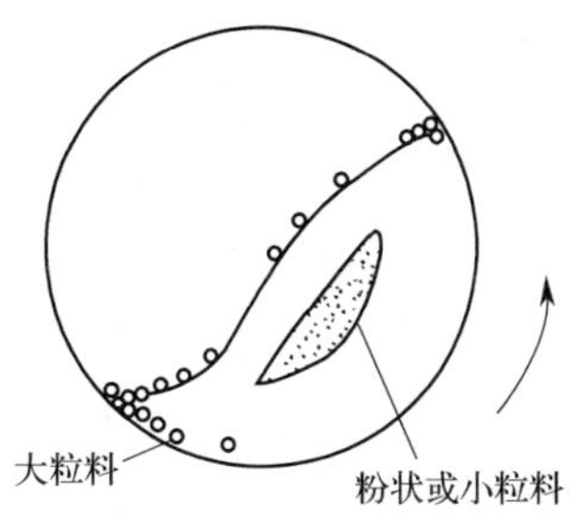

图3-36　窑内炉料的断面偏析

② 窑内炉料的偏析　炉料（如矿石、煤、石灰石）的粒度、形状和密度差异，会导致窑内炉料运动中的偏析。粒度大、形状规则（近球形）、密度大的炉料，随窑体转动优先滑落到下部形成物料断面层，而粒度小、形状不规则、密度小的炉料留在断面中间形成物料中心（图3-36）。

此外，炉内物料不仅呈现断面偏析，轴向也有不均匀分段现象。如一段内矿多而煤少，而其前或后一段则是矿少而煤多。

由于各种物料粒度、形状、密度的不同，其轴向运动速度也不一样。

（3）窑内燃烧　在回转窑中，物料与煤燃烧所产生的热气流逆流运动，回转窑所需热量主要由窑头及窑中供入空气燃烧还原煤释放的挥发分、碳素和还原生成的CO提供。调节供风和改进布置可有效地改变供给热量和温度分布。如果尚不满足工艺要求，还可在窑头设置燃料烧嘴供热。应注意到，为维持窑内高温还原区还原气氛，燃烧过程应控制在不完全燃烧下进行，以防止还原料的再氧化。

煤燃烧所需要的空气通过风管沿窑轴向吹入窑中，风管安装在沿窑长方向的不同部位。煤不但是还原剂同时还提供所需要的热量。通过在回转窑出料端使用喷煤技术，可以极容易得到合适的料床温度。

（4）窑内热交换　回转窑内物料的加热是热气流以辐射和对流传热方式将热量传给物料和窑衬，被加热的窑衬又以辐射和传导热交换方式转交给物料。回转窑作业时必须把物料加热到一定温度才开始镍、铁氧化物还原和形成粒铁。窑内预热带温度低（<600℃），辐射热交换强度小，而气流与入窑物料温差大，对流传热量较大，炉衬传给物料的热量也较少，但物料仍能快速升温。当进入高温还原带时，炉气温度高，直至1250℃，辐射热交换强度明显加大，因物料与气流间温差变小，对流和传导传热量相对减小，总传热量大幅度增大，但由料层内镍、铁氧化物还原和碳的气化反应激烈进行，吸收热量剧增，因此还原段温度升高缓慢。

（5）窑内的还原　由于镍的性质与铁甚近，比铁还易于还原，根据这一特性粒铁法可有效地处理红土镍矿。钒、钛、铬都是难还原元素，在回转窑粒铁法条件下（<1300℃），钒、钛不被还原，铬氧化物只能被碳还原成低价化合物和部分金属铬。

矿石中其他共生元素的行为：

① 锌　锌在红土矿石内多呈ZnS，容易被碳还原和低温气化。Zn可脱去95%，锌蒸气进入气相，温度下降，会重新被CO_2或H_2O氧化成ZnO，大部分以微粒随废气带出窑外，可用精细除尘得到回收；少量会沉积在物料和窑衬表面，形成锌在窑内的富集循环。

② 铅　铅的沸点很高。其化合物在回转窑作业温度下，不可能大量气化，脱去90%～95%。它大量挥发的原因是密度大，还原后呈Pb微粒析离镍铁被气流带走。

③ 砷化合物　它在还原气氛下不稳定，易被碳还原气化随废气带出的约为80%。当配料中加有石灰石后能生成稳定的砷酸钙进入非磁性物（渣）。

④ 钾、钠　它们的气化温度低，在回转窑还原条件下易被还原呈蒸气逸出料层，到低温区重新冷凝沉积，与窑衬形成低熔点硅酸盐，成为窑衬黏结的初因，也影响到钾、钠元素的挥发脱除，挥发脱除率约70%～80%。

⑤ 磷、硫　磷、硫都是有害元素。磷主要由矿石和煤（焦末）带入。磷酸盐在回转窑直接还原中还原率极低，挥发量很少，因此在直接还原过程中矿石带入的磷几乎全部进入镍铁里。硫主要由矿石、还原煤和燃料煤带入。物料进入高温区，各种硫化合物大部分分解、挥发。

3.1.3.2 回转窑粒铁法镍铁生产工艺

粒铁法镍铁生产工艺流程如图3-37所示。有倾斜度的回转窑在连续转动，由炉尾装入的炉料（红土镍矿、煤、熔剂见图3-38）逆着高温气流不断在窑内翻滚前移，炉料在炉内呈薄状分布，通过碳素燃烧及料层上面的煤气对流和辐射，使炉料得以预热、还原、镍铁粒聚集、造渣（图 3-39），粒铁带形成的渣镍铁熔融物由炉头排出。燃烧生成的废气，依靠烟囱抽力，经过净化脱硫（脱销），最后自烟囱排入大气中。炉头装有煤粉烧嘴、二次风管等供热设备。由炉头排出的熔融物，再经过水淬（图 3-40、图 3-41）、破碎、磁选、筛分，除去炉渣和返料，便得到镍铁粉（图 3-42）。

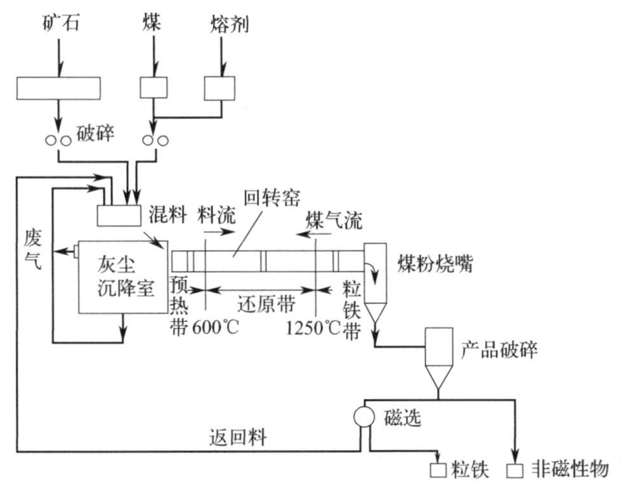

图 3-37 粒铁法工艺流程图

图 3-38 红土镍矿、还原剂、熔剂粉碎后混配压制团矿

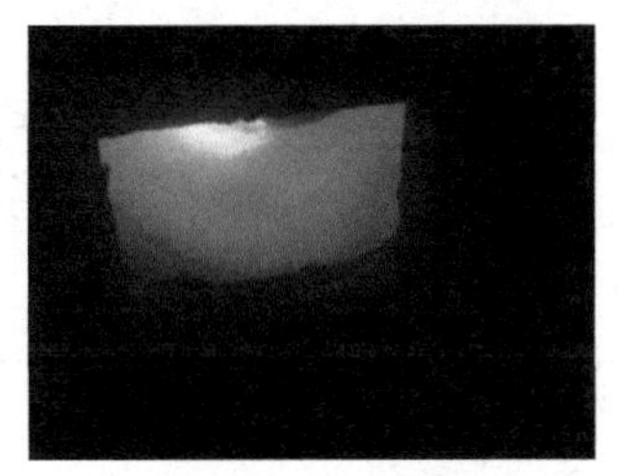

图 3-39 回转窑窑头熔炼状态

图 3-40 熔块水淬入水过程

图 3-41 熔块水淬后的状态

图 3-43 所示为日本佐贺关（Saganoseki）镍铁冶炼厂用回转窑粒铁法生产镍铁粒流程。

1969年，该厂有两台回转窑，月产镍（镍铁含镍）300多吨，年产约3800t。职工人数40人，三班作业，每月处理约12000t矿石（干基）。矿石成分见表3-49，其含水28%。

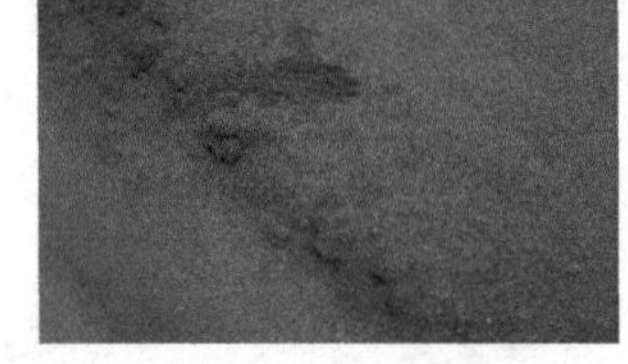

图3-42　磁选镍铁粉

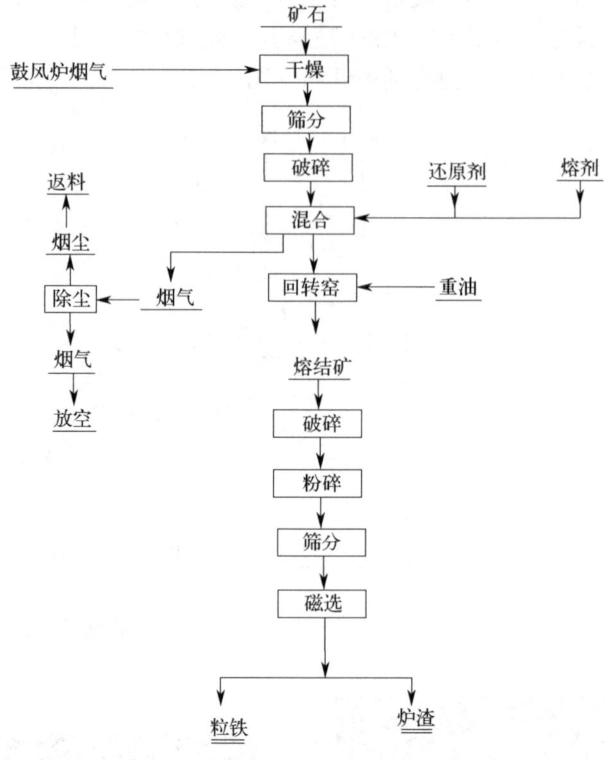

图3-43　佐贺关镍铁冶炼厂用回转窑粒铁法生产镍铁粒流程

表3-49　矿石成分

名称	Ni+Co/%	Fe/%	Cr/%	SiO_2/%	MgO/%	Al_2O_3/%	CaO/%	Cu/%	P/%	S/%	烧损/%
新喀里多尼亚	3.0～3.2	12～15	0.5～0.6	37～41	22～23.6	0.5～1.4	微	微～0.01	微	0.03	9.2～9.8
赛伯来斯	2.9～3.8	10～12	0.5～0.6	42～43	19～22	1.5～1.9	微～0.6	0.01	微	0.02～0.03	9～11

在这里值得一提的是，该工艺方法所获得的镍铁粉与高炉、矿热炉熔炼工艺生产的镍铁有差别：前者是粉状。若进一步将镍铁粉通过熔炼的方法熔炼铸锭尚需能源且增加生产成本，因此，该方法较熔炼方法是否节能还要视具体情况核定。

3.1.4　镍铁精炼

红土镍矿经高炉、矿热炉、鼓风炉和回转窑粒铁法熔炼的粗镍铁水可以作为成品进行销售和供进一步炼钢使用。若需要更纯净、品位更高的镍铁，则需要将其进一步精炼，获得精炼镍铁。

3.1.4.1　镍铁精炼目的

经矿热电炉、高炉等方法冶炼的粗镍铁，除镍、钴、铁之外，还含有硅、铬、碳、锰、硫、磷、钛、钒等元素。同时镍铁镍的含量（%）也是有限的。镍铁精炼可以选择性地去除或减少除镍、钴之外的元素含量，净化镍铁，由于大量的铁进入渣中，提高了镍铁的品位。

镍铁是奥氏体不锈钢重要的合金添加剂甚至是金属母料，也是其他含镍合金钢、合金的添加剂。在不锈钢的冶炼中Cr的含量高，而Cr对磷的活度相互作用系数为负值，因此磷的活度系数降低，则不利于脱磷。不锈钢较普通钢脱磷困难基于此。同时，由于不锈钢中Cr和Mn（200系不锈钢）的含量高，而铬、锰对硫的活度相互作用活动系数也为负值，因此也降低了硫的活度系数、脱硫系数，不利于脱硫。

在转炉炼钢过程中，吹氧脱碳使铁水中硅、碳含量降低，因金属液中C、Si元素对硫的活度相互作用活动系数为正值，因此硫的活度系数降低，也降低了脱硫系数，不利于脱硫，且炉内是氧化性气氛，使得脱硫条件很差。若想提高脱硫效果，则要造高碱度渣，这将延长冶炼时间、增加铁损和冶炼成本，操作不当还会造成回磷现象。可见靠转炉脱硫很不合理。

虽然，在AOD冶炼不锈钢工艺中，可通过造高碱度渣和底吹惰性气体的强力搅拌作用达到很好的脱硫效果，但是必须在AOD炉内增加预脱硫程序，延长冶炼时间。例如日本太平洋金属公司八户厂，为了降低成本，在30t AOD炉中使用未脱硫的镍铁冶炼超低硫不锈钢，其工艺采取脱碳期同时脱硫：将石灰预先加入AOD炉中，再兑入含碳3%初炼钢水，脱碳至1.3%时除渣，然后用CaO、CaF_2、FeSi进行预脱硫，硫从0.3%～0.6%降至0.005%，其后再进入正常操作。还可采取还原期双渣法脱硫（在铬还原后除渣，再造新渣脱硫）。

因此，为满足相应产品对镍铁含C、Si、S、P等杂质元素的要求，使有镍铁加入的进一步冶金工序能经济、合理地有效进行，要限制C、Si、S、P等杂质元素在一个很小的规定范围，如C≤0.03%、Si≤0.2%、S≤0.03%、P≤0.03%，见表3-50～表3-54典型国家镍铁牌号和化学成分。但是，如前所述：由于高炉、鼓风炉、矿热炉、直接还原法等生产的粗制镍铁含有较高的C、Si、S、P等杂质元素，因此，必须对镍铁进行精炼，以脱出粗镍铁中C、Si、S、P等杂质元素。

一般地说，高炉工艺镍铁中C、Si、S、P等杂质元素较多：C几乎全部来源于焦炭，镍铁最终含碳量通常是无法控制的，C在铁水中的溶解度随温度的升高而增加，而且与铁水中其他元素的含量有关；S主要来源于烧结用燃料和焦炭，高炉有很强的脱硫能力，但需要高炉温、高碱度渣，高炉温能带来大量的Si还原入铁，高碱度可带来渣量过大、焦比升高、产量降低等不利因素，降低烧结用燃料和焦炭的含S量，会使其成本增加，同时，其降低的幅度也是有限的；P主要来源于焦炭和烧结用燃料，高炉几乎没有脱磷能力，P几乎全部还原入铁，使用低磷、低硫焦炭和烧结用燃料除成本高外，资源是有限的。

矿热炉工艺与高炉工艺相比，由于不用焦炭、燃料比低、选择性还原等特点，其粗镍铁中C、Si、S、P等杂质元素较少，特别是在高镍镍铁（Ni>35%）中更少。

另外，由于矿热炉工艺粗镍铁中C、Si含量较低，用吹氧的方法获得化学热有困难，对需要在高温下操作的脱硫、粒化等工艺，要另加发热元素（如硅、铝等）或其他形式的热源。

镍铁吹氧法精炼还可提高镍铁的镍含量（%）。如在矿热炉冶炼镍铁时，为了提高镍的回收率，可使还原度大一些，这样一来使得镍铁的镍含量（%）较低。在高炉冶炼镍铁时，由于是剩碳操作，镍铁镍的品位取决于入炉矿铁镍比，同时入炉矿的含铁量又不宜过低，因此，其镍铁的镍含量（%）较矿热炉镍铁还低。然而利用吹氧法精炼工艺将其进一步精炼，可以获得高纯净、高品位镍铁，即转炉脱铁生产高镍含量镍铁。

表 3-50　中国镍铁标准（GB/T 25049—2010）

牌号	化学成分(质量分数)/%												
	Ni	C	Si	P	S	Cu	Cr	As	Sn	Pb	Sb	Bi	Co
			不大于										
FeNi20LC	15.0～25.0												
FeNi30LC	25.0～35.0												
FeNi40LC	35.0～45.0	≤0.030	0.20	0.030	0.030	0.20	0.10	0.010	0.010	0.010	0.010	0.010	
FeNi50LC	45.0～65.0												
FeNi70LC	60.0～80.0												
FeNi20LC LP	15.0～25.0												
FeNi30LC LP	25.0～35.0												
FeNi40LC LP	35.0～45.0	≤0.030	0.20	0.020	0.030	0.20	0.10	0.010	0.010	0.010	0.010	0.010	
FeNi50LC LP	45.0～65.0												
FeNi70LC LP	60.0～80.0												
FeNi20 MC	15.0～25.0												
FeNi30 MC	25.0～35.0												
FeNi40 MC	35.0～45.0	0.030～1.0	1.0	0.030	0.10	0.20	0.50	0.010	0.010	0.010	0.010	0.010	
FeNi50 MC	45.0～65.0												
FeNi70 MC	60.0～80.0												
FeNi20MC LP	15.0～25.0												
FeNi30MC LP	25.0～35.0												
FeNi40MC LP	35.0～45.0	0.030～1.0	1.0	0.020	0.10	0.20	0.50	0.010	0.010	0.010	0.010	0.010	
FeNi50MC LP	45.0～65.0												
FeNi70MC LP	60.0～80.0												
FeNi20 HC	15.0～25.0												
FeNi30 HC	25.0～35.0												
FeNi40 HC	35.0～45.0	1.0～2.5	4.0	0.030	0.40	0.20	2.0	0.010	0.010	0.010	0.010	0.010	
FeNi50 HC	45.0～65.0												
FeNi70 HC	60.0～80.0												

注：1. Co/Ni＝1/20～1/40，仅供参考。

2. 牌号中 L 代表低，M 代表中，H 代表高。

表 3-51　日本镍铁标准（JIS G2316—86）

产品种类		代号	化学成分(质量分数)/%								
			Ni+Co	C	Si	Mn	P	S	Cr	Cu	Co
			≥		≤						
高碳镍铁	1号	FNiH1	16.0	≥3.0	3.0	0.3	0.05	0.03	2.0	0.10	Ni×0.05
	2号	FNiH2	16.0	≥3.0	5.0	0.3	0.05	0.03	2.5	0.10	
低碳镍铁	1号	FNiL1	28.0	≤0.02	0.3		0.02	0.03	0.3	0.10	Ni×0.05
	2号	FNiL2	17.0～28.0	≤0.02	0.3		0.02	0.03	0.3	0.10	

表 3-52　德国镍铁标准（DIN 17568—70）

产品种类	代号	化学成分(质量分数)/%							备注
		Ni+Co	Co	C	Si	P	S	Cr	
			≤						
镍铁	FeNi25	20.0～30.0	1.0	0.03	0.05	0.03	0.04	0.10	
镍铁	FeNi55	50.0～60.0	1.0	0.05	1.0	0.03	0.01	0.05	约 0.1%Cu
含碳镍铁	FeNi25C	20.0～28.0	1.0	2.0	4.0	0.04	0.04	2.0	高碳镍铁
含碳镍铁	FeNi25CS	20.0～28.0	1.0	2.0	4.0	0.04	0.04	2.0	

表 3-53　法国镍铁标准（NF A13-601-80）

<table>
<tr><th rowspan="3">牌号</th><th colspan="9">化学成分(质量分数)/%</th></tr>
<tr><th rowspan="2">Ni</th><th rowspan="2">C</th><th>Si</th><th>P</th><th>S</th><th rowspan="2">Co</th><th>Cu</th><th>Cr</th><th rowspan="2">其他元素</th></tr>
<tr><th colspan="3">≤</th><th colspan="2">≤</th></tr>
<tr><td>FeNi20LC</td><td>15～25</td><td rowspan="4">≤0.03</td><td rowspan="4">0.20</td><td rowspan="4">0.03</td><td rowspan="4">0.03</td><td rowspan="4">②</td><td rowspan="4">0.20</td><td rowspan="4">0.10</td><td rowspan="4">③</td></tr>
<tr><td>FeNi30LC</td><td>25～35</td></tr>
<tr><td>FeNi40LC</td><td>35～45</td></tr>
<tr><td>FeNi50LC</td><td>45～60①</td></tr>
<tr><td>FeNi20LCLP</td><td>15～25</td><td rowspan="4">≤0.03</td><td rowspan="4">0.20</td><td rowspan="4">0.03</td><td rowspan="4">0.03</td><td rowspan="4">②</td><td rowspan="4">0.20</td><td rowspan="4">0.10</td><td rowspan="4">③</td></tr>
<tr><td>FeNi30LCLP</td><td>25～35</td></tr>
<tr><td>FeNi40LCLP</td><td>35～45</td></tr>
<tr><td>FeNi50LCLP</td><td>45～60①</td></tr>
<tr><td>FeNi20MC</td><td>15～25</td><td rowspan="4">0.03～1.0</td><td rowspan="4">1.0</td><td rowspan="4">0.03</td><td rowspan="4">0.10</td><td rowspan="4">②</td><td rowspan="4">0.20</td><td rowspan="4">0.50</td><td rowspan="4">③</td></tr>
<tr><td>FeNi30MC</td><td>25～35</td></tr>
<tr><td>FeNi40MC</td><td>35～45</td></tr>
<tr><td>FeNi50MC</td><td>45～60①</td></tr>
<tr><td>FeNi20MCLP</td><td>15～25</td><td rowspan="4">0.03～1.0</td><td rowspan="4">1.0</td><td rowspan="4">0.02</td><td rowspan="4">0.10</td><td rowspan="4">②</td><td rowspan="4">0.20</td><td rowspan="4">0.50</td><td rowspan="4">③</td></tr>
<tr><td>FeNi30MCLP</td><td>25～35</td></tr>
<tr><td>FeNi40MCLP</td><td>35～45</td></tr>
<tr><td>FeNi50MCLP</td><td>45～60①</td></tr>
<tr><td>FeNi20HC</td><td>15～25</td><td rowspan="4">1.0～2.5</td><td rowspan="4">4.0</td><td rowspan="4">0.03</td><td rowspan="4">0.40</td><td rowspan="4">②</td><td rowspan="4">0.20</td><td rowspan="4">2.0</td><td rowspan="4">③</td></tr>
<tr><td>FeNi30HC</td><td>25～35</td></tr>
<tr><td>FeNi40HC</td><td>35～45</td></tr>
<tr><td>FeNi50HC</td><td>45～60①</td></tr>
</table>

① 镍含量可能会大于上限值。

② $1/40 \leqslant w(\mathrm{Co})/w(\mathrm{Ni}) \leqslant 1/20$ 仅仅是象征性的。

③ 如果需方希望主要元素的含量范围更窄一些，或希望各种规定元素有不同的界限值，或未规定元素要求有界限值，或希望砷、铋、铅、锑、锡这些元素的质量分数不大于0.01%，则由供需双方协商一致并予以规定。

表 3-54　瑞典镍铁标准（SS146424）

<table>
<tr><th rowspan="3">牌号</th><th colspan="9">化学成分(质量分数)/%</th></tr>
<tr><th rowspan="2">Ni</th><th rowspan="2">C</th><th>Co</th><th>Si</th><th>P</th><th>S</th><th>Cu</th><th>Cr</th><th rowspan="2">其他元素①</th></tr>
<tr><th colspan="6">≤</th></tr>
<tr><td>FeNi20LCLP</td><td>15～25</td><td rowspan="4">≤0.03</td><td rowspan="4">Ni×0.05</td><td rowspan="4">0.2</td><td rowspan="4">0.02</td><td rowspan="4">0.03</td><td rowspan="4">0.2</td><td rowspan="4">0.1</td><td rowspan="4">0.01</td></tr>
<tr><td>FeNi30LCLP</td><td>25～35</td></tr>
<tr><td>FeNi40LCLP</td><td>35～45</td></tr>
<tr><td>FeNi50LCLP</td><td>45～60</td></tr>
<tr><td>FeNi20MCLP</td><td>15～25</td><td rowspan="4">0.03～1.0</td><td rowspan="4">Ni×0.05</td><td rowspan="4">1.0</td><td rowspan="4">0.02</td><td rowspan="4">0.1</td><td rowspan="4">0.2</td><td rowspan="4">0.5</td><td rowspan="4"></td></tr>
<tr><td>FeNi30MCLP</td><td>25～35</td></tr>
<tr><td>FeNi40MCLP</td><td>35～45</td></tr>
<tr><td>FeNi50MCLP</td><td>45～60</td></tr>
<tr><td>FeNi20HC</td><td>15～25</td><td rowspan="4">1.0～2.5</td><td rowspan="4">Ni×0.05</td><td rowspan="4">4.0</td><td rowspan="4">0.03</td><td rowspan="4">0.4</td><td rowspan="4">0.2</td><td rowspan="4">2.0</td><td rowspan="4"></td></tr>
<tr><td>FeNi30HC</td><td>25～35</td></tr>
<tr><td>FeNi40HC</td><td>35～45</td></tr>
<tr><td>FeNi50HC</td><td>45～60①</td></tr>
</table>

① As、Bi、Pb、Sb 和 Sn 各种元素。

3.1.4.2　镍铁精炼原理及方法

镍铁中镍元素的氧势较高，高于铁元素。因此，镍铁的精炼原理及方法可比照铁水预处理、铁水-炼钢（初炼）和钢水（初炼）-精炼以及铁合金精炼。钢水精炼是在铁水初炼成钢水（含碳、硅、磷较低）的基础上再精炼，而镍铁精炼是在铁水的基础上直接精炼。

铁水预处理是介于炼铁和炼钢之间的一道工序，针对炼钢而言，是指铁水装入炼钢炉前去除某些有害杂质元素（如硫、硅、磷等）的处理过程，主要是使铁水中硅、磷、硫降到所要求的范围，以简化炼钢过程，提高钢的质量。

钢水精炼是指炉外精炼，就是把转炉或电炉中初炼的钢水移到另一个容器中进行精炼的过程，也叫二次精炼。炉外精炼把传统的炼钢方法分为两步，即初炼加精炼。初炼：在氧化性气氛下进行炉料熔化、脱磷、脱碳和主合金化。精炼：在真空、惰性气体或可控气氛的条件下进行深脱碳、除气、脱氧、脱硫、去夹杂物和夹杂物变性处理，调整成分，控制钢水温度等。

镍铁精炼即是将粗制镍铁中的硫、磷、硅和碳含量降到标准要求，并使镍品位也达到标准要求。镍铁精炼主要是采取感应炉、铁水包、转炉、钢包炉、电弧炉或配以喷吹，脱硫、脱硅、脱磷、脱碳等。

（1）脱硫　硫是活泼的非金属元素之一，也是钢中最常见的有害元素之一。无论在冶炼粗制镍铁阶段、精炼镍铁阶段，还是在炼钢阶段，脱硫方法实质均是将溶解于金属液中的硫转变为不溶于金属液的物质，使其进入炉渣或经炉渣再成气相逸出。

当冶炼低硫钢时，若镍铁水含硫量和最终产品含硫量之差造成转炉脱硫负荷过大，则先添加脱硫剂预备性地脱硫之后再转入炼钢工序。脱硫的基本原则是：添加比硫的亲和力强的金属和吸收硫能力高的溶剂作为脱硫剂。

镍铁脱硫与炼钢过程的钢水脱硫相比有利因素是：因铁水中 C、Si、P 等元素含量高，O 含量低，没有强的氧化性气氛，则利于脱硫反应的进行，有利于直接使用一些强脱硫剂，如 CaC_2、Mg 等。常用的脱硫剂有苏打粉（Na_2CO_3）、石灰粉（CaO）、电石系（CaC_2）、金属镁、钙及复合脱硫剂等。各种脱硫剂在 1350℃反应达到平衡时铁水中含硫量见表 3-55。如在 1350℃用 CaC_2 脱硫，反应达到平衡时铁水中含硫量可达 $4.9\times10^{-7}\%$。

表 3-55　各种脱硫剂的平衡含硫量（1350℃）

脱硫剂	Ca	Na_2O	CaC_2	Mg	BaO	Mn	CaO	MnO	MgO
平衡硫量/%	2.2×10^{-8}	4.8×10^{-7}	4.9×10^{-7}	1.6×10^{-5}	1.3×10^{-4}	3.0×10^{-3}	3.7×10^{-3}	1.1×10^{-2}	1.16

此外，铁水脱硫还采用促进剂来提高脱硫效果。常用的促进剂有 Al 粉、CaF_2、$CaCO_3$ 或 $MgCO_3$、C 等。

① 各脱硫剂的脱硫原理及特点

a. 电石系（CaC_2）脱硫剂　CaC_2 的脱硫反应：

$$CaC_2(s)+[S]=\!=\!=CaS(s)+2[C]$$

$$\Delta G^{\ominus}=-359245+109.6T(\text{J/mol})$$

CaC_2 脱硫的特点：

ⅰ. 在高碳铁水中，CaC_2 分解出的 Ca 离子与铁水中的 S 有极强的亲和力，因此，CaC_2 有很强的脱硫能力（见表 3-55），进而使脱硫剂耗量少，渣量也少。

ⅱ. 因 CaC_2 的脱硫反应是放热反应，炉外的铁水降温有利于反应正向进行，同时也可以减少铁水的温降。

ⅲ. 因 CaS 熔点为 2450℃，故在铁水面上形成固体渣，因此，有利于扒渣，防止回硫，耐材侵蚀较轻。

ⅳ. 电石粉极易吸潮劣化，在大气中与水分接触，能迅速产生如下反应：

$$CaC_2+H_2O = CaO+C_2H_2(g)$$
$$CaC_2+2H_2O = Ca(OH)_2+C_2H_2(g)$$

此反应降低了电石粉的纯度和反应强度，且所产生的乙炔气体（C_2H_2）易燃易爆，因此对电石粉的运输和保存，要采用氮气密封。

ⅴ. 电石粉生产耗能高，价格昂贵，运输和保存困难，一般在处理特别低硫铁水时才选用。

b. 苏打系脱硫剂　苏打粉（Na_2CO_3）也称纯碱，脱硫反应如下：

$$Na_2CO_3(s)+[S]+2[C]=Na_2S(g)+3CO(g)$$
$$\Delta G^{\ominus}=440979-366.54T(J/mol)$$
$$Na_2CO_3(s)+[S]+[Si]=Na_2S(l)+(SiO_2)+CO(g)$$
$$\Delta G^{\ominus}=-117243-24.53T(J/mol)$$

苏打粉的脱硫特点：

ⅰ. 脱硫能力很强，与电石粉（CaC_2）相当，大大高于石灰粉。

ⅱ. 苏打粉不仅可以脱硫，而且可以同时脱磷。

ⅲ. 苏打可以处理后回收，重复使用。

ⅳ. 苏打高温易挥发，加之苏打脱硫产生 Na_2S，一部分被空气氧化成 SO_2 和 Na_2O，Na_2O 又可能被还原成气体钠、钠蒸气连同 CO 在空气中燃烧也会产生大量烟雾。这些烟雾污染空气，堵塞管道，加剧侵蚀。

ⅴ. 苏打在高温下分解生成的 Na_2O 呈液态，它在渣中的含量高时，渣就变得很稀，不易扒渣，且严重侵蚀耐火材料。

ⅵ. 苏打粉的沸点低，在铁水中易蒸发，且分解要吸收大量的热，从而引起铁水降温。

ⅶ. 苏打来源短缺，成本较高。

c. 石灰系脱硫剂　石灰粉（CaO）的脱硫反应：

$$CaO(s)+[S]+[C]=CaS(s)+CO(g)$$
$$\Delta G^{\ominus}=86670-68.96T(J/mol)$$
$$2CaO(s)+[S]+\frac{1}{2}[Si]=CaS(s)+\frac{1}{2}Ca_2SiO_4(s)$$
$$\Delta G^{\ominus}=-251930+83.36T(J/mol)$$

石灰的脱硫特点：

ⅰ. 在高碳和一定硅含量的铁水中，具有较强的脱硫能力，但与电石粉相比低得多。

ⅱ. 它是一种易获得的丰富的廉价脱硫剂，且扒渣方便（脱硫渣为固体渣）、对耐材侵蚀较轻，但因脱硫能力一般，所以有消耗量大、渣量大、铁损高和降温多等不足。

ⅲ. 石灰粉流动性差，且易潮解，导致料灌下料困难。潮解生成的 $Ca(OH)_2$ 影响脱硫效果，也污染环境。石灰粉最好在干燥氮气下密封储存在单独的料仓内。

ⅳ. 石灰的脱硫若在大气下进行，铁水中的［Si］被氧化成［SiO_2］，［SiO_2］将与 CaO 作用生成（$2CaO\cdot SiO_2$），相应地消耗了有效 CaO，降低了脱硫效果。若能在惰性气体或还原性气氛下进行较为理想。

d. 镁和镁基脱硫剂　镁的脱硫反应为：

用镁脱硫时，在气-液界面上有两种情况发生。即通过喷枪将镁喷入铁水中，镁的沸点是 1107℃，镁变成蒸气形成气泡，一部分镁蒸气与铁水中的硫直接作用而生成 MgS，这是第一种情况，只能去除铁水中 3%～8%的硫。另一部分镁蒸气溶于铁水，与铁水中的硫反应生成 MgS，这是第二种情况，这是主脱硫反应。脱硫产物 MgS 上浮进入渣相，完成脱硫任务。

第一种情况：Mg(s)→Mg(l)→Mg(蒸气)

$$Mg(蒸气)+[S]=MgS(s)$$

第二种情况：Mg(s)→Mg(l)→Mg(蒸气)→[Mg]

$$[Mg]+[S]=MgS(s)$$

在高温下，镁和硫的亲和力很强，溶于铁水中的［Mg］和 Mg（蒸气）都能与铁水中的［S］迅速反应生成固态的 MgS，上浮进入渣中。

在第二种情况下，保证了镁与硫的反应不仅仅局限在镁剂导入区域或喷吹区域进行，而是在铁水包整个范围内进行，这对铁水脱硫十分有利。

镁和镁基脱硫特点：

ⅰ. 脱硫能力很强，大大高于石灰粉，具有镁消耗少、脱硫温降小、渣量小、扒渣铁损小、处理时间短等优点。

ⅱ. 镁在铁水中的溶解度取决于铁水温度和镁的蒸气压。溶解度随温度的升高而大幅度降低，随压力的增大而增大。为了高效脱硫，必须保证镁蒸气泡在铁水中完全溶解，避免未溶解完的镁蒸气逸入大气造成损失。

ⅲ. 保证镁蒸气大量溶于铁水中的措施：铁水温度低，加大喷枪插入铁水深度，提高镁蒸气压力，延长镁蒸气泡与铁水接触时间。

ⅳ. 镁蒸气泡使得反应区附近的流体搅拌良好，使镁脱硫的动力学条件很好。

ⅴ. 为防止燃爆，镁粒要经表面钝化处理后才能安全运输、储存和使用。

ⅵ. 镁蒸气泡发生爆炸性反应，会使铁水严重喷溅，不但威胁安全而且镁的利用率也低，因此用镁剂量要小，或与石灰混用。

ⅶ. 镁价格昂贵。

② 脱硫方法　脱硫剂的添加方法：在出铁场、铁水罐、鱼雷罐车等位置，单独添加脱硫剂，或以氮气作为载流气体将脱硫剂喷入铁水等。

为了使脱硫剂与铁水有良好的接触，改善脱硫的动力学条件，加快脱硫反应的进行，利用铁水容器转动、机械搅拌和吹气搅拌等方式，使铁水得到充分的搅拌。

a. 投入法（铁流搅拌法）。该法是在出铁过程中，向出铁沟或铁水罐中投入脱硫剂，使铁水和脱硫剂自然搅拌混合进行脱硫。如利用苏打粉脱硫，经自然搅拌混合进入高温铁水的苏打（熔点 852℃）很快就熔化和分解出钠蒸气，与硫作用，所以有较好的脱硫效果。该法的优点是不需要搅拌设备和喷吹设备，不足是脱硫效果不稳定。中宝滨海镍业有限公司脱硫工艺即采用了此方法。

b. 铁水容器转动搅拌法。该法是通过铁水容器转动，以搅拌铁水来扩大脱硫的反应界面。

c. 机械搅拌法。该法是铁水容器不转动，利用机械搅拌铁水来扩大脱硫的反应界面。

d. 底吹气体搅拌法（PDS 法）。该法是利用经铁水包底部透气砖吹入氮气，以搅拌铁水来扩大脱硫的反应界面，以利于快速脱硫。

e. 喷吹法。该法是用喷枪以气体为载体，将脱硫粉喷吹到铁水深部，以搅拌铁水与脱硫剂充分混合的脱硫方法。这里载气用不与 Ca 和 Mg 反应的氮气和氩气，因氮气便宜通常用氮气。因脱硫剂多为 CaO、Ca_2C 和 Mg 等，Ca 和 Mg 都极易与氧发生氧化，若选用含氧气的压缩空气或氧气，就会使脱硫剂氧化而降低脱硫剂的利用率，同时也会氧化铁水中的

Si、Mn、P 等元素，使铁水成分发生变化。

从脱硫效果看喷粉法优于机械搅拌法，但它也存在喷溅严重、铁耗大、脱硫剂利用率低、喷枪污染铁水、处理周期长和投资高等问题。

（2）脱硅　镍铁水作为炼钢母液脱硅的目的有两个。一是减少炼钢渣量，改善操作和提高炼钢经济指标。为了提高钢水温度和早期化渣，希望铁水含硅高一些（碳、硅是转炉炼钢的主要发热元素），其实铁水含硅高会给炼钢操作带来很多困难，降低生产率，且增加生产成本。转炉炼钢时，为了保证造高碱度渣，因铁水中硅高，必须增加石灰的用量，这样使渣量增多，冶炼时间延长，耗氧量增加，喷溅加剧和铁损增加等等。生产实践证明铁水硅含量控制在≤0.4%是合适的。二是镍铁水预脱磷的需要。脱硅是铁水预脱磷的先决条件。铁水预脱磷要求脱磷反应区的氧位高，当加入氧化剂提高氧位时，硅首先就与氧作用而降低铁水中的氧位。为此脱磷首先要脱硅，脱磷前控制硅含量一般≤0.15%。这也是镍铁作为合金要控硅的原因。

① 铁水脱硅的基本原理　Si 在铁液中有无限溶解度，稳定化合物为 FeSi，在铁水中 Si 可被加入的氧氧化成稳定的化合物 SiO_2。铁水脱硅的基本原理是氧化法，即向铁水中喷吹气体氧化剂，如空气、氧气或投入固体氧化剂，如轧钢铁皮（FeO≥60%、Fe_2O_3≥35%）、转炉除尘灰压球（FeO≥30%）、烧结矿、精矿粉和铁矿石等。

此外，在固体脱硅剂中加入溶剂（石灰、萤石）有利于提高氧效率，降低渣中氧化铁和氧化锰的含量，提高脱硅的效率。

脱硅反应式：

a. 气体氧化剂的脱硅反应

$$[Si]+O_2(g)=\!=\!=SiO_2(s)+\uparrow$$

b. 固体氧化剂的脱硅反应

$$[Si]+\frac{2}{3}Fe_2O_3(s)=\!=\!=SiO_2(s)+\frac{4}{3}Fe(l)-\downarrow$$

$$2[Si]+Fe_3O_4(s)=\!=\!=2SiO_2(s)+3Fe(l)-\downarrow$$

$$[Si]+2FeO(s)=\!=\!=SiO_2(s)+2Fe(l)-\downarrow$$

脱硅反应均是放热反应，可使铁水温度升高，但固体氧化剂的熔化是吸热反应，可使铁水温度降低。

c. 熔剂与 SiO_2 生成稳定的硅酸盐反应

$$SiO_2(s)+2CaO(s)=\!=\!=2CaO\cdot SiO_2(s)$$

$$SiO_2(s)+Na_2O(s)=\!=\!=Na_2O\cdot SiO_2(s)$$

② 铁水脱硅方法　出铁过程中铁水沟的连续脱硅；在铁水罐或鱼雷罐中脱硅；转炉脱硅，一般易使用酸性炉壳。

a. 投入法：在出铁沟挡渣器的位置或在铁水流入铁水罐处，将脱硅剂投入到铁流中，利用铁水的流动和落下冲击，使脱硅剂与铁水混合。该法简单，不占用生产流程时间，处理能力大，温度下降少，渣铁分离较方便，但脱硅效率低，通常为 50%左右。

b. 顶喷法：它是在投入法的基础上，仅利用载气（N_2 或空气、氧气）将喷粉罐中的脱硅剂，经喷枪喷入到铁水中。该法增加了喷粉设备，但获得了较好的脱硅效果，脱硅效率通常为 70%左右。

在混铁车或铁水罐上利用喷吹法脱硅，载气为氮气、空气或氧气，为了强化脱硅也可以设置氧枪吹氧。该法脱硅剂利用率高，处理能力大，工作条件好，脱硅效率>80%，易使

[Si] ≤0.10%。不足是处理需要占用一定时间，且铁水降温大。

c. 转炉吹氧法：将铁水倒入转炉中，吹氧脱硅。一般易使用酸性炉壳。中宝滨海镍业有限公司脱硅工艺即是采用了此方法。

(3) 脱磷　磷是一般钢种中有害元素之一，磷的危害在于它易使钢发生冷脆现象。从室温到0℃以下，磷使钢容易脆裂，其表现是钢的冲击韧性大大下降。冷脆的原因一般认为，磷原子富集在铁素体晶粒间界形成"固溶强化"所引起。在室温时，磷在 α-Fe 可溶解到1.2%左右。和其他合金元素相比，磷是提高 α-Fe 强度最高的元素，固溶的、富集在晶粒间界的磷原子使铁素体在晶粒间的强度特高，从而产生脆性。因此，钢中允许最大含磷量0.020%～0.05%，不锈钢的允许含磷量（个别除外）≤0.035%，对某些钢种则要求在0.008%～0.015%范围内。

还原冶炼镍铁是不能脱磷的，矿石熔剂和还原剂中的磷几乎全部还原进入镍铁中，若磷超标，镍铁无论作为合金还是母液，在后续炼钢过程中会使磷增加，在炼钢炉内脱磷存在去磷保护合金不氧化，即"去磷保合金"的问题。例如不锈钢冶炼，由于冶炼的特殊性，在AOD冶炼工序（铬含量高）脱磷很困难。

铁水脱磷剂主要由氧化剂、造渣剂和助熔剂组成，作用是供氧并将铁水中的磷氧化为 P_2O_5，使之与造渣剂结合成磷酸盐留在脱磷渣中。目前使用的造渣剂有两类：一类为苏打（Na_2CO_3），它既能氧化磷又能生成磷酸钠留在渣中；另一类为石灰系脱磷剂，它由氧化铁或氧气将铁水中的磷氧化成 P_2O_5，再与石灰结合生成磷酸钙留在渣中。氧化铁有轧钢铁皮、铁矿石、铁精粉和烧结矿等，此类脱磷剂往往需添加助熔剂——萤石、氯化钙等，用其改善脱磷渣的性能。

在钢包喷吹脱磷工艺中，脱磷剂中一般混有20%的萤石（CaF_2），利用 CaF_2 使炉渣吸收P的能力增强，随着铁水温度的下降，可显著提高炉渣的流动性，提高脱磷效率。

① 镍铁水精炼脱磷的基本原理　以碱性氧化物或碱性渣与铁水中的磷发生反应形成磷渣进行脱磷。或利用氧化剂使铁液中 [P] 氧化成 P_2O_5，再与加入的能降低其活度系数的脱磷剂结合成稳定的复合化合物而存于熔渣中。

a. 铁水脱磷反应

ⅰ. 苏打脱磷反应

$$3Na_2CO_3+2[P]=\!=\!=3Na_2O\cdot P_2O_5+CO+2C$$

ⅱ. 苏打和吹氧条件下脱磷反应

$$3Na_2CO_3+2[P]+O_2=\!=\!=3Na_2O\cdot P_2O_5+3CO$$

ⅲ. 石灰和吹氧条件下脱磷反应

$$8CaO+4[P]+5O_2=\!=\!=2(4CaO\cdot P_2O_5)$$

ⅳ. 渣脱磷反应

$$2[P]+5FeO+4CaO=\!=\!=4CaO\cdot P_2O_5+5[Fe]$$

b. 提高脱磷反应强度的因素

脱磷的热力学条件：

ⅰ. 高氧化铁、高碱度即磷容量大的熔渣及时形成，是加强脱磷的必要条件。如加入固体氧化剂或向熔池吹氧，以增大FeO的活度；加入石灰和助熔剂以增大碱度。

ⅱ. 由于脱磷反应是强放热反应，因此低温有利于脱磷。

脱磷的动力学条件：高温可迅速生成高碱度、高氧化性炉渣，保证炉渣的流动性，加速传质过程，反应速度加快。

根据脱磷的热力学和动力学条件，温度是一个矛盾点，则应适当选择温度，应在有利于及时形成脱磷渣的温度下，尽可能地降低温度，并利用其他有利于脱磷的因素来补偿高温对脱磷反应的影响。

概言之，在一般情况下，提高脱磷效率的措施是“三高一低”，即要有高碱度、高 FeO 含量和高渣量的炉渣以及较低的温度。

② 铁水脱磷方法　铁水预脱磷方法按处理设备分为炉外法和炉内法，炉外法设备有铁水包和鱼雷罐，炉内法设备有专用炉和底吹转炉；按加料方式和搅拌方式可分为喷吹法、顶加熔剂机械搅拌法和顶加熔剂吹氮搅拌法。

a. 混铁车或铁水罐喷粉脱磷

ⅰ. 喷苏打粉剂脱磷：苏打粉脱磷能力强，而且还有较强的脱硫能力，但铁水温降大，成本高，产生大量烟尘污染环境。

ⅱ. 喷石灰系粉剂脱磷：石灰系粉剂主要由石灰、铁皮和少量萤石等组成。用喷枪经载气 N_2、O_2 或空气将脱磷粉剂喷入到铁水内部。石灰系粉剂价格便宜，易获得，污染少，但温降大。

b. 专用炉喷粉脱磷　日本开发出的专用炉喷粉脱磷技术，其炉型为直筒型，反应空间大。从炉口插入喷粉枪和吹氧枪；还从炉口加入固体氧化剂和石灰等渣料造顶渣；利用 GOR 氩氧转炉脱磷。一般易使用碱性炉壳。如中宝滨海镍业有限公司脱磷工艺即采用了此方法。

(4) 脱碳　镍铁中的碳元素在其还原熔炼时用碳作还原剂，铁液渗碳。当镍铁作为合金料，尤其是在炼钢的氧化后期加入时，则需要镍铁的含碳量极低，如不大于 0.030%。

① 脱碳原理　脱碳是利用氧与碳的氧化反应进行的，脱碳反应的产物 CO 不溶于钢液，CO 气体从熔池中排出。

吹氧脱碳反应式如下：

$$[C]+\frac{1}{2}O_2(g)=\!=\!=CO(g)$$

$$[C]+[O]=\!=\!=CO(g)$$

$$2Fe+O_2=\!=\!=2FeO$$

$$[C]+FeO=\!=\!=CO(g)+Fe$$

$$[C]+2[O]=\!=\!=CO_2(g)\text{（当碳含量极低，}\leqslant 0.05\%\text{时）}$$

② 铁水脱碳方法　一般与脱磷同时在碱性转炉内进行。如 LD 转炉，AOD、GOR 炉。中宝滨海镍业有限公司脱碳工艺即采用了此方法。

3.1.4.3　镍铁精炼生产工艺

世界上镍铁精炼生产工艺主要集中在 ASEA-SKF 法、吹氧法和喷吹法三种工艺。下面仅介绍一个典型的生产工艺。

图 3-44 所示为中钢集团中宝滨海镍业有限公司镍铁精炼生产工艺流程。该工艺分三步：铁水包脱硫；酸性 GOR 炉（底吹氧气、氮气转炉）脱硅；碱性 GOR 炉脱碳、脱磷等。

(1) 脱硫　来自矿热炉的粗镍铁水（1300～1400℃，设计化学成分见表 3-56）直接在转运铁水包中进行脱硫。无渣铁水从矿热炉的出铁口流入到事先放入了苏打灰的 30t 铁水包内，铁水冲兑搅拌脱硫。苏打的耗量在 15kg/t 镍铁水以内。再经吊车将脱硫的铁水包吊运至扒渣位扒渣。铁水包精炼的脱硫程度为 50%～70%。

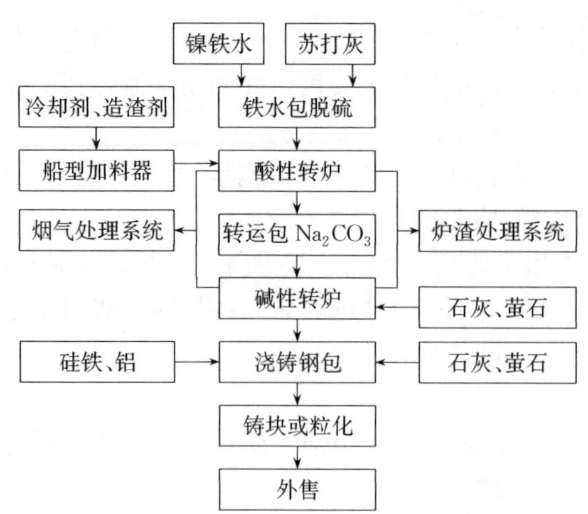

图 3-44　中宝滨海镍业镍铁精炼生产工艺流程图

表 3-56　设计矿热炉粗镍铁化学成分

元素	Ni	Fe	Cu	Co	Si	C	S	P
质量分数/%	10.0～11.0	80.0～84.0	≤0.07	≤0.03	≤7.0	≤2,0～2,5	≤0.15	≤0.13

（2）脱硅　将脱硫后的镍铁水称重、取样、测温之后兑入酸性转炉（GOR 炉）。在向转炉倒入半成品前，必要时添加造渣剂（红土镍矿，铁矿，铁鳞）以及可能添加的固态炉料（如转炉渣磁选金属料、回转窑除尘灰等）。固体炉料重可占入炉料的 10%～20%，视炉温而定。本精炼工序的主要任务是：降低金属中硅的含量；处理当前生产的金属废料；将铁水温度提高到 1500～1550℃。

GOR 炉炉底装有 3 个喷枪，喷枪为管套管式，形成中心管和环缝两个气体通道。中心管主要用于喷氧气（供养）和氮气（搅拌），环缝主要用于喷保护喷枪气体——天然气。

工艺操作的顺序和估计时间：

① 装固体金属炉料　　5min；
② 兑入粗镍铁　　3min；
③ 氧化产品　　20～25min；
④ 取样（倾炉）和测温　　5min；
⑤ 吹氮　　2～4min；
⑥ 出铁　　5min；
⑦ 出渣　　3min；
⑧ 未考虑到的热停　　5min；

共计：48～55min。

转炉吹炼向炉底喷嘴送气的程序见表 3-57。

表 3-57　底喷嘴送气程序

序号	操作名称	中央喷嘴	环缝喷嘴
1	装金属炉料	氧	天然气
2	倒入粗镍铁	氧	天然气
3	氧化产品	氧或氮氧混合气	天然气
4	取样	氧或氮	天然气或氮
5	吹氮	氮	氮

续表

序号	操作名称	中央喷嘴	环缝喷嘴
6	出金属	氮	氮
7	出渣	氧或氮	天然气
8	未考虑到停顿	氧	天然气

金属吹氧强度为1.2～2.2m^3/(min·t)。同时经底吹装置环缝通道送入的天然气的流量为氧流量（体积）的10%。在金属氧化喷吹结束后，在2～4min期间吹氮，其强度为0.5～0.6m^3/(min·t)。氮送入中央和环缝两个喷嘴通道。1t粗镍铁氧的耗量在60～75m^3以内。

若有必要，经酸性转炉精炼后，镍铁水可通过炉口倒入预先放有苏打灰的铁水包中再一次脱硫。

酸性转炉脱硅后金属的大致化学成分见表3-58。渣的成分：SiO_2 45%～55%，FeO 30%～40%，MgO(CaO) 6%～8%。

表3-58　酸性转炉脱硅后金属的大致化学成分

元素	Ni	Si	C	Fe
质量分数/%	12.0～13.0	0.25	1.0～2.2	其余

（3）脱碳、脱磷等　完成脱硅工序后，金属从铁水包中倒入碱性转炉进行第3步精炼。第3步的主要任务有：金属脱磷、脱碳、部分脱硫及去除所有其他杂质。

金属吹氧伴有保护气体（天然气），吹炼强度为1.5～2.0m^3/(min·t)。保护气体（天然气）用量为氮气用量的10%（按体积）。在精炼结尾，在3～5min期间吹氮，其强度为0.5～0.6m^3/(min·t)。

在喷吹过程中通过下料仓添加造渣剂（石灰石、萤石精矿）。

精炼完成后无渣金属液倒入浇铸钢包中，金属液倒入浇铸钢包前，若有必要可进行再次脱硫，即往钢包中加入石灰石3～4kg/t镍铁水，萤石精矿1～1.5kg/t镍铁水。钢包中可加入硅铁合金或铝进行脱氧。在钢包中的成品金属浇铸前，温度应在1540～1590℃范围内；如果需要粒化，应不低于1630℃。成品镍铁中的镍含量不低于15%。完成精炼的合格铁水用钢包转运到下一工序进行铸铁块或粒化处理，而渣则装在渣罐中运至炉渣处理工段。

工艺操作的顺序和估计时间：

① 兑入酸性转炉脱硅半成品镍铁　3min；
② 氧化产品　25～30min；
③ 取样（倾炉）和测温　5min；
④ 吹氮　3～5min；
⑤ 出铁　5min；
⑥ 出渣　3min；
⑦ 未考虑到的热停　5min；

共计：49～56min。

在进行转炉吹炼工艺操作时，向底喷嘴送气的程序同酸性转炉。

碱性转炉脱磷、脱碳后精炼镍铁的大致化学成分见表3-59。

表3-59　碱性转炉后金属的大致化学成分

元素	Ni	Si	C	S	P	Fe
质量分数/%	≥15.0	0.20～0.30	0.05	<0.03	<0.03	其余

3.1.5 镍铁粒化

镍铁水除直接用于炼钢外，通常是利用铸铁机铸成块，俗称面包铁（约 10～20kg/块），或通过粒化装置铸成不规则颗粒（颗粒尺寸：2～50mm）作为成品来使用。图 3-45 所示为镍铁铸块与镍铁粒子。

图 3-45 镍铁铸块与镍铁粒子

3.1.5.1 粒化镍铁用途及工艺

粒化是将液态金属固体化为团块或颗粒的一种方法，其制成品的形状不规则，类似于压扁的弹球，颗粒的规格一般为 2～50mm。使用者的运料系统通常要求形状扁平、不规则的颗粒，而非圆形或球形，因为这两种形状容易滚动，从而难以操控。

目前粒化工艺为熔融金属分散成液滴、固化、冷却、干燥、分拣、包装、称重。

（1）粒化镍铁用途　合金颗粒产品主要是用在炼钢厂和铸造厂。如在不锈钢冶炼转炉上的应用，在其生产过程中要求严格控制温度。在脱碳环节，用于冷却熔融金属的材料需要连续不断地加入转炉中。颗粒尤其适合连续加料作业。在加料期间，喷吹环节可以继续进行，不受干扰，这就提高了不锈钢冶炼转炉的生产效率，进而减少耐火材料的损蚀、增加铬的收得率、达到理想的温度。再如，为降低电弧炉冶炼工具钢等特殊钢的生产成本，也可以在生产过程中将含合金材料的颗粒定量加入电弧炉中。

由于颗粒的熔融时间较短，对于冶金行业的大多数熔融工序而言，采用颗粒一般都能减少冶炼时间、降低生产成本、提高生产效率。同时，因颗粒易于运送、传输和存放，还能降低送料成本。

粒化镍铁主要是应用在奥氏体不锈钢的冶炼中，镍铁粒子可以连续、定量地添加到不锈钢生产环节中任何类型的容器中去。主流传统的不锈钢生产工艺方法是在电弧炉中进行粗炼，再将粗炼钢水兑入不锈钢转炉中精炼，如 AOD 炉。在精炼过程中会往熔体中一边吹氩（氮）一边吹氧，主要用于降低碳含量，保证铬元素不被氧化。由于碳氧反应放热，钢水的温度迅速上升，而且事实上温度会上升得非常快以至于有必要往转炉中添加冷却剂，即冷料，从而防止对耐材衬里造成损害。

冷却剂可以块状、片状、条状的形式进行添加。镍铁粒子也能作为冷却剂进行添加。在添加冷却剂的方法上有很大的不同：在添加块状或片状的冷却剂时，精炼作业必须在加料的时候停下来；在添加粒子的时候，连续加料时精炼作业无须停下来。添加粒子原料会有诸多的好处，如精炼周期短、减少出钢到出钢时间和降低成本。镍铁粒子可以连续、定量地加入到转炉以及其他类型的精炼容器中，诸如 AOD 炉、吹氧的转炉、电炉、VOD 炉及感应炉。

但用粒子作冷却剂，其冷却效果明显低，远低于废料或其他形式的镍。然而这样的冷却效果反而是好的，是精炼过程中所追求的均衡、持续的冷却效果。当添加片状冷却剂时，冷却会很迅速。也正是因为此原因，如果要不止一次添加冷却剂的话，有必要停止精炼作业。

当以粒子作为冷却剂时，自动喂料进入转炉而且额外喂料时的速度以及重量均是可控的。精炼作业无须因为加料而停下来。

作为冷却剂的镍铁粒子镍含量相对低一些比较好，如镍含量在20%～25%左右。是因为当我们添加镍铁作为冷却剂时，在精炼作业及冷却工序还没有完成前，熔体内已含有与钢种相当的镍。若加入了过多高镍含量的冷却剂，在未完成冷却步骤前不锈钢中镍含量会过高。理想的冷却剂镍含量还可以更低些，如低至15%～20%。中宝滨海镍业有限公司的产品即是15%～20%。

（2）镍铁粒化工艺　粒化工艺初创于20世纪50年代。最早的粒化设备用于大量粒化高炉生铁，技术简单，同现在仍应用的炉渣粒化工艺，即用水冲液态金属成粒工艺相通。后期开发的工艺用于合金材料的粒化，主要是通过熔融金属流冲击固定圆盘或旋转圆盘进行。

① 水冲熔融金属成粒方法　此法如同目前应用的高炉或矿热炉炉渣粒化工艺。图3-46为埃肯法金属粒化工艺示意图。将水流设定成低速运动，然后让水流冲击由液态金属罐倒出的经溜槽流入粒化池的液态金属，并使其破碎形成金属粒子，粒子经提升机运出粒化池。

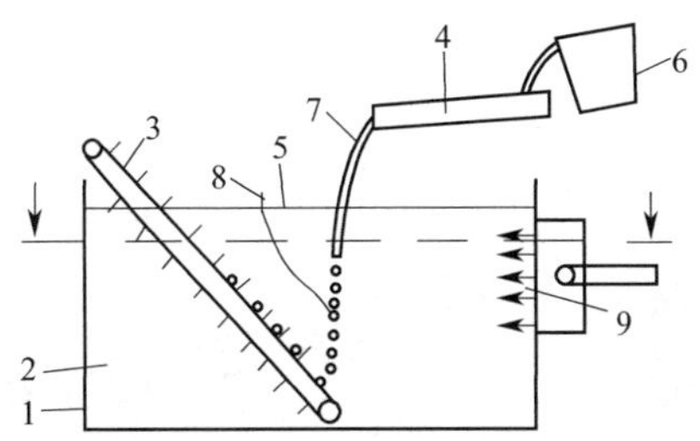

图3-46　埃肯法金属粒化工艺示意图

1—粒化池；2—粒子与水；3—提升机；4—溜槽；5—粒化池水位上限；6—液态金属罐；7—液态金属；8—金属粒子；9—冲击水流

② 熔融金属流冲击圆盘成粒方法　美国ASWT公司GRANTECH粒化法（图3-47）。经液态金属罐倒出的液态金属流入中间包中，中间包在没接触水之前，直接浇注到一块圆盘喷头（耐火材料制作）上，其流量由装在中间包下部的铁水口进行计量。然后冲击到喷头上的熔融金属喷溅形成液滴，金属液滴流分散开来落入下面的粒化罐水中并形成粒子。在粒子沉降过程中，与对流的冷却水进行热交换，完成金属粒子的冷却凝固。在粒化罐水中的粒子再经气体输送至脱水筛，筛上物经回转干燥筒干燥、筛分，合格产品包装储存。其粒化温度1630℃，粒化速度1.5～1.6t/min。

3.1.5.2　镍铁粒化原理

利用熔融金属流冲击圆盘成粒的方法是目前普遍应用的金属粒化方法。本节叙述的是基于这种粒化方法的粒化原理。图3-48所示为镍铁粒化工艺流程图，其工艺流程如下：镍铁水由铁水包倒出经溜槽、中间包（图3-49）流出，铁流冲击到位于粒化罐中心的耐火喷头上，喷头使铁水溅出液滴，这些液滴成伞状均匀地散落于粒化罐内水的表面形成铁粒（图3-50）。在铁粒沉降到粒化罐底部的过程中，铁粒与对流的冷却水发生热交换，完成铁粒的冷却、凝固并沉淀到粒化罐的底部。由压缩空气、高压水和输送管路组成的喷射系统，将罐底的铁粒经减速器送入脱水筛，经脱水筛分后的铁粒又被送入带有滚筒筛的回转干燥筒进一步干燥筛分，小于2mm的碎粒子被剔除，2～50mm成品粒子再经皮带运至高位料仓、粒铁打包机装袋、储存，发运至客户。

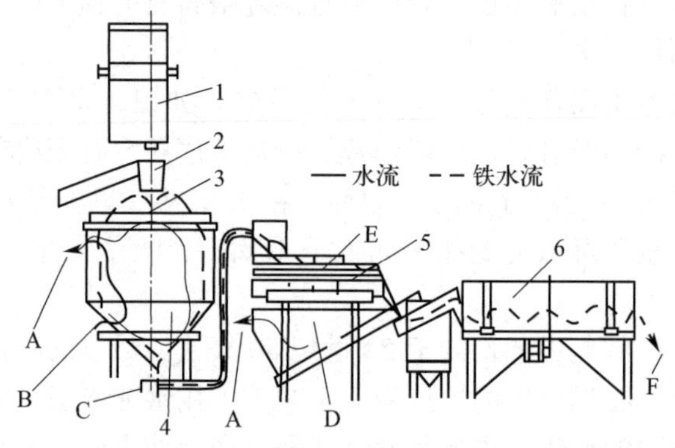

图 3-47 美国 ASWT 公司 GRANTECH 粒化法工艺流程图

1—液态金属罐；2—中间包；3—圆盘喷头；4—粒化罐；
5—脱水筛；6—回转干燥筒；A—回水至热水池；
B—自冷水池的进水；C—喷射器进水；D—沉降；E—脱水；F—至储料区

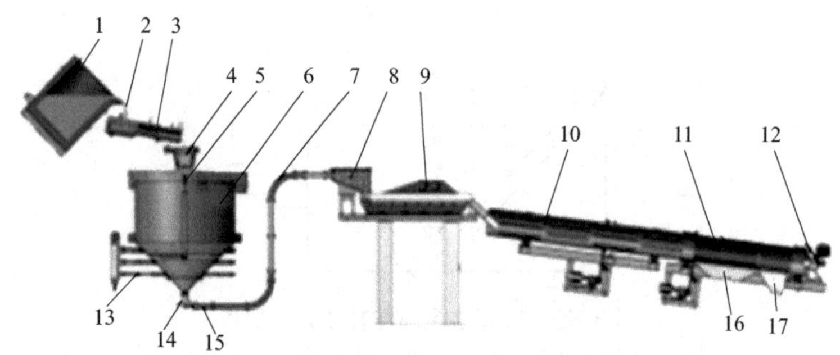

图 3-48 镍铁粒化工艺流程图

1—镍铁水罐；2—镍铁水；3—溜槽；4—中间包；5—喷头；6—粒化罐；
7—喷射系统；8—减速箱；9—脱水筛；10—回转干燥筒；
11—滚筒筛；12—燃烧器；13—进水管；14—喷射水进口；
15—喷射压缩空气入口；16—<2mm 碎粒子；17—2～50mm 粒子（合格品）

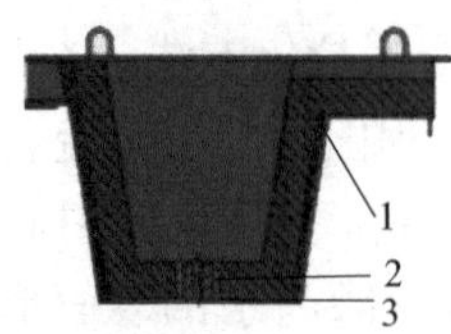

图 3-49 中间包

1—中间包；2—水口；3—水口座

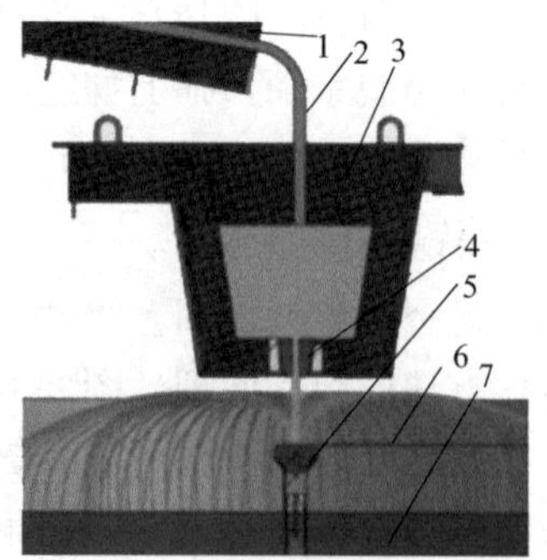

图 3-50 镍铁粒化过程

1—溜槽；2—铁水；3—中间包；4—水口；
5—喷头；6—伞状铁水滴；7—粒化水池

镍铁最理想的颗粒通常要求2～50mm，且要求形状不规则。碎粒太多会导致产率太低，颗粒太大可能使粒化系统堵塞，导致粒化罐内发生蒸气爆炸。因物料运送系统处理不规则形状的颗粒要比处理圆形或球形颗粒方便，所以冶炼厂需要形状不规则的粒子。

（1）化学性质对粒化工艺的影响　镍铁水的化学性质对金属粒化的结果非常重要，用下面的例子予以说明。假定粒化镍铁的化学成分列于表3-56。

表3-60　假定粒化镍铁的化学成分

元素	Ni	Si	P	S	C	Fe
含量/%	15～25	0.2	0.03	0.03%	0.03%	其余

① 化学元素的影响　对于颗粒的形状而言，某些元素起着重要的作用。这些元素的含量太低，形成的颗粒可能极不规则，并因此导致一些问题，如排出难度大、散装密度低、给料机难以处理、外观形状不好无法吸引客户。这些元素的含量太高，形成的颗粒形状可能会太圆，这样会导致散落到地上的产品四处滚动而带来不便。

铝是镍铁热量的关键元素之一。铝的含量低，金属熔液的黏性会降低；铝的含量高，产生的颗粒形状就会圆。因此，铝的含量低，才能制造出大且形状不规则的颗粒。

② 表面张力　表面张力是液体表面抵抗外力的一种属性。熔融金属的表面张力主要因Si、Mn和Al的含量而异。一般来说，这些元素的含量低，表面张力就低；这些元素的含量高，表面张力就高。如果熔融金属表面张力大，粒化难度就会加大，因为金属会塞满铁水口，并垂积在粒化头上。如果熔融金属表面张力小，形成的颗粒会不规则并且变形。

③ 黏性　黏性表明流体流动的内阻力，可以认为是衡量流体摩擦的指标。如果熔融金属黏性高，冲击喷头的熔融金属流就不会喷溅为成千上万的熔滴，进而形成颗粒，只会形成大的“饼状物”。原因在于冲击能太低，无法使熔融金属流喷散开。

④ 氧化　即熔融金属与氧相结合，可能会影响颗粒的大小和形状。熔融金属流冲击喷头四处喷散开的时候，金属“伞”的表面积非常大。这么大的表面积同空气相接触，可能会发生氧化。氧化物的熔点比金属高，这样会导致颗粒提前固化，形成不规则并且变形的颗粒，无法达到要求的形状。

（2）温度对粒化工艺的影响　粒化过程中熔融金属的温度极其重要。温度不仅影响黏性，也影响氧化能力。一般而言，温度越高，颗粒越小。如果熔融金属的温度低于液相温度，那么熔融金属内不仅存在液相，还存在固相。含Ni 25%、Fe 75%的合金的液相温度为1475℃，含Ni 15%、Fe 85%的合金的液相温度为1500℃。

粒化温度必须比液相温度高至少150℃。也即，对于含Ni 25%的镍铁合金，粒化温度需要为1625℃；对于含Ni 15%的镍铁合金，粒化温度需要为1650℃。

温度也会影响表面张力。温度高，表面张力小，熔融金属容易进行伞状粒化。温度低，表面张力大，熔融金属冲击喷头后不容易四处散开，形成的伞状闭合、稠厚，导致出现形状非常不规则并且过大的颗粒。

由于温降存在，因此需要额外高温。建议温度高出液相温度200℃。铁水包离开精炼站后，金属就不再受热。在出铁工序、铁水包运到铁水包倾倒器的过程中、铁水包注入溜槽的过程中、溜槽内从溜槽流入中间包的过程中、从铁水口流向喷头的过程中温降，降温速度为1.5℃/min。温降一直持续到铁水包倒空为止，铁水包内熔融金属越少，温降越大。

铁水包放到铁水包倾倒器里面时镍铁的最低温度不得低于1630℃。这一数字并不精确，只具有指导作用，因为具体温度的确定需要对熔融金属进行确切的分析。最佳粒化温度的确定通常在启动阶段进行。每次粒化前都要记录熔融金属的温度，具体是在铁水包离开精炼站前。如果从记录结果得出的结论为金属温度太低，不适合粒化，那么应将铁水包送到铸铁机浇注成锭块。

（3）冲击能对粒化工艺的影响　如果金属的化学性质和温度恒定不变，那么颗粒的尺寸会取决于冲击能。冲击能指熔融金属流冲击喷头时势能的大小。势能的大小同金属冲击喷头后四面散开形成的金属“伞”的大小成正比。冲击能越大，金属“伞”越大。调整好喷头距水口和水面的位置非常关键，图 3-51 所示喷头距水口和水面的位置。

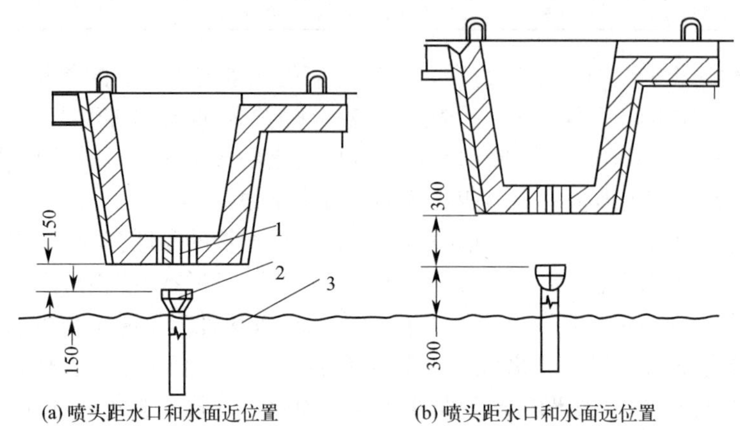

图 3-51　喷头距水口和水面的位置

1—水口；2—喷头；3—粒化池水面

① 水口与喷头之间的距离对粒化工艺的影响　该距离即镍铁水下落的距离。下落距离越大，冲击能越大。若减少该距离，那么冲击能会降低，颗粒会变大。冲击能降低还会导致喷头上金属垂积以及可能发生蒸气爆炸；若加大该距离，那么冲击能会升高，颗粒会变小。冲击能升高不太会导致喷头上金属垂积或发生蒸气爆炸，但颗粒变小后会从最终产品中剔除，从而降低粒化工艺的生产率。

水口与喷头之间的最佳距离在调试时确定，确定好以后就固定下来。

② 喷头与粒化罐水面之间的距离对粒化工艺的影响　该距离决定了金属“伞”落入水中以喷头为圆心的金属“伞”在水面的投影圆的直径大小。若缩短该距离，会减小冲击能对颗粒大小的影响。由于冲击能仍然较大，熔融金属流冲击喷头后喷溅开形成的金属“伞”形状仍然较大，但由于喷头距水面的距离近，熔滴入水的距离也会缩短。也就是说金属“伞”比较集中于粒化罐内的一小片地方，容易引起工艺用水局部过热，从而产生蒸气爆炸危险。另外，由于喷头距水面近，工艺用水会对喷头进行冷却，从而使喷头上形成更多的金属垂积。

③ 中间包金属熔液的液位对粒化工艺的影响　中间包内熔融金属的液位决定熔融金属流的静压力。中间包内注入的熔融金属越多，熔融金属流的静压力就越大，进而冲击能就越高。

若降低中间包内熔液的液位，那么静压力和冲击能都会减小。此外，中间包内液位低还可能导致粒化罐熔液流出现紊流，进而导致熔滴喷洒的伞状不规则，最坏的情况是喷溅到设备上。还有一种可能是导致熔渣在水口内冻结。

若增加中间包内熔液的液位，那么静压力和冲击能都会升高。此外，液位高意味着净空间减小，从而增加熔融金属溢入紧急溢流槽的可能。

图 3-52 所示为中间包熔液的液位对粒化“伞”影响的示意图。其中图(a) 表示中间包内熔融金属高位时的粒化“伞”形状，此时，“伞”较大、“伞”翼是展开的；图(b) 表示中间包内熔融金属理想位置时的粒化“伞”形状；图(c) 表示粒化快结束时的粒化“伞”形状，此时，“伞”很小，“伞”翼是萎缩的，由于中间包内熔液液位偏低，导致形成金属堆积(钟乳状)。

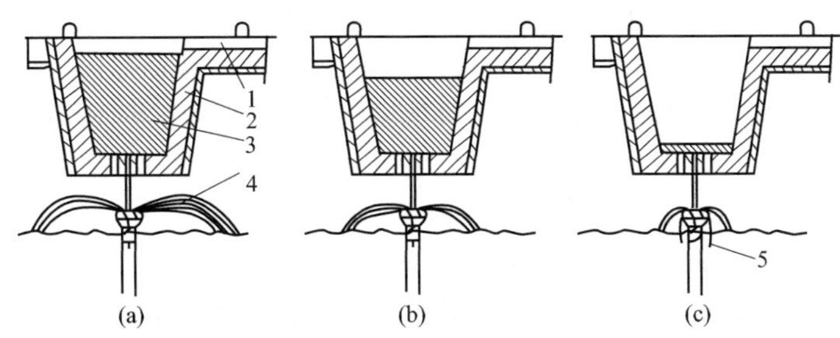

图 3-52 中间包熔液的液位对粒化“伞”影响

1—紧急溢流槽；2—中间包；3—熔融金属；4—粒化“伞”；5—金属堆积

④ 喷头的表面积对粒化工艺的影响 喷头的表面积对冲击能的吸收有影响。若喷头的表面积加大，则可以吸收更多的冲击能。这样，生产的颗粒尺寸较大，但喷头上形成金属垂积的可能也会增加。

总而言之，要想浇注出满足客户要求的颗粒尺寸与形状，在充分掌握影响粒化工艺的不同因素前提下，还要通过在不同条件下反复进行试验，找到浇注最佳颗粒的相关参数。

3.1.6 高品位镍铁冶炼

为了获得高品位镍铁，利用选择性氧化的原理，采用吹氧转炉吹炼。在转炉吹炼的过程中，因大量的金属铁被氧化入渣使镍得到富集，获得高品位镍铁。由于大量的金属铁被氧化放热使得炉温升高，此时用红土镍矿作为冷却剂比较合适，在冷却的同时，还能给转炉以简单而又廉价的镍和氧，可以抵消部分甚至全部处理费用。

虽然铁优先镍被氧化，但随着镍铁品位的提高，镍铁中镍被氧化的量逐渐加大，即炉渣中 NiO 的含量随合金-镍铁品位的提高而提高，因而合金品位的提高受到限制。有研究表明，当合金富集到 60%时，渣中含镍量迅速升高。将产出的富镍渣返回处理，用吹氧的方法可将合金富集到所要求的任何品位，并能获得较高的镍回收率，这样做在经济上是有利的。希腊拉瑞姆纳矿业公司已把合金品位提高到镍和钴占 90%，而镍的回收率仍可达到 97.18%。勒阿弗尔镍精炼厂通过二次空气吹炼可获得含镍 92%～95%的高镍铁。

3.1.6.1 氧气吹炼镍铁合金阳极工艺

氧气吹炼镍铁合金阳极工艺，参见 6.22 拉瑞姆纳镍冶炼厂。

3.1.6.2 二次空气吹炼再熔镍铁合金阳极工艺

二次空气吹炼再熔镍铁合金阳极工艺，参见 6.2 勒阿弗尔镍精炼厂。

3.2 镍锍的冶炼

镍锍的冶炼是火法处理红土镍矿的两种方法之一。锍是铜、镍等有色金属冶炼过程（造锍熔炼或硫化还原熔炼等）中生产出的中间产品，是各种金属硫化物的互熔体。熔炼红土镍矿所得的锍，其主要组成为硫化镍和硫化亚铁，称为镍锍，又称冰镍。冶炼过程中，原料中的大部分贵金属进入锍中。红土镍矿火法镍锍的冶炼包括造锍熔炼和低镍锍的吹炼。红土镍矿造锍熔炼别于硫化镍矿造锍的氧化熔炼，其是还原硫化熔炼；低镍锍的吹炼是氧化冶炼。

从红土镍矿获得高镍锍或粗金属镍的工艺流程一般为：红土镍矿—干燥—焙烧—还原硫化熔炼获得低镍锍（其中包括先还原成镍铁再硫化成镍锍）—氧化吹炼获得高镍锍或粗金属镍—铸成阳极或其他镍产品。图 3-53 所示为印尼淡水河谷（PTVI）高冰镍冶炼工艺流程。它是一个典型的利用 RKEF 工艺，在回转窑窑头出料端加入液态硫黄，矿热炉还原硫化熔炼成低镍锍（Ni 26%），低镍锍再经转炉吹炼成高镍锍（Ni 78%），水淬高镍锍，粒化成品的工艺流程。

镍锍只是一种中间产品，尚需进一步精炼以获得金属镍或镍化合物。如高镍锍再经火法处理，氧化焙烧产出氧化镍，将所得的氧化镍进一步还原冶炼得金属镍；高镍锍再经湿法处理，高镍锍或粗金属镍阳极-电解精炼得金属镍。高镍锍硫酸或盐酸浸出-电解沉积或氢还原得金属镍。这些高镍锍后接湿法流程工艺将在第 5 章中讲述。

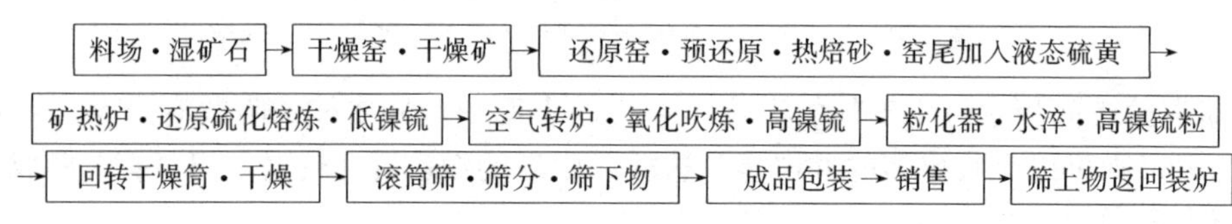

图 3-53　印尼淡水河谷高冰镍冶炼工艺流程图

3.2.1　造锍熔炼目的及原理

红土镍矿的造锍熔炼是还原硫化熔炼，其与镍铁熔炼的一个明显区别就是加入硫化剂。其加硫的方式有多种：向固体炉料加入（如向红土镍矿中加入硫化镍矿、向焙砂中加入）、向熔融的炉料中加入（包括向熔融的镍铁水中加入）；向混料机、焙烧窑（炉）、熔炼炉、专门硫化炉中加入。人为加入硫，经熔炼工艺制造镍、铁的硫化物形成镍锍，即造锍。

（1）造锍熔炼目的　红土镍矿造锍实质上就是在还原熔炼的过程中加入一定量的硫元素，使本应产出的镍铁成为镍锍。本来“干净”的镍铁为什么要加入硫元素？

造锍（加入硫）主要有四个目的：一是当造锍熔炼时，在获得高品位镍锍的同时可获得镍钴的高回收率；二是当低镍锍吹炼时，在获得高镍锍的同时，也可获得高的镍回收率；三是在低镍锍吹炼中，氧和硫的反应可以放出大量的热，使得吹炼有较充分的自热；四是最原始的目的。在镍冶金的早期，在挪威和德国，硫化镍矿是镍金属的主要来源，借用了铜和其他硫化物的冶炼工艺，采用的是造锍熔炼。因此在造锍熔炼及对锍的后期处理等方面已经积累了相当多的经验和工艺装备，当人们开始开采新喀里多尼亚的红土镍矿时，他们转向了镍锍熔炼工艺，使其成为火法处理氧化镍矿的两种工艺之一。

（2）造锍熔炼原理　红土镍矿造锍熔炼时进行的是还原、硫化反应。首先是矿石中某些金属氧化物被还原剂如碳，选择性地还原成金属 Me，如 Ni、Co、Fe，这些被还原出来的金属又被加入的硫元素硫化成金属硫化物 MeS，如 Ni_3S_2、CoS、FeS。富集过程是利用金属的硫化物 MeS 与含 SiO_2 的炉渣不互溶及密度差的特性而使其分离。由于红土镍矿是氧化镍矿，本身不含硫，为了造锍则需要另外配入含硫的物料。常用的硫化剂主要为石膏（$CaSO_4 \cdot 2H_2O$），其次为黄铁矿（FeS_2）等。因此，在造锍熔炼时有三种反应发生：

① 分解反应　石灰石（$CaCO_3$）的分解反应（超过908℃）：

$$CaCO_3 = CaO + CO_2$$

硫化剂的分解反应：

a. 用黄铁矿（FeS_2）作硫化剂（超过600℃）：

$$FeS_2 = FeS + \frac{1}{2}S_2(气)$$

黄铁矿的分解是不希望的，因为分解反应在炉子上部发生，生成的硫会以硫蒸气 S_2 逸出或被氧化成 SO_2 为烟气所带走。这样使硫化剂中的部分硫没有参与硫化反应。

此外，由于黄铁矿的分解常伴有崩裂作用，形成大量碎块，这些碎块也易被烟气所带走造成硫化剂消耗过高。再者，黄铁矿分解产生的 FeS 可直接进入熔锍而降低其品位。为此，黄铁矿在应用上受到某些限制，许多工厂都喜欢采用较难分解的石膏作硫化剂。但采用黄铁矿作硫化剂时，因其硫含量高，可减少焦炭消耗。

b. 用石膏（$CaSO_4 \cdot 2H_2O$）作硫化剂，在有炉渣存在的条件下受热：

$$CaSO_4 \cdot 2H_2O = CaO + SO_3 + 2H_2O$$

② 还原硫化熔炼还原反应

a. 金属氧化物的还原反应　设用还原剂 X 还原金属氧化物 MeO 的反应为：

$$MeO + X = Me + XO$$

若用焦炭作为还原剂，即 CO 气体和固体焦炭，其还原剂 X 即为 CO 和 C，则金属氧化物（MeO）的总还原反应式为

$$MeO + C(CO) = Me + CO(CO_2)$$

最易还原的氧化物是 NiO，在700～800℃时就以相当快的速度还原。铁氧化物还原的顺序为：当 $T<570$℃时，$Fe_2O_3 \rightarrow Fe_3O_4 \rightarrow Fe$；当 $T>570$℃时，$Fe_2O_3 \rightarrow Fe_3O_4 \rightarrow FeO \rightarrow Fe$。一定量的铁氧化物被还原成金属铁是所希望的，因为金属铁可使硫化过程加速。但是炉内还原程度高，以镍铁形式存在的金属铁量会增多。在造锍熔炼的温度下，镍铁在镍锍中的溶解度有限，析出成为炉结，给生产造成麻烦。还原程度过低会降低镍的回收率。

镍锍成分可通过加入焦炭和硫化剂的量来调整，焦炭和石膏加入越多，镍锍中硫和铁的含量越高，镍锍含镍量相对越低，镍锍品位越低，则渣中含镍越低，但随后吹炼除铁的费用则越高。因此，应正确平衡这些因素，确保最佳的镍锍品位。通常红土镍矿为贫矿（含镍0.5%～1.5%），故镍锍品位不易提高，一般含镍10%～20%。

b. 硫酸钙被直接还原生成硫化钙

$$CaSO_4 + 4CO = CaS + 4CO_2$$

③ 还原硫化熔炼硫化反应　某些金属（如 Fe、Cu、Ni 等）具有不同价态的硫化物，其高价硫化物在中性气氛中受热到一定温度，即可发生如下分解反应，产生硫单质和低价硫化物，如火法镍冶炼中常遇到硫化物的热分解反应：

$$FeS_2 = FeS + \frac{1}{2}S_2(气)$$

$$2CuS = Cu_2S + \frac{1}{2}S_2(气)$$

$$3NiS = Ni_3S_2 + \frac{1}{2}S_2(气)$$

可见，在高温下低价硫化物是稳定的。因此，在火法冶金过程中实际参加反应的是金属

的低价硫化物。

由于硫的沸点低，仅为444.6℃，由金属硫化物热分解出的硫，在通常的火法冶金温度下都是气态硫。在不同的温度下，这种气态硫中含有多原子的S_8、S_6、S_2和单原子的S，其含量变化取决于温度。在作业温度1000～1500K时，呈双原子的气态硫存在，即S_2。

在火法冶金的温度下，二价金属硫化物的分解-生成反应可用下列通式表示

$$2Me+S_2(g)=\!=\!=2MeS$$

当Me和MeS为纯物质时，MeS的分解压p_{s_2}与反应的平衡常数$K^{\ominus}$及吉布斯自由能$\Delta_r G_m^{\ominus}$的关系式：

$$\Delta_r G_m^{\ominus}=-RT\ln K^{\ominus}=RT\ln(p_{s_2}/p^{\ominus})$$

$$K^{\ominus}=\frac{1}{p_{s_2}/p^{\ominus}}$$

硫化物的吉布斯自由能与温度的关系如图3-54所示。类似于氧势图的分析方法，根据各种金属硫化物的$\Delta_r G_m^{\ominus}$值判断其稳定性。从图中可以看出大多数硫化物生成反应的$\Delta_r G_m^{\ominus}$随温度的升高而增大，其反应的趋势随温度的升高而减小，与氧化物大致相同。但在同一温度下，硫化物的稳定性比氧化物小，一般金属和硫的亲和力比和氧的亲和力小一半（贵重金属的硫化物除外），所以在红土镍矿造锍熔炼时，先是利用还原剂还原金属氧化物为金属，再将被还原成金属的元素硫化成金属硫化物，即镍锍。所以可以将低镍锍吹炼成高镍锍；所以镍锍氧化焙烧为氧化物或硫酸盐，可以进行还原熔炼或湿法处理；所以在钢铁冶金中利用某些金属元素，如Mg、Ca等和硫的亲和力很大，可以除去有害杂质S。

红土镍矿还原硫化造锍熔炼过程中有硫化反应发生。以石膏为硫化剂时，石膏会发生分解反应，生成CaO、SO_3。金属氧化物在还原气氛下，被还原的同时，金属又与硫发生硫化反应：

$$3NiO+9CO+2SO_3=\!=\!=Ni_3S_2+9CO_2$$

$$3NiSiO_3+9CO+2SO_3=\!=\!=Ni_3S_2+3SiO_2+9CO_2$$

$$FeO+4CO+SO_3=\!=\!=FeS+4CO_2$$

$$\frac{1}{2}Fe_2SiO_4+4CO+SO_3=\!=\!=FeS+\frac{1}{2}SiO_2+4CO_2$$

$$3NiO+2FeS+Fe=\!=\!=Ni_3S_2+3FeO$$

$$3NiSiO_3+2FeS+Fe=\!=\!=Ni_3S_2+\frac{3}{2}Fe_2SiO_4+\frac{3}{2}SiO_2$$

硫酸钙被还原成硫化钙，与铁、镍的氧化物反应生成镍锍，氧化钙则入渣。产物镍锍由FeS、Ni_3S_2组成，熔融镍锍送转炉吹炼成高镍锍。

3.2.2 造锍熔炼造渣

冶金炉渣是指高温下由各种氧化物形成的熔体。造锍熔炼造渣与镍铁熔炼造渣有所不同，同时，锍的密度比镍铁的密度又小很多。硫化镍矿熔炼是通过选择性氧化将铁和硫造渣去除。铜、镍对硫的亲和力近似于铁，但铁对氧的亲和力大于铜和镍，更易氧化为FeO，且有大量的FeO生成，如果没有足够的SiO_2熔剂与其造渣，FeO将继续氧化成Fe_3O_4，使渣中铁含量增加，渣密度增加，使渣能溶解更多的硫化物，增加金属损失。为了使炉渣和低镍锍更好地分离，渣中损失金属少，必须使炉渣密度小，需要加入石英（SiO_2），按2FeO+

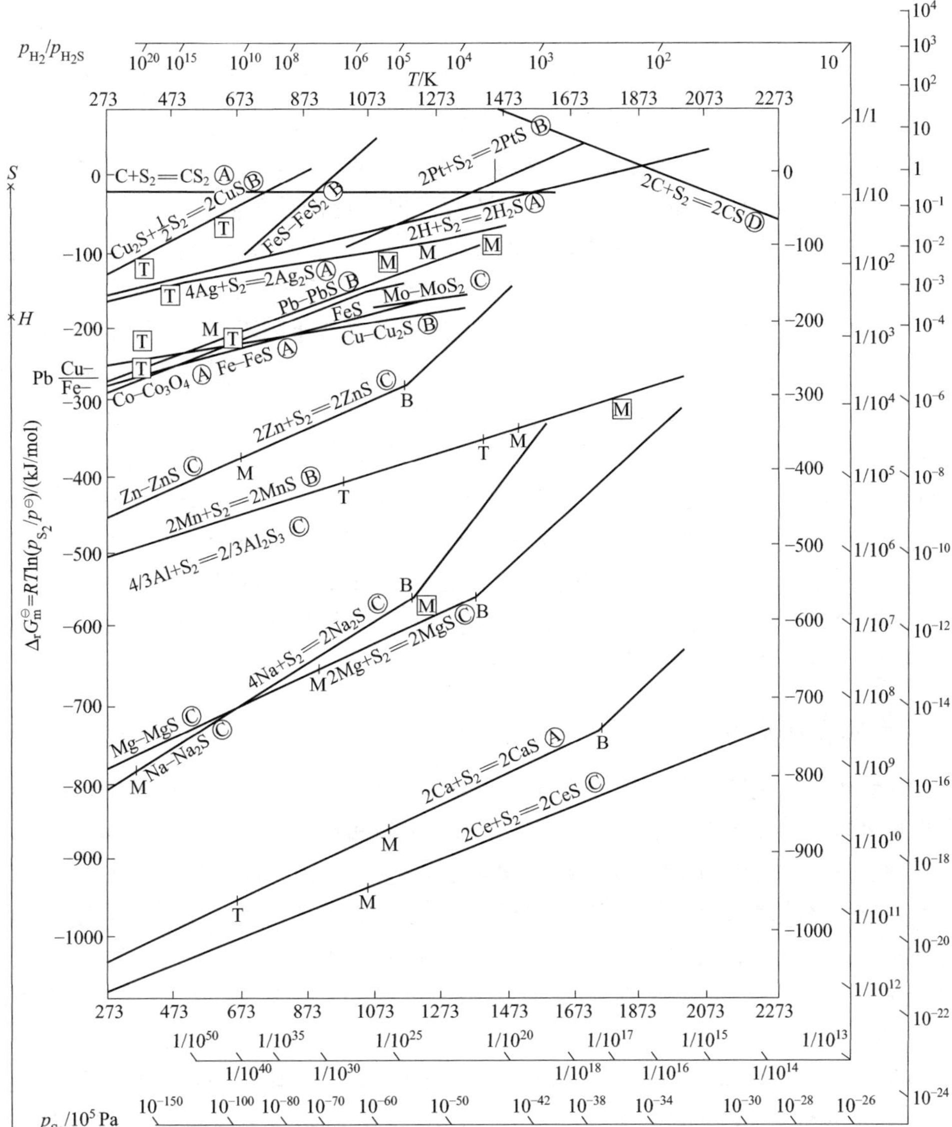

图 3-54　硫化物的吉布斯自由能与温度的关系图

准确度符号：Ⓐ±4kJ；Ⓑ±12kJ；Ⓒ±42kJ；Ⓓ>42kJ

相态变化符号：相变点 T；熔点 M；沸点 B；升华点 S

图中不加方框的为元素，加方框的为氧化物

SiO_2 ══ $2FeO \cdot SiO_2$、$3Fe_3O_4+FeS+5SiO_2=5(2FeO \cdot SiO_2)+SO_2$ 反应造渣。同时，矿石含镁高，氧化镁熔点为 2800℃，加入石英可使氧化镁按 $2MgO+SiO_2$ ══ $2MgO \cdot SiO_2$ 反应造渣。

炉渣密度取决于炉渣的成分。渣中几种主要成分的密度如表 3-61 所示。从表中数据知，渣含铁高则渣密度大，渣含 SiO_2 高则渣密度小。通常炉渣密度小于 $3.0g/cm^3$。而锍的密度在 $4.6\sim5.0g/cm^3$，其中 FeS 密度为 $4.6g/cm^3$，Ni_3S_2 密度为 $5.3g/cm^3$，Cu_2S 密度为 $5.7g/cm^3$。

表 3-61 渣中几种主要成分的密度

氧化物	Fe_3O_4	FeO	Al_2O_3	MgO	CaO	SiO_2
密度/(g/cm^3)	5.18	5.0	3.6	3.2～3.6	3.32	2.5

红土镍矿不论是熔炼镍铁还是造锍熔炼过程，均是有选择性的还原，所产炉渣含 SiO_2、MgO 均很高，而 FeO 含量一般很低，基本上不是含铁型渣，而为硅酸镁钙型渣。因此，不用像硫化镍矿造锍熔炼那样加石英（SiO_2）造渣。但若选用低镍高铁低硅红土镍矿熔炼高品位镍锍时，通常这类矿含镁也较低，则要考虑锍与渣的密度差问题：随着镍锍品位的提高，锍中 Ni_3S_2 提高了，FeS 减少了，锍的密度增加了，而渣中 FeO 增加了，渣的密度也增加了。因此，锍与渣的密度差变大则有利于锍渣熔分，变小则不利于锍渣熔分。

总之，红土镍矿造锍熔炼要求采用高硅低铁炉渣。其理由是：高硅低铁炉渣可以使难熔的成分 MgO、Fe_3O_4 熔化，避免析出难熔的横隔膜。因温度梯度的存在，熔体在高温状态下熔解的难熔物在温度降低时有析出的可能，这些难熔物若析出，则在渣层与低锍层间形成一种熔点高、黏度比重介于炉渣与低锍之间的横隔膜层。横隔膜主要由熔点相当高的钙镁橄榄石、磁性铁、硅灰石等矿物组成。横隔膜的危害：严重影响炉渣和低锍的澄清分离，对降低渣含金属非常不利；含 SiO_2 高的酸性炉渣密度低，则对镍锍的熔解度低，即对镍的熔解度低，渣中镍含量低，镍的损失低；渣中 FeO 含量高，则炉渣密度高，对镍锍的熔解度高，即对镍的熔解度高，渣中镍含量高，镍的损失高。

3.2.3 造锍熔炼工艺

红土镍矿还原硫化造锍熔炼是将矿石中的镍、钴和部分铁还原出来使之硫化，形成金属硫化物的共熔体，即锍与炉渣分离。其与硫化镍矿的造锍熔炼有着本质的不同：

① 两种冶炼方式硫的来源不同。硫化镍矿冶炼时，矿石中的矿物如黄铁矿、黄铜矿和磁黄铁矿本身即是硫的来源；红土镍矿冶炼时，由于红土镍矿是氧化镍矿，本身不含硫，为了造锍则需要另外配入含硫的物料。常用的硫化剂主要为石膏（$CaSO_4 \cdot 2H_2O$），其次为黄铁矿（FeS_2）等。天然石膏含硫量不超过 17%，若采用石膏，则其不含铁，不含铜，所含的 CaO 还可作为一种有用的熔剂。

② 两种冶炼方式化学反应不同。硫化镍精矿的造锍与硫化铜精矿一样属于氧化熔炼。通过氧化熔炼分离除去铁的硫化物和 SiO_2、MgO、CaO、Al_2O_3 等杂质，造锍使镍、铜、钴等和贵金属得到富集；红土镍矿的造锍是还原硫化熔炼，通过还原硫化造锍生成由镍、钴和铁的硫化物组成的镍锍，使镍、钴等金属富集。

③ 以鼓风炉为例，两种冶炼方式均向鼓风炉内加入焦炭，但其焦率（用焦对用原矿或烧结块比）及其用途不同。硫化镍矿鼓风炉熔炼焦率较低，对烧结块一般为 10%～18%，对原矿为 15%～25%。而红土镍矿鼓风炉熔炼焦率相对要高约一倍。前者用焦炭的目的是补充炉子的热量。因为硫化镍矿与烧结块的鼓风炉熔炼属于典型的半自热熔炼。虽然硫化镍矿中的 FeS 氧化及氧化物的造渣属于放热反应，但仍需要再配入占炉料量 9%～14%的焦炭以补充炉子所需要的全部热量；而后者用焦炭的目的是提供炉内反应所需的热量并作还原剂。因为红土镍矿的熔炼是还原硫化熔炼，除配入足够量的硫化剂外，还需要配入 20%～30%的焦炭，以使炉内具有一定的还原气氛并保证炉内反应所需的热量。造锍熔炼一般在鼓风炉和矿热炉中进行，也可将还原熔炼后得到的镍铁，为保镍铁产线也存在，可将镍铁倒入另一个硫化炉中进行硫化熔炼获得镍锍。中国恩菲公司推出了侧吹浸没燃烧熔池炉进行造锍

熔炼。其在侧吹浸没燃烧熔池熔炼技术（Side-Submerged Combustion Smelting process，SSC）的基础上，增设了保证高效渣-锍分离、电极补热的手段，即电热前床，定义为射流熔炼-电热分离炉（Blowing Reduction Electric Furnace，BREF），但应需要工业化试验。

3.2.4 鼓风炉镍锍熔炼

鼓风炉熔炼分为氧化熔炼法，如铜精矿、硫化镍矿等硫化矿物的造锍熔炼；还原熔炼法，如红土镍矿熔炼产出镍铁及铅烧结矿（氧化焙烧）的熔炼；还原造锍熔炼法，如红土镍矿还原硫化造锍熔炼。

鼓风炉熔炼是世界上最早从红土矿石中提炼镍的方法，是1879年在新喀里多尼亚应用的。1863年发现红土镍矿后，首先用鼓风炉还原硫化熔炼工艺处理难熔的镁质硅酸盐红土镍矿。

鼓风炉的炉料一般为块状，燃料为焦炭。炉料分批从炉顶加入，形成料柱。空气由下部风口鼓入，焦炭在风口区燃烧，形成高温熔炼区。炉料在此激烈反应，不断熔化。还原熔炼时，熔体在炉缸内澄清，分别放出金属和炉渣。造锍熔炼时，熔体经本床流入前床，澄清分离出锍和炉渣。热烟气穿过炉料上升至炉顶排出过程中，炉料预热并发生部分熔炼化学反应。

典型的鼓风炉熔炼红土镍矿工艺流程如图3-55所示。由于红土镍矿疏松易碎、含粉土多、含水多，不易直接装入鼓风炉中熔炼，一般需要先将矿石破碎、筛分、配料或干燥等，再经制团或烧结成块后才入炉熔炼。

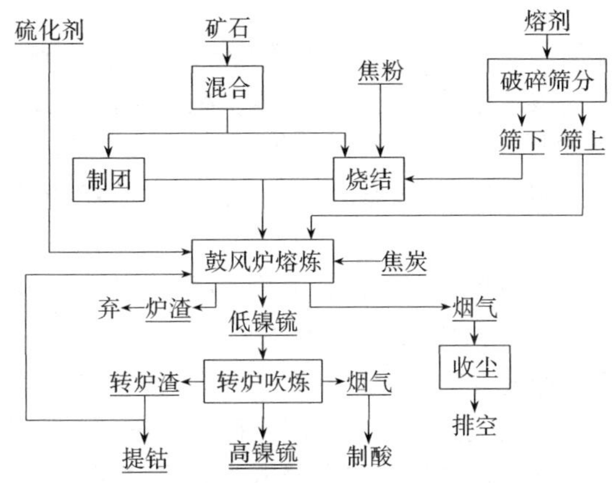

图3-55 典型的鼓风炉熔炼红土镍矿工艺流程

炉料由团矿（物理制团）和烧结矿、硫化剂和熔剂组成。此外，加入约炉料20%～30%焦炭。炉料与焦炭按比例分批次地由鼓风炉炉顶加入炉中，大量焦炭在风口区燃烧（鼓入热风），使风口区附近的炉温升到1700℃以上并产生大量的CO、SO_3及H_2、CO_2等气体。炉料向下运动、高温炉气向上流动，逆向流动促使炉料预热、脱水、分解、还原、硫化、熔化等。鼓风炉熔炼结果使固体炉料熔化，产出低镍锍和炉渣，使得镍、钴得到富集，并与炉渣分离。低镍锍再经转炉氧化吹炼，产出高镍锍、转炉渣和含硫烟气（送制酸）。此工艺加硫化剂的方式是向熔炼炉中加入。

3.2.5 矿热炉镍锍熔炼

矿热炉镍锍生产工艺流程：红土镍矿经干燥等处理后，入回转窑进行选择性还原，并在窑尾喷入熔融硫黄使金属镍和铁硫化，然后加进矿热电炉还原硫化造锍熔炼产出镍锍。

危地马拉和印度尼西亚为了使用当地含硫的燃料，选择矿热炉生产镍锍。危地马拉的红土镍矿成分：Ni 2.1%，Fe 18.6%，SiO_2 32.5%，MgO 20.8%。用干燥窑干燥至含水18%～20%。还原回转窑（ϕ5.5m×100m）还原硫化段温度900℃，在回转窑出口处喷入熔融硫进行还原硫化。再将热焙砂投入矿热炉（功率45MVA，ϕ18m三电极）中进行还原硫化熔炼，产出镍锍和炉渣。镍锍成分：Ni 32.4%，Fe 57.2%，S 9.5%。炉渣成分：Ni 0.2%，Fe 18%，S 0.3%，SiO_2 42%，MgO 27.7%。

矿热炉产出的低镍锍再送到两台卧式转炉（直径7.6m，长4m）吹炼，产出高镍锍和转炉渣。高镍锍成分：Ni 76.7%，Fe 0.6%，S 21.7%，将其水碎干燥后作为成品出售。

印度尼西亚的红土镍矿成分和生产情况与危地马拉基本相同，不同的是印尼低镍锍吹炼采用的是氧气顶吹旋转转炉，而不是卧式转炉。

3.2.6 矿热炉熔炼镍铁+转炉熔炼镍锍

早在1977年就有文章介绍法国镍公司多尼安博电冶炼厂（新喀里多尼亚）的矿热炉熔炼镍铁+转炉熔炼镍锍工艺。该工艺是将上部工序矿热炉生产的粗镍铁（Ni 22%～28%、C 1.2%～1.8%、Si 1%～3%、S 0.23%～0.30%）在托马斯转炉初步精炼，再装入60t水平式贝氏转炉，加入适量硅石，喷入液态硫，使金属液硫化，得含S 8%～10%的低镍锍。低镍锍在此转炉中鼓风一次除铁，得中间产品，其平均成分：Ni 60%、Fe 25%、Co 1%～1.5%，余量为硫。中间产品倒入另一座20t水平式转炉，进行二次鼓风精炼，加入硅石，得可出售的高镍锍（Ni 75%）。该车间年产3万吨金属镍的高镍锍。可见，精炼镍铁在水平酸性转炉造低镍锍，造锍后将低镍锍吹炼成高镍锍经过了两个阶段，即吹炼阶段和精炼阶段。吹炼阶段的目的是除去镍锍中的大部分铁和硫。精炼阶段的目的是使富镍锍的品位进一步吹炼到高镍锍。在吹炼阶段不断有新的镍锍加入，不断吹炼，直至富镍锍约含镍60%，铁20%左右。待转炉内有足够数量的富镍锍时吹炼阶段即告结束，将富镍锍集中倒入另一台转炉中进行精炼。

此工艺实现了用同一台矿热炉生产镍铁，又可兼顾生产镍锍的目的。

新喀里多尼亚SLN镍铁硫化冶炼工艺与上述工艺类似，仅是减少了初步精炼工序，即RKEF工艺生产镍铁，硫化作业和吹炼作业分别在两台PS转炉中完成。镍铁合金和石英石等熔剂从硫化转炉炉口加入，熔剂的加入能够降低硫化过程中的熔炼温度，同时使部分铁进行氧化造渣。液态硫黄从炉体侧部的硫化喷嘴鼓入，大部分镍、钴以及小部分铁与硫黄发生硫化反应，生成低镍锍。空气从炉体侧部风口鼓入，约70%～85%的铁与鼓入的空气发生氧化反应，并与石英石造渣生成转炉渣。产出的中镍锍经包子倒运加入吹炼转炉，同时从炉口加入冷料、石英石熔剂等，空气从炉体侧部风口鼓入，中镍锍中超过90%的铁与鼓入的空气发生氧化反应，并与石英石造渣生成吹炼转炉渣。由于吹炼程度较深，少量镍和钴也被氧化进入到渣中，需要进一步回收。大部分的镍和钴保留在锍相中产出高镍锍。

3.2.7 射流熔炼-电热分离炉冶炼镍锍

射流熔炼-电热分离炉（Blowing Reduction Electric Furnace，BREF）冶炼镍锍工艺，是由中国恩菲推出的。中国恩菲侧吹浸没燃烧红土镍矿生产镍锍工艺流程见图3-56。红土镍矿→干燥窑干燥→破碎→还原回转窑预还原（加入还原剂和熔剂）→焙砂→焙砂和硫黄等辅料投入BREF炉→BREF炉还原硫化熔炼→低镍锍及熔炼渣→低镍锍从锍排放口放出→转炉吹炼→高镍锍→粒化池→高镍锍粒。熔炼渣→渣口排出。但此工艺有待进一步工业化试验及验证。

射流熔炼-电热分离炉技术是在SSC技术的基础上和电炉结合，增设了电热前床，既能

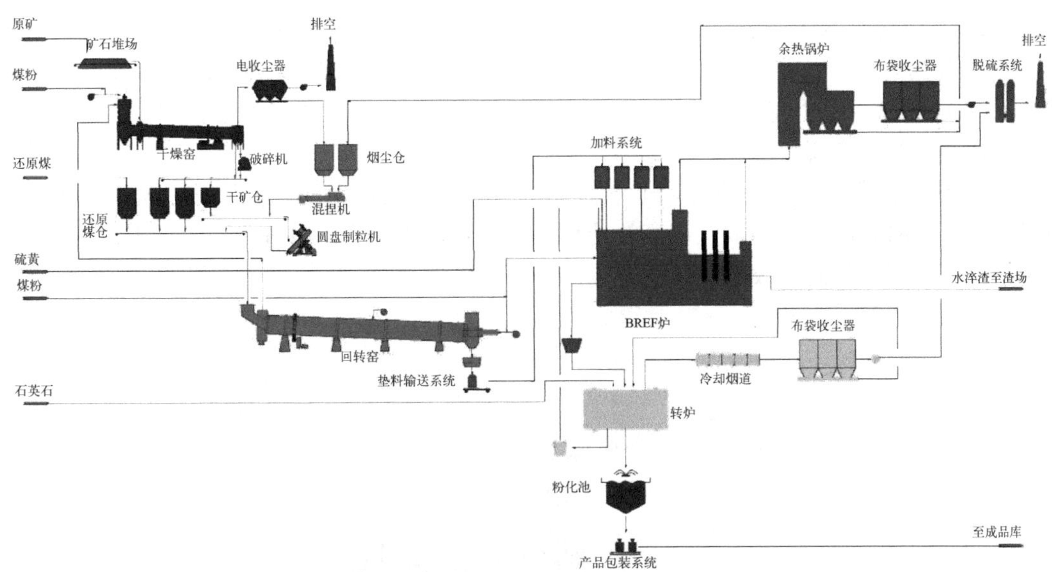

图 3-56　中国恩菲侧吹浸没燃烧红土镍矿生产镍锍工艺流程图

完成熔池内的反应又能保证高效渣-锍分离。红土镍矿是不发热材料，其火法冶炼成熟的技术就是矿热电炉和高炉、鼓风炉。其热量来源通常为电、焦炭。侧吹浸没燃烧熔池熔炼工艺可采用煤粉或天然气作为燃料，更加适宜用在冶炼厂所在地缺电、少焦炭的情况。

侧吹浸没燃烧熔池熔炼原理见图 3-57。侧吹还原炉的核心部件为侧吹喷枪，其布置位置在炉身两侧，直接插入熔池。喷枪向熔池高速喷入富氧空气和燃料（天然气或粉煤），为熔池带来激烈的搅动，熔池内温度场更加均匀，不会出现类似电炉电极区热区、电极间冷区，焙砂、还原剂及硫化剂能在熔体内迅速完成反应，反应热力学、动力学条件更有利。可以通过调整鼓入熔池的燃料、氧气相对量，有效控制炉内氧化和还原气氛以及熔池温度。

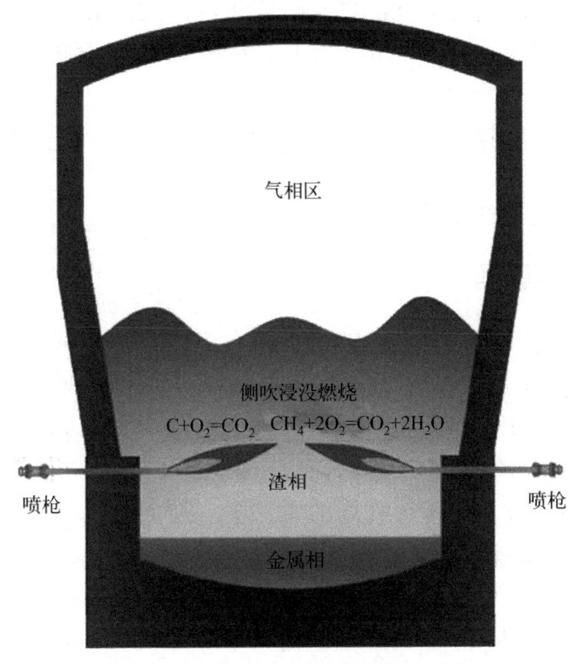

图 3-57　侧吹浸没燃烧熔池熔炼原理

图 3-58 为射流熔炼-电热分离炉示意图。BREF 技术采用三段操作：

① 射流熔炼段，采用高富氧（纯氧）和燃料射流完全燃烧供热，实现入炉料的高效熔化。

② 初还原段，采用高富氧（纯氧）和燃料射流燃烧补热，并喷入还原剂，将大部分镍和部分铁还原为金属态。

③ 电热分离段，喷入还原剂调节气氛，沉降分离，实现金属相和渣相的充分分离。在用于镍锍熔炼时，由于硫的加入，高效熔化、还原及锍化行为同时进行。由于镍锍的密度比镍铁小较多，镍锍与渣高效分开，设置电热分离段更加必要。

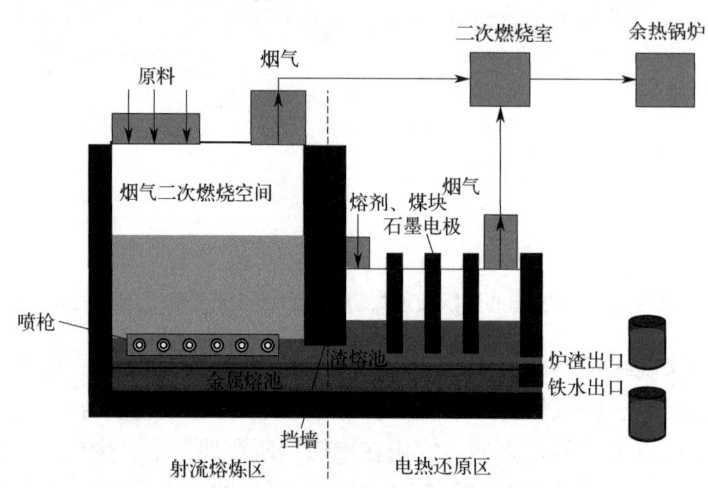

图 3-58 射流熔炼-电热分离炉（BREF）示意图

某企业在印尼拟采用的 BREF 工艺生产镍锍方案：

产量 3 万吨每年镍的高镍锍，即品位约 77％的高镍锍 38960t/a，其中镍金属量 30000t/a，钴金属量 579t/a。

冶炼厂的主要设备：ϕ5.5m×40m 的干燥窑 3 台，ϕ5.5m×115m 预还原回转窑 3 台，$33m^2$（吹炼区）BREF 炉 3 台，ϕ3.6m×8.1m 转炉 3 台，1 套镍锍粒化系统。配套建设 1 座 65MW 燃煤电厂。

红土镍矿成分：Ni 1.39％，Fe 35.79％，Co 0.08％，SiO_2 20.66％，CaO 0.05％，MgO 7.44％，S 0.02％。

年处理品位为 1.39％的红土矿（干基）240.08 万吨每年。

3.2.8 低镍锍的吹炼原理

通过造锍熔炼获得低镍锍，其主要由 Ni_3S_2、FeS 和 CoS 组成。低镍锍的密度取决于其成分，FeS 密度为 4.6g/cm^3，Ni_3S_2 密度为 5.3g/cm^3。低镍锍越贫，其密度越小，一般密度为 4.6～5g/cm^3。低镍锍与炉渣的密度差越大，分离越完全。由于低镍锍的化学成分多数波动且镍含量较低，因此不能满足后续工序的处理要求，故必须对低镍锍进一步处理，处理过程通常在卧式转炉中进行。在转炉吹炼的条件下（鼓入空气、加入适量熔剂——石英），熔融低镍锍与吹入空气中的氧反应，可除去大部分铁和一部分硫，产出高镍锍和转炉渣，由于它们各自的密度不同而进行分层，密度小的转炉渣浮于上层被排出，高镍锍中的大部分 Ni、Cu 仍然以金属硫化物状态存在，少部分以合金状态存在，低镍锍中的贵金属和部分钴也进入高镍锍中。转炉吹炼是一个自热过程，通过铁、硫及其他杂质的氧化放热和造渣反应放热来提供所需的全部热量。高镍锍的成分一般为 Ni 75%～80%、Cu 0.3%～0.5%、Fe 0.2%～0.3%、S 17%～19%、Co 0.3%～0.5%，且镍金属化率 20%左右。高镍锍经破碎和焙烧后，还原成粗镍阳极，高镍锍也可直接铸成硫化镍阳极，或由其他方法提取金属。

在上述普通转炉以空气吹炼，不能直接吹炼成金属镍，只能除去铁而得到高镍锍，然后熔铸成阳极再电解得纯镍。这种流程的缺点是电解时电流效率不高，阳极泥的处理量大。则还可将 Ni_3S_2 焙烧成 NiO，再通过电炉用焦炭将其还原成金属镍。除这两种工艺之外，向旋转转炉顶部鼓入工业纯氧，吹炼镍锍不但可将镍锍吹炼成高镍锍，还可以一次吹炼成粗镍。

低镍锍的吹炼实质是金属硫化物的氧化反应。部分金属硫化物氧化的吉布斯自由能与温度关系见图 3-59。从图中可以看到 MeS 和 MeO 的稳定性大小：$\Delta_r G_m^{\ominus}$ 越小（越负），生成的化合物越稳定。在低镍锍吹炼过程中 FeS 最易被氧化造渣除去，若继续吹氧接下来便是钴、镍、铜被依次氧化造渣。由于钴含量很少，又不能使镍被氧化，这样就必须控制在铁还没完全氧化造渣之前停止吹炼，以免镍被氧化造渣损失。由于铜硫化物比镍硫化物更稳定而不易被氧化，在转炉鼓风吹炼的条件下绝大部分 Cu_2S 被保留在镍高锍中。1070K 左右是生成 SO_2、SO_3 两条直线的相交点温度，这表明在镍锍吹炼的温度下，SO_2 比 SO_3 更稳定。

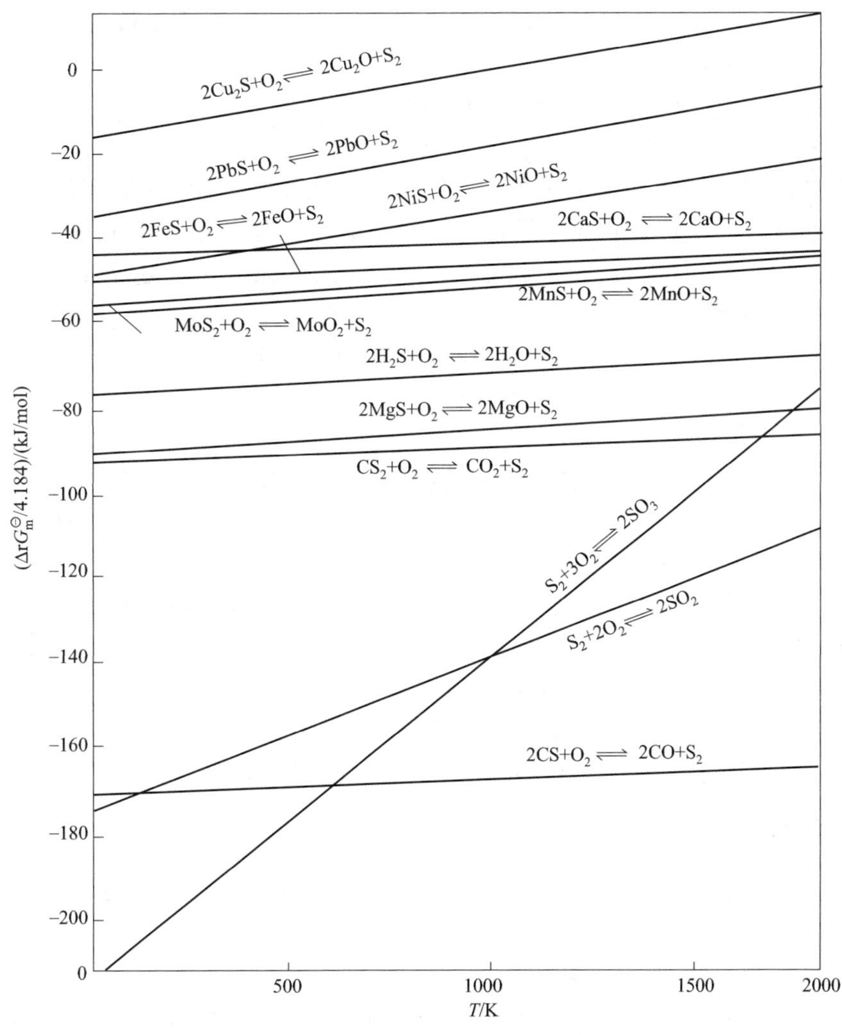

图 3-59 部分金属硫化物氧化的吉布斯自由能与温度关系图

在低镍锍吹炼过程中主要元素的行为：

① 铁的氧化造渣反应。鼓入空气、加入适量熔剂——石英（85% SiO_2）：

$$FeS+3/2O_2 = FeO+SO_2$$

$$2FeO+SiO_2 = 2FeO \cdot SiO_2$$

锍吹炼不会生成金属铁，即反应

$$FeS+2FeO = 3Fe+SO_2 \quad \Delta_r G_m^{\ominus} = 258864-69.33T(\mathrm{J})$$

在吹炼镍锍的温度范围内是不会向右进行的。

② 镍的富集。在吹炼后期，锍中含铁量降低一定程度时或在风口附近，Ni_3S_2 被氧化入渣，但由于吹炼工艺控制炉内熔体中有适量 FeS 存在，生成的氧化镍又被硫化，镍入渣量很少，仍以 Ni_3S_2 形态存在于镍高锍中，这也是红土镍矿造锍熔炼的目的之一。

$$Ni_3S_2+7/2O_2 = 3NiO+2SO_2\uparrow$$

$$2FeS(l)+2NiO(s) = 2/3Ni_3S_2(l)+2FeO(l)+1/3S_2(g) \quad \Delta_r G_m^{\ominus} = 263174-243.76T(\mathrm{J}) \tag{3-11}$$

$$1/2Ni_3S_2(l)+2NiO(s) = 7/2Ni(l)+SO_2 \quad \Delta_r G_m^{\ominus} = 293842-166.52T(\mathrm{J}) \tag{3-12}$$

用一般转炉吹空气的条件下（温度 1473～1573K），镍锍吹炼只能按式(3-11) 反应到获得镍高锍为止，而不能按式(3-12) 反应生成粗镍。

用旋转转炉鼓入工业纯氧的条件下，炉温可达到大于 1764K 的高温，同时，炉子除能沿横轴倾转外，本体还可以沿纵轴按一定的转速回转，这样熔池得以充分搅拌，使得固态 NiO 和液相中的 Ni_3S_2 充分接触，使反应式(3-12) 迅速进行，生成粗金属镍。

③ 铜的富集。在吹炼过程中，虽然铜不易被氧化，但也有少部分的 Cu_2S 被氧化为 Cu_2O，Cu_2O 进而与未氧化的 Cu_2S 反应生成少量的金属 Cu，Cu 又还原镍锍中的 Ni_3S_2 得到金属 Ni 进入高镍锍：

$$Cu_2S+3/2O_2 = Cu_2O+SO_2$$

$$Cu_2S+2Cu_2O = 6Cu+SO_2$$

$$4Cu+Ni_3S_2 = 3Ni+2Cu_2S$$

④ 钴的富集与去除。镍锍和渣中的分配主要取决于镍锍中铁的含量，若铁含量低，FeS 大量氧化造渣以后，则 CoS 开始氧化入渣。当镍锍含铁量在 15%左右时，钴在镍锍中的含量最高，此时钴得到最大程度的富集。

⑤ 硫的去除。在低镍锍中，硫与金属结合以化合物的形态存在。在对低镍锍吹炼的过程中，在吹入的空气对金属氧化的同时，硫也被氧化生成二氧化硫气体随烟气排出。但高镍锍中的含硫量不应太低，因为这不仅会延长吹炼时间，增加了有价金属在渣中的损失，同时使高镍锍中合金含量增加，给以后的高镍锍处理工序带来麻烦。

⑥ 金、银、铂族金属抗氧化性能较强，在吹炼过程中大部分入锍。

3.2.9 低镍锍的吹炼工艺

由热力学分析得，低镍锍的吹炼工艺有两种：普通转炉吹炼制取高镍锍工艺和旋转转炉氧气吹炼制取粗镍工艺。

（1）普通转炉吹炼制取高镍锍工艺

转炉是间断操作。首先往炉内加入足够量的低镍锍，开始鼓风吹炼，铁被氧化造渣除去，镍锍液面下降，再加入下一批低镍锍吹炼。如此加了几批料以后，镍锍中镍含量不断提高。当镍品位提高到足够高并达到一定液面后不再加入低镍锍，最后铁被氧化减少到合格的水平，吹炼后使硫化镍得到富集称为高镍锍或高冰镍。即将高镍锍倒出完成一次操作。

加拿大汤普森镍冶炼厂普通转炉（图3-60）吹炼工艺。该冶炼厂电炉车间有3座1.8万kVA电炉，转炉车间共有4座水平式转炉（ϕ4.12m×10.7m，80t）。来自于上部电炉车间的低冰镍，其温度约1120℃，成分Ni 15%～17%，Cu 1%，Fe 48%～50%，S 25%，经4.8m^3钢包熔融的低冰镍加入转炉车间的转炉内。随后加入石英熔剂等，通过风口往熔体中鼓入空气，使其中的硫化铁氧化成FeO、Fe_3O_4和SO_2，氧化铁与石英造渣除去，SO_2进入烟气。通常加入一包冰镍（加入石英熔剂）吹炼35min。转炉一次操作大约处理28包镍锍。转炉产出的高镍锍装入重油加热的保温炉，进行阳极浇铸。高镍锍成分Ni 75%，Cu 3%，Co 0.6%，Fe 1%，S 19%。转炉渣成分SiO_2 20%～23%，FeO 50%，Ni 2%～3%，Cu 0.15%～0.20%。转炉渣呈液态返回电炉处理。表3-62为转炉车间一次作业生产技术经济指标。

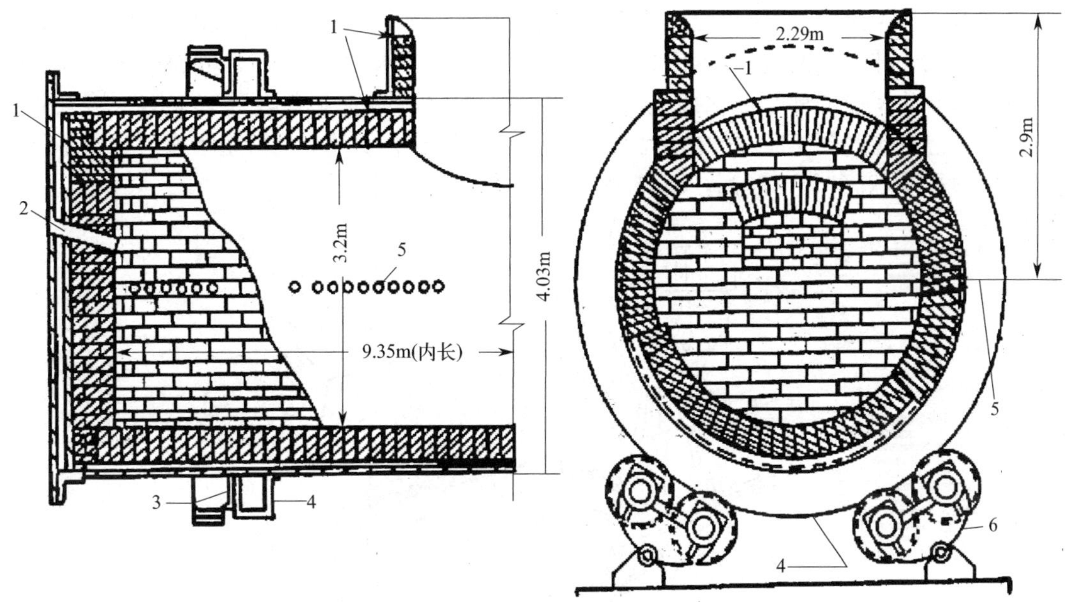

图3-60 汤普森镍冶炼厂普通转炉

1—热膨胀缝；2—重油喷嘴；3—齿轮；4—支承轮；5—风口；6—托轮

表3-62 转炉车间一次作业生产技术经济指标

名称	指标	名称	指标
冰镍加入量/t	317.5	Fe	0.5
石英石加入量/t	117.9	S	19.0
石英石成分/%		炉渣成分/%	
水分	1.0	Ni+Cu	1.5
SiO_2	77.0	SiO_2	24.0
冷料加入量/t	21.77	空气	
返料加入量/t	18.14	压力/(kgf/cm^2)	1.125
高冰镍产量/t	81.65	数量/(m^3/min)	651.3
每小时送风产高冰镍量/t	6.35	送风时率/%	50
高冰镍成分/%		炉温/℃	1204
Ni+Cu	79.0		

(2) 旋转转炉氧气吹炼制取粗镍工艺

前文提到普通转炉以空气吹炼，不能直接吹炼成金属镍，只能除去部分铁得到镍高锍。之后采取直接电解镍高锍 Ni_3S_2 得电解镍或氧化焙烧镍高锍 Ni_3S_2 成 NiO，再还原得粗镍。前者电解时电流效率不高，阳极泥处理量大。后者需要增加焙烧及还原工序，但采用旋转转炉氧气吹炼，可一次吹炼得到金属粗镍。

加拿大铜崖镍精炼厂卡尔多型氧气顶吹旋转转炉（图 3-61）吹炼制取粗镍工艺。氧气顶吹旋转转炉的操作温度（1650℃）比普通吹镍转炉（1100℃）不但高，而且操作温度可控，热效率高。还可通过改变炉体角度、转动速度、气流速度予以控制熔池的搅拌。该厂拥有 2 台 50t 转炉，一用一备。

该厂转炉吹炼工序：将含镍物料经制团、干燥后，装入卡尔多（Kaldo）转炉吹炼成粗镍，并水淬成粗镍粒。即将高冰镍及某些含镍废料，在对辊制团机上制成团块（成分 Ni 62%，Cu 14%，Fe 2%，S 20%），加入转炉后，开始将炉体转到 17°角，转速为 40r/min，并用天然气-氧气喷嘴使炉料熔化。直到熔池温度升高到 1372℃时，开始吹入高压纯氧脱硫，同时转动炉体使熔池搅拌，直到熔体含硫量降到所要求的 4%～5%范围，这些残余硫是下一步羰基化反应的良好催化剂。在吹炼达到终点时，熔池温度达到 1650℃。熔融的金属（粗）镍经钢包送到感应电炉内保温，进而水淬成镍粒，镍粒经回转窑干燥后送羰基化车间。粗镍粒成分 Ni 65%～70%，Cu 15%，Fe 1%，S 4%～5%。

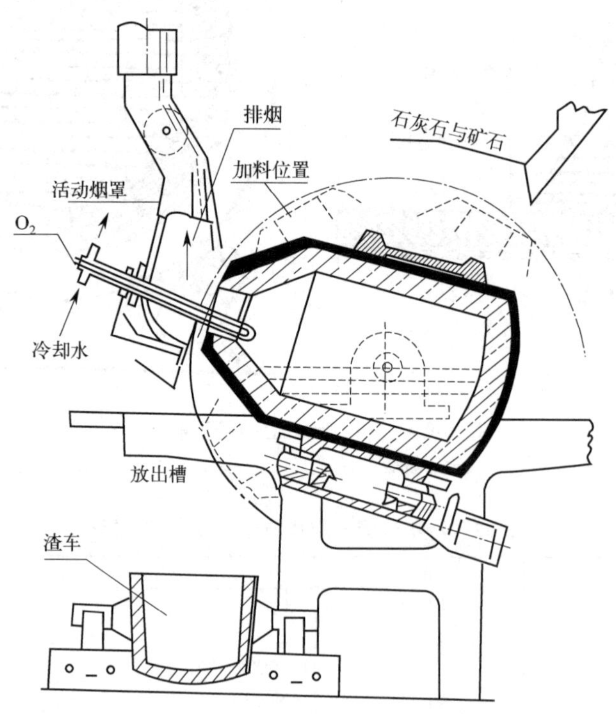

图 3-61　卡尔多型氧气顶吹旋转转炉

3.2.10 造锍熔炼中硫的行为

红土镍矿的造锍熔炼中是人为地在炉料中加入硫，使得金属镍、钴、铁等被硫化形成镍锍。硫化的主要作用为：在造锍熔炼、低镍锍吹炼时可获得更高的镍回收率。

一般用红土镍矿冶炼的镍锍含 Ni 15%～18%、Fe 60%～63%、S 16%～20%、其他 1%～2%。锍中除 Ni_3S_2、Co_9S_8、FeS 外，有很大一部分 Ni、Fe 是以金属状态存在的。

在镍铁的冶炼中，提高镍铁品位的主要途径是减少还原剂的配入量以减少铁的还原率。这样做的代价是减少镍的回收率，即有可能使一部分 NiO 得不到还原而入渣。同样镍锍成分也可通过硫化剂和还原剂的加入量来调节，如石膏和焦炭加入量越少，镍锍镍品位越高，同时渣中含镍越高，后序吹炼除铁的费用则越低，这样做的代价是减少镍的回收率，即有可能使一部分 NiO 得不到还原而入渣。然而在还原剂一定（缺碳操作）的情况下，由于硫的加入，会发生 $3NiO+2FeS+Fe = Ni_3S_2+3FeO$ 反应，使镍入锍，提高了镍的回收率。

李中臣等学者在《红土镍矿高温硫化熔炼镍锍》一文有这样的论述："在硫黄添加量为矿料的 1%～4%时，镍、钴回收率随还原剂添加量增加而升高；在硫化剂添加量为矿料的 2%时，镍、钴回收率分别由 85.54%、17.82%升高至 99.64%、93.51%；在还原剂添加量为矿料的 2%～2.5%时，镍、钴回收率随硫化剂添加量增大而升高。"

可见在造锍熔炼中硫除了可以形成金属硫化物外，还可提高镍、钴回收率。

3.2.11 低锍吹炼中硫的行为

红土镍矿造锍熔炼产出的镍锍由金属硫化物组成。由于金属硫化物不能直接用碳还原得到金属，因此，锍在进一步的火法冶金中使用吹氧氧化法加以富集。其主要目的是使铁和硫氧化且最大限度地富集镍。正如上节里说到的，硫化的主要作用为在造锍熔炼、低镍锍吹炼中可获得更高的镍回收率。

金属化的镍锍含有较多的金属镍和金属铁。吹炼时，由于铁对氧的亲和力很大，所以在大部分铁氧化除去后，FeS 才开始氧化。

在 3.2.8 节低镍锍的吹炼原理中，反应式(3-11) 表明：由于吹炼工艺控制炉内熔体中有适量 FeS 存在，生成的氧化镍又被硫化，镍入渣量很少，仍以 Ni_3S_2 形态存在于镍高锍中。

图 3-62 为镍锍吹炼中氧化反应的 $\Delta_r G_m^{\ominus}$ 与温度的关系图。吹炼的镍锍在大量去铁之后，可认为是一个多组元的溶液，溶剂是金属［Ni］，溶质有［S］、［Cu］、［Co］、［Fe］等。吹炼氧化反应为

$$[S]+O_2 = SO_2 \tag{3-13}$$

$$2[Ni]+O_2 = 2NiO \tag{3-14}$$

$$4[Cu]+O_2 = 2Cu_2O \tag{3-15}$$

$$2[Fe]+O_2 = 2FeO \tag{3-16}$$

$$2[Co]+O_2 = 2CoO \tag{3-17}$$

选用表 3-63 中成分，作式(3-13)～式(3-17)的镍锍吹炼中氧化反应 $\Delta_r G_m^{\ominus}$ 对温度 T 的关系图 3-62，相应的自由能直线用 S_I、Cu_I、Co_I、Fe_I 及 Ni_I 表示。

从图中看出：Fe_I 线最低，吹炼过程［Fe］首先被氧化。Fe_I 线和 S_I 线相交于 2 点，该点温度 1715K（约 1440℃），此温度是［Fe］、［S］氧化的转化温度，超过这个温度时，［S］被氧化，而［Fe］被保护。Ni_I 线高于 Fe_I 线不多，实际吹炼中［Ni］很可能与［Fe］同时氧化。Ni_I 线与 S_I 线相交于 1 点，该点的温度 1645K（约 1370℃），此温度是［Ni］、［S］氧化的转化温度，超过这个温度时，［S］被氧化，而［Ni］被保护。因此，镍锍的开吹温度要大于 1370℃。Cu_I、Co_I 线均在 Ni_I 线之上，且高很多，说明在大量 Ni 存在的条件下，

[Cu] 和 [Co] 均被 Ni 保护不被氧化。

随着吹炼的深入进行，熔池含 [Fe] 及 [S] 量会逐渐减少，上述条件下的自由能直线会发生改变，1、2 两点对应的转化温度也会发生改变。当 [S] 降到 10%，而 [Fe] 降到 1.3%时，镍锍中含 [Ni]、[Cu]、[Co] 因不被氧化，该三元素保持一定的比例，见表 3-64。

选用表 3-63 成分，因 [Cu]、[Co] 不被氧化，固只作式(3-13)～式(3-16)的 $\Delta_r G_m^{\ominus}$ 对温度 T 的关系图 3-62，相应的线用 S_{II}、Fe_{II} 及 Ni_{II} 表示。

从图中看到，Fe_{II} 线已在 Ni_{II} 线之上，说明该浓度的 [Fe] 已被 [Ni] 保护，不能再被氧化了。因此，在吹炼的过程中，当镍锍含 [Fe] 降低到 0.8%～1.5% 时，[Fe] 就不能被氧化了。Ni_{II} 线和 S_{II} 线交于 3 点，该点的温度 1740K（约 1470℃），此温度是 [Ni]、[S] 氧化的转化温度，这说明为了保证 [Ni] 不被氧化，当时炉温必须提高到 1470℃以上。

在选用的镍锍成分下，随着硫的减少，[Ni]、[S] 氧化的转化温度不断提高，如当硫减少到 3.8%时，转化温度为 1580℃，硫 1.0% 时，1730℃，硫 0.1% 时，2030℃。

如果继续吹炼，使 [S] 降至 0.1%，则炉温必须大于此时的 [Ni]、[S] 氧化的转化温度 2023℃。显然这是不易达到的，同时，炉衬已不能抵抗。由于温度达不到转化温度，大量的 [Ni] 被氧化而生成固态的 NiO。这种现象在吹炼末期当温度不够高时经常发生。此时如继续吹炼将不能去 [S]，而只是使 [Ni] 氧化。

若一定要去 [S] 到 0.1%，甚至更低，而炉温又不超过 1800℃，则必须采用真空处理。

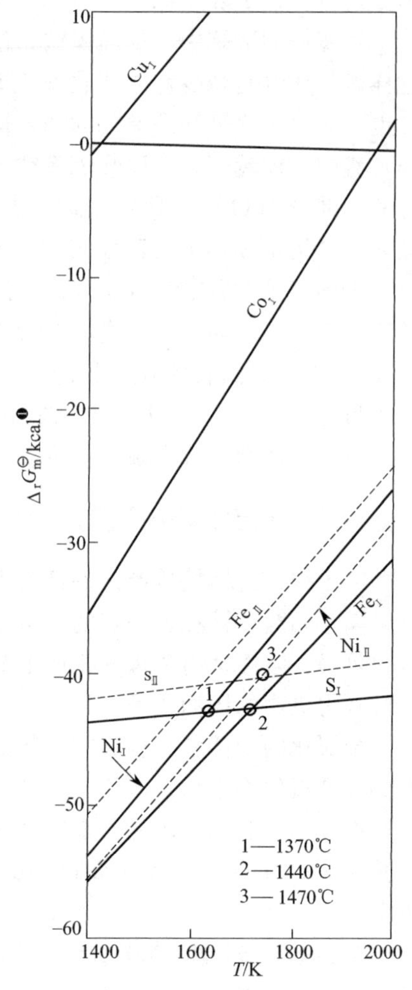

图 3-62 镍锍吹炼中氧化反应的 $\Delta_r G_m^{\ominus}$ 对温度 T 的关系图

表 3-63 选用的镍锍成分

元素	质量分数/%	物质的量 n	物质的量 N
Ni	70	$\frac{70}{58.7}=1.190$	0.595
Cu	5	$\frac{5}{63.5}=0.079$	0.039
Fe	3	$\frac{3}{55.8}=0.054$	0.027
Co	0.7	$\frac{0.7}{58.9}=0.012$	0.006
S	$\frac{21.3}{100.0}$	$\frac{21.3}{32}=\frac{0.666}{2.001}$	$\frac{0.333}{1.000}$

❶ 即千卡，1kcal=4186.8J。

表 3-64　镍锍内 [Ni]、[Cu]、[Co] 的比例

元素	质量分数/%	物质的量 n	物质的量 N
Ni	82.0	$\frac{82}{58.7}=1.395$	0.761
Cu	5.9	$\frac{5.9}{63.5}=0.093$	0.050
Fe	1.3	$\frac{1.3}{55.8}=0.023$	0.012
Co	0.8	$\frac{0.8}{58.9}=0.014$	0.007
S	$\frac{10}{100.0}$	$\frac{10}{32}=\frac{0.312}{1.837}$	$\frac{0.170}{1.000}$

可见从低镍锍吹炼生成高镍锍中硫也可提高镍、钴回收率。但从高镍锍吹炼生成金属镍过程看，为保护 [Ni] 不被氧化，脱硫较困难，因其“脱硫保镍”需要较高的冶炼温度或真空处理。

红土镍矿本低硫、低铜，是人为的加硫造锍，在还原硫化熔炼阶段和低镍锍吹炼高镍锍阶段，硫起积极作用，但在镍锍吹炼生成粗金属镍时，则意义不大，既保护不了镍被氧化，也不能很好地脱硫。实际上，造锍的目的是在有硫的条件下达到的，因此，既然是造锍，就不宜在锍的基础上再冶炼粗镍。

虽然，上述镍锍选用的成分中含有较高的铜，但其规律可在低铜的情况下借鉴。

3.2.12　硫化镍、粗镍和镍铁合金电解阳极工艺

为了获得纯镍，需要将经火法冶炼获得的含镍高的硫化镍、粗镍和镍铁合金铸成可溶性阳极进行电解精炼。红土镍矿经还原硫化造锍熔炼产出低镍锍，低镍锍经空气氧化吹炼可以获得高镍锍，铸成硫化镍电解阳极，或将高镍锍再经氧化焙烧、还原熔炼成粗镍，铸成粗镍电解阳极。红土镍矿经还原硫化造锍熔炼产出低镍锍，低镍锍经氧气氧化吹炼可以获得粗镍，铸成粗镍电解阳极。红土镍矿经还原熔炼产出镍铁，镍铁经氧气氧化吹炼可以获得高品位的镍铁合金，铸成镍铁合金电解阳极。

硫化镍阳极含硫较高，一般 20%～25%，含镍 65%～75%。粗镍阳极：一般含 Ni 88%～92%，Cu 2%～5.5%，Fe 2%～2.5%，Co 1%～1.5%，S 0.7%～1%。由红土镍矿硫化获得的硫化镍阳极、粗镍阳极含铜量极低。由于大多数金属杂质元素均易和镍形成固溶体合金，因此粗镍阳极实质上也是合金阳极。但习惯上所称的合金阳极是指另一种杂质含量较高的合金阳极，如镍铜合金阳极，含 Ni 76.5%，Cu 17%，Fe 2%，Co 1.4%，S 1.4%，As 0.5%，Pb 0.05%；镍铁合金阳极，Ni+Co 90%，Fe 10%。这类合金阳极的特性，显然与粗镍阳极不同。

20 世纪初高镍锍经氧化焙烧、还原熔炼铸成粗镍阳极的粗镍电解精炼就在工业上广泛应用，该工艺杂质含量低，电耗低，阳极液的净化流程简单。但该粗镍阳极的制备工艺复杂，建设投资大。硫化镍阳极电解精炼是 20 世纪 50 年代发展起来的工艺，已经取代了这种传统的粗镍阳极电解工艺。

1966 年，希腊拉瑞姆纳镍冶炼厂采用镍铁（Ni+Co≥90%）合金阳极电解精炼。

上节讲述了高镍锍阳极、氧气吹炼粗镍阳极工艺，本节仅讲将高镍锍再经氧化焙烧、还原熔炼成粗镍阳极和镍铁合金阳极工艺。

（1）高镍锍氧化焙烧、还原熔炼粗镍阳极工艺　日本住友别子镍冶炼厂阳极镍工艺即是

低冰镍-高冰镍氧化焙烧、还原熔炼粗镍阳极工艺。其生产工艺流程见图 3-63。别子镍冶炼厂采用澳大利亚硫化镍精矿作硫化剂，处理新喀里多尼亚和印尼的硅镁镍矿，其矿石成分见表 3-65。

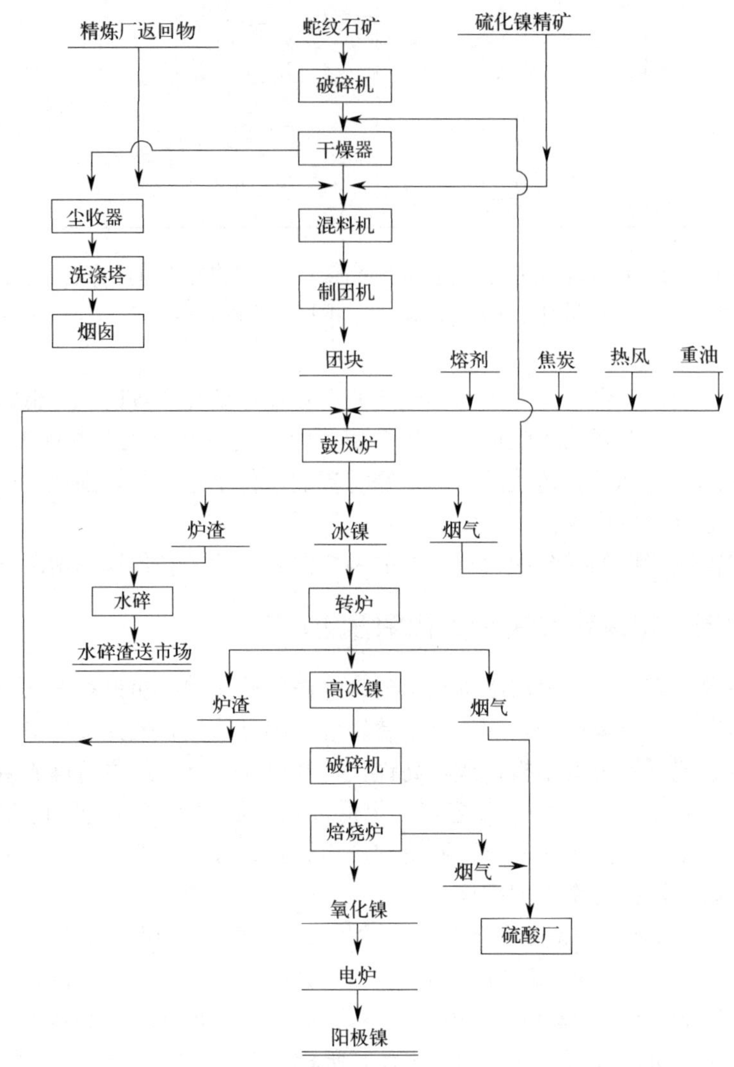

图 3-63 别子镍冶炼厂阳极镍工艺流程图

表 3-65 矿石平均成分 单位：%

矿石	Ni+Co	SiO_2	MgO	Fe	S	烧损
硅镁镍矿	2.6～3	30～44	18～28	10～20	—	9～10
硫化镍精矿	12～16	10～18	2～5	20～30	20～25	—

硅镁镍矿经破碎、干燥，与硫化镍精矿混合制团，再与焦炭、石灰石、石英石、转炉渣分层装入半水套鼓风炉进行还原硫化熔炼，产出低冰镍。从鼓风炉风口送入 400℃热风与重油以减少焦炭消耗，并采用电热前床保温。低冰镍经转炉吹炼产出高冰镍，高冰镍经破碎入多膛炉氧化焙烧获得氧化镍，氧化镍再入电炉进行还原熔炼，获得金属镍。其各工序产品成分见表 3-66。

表 3-66　各工序产品成分　　单位:%

名称	Ni+Co	Fe	S
高冰镍	75	0.7	20.4
氧化镍	75	0.7	0.3
低冰镍	27～30	41～44	20～24

由于该冶炼厂除使用了硅镁镍矿之外还采用了硫化镍精矿，采用了还原硫化熔炼工艺，其硫的来源是硫化镍精矿，而不是另加硫化剂。因此，早期采用高镍锍氧化焙烧、还原熔炼粗镍阳极工艺还可行。若仅使用红土镍矿一种矿采用硫化剂还原硫化工艺造锍并吹炼成高镍锍，则高镍锍氧化焙烧、还原熔炼粗镍阳极工艺慎用或不用。

（2）镍铁合金阳极工艺　红土镍矿制造电解阳极，不一定要经硫化还原熔炼造低镍锍，再吹炼成高镍锍，或经还原熔炼成镍铁，再硫化、吹炼成高镍锍。也可经还原熔炼成镍铁，再吹炼成高品位镍铁，铸成镍铁合金阳极。

希腊拉瑞姆纳镍冶炼厂利用红土镍矿冶炼高品位镍铁阳极，电解精炼生产工艺流程见图 3-64。

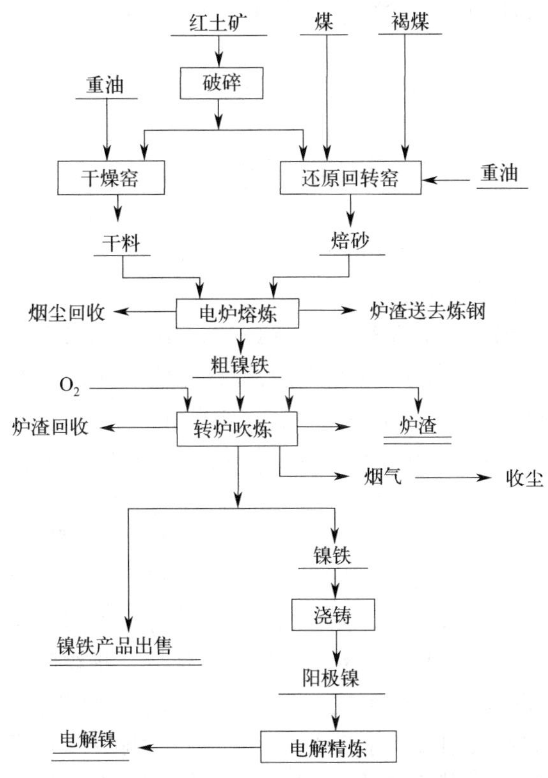

图 3-64　拉瑞姆纳镍冶炼厂生产工艺流程图

矿石成分：Ni 1.2%，Fe 40%，Co 0.1%，Cr_2O_3 2.6%。矿石经破碎、回转窑（ϕ4.2m、长 90m，两台）还原处理，还原产物——焙砂出窑温度 920℃，焙砂中含 C 3%～4%，Fe 主要以 FeO 形式存在，Ni 和 Co 的氧化物全部被还原。焙砂投入到电炉（两台 16000kva、两台 13000kva）中还原熔炼，产出镍铁成分 Ni+Co 14%～17%，C 0.015%，S 0.25%，As 0.2%。镍铁精炼是在一台 10～15t L-D 型转炉中进行的，精炼的镍铁成分 Ni+Co 28%，C 0.01%，S 0.06%，As 0.2%～0.3%。

此时，该工序获得的镍铁可作为商品出售。另一部分继续吹炼可获得富镍铁（Ni+Co 90%），铸成阳极（尺寸730mm×980mm×50mm），然后送去电解精炼，产出纯镍阴极，即电解镍（Ni 99.9%，尺寸830mm×1080mm×14mm）。镍铁吹炼渣再回收处理。镍的总回收率86%。

3.2.13 高镍锍生产氧化镍、金属镍

红土镍矿产出的高镍锍与硫化镍矿产出的高镍锍略有不同，它不含铜或含铜很低，可经焙烧直接产出氧化亚镍，再经还原冶炼成金属镍。当氧化亚镍中含铜高于0.5%时，还原后需要铸成阳极进行电解精炼。

① 苏联某镍厂利用电弧炉，将高镍锍焙烧产出氧化亚镍还原熔炼成商品镍或铸成镍阳极。氧化亚镍还原反应（还原剂为石油焦）

$$NiO+CO=\!=\!=Ni+CO_2$$

余炭会使液体镍渗碳，其反应

$$3Ni+C=\!=\!=Ni_3C$$

因结晶时碳析出，易使阳极板变脆，所以在还原结束时，向熔融的金属中加入NiO以脱碳，其反应

$$Ni_3C+NiO=\!=\!=4Ni+CO$$

必要时，加入CaO以脱硫，其反应

$$NiS+CaO=\!=\!=NiO+CaS$$

加入硅以脱氧，其反应

$$2NiO+Si=\!=\!=2Ni+SiO_2$$

将镍水铸成镍产品或铸成镍阳极。

② 法国镍冶金公司勒阿弗尔镍精炼厂（Le Havre Nickel Refinery）。勒阿弗尔（Le Havre）是法国北部海滨城市，位于塞纳河的入海口北侧，濒临英吉利海峡，是法国第二大港口。该厂主要处理来自新喀里多尼亚多尼安博冶炼厂的高镍锍，其成分：Ni 78%，S 20%，Cu 0.3%，Fe 0.07%。用两段焙烧与还原的火法工艺处理送来的高镍锍，将其制成氧化镍和金属镍，高镍锍经破碎、磨矿、氧化焙烧脱硫。焙烧分两段进行，第一段将磨碎的物料用沸腾炉流态化焙烧，产出含S<0.5%的氧化物焙砂，沸腾炉卸出的焙砂送往回转窑进行第二段焙烧（烧油），产物含S<0.002%。产出的氧化镍经冷却、筛分，筛上物细磨后与筛下物合并，在氧化镍细粉中加水和黏结剂，经压团机压团（直径32mm、厚19mm）。球团干燥后装入还原炉（矩形马弗炉）上部，用木炭还原，炉煤气与预热空气在还原炉不同的高度位置燃烧，以便控制沿马弗炉高度方向的整个温度，氧化镍在1315℃条件下还原成金属。金属镍块与过剩的木炭用滚筒排料机，从炉底连续地卸料至密封的冷却筒内。金属镍块产品与原来的氧化镍块在形状上几乎一样，只是体积有些收缩。镍块经磁选机与木炭分离，金属镍再经滚筒洗涤机洗涤后销售。金属镍成品含Ni+Co 99.5%，其典型成分：Ni 99.25%，Co 0.45%，Cu 0.07%，Fe 0.1%，S 0.004%，C 0.04%。

3.2.14 关于高镍锍分离

利用硫化镍矿产出的低镍锍，经转炉吹炼产出的高镍锍主要是镍和铜的硫化物，并含有少量的铁、钴和氧以及极少量的贵金属、硒、碲等元素，其中含铁量已降至1%～3%。因此，高镍锍的铜镍分离和精炼是硫化镍矿冶炼的生产关键。通常采用分层熔炼法和磨浮分离

法处理高镍锍，由于分层熔炼法工艺流程长而复杂且生产成本高，现在已经不用了。

分层熔炼法，即将高镍锍和硫化钠混合熔化，在熔融状态下，硫化铜极易溶解于硫化钠中，而硫化镍不易溶解于硫化钠中。硫化镍和硫化铜的密度为 5300～5800kg/m^3，而硫化钠的密度仅为 1900kg/m^3。当高镍锍和硫化钠混合熔化时，硫化铜大部分进入硫化钠相，因其密度小浮在顶层，而硫化镍因其密度大留在底层。当温度下降达到凝固温度时，二者分离得更彻底，凝固后的顶层和底层很容易分开。

磨浮分离法，即当熔融的高镍锍缓慢冷却时，其中的硫化镍和硫化铜生成粗颗粒的结晶体，二者以其化学成分进行离析。其结晶颗粒的大小，取决于凝固时的冷却速度。高镍锍由硫化镍、硫化铜和铜镍合金三种晶体组成，缓冷的高镍锍结晶颗粒较粗。当缓冷的高镍锍破碎并磨成矿浆在强碱性的介质中进行浮选时，大部分硫化铜被泡沫浮起，硫化镍则进入尾矿，分别产出两种精矿，而铜镍合金可以用磁选的方法分出，贵金属基本富集在铜镍合金中。

利用红土镍矿冶炼的镍锍几乎不含铜，因此不需要此工序。

3.3 红土镍矿奥氏体不锈钢的冶炼

利用红土镍矿生产的镍铁主要用来生产奥氏体不锈钢。按照维持合金奥氏体基体所采用的合金方式，可分为 Cr-Ni 不锈钢和 Cr-Mn 不锈钢（节镍型）两大系列。Cr-Ni 系以镍为主要奥氏体元素；Cr-Mn 系以锰为主要奥氏体元素，此外还有氮和适量的镍，因此这一系列也多被称为 Cr-Mn-N 或 Cr-Mn-Ni-N 不锈钢。Cr-Ni 钢在多种腐蚀介质中耐蚀性能优秀，且综合力学性能、工艺性能和可焊接性能良好，因而得到最广泛的应用，同时奥氏体不锈钢的非铁磁性和良好的低温韧性也进一步扩大了其应用范围。但是，Cr-Ni 系钢强度和硬度偏低，不宜用于承受较重负荷以及硬度和耐磨性有要求的设备或部件。而 Cr-Mn 系钢中的 Cr-Mn-N 或 Cr-Mn-Ni-N 钢，由于氮的固溶强化可以达到相当高的强度，适宜用于承受较重负荷而耐蚀性能要求不太高的设备构件。铬镍奥氏体不锈钢是现有五大类不锈钢中最重要的钢类，是消费量最大的一类不锈钢（在中国占不锈钢消费量 50%）。节镍型 Cr-Mn 系奥氏体不锈钢自 20 世纪 40 年代问世以来，特别是近二十几年来高炉低镍镍铁的成熟生产，使其得到了突飞猛进的发展。我国不锈钢国家标准中列有铬锰系奥氏体不锈钢牌号七个，其中四个分别相当于美国 ASTM 标准牌号 201、201L、202、204。

Cr-Ni 系奥氏体不锈钢的发展过程如图 3-65 所示。常见奥氏体不锈钢化学成分见表 3-67。几种奥氏体不锈钢化学成分比较见表 3-68。

表 3-67　常见奥氏体不锈钢化学成分　　单位：%

钢号	C	Si	Mn	P	S	Ni	Cr	Mo	其他
1Cr17Mn6Ni5N	≤0.15	≤1.00	5.50～7.50	≤0.060	≤0.030	3.50～5.50	16.00～18.00		N≤0.25
1Cr18Mn8Ni5N	≤0.15	≤1.00	7.50～10.00	≤0.060	≤0.030	4.00～6.00	17.00～18.00		N≤0.25
1Cr18Mn10Ni5Mo3N	≤0.10	≤1.00	8.50～12.00	≤0.060	≤0.030	4.00～6.00	17.00～19.00	2.8～3.5	N0.20～0.30
1Cr17Ni7	≤0.15	≤1.00	≤2.00	≤0.035	≤0.030	6.00～8.00	16.00～18.00		

续表

钢号	C	Si	Mn	P	S	Ni	Cr	Mo	其他
1Cr18Ni9	≤0.15	≤1.00	≤2.00	≤0.035	≤0.030	8.00～10.00	17.00～19.00		
Y1Cr18Ni9	≤0.15	≤1.00	≤2.00	≤0.20	≥0.15	8.00～10.00	17.00～19.00		
Y1Cr18Ni9Se	≤0.15	≤1.00	≤2.00	≤0.20	≤0.06	8.00～10.00	17.00～19.00	①	Se≥0.15
0Cr18Ni9	≤0.07	≤1.00	≤2.00	≤0.035	≤0.030	8.00～11.00	17.00～19.00		
00Cr19Ni10	≤0.030	≤1.00	≤2.00	≤0.035	≤0.030	8.00～12.00	18.00～20.00		
0Cr19Ni9N	≤0.08	≤1.00	≤2.00	≤0.035	≤0.030	7.50～10.50	18.00～20.00		N0.10～0.25
0Cr19Ni10NbN	≤0.08	≤1.00	≤2.00	≤0.035	≤0.030	7.50～10.50	18.00～20.00		N0.10～0.25 Nb≤0.15
00Cr18Ni10N	≤0.030	≤1.00	≤2.00	≤0.035	≤0.030	8.50～11.50	17.00～19.00		N0.12～0.22
1Cr18Ni12	≤0.12	≤1.00	≤2.00	≤0.035	≤0.030	10.50～13.00	17.00～19.00		
0Cr23Ni13	≤0.08	≤1.00	≤2.00	≤0.035	≤0.030	12.00～15.00	22.00～24.00		
0Cr25Ni20	≤0.08	≤1.00	≤2.00	≤0.035	≤0.030	19.00～22.00	24.00～26.00		
0Cr17Ni12Mo2	≤0.08	≤1.00	≤2.00	≤0.035	≤0.030	10.00～14.00	16.00～18.50	2.00～3.00	
1Cr18Ni12Mo2Ti①	≤0.12	≤1.00	≤2.00	≤0.035	≤0.030	11.00～14.00	16.00～19.00	1.80～2.50	Ti5×(C−0.02)～0.80
0Cr18Ni12Mo2Ti①	≤0.12	≤1.00	≤2.00	≤0.035	≤0.030	11.00～14.00	16.00～19.00	1.80～2.50	Ti5×C～0.70
00Cr17Ni14Mo2	≤0.030	≤1.00	≤2.00	≤0.035	≤0.030	12.00～15.00	16.00～18.50	2.00～3.00	
0Cr17Ni12Mo2N	≤0.08	≤1.00	≤2.00	≤0.035	≤0.030	10.00～14.00	16.00～18.50	2.00～3.00	N0.10～0.22
00Cr17Ni13Mo2N	≤0.030	≤1.00	≤2.00	≤0.035	≤0.030	10.50～14.50	16.00～18.50	2.00～3.00	N0.12～0.22
0Cr18Ni12Mo2Cu2	≤0.08	≤1.00	≤2.00	≤0.035	≤0.030	10.00～14.50	17.00～19.00	1.20～2.75	Cu1.00～2.50
00Cr18Ni14Mo2Cu2	≤0.030	≤1.00	≤2.00	≤0.035	≤0.030	12.00～16.00	17.00～19.00	1.20～2.75	Cu1.00～2.50
0Cr19Ni13Mo3	≤0.08	≤1.00	≤2.00	≤0.035	≤0.030	11.00～15.00	18.00～20.00	3.00～4.00	
00Cr19Ni13Mo3	≤0.030	≤1.00	≤2.00	≤0.035	≤0.030	11.00～15.00	18.00～20.00	3.00～4.00	
1Cr18Ni12Mo3Ti①	≤0.12	≤1.00	≤2.00	≤0.035	≤0.030	11.00～14.00	16.00～19.00	2.50～3.50	Ti5×(C−0.02)～0.80
0Cr18Ni12Mo3Ti	≤0.08	≤1.00	≤2.00	≤0.035	≤0.030	11.00～14.00	16.00～19.00	2.50～3.50	Ti5×C～0.70

续表

钢号	C	Si	Mn	P	S	Ni	Cr	Mo	其他
0Cr18Ni16Mo5	≤0.040	≤1.00	≤2.00	≤0.035	≤0.030	15.00～17.00	16.00～19.00	4.00～6.00	
1Cr18Ni9Ti①	≤0.12	≤1.00	≤2.00	≤0.035	≤0.030	8.00～11.00	16.00～19.00		Ti5×(C−0.02)～0.80
0Cr18Ni10Ti	≤0.08	≤1.00	≤2.00	≤0.035	≤0.030	9.00～12.00	17.00～19.00		Ti≥5×C
0Cr18Ni11Nb	≤0.08	≤1.00	≤2.00	≤0.035	≤0.030	9.00～13.00	17.00～19.00		Nb≥10×C
0Cr18Ni19Cu3	≤0.08	≤1.00	≤2.00	≤0.035	≤0.030	8.50～10.50	17.00～19.00		Cu3.00～4.00
0Cr18Ni13Si4	≤0.08	3.00～5.00	≤2.00	≤0.035	≤0.030	11.50～15.00	15.00～20.00		

① 可加入质量分数不大于0.06%的钼。

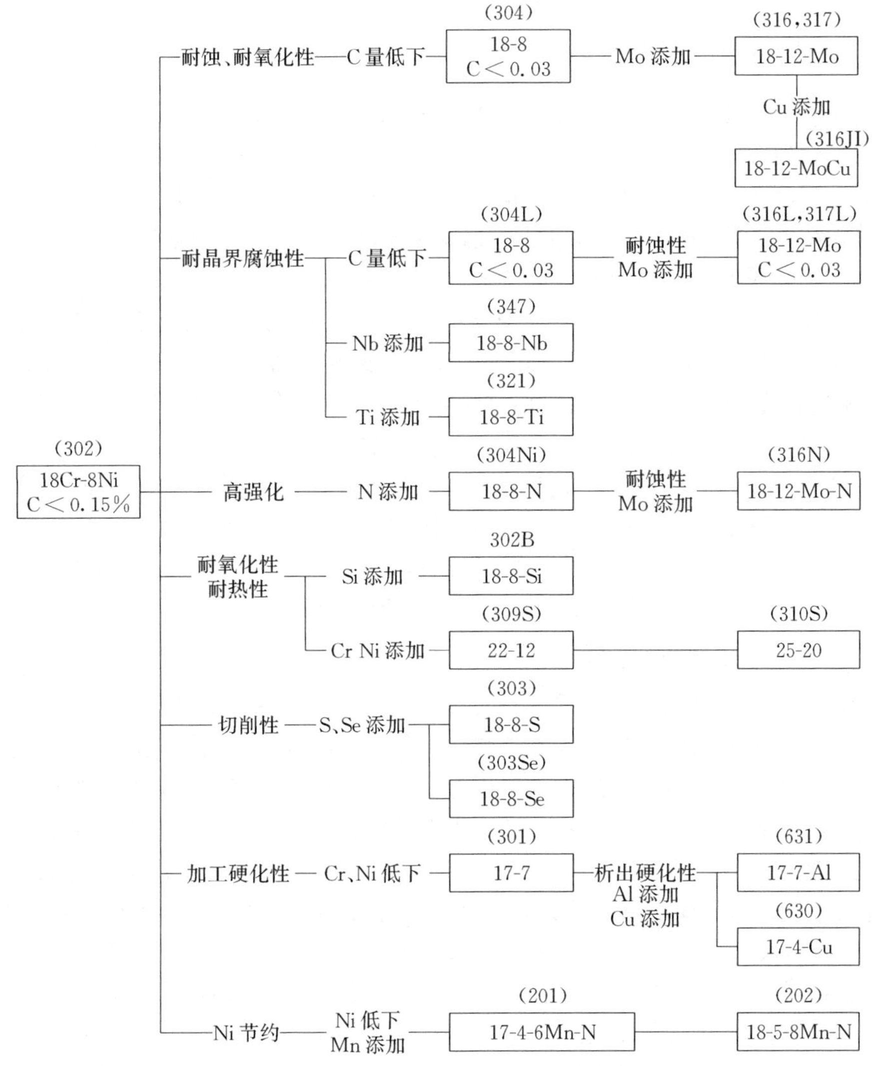

图3-65 Cr-Ni系奥氏体不锈钢的发展过程

表 3-68 几种奥氏体不锈钢化学成分比较

产品	C/%	Mn/%	Si/%	S/%	P/%	Cr/%	Ni/%	Cu/%	N/%
J1	≤0.08	7.0～8.0	≤0.75	≤0.03	≤0.075	14.5～15.5	4.0～4.2	1.5～2.0	≤0.1
J4	≤0.1	8.5～10.0	≤0.75	≤0.03	≤0.075	15.0～16.0	0.8～1.2	1.5～2.0	≤0.2
201	≤0.15	5.5～7.5	≤1.0	≤0.03	≤0.06	16.0～18.0	3.5～5.5		≤0.25
202	≤0.15	7.5～10	≤1.0	≤0.03	≤0.06	17.0～19.0	4～6		≤0.25
304	≤0.08	≤2.0	≤0.75	≤0.030	≤0.045	18.0～20.0	8.0～10.5		≤0.1
BCJ1	≤0.11	11.0～11.5	0.3～0.6	≤0.03	≤0.045	≥13.05	≥0.72	≥0.70	
BCJ2	0.08～0.10	11.0～11.5	0.3～0.6	≤0.03	≤0.045	13.5～13.8	0.93～1.3	1.54～1.59	0.15～0.25
HLJ4	0.118	10.376	0.22	0.009	0.051	13.92	1.12	0.62	0.226
WJ4	0.082	9.80	0.40	0.09	0.027	14.88	1.21	1.48	0.138
WBJ4	0.089	10.97	0.41	0.009	0.030	13.15	1.12	0.88	0.140
HXYJ4	0.07	10.82	0.61	0.008	0.047	13.86	0.91	0.81	0.100

本节主要介绍利用镍铁水直接冶炼奥氏体不锈钢工艺技术。

3.3.1 不锈钢的冶炼原理

炼钢的过程是氧化去除杂质的过程，其主要的化学反应是氧化反应。炼钢的主要原料是铁水、凝固的铁块以及废钢。造渣剂使用 CaO、CaF 等，炉渣在冶炼过程中对钢水有脱硫、脱磷、送氧、吸收非金属夹杂物、防止钢液吸气等等作用。纯铁的熔点是 1538℃，炼钢炉内的温度要保持 1550～1650℃才可以使炼钢在熔融状态下进行。热源主要来自于电能（电炉炼钢）和利用杂质的氧化热及上游热铁水的物理热等等。

不锈钢冶炼与普碳钢冶炼的主要区别是钢中加入大于 12%的铬，为了获得更好的耐蚀性能，铬加入量高达 16%～27%，同时却需要低碳（如<0.12%）乃至超低碳（如 0.02%）。在吹氧脱碳时，铬与碳氧化转化温度很高，如冶炼含 18% Cr、9% Ni、0.02% C 的奥氏体不锈钢，氧化转化温度高达 2133℃。如果温度达不到，则会有大量的铬被氧化掉。因此，如何“去碳保铬”便成了不锈钢冶炼的核心问题，高碳真空吹炼法即是针对其展开的，如氩氧混吹脱碳法（AOD 法）、用水蒸气代替氩气的 H_2O-O_2 混吹法（CLU 法）和真空吹氧脱碳法（VOD 法）。如用 VOD 法同样冶炼含 18% Cr、9% Ni、0.02% C 的奥氏体不锈钢，炉中真空度高于 3.91kPa，则氧化转化温度可降到 1650℃。

3.3.1.1 不锈钢氧化熔炼的热力学

对于炼钢尤其冶炼奥氏体不锈钢过程而言，同样地存在着元素氧化规律。利用生铁转炉炼钢时，吹氧一开始铁水中的硅、锰先被氧化，几分钟后碳才开始被大量氧化，碳氧发生剧烈放热反应。碳焰上来之后，如果铁水中还有未被氧化的硅、锰，则它们很难再进一步被氧化，则会成为存在钢中的余硅、余锰。进入生铁的铌、钒、铬可以在适当的温度下，在碳被大量氧化之前被氧化而进入炉渣，然后再从渣中将这些合金元素提取出来，此谓“选择性氧化”。但进入生铁的铜、镍、钴在炼钢过程中不可能被氧化，它们将始终留在钢内。因此，若所炼钢种不应含铜、镍、钴时，则炼钢原料中绝不许含有这些元素。在冶炼合金钢时，电炉工人都熟悉合理的装料顺序，例如将镍板、钨铁、钼铁等在炼钢温度下不被氧化的铁合金装在炉底，将硼铁、钛铁等易氧化的铁合金留在出钢前加入炉内或在出钢时投入钢包。钒铁在还原期加入炉内，而铬铁则随着所炼钢的不同在还原期或氧化末期加入炉内。在不锈钢的冶炼中采取了真空处理法（AOD 或 VOD 炉）来降低“去碳保铬”的开始温度，实现“选择性氧化”。在以锰代镍的节镍奥氏体不锈钢冶炼中，在还原期加入电解锰和硅锰。

可见，因合金元素氧化的难易程度不同，则元素氧化有了先后顺序。如果熟悉并掌握元素氧化规律就可以在炼钢时合理地加入铁合金，去除不需要的元素，并能提高冶炼效率。

（1）熔池中氧的来源及铁液中元素的氧化方式　氧的主要来源：a. 用氧枪将氧直接吹入熔池；b. 大气直接向钢液传递的氧；c. 入炉钢铁料本身含有的氧及潮湿（H_2O）带入，如废钢、铁矿石、钢渣等。

液态钢中的氧可以以原子氧和氧化物的形式存在。以原子氧形式存在的氧称为溶解氧，以［O］表示。常以下述过程溶解于金属液相中

$$\frac{1}{2}O_2(g)═══[O]$$

以溶解氧形式存在的氧的溶解度可由

$$\lg w_{[O]}=-6320/T+2.734$$

计算。1600℃时，氧在铁液中的溶解度为0.23%。

以氧化物形式存在的氧有Al_2O_3、MnO、SiO_2和FeO等。钢中的氧化物不溶解于钢液中，往往以独立相存在，因此通常将存在于钢液中的氧化物称为非金属夹杂物，其种类及形态根据脱氧剂及脱氧方法不同而异。

（2）铁液中元素的氧化方式　铁液中元素的氧化方式有两种：直接氧化和间接氧化。所谓直接氧化，是指氧气（O_2、CO_2/CO、H_2O/H_2或其他氧化性的气体）直接和铁液接触而产生的氧化反应。当氧气直接遇到钢水时，如果表面有被溶解的与氧亲和力比铁大的元素，例如［Cr］原子，则虽有大量的［Fe］原子存在，［Cr］优先于［Fe］被氧化。但是实际上，由于铁液中［Fe］的浓度最高，它与氧的接触机会最多，因而被大量氧化。

当气体氧与金属液面接触时，将发生下列反应：

$$\frac{2x}{y}[M]+O_2═══\frac{2}{y}(M_xO_y) \tag{3-18}$$

或简单表示为

$$2[M]+O_2═══2(MO) \tag{3-19}$$

及

$$2Fe(l)+O_2═══2(FeO) \tag{3-20}$$

这个反应称为直接氧化反应。即使溶解元素［M］与氧有较大的亲和力，但Fe(l)的氧化仍占绝大优势。因为熔池表面铁原子数远比被氧化元素的原子数多，所以在与气体接触的铁液面上，瞬时即有氧化铁膜形成，再将易氧化的元素氧化形成的氧化物和溶剂结合成熔渣层。在氧化性气体的作用下，这种渣层内的FeO又被氧化，形成Fe_2O_3向渣-金属液界面扩散，在此，Fe_2O_3还原成FeO，一方面，作为氧化剂，去氧化从金属熔池中扩散到渣-金属液界面上的元素：

$$[M]+(FeO)═══(MO)+[Fe] \tag{3-21}$$

另一方面，又按分配定律，以溶解氧原子的形式［O］进入钢液中，去氧化其内的元素：

$$(FeO)═══[O]+[Fe] \tag{3-22}$$

$$x[M]+y[O]=(M_xO_y)或[M]+[O]=(MO) \tag{3-23}$$

而式(3-21)、式(3-23)称为间接氧化反应。

因此，熔池中作为氧化剂的有三种形式：气体氧O_2，熔渣中的FeO及溶解于金属液中的氧［O］，分别有三种氧化反应类型式(3-19)、式(3-21)、式(3-23)。而反应式(3-21)是反应式(3-22)和式(3-23)的组合。反应式(3-19)是分析氧质量平衡及能量平衡的物量基

础，而反应式(3-21）和式(3-23）则是熔池中元素反应热力学的条件及平衡计算的基础，因为金属液中残存元素［M］不是与 O_2，而是与（FeO）或［O］保持平衡的。

3.3.1.2　铁液中元素氧化的氧势图及氧化顺序

元素氧化的顺序关系到合金原料入炉顺序。这在不锈钢冶炼过程中极为重要。图 3-1 表示的是各种元素氧化生成氧化物的标准摩尔生成吉布斯自由能 $\Delta_r G_m^{\ominus}$ 与温度 T 的关系。由于这些元素及氧化物都是纯物资，所以该图对高炉还原反应基本上适用，但对发生在炼钢过程中铁液中元素的氧化反应则不适用，而需要考虑元素相互溶解成为冶金熔体的因素。图 3-66 是溶于铁液中元素［M］被溶解于金属液中的［O］间接氧化为 MO（s）的标准自由能图，即氧势图。它和图 3-1 相比更实际地反映出炼钢过程中，常见元素被［O］间接氧化的先后顺序。

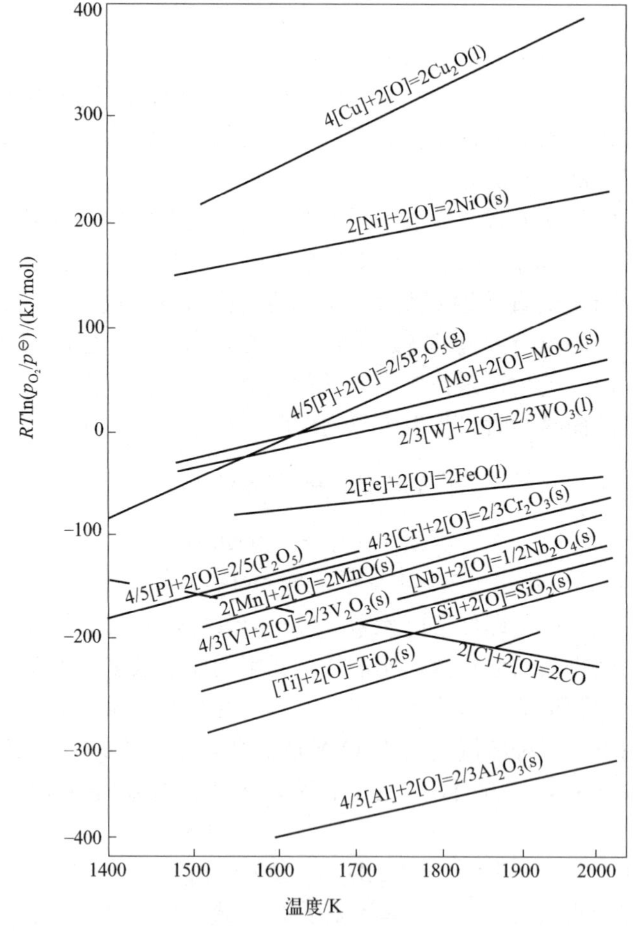

图 3-66　铁液元素氧化的氧势图

图 3-66 中每条直线表示铁液中元素与氧在标准状态下，氧化反应的氧势和温度的关系。利用此图可以确定在标准状态下，熔池中元素氧化形成氧化物的稳定性或氧化的顺序。即位置越低者越稳定，而该元素越易氧化。又（FeO）是炼钢熔池内的主要氧化剂，所以比较（FeO）与（M_xO_y）氧势线的相对位置，就可确定元素在不同温度情况下，氧化的热力学特性：

① 在某一温度下，几种元素同时和氧相遇时，位置低的元素先氧化。如在 1600K 时，氧化顺序为 Al、Ti、Si、V、C、Mn……

② 位置低的元素可将位置高的氧化物还原。

③ 在 Fe 氧化（FeO）的氧势线之上的金属，在炼钢吹氧时，它们都将被 Fe 保护而不被氧化（仅热力学角度），如 Cu、Ni、Mo、W 等。这就是在炼钢过程中，Cu、Ni、Mo、W 一旦进入钢水中，不能被氧化而始终留在钢水中的原因。在奥氏体不锈钢冶炼时，尤其在脱碳时不必考虑镍被氧化的问题，仅需要考虑铬不被氧化问题。在锰代镍节镍型奥氏体不锈钢的冶炼中还要考虑锰的氧化问题。

④ P 氧化的氧势线也在 Fe 氧化的氧势线之上，但炼钢过程可以脱磷。磷以纯氧化物（P_2O_5）从铁液中被氧化掉是不可能的，只有在碱性炉渣存在时，铁液中的磷才能被氧化而进入炉渣。

⑤ 在 FeO 氧势线以下的元素均可氧化，但氧化难易程度有所不同，并随着冶炼条件的不同而有所变化。

⑥ B、Si、Ti、Al、Ce 最易被氧化，它们是强脱氧剂。不锈钢冶炼过程中的脱氧和铬的还原就是利用 Al、Si 来完成的。

⑦ Cr、Mn、V、Nb 等元素的氧化程度随冶炼条件而不同，并与 C 的氧化相互间有很大的影响。当温度在该元素氧化转变温度以上时，碳优先被氧化，即氧与碳反应而该元素被碳保护，如在不锈钢冶炼时的去碳保铬；低于转化温度时，有关元素优先碳被氧化。

同样也可以作出铁液中元素与氧气直接氧化反应的氧势图及与（FeO）的间接反应的氧势图。铁液中元素与氧气直接氧化、与［O］及（FeO）的间接氧化顺序完全相同。只不过间接氧化的氧势线相应提高，即 $\Delta_r G_m^{\ominus}$ 的负值减小了。所以可以得出结论，两个元素的氧化转化温度与氧存在的形式 O_2、［O］或（FeO）及氧的压力（浓度）无关而只取决于此两元素及其氧化产物的浓度（压力）。

⑧ 3 种氧化剂中，直接氧化最易进行，因为它的氧势最低。所以吹氧时元素氧化的强度最大。图 3-67 为熔池中［Si］在 3 种氧化剂中氧化的氧势图。

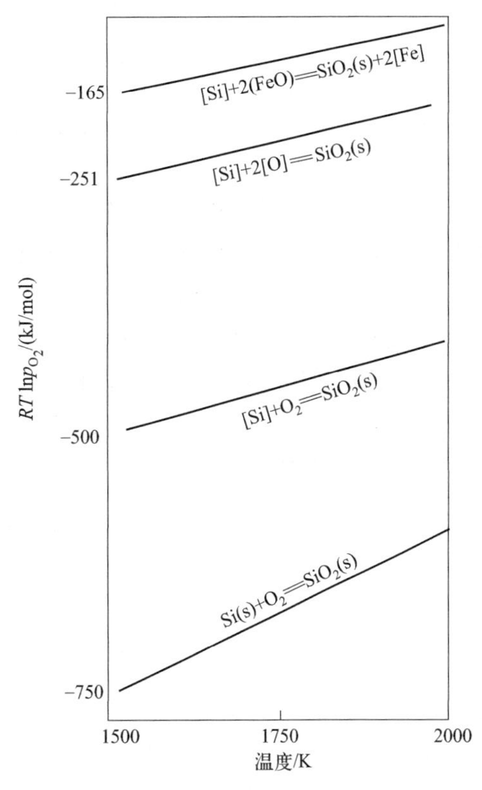

图 3-67 熔池中[Si]氧化的氧势图

3.3.1.3 选择性氧化

本部分以铬、碳，磷、碳和磷、碳、铬的选型氧化为例讨论选择性氧化问题。

（1）奥氏体不锈钢冶炼的去碳保铬 奥氏体不锈钢尤其是铬镍系（300 系）不锈钢，主要合金元素是铬和镍，在炼钢的过程中应避免这两个元素氧化入渣。从氧势图可见，镍在整个冶炼过程中不会氧化，但对铬来说则不然，在高于氧化转化温度时可以选择性地氧化碳，进而达到保护铬的目的。若有部分铬被氧化入渣，也要在脱碳后期向炉渣中加入硅铁或纯硅等将其还原回钢中。不锈钢冶炼的中心问题是去碳保铬。奥氏体不锈钢冶炼发展经历的三个阶段，均是基于去碳保铬，即如何控制［Cr］、［C］的氧化转化温度问题。

① 转化温度的计算　在不锈钢的冶炼中［Cr］、［C］的氧化转化温度由下式进行计算。

铬的氧化反应

$$2[Cr]+3[O]=(Cr_2O_3)\quad \Delta_r G_m^{\ominus}=-843100+371.8T(J/mol)$$

碳的氧化反应

$$[C]+[O]=CO(g)\quad \Delta_r G_m^{\ominus}=-22200-38.34T(J/mol)$$

则去碳保铬的反应为

$$3[C]+(Cr_2O_3)=2[Cr]+3CO(g)\quad \Delta_r G_{m,C\text{-}Cr}^{\ominus}=776500-486.82T(J/mol)$$

$$\lg k_{C\text{-}Cr}^{\ominus}=\lg \frac{a_{Cr}^2(p_{CO}/p^{\ominus})^3}{a_{Cr_2O_3}a_C^3}=-\frac{40560}{T}+25.429$$

只有反应向正向进行，即 $\Delta_r G_{m,C\text{-}Cr}^{\ominus}\leqslant 0$，才能达到去碳保铬的目的。

$$\Delta_r G_{m,C\text{-}Cr}=\Delta_r G_{m,C\text{-}Cr}^{\ominus}+RT\ln\left(\frac{f_{Cr}^2 w_{Cr}^2(p_{CO}/p^{\ominus})^3}{a_{Cr_2O_3}f_C^3 w_C^3}\right)\leqslant 0$$

式中，$a_{Cr_2O_3}=1$，因渣中的 Cr_2O_3 达到饱和。f_{Cr}、f_C 可由铁液中组分活度相互作用系数计算获得。

根据上式可计算一定 CO 分压 p_{CO} 时，去碳保铬的转化温度；或计算一定温度时，去碳保铬所需的真空度。如冶炼 $w_{Cr}=18\%$、$w_{Ni}=9\%$的不锈钢，要求最终总脱碳到 $w_C=0.02\%$，可计算得转化温度至少要 2133.71℃，这个温度在炼钢的条件下显然是太高了。如将转化温度降至 1650℃，则要采用真空精炼的方法，其真空度要高于 3.91kPa。表 3-69 所示为不锈钢冶炼时［Cr］、［C］氧化时的转化温度。

表 3-69　不锈钢冶炼时［Cr］、［C］氧化时的转化温度

序号	钢水成分/%			p_{CO}/大气压	转化温度/℃	O_2∶Ar∶CO
	Cr	Ni	C			
1	12	9	0.35	1	1555	
2	12	9	0.1	1	1727	
3	12	9	0.05	1	1835	
4	10	9	0.05	1	1800	
5	18	9	0.35	1	1627	
6	18	9	0.1	1	1820	
7	18	9	0.05	1	1945	
8	18	9	0.35	$\frac{2}{3}$	1575	1∶1∶2
9	18	9	0.05	$\frac{1}{2}$	1830	1∶2∶2
10	18	9	0.05	$\frac{1}{5}$	1690	1∶8∶2
11	18	9	0.05	$\frac{1}{10}$	1600	1∶18∶2
12	18	9	0.02	$\frac{1}{20}$	1630	1∶38∶2
13	18	9	1	1	1460	
14	18	9	4.5	1	1165	

对于奥氏体不锈钢冶炼体系而言，除需要确定温度、压力外，还需要确定 w_C 或 w_{Cr} 其中的一个，体系的平衡才能确定。根据 $k^{\ominus}_{C\text{-}Cr}$ 与 T 的关系，在 $p_{CO}=0.1$MPa 和不同温度条件下，可作出 a_C 和 a_{Cr} 的关系曲线，如图 3-68 所示。同样，在 $T=1873$K 和不同的压力条件下，也可作出 a_C 和 a_{Cr} 的关系曲线，如图 3-69 所示。

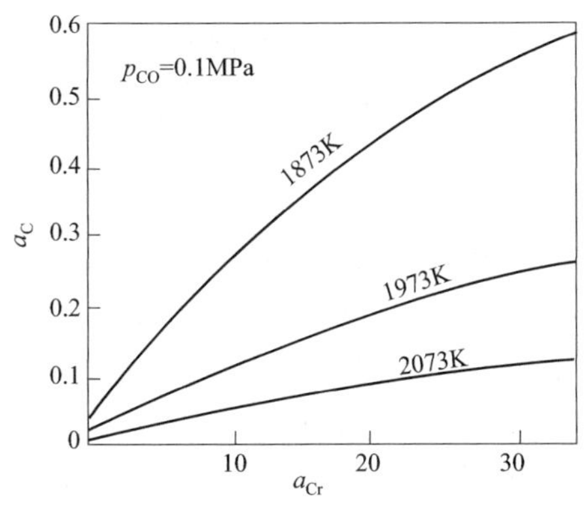

图 3-68 当 p_{CO}= 0. 1MPa 时碳、铬平衡关系

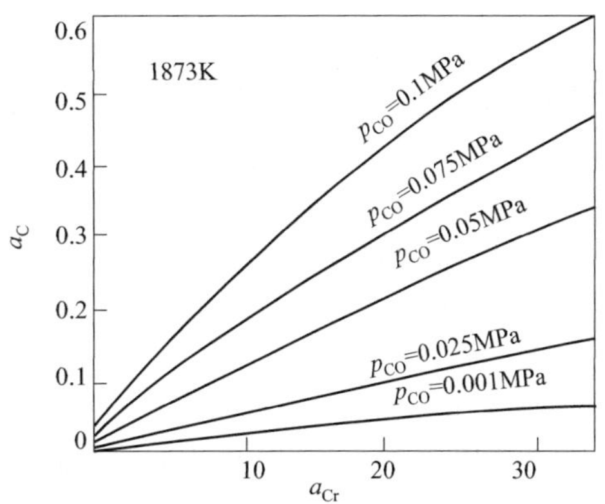

图 3-69 当 T= 1873K 时碳、铬平衡关系

由图 3-68 可见，在 $p_{CO}=0.1$MPa 的条件下，作直线 $a_{Cr}=C$（常数），随着与 3 条曲线交点的 a_C 提高，去碳保铬的转化温度降低。由图 3-69 可见，在 $T=1873$K 的条件下，作直线 $a_{Cr}=C$（常数），随着与 5 条曲线交点的 a_C 提高，去碳保铬所需的最低真空度降低（即所需的系统压力提高）。可见，只有在高温或真空下吹氧脱碳，才能满足不锈钢冶炼的关键工艺——去碳保铬的热力学条件。VOD、RH-OB 或 AOD、CLU 等精炼方法就是基于降低生成物 CO 分压利于脱碳反应正向进行的原理，采用真空下吹氧脱碳或将稀释气体$+O_2$ 的混合气体吹入熔池脱碳的方法而发明的。由于采用了真空的方法，不锈钢在炼钢的温度条件下可以深脱碳，使得超低碳不锈钢冶炼成为可能。

② 奥氏体不锈钢冶炼发展经历的三个阶段

第一个阶段：配料熔化法（1926 年～20 世纪 40 年代）。其特点是：a. 用低碳原料（纯铁、低碳废钢、纯镍、低碳铬铁等）。b. 在电炉内冶炼基本上是熔化。因碳素电极会使熔池增碳，所以配料时尽量少配碳。当向熔池加入铁矿石进行氧化时，铬大量被氧化而碳却不能下降，不锈钢返回料不能作为原料回炉冶炼。因此用昂贵的低碳合金原料制约了不锈钢的发展。

为什么用矿石氧化不能去铬保碳呢？原因是在高于氧化转化温度时可以选择性地氧化碳，即去碳只能在提高熔池温度的条件下进行。然而，用矿石每氧化 1% [Cr]，能提高钢水温度 8℃，而它氧化 0.1% [C] 降低钢水温度 20℃，升温值不能抵消降温值。结果是熔池温度达不到脱碳所需的转化温度。因此，加入矿石只能大量氧化 [Cr] 而难以去 [C]。这样如果采用不锈钢返回料，熔池增碳，只用矿石氧化，无法获得低碳不锈钢。这是氧气吹炼未发明之前，长期不能使用返回料炼不锈钢的根本原因。

第二个阶段：返回吹氧法（一次革命）。1939 年美国人发明了向熔池吹氧利用返回料炼不锈钢。熔化返回料过程中不仅不怕增碳，而且可以利用 CO 的沸腾脱气。吹氧后熔池温度可提高约 200℃，在此高温下，碳能氧化下降到规格的要求。[Cr] 也被氧化 2%～2.5%，但在 [C] 下降到符合要求之后，和进入还原扒渣之前，人们通过加入还原剂，可促使渣中

Cr_3O_4 还原一部分［Cr］回到铁水。尽管如此，最后仍有8%～12%的铬损失在渣中，［Cr］的回收率88%～92%。所以铬不能配足，只能配到12%～13%，吹氧停吹后，熔池含［Cr］10%～10.5%，因此必须在停吹后加入一定量的低碳铬铁，使铬达标而碳不超标。因低碳铬铁的获得成本很高，故使不锈钢冶炼成本仍很高。

返回吹氧法通过吹氧提高了温度，解决了返回料炼不锈钢的问题。但为什么该法配料时，铬一般只能配到12%～13%，而不能配足到不锈钢应有的含量呢？例如18%。一是返回料熔清后熔池含碳量有意识地提高到0.3%～0.35%，以便有足够的CO气体沸腾将钢水中的［H］、［N］带走。根据表3-69例1，用氧气开吹的温度应大于1555℃，这样才能达到去碳保铬的目的。若继续使碳下降，熔池温度应继续提高，热源来自于铬的氧化。在 $w_C=0.05\%$ 时，温度要提高约200℃，所以［Cr］要氧化掉约2.0%。即在电炉吹炼不锈钢时，为了达到去碳保铬的目的，往往不得以先氧化掉一部分［Cr］以提高温度。二是一次配足［Cr］会使转化温度过高。如表3-69例7，当［C］降到0.05%时，转化温度高达1945℃，这么高的温度将会大量溶蚀炉衬，显著降低炉衬寿命。即过高的转化温度是［Cr］不能一次性配足的主要原因。那么怎样才能降低转化温度呢？只有降低 p_{CO}，才能降低转化温度。

第三个阶段：高碳真空吹炼法（新纪元）。1965年德国和1968年美国分别发明了真空吹氧脱碳法（VOD）和氩氧脱碳法（AOD）。其特点是：原材料不受任何限制，任何高碳原料均可采用，且铬可一次配足，［Cr］的回收率97%～98%。低碳铬铁使用量显著下降，而对高中碳铬铁的需求量逐步增加，原材料成本明显降低。从表3-69例8～12可看出，p_{CO} 越小（即真空度越高），转化温度越低。由例12可知，当 $p_{CO}=\frac{1}{20}$ 大气压，熔池温度为1630℃时可脱碳至0.02%，即可炼出超低碳不锈钢。

（2）磷和碳的选择性氧化　从氧势图3-66可见，磷与碳在不同温度下，出现选择性氧化。其反应为

$$2[P]+5CO=5[C]+(P_2O_5) \quad \Delta_r G_m^{\ominus}=-642832+735.89T(\mathrm{J/mol})$$

在标准状态下磷、碳氧化转化温度约1500K。当熔池温度低于1500K时，［P］先于［C］氧化，即［P］被选择氧化；而高于1500K时，［C］先于［P］氧化，即［C］被选择氧化，此时，［P］的氧化受到抑制。在温度及 p_{CO} 一定时，降低 $a_{P_2O_5}$，可使［P］优先于［C］氧化。可见，在炼钢过程中及时造好能使 $a_{P_2O_5}$ 值低的高碱度、高氧化铁的熔渣是［P］先于［C］氧化，或同时氧化的条件。

在不同的炼钢方法中，［P］可在［C］开始大量氧化之前，脱［C］完成之后，或与［C］同时氧化。如在电弧炉氧化期，温度较低，炉底加入的造渣料在吹氧助熔的条件下能形成去鳞渣，［P］与［C］同时氧化。在氧气顶吹转炉中，［P］与［C］同时氧化，因为喷枪氧气流股冲击铁水面，形成的FeO化渣很快。在底吹及复吹转炉内，脱磷则是在碳焰下降后的较高温度下进行的，因为炉底喷嘴吹入的氧生成的FeO为脱碳所消耗，致使成渣缓慢。如果从炉底喷嘴用氧喷吹石灰粉，则化渣快，［P］与［C］也可同时氧化。此外，在炉外铁水脱磷时，由于温度低，同时铁水含碳量高，碳对磷的相互作用系数很高（13×10^{-2}），能提高磷的活度，故先氧化磷。

因此，［P］虽然易于在较低温度下氧化，但要有适合于去磷的高碱度、高氧化渣及时形成。当此渣及时形成时，［P］与［C］同时氧化，或［P］比［C］优先氧化，否则［C］比［P］先氧化。

（3）磷和铬、碳的选择性氧化　从氧势图3-66可见，磷和铬氧化物的氧势线相距甚近，

它们可以同时氧化。

在用含铬废钢冶炼不锈钢时，要求铬的回收率要高，既要做到去碳保铬，又要做到去磷保铬。要想使磷氧化又要保铬，则氧势应控制在此两者氧化物的氧势之间。由于磷和铬都能与碳出现选择性氧化，所以含铬炉料的氧化脱磷实际上是三元素之间的选择性氧化问题。因此脱磷过程会出现下列3个反应

$$[P]+\frac{5}{4}O_2 = \frac{1}{2}(P_2O_5) \qquad \Delta_r G_m^{\ominus} = -663891+259.13T(J/mol)$$

$$[Cr]+\frac{3}{4}O_2 = \frac{1}{2}(Cr_2O_3) \qquad \Delta_r G_m^{\ominus} = -574320+170.52T(J/mol)$$

$$[C]+\frac{1}{2}O_2 = CO \qquad \Delta_r G_m^{\ominus} = -136990+43.51T(J/mol)$$

上述反应可形成下列2个耦合反应：

$$3[C]+(Cr_2O_3) = 2[Cr]+3CO \quad \Delta_r G_m^{\ominus} = 737670-471.57T(J/mol) \qquad (\text{I})$$

$$k_{\text{I}}^{\ominus} = \frac{a_{Cr}^2 (p_{CO}/p^{\ominus})^3}{a_{Cr_2O_3} a_C^3}$$

$$2[P]+5CO = (P_2O_5)+5[C] \quad \Delta_r G_m^{\ominus} = -642832+735.89T(J/mol) \qquad (\text{II})$$

$$k_{\text{II}}^{\ominus} = \frac{a_C^5 a_{P_2O_5}}{a_P^2 (p_{CO}/p^{\ominus})^5}$$

为了去磷保铬，应使反应（Ⅰ）、（Ⅱ）同时正向进行（向右）。可见提高 $a_{Cr_2O_3}$ 和 a_P（f_P），降低 $a_{P_2O_5}$ 和 a_{Cr}（f_{Cr}）能达到去磷保铬的目的。因此，应在钢液中碳量较高的条件下造 $a_{Cr_2O_3}$ 高及 $a_{P_2O_5}$ 低的熔渣，因为，碳对磷的相互作用系数为较高的正值[$e_P^C(1873K)=13\times 10^{-2}$]，可提高 f_P；而碳对铬的相互作用系数为较高的负值[$e_{Cr}^C(1873K)=-12\times 10^{-2}$]，可降低 f_{Cr}。而在大量去磷之后，再在高温或真空下脱碳。高温利于保铬，但不利于脱磷，所以一般选择的温度为1450～1500℃。

3.3.1.4 真空和惰性气体搅拌

当反应有气态物资参与且反应前后气态物质的量有变化时，则压力对这类反应有重要影响，例如，可使处于平衡的反应发生移动。当增加系统压力时，平衡向气体物质的量减小的方向移动，反之当减小系统压力时，平衡向气体物质的量增加的方向移动。系统压力的增减，不能改变反应前后气体的物质的量相等的化学反应平衡。

定压下加入惰性气体，会使系统的体积增大，对各气体组分来说相当于“冲稀”，各气体的分压将等比例减小，因此，对反应物和生成物气体物质的量不等的反应，加入惰性气体平衡向气体物质的量增多的方向移动。向金属液内部吹入惰性气体，在钢液内部产生一个个气泡，这些气泡对于反应生成的气体，如 H_2、N_2、CO 等相当于一个个小真空室，因此，向金属液内部吹入惰性气体相当于真空处理的作用。这些反应生成的气体将向小气泡中扩散，并随气泡上浮而离开体系。同时，气泡上浮过程中，可将吸附的夹杂物带出体系，这是因为气泡表面会吸附钢液中的夹杂物。此外，由于气泡的上浮，可对钢液起到搅拌作用，可均匀温度和成分，促进反应物的扩散，加速反应的进度。因此，钢液内部吹入惰性气体而对钢液起到一系列的冶金作用，被称为气泡冶金。

在不锈钢的冶炼中，通过真空或氩气（氮气、水蒸气等）搅拌的方法降低压力，使平衡向生成气体（CO）物质的量增加的方向移动，即使脱碳反应优先进行，降低了去碳保铬的

开始温度（转化温度）。在冶炼高氮钢时，通过增压的方法来促进氮在钢液中的溶解，达到增氮的目的。

（1）真空和气泡冶金中的碳氧反应　钢液中进行的碳氧反应

$$[C]+[O]=CO(g) \quad \Delta_r G_m^{\ominus}=-22200-38.34T(J/mol)$$

$$w_{[C]}w_{[O]}=m(p_{CO}/p^{\ominus})$$

当1600℃、$p_{CO}=100kPa$ 时，$m=w_{[C]}w_{[O]}=0.002\sim0.003$。一般多取 $m=0.0025$。由上式知，碳氧积随 p_{CO} 的降低而减小，所以在真空下或向金属熔池吹入惰性气体，或吹入惰性气体和氧气的混合气体等均能大大降低碳氧反应产物CO的 p_{CO}，钢液的碳及氧浓度可进一步降低。

上面得出的碳氧积是 $p'_{CO}=100kPa$ 时的。但在炼钢时，发生在熔池不同地方的脱碳反应有不同的碳氧积，因为它们的 p'_{CO} 不同。

在熔池内部脱碳反应形成的CO气泡的 p'_{CO} 大于或等于其所受的外压时，气泡才能形成。在不计入脱碳过程中进入气泡内的 H_2、N_2 分压时，气泡内的 p'_{CO} 为

$$p'_{CO}\geqslant p'_{(g)}+(\delta_m\rho_m+\delta_s\rho_s)g+2\sigma/r$$

式中　p'_{CO}——气泡内的分压，或与之平衡的外压，Pa；

$p'_{(g)}$——炉气的压力，100kPa；

ρ_m，ρ_s——分别为钢液及熔渣的密度，kg/m^3；

δ_m，δ_s——分别为钢液层及熔渣层的厚度，m；

σ——钢液的表面张力，N/m；

r——气泡的半径，m；

g——自由落体加速度，$9.8m/s^2$。

当 $r\geqslant10^{-3}m$，而 $\frac{2\sigma}{r}=2600Pa$ 时，$\delta_s\rho_s g$、$2\sigma/r$ 之和远远小于 $p'_{(g)}$，即 $\delta_s\rho_s g+2\sigma/r\ll p'_{(g)}$，则上式可简化为

$$p_{CO}=1+\delta_m\rho_m g\times10^{-5}$$

$$w_{[C]}w_{[O]}=m(p_{CO}/p^{\ominus})=mp_{CO}=0.0025(1+\delta_m\rho_m g\times10^{-5})$$

可见，碳氧积与气泡所受的外压有关，外压越大，碳氧积越大，δ_m 越大（炉底处的 δ_m 最大），碳氧积越大，炉底处的碳氧积最大。熔池内部发生的脱碳反应的碳氧积，随着熔池深度的减小而降低。在钢液表面（$\delta_m=0$），碳氧积=0.0025，相当于 $p'_{CO}=100kPa$ 时的碳氧积。当金属从熔池中以液滴或铁珠的形式进入熔渣及炉气中时，由于铁珠位于气泡内，其曲率半径为负值，故 $2\sigma/r$ 为负值，则 $p'_{CO}\geqslant p'_{(g)}-2\sigma/r$。

总之，通过真空，增大钢-气接触界面（形成铁珠），减小钢液层深度，使钢液面无渣或少渣，降低 p'_{CO}，使碳氧积降低。当钢中 $w_{[C]}$ 一定时，则钢中的 $w_{[O]}$ 降低，碳脱氧能力提高；反之，当钢中 $w_{[O]}$ 一定时，则钢中的 $w_{[C]}$ 降低，即可提高脱碳能力，即在真空下可较方便地生产超低碳不锈钢。

（2）真空下碳还原金属氧化物　由图3-1知，$CO\Delta_r G_m^{\ominus}$ 线的斜率（为负值）和其他所有金属氧化物 $\Delta G^{\ominus}$ 线的斜率（为正值）不同。CO线与其他氧化物线均有交点，理论上讲碳元素可以还原所有的金属氧化物。这就是用碳作还原剂的主要原因。这个交点所对应的温度，就是CO线与之相交线元素的氧化转化温度。也即，只要温度能满足要求，碳能作为所有金属氧化物的还原剂。

碳还原金属氧化物的反应为

$$(M_xO_y)+y[C]=x[M]+yCO(g)$$

$$\Delta_r G_m=\Delta_r G_m^{\ominus}+RT\ln\left[\frac{a_M^x(p_{CO}/p^{\ominus})^y}{a_{M_xO_y}a_C^y}\right]$$

一定温度下，生成物有 CO 气体，真空下（即降低 p_{CO}）有利于反应向正向进行，当真空度降到使 $\Delta_r G_m \leqslant 0$ 时，钢液中的碳可还原渣中的金属氧化物。由于该反应的存在，在超低碳不锈钢的真空冶炼（如 VOD 或 RH）中，不仅使吹氧脱碳保铬能顺利进行，而且铬的收得率很高。

3.3.2 传统的不锈钢冶炼工艺

本小节将不用镍铁水作为不锈钢母液的冶炼工艺定义为传统的不锈钢冶炼工艺。利用热镍铁水作不锈钢母液的冶炼工艺，可使传统工艺发生改变，使不锈钢生产更加经济便捷。

（1）不锈钢的冶炼工艺比较　不锈钢的冶炼工艺可分为一步法、二步法和三步法。

① 一步法　一步法是指在一座电弧炉内完成废钢熔化、脱碳、还原和精炼等工序，将炉料一步冶炼成不锈钢。二次精炼工艺出现后，由于一步法工艺使用返回废钢量大、冶炼周期长、作业率低、生产成本高、不能生产超低碳钢等而被逐步淘汰。

② 二步法　二步法主要以电弧炉为初炼炉熔化废钢及合金料，生产不锈钢初炼钢水，然后在不同的精炼炉（如 AOD、CLU、K-OBM、KCB、MRP、GOR、VOD 等）中精炼合格的不锈钢。初炼炉可以是电弧炉或转炉。二步法中精炼炉又可分为常压和真空状态下的精炼，从而形成 EAF-转炉（AOD、CLU、K-OBM、KCB、MRP、GOR）二步法工艺和 EAF-真空吹氧（RH-OB、RH-KTB、VOD 等）二步法工艺。

③ 三步法　三步法的工艺流程是初炼炉-转炉（AOD、CLU、K-OBM、KCB、MRP、GOR)-真空吹氧精炼炉。初炼炉只起熔化初炼作用，初炼炉可以是电弧炉或转炉，负责向 AOD 等精炼炉提供初炼钢水。AOD 的功能主要是快速脱碳，并避免铬的氧化，与 AOD 具有同样功能的冶炼设备常用的还有 K-OBM-S、K-BOP、MRP、CLU、KCB-S 等。最后由真空吹氧精炼炉（VOD、RH-OB、RH-KTB 等）完成最终成分的微调、纯净度的控制。该法可用来生产超低碳、超低氮的不锈钢。

表 3-70 列出了不锈钢不同冶炼工艺路线的优缺点。表 3-71 所示为以电弧炉为初炼炉的不锈钢冶炼工艺的比较。

表 3-70　不锈钢不同冶炼工艺路线的优缺点比较

工艺路线		钢种适用性	对原料适应性	生产率	氩气耗	耐材耗	生产成本
一步法		差	苛刻	低	无	较高	最低
二步法	电炉-转炉	一般	强	高	高	低	低
	电炉-真空炉	一般	强	低	低	较高	较高
	转炉-转炉	一般	强	高	高	低	高
三步法		强	强	高	高	高	最高

一步法是生产不锈钢的鼻祖，二、三步法是在一步法的基础上发展而来。但因去碳保铬手段少，对合金原料、加入时机及加入量要求苛刻，冶炼速度较慢，与连铸匹配困难，不能生产超低碳钢等，此法已被边缘化了。

表 3-71　以电弧炉为初炼炉的不锈钢冶炼工艺的比较

冶炼方法		主要设备	生产工艺简述	主要优点	主要缺点	备注
电弧炉冶炼法	一步法	电弧炉	1. 电弧炉冶炼不锈钢的原料范围广 2. 在电弧炉中吹氧脱碳至成品规格，造渣脱磷 3. 加 FeSi 合金还原铬元素 4. 可调整合金成分和温度，出成品钢水	工艺简单，调度容易，操作方便，建设投资省	不能生产超低碳不锈钢，周期长，生产能力低。所以，现在除少数铸钢厂外，不再采用	是生产不锈钢的鼻祖。二、三步法是在一步法的基础上发展而成
	二步法	电弧炉＋AOD	1. 可向电弧炉加入废不锈钢或全部碳素废钢生产母液，为了降低成本，应加高碳铬铁合金。需要加石灰造渣和 FeSi 合金还原铬元素。倒出母液后需离线扒渣 2. 将母液兑入 AOD，脱碳至成品规格以下出钢	1. 对原料适应力强 2. 由于在电弧炉、AOD 中都进行脱碳，因此，生产率高	1. 氩气消耗量大，达 20m³/t(标准状态)钢水 2. 炉衬寿命低，耐材消耗大 3. 对含氢、氮要求很低的钢种生产较困难 4. AOD 精炼不能脱磷，所以本工艺冶炼的不锈钢不宜用于制造冷冻设备	还有其他形式的氩氧脱碳转炉，如 K-OBM-S、MRP-L、CLU、GOR 等
		电弧炉＋VOD	1. 向电弧炉加不锈废钢或全部碳素废钢生产母液。为了降低成本，应加高碳铬铁合金，要求脱碳至 0.25%，需要加石灰造渣和加 FeSi 合金还原铬元素，出钢后需离线扒渣 2. 再将母液包吊入 VOD 处理工位作真空处理，调节成分和温度	1. 对原料适应力强，氩气消耗量少 2. 由于在电弧炉、VOD 中都进行，因此，生产率较高		
	三步法	电弧炉＋AOD＋VOD	1. 向电弧炉加废不锈钢或全部碳素废钢生产母液，为了降低成本，应加高碳铬铁合金。倒出母液后需离线扒渣 2. 兑入 AOD 精炼脱硫，并脱碳至 0.25%，加 FeSi 合金还原铬元素，出钢后需扒渣 3. 再将钢水包吊入 VOD 处理工位作真空处理，调节成分和温度	1. 对原料适应力强，氩气消耗量少 2. 由于脱碳在电弧炉、AOD、VOD 中都进行，因此，生产率高 3. 可生产各种要求的不锈钢	1. 由于多了一台精炼设备，基建投资较高 2. 环节多，对生产调度和维修要求高 3. 需要使用大量的过热蒸汽	还有其他几种形式的氩氧脱碳转炉，如 K-OBM-S、MRP-L、CLU、GOR 等

二步法中的初炼炉-转炉工艺由于使用了向转炉内部吹入惰性气体等方法的转炉，使 p_{CO} 降低，增加了去碳保铬的手段，使大量使用高碳铬铁成为可能，大大降低了成本，提高了脱碳速度，可与连铸匹配，但不利于经济生产超低碳或超低氮钢。同时不足还有，炉底喷嘴附近耐火材料寿命低，转炉炉龄低。

三步法可优化操作，生产节奏快，转炉炉龄高，产品质量高，氢、氮、氧及夹杂含量低，可生产超低碳不锈钢、超纯铁素体不锈钢、控氮或含氮不锈钢、超高强不锈钢等，可生产品种广泛。但需要增加一套真空精炼设备。

(2) 不同冶炼工艺路线的选择　不锈钢冶炼生产工艺的选择取决于很多因素，首要因素是操作成本，它受到生产规模、产品大纲、原材料供应、后续工艺、现有车间条件和动力供应状况等因素的影响。由于各种因素随着市场迅速变化，生产工艺选择应该具有一定的灵活性。

一般情况下，三步法的生产成本要高于二步法，但由于上述各种因素的综合影响，要根据实际情况具体分析、合理选择。不锈钢不同冶炼工艺路线的选择见表 3-72，表中“●”表示优先选择的设备或工艺，“○”表示次选的设备或工艺。

表 3-72　不锈钢不同冶炼工艺路线的选择

工艺装备		生产规模		产品大纲		主要原料			现有车间条件			动力供应情况	
		小	大	常规碳、氮	超低碳、氮	高炉铁水	铬矿	废钢	转炉厂	电炉厂	新建厂	电力匮乏	氩气匮乏
预处理	脱硅					●							
	脱磷					●			●				
	脱硫					●			●				
初炼炉	矿热炉						●						
	感应炉	●											
	电弧炉	●	●	●	●	○		●	○	●	●	○	
	转炉		●	●	●	●	●	●	●		●	●	
精炼炉	AOD	●	●	●	●	●	●	●	●	●	●	●	○
	K-BOP		●	●●	●●	●	●	●	●				●
	K-OBM-S		●	●	●	●	●	●	●		●		●
	MRP		●	○●		●	●	●	●				●
	CLU				●	●	●	●					●
	KCB-S		●			●	●	●					●
真空炉	VOD		●		●								●
	RH-OB		●		●								●
	RH-KTB		●		●								●
工艺线	一步法	●											
	二步法		●	●									○
	三步法		●	○	●								●

① 生产规模　不锈钢的生产规模对冶炼生产工艺的选择具有制约作用。生产规模小，一般年产 3 万吨不锈钢，不锈钢返回废钢有可靠保证的，可以选用一步法冶炼生产工艺。不锈钢的生产规模达到 5 万吨以上，其生产工艺不宜采用一步法，应该选用二步法或三步法组织生产。

② 产品大纲　产品大纲中对于生产(C+N)>(250～300)$\times10^{-6}$ 的不锈钢，可选用二步法组织生产。若生产规模大，产品范围宽，考虑到生产节奏和能源供应等因素，宜配置三步法冶炼生产工艺路线的设备，其中分产品按照二步法或三步法组织生产。最终产品若要求(C+N)≤(250～300)$\times10^{-6}$，如 S44700、S44800 等超低碳（0.01%）、超低氮（0.02%）铁素体不锈钢，必须选用三步法工艺流程，在真空吹氧精炼炉中完成最终成分的微调和脱气处理。

③ 原材料供应　不锈钢冶炼的原材料，主要是金属料和合金。金属料包括返回废钢、普通废钢和高炉铁水，以及含 Cr、Ni 铁水或铸块。合金主要包括高、中、低碳铬铁，镍铁、金属镍或 NiO，硅铁，锰铁。含 Cr、Ni 铁水或铸块具有金属料和合金的双重性质。不同的金属料将会采用不同的冶炼生产工艺。金属料采用返回废钢或普通废钢时，一般选用电弧炉作为初炼炉，熔化废钢和合金料生产不锈钢母液。典型的冶炼生产工艺是选用 EAF-AOD 二步法或选用 EAF-AOD-VOD 三步法组织生产。金属料采用高炉铁水时，由于硅、硫、磷含量高，高炉铁水必须首先进行三脱处理，获得低硫、磷不锈钢母液，再经过精炼炉精炼。精炼炉目前大多选用 AOD 转炉或顶底复合吹炼转炉，如果要冶炼低［C］或低［N］不锈钢，后步工序还要配置 RH-OB 或 VOD 进行真空精炼。如果要冶炼 Cr-Ni 系或 Cr-Ni-Mo 系不锈钢，还需要配置电弧炉或感应炉熔化铬铁、钼铁和镍铁。典型的冶炼生产工艺是高炉铁水-铁水预处理-（EAF 或感应炉熔化合金）-顶底复合吹炼转炉—真空精炼。日本川崎钢铁公司的 K-BOP 法采用了高炉铁水-铁水预处理-顶底复合吹炼转炉（LD-OBM）-真空

精炼 VOD。日本新日铁公司室兰制铁所的 RH-OB 法，即采用高炉铁水-铁水预处理-顶底复合吹炼转炉-（RH-OB）真空精炼。

金属料采用部分铬铁水＋废钢时，冶炼生产工艺可采用矿热炉-EAF-AOD 二步法或选用矿热炉-EAF-AOD-VOD 三步法，通过矿热炉冶炼铬矿石，生成含铬铁水。电弧炉作为初炼炉熔化废钢和合金料，熔化半钢与含铬铁水混匀，制成不锈钢母液。该工艺可以适用于铁合金厂的改造或在铁合金厂附近建设的不锈钢工厂内使用。

目前在中国突起的金属料采用高炉含镍、铬铁水冶炼 200 系及节镍型奥氏体不锈钢的长流程工艺［高炉-初炼炉-AOD（或 GOR）二步法，或高炉-AOD（或 GOR）法，省略了初炼炉直接将铁水兑入精炼炉］以及矿热炉含镍铁水冶炼 300 系奥氏体不锈钢的短流程工艺［矿热炉-初炼炉-AOD（或 GOR）二步法或矿热炉-初炼炉-AOD（或 GOR）-VOD 三步法］。这正是后面要讲的利用热镍铁水作不锈钢母液的冶炼工艺。

未来，随着红土镍矿直接还原技术工业化水平的不断提高和完善，会有利用直接还原镍铁作金属料冶炼奥氏体不锈钢工艺出现，即直接还原镍铁-电炉-AOD（或 VOD）二步法及直接还原镍铁-电炉-AOD-VOD 三步法。

3.3.3 利用镍铁作母料的奥氏体不锈钢冶炼工艺

利用红土镍矿冶炼镍铁合金进而生产奥氏体不锈钢，是继世界奥氏体不锈钢冶炼发展的三个阶段之后的又一个重要阶段。

目前中国奥氏体不锈钢的冶炼基本都采用镍铁作为镍合金料，甚至采用镍铁作为不锈钢母料——金属料。近几年建成的不锈钢厂多伴有镍铁厂（高炉、矿热炉）同步建设，利用热的镍铁水作为不锈钢母液，冶炼奥氏体不锈钢。目前经济的不锈钢冶炼流程是：利用高炉-初炼炉-AOD（或加 VOD）-LF，或高炉-AOD（或加 VOD）-LF 的长流程工艺，冶炼 200 系等节镍型奥氏体不锈钢；利用矿热炉-初炼炉-AOD（或加 VOD）-LF 的短流程工艺，或利用矿热炉-AOD（或加 VOD）-LF 的短流程工艺，冶炼 300 系奥氏体不锈钢。当然，通过长流程冶炼低镍铁水，再另外填入高镍合金料冶炼 300 系奥氏体不锈钢也是很好的流程。其中高炉镍铁水不经初炼炉直接加入 AOD 炉冶炼的方法，即 AOD 炉直接吹炼法在北海诚德镍业有限公司和连云港华乐合金有限公司得到了很好的应用。由矿热炉镍铁水直接兑入 AOD，由 AOD 独立完成初炼和精炼的工艺，在福建鼎信实业有限公司已经实现。

日本太平洋金属公司八户工场为了节约原材料和降低能耗，开发了用液态 FeCr、FeNi 原料直接冶炼不锈钢的方法。

对不同炉种的热效率进行比较：30t AOD（以 SUS304 为对象）为 80.6%，30t LD 转炉（以低碳 FeNi 为对象）为 68%，25t 电弧炉（以 SUS304 为对象）为 47%，AOD 热效率最高。为了降低能耗，他们放弃用电炉或 LD 炉作初炼炉的做法，而直接将液态 FeNi 和 FeCr 装入 30t AOD 炉中（含 C=3.5%～4.5%，Si=1.5%～2.5%）进行吹炼。表 3-73 所示为 30t AOD 炉的操作记录。

为了脱出碳和硅，采用顶部氧枪与底部枪同时吹炼。脱硅时炉渣碱度为 1.3～1.5。由于碳含量高，吹炼中铬烧损不大。脱硅到 0.3%～0.5%，即可扒渣以便进入通常的脱碳操作。但即使在脱碳初期，［C］也大约在 3%，所以为了钢水量少和尽量缩短脱碳时间，要同时进行氧气顶吹。用 AOD 炉直接吹炼后取得以下成果：铬的回收率提高到 99%；与电炉、电炉-AOD 和 LD-AOD 法比能耗最低；采用顶吹氧后，脱硅、脱碳速度各增加了 0.018%/min 和 0.009%/min，相应升温速度提高了 20%～70%，FeSi 消耗量减少了 10%～15%；

而钢水氮含量在用氮代氩率高达84%的条件下也不超过650ppm。

表3-73　30t AOD炉的典型操作记录

炉料和添加物		FeCr铁水、FeNi铁水		CaO、高碳FeCr、高碳FeNi		高碳FeCr、高碳FeMn、低碳FeNi	CaO		FeSi		CaO、CaF_2	出钢量32.50t
阶段		装料		脱硅	扒渣	Ⅰ	Ⅱ	Ⅲ	还原铬	扒渣	脱硫	出钢
O_2∶Ar(N_2)				3∶1		3∶1	2∶1	1∶3	Ar		Ar	
O_2用量/(m^3/h)				1860		1860	1400	350	—		—	
N_2或Ar用量/(m^3/h)				620		620	700	1050	800		800	
温度/℃		1400		1500		1680	1700	1710	1755		1680	1605
钢水成分%	C	6.16	2.21	3.46			0.22	0.088	0.053		0.053	0.05
	Si	1.89	2.88	0.46					0.47		0.60	0.57
	Mn	0.43	0.09	0.18					1.26		1.28	1.50
	Cr	44.99	2.14	18.89					18.45		18.48	18.32
	Ni	1.41	13.94	8.99					8.64		8.67	8.54
炉渣成分%	CaO				57.48					54.77	68.86	
	SiO_2				25.84					33.46	13.20	
	TCr				0.69					1.01	0.32	
	TFe				0.28					0.56	0.42	
	R_2				2.22					1.64	5.22	

注：$R_2=\frac{CaO}{SiO_2}$。

（1）利用矿热炉镍铁冶炼300系不锈钢　矿热炉冶炼镍铁采用的是选择性还原法，通常矿热炉冶炼的镍铁较高炉生产的镍铁品位高，含镍量大于10%，其含镍量与300系奥氏体不锈钢含镍量接近，用其作金属母料最经济。其工艺流程如下：

a. 一步法　矿热炉（镍铁水）-AOD。

b. 二步法

ⅰ. 镍铁（铸块）-电炉-AOD（或VOD）；

ⅱ. 矿热炉（镍铁水）-电炉（或转炉）-AOD（或VOD）；

ⅲ. 矿热炉（镍铁水）-AOD-VOD。

c. 三步法

ⅰ. 镍铁（铸块）-电炉-AOD-VOD；

ⅱ. 矿热炉（镍铁水）-电炉（或转炉）-AOD-VOD。

目前，国内利用镍铁生产300系一般含碳要求的不锈钢（如304）采用AOD或VOD精炼。

若在没有矿热炉，或有矿热炉没有镍铁水热装条件的情况下，则采用镍铁（铸块）-电炉-AOD（或VOD）-LF工艺。若有高炉铁水，可适量兑入电炉中，以降低电耗及加快电炉冶炼速度。由电炉主要完成镍铁、高碳铬铁等合金的熔化及脱磷等工作，由AOD完成将高碳含铬、镍母液脱碳保铬的任务。

若在有矿热炉镍铁水热装条件的情况下，则采用矿热炉（镍铁水）-电炉（或转炉）-AOD（或VOD）工艺或矿热炉（镍铁水）-AOD工艺。

前者由电炉完成镍铁、高碳铬铁等合金的熔化及脱磷等工作，由 AOD 完成将高碳含铬、镍母液脱碳保铬的任务。后者由矿热炉镍铁水直接兑入 AOD，由 AOD 独立完成初炼和精炼任务。此工艺的前提是要控制好入炉镍铁水的磷含量不超规格（AOD 脱磷困难）及熔化合金固体料的热平衡，通常附加感应炉用以熔化合金和返回料。福建鼎信实业有限公司早在 2011 年前后就已实现了这一工艺。

利用镍铁经济生产 300 系超低碳不锈钢（如 304L）时采用三步法。在 AOD 精炼的基础上，增加 VOD 工艺。

（2）利用高炉镍铁生产节镍型奥氏体不锈钢　通常高炉冶炼的镍铁较矿热炉生产的镍铁含镍质量分数低，目前生产的镍铁产品有含镍量 1.5%左右（所谓低镍铁）及含镍量 4%～6%（所谓中镍铁），其中含镍量 1.5%左右的与 J4 不锈钢含镍量接近，含镍量 4%～6%的与 201、202、J1 不锈钢含镍量接近，用其作金属母料最经济。其工艺流程如下：

① 镍铁（铸块）-电炉（或感应炉）-AOD；

② 高炉（镍铁水）-电炉（或转炉）-AOD（或 VOD）；

③ 高炉（镍铁水）-AOD。

目前，国内利用红土镍矿生产节镍型奥氏体不锈钢主要采用高炉-AOD 工艺流程。

若在没有高炉镍铁水热装条件的情况下，则采用镍铁（铸块）-电炉（或感应炉）-AOD（或 VOD）工艺。由电炉主要完成镍铁、高碳铬铁等合金的熔化及脱磷等工作，由 AOD 完成将高碳含铬、镍、锰（电解锰）母液脱碳保铬的任务。

若在有高炉镍铁水热装条件的情况下，则采用高炉（镍铁水）-电炉（或转炉）-AOD（或 VOD）工艺或高炉（镍铁水）-AOD 工艺。前者由电炉完成高碳铬铁等合金的熔化及脱磷等工作，由 AOD 完成将高碳含铬、镍、锰（电解锰）母液脱碳保铬的任务。由于此工艺实现了镍铁水热装，大大降低了能源消耗。后者由高炉镍铁水直接兑入 AOD，由 AOD 独立完成初炼和精炼的任务。此工艺的前提是要控制好入炉镍铁水的磷含量不超规格（AOD 脱磷困难）及熔化合金固体料的热平衡，通常附加感应炉用以熔化合金和返回料。北海诚德镍业有限公司、连云港华乐合金有限公司于 2010 年前后已实现了这一工艺。

在这里要特别提出：节镍型不锈钢与 300 系不锈钢冶炼的不同之处是对节镍型不锈钢中 Mn 和 N 的控制，即锰和氮的加入方法。

锰的加入方法：如 202 中含锰 7.5%～10%。锰在 AOD 脱碳过程中易氧化，在冶炼前期加入，由于锰的氧化，造成吹氧量增加，还原期需用大量的硅铁，且锰的氧化放热使冶炼过程温度不易控制等；如果在后期加入由于加入量过大，AOD 在脱碳后期温度达到 1800℃以上，热量才能平衡。为解决上述难题，可以采取后升温方法进行高锰不锈钢的冶炼。其主要原理是在脱碳结束后，加入硅锰进行还原，并利用硅锰中的硅进行化学升温，已补充合金加入后热量不足的问题，并视锰的含量还需加入一定量的电解锰。

常压下氮在 1600℃的铁水中的溶解度仅 0.045%。通常认为，常压下铁素体中的氮含量超过 0.08%便可以认为是高氮不锈钢。根据氮在奥氏体不锈钢中的含量，可将含氮奥氏体不锈钢分为控氮型（氮含量 0.05%～0.10%）、中氮型（氮含量 0.10%～0.40%）、高氮型（氮含量 0.40%以上）。为了降低不锈钢生产对 Ni 的需求，需要大力发展低镍和 Mn、N 代镍不锈钢的生产，但是不锈钢中氮的加入和稳定化也是一个需要研究的课题。目前我国不锈钢生产实际中氮的加入方法：①用含 N 铁合金加入。熔炼过程加 FeCrN（8%～10% N）、CrN（4%～10% N）或者 Si_3N_4（25%～30% N）等中间合金到熔池中。②向 AOD 熔池底吹氮气。国内 80%以上的不锈钢都是采用 AOD 方法生产的。

在 AOD 炉中使用氮气代替氩气冶炼含氮不锈钢是一种有效的增氮手段，在 AOD 炉中由于底部可吹入氮气，氮气泡与钢液直接接触，增大了气-液反应界面面积，使钢液中［N］上升，达到合金化的目的。

提高钢中氮含量不能超过钢中固溶氮与生成氮化物的极限，在特定的条件下，钢液和固相中所能溶解的氮是有限的，一旦超过这个界限，就会形成氮化物偏析以及气泡。利用 Cr、Mn、Ti、Mo 等元素可以增加不锈钢中氮的溶解度。Ti、Zr、V、Nb 等元素可以大大提高氮在金属熔体中的溶解度，但是同时它们又有很强的形成氮化物的趋势。Cr 不仅是不锈钢中最重要的合金元素，也能显著地提高氮在熔体中的溶解度，形成氮化物的趋势也较 Ti、Zr、V、Nb 等元素小。Mn 也是增加不锈钢中氮的溶解度的元素。

第4章 红土镍矿的湿法冶金

火法冶炼直到20世纪40年代，仍然是处理镍矿的唯一方法。因为湿法冶金能更好地综合利用资源，保护环境，现代湿法冶金技术已成为从矿石中提取有价金属，尤其是从低品位的红土镍矿中提取镍的又一种重要手段。红土镍矿湿法冶金过程不但可以生产中间产品，如氢氧化镍、钴混合物（MHP）、硫化镍、钴混合物（MSP）、镍、钴氧化物等，其最终工序还可以生产纯金属镍、钴。

4.1 红土镍矿湿法冶金工艺

湿法冶金一般工艺过程包括浸出、分离、富集和提取等工序，工艺流程见图4-1。

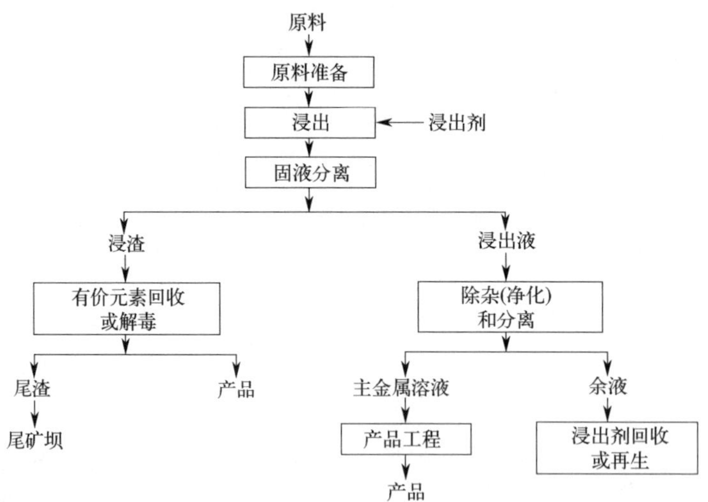

图4-1 湿法冶金一般工艺流程图

浸出，又称浸取、溶出和湿法分解，是湿法冶金首道工序，浸出的实质是将原料中有用成分转入溶液，即用适当的溶剂处理矿石、精矿或半成品，使要提取的金属成为某种离子（如阳离子或络阴离子等）形态进入溶液，而脉石及其他杂质则不溶解，这样的过程叫浸出。浸出后经澄清和过滤，得到含金属（离子）的浸出液和由脉石矿物组成的不溶残渣（浸出渣）。对某些难浸出的矿石或精矿，在浸出前常常需要进行预备处理，使被提取的金属转变为易于浸出的某种化合物、盐类或低价氧化物、金属。例如，使镍锍转变为可溶性的硫酸盐而进行的硫酸化焙烧；RRAL工艺中，使红土镍矿中的镍最大限度地还原成易被氨所浸出的金属镍，使矿物中的铁被还原成 Fe_3O_4（Fe_3O_4 不溶于氨）等还原焙烧工序都是常用的预备处理方法。矿物焙烧是常用的预备处理方法，焙烧的目的是使原料中的目的组分发生物理、化学变化，使其转变为易于浸出或易于物理分选的形态，以便后续工艺的处理。

分离，即将浸取溶液与残渣分离，同时将夹带于残渣中的冶金溶剂和金属离子洗涤回收。分离的方法可分为三大类，即重力沉降法、过滤分离法和离心分离法。

富集，即浸取溶液的净化和富集。常采用离子交换和溶剂萃取技术或其他化学沉淀方法。

提取，即从净化液提取金属或化合物。从溶液中提取金属的方法分电解法和化学法两种。电解提取又称电解沉积，是向含金属盐的水溶液或悬浮液中通过直流电而使其中的某些金属沉积在阴极的过程；化学提取是用一种还原剂把水溶液中的金属离子还原成金属的过程。

红土镍矿湿法冶金工艺主要有还原焙烧-氨浸工艺（RRAL）、加压酸浸工艺（HPAL）、常压硫酸浸法（AL）、常压盐酸浸出（ACPL）、硫酸化焙烧-浸出工艺（RAL）、硫酸加压-常压联合工艺（HPAL-AL）以及生物冶金工艺、微波浸出工艺、湿法氯化工艺等。虽然许多国家曾大量研究过从红土镍矿中提取镍的方法，但成熟的工业化红土镍矿湿法冶炼工艺仅为加压酸浸工艺（HPAL）和还原焙烧-氨浸工艺（RRAL）两种。

氨浸和酸浸是两种完全不同的浸出方法，所用方法取决于矿石中碱性氧化物氧化镁含量的高低。氨浸法适用于含硅酸盐较多、氧化镁较高的矿石，而酸浸法适用于褐铁矿高、氧化镁低的矿石。其中，RRAL 工艺可以看成是火法的还原焙烧工艺和湿法的氨浸工艺相结合的工艺。目前，世界上 HPAL 工艺占湿法工艺的绝大部分。

4.1.1 红土镍矿的加压酸浸工艺（HPAL）

HPAL 工艺适合于处理低品位褐铁矿层含氧化镁低、含钴相对较高的红镍土矿。该工艺是国际上比较成熟的主流工艺，最大优点就是镍、钴的浸出率高，达到 90%以上，大大高于还原焙烧-氨浸工艺，而且能耗及试剂消耗均低于氨浸工艺。世界上新建成的红土镍矿湿法处理厂绝大部分均采用该工艺，如澳大利亚的考斯（Cawse）、布隆（Bulong）、莫林莫林（Murrin Murrin）三个镍冶炼项目，中冶集团（MCC）建设的巴布亚新几内亚瑞木镍炼项目以及菲律宾的珊瑚湾项目等。

浸出过程是在高压浸出釜内进行的，高压浸出釜的材质为碳钢衬砖或钢-钛复合。早期的古巴毛阿湾镍厂采用的是立式碳钢衬砖加压釜，但 20 世纪末以后，随着材料工业的发展，新建的红土镍矿加压浸出厂均采用钢-钛复合材质的卧式加压釜，单台浸出釜的有效体积可以达到 $300m^3$ 以上，使红土镍矿的生产规模得到大幅提升，从而促进了该工艺的应用发展。

表 4-1、表 4-2 为毛阿湾镍厂等五个基于高压酸浸工艺的红土镍矿冶炼厂主要工艺流程、主要工程参数。

表 4-1 五个基于高压酸浸工艺的红土镍矿冶炼厂主要工艺流程

厂名	生产能力/(万吨/年)	矿石品位	简要流程	产品
毛阿	2.3Ni 0.2Co	1.35% Ni 47.6% Fe	备料—高压酸浸—固液分离—溶液中和除杂(铁、铝、铬)—H_2S 加压沉镍钴	硫化物精矿 (55% Ni,5.9% Co)
莫林莫林	4.5 Ni 0.3Co	1.02% Ni 0.065 Co	备料—高压酸浸—固液分离—H_2S 沉 Ni、Co—硫化物沉淀加压氧化酸浸—Cyanex 272 萃钴—反萃钴液氢还原得钴粉；萃余液氢还原制镍粉	钴粉，镍粉

续表

厂名	生产能力/(万吨/年)	矿石品位	简要流程	产品
考斯	0.9 Ni	0.98% Ni 0.08% Co	备料—高压酸浸—固液分离—MgO 沉镍、钴—碳铵溶液重溶—净化—Lix84 A 萃镍—反萃液电积获电镍；萃余液 H_2S 沉钴	电镍，硫化钴
布隆	0.9 Ni	0.70% Ni 0.045 Co	备料—高压酸浸—固液分离—Cyanex 272 萃钴—反萃液净化后电积得电钴；萃余液烷烃羧酸萃镍—反萃液电积得电镍	电镍，电钴
瑞木	3Ni	1.138% Ni 0.117% Co	备料—高压酸浸—固液分离—两段中和除铁—两段沉镍钴—氢氧化镍钴富集物	氢氧化镍钴富集物(38%Ni，3% Co)

表 4-2　五个基于高压酸浸工艺的红土镍矿冶炼厂主要工程参数

厂名	毛阿	瑞木	莫林莫林	布隆	考斯
资源	370Mt： 1.35% Ni 0.15% Co	1.138% Ni 0.117% Co	220Mt： 0.88% Ni 0.06% Co	1490Mt： 0.98%Ni 0.08% Co	213Mt： 0.705 Ni 0.045Co
镍生产规模/(t/a)	30000 Ni 2000 Co	30000 Ni 2000 Co	45000	9000	9000
高压釜系列	4	3	4	1	1
浸出温度/℃	230～260	230～260	250～255	250～270	250
浸出压力/kPa	4300	4300	4300	3800～5405	3800
高压釜尺寸/m	15.00(高)	34(长)	33(长)	31(长)	31(长)
直径/m	3.0	5.1	4.9	4.6	4.6
釜体壁厚/mm	—	—	95	117	100
钛衬厚/mm	—	—	6.5	8	8
钛衬材料	—	钢钛复合板	Grade1	Grade17	Grade11
硫酸加入量/(kg/t)	250	250	400	520	360

西澳大利亚三个红土矿加压酸浸厂建成投产以来，未取得预想的效果，其中考斯、布隆两个厂已停产。我们于 2017 年 11 月访问了这两个工厂及他们所属的考斯、布隆红土镍矿矿区和藤草红土镍矿矿区。

西澳三个加压酸浸厂的经验对于今后加压酸浸厂的建设是非常宝贵的，其主要经验是：

① 三个加压酸浸厂虽然存在这样那样的问题，但是加压酸浸技术在三个厂都是成功的。针对三个加压酸浸厂的问题，几乎公认的原因是资金问题，而不是技术问题。

该厂使用加压浸出，经中和除杂质，用 MgO 沉淀 Ni、Co，而后氨浸、萃取、电积生产阴极镍和硫化钴。设计能力为 9000t 阴极镍，含钴量 1300t 硫化钴。

该厂是成功地从含镍红土矿中直接生产出电积 Ni 的工厂。OMG 收购后，转为生产镍钴中间产品。

Bulong 厂与 Cawse 几乎是同时投产，其设计能力为 9000t/a 阴极镍。该厂采用加压酸浸从含镍红土矿中浸出镍钴，经石灰中和后直接采用溶剂萃取电积法生产阴极镍。由于石灰中和产生大量石膏，它们在后续工序中如萃取过程中大量沉淀，堵塞管路，萃取时形成三相，严重阻碍萃取工序正常进行。在电积时几乎所有 Ni 阳极板变形、腐蚀，不得不将钴电积阳极板挪用，甚至从外厂购买始极片。由于经营不善，最终破产。但 Bulong 厂加压浸出部分是成功的，由于后半部工艺失误，整个工厂的工艺失败。

Murrin Murrin 厂设计能力为 4.5 万吨每年氢还原镍粉（镍块）和 3000t/a 电解钴。该厂生产工艺是前半段生产镍钴混合硫化物，后半段将混合硫化物溶解，经氢还原法生产镍粉，还原烧结生产镍块，而钴则生产电解钴。该厂投产前三年仅达到设计能力 65%，目前已达到设计能力 80%以上。为了节省投资，在施工过程中出现了较多的材料代用问题，由于材料代用不当，试车投产过程中出现了较多问题。

② 三个加压酸浸厂主体工艺是成功的，局部工艺造成的问题，影响了整个工艺的贯通。西澳三个酸浸厂，若分段作业，仅生产中间产品，如 Cawse 仅生产混合氢氧化镍钴，Murrin Murrin 仅生产混合硫化镍钴中间产品，类同于古巴毛阿厂，它们所遇到的困难将少得多。因此，工艺及产品方案的选择至关重要。

加压酸浸工艺发展趋势：古巴毛阿镍厂等一批加压酸浸厂的正常运行，加压釜制造技术以及其附属设备的进步，激励着加压酸浸含镍红土矿工艺的不断发展。从西澳投产的三个厂和正在建设和准备建设的红土矿项目来看，加压酸浸工艺得到了认可，并被认为是一种处理含镁低的红土矿最合适和最经济的工艺。由于红土矿所在地基础设施较差，特别是电力缺乏，物资供应不便，劳动力素质相对较低，为了降低这些不利因素的影响，大多数红土矿的产品方案选定为中间产品，即硫化镍钴或氢氧化镍钴。

尤其是中冶瑞木项目及以其为样本的项目的成功，目前没人怀疑加压浸出技术的可行性，主要问题是要从工艺选定、材料选择、资金投入等方面认真研究，这样才可以保证红土镍矿加压浸出工厂顺利生产。

快速发展的新能源电池业对镍、钴及其中间产品的巨大需求能促使加压酸浸工艺飞速发展。

下面主要介绍毛阿湾镍厂高压酸浸工艺以及美国镍港精炼厂镍钴硫化物提取工艺。毛阿湾镍厂完成矿石预处理、浸出、固液分离、富集等工序，见图 4-2；美国镍港精炼厂完成提取工序。

（1）矿石预处理　该厂处理的原矿组成主要为褐铁矿类型红土镍矿，含 MgO 较低而含 Co 较高，原矿的化学成分：Ni 1.35%，Co 0.146%，Cu 0.02%，Zn 0.04%，Fe 47.5%，Mn 0.8%，Cr_2O_3 2.9%，SiO_2 3.7%，MgO 1.7%，Al_2O_3 8.5%，H_2O 12.5%。

原矿在筛选和制浆车间经两级筛选、洗涤，全部通过 20 目的矿浆（浓度 20%）沿混凝土管道靠重力进入浸出系统的贮存浓密机内。最终弃去的物料约占 5%。

（2）浸出　该工序使矿石中的镍钴浸出进入溶液。高压硫酸浸出工艺流程见图 4-3。将贮存在浓密机中的浓度 45%的矿浆，通过预热器，用蒸汽直接加热到 80℃，再泵送到两台机械搅拌矿浆贮槽里。用橡胶衬里的离心加压泵，分四路将矿浆送到高压加料泵内，再由高压加料泵送到加热塔去，在此直接用 $43kg/cm^2$ 的高压蒸汽将矿浆加热到 246℃反应温度。被加热的矿浆靠重力流进四套并联的浸出系统内。每套浸出系统有四个串联的立式高压釜，即共有 16 个高压釜。高压釜的直径 3m，高 15m，内衬铅皮。釜内矿浆的搅拌是用 $43kg/cm^2$ 的高压蒸汽经一个直径 406mm 的钛制中心管来完成的。

将浓度 98%的硫酸，按酸矿 0.25 的比例泵送到每个系统的第一台高压釜中，进行顺流浸出，浸出的矿浆靠重力流过该系统。矿浆在高压釜内停留约 2h。

在此，氧化镍等金属氧化物与硫酸作用生成硫酸镍等硫酸盐被浸出，而铁、铝等硫酸盐水解留在熔渣中。

控制浸出反应的主要参数是酸与矿石的比例。酸消耗的大致比例是：三分之一用作游离酸，三分之一用于尾矿，三分之一用于可溶性盐。此可溶性盐中只有一小半的酸是与硫酸镍和硫酸钴相结合的。

根据试验表明，矿石中的镍呈三种形态存在，即 65%的镍在普通的情况下可以很快地被浸出，30%～32%的镍需要高压才能被浸出，3%～4%为极稳定的镍。

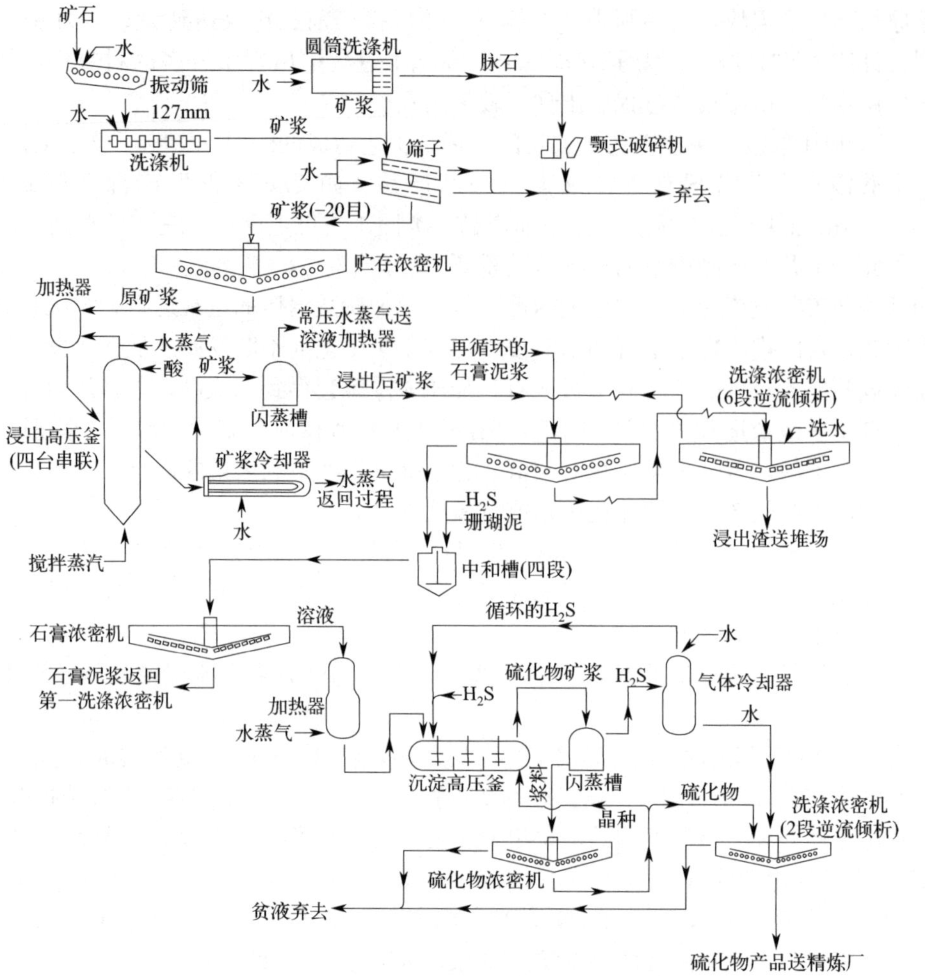

图 4-2　毛阿湾镍厂红土镍矿高压酸浸工艺流程图

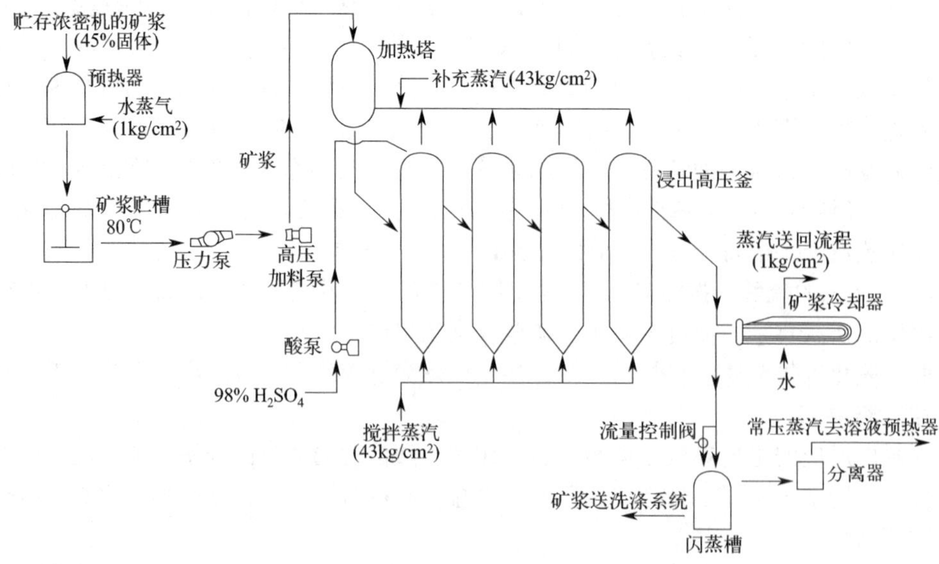

图 4-3　毛阿湾镍厂高压硫酸浸出工艺流程图

从最后一台出来的矿浆，经过热交换器，冷却到135℃以下，然后经过自蒸发器即闪蒸槽（两台互为备用，直径2.2m、高3.1m，外壳由钢板制作，内衬橡胶、再衬碳砖）矿浆温度在此降至96℃以下，将此矿浆送往洗涤系统。

（3）固液分离　该工序通过洗涤和中和子工序使来自上道工序的被浸矿浆的浸出液、浸渣分开。

① 洗涤　洗涤渣中夹带的镍和钴由六段逆流倾析洗涤（counter-current decantation，CCD）、四段串联中和槽中和、浓密分离（图4-4）。被浸矿浆在六台浓密机（直径62.8m、深2.7m，用混凝土制作，前两台内衬耐酸砖、后四台沥青涂底）中进行六段CCD，每一段的溢流均送回到前一段，第一段浓密机溢流作为成品溶液送往中和系统，每一段的底流均送到下一段，第六段浓密机底流（浓度降至55%～60%）作为尾矿排入尾矿池。浸出物主要化学成分见表4-3。从表中看到：HPAL工艺，镍、钴、铜、锌等元素浸出率很高，这样有利于提镍、钴；铁、铝、铬、二氧化硅、氧化铬、氧化镁等元素、氧化物浸出率很低，尤其是铁元素，这样有利于除铁；锰、镁等元素浸出率居中，这样，若红土镍矿中含镁高，则酸耗高。

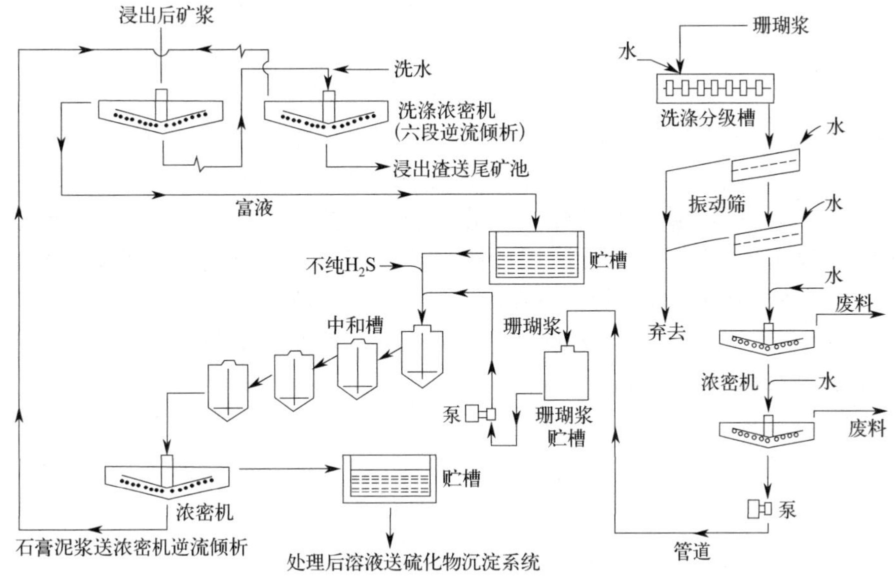

图4-4　毛阿湾镍厂固液分离工序流程图

表4-3　毛阿湾镍厂浸出物主要化学成分

成分	溶液浓度/(g/L)	浸出渣(质量分数)/%	浸出率/%
镍	5.95	0.06	96
钴	0.64	0.008	95
铜	0.1	—	100
锌	0.2	—	100
铁	0.8	51	0.4
锰	2.0	0.4	57.0
铬	0.3	—	3.0
氧化铬	—	3.0	—
二氧化硅	2	3.5	12
镁	2	—	60
氧化镁	—	0.7	—
铝	2.3	—	11
三氧化二铝	—	8.1	

续表

成分	溶液浓度/(g/L)	浸出渣(质量分数)/%	浸出率/%
硫酸盐	67	8.1	
水	—	3.2	
游离酸	28		

② 中和　该厂采用的是浸出液中和（由于矿浆 pH 对浸渣的沉降性能有较大的影响，于是也有采用被浸矿浆中和的），中和浸出液中残余的酸，将溶液 pH 值调至满足沉淀镍钴硫化物所要求的酸度，即 pH 2.6 左右。将由洗涤车间送来的成品溶液用珊瑚浆进行中和。作为中和剂的珊瑚浆是在珊瑚浆厂预先制备好的，其浓度 40%、粒度小于 20 目，氯化物含量小于 500ppm，碳酸钙含量大于 90%。珊瑚浆是用泵送入到中和车间四个串联中和槽中。中和槽直径 4.26m、高 4.26m，木制且带搅拌功能。

在中和之前，成品溶液先用硫化氢在成品溶液贮槽与中和槽之间的管道中进行预处理，先还原溶液中所含的高价铬和高价铁，以去除铬盐状态的铬，使铬由六价还原成三价，并使三价铁还原成二价铁，其反应

$$Fe_2(SO_4)_3+H_2S=\!=\!=2FeSO_4+H_2SO_4+S$$

$$MnCr_2O_7+3H_2S+4H_2SO_4=\!=\!=Cr_2(SO_4)_3+3S+MnSO_4+7H_2O$$

这就减少了在中和时，由于氢氧化铁的沉淀而带来的困难。

中和操作是在四个串联中和槽中进行的。经硫化氢还原的溶液进入中和槽中，与进入其中的珊瑚浆搅拌中和，中和时间 15min，中和前、后溶液 pH 值为 0.8、2.6。4 个串联的木槽呈阶梯布置，第一槽的溢流通过衬胶流槽流至第二槽，再经第三、第四槽排至浓密机。pH 值达标的溶液在浓密机中进行液固分离，其溢流送往硫化物沉淀系统，底流（浓度 30%～40%石膏浆）送往洗涤系统进行逆流倾析。中和反应

$$H_2SO_4+CaCO_3=\!=\!=CaSO_4+CO_2+H_2O$$

中和后的溢流成分见表 4-4。

表 4-4　中和后的溢流成分

成分	浓度/(g/L)	成分	浓度/(g/L)
镍	4.15	铬	0.2
钴	0.45	镁	1.9
铜	0.8	铝	1.6
锌	0.1	钙	0.1
铁	0.6	硫酸盐	27.0
锰	1.4		pH2.4

（4）富集　毛阿湾镍厂富集工序采用化学沉淀法的硫化物沉淀法，其工艺流程见图 4-5。

用硫化氢作沉淀剂，从中和液中使镍钴以镍钴硫化物形态沉淀出来。沉淀高压釜内的工作压力为 1MPa，温度为 118～121℃。当溶液流量为 3.6m^3/min 时，镍钴沉淀率为 99%、98.1%。在沉淀过程中，除镍、钴外还有部分铜、锌等杂质与硫化氢反应生成金属硫化物共沉，同时生成硫酸。但铁、铝、锰、镁、铬沉淀极少，均随废液排出。因此，中和液在此得到富集和净化。其沉淀反应

$$M^{2+}+SO_4^{2-}+H_2S=\!=\!=MS+H_2SO_4$$

当反应进行时，溶液中的镍浓度降低，酸浓度增加，沉降速度渐慢，直至反应停止。由图 4-5 知：中和后溶液进入预热器中，经低压蒸汽预热至 77℃，预热溶液再泵入加热器经蒸汽（0.1MPa）加热至 118℃，再将加热后的溶液泵入沉淀高压釜内，向釜内加入硫化氢气

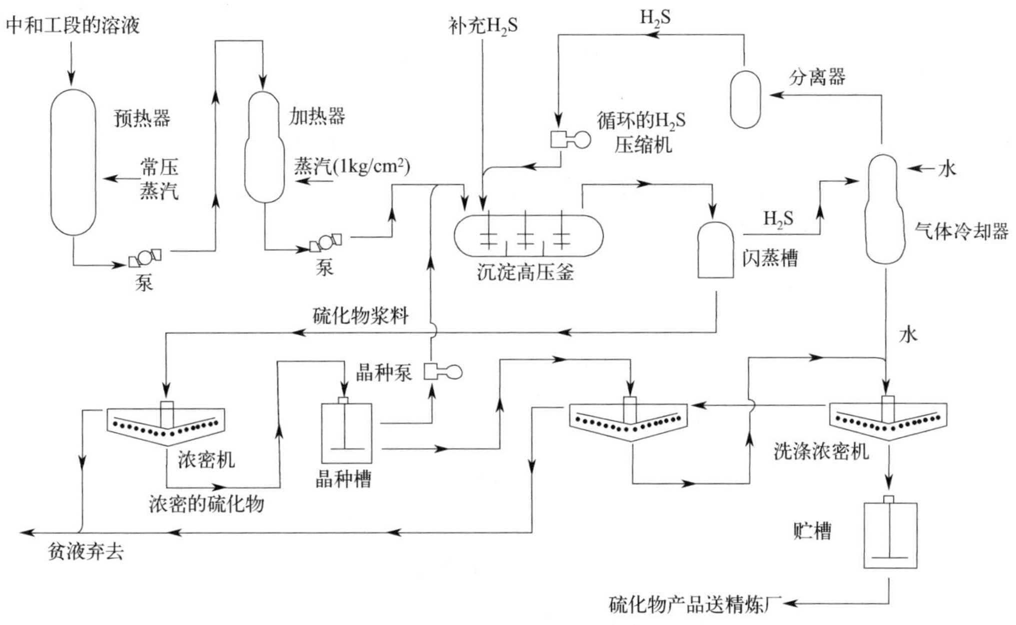

图 4-5 毛阿湾镍厂富集工序工艺流程图

体（1MPa）。该高压釜为卧式三间室型机械搅拌釜，内径 3.5m，长 9.91m，壳体用碳钢制作，内壁先衬 4.75mm 厚的橡胶，再衬 114mm 耐酸砖。高压釜的充满率约 80%，上部气体中 H_2S 含量维持在 80%以上。溶液在釜内停留约 17min。

由沉淀高压釜排除的沉淀硫化物和废液排至闪蒸槽。过量的硫化氢由于压力降低而逸出，和水蒸气一同进入一台降湿塔，降湿塔顶部淋水，使水蒸气在此冷凝，硫化氢气体则被冷却。排出的热水，送去洗涤沉淀的镍钴硫化物。硫化氢气体经洗涤、冷却和干燥后进入循环压缩机，压缩后与新的硫化氢混合，供高压釜使用。经闪蒸槽减压后的硫化物矿浆，带着悬浮的硫化物在浓密机中分离，溢流被弃去，底流即浓密的硫化物，一部分作为晶种再循环，其余部分用热水经两台洗涤浓密机进行两段逆流倾析，洗水弃去，底流进入贮槽，成为镍钴硫化物，即该厂的最终产品，其成分见表 4-5。镍的浸出率 96%，硫化沉淀回收率 99%，相当于原矿石中有 95%的镍被回收。

表 4-5 镍钴硫化物的成分

成分	洗涤后的溶液浓度/(g/L)	镍钴硫化物质量分数/%	回收率/%
镍	0.037	55.1	99
钴	0.007	5.9	98.1
铜	—	1.0	100
铅	—	0.003	100
锌	—	1.7	100
铁	0.5	0.3	4
锰	1.2	—	0
铬	0.15	0.4	13.1
镁	1.7	—	0
铝	1.4	0.02	0.1
钙	0.1	—	0
硫(呈硫化物)	—	35.6	
硫(呈硫酸盐)	24.0	0.04	
游离酸	7	—	

进一步将此硫化物产品送美国自由港镍公司镍港精炼厂提取纯镍和纯钴。原设计是将洗涤后的硫化物以 65%浓度矿浆形态，用船运往镍港精炼厂。

（5）提取　美国自由港镍公司镍港精炼厂与毛阿湾镍厂同时兴建，采用高压酸浸-氢还原法处理毛阿湾镍厂的产品——浆状的镍钴硫化物精矿。提取纯镍和纯钴采用的是化学提取法，即用一种还原剂，即氢把水溶液中的金属离子还原成金属。镍港精炼厂生产工艺流程见图 4-6。由毛阿湾镍厂运至的混合镍钴硫化物成分见表 4-6。

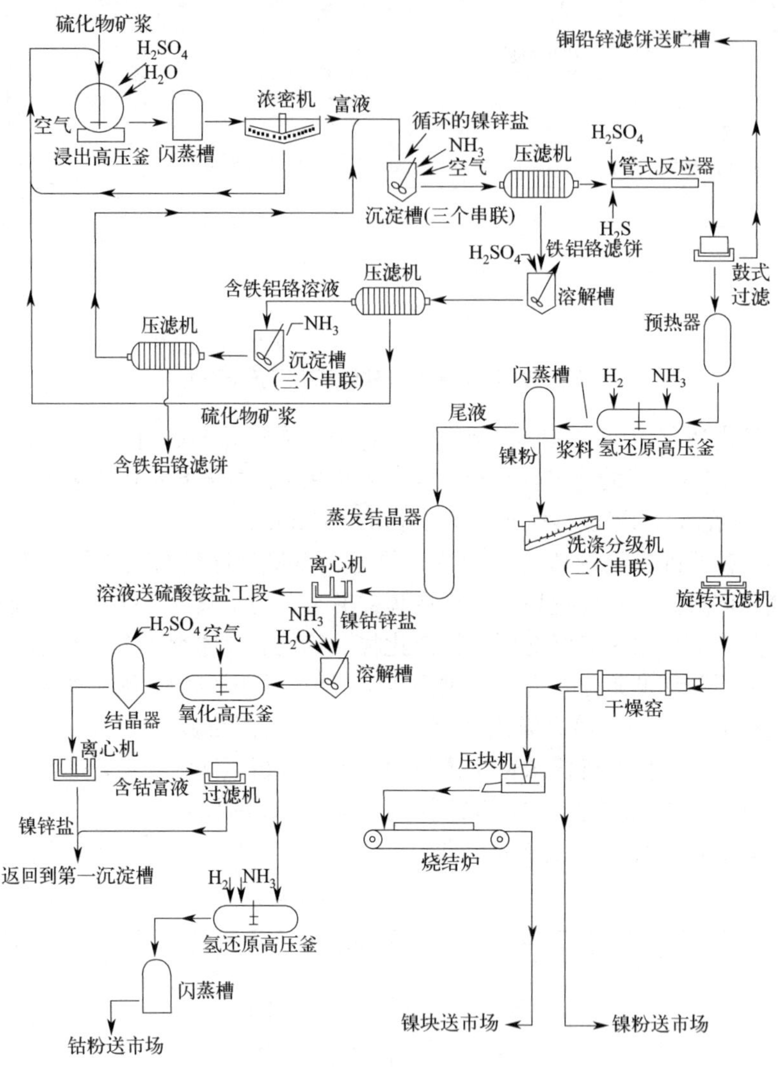

图 4-6　镍港精炼厂生产工艺流程

镍港精炼厂生产工艺流程：重新溶解、沉淀除杂、金属提取。

表 4-6　毛阿湾镍厂运至的混合镍钴硫化物成分

元素	Ni	Co	S	Cu	Fe	Zn	Al、Pb 等
含量/%	54～55	5.3～6.0	36	1	0.3	1.7	其余

① 溶解、沉淀杂质　为了溶解这种镍钴硫化物，将毛阿湾镍厂运至的镍钴硫化物矿浆与少量的水、硫酸一起连续地泵入单级球型具有机械搅拌功能的高压釜（外壳 63.5mm 钢

板制成，内衬铅板和耐酸砖、搅拌等部件均采用钛材）内，同时通入高压空气，在温度177℃、压力4.9MPa条件下，金属硫化物与空气中的氧反应如下

$$MS+2O_2 = MSO_4$$

生成可溶性硫酸盐，氧化反应产生的热量足以维持系统的操作温度。

矿浆经减压阀排到闪蒸槽，再溢流到一个小浓密机内，在此沉淀出过剩的固体硫化物并返回浸出系统。控制溢流液成分镍50g/L，钴5g/L，并含有铁、铝、铬、铜、铅和锌等杂质。富液送往三个串联沉淀槽，并通入氨气使pH值调到5.3左右，在常压和温度82℃的条件下，使铁、铬和铝呈氢氧化物而沉淀下来。再经压滤机等，滤出的沉淀物中还含有相当数量的镍，将此滤饼和从浓密机中流来的硫化物细粉汇合，一起在溶解槽内用硫酸进行再处理。仍不溶解的硫化物送压滤机过滤后返回浸出高压釜。澄清后的溶液用氨中和到pH值为5.0，再一次使杂质沉淀下来，过滤后使其弃除。滤液将返回到第一个沉淀槽。

经初步净化的滤液，送往衬胶的管式净化反应器，用硫酸将pH值调到1.5左右，然后通入硫化氢，使溶液中铜、铅和锌呈硫化物形式沉淀，并在鼓式过滤机上过滤。滤渣贮存起来，滤液为镍钴硫酸盐及少量的硫酸锌和硫酸铵，即为提取纯镍的料液。

② 提取　净化后的溶液泵入预热器使其温度升高到190℃，送到六台平行的沉淀高压釜（带机械搅拌器）内，通入釜内5MPa氢气，使硫酸镍与氢发生还原反应生成镍和硫酸。同时氢气也搅拌溶液。当还原反应进行时，溶液中镍与钴的比例逐渐缩小，钴就开始与镍一道被还原出来。因此，控制还原尾液中镍钴比值，就能达到镍钴分离的目的。根据实践经验，还原尾液中比值降到1∶1还能获得较满意的镍钴分离效果。为了中和所生成的硫酸，使pH值稳定在1.8，需不断往高压釜内通入氨。其总反应

$$NiSO_4+2NH_3+H_2 = Ni+(NH_4)_2SO_4$$

还原作业是间断操作的，第一批进料镍粉沉积在高压釜内，氢和尾液则排到闪蒸槽。经过几十次的操作，在不停止搅拌的情况下，镍粉、氢和尾液一道排到闪蒸槽。在氢还原的过程中，约有90%以上的镍被还原成金属，而只有百分之几的钴被还原，在所得的镍粉中含钴约0.1%，使镍与钴得到分离。

镍粉在两台串联的螺旋分离机内进行洗涤，而后在回转过滤机上过滤。脱水后的镍粉在一台直接加热的干燥窑内顺流进行干燥。所得的干燥粉一部分直接出售，其余部分则经压块机压块，并用带式烧结机在970℃温度下烧结成镍块出售。镍块主要成分见表4-7。

表4-7　镍块主要成分

成分	质量分数/%	成分	质量分数/%
镍	99.8	铬	<0.005
钴	0.15	硅	0.003
铜	<0.005	铝	<0.005
铅	<0.005	硫	0.01
锌	0.005	碳	0.02
铁	<0.005	氮	0.06

氢还原后的尾液中含有钴、剩余的镍和残存的锌，均呈硫酸盐并与硫酸铵在一起。当尾液蒸浓到含硫酸铵500g/L时，钴、镍和锌与硫酸铵在蒸发结晶器内形成复盐，用离心机将复盐从余液中分离出来，再将这些复盐溶解在氨水中，并在氧化高压釜内通空气进行氧化，使钴从二价状态转变成三价状态。将此溶液抽到结晶器内，加入硫酸使镍和锌成硫酸铵复盐形态沉淀下来，而钴则仍然留在溶液中。经离心机和过滤机处理后，镍和锌的复盐便从钴液

中分离出来，并再循环到铁铝沉淀槽内。含钴滤液则按与镍基本上相同的技术条件用氢进行还原，以获得金属钴粉。其尾液经蒸发后得到硫酸铵，作为肥料出售。

4.1.2 还原焙烧-氨浸工艺（RRAL）

RRAL 工艺适用于含硅酸盐较多、氧化镁较高的红土镍矿。古巴尼加罗镍厂是世界上最早采用此法处理红土镍矿的工厂。其后，捷克谢列德厂（1962 年）、澳大利亚雅布卢镍冶炼厂（1974 年投产）、菲律宾马林杜克采矿工业公司的苏里高镍厂、印度苏金达厂等工厂均采用了该工艺。

下面重点介绍尼加罗镍厂的工艺技术。该厂 1944 年建成投产，设计产量 2 万吨烧结氧化镍，图 4-7 为尼加罗镍厂 RRAL 工艺流程图。工艺过程包括原料准备及还原焙烧、浸出（常压氨浸）、固液分离、富集和提取（煅烧、烧结）等作业。

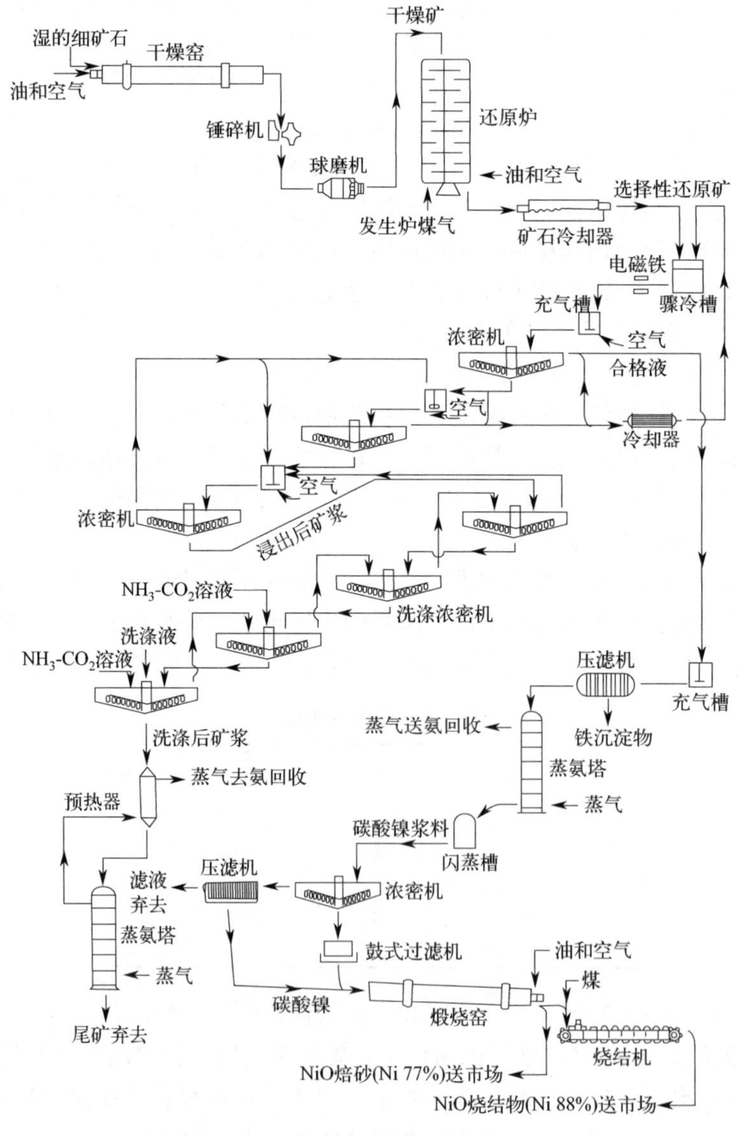

图 4-7 尼加罗镍厂 RRAL 工艺流程图

（1）原料准备及还原焙烧　原料准备及还原焙烧工艺流程见图 4-8。该厂靠近几个红土镍矿床中的一个矿山。该工艺所用矿石是褐铁矿与蛇纹岩以 2∶1 比例混合矿，原矿（含水28%～36%）的化学成分见表 4-8，混合矿干燥后的成分见表 4-9。

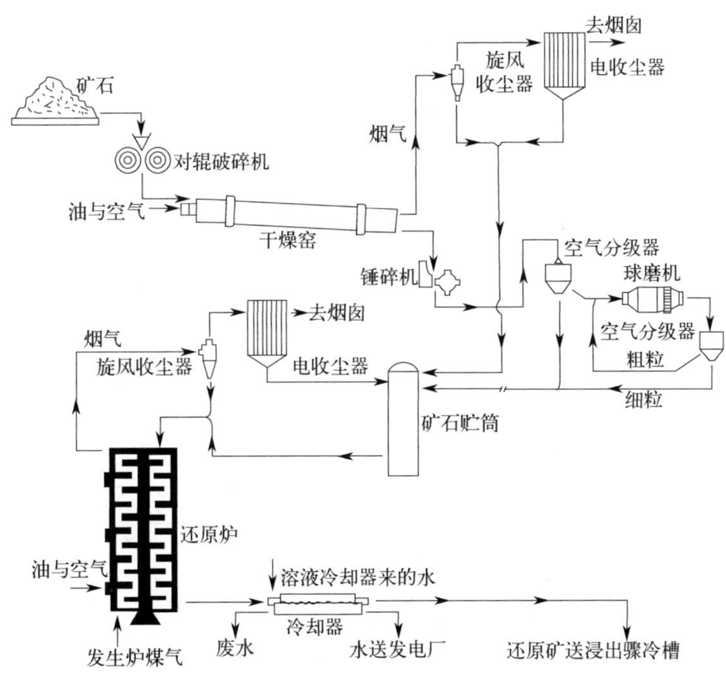

图 4-8　原料准备及还原焙烧工艺流程图

表 4-8　原矿的化学成分

成分	质量分数/%	
	褐铁矿(干量)	蛇纹岩(干量)
SiO_2	5.9	35.3
Al_2O_3	1.96	1.39
MgO	1.20	29.00
Cr_2O_3	2.80	1.80
Fe	49.0	12.00
Ni	1.22	1.6
Co	0.07	0.03
H_2O(化合)	12.00	14.31

表 4-9　混合矿干燥后的成分

成分	质量分数/%	成分	质量分数/%
镍	1.4	氧化镁	8.0
钴	0.1	二氧化硅	14.0
铁	38.0	水(化合)	14.0

① 矿石破碎与干燥　矿石破碎与干燥工艺流程如图 4-9 所示。将矿山运来的矿石用门式抓斗吊卸下并进行堆式配料，然后垂直切取混合料送对辊破碎机破碎至 76～100mm，破碎后的矿石经 7 台回转干燥窑（ϕ3.36m×40m）顺流干燥，95%左右的游离水被除去。进窑烟气温度 1000℃，出窑烟气温度 120℃。干燥矿筛分分级后分两路用锤碎机和球磨机破

碎、分级。磨矿后的矿石粒度－200 目约占 90%，用空气输送到贮料仓。

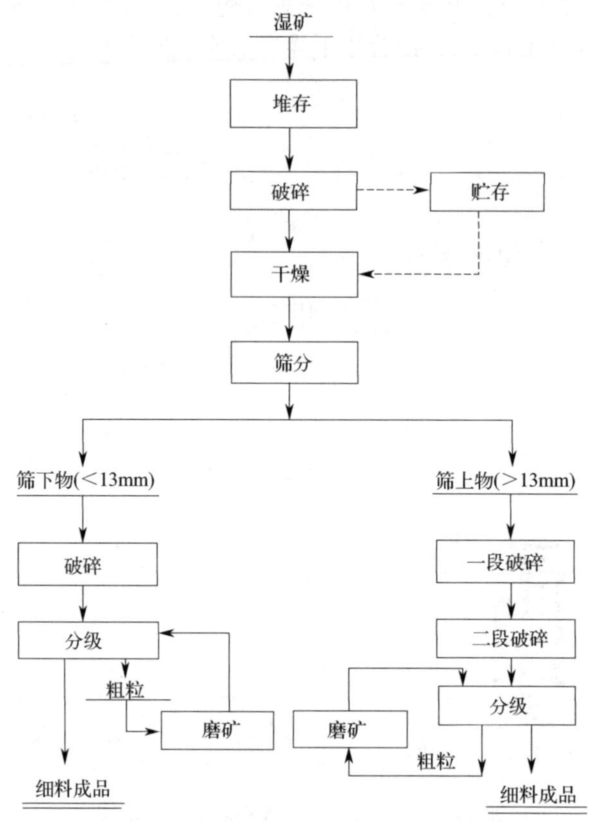

图 4-9 矿石破碎与干燥工艺流程图

② 还原焙烧　该工序实质是火法冶炼，是为了使镍较容易地浸出而设定的，其原理参见 3.1.2 矿热炉熔炼镍铁一节 3.1.2.1 回转窑焙烧原理。该工序力求最大限度地使镍还原，而使铁尽量少还原。褐铁矿 $(Fe、Ni)O(OH)_n \cdot H_2O$ 组分中的大部分铁转化为磁铁矿 (Fe_3O_4)，而蛇纹石 $(Mg、Fe、Ni)_6Si_4O_{10}(OH)_8$ 组分中的铁基本上不被还原。

将存于贮料仓的细料由上部送入 21 台多膛炉（17 层，内径 5.6m，高 18.3m）内，由从多膛炉下部通入的发生炉煤气作还原剂进行选择性还原焙烧。由外部燃烧室燃烧重油补热。每吨矿石大约消耗 55L 重油和 142m^3 煤气。

矿石由上部炉膛借带齿的耙臂逐层向下移动，煤气由下向上流动，并使矿石逐渐被加热到 760℃。在达到第 15 层时，镍几乎全部还原，三价铁主要被还原成磁铁矿。为限制产品中可溶性氧化镁进入浸出液，将还原温度控制在 760℃。为保持强还原气氛，并获得理想的选择性还原度，必须维持还原气氛中还原组分与氧化组分的比例，即氢与水蒸气和一氧化碳与二氧化碳的比例。在还原炉下部炉膛内要尽量接近 1∶1，即煤气在大约 50%理论空气需要量的条件下进行不完全燃烧。其反应

$$NiO + H_2 \longrightarrow Ni + H_2O$$

$$3Fe_2O_3 + H_2 \longrightarrow 2Fe_3O_4 + H_2O$$

还原焙烧的产品——焙砂中所含的镍呈铁-镍合金，而且还原后的镍活性很强，与空气接触会被氧化，以致不易被浸出。因此，从炉内排除的焙砂须在非氧化气氛下进行冷却，然

后进入骤冷槽。还原炉产生的废烟气进收尘系统处理。

（2）浸出、固液分离　该工序是将浸出、固液分离两个过程同时完成，边浸出边使固液分离，其工艺流程见图 4-10 尼加罗镍厂浸出和固液分离流程图。

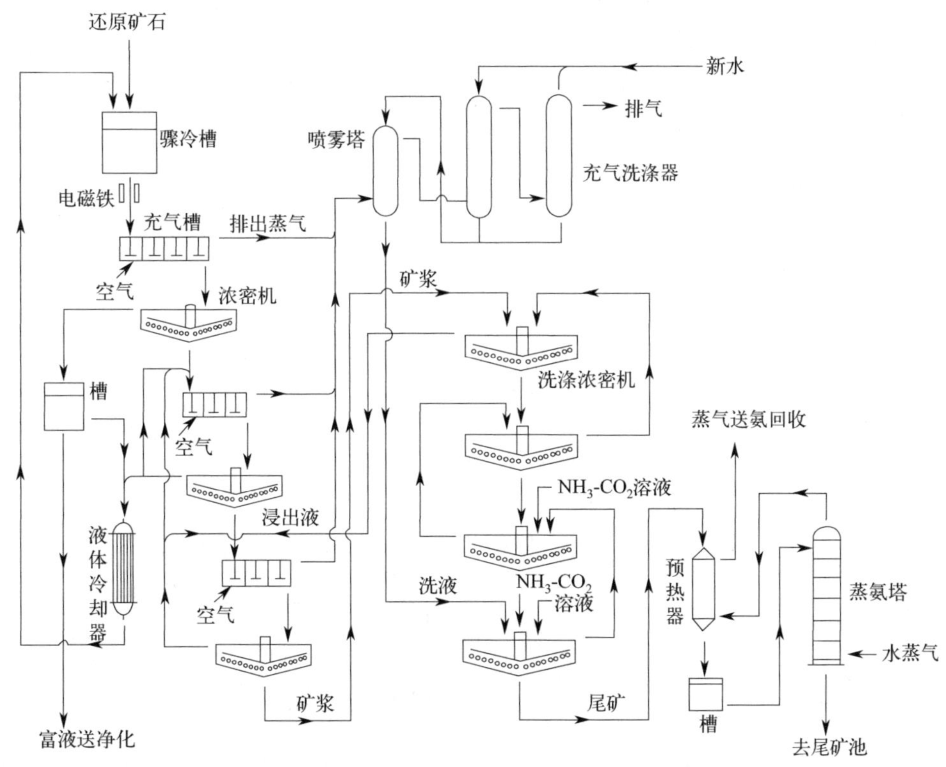

图 4-10　尼加罗镍厂浸出和固液分离流程图

焙砂在骤冷槽内进行浆化，使溶液含氨 6.5%，二氧化碳 35%，镍 1%，矿浆浓度 20%。

浸出作业是在四个平行的浸出系统中采用三段逆流浸出方式进行的。每个系统有三套串联的多室充气槽（由混凝土制造，装有搅拌桨）和浓密机。将骤冷槽内矿浆排入充气槽，矿浆在充气的条件下，镍溶解于含氨的碳酸铵溶液中，生成稳定的六氨铬合物，其反应

$$FeNi+O_2+8NH_3+3CO_2+H_2O = Ni(NH_3)_6^{2+}+Fe^{2+}+2NH_4^{+}+3CO_3^{2-}$$

二价铁离子进一步氧化成三价，并呈胶状沉淀物从溶液中析出

$$4Fe^{2+}+O_2+2H_2O+8OH^{-} = 4Fe(OH)_3$$

该浸出系统通过三段逆流浸出、浓密沉淀同时达到了浸出与固液分离目的。浸出富液（成分见表 4-10）送净化富集工序。余下的矿浆经 4 段逆流浓密机洗涤，溢流返回到浸出系统，含氨尾矿经预热器、蒸氨塔，蒸气送氨回收系统回收氨和二氧化碳，之后去尾矿池。

表 4-10　浸出富液成分

成分	浓度/(g/L)	成分	浓度/(g/L)
镍	12	氨	65
钴	0.17	二氧化碳	35

在洗涤工序中，不直接用水进行洗涤，因这样会降低溶液中游离氨的浓度，以致使溶解

了的镍会水解成氢氧化物沉淀下来，降低金属的回收率，故用氨回收系统来的含氨 14%和含二氧化碳 8.5%的溶液进行洗涤。此溶液加到第三台浓密机中，加到第四台浓密机的洗液是用废气回收系统来的含氨 2%的稀氨水，使在第四台浓密机内保持 5%～6%的氨浓度。

（3）富集　该工序是将上道工序浸出的富液经氧化除铁后送入蒸氨塔，将氨和二氧化碳蒸气送氨回收系统去除，使镍呈碱式碳酸镍沉淀，再行液固分离，实现了净化和富集。分离后的沉淀物送往提取工序，即焙烧、烧结工序进一步提取氧化镍。图 4-11 所示为尼加罗镍厂富集碳酸镍-提取氧化镍工艺流程。

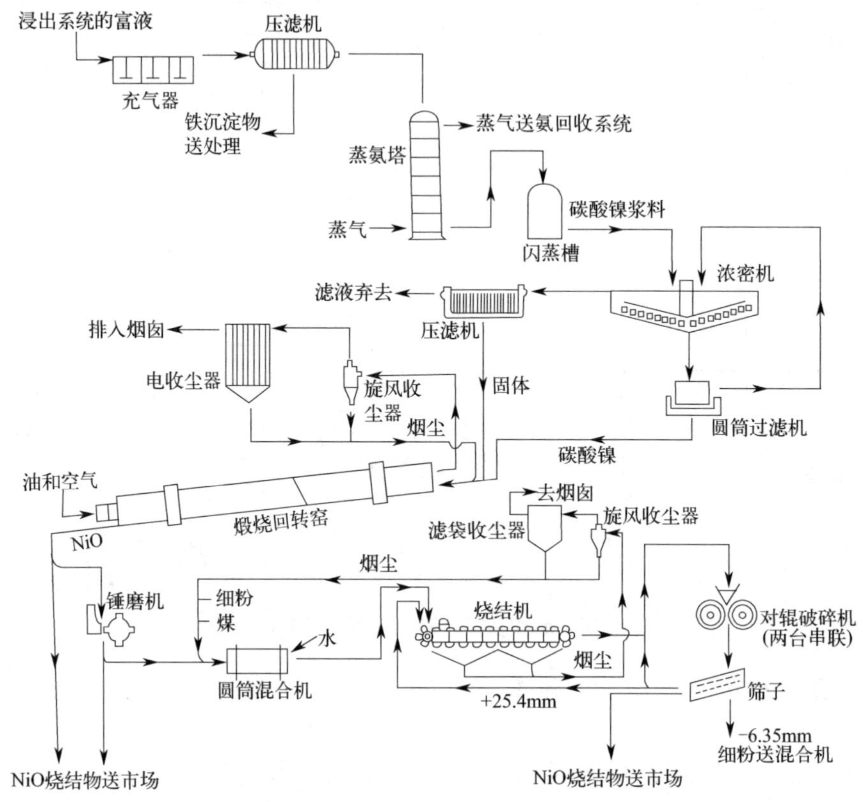

图 4-11　尼加罗镍厂富集碳酸镍-提取氧化镍工艺流程图

浸出富液经充气、压滤进一步沉铁后进入蒸氨塔，富液在蒸馏过程中，溶液中氨的浓度逐渐减小，直至镍开始沉淀。当溶液中氨浓度为 2%时，溶液中的镍成双氨铬合物形态存在，如进一步降低氨浓度，则发生如下反应

$$Ni(NH_3)_2^{2+} = Ni^{2+} + 2NH_3$$

由此产生的镍离子与溶液的氢氧根和碳酸根互相化合，而生成不溶性的碱式碳酸镍，其反应

$$5Ni^{2+} + 6OH^- + 2CO_3^{2-} = 3Ni(OH)_2 \cdot 2NiCO_3$$

浸出富液经蒸氨塔蒸氨、沉淀，蒸气送氨回收系统回收氨和二氧化碳，余下的料浆从塔底部排出，经闪蒸槽后进入浓密机浓密，溢流过滤后弃去。碱式碳酸镍底流，经过滤后产出一种含水 67%的滤饼。此滤饼送烧结工序提取氧化镍。

（4）提取　该工序是将上道工序净化和富集得到的碱式碳酸镍滤饼，进行煅烧或煅烧后再进行烧结，提取氧化镍。如图 4-11 所示，将滤饼送回转窑（烧油）内进行逆流煅烧（窑

内最高温度 1340℃)，使碱式碳酸镍发生分解反应，生成氧化镍、水和二氧化碳

$$3Ni(OH)_2 \cdot 2NiCO_3 = 5NiO + 3H_2O + 2CO_2$$

生成的水和二氧化碳挥发成烟气，经除尘后排出。煅烧产出的氧化镍粉成分：Ni 76.5%、Co 0.6%、S 0.4%、Fe 0.25%，可作为商品出售。

为了进一步提取镍金属，再经烧结工序，可使煅烧氧化镍产物中镍含量更高，且可将粉状氧化镍变成块状氧化镍。将煅烧后的氧化镍粉和无烟煤（低铁、低硫）混合，经制团后在烧结机上进行烧结，使大部分金属氧化物还原成金属，其镍含量提高到 90%左右，烧结块再经破碎、筛分，得粒度为 6.35～25.4mm 的烧结氧化镍块成品，可作为商品出售。烧结镍成分见表 4-11。

表 4-11 烧结镍成分

成分	质量分数/%	成分	质量分数/%
镍	88	铁	0.3
钴	0.7	硫	0.05
铜	0.04	二氧化硅	1.7
铅	0.0005	氧	7.5

(5) 氨的回收　该工序是对浸出富液和浸出尾矿，分别在各自的蒸氨塔进行统一回收和再处理。尼加罗镍厂氨和二氧化碳回收工艺流程如图 4-12 所示。

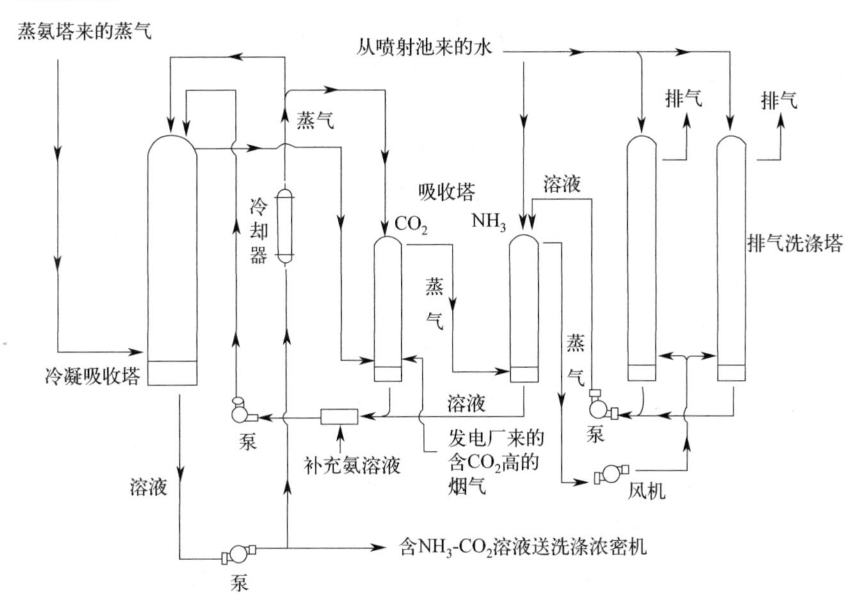

图 4-12 尼加罗镍厂氨和二氧化碳回收工艺流程图

将来自于浸出液蒸氨塔的蒸气与尾矿蒸氨塔的蒸气通入吸收塔，这些蒸气中含有氨和二氧化碳，用水吸收后返回浸出洗涤系统重复使用。

4.2 红土镍矿湿法冶金原理

湿法冶金一般工艺过程包括浸出、分离、富集和提取等工序，每道工序又包括许多不同

的冶炼方法，而各种方法的冶炼原理有所不同。但湿法冶金是在水溶液中进行分离提取金属的，其与物质在水溶液中的稳定性密切相关，而稳定性又与溶液中的电势、组分活度、温度和压力有关。其中相关性，即湿法冶金的热力学原理，通常利用电势-pH 图来分析。

4.2.1 电势-pH 图

电势-pH 图是在指定的温度和压力条件下，把水溶液中的基本反应作为电势、pH 值、活度的函数，将电势与 pH 值的关系绘成图。该图能表明反应自动进行的条件、物质在水溶液中稳定存在的区域和范围，为湿法冶金的浸出、净化、电积等过程提供热力学依据。

水溶液中存在的 H^+、OH^- 及 H_2O，能被氧化和还原，伴随着析出气体氧和氢。其反应为

$$H_2O-2e=\!=\!=\frac{1}{2}O_2+2H^+$$

$$2H^++2e=\!=\!=H_2$$

在标准状态下，其反应的电极电势分别为

$$\Phi_{O_2/H_2O}=1.229-0.0591pH$$

$$\Phi_{H^+/H_2}=0-0.0591pH$$

若在水（H_2O）介质中有氧化剂或还原剂存在，它们在一定条件下可以使 OH^- 或 H_2O 氧化成气态氧 O_2，或使 H^+ 或 H_2O 还原成气态 H_2。

图 4-13 所示为标态下水溶液的热力学稳定区域。而且它也是金属-H_2O 系、金属化合物-H_2O 系电势-pH 图中的一个组成部分。由图可知以下几个结论：

① 区域Ⅰ。在Ⅰ中，电极电势 Φ 高于氧电极电势的氧化剂（如 Au^{3+}），都会使 H_2O 分解而析出 O_2。

② 区域Ⅲ。在Ⅲ中，电极电势 Φ 低于氢电极电势的还原剂（如 Zn），在酸性溶液中能使 H^+ 还原而析出 H_2。

③ 电极电势 Φ 处在图中 d 所示位置的 Ni^{2+}/Ni 体系及其他类似的体系，此类体系可以与 H_2O 处于平衡，也可以使 H_2O 分解而析出 H_2，这取决于介质的 pH。

④ H_2O 分解过程的速度可能大也可能小，这要看氧化或还原过程中的阻力。原则讲，氧化-还原体系与 H_2O 之间的平衡在区域Ⅱ中才有可能。如氧化-还原体系 Fe^{3+}/Fe^{2+}（图中 b）或 Cu^{2+}/Cu（图中 c），就可以与 H_2O 的离子或分子平衡共存。

⑤ 区域Ⅱ。区域Ⅱ是以线①和②围成，该区域为水的热力学稳定区。电势在区域Ⅱ之内的一切体系，从它们不与水的离子或分子相互作用这个意义来说，将是稳定的。但是如果在压力下，使这些体系饱和以气态氧或气态氢，那么它们仍然可以被氧氧化或被氢还原。因此，从气态氧或气态氢的作用来说，这些体

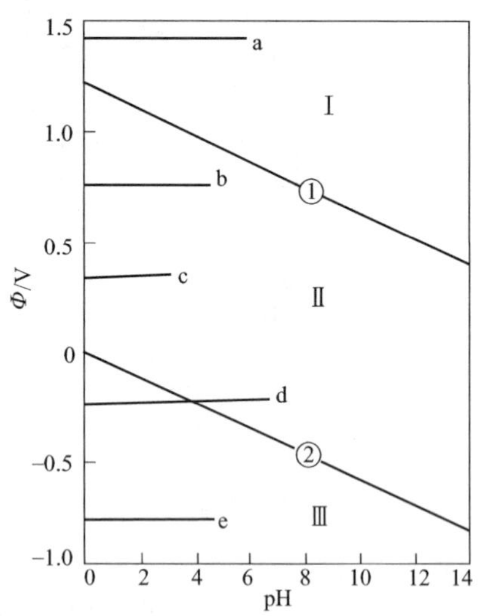

图 4-13　标准状态水溶液热力学稳定区域图

①、②线分别表示氧电极电势和氢电极电势随 pH 的变化

a—Au^{3+}/Au；b—Fe^{3+}/Fe^{2+}；c—Cu^{2+}/Cu；d—Ni^{2+}/Ni；e—Zn^{2+}/Zn

系又是不稳定的。相反那些电极电势在氧电极线①以上的体系不会与气态氧发生反应，而那些电势在氢电极线②以下的体系也不会与气态氢发生作用。

4.2.2 电势-pH 图在镍冶炼中的应用

图 4-14 所示为 Ni-H_2O 系（虚线）和 Fe-H_2O 系标态下的 Φ-pH 图。图中（Ⅰ）、（Ⅱ）、（Ⅲ）线将整个金属 M-H_2O 系划分为 M^{n+}、$M(OH)_n$ 和 M 三个区域。而这三个区域也就构成了湿法冶金的浸出、净化和电积过程所要求的稳定区域。

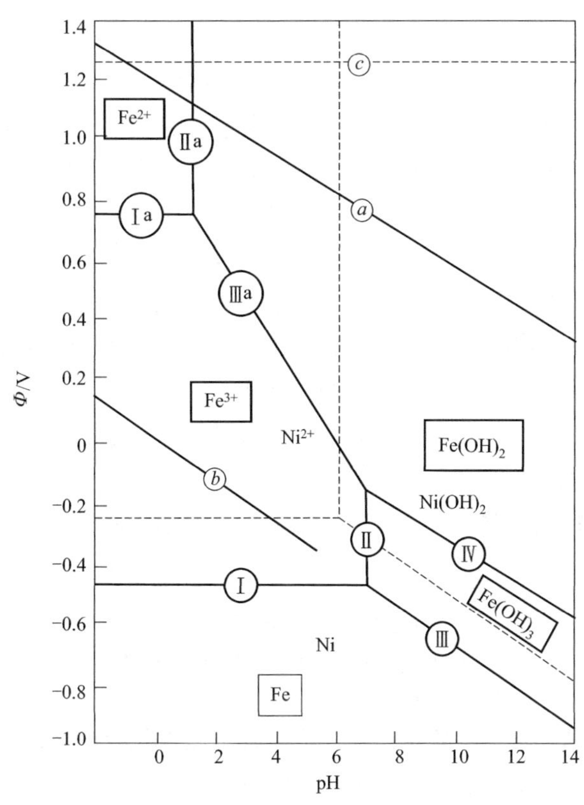

图 4-14 标准状态 Fe-H_2O 及 Ni-H_2O 系 Φ-pH 图

浸出的过程就是创造条件使有价金属进入到 M^{n+} 区域。如，对于镍就需要使用氧化剂，使镍通过（Ⅰ）线氧化成 Ni^{2+} 而稳定在 Ni^{2+} 区。

净化中采用的水解法，就是调节溶液中的 pH 值使主体金属离子不水解，而杂质金属离子因为 pH 值超过了（Ⅱ）线而呈 $M(OH)_n$ 沉淀析出。如，为了除掉 Fe^{2+}，水解净化的 pH 只能在 Ni^{2+} 的沉淀 pH 值（6.02）以下进行，但是 Fe^{2+} 的沉淀 pH 值为 6.64，比 Ni^{2+} 的还大，因此，为了除去 Fe^{2+}，必须使用氧化剂 O_2（Ⅰ线）或 Cl_2（Ⅲ线，Cl_2/Cl^-、$\Phi^{\ominus}=1.39V$）使 Fe^{2+} 通过（Ⅰa）线氧化成 Fe^{3+}，随后加入中和剂，到 pH 值超过 1.617 而转入 $Fe(OH)_3$ 区。

电积过程就是创造条件使 M^{n+} 不稳定而转入 M 区。如，从水溶液中电积镍，就是靠在电极上施加电压，使 Ni^{2+} 通过（Ⅰ）线还原成金属镍。从图 4-14 中可以看出，反应析出 H_2 与析出金属 Ni 将发生竞争。从电势上看，当 pH 值低时将析出氢，当 pH 值高时将析出金属镍。因此，镍电解采用近中性的电解液进行隔膜电解。

4.3 浸出

工业上常将浸出过程分为常压浸出和加压浸出两大类，其中又包括水浸出、酸性浸出、碱性浸出和盐溶液浸出。根据浸出方式分为堆浸、就地浸、渗滤浸、搅拌浸出、热球磨浸出、管道浸出、流态化浸出。根据被浸出物料和浸出剂相对运动方式的不同分为顺流浸出、错流浸出和逆流浸出。

4.3.1 浸出的化学反应

浸出的主要化学反应是有价成分转入溶液的溶解反应。溶解反应分为三大类，即简单的溶解、溶质价不发生变化的化学溶解和溶质价发生变化的氧化-还原溶解。

（1）简单的溶解　当金属在固相中呈可溶于水的化合物形态存在时，浸出过程的主要反应就是有价成分从固相转入溶液的简单溶解，如下式

$$MeSO_4+aq \longrightarrow MeSO_4(aq)$$

式中，aq为溶液，重金属Me，如Ni的化合物经硫酸化焙烧后的水浸出。

（2）溶质价不发生变化的化学溶解　这类浸出反应有三种不同情况：

① 金属氧化物与酸作用。按下式形成溶于水的盐

$$MeO+H_2SO_4 \longrightarrow MeSO_4+H_2O$$

如红土镍矿硫酸浸出。

② 某些难溶于水的化合物（如MeS、$MeCO_3$）与酸作用，化合物的阴离子按下式转为气相

$$MeS+H_2SO_4 \longrightarrow MeSO_4+H_2S\uparrow$$

或

$$MeCO_3+H_2SO_4 \longrightarrow MeSO_4+H_2CO_3$$

$$H_2CO_3 \longrightarrow H_2O+CO_2\uparrow$$

③ 难溶于水的有价金属Me的化合物与第二种金属Me′的可溶性盐发生复分解反应，形成第二种金属的更难溶性盐和第一种金属的可溶性盐，如下式

$$MeS(s)+Me'SO_4 \longrightarrow Me'S(s)+MeSO_4$$

如反应 $NiS(s)+CuSO_4 \longrightarrow CuS(s)+NiSO_4$。

（3）溶质价发生变化的氧化-还原溶解　这类反应有以下情况：

① 金属氧化靠酸的氢离子还原而发生

$$Me+H_2SO_4 \longrightarrow MeSO_4+H_2$$

按照这类反应，所有负电性的金属均可溶解在酸中。

② 金属的氧化靠空气中的氧而发生

$$Me+H_2SO_4+\frac{1}{2}O_2 \longrightarrow MeSO_4+H_2O$$

正电性金属的溶解即是如此。

③ 金属的氧化靠加入溶液的氧化剂而发生，例如

$$Me+Fe_2(SO_4)_3 \longrightarrow MeSO_4+2FeSO_4$$

或

$$Me+H_2SO_4+H_2O_2 \longrightarrow MeSO_4+2H_2O$$

④ 与阴离子氧化有关的溶解。在许多浸出场合下，金属由难溶化合物转入溶液的过程，

只有在难溶化合物中与金属相结合的阴离子被氧化时才可能进行。例如下式

$$MeS+H_2SO_4+\frac{1}{2}O_2 \longrightarrow MeSO_4+H_2O+S$$

如某些硫化精矿在进行所谓加压氧浸出时，硫离子氧化成元素硫的反应。

在硫化物硫酸化焙烧中，硫化物中的硫氧化成 SO_4^{2-} 的反应

$$MeS+2O_2 \longrightarrow MeSO_4$$

⑤ 基于金属还原的溶解。这类溶解反应可以在被提取金属能形成几种价的离子的情况下发生。含有高价金属的难溶化合物，可以在金属还原成更低价时转变为可溶性化合物。

⑥ 有络合物形成的氧化-还原溶解。硫化镍的氨溶液浸出反应

$$Ni_3S_2+10NH_4OH+(NH_4)_2SO_4+4\frac{1}{2}O_2 \longrightarrow 3Ni(NH_3)_4SO_4+11H_2O$$

4.3.2 酸类浸出

酸类浸出的方法包括简单酸浸、氧化酸浸和还原酸浸。红土镍矿采用的是高压酸浸法。

(1) 简单酸浸　简单酸浸法适用于处理某些易被酸分解的简单金属氧化物、金属含氧酸盐和少数金属硫化物等。其反应为

$$MeO+2H^+ = Me^{2+}+H_2O$$

$$Me_3O_4+8H^+ = 2Me^{3+}+Me^{2+}+4H_2O$$

$$Me_2O_3+6H^+ = 2Me^{3+}+3H_2O$$

$$MeO\cdot Fe_2O_3+8H^+ = Me^{2+}+2Fe^{3+}+4H_2O$$

$$MeAsO_4+3H^+ = Me^{3+}+H_3AsO_4$$

$$MeO\cdot SiO_2+2H^+ = Me^{2+}+H_2SiO_3$$

$$MeS+2H^+ = Me^{2+}+H_2S$$

被浸目的矿物在酸性溶液中的稳定性取决于 $pH_T^{\ominus}$ 值，$pH_T^{\ominus}$ 小的化合物难于被酸分解，$pH_T^{\ominus}$ 值大的化合物易被分解。表 4-12～表 4-16 为某些金属硫化物、氧化物、铁酸盐、砷酸盐和硅酸盐的 $pH_T^{\ominus}$ 值。从表 4-12 中知，大部分金属硫化物简单酸溶的 $pH_T^{\ominus}$ 值为负值，因此不能溶于酸液中，只有 CoS、$NiS_{(\alpha)}$、FeS、MnS 和 Ni_3S_2 能简单酸溶。

表 4-12　某些硫化物简单酸溶的 $pH_T^{\ominus}$ 值

硫化物	As_2S_3	HgS	Ag_2S	Sb_2S_3	Cu_2S	CuS	$CuFeS_2$①	NiS(γ)	CdS
$pH_{298}^{\ominus}$	−16.12	−15.59	−14.14	−13.85	−13.45	−7.088	−4.405	−2.888	−2.616
硫化物	SnS	ZnS	$CuFeS_2$②	CoS	NiS(α)	FeS	MnS	Ni_3S_2	
$pH_{298}^{\ominus}$	−2.028	−1.586	−0.7361	+0.327	+0.635	+1.726	+3.296	+0.474	

① 反应产物为 $Cu^{2+}+H_2S$。

② 反应产物为 $CuS+H_2S$。

表 4-13　某些金属氧化物在水溶液中酸溶的 $pH_T^{\ominus}$ 值

氧化物	MnO	CdO	CoO	NiO	ZnO	CuO	In_2O_3	Fe_3O_4	Ga_2O_3	Fe_2O_3	SnO_2
$pH_{298}^{\ominus}$	8.96	8.69	7.51	6.06	5.801	3.945	2.522	0.891	0.743	−0.24	−2.102
$pH_{373}^{\ominus}$	6.792	6.78	5.58	3.16	4.347	3.549	0.969	0.0435	−0.431	−0.991	−2.895
$pH_{473}^{\ominus}$			3.89	2.58	2.88	1.78	−0.453		−1.412	−1.579	−3.55

表 4-14 某些金属铁酸盐酸溶的 $pH_T^{\ominus}$ 值

铁酸盐	$CuO \cdot Fe_2O_3$	$CoO \cdot Fe_2O_3$	$NiO \cdot Fe_2O_3$	$ZnO \cdot Fe_2O_3$
$pH_{298}^{\ominus}$	1. 581	1.213	1. 227	0.6747
$pH_{373}^{\ominus}$	0.560	0.352	0.205	−0. 1524

表 4-15 某些金属砷酸盐酸溶的 $pH_T^{\ominus}$ 值

砷酸盐	$ZnS(AsO_4)_2$	$CO_3(AsO_4)_3$	$CuS(AsO_4)_3$	$FeAsO_4$
$pH_{298}^{\ominus}$	3.294	3.162	1. 918	1.027
$pH_{373}^{\ominus}$	2.441	2.382	1.32	0.1921

表 4-16 某些金属硅酸盐酸溶的 $pH_T^{\ominus}$ 值

硅酸盐	$PbO \cdot SiO_2$	$FeO \cdot SiO_2$	$ZnO \cdot SiO_2$
$pH_{298}^{\ominus}$	2.636	2.86	1.791

从表 4-13～表 4-16 中可以看到，同一金属的铁酸盐、砷酸盐和硅酸盐酸溶的 $pH_T^{\ominus}$ 值比其简单氧化物低，较其简单氧化物稳定，较难被酸溶解；随着浸出温度的提高，金属氧化物及其含氧酸盐在酸液中的稳定性也相应提高。

故镍、钴、铜、锰等氧化矿、氧化焙烧焙砂等可用简单酸浸法处理。

（2）氧化酸浸　从表 4-12 看到大部分金属硫化物简单酸溶的 $pH_T^{\ominus}$ 值为负值，因此不能溶于酸液中。但当有氧化剂存在时，几乎所有的金属硫化物在酸液中或碱液中均被氧化分解，被分解成金属离子和硫元素或硫酸根。其反应式

$$MeS+\frac{1}{2}O_2+2H^+ = Me^{2+}+S^0+H_2O$$

$$MeS+2O_2 = Me^{2+}+SO_4^{2-}$$

高镍锍-氧化焙烧-酸浸工艺即基于此。

（3）还原酸浸　该法用于浸出变价金属的高价金属氧化物和氢氧化物，如 MnO_2、$Co(OH)_3$、$Ni(OH)_3$、Co_2O_3、Ni_2S_3 等。工业上常用的还原浸出剂为金属铁 Fe、亚铁离子 Fe^{2+}、二氧化硫 SO_2 和盐酸 HCl。

4.3.3 氨浸

一般碱浸剂的浸出能力比酸浸剂弱，常利用其浸出选择性较高的特性，以获得较纯净的浸出液。氨浸是碱浸法之一，常用于红土镍矿的镍、钴浸出。由于金属镍、钴在氨液中生成稳定的可溶性氨络离子，降低了它们的氧化还原电位和扩大了它们存在于溶液中的稳定区，使其较易转入浸出液中。

还原焙烧-氨浸红土镍矿时，用 NH_3 和 CO_2 在有空气的条件下，将已被还原的金属镍、钴生成镍氨和钴氨配合物进入溶液。金属铁则先生成二价铁氨配合物进入溶液，然后被氧化成三价，再水解生成 $Fe(OH)_3$ 沉淀。常压氨浸反应

$$Ni+\frac{1}{2}O_2+6NH_3+CO_2 = Ni(NH_3)_6^{2+}+CO_3^{2-}$$

$$Co+1\frac{1}{2}O_2+12NH_3+3CO_2 = 2Co(NH_3)_6^{3+}+3CO_3^{2-}$$

$$Fe+\frac{1}{2}O_2+nNH_3+CO_2 = Fe(NH_3)_n^{2+}+CO_3^{2-}$$

$$2Fe(NH_3)_n^{2+} + \frac{1}{2}O_2 + 5H_2O = 2Fe(OH)_3 + 2(n-2)NH_3 + 4NH_4^+$$

4.3.4 加压酸性浸出

加压湿法冶金是指在加压的条件下反应温度高于常压液体沸点的湿法冶金过程。它是一种高温高压过程，其反应温度可达 200～300℃，一般用于常压较难浸出的矿石。按照反应单元过程，分为加压浸出和加压沉淀。按反应溶液介质，分为酸性加压和碱性加压。按反应有无氧气参与，分为氧气浸出和无氧浸出。

加压浸出是在密闭的容器中（高压釜、压煮器），在高温高压条件下进行的。溶液的沸点随蒸气压的增大而升高，水的临界温度为 374℃，当温度达 300℃时，水蒸气压将达到 10.12MPa（100 大气压），所以，压力浸出采用的温度一般都低于 300℃。

高压酸浸的主要机理，是通过酸浸破坏主体矿物的晶格结构以释放其中的镍、钴有价金属，同时，在高温条件下使铁、铝等水解沉淀，从而实现镍、钴的选择性浸出。

红土镍矿，特别是含镁低含铁高的红土镍矿采用加压酸浸法进行处理。它就是基于被浸出的铁、铝、铬等的氧化物的硫酸盐，在高温时，甚至在高酸度的溶液里几乎完全水解，而镍、钴的硫酸盐在此条件下稳定而不水解。除镍、钴外，钙、镁、锰也形成稳定的硫酸盐。

通常对于金属硫酸盐而言，温度越高其溶解度越低。但是这个特点对于 $Fe_2(SO_4)_3$ 就明显一些，而对于 $NiSO_4$ 和 $CoSO_4$ 就弱一些。试验研究与生产实践证明，当反应温度为 230～260℃时，酸耗很低，浸出使用的时间最短，镍、钴回收率 95%以上。

在加压条件下主要反应如下：

金属被浸出生成硫酸盐

$$MeO + H_2SO_4 \longrightarrow MeSO_4 + H_2O$$

$$FeO(s) + 2H^+ \longrightarrow Fe^{2+} + H_2O$$

$$NiO(s) + 2H^+ \longrightarrow Ni^{2+} + H_2O$$

$$CoO(s) + 2H^+ \longrightarrow Co^{2+} + H_2O$$

$$Al_2O_3(s) + 6H^+ \longrightarrow 2Al^{3+} + 3H_2O$$

$$3MgO \cdot 2SiO_2 \cdot 2H_2O(s) + 6H^+ \longrightarrow 3Mg^{2+} + 2SiO_2(s)\downarrow + 5H_2O$$

$$FeOOH(s) + 3H^+ \longrightarrow Fe^{3+} + 2H_2O$$

铁、铝硫酸盐被水解，最终铁、铝以 Fe_2O_3、Al_2O_3 的形式沉淀

$$2Fe^{3+} + 3H_2O \longrightarrow Fe_2O_3(s) + 6H^+$$

$$2Al^{3+} + 3H_2O \longrightarrow Al_2O_3(s) + 6H^+$$

同时，部分可溶性的 SiO_2 与其同时沉淀，从而使浸出液中的铁、铝、硅等含量大大降低，使镍和钴在浸出液中得到去除，大部分铁、铝富集浸出。

4.3.5 浸出流程

浸出通常可经一段或多段浸出，多段浸出的浸出效率较一段高。因此，红土镍矿采用的是多段浸出。依据被浸物料和浸出剂相对运动方式的不同，将多段浸出分为顺流浸出（图 4-15）、错流浸出（图 4-16）和逆流浸出（图 4-17）三种流程。

顺流浸出，即被浸物料和浸出剂运动方向相同。顺流浸出的浸出剂耗量较低，浸出液中目的组分含量较高；但浸出速度较慢，需要较长的浸出时间才能获得较高的浸出率。

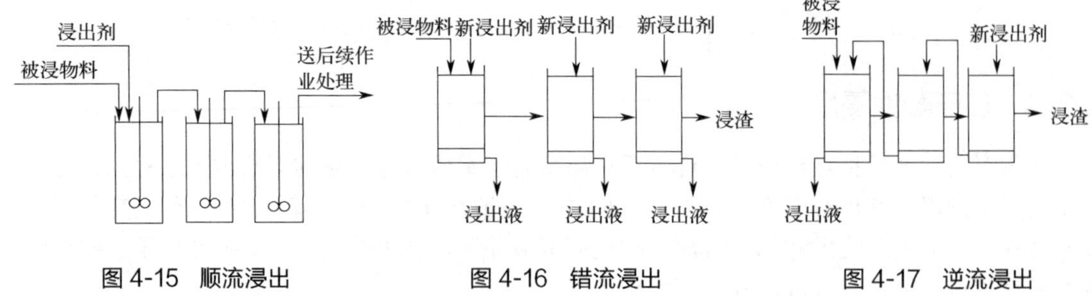

图 4-15　顺流浸出　　　图 4-16　错流浸出　　　图 4-17　逆流浸出

错流浸出，即被浸物料在各段分别被新浸出剂浸出，且每段浸出液不随浸渣进入下一段而是均被送出。错流浸出的浸出速度较快，浸出时间短，浸出效率高；但浸出液的体积大，浸出液耗量大，浸出液中目的组分含量较低。

逆流浸出，即被浸物料和浸出剂运动方向相反。新的浸出液首先加入到经过几段浸出后的贫化物料中，其以浸出液的形式经与物料逆流依次进入到各段浸出物料，浸出液从第一段送出。逆流浸出的浸出液得到了充分利用，浸出剂耗量更低，浸出液中目的组分含量较高；但浸出速度较错流低，需要较长的浸出时间才能获得较高的浸出率，因此需要较多的浸出段。

4.4　固液分离

固液分离是将浸取溶液与残渣分离，同时将夹带于残渣中的冶金溶剂和金属离子洗涤回收。分离的方法可分为三大类，即重力沉降法、过滤分离法和离心分离法。为了增大沉降速率，在工艺条件允许时，可添加絮凝剂。

固液分离过程根据其原理，主要分为两大类：①液体的运动受限制，固体颗粒在外力的作用下在液层中流动的过程，包括浮选、重力沉降和离心沉降等；②固体颗粒的运动受限制，液体在外力的作用下可以流动的过程，包括滤饼过滤、深层过滤和筛滤等操作。可见，第一类取决于固体颗粒和液体之间的密度差，第二类则以具有限制固定颗粒运动的过滤介质为前提。

4.4.1　重力沉降分离

重力场中的沉降分离称重力沉降，其原理是利用重力作用，使固体颗粒与液相分离。固相与液相密度差越大、固相颗粒越粗、悬浮液黏度越小，固体颗粒的沉降速度则越大。

重力沉降通常在沉淀池、浓密机（浓缩机）、流态化洗涤柱（无极逆流洗涤塔）中完成。

红土镍矿浸出液的固液分离是在浓密机中进行的。它是一个圆形池子，矿浆从中心给入，矿粒沉降在池子底部，通过耙子作用汇集于中央并从底部排出，澄清水从池子周围溢出。浓密作业的给矿浓度约为 20%～30%，底流浓度可达 50%～70%。

图 4-18 为量筒中沉淀浓缩过程示意图。将一定质量的矿粒与水装入量筒中，搅拌混匀成一定浓度的矿浆并将其静置，形成图 4-18(a) B——沉降区，于是 B 区悬浮的矿粒便以沉降末速下落，量筒底部开始有矿粒堆积，此堆积区叫压缩区，见图 4-18(b) D；同时上部有澄清的水层出现，即形成澄清区，见图 4-18(b) A。在沉降初期，B 区与 D 区之间并没有明显的分界面，不易区分，因此将这一段称过渡区，见图 4-18(b) C。颗粒进入过渡区后，即从自由沉降转变为干涉沉降。随着浓缩过程的进行，A 区和 D 区逐渐扩大，B 区逐渐缩小直至消失，见图 4-18(c)～(e)。把 B 区消失的时刻叫临界点，见图 4-18(d)。随着 B 区的消失，C 区也很快消失，最后只剩下 A、D 两区，见图 4-18(e)。随着静置时间的延长，因上

面水柱静压力作用使D区内矿粒间的水被挤压出来，导致D区的高度还会有所下降，见图4-18(f)。静置时间的再延长，直到D区高度不再降为止，即沉淀物浓度不再增大为止，整个浓缩过程结束。将这个沉淀试验过程测得的数据绘成沉降曲线，如图4-19。它表示矿浆悬浮液面的高度 h 与沉降时间 t 的关系。

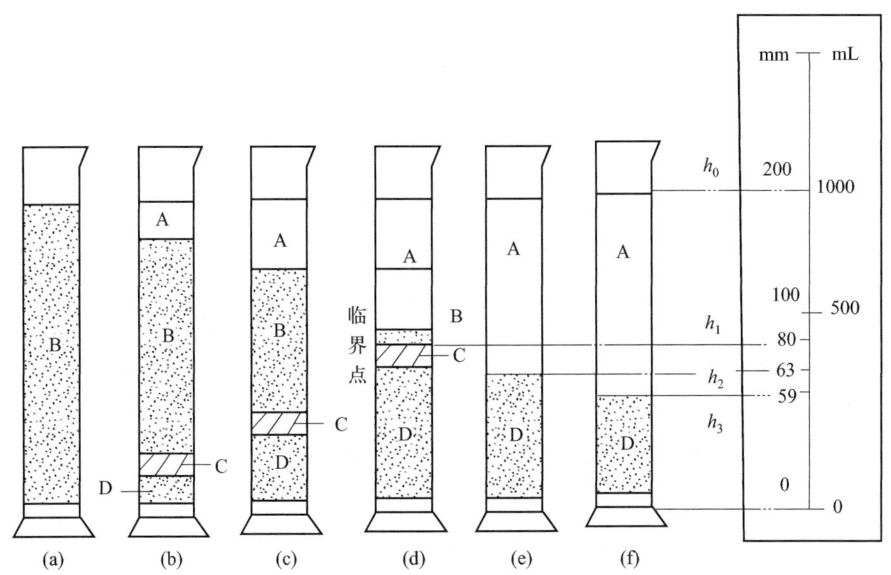

图4-18 量筒中沉淀浓缩过程示意图

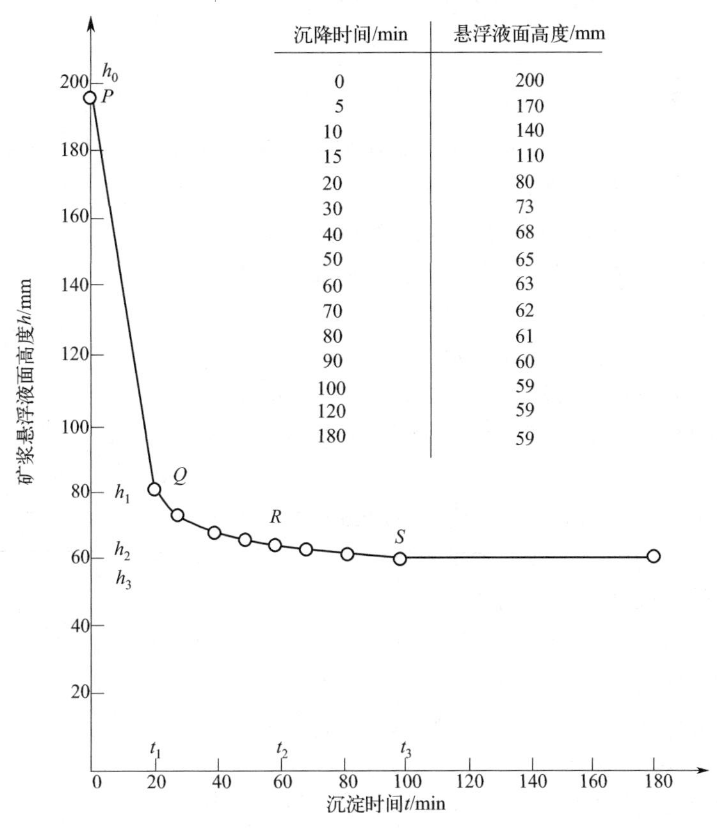

沉降时间/min	悬浮液面高度/mm
0	200
5	170
10	140
15	110
20	80
30	73
40	68
50	65
60	63
70	62
80	61
90	60
100	59
120	59
180	59

图4-19 沉降曲线

图 4-20 为矿浆在浓缩机中连续不断浓缩的分区现象。图中看到，固体矿粒连续不断地由一个区进入下一个区，如果能把给料量和排料量控制到恰好相等，则各个分区的位置就能相应稳定在一定的高度上而处于动态平衡。

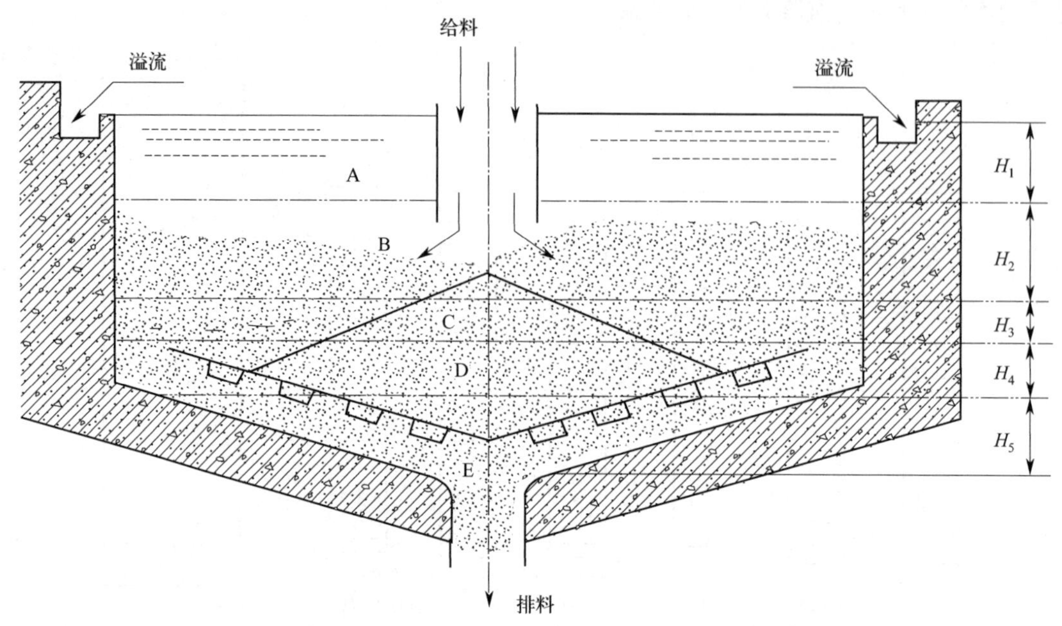

图 4-20 矿浆在浓缩机中连续不断浓缩的分区现象

A—澄清区；B—沉降区；C—过渡区；D—压缩区；E—耙子挤压区

4.4.2 过滤分离

过滤分离（图 4-21）是在压差作用下，矿浆在多孔过滤介质上进行固相和液相分离的过程，即利用多孔的介质，将固体从固液混合体中截留下来，只让液体从介质的孔隙中通过，从而使固液分离的过程。过滤作业主要是脱掉物料中的自由水分（在重力作用下能自由流动的水），即重力水分和毛细水分。

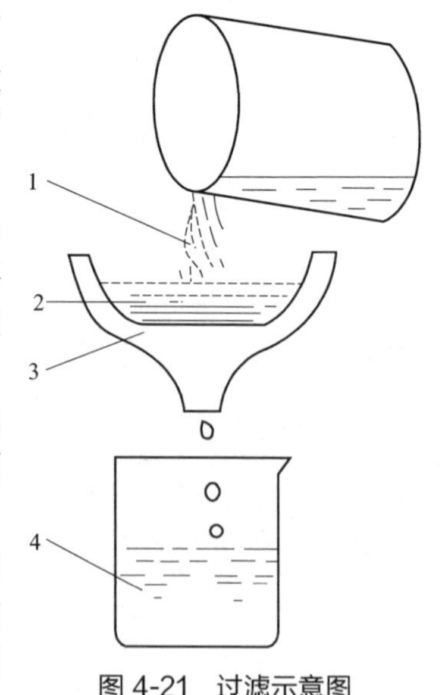

图 4-21 过滤示意图

1—滤浆；2—滤饼；3—过滤介质；4—滤液

通常把要过滤的固液混合体称为滤浆，把带有许多小孔的物质称为过滤介质，把经过滤后，从矿浆分离出来的液体称为滤液，被过滤介质截留下来的固相部分称为滤饼或炉渣。

过滤介质种类很多，如棉、丝、毛、人造纤维、金属丝等织品，还可用多孔陶瓷、细沙、木炭等作滤料。可根据颗粒的粒度、液体的腐蚀性、工作温度等选择过滤介质。

过滤和浓缩是有本质区别的，过滤时固体颗粒处于不动状态，矿浆中的液体通过滤饼内的毛细孔道后再经过滤介质上的孔道排除，形成滤液；浓缩时固体颗粒和液体均处于运动状态，矿浆中的颗粒在液体中以重力进行沉降。

滤浆靠重力通过过滤介质分离为滤液和滤饼。随着滤饼的不断加厚，滤液不但要通过介质，还要通过滤饼，因此通过的阻力不断加大，水自身的重力很难满足。要使过滤有效地进行，一般需要借助外力。这种在过滤中附加的外力，称为过滤推动力。不同的过滤方法就是根据推动力的类型而命名的。过滤机有真空过滤机、压滤机和离心过滤机。

过滤的速度与滤液的黏度、真空度成正比；而与滤饼的厚度、滤液流动遇到的阻力成反比。过滤速度与滤饼的结构有相关性，如，对不可压缩滤饼，过滤速度与过滤介质两面的压差成正比；对高可压缩性滤饼，可使颗粒间毛细管变形，液体排除渠道受阻，低压下很快达到最大过滤速度，以后基本不变；细小粒子，高压下可将粒子压入介质内，阻力升高比压力升高还快，过滤速度随压力的升高而下降。矿粒越硬、粒度均匀、含泥量少，所形成的滤饼阻力越小。

滤液所受的阻力与过程进行的程度有关。开始过滤时滤饼很薄，阻力主要来自于过滤介质，随着过滤过程的进行，滤饼在逐渐增厚，阻力将主要来自于滤饼。

为提高过滤效率还可以添加助滤剂。

4.4.3 离心分离

离心分离即借助于离心力，使密度不同的物质进行分离的方法。其基本原理是当非均相体系围绕一中心轴做旋转运动时，运动物体会受到离心力的作用，旋转速率越高，运动物体所受到的离心力越大。在相同的转速下，容器中不同大小密度的物质会以不同的速率沉降。如果颗粒密度大于液体密度，则颗粒将沿离心力的方向而逐渐远离中心轴。经过一段时间的离心操作，就可以实现密度不同物质的有效分离。

质量为 m 的物体，以旋转半径为 r，速度为 v，角速度为 ω 做旋转，则该物体所受的离心力 F_c 为

$$F_c=\frac{mv^2}{r}=mr\omega^2$$

该物体所受重力 F_g 为

$$F_g=mg$$

分离因数 a 为

$$a=\frac{F_c}{F_g}=\frac{r\omega^2}{g}$$

a 是衡量离心力大小的标志，a 值越大物体受离心力较重力越大。

由于离心机等设备可产生相当高的角速度，使离心力远大于重力，于是溶液中的悬浮物便易于沉淀析出，又由于比重不同的物质所受到的离心力不同，从而沉降速度不同，能使比重不同的物质达到分离。矿浆中固体颗粒的密度常较液体的密度大，旋转时会受到较大的离心力的作用。离心分离法所用设备有水力旋流器和离心机。工业用离心机按结构和分离要求，可分为过滤离心机、沉降离心机和分离机三类。

4.4.4 浸出矿浆的洗涤及流程

为了提高金属离子的回收率，对固液分离后的底流（固体浸渣）进行洗涤，以尽量回收固体浸渣部分所夹带的含金属溶液。工业上通常采用沉淀或浓缩的方法得到含有少量微粒的溢流，底流进行洗涤。

在洗涤流程中常采用错流或逆流的方法对底流进行洗涤。洗涤流程同浸出流程，仅是将浸出流程中的被浸物料、新浸出剂、浸出液和浸渣（浸出底流），分别用浸出底流、洗水、

洗涤回收液和洗后底流替换。红土镍矿浸出工艺常采用连续逆流倾析法，即CCD（counter-current decantation）法。倾析是指使悬浮液中含有的固相粒子或乳浊液中含有的液相粒子下沉而得到澄清液的操作，是从液体中分离密度较大且不溶的固体的方法。浸出矿浆和洗液相向运动。作业在串联的几台浓缩机中进行。参见尼加罗镍厂浸出和固液分离流程图4-10。

4.5 富集

富集是湿法冶金的一个主要工序，即对浸取溶液进行净化和富集的过程。矿物在浸出过程中，当欲提取的有价金属从原料中被浸出时，原料中的某些杂质也伴随着进入了溶液。为了便于提取有价金属，在提取工序之前必须将某些杂质去除，以获得尽可能纯的溶液。红土镍矿浸出液的净化就是将进入浸出液中的铁、铜、钴等杂质除至规定限度之下。这种水溶液中主体金属与杂质元素分离的过程称为水溶液的净化。与此同时，主体金属得到富集。可见富集工序的目的有两个：一是控制溶液中的杂质在下一工序要求范围内；二是富集有价金属，提高金属的综合回收及利用率。要使主体金属与杂质分离，一般有两种方法：一是使主体金属首先从溶液中析出；二是让杂质分别析出后，让主体金属留在溶液中。

常采用的净化、富集方法有化学沉淀、溶剂萃取和离子交换技术等方法。一般净化方法遵循的基本原则是：想办法使杂质金属与欲提取金属呈不同的相态，通过相的分离而完成除杂过程，如形成沉淀、形成不同的有机相等。

化学沉淀就是在浸出液中加入某种试剂，使主要金属离子生成化合物，通过调整pH值，使主要金属所形成的化合物由溶解状态转为沉淀而分离出来。化学沉淀法常用的有离子沉淀法、置换沉淀法、电积沉淀法、胶体吸附共沉淀法等。离子沉淀法包括水解沉淀法、硫化物沉淀法。

4.5.1 水解沉淀法

大多数金属氢氧化物都属于难溶化合物，在湿法冶炼红土镍矿的生产实践中，利用镍酸性浸出液（含其他杂质元素）的中和、水解，选择性形成杂质金属氢氧化物沉淀，除去铁、铜、锌等；或选择氢氧化镍沉淀以达到同某些杂质分开的目的。这两种生成难溶氢氧化物的反应都属于水解过程。

一般来说，难溶的金属氢氧化物的生成反应，即金属离子的水解反应，反应通式

$$Me^{z+}+zOH^{-}=\!=\!=Me(OH)_{z(s)}$$

该水解反应是可逆过程，而且只有在pH值保持不变和氢氧化物的溶度积足够小的情况下，才不会向相反的方向进行。

水解沉淀法是根据金属氢氧化物沉淀的pH值差别来达到金属分离的目的。

由金属-H_2O系电势-pH图，可知部分金属氢氧化物开始沉淀的最低pH值，见表4-17。此表可以用来比较各种金属形成氢氧化物的顺序。当氢氧化物从含有几种相同阳离子价的多元盐溶液中沉淀时，首先开始析出的是形成pH值最小，从而溶解度最小的氢氧化物。在金属相同但其离子价不同的体系中，高价阳离子总比低价阳离子在pH值更小的溶液中形成氢氧化物，如$Fe(OH)_3$，pH值为2.2；$Fe(OH)_2$，pH值为5.8。这就是在红土镍矿浸出液中和除铁时需外加氧，将二价铁氧化成三价铁的原因。同时也是高价氢氧化物比低价氢氧化物的溶解度更小的缘故。表中看到二价的镍、钴，即$Ni(OH)_2$、$Co(OH)_2$开始沉淀的pH值大于7.4。原则讲当pH值小于7.4时，溶液中的杂质金属，其氢氧化物开始沉

淀的最低 pH 值小于此值的均能用此法去除，如铁、铜、锌等。这个决定氢氧化物沉淀次序的规律是各种相关冶金过程的基础。但在应用这个规律时应注意：氢氧化物的形成 pH 值与沉淀金属的离子活度有关，并随着其活度的减少而增大。例如，当红土镍矿浸出液经中和调节 pH 值为 2.2 时，是不能将 $Fe(OH)_3$ 除尽的。因为在实际生产中，SO_4^{2-}、Ni^{2+} 的浓度很大，活度很大，而 Fe^{3+} 活度越来越小，并且三价铁的氢氧化物溶液形成胶体而沉淀不完全。如果溶液的 pH 值偏低，这些胶体微粒又会重新溶解。因此在实际操作中将 pH 值提高至大于 5。同时为了沉淀二价铁，又不将 pH 值调至更高（pH 值 5.8），则必须将溶液中的 Fe^{2+} 氧化成 Fe^{3+}。

表 4-17　部分金属氢氧化物开始沉淀的最低 pH 值（25℃）

氢氧化物	开始沉淀的 pH 值	氢氧化物	开始沉淀的 pH 值
$Co(OH)_3$	0.5	$Cu(OH)_2$	5.0
$Sn(OH)_4$	0.5	$Fe(OH)_2$	5.8
$Sn(OH)_2$	1.5	$Zn(OH)_2$	6.8
$Fe(OH)_3$	2.2	$Pb(OH)_2$	7.2
$Pt(OH)_2$	2.5	$Ni(OH)_2$	7.4
$Pd(OH)_2$	3.4	$Co(OH)_2$	7.5
$In(OH)_3$	3.5	Ag_2O	8.0
$Ga(OH)_3$	3.5	$Cd(OH)_2$	8.3
$Al(OH)_3$	3.8	$Mn(OH)_2$	8.3
$Ni(OH)_3$	4.0	$Mg(OH)_2$	9.6

除铁之后，如果将 Co^{2+} 氧化成 Co^{3+}，Co^{3+} 很容易水解沉淀出来。

碱性浸出一般不考虑除铁，而酸性浸出液除铁是一个具有普遍意义的问题。镍浸出液中除含有 Ni^{2+}、Co^{2+} 外，铁离子是主要杂质，要得到纯镍溶液，必须先除掉溶液中的 Fe^{2+}、Fe^{3+} 等。

用 NaOH、氨水等碱性物质作水解沉淀剂（中和剂）。用空气、氯气、MnO_2 等作氧化剂。

以 $Fe(OH)_3$ 水解法为例说明水解沉淀原理。

Fe^{2+}、Fe^{3+} 的水解平衡为：

$$Fe(OH)_2 = Fe^{2+} + 2OH^-$$

$$K_{sp[Fe(OH)_2]} = a_{Fe^{2+}} a_{OH^-} = 1.6\times10^{-15}$$

$$pH_{Fe(OH)_2} = \frac{1}{2}\lg K_{sp} - \lg K_w - \frac{1}{2}\lg a_{Fe^{2+}} = pH^0 - \frac{1}{2}\lg a_{Fe^{2+}}$$

$$当\ a_{Fe^{2+}} = 1 \qquad pH_{Fe(OH)_2} = 6.65$$

因此，

$$pH_{Fe(OH)_2} = 6.65 - \frac{1}{2}\lg a_{Fe^{2+}}$$

式中　K_{sp}——物质的溶度积；

K_w——水的离子积；

a——物质的活度。

$$Fe(OH)_3 = Fe^{3+} + 3OH^-$$

$$K_{SP[Fe(OH)_3]} = 3.8\times10^{-35}$$

当 $a_{Fe^{3+}} = 1$ 时，$pH_{Fe(OH)_3} = 1.53$，$pH_{Fe(OH)_3} = 1.53 - \frac{1}{3}\lg a_{Fe^{3+}}$

由此可见，氢氧化物的形成 pH 值与沉淀金属的离子活度有关，并随着其活度的减小（远远小于1）而增大。

在酸性浸出液中，杂质铁普遍存在，用 $Fe(OH)_3$ 水解法除铁，沉淀物 $Fe(OH)_3$ 一般是胶体，胶状沉淀物会使中性浸出矿浆难以沉降、过滤和洗涤，甚至会导致生产过程由于固液分离困难而无法进行，且用强氧化剂氧化铁时，也会使镍钴等有价金属氧化为高价化合物而沉淀，造成损失。产生胶体沉淀物的主要原因是，用中和法使高价铁水解时，常使沉淀在极大的过饱和度下进行，导致晶核产生速度过大，因而溶液形成胶体状态。因此，在工业上常采用的除铁方法除 $Fe(OH)_3$ 水解法外，还有针铁矿法（FeOOH）、赤铁矿法（Fe_2O_3）和黄钠铁矾法[$NaFe_3(SO_4)_2(OH)_6$]。

（1）针铁矿法　针铁矿的析出条件是溶液中含 Fe^{3+} 低（<1g/L），pH=3～5，较高温度（80～100℃），并加入晶种，其操作程序是在所要求的温度下，将溶液中的 Fe^{3+} 先还原成 Fe^{2+}；然后再中和调节 pH 值为 3～5，再用空气缓慢将 Fe^{2+} 氧化成 Fe^{3+}，使其呈 α-FeOOH 析出。

（2）赤铁矿法　赤铁矿法除铁的基本原理和程序与针铁矿法大致相同，其主要特点是需要在高温高压条件下进行（200℃，2MPa），pH 值可以很低，不用加中和剂，还原剂用 SO_2。氧化剂仍用空气，要得到赤铁矿，溶液中 Fe^{3+} 的浓度必须很低，工业上先用 SO_2 把 Fe^{3+} 还原为 Fe^{2+}：

$$2Fe^{3+}+SO_2+2H_2O=\!=\!=2Fe^{2+}+SO_4^{2-}+4H^+$$

然后再用空气缓慢将 Fe^{2+} 氧化成 Fe^{3+}，从而得到 Fe_2O_3 沉淀：

$$2Fe^{3+}+3H_2O=\!=\!=Fe_2O_3\downarrow+6H^+$$

（3）黄钠铁矾法　矾是两种以上金属的硫酸盐组成的复盐，通常三价金属离子 Al^{3+}、Fe^{3+}、Cr^{3+}、V^{3+} 最易生成矾。阳离子 K^+、Na^+、NH_4^+、H_3O^+ 也能形成矾。黄钠铁矾是一种由 Fe^{3+} 组成的复盐，属于复杂的碱式盐沉淀，具有结晶好、容易过滤的优点，是近代湿法冶金过程除铁的一个有前途的方法。

黄钠铁矾的通式可以写为 $Na_2O_3\cdot3Fe_2O_3\cdot6H_2O$ 或 $Me^+Fe_3(SO_4)_2(OH)_6$ 或 $Me^{2+}[Fe_6(SO_4)_4(OH)_{12}]$。

工业上黄钠铁矾的析出条件是：pH=1.5，温度 95℃，加入适量的阳离子 K^+、NH^{4+}、Na^+，并加入晶种。在各类铁矾中，以钾矾最稳定，沉降性能好。草黄铁矾[$(H_3O)_2O\cdot3Fe_2O_3\cdot4SO_3\cdot6H_2O$]是胶体，类似 $Fe(OH)_3$ 的性能，工业上用加入 NH_4^+ 和 Na^+ 的盐或碱使之生成铵矾或钠矾把铁除掉。

Fe^{3+} 水解成 $KFe_3(SO_4)_2\cdot(OH)_6$ 的反应为：

$$KFe_3(SO_4)_2(OH)_6+8H^+=\!=\!=K^++3Fe^{3+}+2HSO_4^-+6H_2O$$

25℃时　　$pH^0=-1.738$

100℃时　　$pH^0=-2.052$

上述结果表明，升高温度，有利于铁的析出。

黄钠铁矾法沉淀铁的反应比较复杂，铁水解时的主要反应有：

$$3Fe_2(SO_4)_3+6H_2O=\!=\!=6Fe(OH)SO_4+3H_2SO_4 \tag{4-1}$$

$$4Fe(OH)SO_4+4H_2O=\!=\!=2Fe_2(OH)_4SO_4+2H_2SO_4 \tag{4-2}$$

$2Fe(OH)SO_4+2Fe_2(OH)_4SO_4+2NH_4OH$

$$══(NH_4)_2Fe_6(SO_4)_4(OH)_{12}(铵矾) \quad (4\text{-}3)$$

$$2Fe(OH)SO_4+2Fe_2(OH)_4SO_4+Na_2SO_4+2H_2O ══Na_2Fe_6(SO_4)_4(OH)_{12}(钠矾)+H_2SO_4 \quad (4\text{-}4)$$

$$2Fe(OH)SO_4+2Fe_2(OH)_4SO_4+4H_2O══(H_3O)_2Fe_6(SO_4)_4(OH)_{12}(草黄铁矾) \quad (4\text{-}5)$$

上述几个反应在不同条件下相互作用可以得到下列不同的水解产物：

向溶液中加入铵盐时，得铵黄铁矾：

$$3Fe_2(SO_4)_3+10H_2O+2NH_4OH══(NH_4)_2Fe_6(SO_4)_4(OH)_{12}+5H_2SO_4(铵黄铁矾)$$

向溶液中加入钠盐时，得钠黄铁矾：

$$3Fe_2(SO_4)_3+Na_2SO_4+12H_2O══Na_2Fe_6(SO_4)_4(OH)_{12}+6H_2SO_4(钠黄铁矾)$$

高价铁水解时，得草黄铁矾：

$$3Fe_2(SO_4)_3+14H_2O══(H_3O)_2Fe_6(SO_4)_4(OH)_{12}+5H_2SO_4(草黄铁矾)$$

上述反应的特点是只沉淀 Fe^{3+} 不沉淀 Fe^{2+}，是增酸反应，需要加入中和剂才能使反应进行。

4.5.2 硫化物沉淀法

金属硫化物在水中的溶解度都比较小，且是比氢氧化物溶度积更小的一类难溶化合物。当一些金属离子，用氢氧化物沉淀法不能使溶液降到所要求的浓度时，可采用硫化物沉淀法。硫化物沉淀法以硫化物（如 H_2S、Na_2S 等）作为沉淀剂，依据是许多元素的硫化物难溶于水，加入硫化物后，溶液中金属离子变为硫化物沉淀。其方法可分为常温、常压硫化沉淀和高温高压硫化沉淀。

金属硫化物在水中的稳定性可用溶度积表示。溶解在水中的硫化氢分两步电离生成 S^{2-} 离子：

$$H_2S══H^++HS^- \qquad K_1=10^{-7.6}$$

$$HS^-══H^++S^{2-} \qquad K_2=10^{-14.4}$$

则总反应

$$H_2S=2H^++S^{2-}$$

H_2S 的离解常数为 $K_{H_2S}=a_H^{2+}\ a_S^{2-}/a_{H_2S}=K_1K_2=10^{-22}$。

在 25℃、1 大气压时 H_2S 在水溶液中的饱和浓度为 0.1mol/L，因此有

$$a_{H_2S}K_{H_2S}=a_H^{2+}a_S^{2-}=10^{-1}\times10^{-22}=10^{-23} \quad (4\text{-}6)$$

金属硫化物的溶度积为：

$$Me_2S_n══2Me^{n+}+nS^{2-}$$

$$K_{sp(Me_2S_n)}=a_{Me^{n+}}^2a_{S^{2-}}^n$$

对上式取对数得
$$\lg K_{sp(Me_2S_n)}=2\lg a_{Me^{n+}}+n\lg a_{S^{2-}} \quad (4\text{-}7)$$

由式(4-6) 转化为与 pH 值的关系式

$$\lg a_{S^{2-}}=\lg K_{H_2S}+2pH+\lg a_{H_2S}$$

将其代入式(4-7) 得

$$\lg K_{sp}=2\lg a_{Me^{n+}}+n(\lg K_{H_2S}+2pH+\lg a_{H_2S})$$

整理得
$$pH=\frac{1}{2n}\lg K_{sp}-\frac{1}{n}\lg a_{Me^{n+}}-\frac{1}{2}\lg K_{H_2S}-\frac{1}{2}\lg a_{H_2S} \quad (4\text{-}8)$$

由(4-8) 式可见形成硫化物的 pH 值与金属硫化物的溶度积、金属离子活度以及离子价

数有关。溶度积 $K_{sp(Me_2S_n)}$ 越小，pH 越小，离子活度 $a_{Me^{n+}}$ 越大，pH 越小，离子价数 n 越高，pH 越小，越易沉淀。表 4-18 列出了在 25℃时形成硫化物的平衡 pH 值。可以看出，控制 pH 值可以从溶液中选择沉出溶度积较小的金属，达到组分分离之目的。

表 4-18 在 25℃ 时形成硫化物的平衡 pH 值

硫化物	形成硫化物的 pH 值	
	Me^{n+} =1M	Me^{n+} $=10^{-4}$M
HgS	−15.00	−13.00
Ag_2S	−14.00	−10.60
Cu_2S	−12.35	−8.35
CuS	−6.55	−4.55
SnS	−3.00	−1.00
Bi_2S_3	−4.67	−3.33
PbS	−2.85	−0.85
CdS	−2.50	−0.25
ZnS	−0.53	+1.47
CoS	+0.85	+2.85
NiS	+1.24	+3.24
FeS	+2.30	+4.30
MnS	+3.90	+5.90

硫化物沉淀法在镍钴冶金领域应用最广。它既用于从含镍钴的溶液中除杂质，也用于从净化溶液中富集镍和钴。例如，要从 1M 的镍、钴浸出溶液中脱除杂质，将 pH 调节在＜1.47，理论上可以将 Hg、Ag、Cu、Sn、Bi、Pb、Cd、Zn 等杂质含量降至 10^{-4}mol/L 以下，而镍、钴留在溶液中。

4.5.3 碳酸盐沉淀法

碳酸盐是弱酸盐，在水溶液中的溶解度很小，溶积度（25℃）Ni^{2+} 1.35×10^{-7}、Fe^{2+} 2.11×10^{-11}、Co^{2+} 1×10^{-12}、Mn^{2+} 50.5×10^{-11}、Zn^{2+} 6×10^{-11}、Cu^{2+} 2×10^{-10}、Mg^{2+} 2.6×10^{-5}（12℃）。控制溶液的 pH 值、温度等参数，可使主金属或杂质从溶液中选择性沉淀。

4.5.4 共沉淀法

在沉淀过程中，某些未饱和的组分也随难溶化合物的沉淀而部分沉淀，这种现象称为共沉淀。在湿法冶金中，常利用共沉淀的方法除去某些难以除去的杂质，或令几种化合物共沉淀可以得到均匀的这几种化合物的均匀沉淀相，如在三元材料前驱体的制备时，发生如下反应：

$$(Ni,Co,Mn)SO_4+2NaOH \longrightarrow (Ni,Co,Mn)(OH)_2\downarrow+Na_2SO_4$$

当然，当需要沉淀析出纯化合物时，杂质的共沉淀会影响产品的纯度。

共沉淀产生的原因为：①形成固溶体。设溶液有 Me_{I}^{+}、Me_{II}^{+} 两种离子，当加入沉淀剂 A 时，若 $Me_{I}A$ 达到饱和而 $Me_{II}A$ 未达到饱和，则应当只有 $Me_{I}A$ 沉淀；但当两者晶格相同，且 Me_{I}^{+}、Me_{II}^{+} 两种离子半径相近时，则 Me_{II}^{+} 将进入 $Me_{I}A$ 晶格中，与之共同析出。②表面吸附。晶体表面的离子受力状态与内部离子不同。内部离子周围都被异电性的离子所包围，受力状态是对称的；而表面离子则有未饱和的键力，能吸引其他离子，即能进行表面吸附。

影响共沉淀的因素有沉淀物的性质、浓度，沉淀剂的浓度，沉淀温度、速度等。

4.5.5 置换沉淀法

用较负电性的金属从溶液中取代出较正电性金属的过程称为置换沉淀。置换沉淀法在冶金生产中应用于两个方面：一是用主体金属除去浸出液中的较正电性金属，如用镍置换铜；二是从浸出液中提取金属，如用铁置换镍。某些金属的标准电极电位序见表 4-19。

表 4-19 某些金属的标准电极电位序

电极	电极反应	$\varepsilon^{\ominus}$/V	电极	电极反应	$\varepsilon^{\ominus}$/V
Li^+,Li	$Li^+ + e \longrightarrow Li$	−3.01	Co^{2+},Co	$Co^{2+} + 2e \longrightarrow Co$	−0.267
Rb^+,Rb	$Rb^+ + e \longrightarrow Rb$	−2.98	Ni^{2+},Ni	$Ni^{2+} + 2e \longrightarrow Ni$	−0.241
K^+,K	$K^+ + e \longrightarrow K$	−2.92	Sn^{2+},Sn	$Sn^{2+} + 2e \longrightarrow Sn$	−0.14
Ca^{2+},Ca	$Ca^{2+} + 2e \longrightarrow Ca$	−2.84	Pb^{2+},Pb	$Pb^{2+} + 2e \longrightarrow Pb$	−0.126
Na^+,Na	$Na^+ + e \longrightarrow Na$	−2.713	H^+,H	$H^+ + e \longrightarrow \frac{1}{2}H_2$	0.000
Mg^{2+},Mg	$Mg^{2+} + 2e \longrightarrow Mg$	−2.38	Cu^{2+},Cu	$Cu^{2+} + 2e \longrightarrow Cu$	+0.337
Al^{3+},Al	$Al^{3+} + 3e \longrightarrow Al$	−1.66	Cu^+,Cu	$Cu^+ + e \longrightarrow Cu$	+0.520
Zn^{2+},Zn	$Zn^{2+} + 2e \longrightarrow Zn$	−0.763	Hg^{2+},Hg	$Hg^{2+} + 2e \longrightarrow Hg$	+0.798
Fe^{2+},Fe	$Fe^{2+} + 2e \longrightarrow Fe$	−0.44	Ag^+,Ag	$Ag^+ + e \longrightarrow Ag$	+0.799
Cd^{2+},Cd	$Cd^{2+} + 2e \longrightarrow Cd$	−0.402	Au^+,Au	$Au^+ + e \longrightarrow Au$	+1.500

从热力学理论讲，任何金属均可被更负电性的金属从溶液中置换出来：

$$Me_1^{n+} + Me_2 = Me_1 + Me_2^{n+}$$

整个反应可视为无数个微电池的总和：

阳极反应： $$Me_1^{n+} + ne \longrightarrow Me_1$$

阴极反应： $$Me_2 - ne \longrightarrow Me_2^{n+}$$

在有过量置换金属存在时，反应将进行到两种金属的电化学可逆电位相等时为止，反应平衡条件为：

$$\varepsilon_1^0 + \frac{2.303RT}{nF}\lg a_{Me_1^{n+}} = \varepsilon_2^0 + \frac{2.303RT}{nF}\lg a_{Me_2^{n+}}$$

$$\varepsilon_2^0 - \varepsilon_1^0 = \frac{2.303RT}{nF}\lg \frac{a_{Me_1^{n+}}}{a_{Me_2^{n+}}}$$

$$\frac{a_{Me_1^{n+}}}{a_{Me_2^{n+}}} = 10^{(\varepsilon_2^0 - \varepsilon_1^0)nF/2.303RT}$$

上式表示在平衡状态时，被置换金属与置换金属的活度比值，即反映置换的程度。该比值越小，说明置换得越充分、完全。常用的被置换金属与置换金属离子活度比值见表 4-20。

表 4-20 常用的被置换金属与置换金属离子活度比值

置换金属	Zn	Fe	Ni	Zn
被置换金属	Cu	Cu	Cu	Ni
$\frac{a_{Me_1^{2+}}}{a_{Me_2^{2+}}}$	5.2×10^{-38}	1.3×10^{-27}	2.0×10^{-20}	5.0×10^{-19}
置换金属	Cu	Zn	Zn	Co
被置换金属	Hg	Cd	Fe	Ni
$\frac{a_{Me_1^{2+}}}{a_{Me_2^{2+}}}$	1.6×10^{-16}	3.2×10^{-13}	8.2×10^{-12}	4.0×10^{-12}

4.5.6 有机溶剂萃取法

有机溶剂萃取法，就是在需要分离物质的水溶液中，加入与水互不相溶的有机溶剂（萃取剂），利用有机溶剂使一种或几种组分进入有机相，从而使其他组分仍留在水中，从不相混溶的液相中把某种物质提取出来的方法。它是把物质从一种液相转移到另一种液相的过程。

有机溶剂萃取法在冶金生产中应用于两个方面：一是从浸出液中提取或分离金属，如分离镍钴；二是从浸出液中除去有害杂质，如镍钴电解液的净化。

萃取，又称溶剂萃取或液液萃取，属于物理变化。利用物质在两种互不相溶（或微溶）的溶剂中溶解度或分配系数的不同，使物质从一种溶剂内转移到另外一种溶剂中。经过反复多次萃取，将绝大部分的化合物提取出来。

溶剂萃取工艺过程一般由萃取、洗涤和反萃取组成，如图 4-22 所示。一般将有机相提取水相中溶质，使其进入有机相的过程称为萃取。萃取分层后的有机相称萃取液，而水相称萃余液；水相去除负载有机相中其他溶质或者包含物的过程称为洗涤，这种只洗去萃取液中的杂质，又不使萃取液分离出来的水溶液，称洗涤液；水相解析有机相中溶质的过程称为反萃取，即用某种水溶液（反萃取剂）与经过洗涤后的萃取液混合，使被萃取物自有机相重新转入水相的过程。

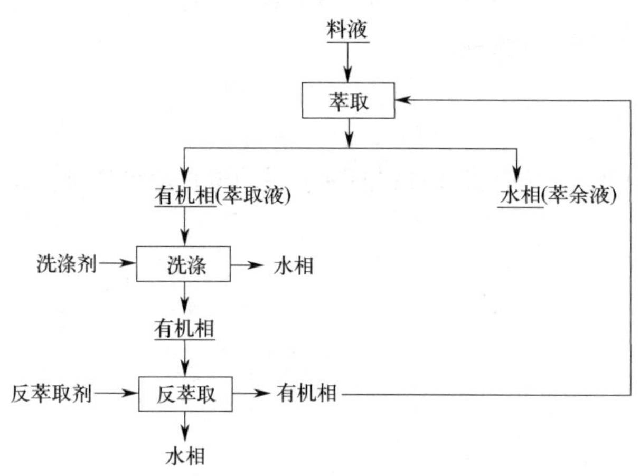

图 4-22 溶剂萃取工艺流程图

分配定律是萃取方法理论的主要依据，物质对不同的溶剂有着不同的溶解度。同时，在两种互不相溶的溶剂中，加入某种可溶性的物质时，它能分别溶解于两种溶剂中。实验证明，在一定温度下，该化合物与此两种溶剂不发生分解、电解、缔合和溶剂化等作用时，此化合物在两液层中之比是一个定值。不论所加物质的量是多少，都是如此。用公式表示

$$C_A/C_B=K$$

C_A、C_B 分别表示一种物质在两种互不相溶的溶剂中的量浓度。K 是一个常数，称为分配系数。

要把所需要的溶质从溶液中完全萃取出来，通常萃取一次（即单级）是不够的，必须重复萃取数次（多级）。因此，工业实践中采取的是多级萃取，其操作方法分为错流萃取（图 4-23）、逆流萃取（图 4-24）和分馏萃取。分馏萃取，即将经过多级逆流的萃取液，用某种

洗涤液经多级逆流洗涤，把萃入有机相中的难萃组分洗涤下来（相当于反萃取），从而使有机相中易萃组分的纯度大大提高。

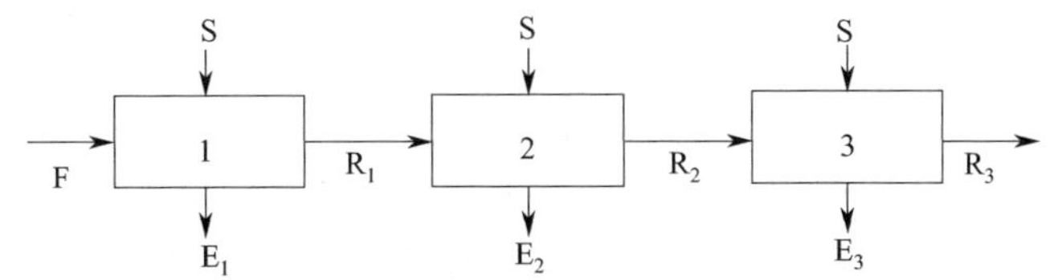

图 4-23　错流萃取

F—料液；S—有机相；E—萃取液；R—萃余液

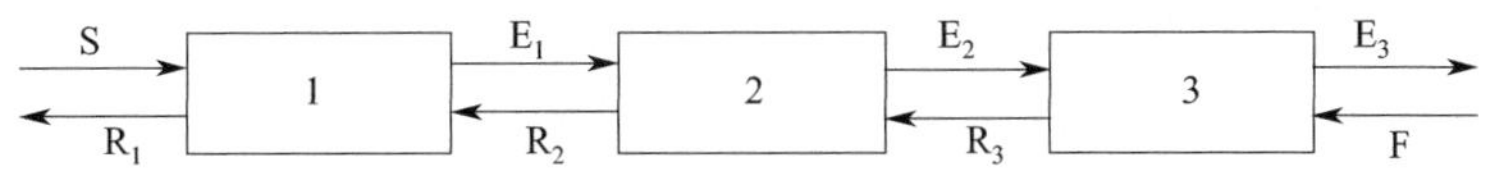

图 4-24　逆流萃取

F—料液；S—有机相；E—萃取液；R—萃余液

常见萃取剂：甲苯，二氯甲烷，三氯甲烷，汽油，乙醚，直馏汽油，正丁醇，四氯化碳。要求萃取剂和原溶剂互不混溶，萃取剂和溶质互不发生反应，溶质在萃取剂中的溶解度远大于在原溶剂中的溶解度。

萃取的方法常被用在红土镍矿酸浸出液的镍钴分离工序。图 4-25 所示为 P204 萃取剂萃取某些金属离子的萃取率与水相平衡 pH 值的关系图。

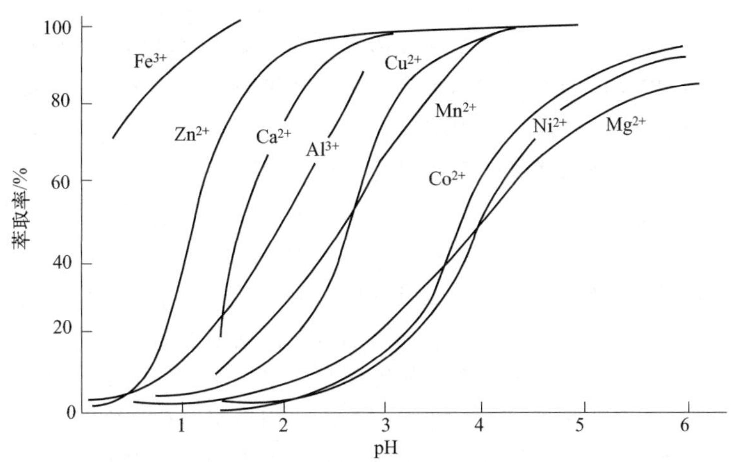

图 4-25　在硫酸盐溶液中 P204 萃取剂对某些金属离子的萃取率与水相平衡 pH 值的关系

由图 4-25 可知，P204 萃取这些金属离子的次序为：$Fe^{3+}>Zn^{2+}>Cu^{2+}>Mn^{2+}>Co^{2+}>Ni^{2+}>Mg^{2+}$。因此，原则上可以通过调节 pH 值，将锰及以前的杂质元素先行萃取去除，而后再进行镍钴分离，但此时镁仍然没有被脱出。由于 Mg^{2+} 与 Co^{2+}、Ni^{2+} 线相交，因此，不能用 P204 萃取除镁，所以通常是在萃取除杂前，先用 NaF 或 NH4F 沉淀剂，形成氟化物沉淀除镁。再用 P204 萃取除杂后的硫酸溶液中的镍、钴，钴进入有机相，镍留在水相中，有机相经洗涤、反萃回收钴，从萃余液中回收镍，实现镍、钴的分离。

4.5.7 离子交换法

离子交换是溶液中的离子与某种离子交换剂上的离子进行交换的作用或现象。离子交换法是借助于固体离子交换剂中的离子与稀溶液中的离子进行交换，以达到提取或去除溶液中某些离子的目的，是一种属于传质分离过程的单元操作。

离子交换反应一般是可逆的，在一定条件下被交换的离子可以解吸（逆交换），使离子交换剂恢复到原来的状态，即离子交换剂通过交换和再生可反复使用。离子交换反应是定量进行的，离子交换剂的交换容量是有限的，故不宜处理浓溶液，但它没有萃取法中萃取剂的夹带、溶解、乳化及有机溶剂的气味问题。在湿法冶金中，用离子交换法可以从水溶液中提取有价金属或除去杂质进行溶液的净化。

离子交换过程通常包括两个阶段，即吸附（交换）、解吸（淋洗）。离子交换工艺流程如图 4-26 所示：①吸附（交换），首先使料液与一种叫作离子交换剂的固态物质（树脂）接触，于是离子交换剂便能以离子交换的形式从溶液中吸附同符号的离子，被吸附的离子从水相转入到树脂相。当离子被吸附到饱和时，停止供液，转入解吸阶段。②解吸（淋洗），经一次水洗后，紧接着加入淋洗剂，使吸附在离子交换剂上的离子转入淋洗液中。淋洗液送往回收金属工序，离子交换剂经二次水洗后供循环使用。

离子交换剂是一种能与其他物质发生离子交换的物质，其分为无机离子交换剂和有机离子交换剂。有机离子交换剂是一种合成材料，又称离子交换树脂。

使吸附在离子交换树脂上的离子重新解吸下来的溶液称为淋洗剂。其也分为两类：无机淋洗剂，大多是无机酸、碱、盐的溶液；有机淋洗剂，大多是配合剂（柠檬酸、醋酸铵、乙二胺四乙酸等）。

离子交换基本原理是应用离子交换剂（最常见的是离子交换树脂）分离含电解质的液体混合物。离子交换过程是液固两相间的传质（包括外扩散和内扩散）与化学反应（离子交换反应）过程，通常离子交换反应进行得很快，过程速率主要由传质速率决定。离子交换剂是带有离子化基团的三维聚合体或晶体网格。离子化基团由与网格牢固结合的固定离子和能进行交换的反离子组成，反离子的电荷与固定粒子的电荷在符号上相反。为简化起见，将三维网格与固定离子合并称为骨架或母体，认为离子交换剂由骨架和反离子组成，如图 4-27 所示。根据树脂所带的可交换离子的性质，可分为阳离子交换树脂和阴离子交换树脂。当树脂浸在水溶液中时，树脂中的活性离子，因热运动可在树脂周围的一定距离内运动，由于内部空隙较大，树脂的内、外部溶液的浓度不相等而存在渗透压，外部水分可渗入内部，促使树脂体积膨胀。把树脂骨架看作是一个有弹性的物质，当树脂体积增大时，内架的弹力也随着增大，当弹力大到和渗透压达到平衡时，树脂体积就不再增大。内架上的活性离子在水溶液中发生离解，可在较大范围内自由移动，并能扩散到溶液中。同时，溶液中的同类型离子也能从溶液中扩散到骨架的网格或孔内。当这两种离子浓度差较大时，就产生一种交换的推动力，使它们之间产生交换作用，浓度差越大，交换速度越快。利用这种浓度差的推动力，实现树脂上的可交换离子发生可逆交换反应。

离子交换法常用于镍钴湿法冶金中。如，用于从镍钴浸出液的沉渣中回收铂族金属：铂族金属在稀盐酸溶液中以配合阴离子形式存在，不能被阳离子树脂吸附，因此与许多贱金属分开；用于深度净化铅、锌：利用 Zn^{2+} 和 Pb^{2+} 在氯离子溶液中容易形成阴离子配合物，如 $ZnCl_4^{2-}$ 和 $PbCl_4^{2-}$ 等形态，因此，如果采用阴离子交换树脂，就能将其吸附分离。

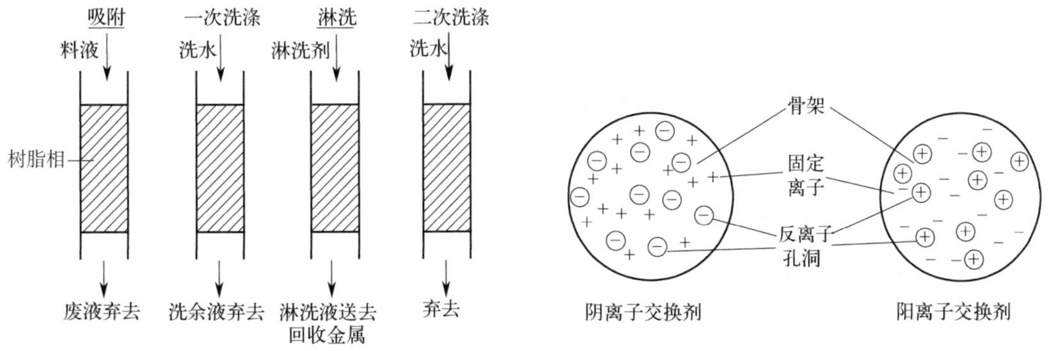

图 4-26　离子交换工艺流程示意图

图 4-27　离子交换剂结构模型

4.6 提取

提取，即从净化液提取金属或化合物。从溶液中提取金属的方法分电解法和化学法两种。电解提取又称电解沉积，是向含金属盐的水溶液或悬浮液中通过直流电而使其中的某些金属沉积在阴极的过程；化学提取是用一种还原剂把水溶液中的金属离子还原成金属的过程。

根据镍的不同用途，对镍的纯度要求也不同。如对用于生产合金及不锈钢的镍中所含铁、氧、碳及钴的含量并无严格要求；但对锑、铋、砷、铜、铅、锡、磷、硫、锌等元素含量要求却十分严格。这是因为在合金或不锈钢的冶炼过程中，锑、铋等杂质不易脱除，残留下来对合金、不锈钢的力学性能极为不利。又如，对用于作核反应堆部件的镍中钴含量必须很低，这是因为钴在受到核子轰击时，会形成具有强放射性的同位素钴 60，其半衰期约 5 年。为此，镍电解工艺的一个特点是采用隔膜电解槽，以隔开阴阳极电解液。表 4-21 所示为国家标准《电解镍》(GB/T 6516—2010) 中的电解镍的化学成分。

表 4-21　电解镍的化学成分 (GB/T 6516—2010)

牌号			Ni9999	Ni9996	Ni9990	Ni9950	Ni9920
化学成分（质量分数）	(Ni+Co)(不小于)/%		99.99	99.96	99.90	99.50	99.20
	Co(不大于)/%		0.005	0.02	0.08	0.15	0.50
	杂质含量（不大于）/%	C	0.005	0.01	0.01	0.02	0.10
		Si	0.001	0.002	0.002	—	—
		P	0.001	0.001	0.001	0.003	0.02
		S	0.001	0.001	0.001	0.003	0.02
		Fe	0.002	0.01	0.02	0.20	0.50
		Cu	0.0015	0.01	0.02	0.04	0.15
		Zn	0.001	0.0015	0.002	0.005	—
		As	0.0008	0.0008	0.001	0.002	—
		Cd	0.0003	0.0003	0.0008	0.002	—
		Sn	0.0003	0.0003	0.0008	0.0025	—
		Sb	0.0003	0.0003	0.0008	0.0025	—
		Pb	0.0003	0.0015	0.0015	0.002	0.005
		Bi	0.0003	0.0003	0.0008	0.0025	—
		Al	0.001	—	—	—	—
		Mn	0.001	—	—	—	—
		Mg	0.001	0.001	0.002	—	—

注：镍加钴含量由 100%减去表中所列元素的含量而得。

4.6.1 电解沉积法、电解精炼法

电解的实质是电能转化为化学能的过程，属电化学冶金。电解过程可分为熔盐电解和水溶液电解（可归入湿法冶金）。

熔盐电解，是利用电能加热并转换为化学能，将某些金属的盐类熔融并作为电解质进行电解，以提取和提纯金属的冶金过程。在电化顺序中，极为活泼的金属不能从盐类的水溶液中获得。因为在水溶液中，该金属将与水作用而析出氢，并生成该金属的氢氧化物。提取此类金属经常采用电解该金属的熔融盐或溶于熔盐的氧化物。有时熔盐电解是某些金属唯一的冶炼方法。如轻金属铝、钙、铍、锂、钠等均以熔盐电解法制备。许多稀有金属也可用熔盐电解法制得，如钍、铌、锆、钽等。

水溶液电解，是以金属盐水溶液为电解质进行提取或处理金属的电化学冶金方法，简称电解。在有色金属湿法冶金领域中，水溶液电解广泛应用于两个方面：①从粗金属、合金或其他中间物中精炼和提取金属，即通常所称的电解精炼或可溶阳极电解；②从浸出净化液中提取金属，即通常所称的电解沉积（简称电积）或电解提取，也称不溶阳极电解。粗镍阳极电解精炼早在 20 世纪初在工业上被广泛应用。硫化镍阳极电解精炼始于 20 世纪 50 年代。硫酸镍溶液电解沉积、氯化镍溶液电解沉积是 20 世纪 70 年代发展起来的工艺。

在红土镍矿提取镍冶金生产中，水溶液电解应用在两个方面：一是从经净化、富集的镍浸出液中提取镍金属；二是从铸成电解阳极的粗镍金属、镍合金、镍锍等中间产品中提取镍金属。前者是采用不溶性阳极电解，即电解沉积，后者是采用可溶性电极电解，即电解精炼。

水溶液电解工作原理如图 4-28 所示，由 A 和 C 两电极浸入含有 Me^{+} 离子和 X^{-} 离子的电解池中，在两极的上端分别与直流电源的正负两极接通时，直流电源便起着一个电子泵的作用；将电子压入 C，又从 A 将电子抽回电源。由于溶液中并不存在自由电子，因此当通过电流时，在电极-溶液界面上就会发生某种或某些组分的氧化还原，使得在 C 处消耗电子，而在 A 处放出电子。这个过程就是氧化-还原反应。电极 C 就是通常所说的阴极（和电源负极相接），在它附近的离子或分子由于接受电子而被还原；而在阳极 A 处（与电源正极相接），由于离子或分子产生电子而氧化。当电解进行时，离子不断向两极迁移，正离子向阴极迁移，负离子向正极迁移。

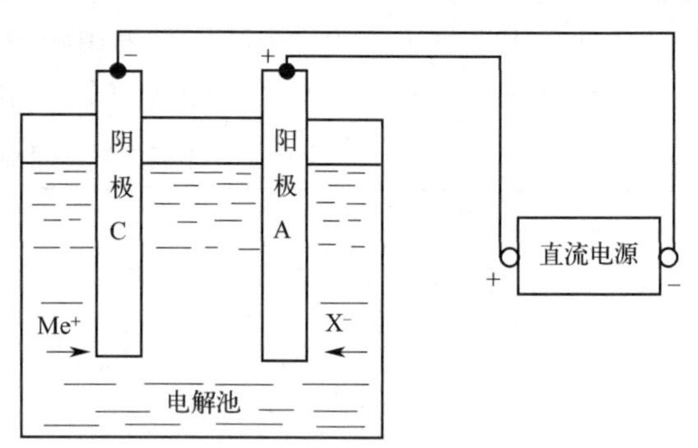

图 4-28 水溶液电解工作原理

（1）电解沉积　电解沉积，即在金属浸出液中插入电极并通入直流电，当外电势大于某金属电极反应的标准电极电位时，外电源通过电极和溶液构成电流回路，同时该金属离子在阴极上获得电子而还原成金属沉淀下来。电解沉积采用不溶阳极（铅、石墨等）进行电解，使溶液中的金属在阴极上沉积。

镍冶金中应用的几种电解法，其阴极过程都是相同的。因为阴极的目的都是相同的，即均希望在阴极上力求保证镍离子的还原，同时尽量防止氢离子及杂质离子在阴极上同时放电。

$$Ni^{2+} + 2e = Ni \quad (4\text{-}9)$$

$$2H^{2+} + 2e = H_2 \quad (4\text{-}10)$$

$$M^{n+} + ne = M \quad (4\text{-}11)$$

显然，反应式(4-9) 越容易进行，反应式(4-10) 及式(4-11) 进行得越少，阴极镍产品质量越好，能耗越少，设备效率越高。

某一阳离子在阴极上开始析出的难易，可按其平衡电位（E_R）来判断

$$E_R = E^0 + \frac{RT}{nF}(\ln a_{M^{n+}} - \ln a_M)$$

式中　E^0——标准平衡电位；

$a_{M^{n+}}, a_M$——M^{n+}、M 的活度。

E_R 越正，M^{n+} 离子越易在阴极析出。所以任何离子在阴极上开始析出的难易程度与其标准平衡电位 E^0 及在阴极液中的活度有关。离子的标准平衡电位参见表 4-19 某些金属的标准电极电位序。由该表可见，在活度相等的条件下，Co^{2+}、Cd^{2+}、Fe^{2+}、Zn^{2+} 等离子的标准平衡电位 E^0 比 Ni^{2+} 的负，因此，它们将不会先于 Ni^{2+} 在阴极上还原析出；而常见的 Pb^{2+}、H^+、Sb^{2+}、Cu^{2+} 等离子的 E^0 比 Ni^{2+} 的正，因此，它们将先于 Ni^{2+} 在阴极上还原析出。虽然镍盐水溶液电解质中的有害金属杂质离子，可以尽可能地净化排除，但其中的 H^+ 总是存在的，这就使得镍电解阴极过程不可避免地复杂化。

电极极化现象，使得氢的超电势很大，即使得氢的实际析出电势较负，而某些金属的电极电位 E^0 比氢负，且该金属的超电势又很小，就使得氢的实际析出电势较其负，因此，就使得该金属在阴极析出，而氢不析出。故某些较负电性的金属，如镍、钴、锌等可以通过水溶液来提取。但是，由于氢的析出超电势有一定的限度，所以不是所有负电性金属，都可以通过水溶液电解实现其阴极还原过程。如果某些金属的析出电势比－1.8～－2.0V 还要负，则采用水溶液电解法来提取这些金属（如镁、铝）就十分困难。例如，镁的电解提取，由于镁的电势较氢负，在水溶液电解的情况下，阴极上只有氢析出的原因，且只有镁的氧化水合物生成。这也是轻金属只能从不含氢离子的电解质中以元素状态析出的原因，这种电解质就是熔盐。

在利用水溶液电解法生产实践中，在提取纯金属工艺中，要防止杂质金属阳离子与主体金属阳离子同时在阴极上放电析出；而对于生产合金而言，要创造条件使合金元素同时在阴极上放电析出。常常靠控制电解液的成分、温度、电流密度等，调解溶液中的离子活度与极化作用，若使它们的放电电势差距较大，电势较正的金属就放电析出，达到主体金属提取的目的。若使他们的放电电势相等，则共同析出，达到了生产合金的目的。

(2) 电解精炼　电解精炼是采用含镍阳极，如硫化镍阳极、镍铁阳极、粗镍阳极，经电解，使阳极含镍等离子进入电解液，再用同电解沉积相似的过程进行溶液电解沉积。

以硫化镍阳极为例，阳极溶解反应

$$Ni_3S_2 - 2e = Ni^{2+} + 2NiS$$

$$NiS - 2e = Ni^{2+} + S$$

$$Ni_3S_2 - 6e = 3Ni^{2+} + 2S$$

$$FeS - 2e = Fe^{2+} + S$$

硫化镍阳极溶解时，因控制的电位比较高，S^{2-} 已氧化成单体硫，可进一步氧化成为硫酸：

$$Ni_3S_2+8H_2O-18e \longrightarrow 3Ni^{2+}+2SO_4^{2-}+16H^+$$

同时也可能发生水分解反应：

$$H_2O-2e \longrightarrow \frac{1}{2}O_2+2H^+$$

后面这两个反应式就是电解造酸反应，因此，电解时阳极液的 pH 值会逐渐降低。

镍还原阴极的反应与电解沉积法是一样的。

4.6.2 加压氢还原法

尽管电解法在镍冶金中得到广泛应用，但它并不是获得纯镍的唯一方法。高压氢还原法、羰基法等也能获得纯镍。

用氢从溶液中还原金属的反应

$$M^{z+}+\frac{Z}{2}H_2=M+zH^+ \tag{4-12}$$

$$H^++e=\frac{1}{2}H_2$$

金属电极和氢电极的电位

$$E_{M^{z+}/M}=E^{\ominus}_{M^{z+}/M}+\frac{2.303RT}{zF}\ln a_{M^{z+}} \tag{4-13}$$

$$E_{H^+/H_2}=0-\frac{2.303RT}{F}pH-\frac{2.303RT}{2F}\ln p_{H_2} \tag{4-14}$$

则氢还原反应能够进行的热力学条件是

$$E_{M^{z+}/M}>E_{H^+/H_2}$$

两者电势差越大，则反应的可能性越大，金属被还原的程度越高。由上式可知：若①提高溶液中金属离子的活度 $a_{M^{z+}}$，以提高$E_{M^{z+}/M}$；②提高氢分压 p_{H_2}，以降低 $E_{M^{z+}/M}$；③提高溶液的 pH 值，以降低 E_{H^+/H_2} 等，就可以提高氢的还原能力或金属离子被还原的可能性，即增大反应(4-12) 的还原程度。

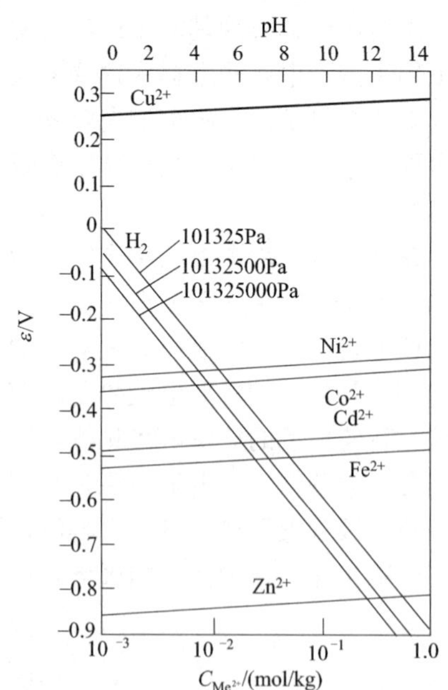

图 4-29 在 25℃下$E_{M^{z+}/M}$ 与离子浓度M^{z+}以及E_{H^+/H_2} 与溶液 pH 及氢分压的关系

图 4-29 所示为 $E_{M^{z+}/M}$ 与金属离子浓度 M^{z+}（这里用浓度 $C_{M^{z+}}$ 代替活度）的关系及 E_{H^+/H_2} 与溶液 pH 及氢分压的关系（25℃、$z=2$）。从图中可以看出氢还原的热力学条件：只有当金属线高于氢线时，还原过程在热力学上才是可能的。在降低 E_{H^+/H_2} 途径的 2 个措施中，③比②更有效。因为对于降低氢电极电位而言，增大 p_{H_2} 100 倍仅相当于提高溶液 pH 一个单位。因此，为了使还原过程顺利进行，除了保留一定的金属离子最终浓度以外，还必须尽量降低氢的电极电位，即必须在溶液中保持相应的 pH 值。这个条件对标准电势比氢标准电势更低的金属的还原而言，具有特别重要的意义。

因为反应(4-12) 的平衡条件是

$$E_{M^{z+}/M}=E_{H^+/H_2}$$

故此条件有下列形式

$$\ln a_{M^{z+}}=-z\text{pH}-\frac{z}{2}\ln p_{H_2}-\frac{zF}{2.303RT}E^{\ominus}_{M^{z+}/M}$$

反应平衡时 $a_{M^{z+}}$ 值越低越好，说明还原程度越高。对于某一金属而言，$E^{\ominus}_{M^{z+}/M}$ 是个定值，于是在指定的 H_2 压力下，$\ln a_{M^{z+}}$ 与 pH 呈线性关系，直线斜率取决于金属离子的价数 z，如图 4-30 所示。从图中可以看出：对正电性金属的还原，例如银、铜、铋，不管溶液 pH 值如何，$a_{M^{z+}}$ 值均很低，还原程度均很高，即无论溶液的酸度如何，实际上均能进行；对负电性金属的还原，如镍、钴、铅、镉，则必须由反应(4-12) 形成的酸中和，使溶液的 pH 值维持在较高的一定范围内。但对于诸如锌这种电势值太负的金属而言，要使其还原十分困难甚至不可能。因为还原过程所需 pH 值太高，在这样高的 pH 值条件下，这些金属离子会水解沉淀。

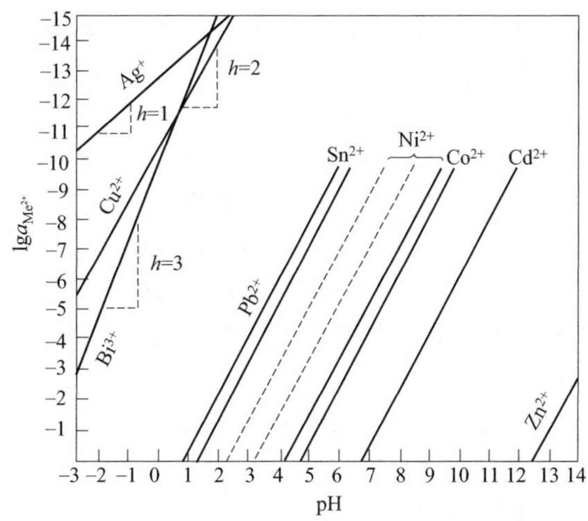

图 4-30 在 25℃及 p_{H_2} = 0.1MPa 条件下用氢还原金属的可能完成程度

[虚线处列举了镍在 p_{H_2} = 1MPa、10MPa（图左）条件时的情况]

在镍、钴等金属氢还原提取中，为了维持溶液具有一定高的 pH 值，使还原反应在氨溶液中进行。其反应

$$MSO_4+H_2+2NH_4OH \xlongequal{} M+(NH_4)_2SO_4+2H_2O \tag{4-15}$$

$$M(NH_3)_2SO_4+H_2 \xlongequal{} M+(NH_4)_2SO_4 \tag{4-16}$$

反应（4-15)、反应（4-16）说明，负电金属（镍、钴等）在氨溶液中的析出是可能的。用氨来中和溶液，提高 pH 值的优点是：氨呈弱碱性便于 pH 的调节，即使加入氨过量，因镍和钴离子与 NH_3 发生配合反应而不至于水解沉淀。但在金属离子总浓度一定时，也正因为 Ni^{2+} 、Co^{2+} 与 NH_3 反应生成了一系列配位数不同的配离子，使游离金属离子的浓度下降，而不利于金属的还原。因此要根据有关金属-配位体-水系平衡计算，适量加入氨。

4.6.3 羰基法

羰基法不属于湿法冶金，是一种气化冶金方法。本应自成一章，但因内容较少，就放入第 4 章，又因其方法是提取冶金的方法，故放到了 4.6 提取一节。气化冶金主要是指金属或杂质通过气相迁移达到分离提取的冶金方法。气化冶金是利用金属单质或化合物的沸点与所含杂质的沸点不同的特点，通过加热控制温度使挥发性金属化合物的蒸汽热分解或还原而由气相析出金属的方法。按反应方法可分为气相热分解法和气象还原法两种。适用于气相析出法的金属是高熔点、难挥发的，但必须是在低温易于合成，而在高温易于分解的挥发性化合物的金属。镍的气化冶金主要指羰基法及氯化挥发焙烧和氯化离析法。

早在 1898 年，L. 蒙德和 C. 兰格首先发现镍与 CO 在低温下能生成易挥发的羰化镍；在加热升温的条件下，该羰化物又分解为镍粉及 CO。常与镍伴生的铜却很难生成羰化物，铁、钴等虽然与 CO 较易作用，但根据生成及挥发性质的差异，可达到选择性挥发及分解的目的。

镍羰基法冶金的基本原理：一氧化碳在有机基团中称为羰基。羰基是由碳和氧两种原子通过双键连接构成的一种很活泼的原子团（C═O），由几个这种原子团与金属原子在特定条件下结合而成的一种特殊化合物，即金属羰基络合物。在铁、钴、镍的化合物中，它们常见氧化态是+2、+3。但在羰基络合物中，铁、钴、镍的氧化态表现为 0，例如五羰基合铁[$Fe(CO)_5$]，八羰基合二钴[$Co_2(CO)_8$]和四羰基合镍[$Ni(CO)_4$]。羰基络合物的熔点、沸点一般都比常见的相应金属化合物低，容易挥发，受热易分解为金属和一氧化碳，利用上述特性，可先将金属制成羰基络合物，使它挥发与其他杂质分离，然后进行分解得到纯金属。

[$Ni(CO)_4$]常温下为无色液体，熔点－25℃，沸点 43℃。在大气压下分解温度为 90.6℃，空气中易燃。[$Fe(CO)_5$]常温下为琥珀色液体，熔点－20℃，沸点 103℃。

镍在常压和高于室温（>38℃）条件下，可与一氧化碳作用生成羰基镍[$Ni(CO)_4$]：

$$Ni(s)+4CO = Ni(CO)_4(g)$$

铁在常压下与一氧化碳反应很慢，但随着压力的升高而加快，如在 7MPa 下铁的羰化率为 30%，20MPa 下其羰化率为 80%。

$$Fe(s)+5CO = Fe(CO)_5(g)$$

钴在高压条件下，仅有少量钴参与羰化反应：

$$2Co(s)+8CO = Co_2(CO)_8(g)$$

上述反应是可逆的，向右进行为放热，体积缩小，所以，降温、加压有利于羰基化合物的形成。反之，则有利于羰基化合物的分解。

硫在羰化反应中有积极作用：一是在羰化物料颗粒界面传递 CO，起活化作用，加快反应速度；二是使铜、钴、铑、锇、钌转化为硫化物免受羰化损失。因此，要求羰化物料中含有一定量的硫。

基于各种羰基镍络合物热物理性质的差异，在进行羰基合成反应时，粗镍中的杂质大部分不能进入气相，而残留于渣中，得到的粗羰基络合物又可按沸点的不同进行蒸馏分离，然后再加热分解就可以得到高纯度的金属镍。例如镍和铁的羰基络合物由于沸点相差很大，可用简单的方法分离。而羰基镍则用无水的液态氨形成羰基钴氨络合物[$Co(NH_3)_6$][$Co(CO)_4$]$_2$，从粗液态羰基镍中沉淀析出。

某高压羰基镍生产工艺流程如图 4-31 所示。其主要工序包括原料熔化、粒化、高压合成、精馏和分解。

合成的羰基镍是 $Ni(CO)_4$、$Fe(CO)_5$ 和 Co_2（CO）$_8$ 的混合物。其成分约为：$Ni(CO)_4$ 95%～98.9%，$Fe(CO)_5$ 1.1%～5%，少量的 Co_2（CO）$_8$。

根据 $Ni(CO)_4$（沸点 43℃）、$Fe(CO)_5$（沸点 103℃）和 $Co_2(CO)_8$(51℃是固体）的沸点不同，对合成羰基镍进行精馏，去除 $Fe(CO)_5$ 和 $Co_2(CO)_8$，提纯 $Ni(CO)_4$。

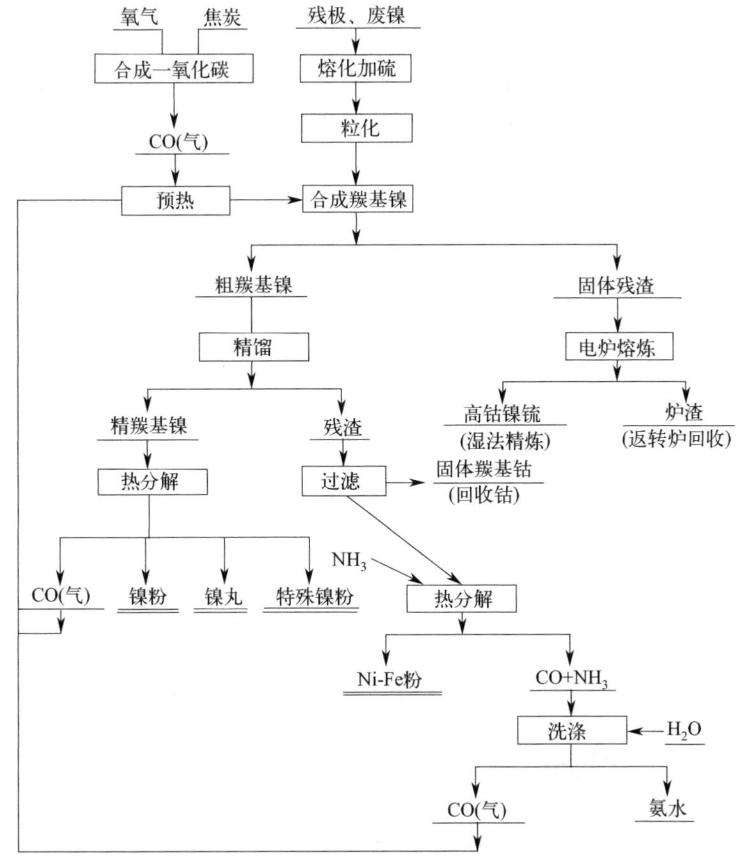

图 4-31　某高压羰基镍生产工艺流程图

进一步将提纯的 $Ni(CO)_4$ 进行精炼-分解。当温度高至 180～220℃时，羰基镍又分解为金属镍：

$$Ni(CO)_4 = Ni(s) + 4CO(g)$$

控制反应塔内不同的分解条件，可以得到不同牌号的镍粉，改变反应塔的结构和工艺条件，可得到镍丸、镍箔和不同基体的包覆粉。

4.7　红土镍矿湿法冶金产品工艺

本节红土镍矿湿法冶金产品是指，经湿法冶金工艺所获得的镍中间产品及镍金属，如氢氧化镍钴混合物（MHP)、硫化镍钴混合物（MSP）等镍中间产品及金属镍。红土镍矿经火法冶炼成中间产品再经湿法冶炼成镍产品工艺技术，如镍锍-电镍，或经湿法冶炼成中间产品再经火法冶炼成镍产品工艺技术，如碱式碳酸镍-氧化镍，将在第 5 章中叙述。

在湿法冶炼红土镍矿的浸出、分离、富集和提取工艺过程中，因采取了不同的工艺技术，因此获得了不同的镍产品。在高压酸浸工艺中，在富集工序，因采取了不同的富集方法便会得到不同的镍中间品，如若采用硫化物沉淀方法富集可得到 MSP；若采用氢氧化物沉淀方法富集便可等到 MHP。而在氨浸工艺中，采用碱式碳酸盐沉淀方法可得到碱式碳酸镍。这些中间品再经湿法冶炼不同的提取方法，则可得到电解沉积-电镍、高压氢还原-镍粉等金属镍。

4.7.1 氢氧化镍钴混合物（MHP）提取

从表 4-1（五个基于高压酸浸工艺的红土镍矿冶炼厂主要工艺流程）中知道，瑞木镍冶炼厂生产 MHP 产品。该厂采用 HPAL—矿浆预中和—CCD 洗涤—溶液中和—氢氧化物沉淀工艺生产镍钴氢氧化物（见图 4-32）。年处理红土矿量 321 万吨，产出混合氢氧化镍钴产品 7.9 万吨/年，其中含镍约 41%、钴约 4.2%，折合镍金属量 3.26 万吨/年，钴 3300t。镍回收率约 96%、钴回收率约 94%。

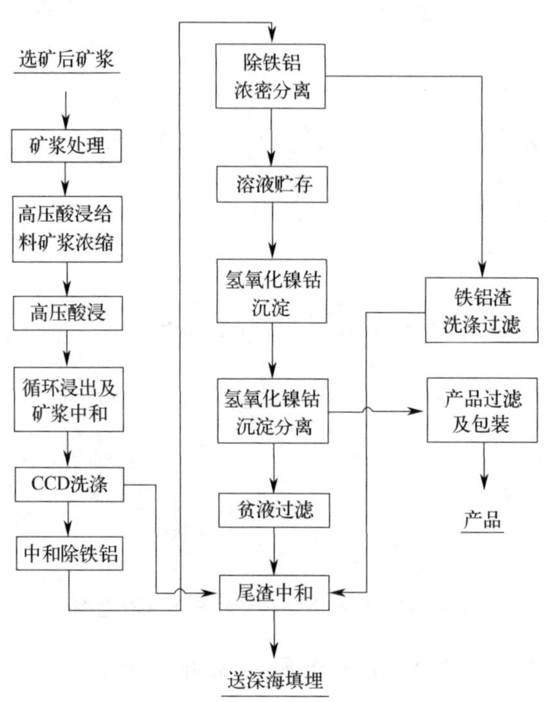

图 4-32 瑞木镍冶炼厂生产 MHP 工艺流程图

瑞木镍冶炼厂用红土镍矿典型化学组成见表 4-22。

表 4-22 红土镍矿典型化学组成

成分	Ni	Co	Fe	Zn	Al	Cr	Mg	Mn	SiO_2	Ca
含量/%	1.138	0.117	41.9	0.04	1.58	0.52	2.25	0.653	14.59	0.01

（1）矿浆处理 主要是把来自选矿厂的浓度为 12%～18.3%的矿浆进行贮存和浓缩，以便为高压釜提供高浓度的稳定矿浆。处理后矿浆浓度 25%，$2115m^3/h$。

（2）加压浸出 采用三级预热—高压酸浸（HPAL）—三级闪蒸的工艺方案。共有三台高压釜，每台容积 $766m^3$，设有 7 个隔室，每个隔室配有一台搅拌装置。配有高、中、低压闪蒸槽三台。

（3）循环浸出和矿浆预中和 循环浸出主要是利用高压釜闪蒸后溶液中的残酸，浸出两段除铁铝渣和两段沉淀镍/钴渣，以提高镍的浸出率；然后多余的游离酸将被石灰石中和。这个中和工序是在浸出矿浆分离前阶段进行的，而表 4-1 中所列的另 4 个工厂的生产工艺中仅使用了浸出液中和工序。

（4）CCD逆流倾析　循环浸出后的矿浆由浓密机进行CCD逆流倾析处理。为了降低镍/钴的损失，提高CCD洗涤效率，洗涤系统采用7段CCD工艺，洗涤比控制为2.5∶1（浓密机中洗涤水与固体的重量比）。CCD1溢流送至第一段中和除铁/铝，CCD7底流送至尾渣中和系统。

（5）中和除铁/铝　其是为了去除CCD1溢流液（浸出液）中的铁、铝、硅等杂质元素。该工序将采用两阶段除铁/铝完成。即采用石灰石浆料作为中和剂，鼓入空气氧化溶液中的亚铁元素，并将终端pH值控制在3.6～4.0范围内，进行第一段除铁/铝，实现铁/铝的水解沉淀。铁/铝去除后，对矿浆进行浓密和分离。在除铁/铝的过程中，浓密机底流液的一部分作为晶种，以促进沉淀物的颗粒沉降。第一级除铁/铝的底流液将用于铁/铝的洗涤和过滤，产生的铁/铝残渣送尾渣中和。第二段除铁/铝的终端pH值控制在4.6～5.0，使第一段的除铁/铝溶液中的铁/铝进一步水解，第二段除铁/铝的溢流液送至镍/钴沉淀；底流液一部分作为晶种返回，另一部分返回循环浸出系统，以回收渣中的镍、钴等有价金属。

（6）氢氧化镍钴沉淀　沉淀过程分成两个阶段完成。在第一段氢氧化镍钴沉淀过程中，采用氢氧化钠作为沉淀剂，使溶液中的镍钴生成氢氧化物沉淀；在第一段沉淀后，矿浆送至浓密机进行液-固分离，一部分底流液作为晶种返回，另一部分经洗涤、过滤后包装成产品。第一段浓密机的溢流液送至第二段镍/钴沉淀系统，该段采用石灰乳作为沉淀剂。第二段沉淀后的矿浆将进行浓密分离，底流液的一部分作为晶种，另一部分返回循环浸出系统，以回收镍、钴等有价金属。第二段镍钴沉淀系统的溢流液一部分经酸化处理后，将作为CCD和铁/铝渣的洗涤水；另一部分将用作石灰石浆和石灰乳的配制和稀释用水，其余的将在深度除锰（尾渣中和）后排出。

（7）尾渣中和　为了满足环保排放要求，冶炼厂的废水和尾渣在排放前必须进行处理。将CCD7浓密底流、铁/铝尾渣、高压酸浸的水洗液、第二段镍/钴沉淀的浓密溢流液等冶炼厂废水混合；尾渣中和、矿浆浓密后，底流输送至尾渣库（RSF）贮存，溢流作为废液排出。

由上述冶炼过程看，在净化、富集工序采用了水解沉淀方法，使溶液中的金属离子呈氢氧化物形态沉淀，即使硫酸盐溶液中的镍钴形成了难溶的氢氧化镍钴混合物。

4.7.2　硫化镍钴混合物（MSP）提取

从表4-1（五个基于高压酸浸工艺的红土镍矿冶炼厂主要工艺流程）中知道，毛阿湾镍冶炼厂生产MSP产品。该厂采用HPAL—CCD洗涤—溶液还原中和—H_2S沉淀工艺生产MSP（见图4-33）。

由上述冶炼过程看，在净化、富集工序采用了硫化沉淀方法，使溶液中的金属离子呈硫化物形态沉淀，即使硫酸盐溶液中的镍钴形成了难溶的硫化镍钴混合物。

4.7.3　金属镍的电积提取

从表4-1（五个基于高压酸浸工艺的红土镍矿冶炼厂主要工艺流程）中知道，澳大利亚考斯（Cawse）镍冶炼厂与布隆（Bulong）镍冶炼厂均利用电解沉积法生产金属镍（电镍）产品。

考斯厂采用HPAL—CCD洗涤—中和除铁铝—氢氧化物沉淀—氨浸—萃取—电解沉

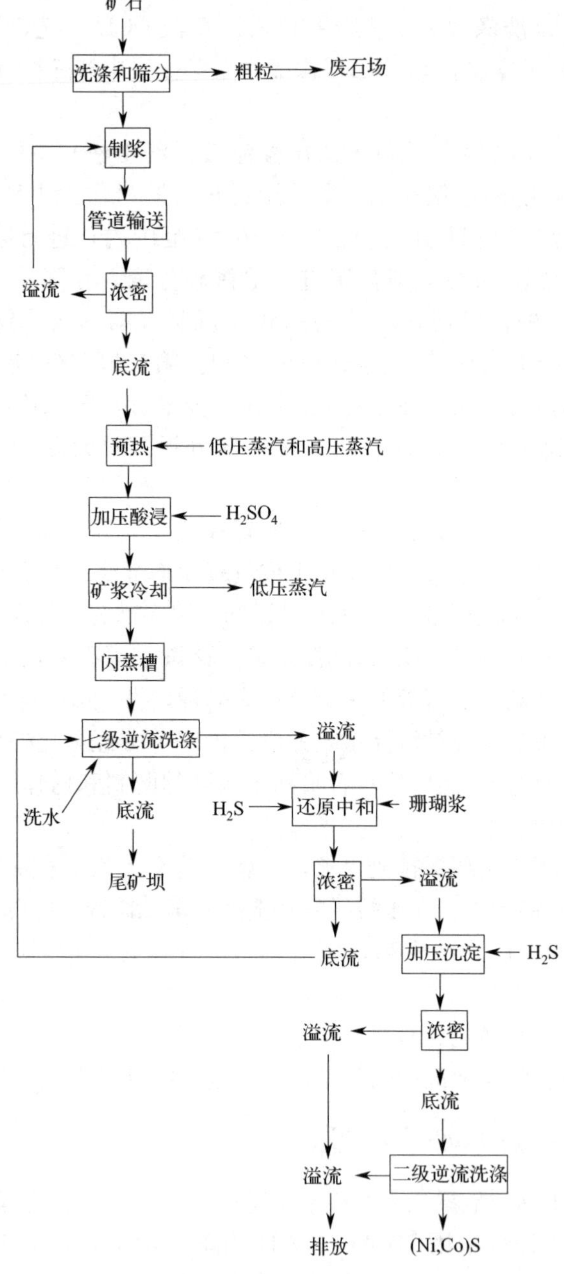

图 4-33　毛阿湾镍厂 HPAL 工艺生产 MSP 流程图

积工艺生产金属镍（电镍），工艺流程见图 4-34。该工艺通过 HPAL—CCD 洗涤—中和除铁铝—氢氧化物沉淀过程，获得氢氧化镍钴混合物（MHP）。之后将 MHP 用氨浸出，进一步除杂得到镍钴氨性溶液，再经萃取分离镍与钴，萃取镍送电积生产电镍——金属镍。

布隆厂采用 HPAL—CCD 洗涤—中和除铁铝—萃取—电解沉积工艺生产金属镍（电镍）。该工艺与考斯厂比较，其不同是直接从含有大量杂质的高压酸浸出液中萃取分离镍钴，而不经氢氧化物沉淀—氨浸工序，萃取镍送电积生产电镍——金属镍。

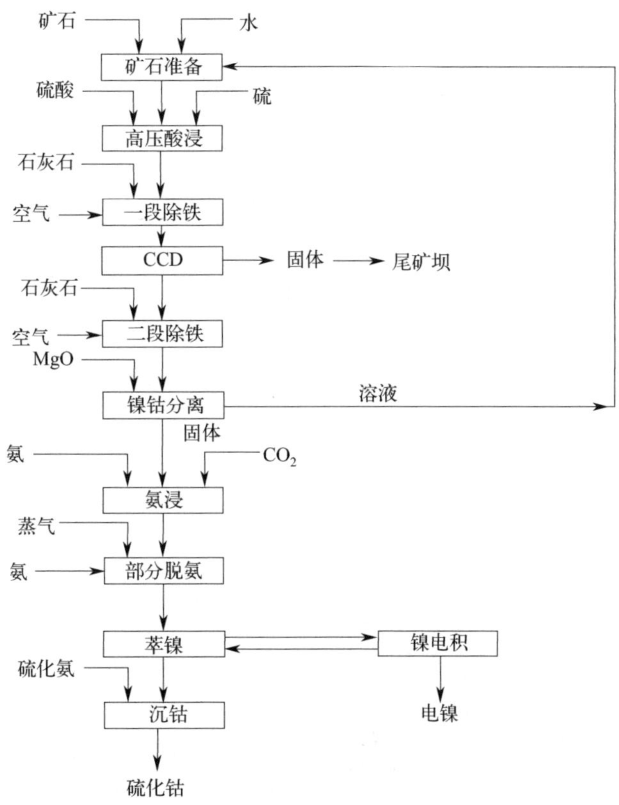

图 4-34 考斯厂生产工艺流程图

4.7.4 金属镍的氢还原提取

从表 4-1（五个基于高压酸浸工艺的红土镍矿冶炼厂主要工艺流程）中知道，澳大利亚莫林莫林镍冶炼厂利用氢还原法生产金属镍产品。莫林莫林厂采用 HPAL—CCD 洗涤—溶液中和除铁铝—硫化物沉淀—加压氧化浸出—萃取—氢还原工艺生产金属镍，工艺流程见图 6-28。该工艺同毛阿湾厂比较，同样可以获得 MSP，但其将 MSP 进一步加压氧化浸出，再经萃取分离镍钴，利用氢还原得到金属镍（镍粉），再经烧结得到镍球。

4.7.5 硫酸镍提取

红土镍矿硫酸镍的制取方法有：以含镍溶液为原料通过化学沉淀的方法，如硫酸法制取，或通过萃取法制取；以高镍锍为原料通过浸出法制取，该法工艺详见“5.1.6 浸出制取硫酸镍”一节。以高镍铁为原料通过浸出法也可以制取，该法工艺详见“5.2.2 高镍铁浸出提镍或制取硫酸镍”一节。

图 4-35 所示为硫酸法生产硫酸镍工艺流程：在反应釜内，硫酸镍溶液加入碳酸钠溶液制备碳酸镍，反应温度 70～80℃，反应终止 pH 值为 7.8～8.0，拥有碳酸镍沉淀的溶液经过滤得粗碳酸镍，水洗后硫酸溶解得硫酸镍溶液，净化除杂，先常用铁屑置换法除铜，再用黄钠铁矾法除铁，除铁之后溶液温度高达 90℃上，进行真空蒸发和蒸发釜蒸发，两次蒸发终点溶液密度大于 1.6g/cm^3，结晶固液分离，得结晶硫酸镍，分离母液再回蒸发工序蒸发——结晶。

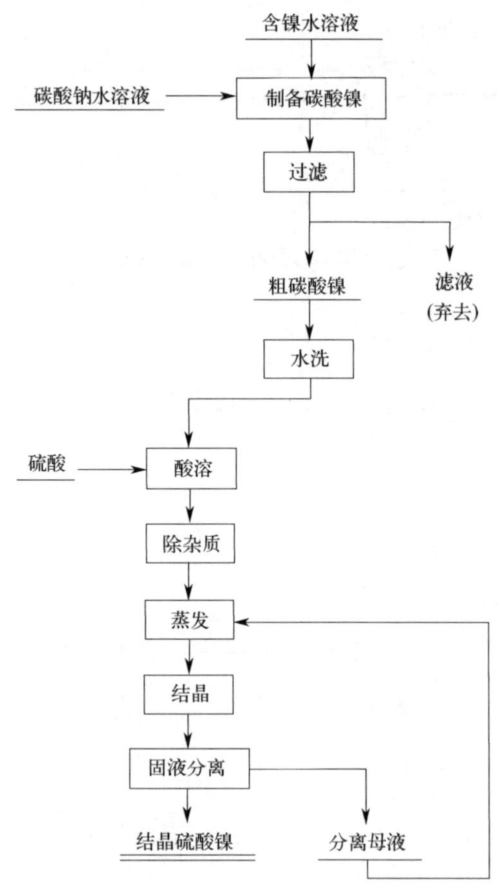

图 4-35　硫酸法生产硫酸镍工艺流程图

4.8　红土镍矿制备锂离子电池正极材料前驱体

随着化石能源危机和环境污染等问题的凸显，开发清洁的绿色新能源、建设低碳社会是当今世界共同努力的方向。为此，蓄电池-二次电池得到了快速发展。同时对其性能如比能量、循环寿命、安全性、成本等要求越来越高。

锂离子电池在清洁能源中占有很重要的一席之地，具有高电压、高容量、循环寿命长、安全性能好等优点，在便携式电子设备、电动汽车、空间技术、国防工业等多方面具有广泛的应用，尤其是锂离子电池作为动力源的汽车，近几年发展迅速。电池的分类见图 4-36。

锂离子电池是在二次锂电池的基础上发展起来的，首先由日本 Sony 公司在 1990 年研制成功并实现商品化。

近年来，全球范围各国都在推广电动汽车，蓄电池在纯电动汽车中是驱动系统唯一动力源，主要有铅酸、镍镉、镍氢和锂离子电池等，四类蓄电池的性能比较见图 4-37。四种二次电池基本性能比较见表 4-23。目前，锂离子电池处于高速发展阶段，在诸如日产 Leaf、丰田普锐斯 plug-in、特斯拉 Model S、通用 Volt、福特 Focus EV 以及宝马 i3 等新能源汽车上都采用锂离子电池。基于当前的锂离子电池技术，能够达到的最大能量密度水平大约在 200Wh/kg 左右，这一数值还是比较低的，在许多场合都成为锂离子电池应

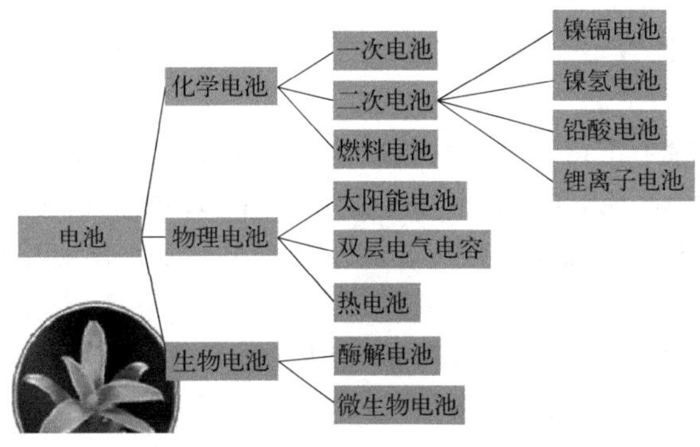

图 4-36　电池的分类

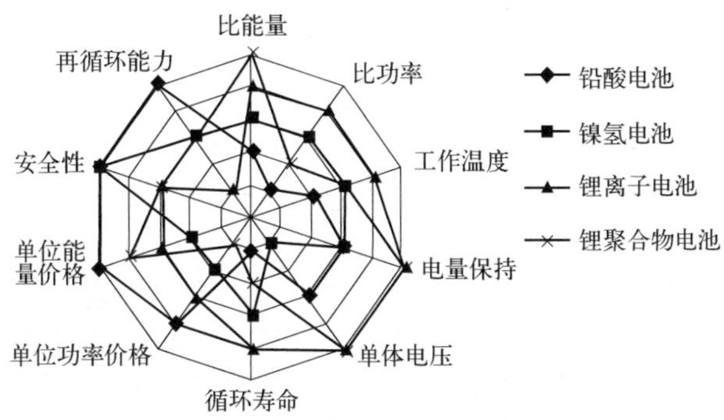

图 4-37　四类蓄电池性能比较

表 4-23　四种二次电池基本性能比较

电池种类	工作电压/V	比能量/(Wh/kg)	比功率/(W/kg)	循环寿命/次	自放电率/(×10²/月)
铅酸电池	2.0	30～50	150	150	30
镍镉电池	1.2	45～55	170	170	25
镍氢电池	1.2	70～80	250	250	20
锂离子电池	3.6	120～250	300～1500	1000	2

用的瓶颈。这一问题同样出现在电动汽车领域，在体积和重量都受到严格限制的情况下，电池的能量密度决定了电动汽车的单次最大行驶里程，于是出现了“里程焦虑症”。如果要使电动汽车的单次行驶里程达到 500km（与传统燃油车相当），电池单体的能量密度必须达到 300Wh/kg 以上。

提高能量密度的途径：

① 提高正负极活性物质的占比。这主要是为了提高锂元素的占比，锂元素的含量提高，能量密度会有相应的提升。负极活性物质也需要相应的匹配来容纳正极的锂离子。如果负极活性物质不够，多出来的锂离子会沉积在负极表面，而不是嵌入内部，出现不可逆的化学反应和电池容量衰减。

② 提高正极材料的比容量。正极活性物质的占比是有上限的，不能无限制提升。在正极活性物质总量一定的情况下，只有尽可能多的锂离子从正极脱嵌，参与化学反应，才能提升能量密度。这就是研究和选择不同的正极材料的原因，钴酸锂可以达到 137mAh/g，锰酸锂和磷酸铁锂的实际值都在 120mAh/g 左右，镍钴锰三元则可以达到 180mAh/g。如果要再

往上提升，就需要研究新的正极材料，并取得产业化进展。

③ 提高负极材料的比容量。以质量更少的负极材料，可以容纳更多的锂离子，从而达到提升能量密度的目标。

④ 减少“死重”。除了正负极的活性物质之外，电解液、隔离膜、黏结剂、导电剂、集流体、基体、壳体材料等，都是锂离子电池的“死重”，占整个电池重量的比例在40%左右。如果能够减轻这些材料的重量，同时不影响电池的性能，就可以提升锂离子电池的能量密度。

不同正极材料对金属的需求量见表4-24。以NCM811为例，每吨正极材料需锂72kg、镍483kg、钴61kg、锰56kg。红土镍矿冶金的中间产品（如MHP、MSP、镍锍及磷酸铁等）和纯镍、钴金属可做正极材料前驱体的原料。

表4-24 不同正极材料对金属的需求量

材料类型		锂/kg	镍/kg	钴/kg	锰/kg
三元材料	NCM111	72	203	204	190
	NCM424	72	244	123	228
	NCM523	72	304	122	171
	NCM622	72	363	122	113
	NCM71515	72	423	91	85
	NCM811	72	483	61	56
	NCA	72	489	92	—
	NCM90505	72	542	30	28
钴酸锂($LiCoO_2$)		71	—	602	—
锰酸锂($LiMn_2O_4$)		38	—	—	608
磷酸铁锂(LFP)		44	—	—	—

前驱体是获得目标产物前的一种存在形式，大多是以有机-无机配合物或混合物固体存在，也有部分是以溶胶形式存在。前驱体这一说法多见于溶胶凝胶法、共沉淀法等材料制备方法中，但不是一个确切的科学术语，没有特定的概念。也把它定义为目标产物的雏形样品，即经过某些步骤就可实现目标产物的前级产物。前驱体不是初始原料，而可能是某些中间产物。例如：我们要获得Fe_2O_3，首先将$FeCl_3$溶液和NaOH溶液混合反应生成$Fe(OH)_3$，然后将$Fe(OH)_3$煅烧得到Fe_2O_3，这里习惯称$Fe(OH)_3$是Fe_2O_3的前驱体，而不是$FeCl_3$溶液和NaOH溶液。三元镍钴锰酸锂（NCM：$LiNi_xCo_yMn_zO_2$，$x+y+z=1$）正极材料前驱体是$Ni_{1-x-y}Co_xMn_y(OH)_2$，磷酸铁锂$LiFePO_4$正极材料前驱体是$FePO_4$。

锂离子电池产业链见图4-38。红土镍矿制备锂离子电池上下游产业链见图4-39。

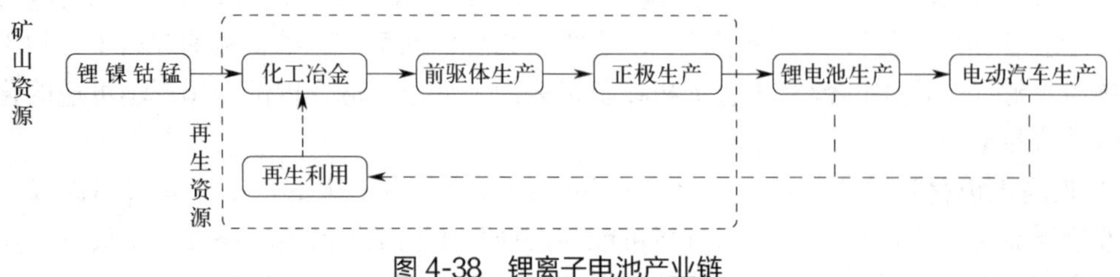

图4-38 锂离子电池产业链

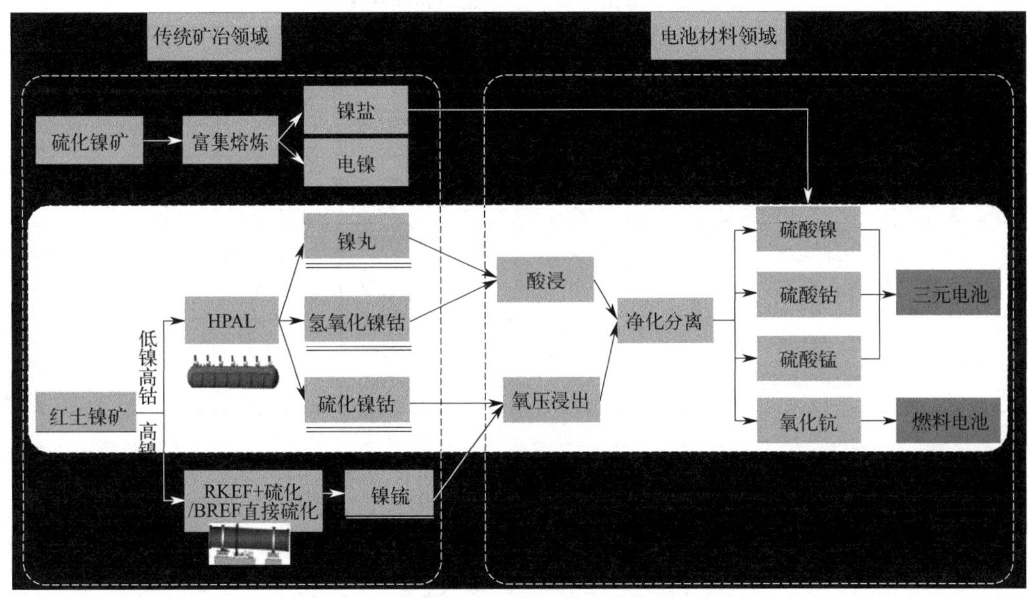

图 4-39　红土镍矿制备三元锂离子电池产业链

4.8.1　锂离子电池及其正极材料

常见锂离子电池正极材料性能对比见表 4-25、表 4-26 及图 4-40。可见：

① 锂钴氧系 $LiCoO_2$，不足是高温性能、安全性能较差，成本高。

② 锂锰氧系 $LiMn_2O_4$，不足是能量低（在高温下不稳定，而且在充放电过程中易向尖晶石结构转变，导致容量衰减过快）、寿命低。

③ 锂镍氧系 $LiNiO_2$，不足是循环次数、安全性能较差。

④ 三元 NCM 材料，多金属氧化物不仅继承了 $LiCoO_2$ 良好的循环性能、$LiNiO_2$ 的高比容量和 $LiMn_2O_4$ 的高安全性，而且还具有成本低、毒性小等优点。其综合性能较好，逐渐取代了上述几种材料。但安全性能仍有待提高。

⑤ 三元 NCA 材料，其与 NCM 一样具有高能量密度，不足是高温性能、安全性能较差。

⑥ 磷酸铁锂 $LiFePO_4$，使用温度高，安全性好，价格低廉，不足是能量低。

目前，正极材料主要发展的是三元材料和磷酸铁锂材料。

表 4-25　常见锂离子电池正极材料性能对比

项目	磷酸铁锂	锰酸锂		钴酸锂	镍酸锂	镍钴锰三元材料
材料主成分	$LiFePO_4$	$LiMn_2O_4$	$LiMnO_2$	$LiCoO_2$	$LiNiO_2$	$LiNiCoMnO_2$
理论能量密度/(mAh/g)	170	148	286	274	274	278
实际能量密度/(mAh/g)	130～140	100～120	200	135～140	190～210	155～165
电压/V	3.2～3.7	3.8～3.9	3.4～4.3	3.6	2.5～4.1	3.0～4.5
循环性/次	>2000	>500	差	>300	差	>800
过渡金属	非常丰富	丰富	丰富	贫乏	丰富	贫乏
环保性	无毒	无毒	无毒	钴有放射性	镍有毒	钴、镍有毒
安全性能	好	良好	良好	差	差	尚好
适用温度/℃	−20～75	>50 快速衰减	高温不稳定	−20～55	N/A	−20～55

表 4-26 常见锂离子电池正极材料性能对比

项目	钴酸锂（LCO）	镍钴锰酸锂（NCM）	锰酸锂（LMO）	磷酸铁锂（LFP）	镍钴镍酸锂（NCA）
分子式	$LiCoO_2$	$LiNi_xCo_yMn_{1-x-y}O_2$	$LiMn_2O_4$	$LiFePO_4$	3.7
电压平台/V	3.7	3.6	3.8	3.3	3.7
比容量/(mAh/g)	150	160	120	150	170
振实密度/(g/cm^3)	2.8～3.0	2.0～2.3	2.2～2.4	1.0～1.4	2.0～2.4
优点	充放电稳定，生产工艺简单	电化学性能稳定，循环性能好	锰资源丰富，价格较低，安全性能好	高安全性，环保长寿	高能量密度，低温性能好
缺点	钴价格昂贵，循环寿命较低	用到一部分金属，钴价格昂贵	能量密度低，电解质相容性差	低温性能较差，放电电压低	高温性能差，安全性能差，生产技术门槛高

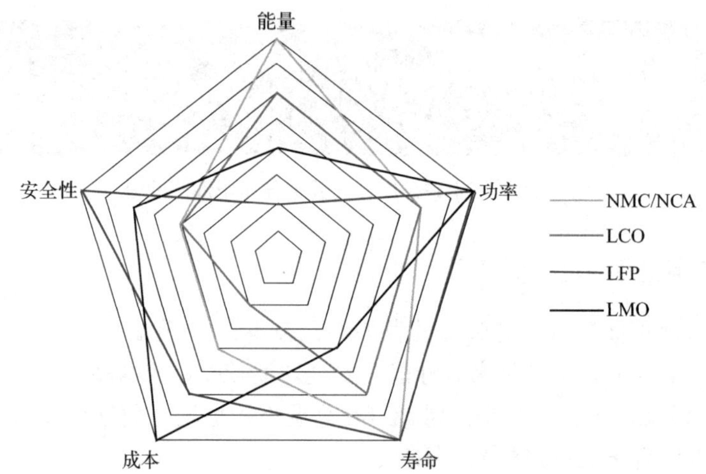

图 4-40 常见锂离子电池正极材料性能对比图

4.8.1.1 锂离子电池

在自然界，锂的标准电极电位最负（－3.0401V，见表 4-27）、质量最轻（原子量 6.94，密度 0.53g/cm^3），因此锂电池在所有电池中理论能量密度最高。金属锂作为电池负极，再配以正电性较高的化合物（如 FeS_2、V_2O_5）作为正极，以非水溶剂和电解质作为电解质溶液可组成锂电池，即一次电池。

若将作为锂电池负极活性物的锂换成锂离子（可嵌入在石油焦炭或石墨和层状石墨混合碳材料中），正极材料换为锂-金属氧化物（如 $LiCoO_2$，$LiNiO_2$），则可得到蓄电池-锂离子电池，即二次电池。它主要依靠锂离子在正极和负极之间移动来工作。

（1）锂离子电池工作原理　锂离子电池充放电原理如图 4-41 所示。电极反应如下：

$$Li_{1-z}M_xO_y \underset{放电}{\overset{充电}{\rightleftharpoons}} Li_{1-z-\delta}M_xO_y + \delta Li^+ + \delta e\text{（正极反应）}$$

$$nC + \delta Li^+ + \delta e \underset{放电}{\overset{充电}{\rightleftharpoons}} Li_\delta C_n\text{（负极反应）}$$

$$Li_{1-z}M_xO_y + nC \underset{放电}{\overset{充电}{\rightleftharpoons}} Li_{1-z-\delta}M_xO_y + Li_\delta C_n\text{（电池反应）}$$

锂离子电池（以 $LiCoO_2$ 为正极，碳为负极）工作原理：充电时，Li^+ 从正极材料中脱出，释放一个电子，Co^{3+} 氧化为 Co^{4+}；Li^+ 经隔膜和电解液，嵌入到负极材料中，同时电

表 4-27　常见电极的标准还原电势（水溶液，298.15K）

特点	电对	电极反应	$E^{\ominus}$/V	特点
	氧化态/还原态	氧化态$+ne \rightleftharpoons$还原态		
	Li^+/Li	$Li^+ + e \rightleftharpoons Li$	−3.0401	
	K^+/K	$K^+ + e \rightleftharpoons K$	−2.931	
	Ca^{2+}/Ca	$Ca^{2+} + 2e \rightleftharpoons Ca$	−2.868	
	Na^+/Na	$Na^+ + e \rightleftharpoons Na$	−2.71	
	Mg^{2+}/Mg	$Mg^{2+} + 2e \rightleftharpoons Mg$	−2.372	
	Al^{3+}/Al	$Al^{3+} + 3e \rightleftharpoons Al$	−1.662	
	Zn^{2+}/Zn	$Zn^{2+} + 2e \rightleftharpoons Zn$	−0.7618	
	Fe^{2+}/Fe	$Fe^{2+} + 2e \rightleftharpoons Fe$	−0.447	
	Cd^{2+}/Cd	$Cd^{2+} + 2e \rightleftharpoons Cd$	−0.4030	
	Sn^{2+}/Sn	$Sn^{2+} + 2e \rightleftharpoons Sn$	−0.1375	
	Pb^{2+}/Pb	$Pb^{2+} + 2e \rightleftharpoons Pb$	−0.1262	
还原态的还原性减弱↓	H^+/H_2	$2H^+ + 2e \rightleftharpoons H_2$	0.0000	氧化态的氧化性增强↓
	Sn^{4+}/Sn^{2+}	$Sn^{4+} + 2e \rightleftharpoons Sn^{2+}$	+0.151	
	Cu^{2+}/Cu	$Cu^{2+} + 2e \rightleftharpoons Cu$	+0.3419	
	O_2/OH^-	$O_2 + 2H_2O + 4e \rightleftharpoons 4OH^-$	+0.401	
	I_2/I^-	$I_2 + 2e \rightleftharpoons 2I^-$	+0.5355	
	Fe^{3+}/Fe^{2+}	$Fe^{3+} + e \rightleftharpoons Fe^{2+}$	+0.771	
	Hg_2^{2+}/Hg	$Hg_2^{2+} + 2e \rightleftharpoons 2Hg$	+0.7973	
	Ag^+/Ag	$Ag^+ + e \rightleftharpoons Ag$	+0.7996	
	Hg^{2+}/Hg	$Hg^{2+} + 2e \rightleftharpoons 2Hg$	+0.851	
	Br_2/Br^-	$Br_2 + 2e \rightleftharpoons 2Br^-$	+1.066	
	O_2/H_2O	$O_2(g) + 4H^+ + 4e \rightleftharpoons 2H_2O(l)$	+1.229	
	$Cr_2O_7^{2-}/Cr^{3+}$	$Cr_2O_7^{2-} + 14H^+ + 6e \rightleftharpoons 2Cr^{3+} + 7H_2O$	+1.232	
	Cl_2/Cl^-	$Cl_2(g) + 2e \rightleftharpoons 2Cl^-$	+1.35827	
	Au^{3+}/Au	$Au^{3+} + 3e \rightleftharpoons Au$	+1.498	
	MnO_4^-/Mn^{2+}	$MnO_4^- + 8H^+ + 5e \rightleftharpoons Mn^{2+} + 4H_2O$	+1.507	
	Au^+/Au	$Au^+ + e \rightleftharpoons Au$	+1.692	
	$S_2O_8^{2-}/SO_4^{2-}$	$S_2O_8^{2-} + 2e \rightleftharpoons 2SO_4^{2-}$	+2.010	
	F_2/F^-	$F_2(g) + 2e \rightleftharpoons 2F^-$	+2.866	

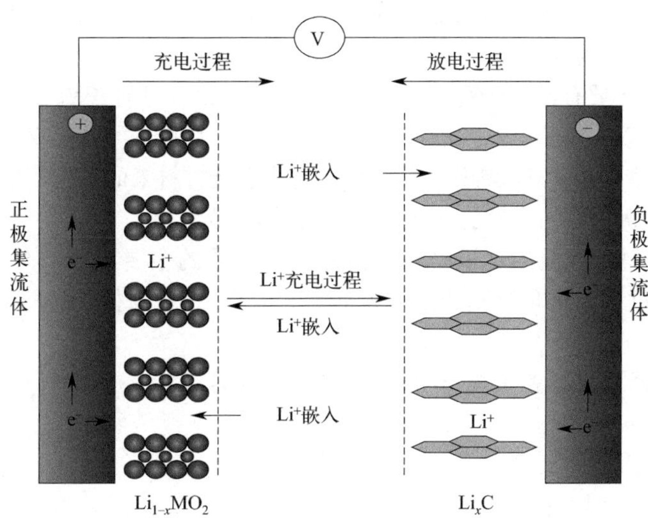

图 4-41　锂离子电池充放电过程原理图

子的补偿电荷从外电路转移到负极，维持电荷平衡；放电时，电子从负极流经外部电路到达正极，Li^+ 从负极材料中脱出，经隔膜和电解液，再重新嵌入到正极材料中，并由外电路得到一个电子，Co^{4+} 还原为 Co^{3+}。因锂离子像“摇椅”一样来回循环，又称它为“摇椅式电池”。正常充放电时，锂离子的脱嵌一般只引起层面间距变化，不影响晶体结构。

（2）锂离子电池组成 锂离子电池主要由正极、负极、电解质、隔膜和外壳组成（表 4-28）。

表 4-28 锂离子电池主要组成及其常见材料

重要组分	常见材料	材料实例
正极	嵌锂过渡金属氧化物	钴酸锂，锰酸锂，镍钴锰三元素复合材料，磷酸铁锂
负极	电位接近锂电位的可嵌入锂化合物	人造石墨，天然石墨，石墨化碳材料，石墨化中间相碳微珠和金属氧化物
电解质	$LiPF_6$ 的烷基碳酸脂 搭配高分子材料	乙烯碳酸脂(EC)，丙烯碳酸脂(PC)和低黏度二乙基碳酸脂(DEC)等
隔膜	聚烯微多孔膜	PE、PP 或其复合膜，PP/PE/PP 三层隔膜
外壳	金属	钢，铝

① 电池正极材料 正极材料是制造锂离子电池的关键材料之一，是锂离子源。正极材料应满足如下要求：

a. 为保证高的电池电压，要求电池反应具有较小的吉布斯自由能变。

b. 为提高容量，正极材料 $Li_xM_yN_z$ 的 x 值尽可能大。

c. 为提高比容量，正极材料要有相对小的分子量，且其宿主结构中能插入大量的 Li^+。

d. 为保证循环寿命长，要求正极材料在 Li^+ 嵌入脱出过程中，其结构变化尽量小。

e. 为使充放电的高倍率性能好，要求 Li^+ 在电极材料内部和表面具有高的扩散速率。

f. 为使安全性好，要求正极材料具有较高的化学稳定性和热稳定性。

g. 为了更加经济和环保，要求正极材料原料来源广、价格便宜、环境友好。

锂离子电池正极材料一般为含锂的过渡族金属氧化物或聚阴离子化合物。因为过渡金属往往具有多种价态，可以保持锂离子嵌入和脱出过程中的电中性。再者，嵌锂化合物具有相对于锂较高的电极电势，可以保证电池有较高的开路电压。通常，相对于锂的电势，过渡金属氧化物大于过渡金属硫化物。在过渡金属氧化物中，相对锂的电势顺序为：3d 过渡金属氧化物＞4d 过渡金属氧化物＞5d 过渡金属氧化物。在 3d 过渡金属氧化物中，以含钴、镍、锰元素的锂金属氧化物为主。

据此，正极材料主要有：锂钴氧 $LiCoO_2$、锂锰氧 $LiMn_2O_4$、锂镍氧 $LiNiO_2$ 和三元镍钴锰酸锂（NCM：$LiNi_xCo_yMn_zO_2$，$x+y+z=1$）、镍钴铝酸锂（NCA：$LiNi_xCo_yAl_zO_2$，$x+y+z=1$）和磷酸铁锂 $LiFePO_4$ 等。三元锂电池，是根据电池正极材料来命名的，指正极材料使用镍钴锰（铝）酸锂三元正极材料的锂离子电池，简称三元锂电池。

② 电池负极材料 电池的负极材料也是锂离子电池的主要组成部分，是储存离子的主体，在电池充放电过程中实现锂离子的可逆嵌入和脱出。负极材料对锂离子电池性能的提高起决定性作用。

一般来说，选择一种好的负极材料应遵循以下原则：

a. 比能量高。

b. 相对锂电极的电极电位低。

c. 充放电反应可逆性好。

d. 与电解液和黏结剂的兼容性好。

e. 比表面积小（$<10m^2/g$），真密度高（$>2.0g/cm^3$）。

f. 嵌脱锂过程中结构稳定性和化学稳定性好，以使电池具有较高的循环寿命和安全性。

g. 良好的锂离子和电子导电性，以获得较高的充放电倍率和低温充放电性能。

h. 资源丰富、环境友好、价格低廉。

根据负极与锂反应的机理将负极材料分为三大类：插入反应电极（如碳负极、TiO_2 基负极材料）、合金反应电极（如锡或硅基的合金及化合物）和转换反应电极（对锂有活性的金属氧化物、金属硫化物、金属氢化物、金属氮化物、金属磷化物和金属氟化物等）。

目前，已实际用于锂离子电池的负极材料一般都是碳素材料，如石墨、软碳（如焦炭等）、硬碳等。

③ 电池电解质　电解质的作用是在电池内部正负极之间形成良好的离子导电通道。它不仅在正负极输送和传导电流，而且在很大程度上决定电池的工作机制，影响电池的比能量、安全性能、倍率充放电性能、循环寿命和生产成本等。

二次锂电池电解质材料应具备以下性能：

a. 锂离子电导率高，一般应达 $10^{-3} \sim 10^{-2}$ S/cm。

b. 电化学稳定性高，在较宽的电位范围内保持温度。

c. 与电极的兼容性好，在负极上能有效地形成稳定的 SEI 膜，在正极上，在高电位条件下有足够的抗氧化分解能力。

d. 与电极接触良好，对于液体电解质而言，能充分浸润电极。

e. 低温性能良好，在较低的温度范围（$-20 \sim 20$℃）能保持较高的电导率和较低的黏度，以便在充放电过程中保持良好的电极表面浸润性。

f. 宽的液态范围。

g. 热稳定性好，在较宽的温度范围内不发生热分解。

h. 蒸气压低，在使用温度范围内不发生挥发现象。

i. 化学稳定性好。在电池长期循环和储备过程中，自身不发生化学反应，也不与正极、负极、集流体、黏结剂、导电剂、隔膜、包装材料、密封剂等材料发生化学反应。

j. 无毒、无污染，使用安全，最好能生物降解。

k. 制备容易，成本低。

人们常根据电解质的类型把锂离子电池分为液体锂离子电池、聚合物锂离子电池和全固态锂离子电池，并用以满足不同的生产和生活实践。

锂离子电池液体电解质一般由非水有机溶剂和电解质锂盐两部分组成。溶质常采用锂盐，如高氯酸锂（$LiClO_4$）、六氟磷酸锂（$LiPF_6$）、四氟硼酸锂（$LiBF_4$）。由于电池的工作电压远高于水的分解电压，因此锂离子电池常采用有机溶剂，如乙醚、乙烯碳酸酯、丙烯碳酸酯、二乙基碳酸酯等。

④ 电池隔膜　隔膜的主要作用是使电池的正、负极分隔开来，防止两极接触而短路，此外还具有能使电解质离子通过的功能。隔膜材质是不导电的，其物理化学性质对电池的性能有很大的影响。电池的种类不同，采用的隔膜也不同。对于锂电池系列，由于电解液为有机溶剂体系，因而需要有耐有机溶剂的隔膜材料，一般采用高强度薄膜化的聚烯烃多孔膜。隔膜应具有下述特点：

a. 电子绝缘体。

b. 离子导体。

c. 机械和尺寸的稳定性。

d. 足够的物理强度，易于加工处理。

e. 化学稳定性。

f. 能有效地阻止两电极之间颗粒、胶体或可溶性物质的迁移。

g. 与电解液的相亲性。

h. 厚度均匀和其他特性。

(3) 锂离子电池的制备 锂离子电池制造流程见图 4-42。

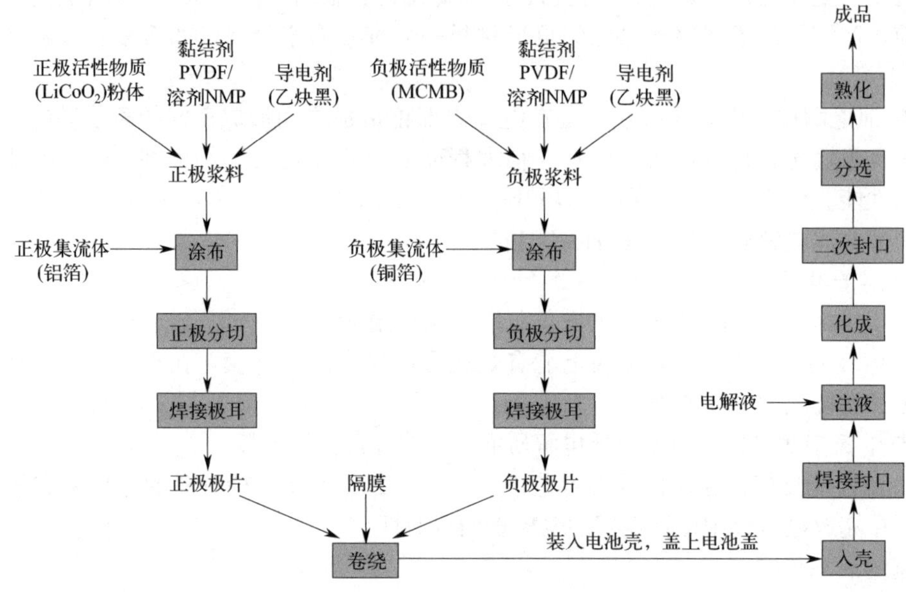

图 4-42 锂离子电池制造流程

4.8.1.2 三元正极材料 NCM: $LiNi_xCo_yMn_zO_2$

新加坡大学 Liu、Zhao、Lin 等三人于 1999 年首次报道二次锂电池三元层状结构的 $LiNi_{1-x-y}Co_xMn_yO_2$ 正极材料。镍钴锰酸锂材料 $LiNi_{1-x-y}Co_xMn_yO_2$ 与锂钴氧 $LiCoO_2$、锂锰氧 $LiMn_2O_4$、锂镍氧 $LiNiO_2$ 比具有成本低、放电容量大、循环性能好、热稳定性好、结构比较稳定等优点，具有明显的协同效用。

(1) 三元正极材料分类及性能对比 正极材料的结构分类见图 4-43。三元材料 Li(Ni，Co，Mn)O_2 的结构与 $LiCoO_2$、$LiNiO_2$ 类似，晶体属于六方晶系，是 α-$NaFeO_2$ 的层状结构化合物。

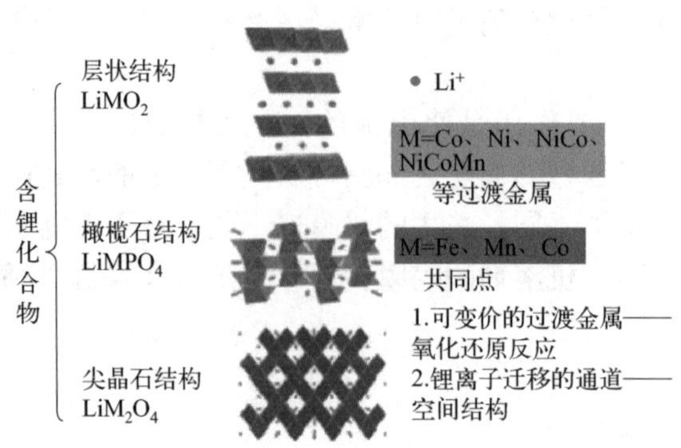

图 4-43 正极材料结构分类

随着 Ni-Co-Mn 三种元素比例的变化，衍生出多种正极材料。大致将三元材料分为两类（图 4-44），Ni-Mn 等量型和富镍型。等量型，如 $LiNi_{0.33}Co_{0.33}Mn_{0.33}O_2$（111 型）、$LiNi_{0.4}Co_{0.2}Mn_{0.4}O_2$（424 型）。这类材料中的 Co 为+3 价，Ni 为+2 价，Mn 为+4 价。在充放电过程中，+4 价 Mn 不变价起稳定结构的作用，Ni 失去 2 个电子，保持材料的高容量特性。充电过程中 Ni^{2+} 会被氧化成 Ni^{4+}，失去 2 个电子，保持了材料的高容量性能。为提高电池容量，增加 Ni 的含量，称为富镍型，这类材料中 Co 为+3 价，Ni 为+2/+3 价，Mn 为+4 价。在充放电过程中，+4 价 Mn 不变价起稳定结构的作用，充电电压低于 4.4V（相对于 Li^+/Li）时，$Ni^{2+/3+}$ 被氧化，形成 Ni^{4+}；继续充电，在较高电压下，Co^{3+} 参与反应生成 Co^{4+}。在 4.4V 以下充放电时，Ni 的含量越高，材料可逆比容量越大。用 Al^{3+} 替代 Mn^{4+} 形成的 NCA 也属于高镍三元材料，Al^{3+} 和 Mn^{4+} 一样，价态不变起稳定结构的作用。Co 含量影响材料离子导电性，含量越高离子导电性越好，充放电倍率性越好。

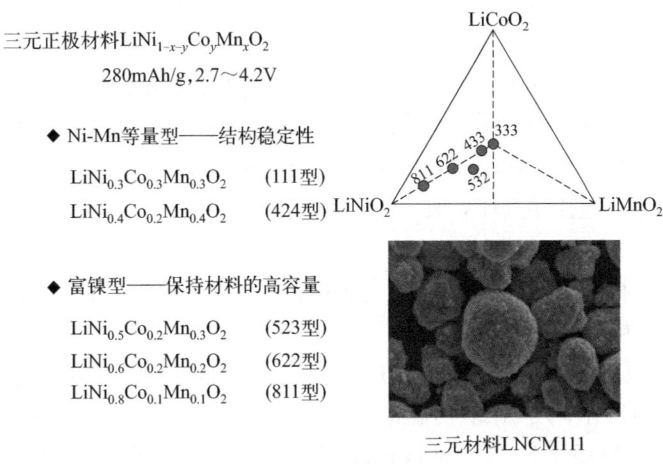

图 4-44　三元材料分类

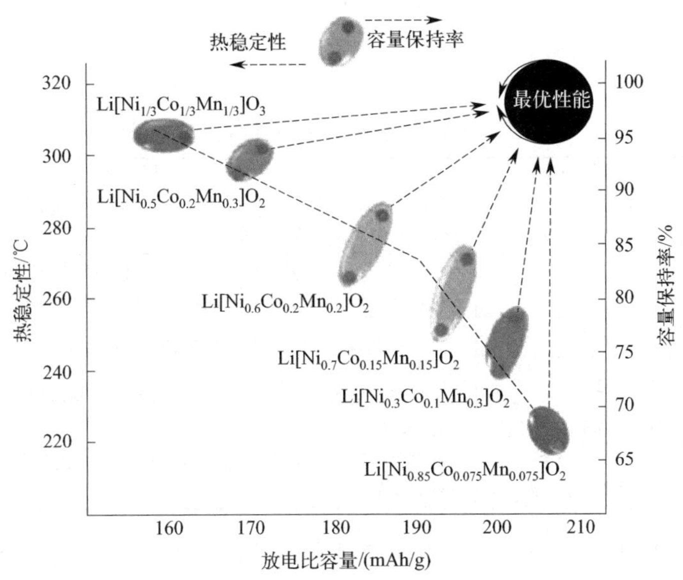

图 4-45　不同组分三元材料的性能关系

图 4-45 所示是将不同组分三元材料的性能进行了对比。从图中可以看出，随着镍含量的提高，正极材料比容量在增加，热稳定性是下降的，需要在性能以及安全方面找到一个平衡点，在提高能量密度的同时也要兼顾材料的安全性。

（2）三元正极材料存在的问题

①随着 Ni 含量增加，循环性能、热稳定性变差。

随着三元材料中 Ni 含量增加，可以提高电池的容量。循环性、热稳定性却随之变差。当 Ni 含量增加时，会在氧化还原过程中伴随相变的发生，造成容量的衰减。Ni 含量增加还降低了热分解温度，使放热量增加，造成材料热稳定性变差。

② 随着 Ni 含量增加，表面 LiOH、$LiCO_3$ 增高。

对于高镍 $Li[Ni_xCo_yMn_z]O_2$ 材料，$x>0.6$ 的材料很容易与空气中 CO_2 和 H_2O 反应生成 Li_2CO_3 和 LiOH。Li_2CO_3 是造成气胀的元凶，尤其在充电状态。随着 x 数值的增高，Li_2CO_3 和 LiOH 也增高，带来的影响更严重。

③ 与电解液的匹配。

在电解质和正极材料界面处的反应和电荷传输会影响锂离子电池的性能，活性材料的腐蚀和电解液的分解将严重影响电荷在电极、电解液界面的传输。再则，由于高镍三元材料表面 Li_2CO_3 和 LiOH 含量高，在电池储存时，尤其是高温条件下易于电解液反应，即 LiOH 与电解液中的 $LiPF_6$ 反应生成 HF，在 HF 的腐蚀下造成 Co、Ni 离子的溶解，使循环寿命和储存寿命降低。

（3）三元正极材料的改性研究　通过离子掺杂、表面包覆及采用电解液添加剂等措施可改善三元正极材料的电化学性能。

① 掺杂及表面包覆。掺杂及表面包覆对镍系材料结构和电化学性能的作用主要有：a. 不参与电化学反应的掺杂离子对结构能起到支撑作用，抑制晶体结构在充放电时的改变；b. 提高脱锂状态下的热稳定性和安全性；c. 减小容量损失，阻止 Li^+ 空位的有序化重排，抑制结构相变的发生，提高循环可逆性；d. 改变本体材料的电极电势，提高充放电电压；e. 改善大倍率充放电性能；f. 减少充电时电解液与材料的接触面，减少材料与电解液副反应的发生。

三元材料改性措施见表 4-29。

表 4-29　三元材料改性措施

改性方式	改性类别	改性方案	改性效果
掺杂	阳离子掺杂	Mg、Al、Ti、Zr、Cr、Y、Zn	抑制 Li/Ni 的阳离子混排，使层状结构更完整，有助于提高晶体结构的稳定性，改善材料的循环性能
	阴离子掺杂	F	适量掺杂 F 可以促进材料的烧结，使正极材料的结构更加稳定。F 掺杂还能够在循环过程中稳定活性物质和电解液之间的界面，改善循环性能
	混合掺杂	Mg-F、Al-F、Ti-F、Mg-Al-F、Mg-Ti-F	混合掺杂对 NMC 的循环和倍率性能改善比较明显
表面包覆	氧化物包覆	MgO、ZrO_2、TiO_2 和 Al_2O_3 氧化物的包覆	使材料与电解液机械分开，从而减少材料与电解液副反应，抑制金属离子的溶解，优化材料的循环性能
	非氧化物包覆	$AlPO_4$、AlF_3、$LiAlO_2$、$LiTiO_2$	包覆可以减少反复充放电过程中材料结构的坍塌，对改善材料的循环性能是有益的

三元材料最早来自于 20 世纪 90 年代的掺杂研究，如对 $LiCoO_2$、$LiNiO_2$ 等掺杂，在 $LiNiO_2$ 中通过掺杂 Co 的研究，形成 $LiNi_{1-x}Co_xO_2$ 系列正极材料。在 20 世纪 90 年代后期，有关学者进行了在 $LiNi_{1-x}Co_xO_2$ 中掺杂 Mg、Al 以及 Mn 的研究。法国 Saft-

$LiNi_{1-x-y}Co_xAl_yO_2$ 与 $LiNi_{1-x-y}Co_xMg_yO_2$，但早期的 Li(Ni,Co,Mn)O_2 没有阐明反应机理与采用合适的制备方法。21 世纪初，日本 Ohzuku 与加拿大 J. R. Dahn，利用氢氧化物共沉淀法制备出一系列 Li(Ni,Co,Mn)O_2 化合物。其中，镍是主要的电化学活性元素，锰对材料的结构稳定和热稳定提供保证，钴在降低材料电化学极化和提高倍率特性方面具有不可替代的作用。

② 合成梯度材料。电化学反应发生在电极电解液界面。一般核-壳结构采用高容量的富镍材料作为核，而采用在高脱锂状态下具有稳定结构的锰基材料作为壳。然而由于在核壳结构界面富过渡金属组分的突变和结构之间的不匹配在循环过程中会引起体积变化，这种情况下使 Li^+ 扩散受到阻碍，使其电化学性能变差。相比之下，具有富锰表面层浓度梯度的壳可以提供 Li^+ 平缓过渡。它会具有更高的比容量、更好的循环性能和热稳定性。为了充分利用 Ni 的高容量而有效提高其安全性能，合成一种 Ni 浓度梯度材料，其性能明显优于其他 Li-Ni-Co-Mn-O 材料，高倍率性能和循环性能明显提高。

从正极材料的发展中也可以看出，三元材料的发展对整个动力电池能量密度的提升起到了重要的作用。

4.8.1.3 $LiFePO_4$ 正极材料

磷酸铁锂正极材料，化学式为 $LiFePO_4$（简称 LFP）。自 1996 年日本的 NTT 首次揭露 A_yMPO_4（A 为碱金属，M 为 Co、Fe 两者组合，如 $LiFeCoPO_4$）的橄榄石结构的锂电池正极材料之后，1997 年美国得克萨斯大学奥斯汀分校 John. B. Goodenough 课题组首先报道了具有二维橄榄石结构，可以良好脱嵌锂的 $LiMPO_4$（M 为 Fe、Ni、Mn、Co、Cr 等）材料。其中 $LiFePO_4$ 被认为是最杰出的代表。与传统的锂离子二次电池正极材料，尖晶石结构的 $LiMn_2O_4$ 和层状结构的 $LiCoO_2$ 相比，$LiMPO_4$ 的原材料来源更广泛、价格更低廉且无环境污染，寿命长、充电性能好，是最安全的锂离子电池正极材料，不含任何对人体有害的重金属元素。但比容量低、低温性能差、导电性差。提高磷酸铁锂的比容量对磷酸铁锂的实用化具有决定意义。充放电过程如图 4-46 所示。

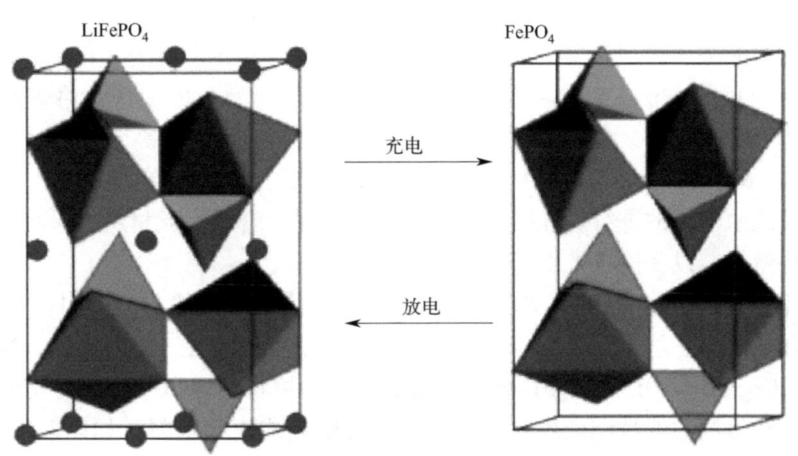

充电时：$LiFePO_4 - xLi^+ - xe \longrightarrow xFePO_4 + (1-x)LiFePO_4$

放电时：$FePO_4 + xLi^+ + xe \longrightarrow xLiFePO_4 + (1-x)FePO_4$

图 4-46 $LiMPO_4$ 电池充放电过程示意图

4.8.2 三元锂离子电池正极材料的制备

目前制备三元材料的主流方法是共沉淀-高温固相法：首先采用共沉淀的方法合成三元前驱体，经过滤干燥后，与锂盐混合采用高温固相法合成最终产品。图 4-47 所示为共沉淀-高温固相法合成三元正极材料 NCM 工艺流程。

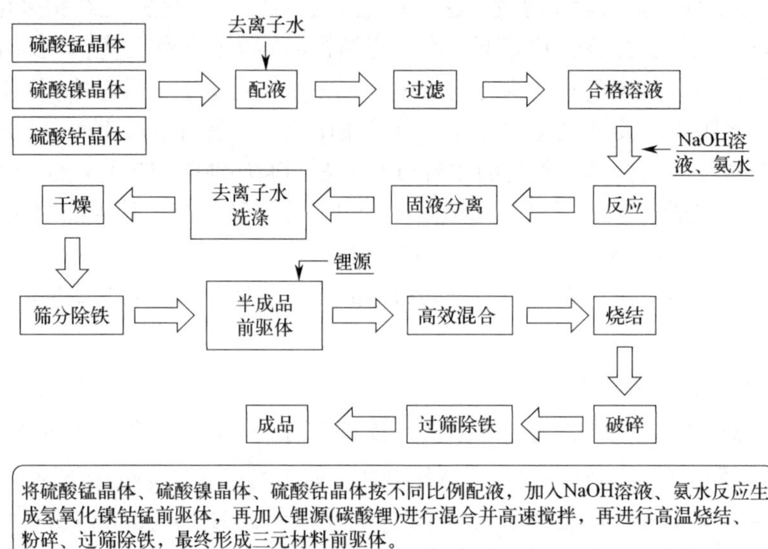

图 4-47 共沉淀-高温固相法合成三元正极材料 NCM 工艺流程图

其他方法有固相合成法、溶胶-凝胶法、流变相法、微波法和水热法等方法直接合成最终产品。

（1）固相合成法　利用高温提供反应离子或原子迁移时所需要的活化能，是制备多晶型固体最为广泛应用的方法。$LiNi_{1-x-y}Co_xMn_yO_2$ 高温固型合成工艺：将锂盐与 Ni、Co、Mn 的氧化物或氢氧化物或醋酸盐直接充分混合，之后对其高温烧结，得到层状的（$LiNi_{1-x-y}Co_xMn_yO_2$）材料。固相法虽然具有流程短、设备简单等优点，但是，由于反应是通过离子或原子扩散进行，耗时长、能耗大。同时，合成三元材料时，易混料不匀、无法形成均相共熔体，以及使各批次产品质量不稳定。

（2）液相合成法　共沉淀法、溶胶-凝胶法和水热法是常见的几种液相合成法。共沉淀-高温固相法合成 $LiNi_{1-x-y}Co_xMn_yO_2$：即先合成 Ni、Co、Mn 三元前驱体，即镍钴锰氢氧化物 $Ni_{1-x-y}Co_xMn_y(OH)_2$，以镍盐、钴盐、锰盐为原料，里面镍钴锰的比例可以根据实际需要调整。经过过滤洗涤干燥后，与锂盐混合煅烧制成正极材料。如以 $NiSO_4$、$CoSO_4$、$MnSO_4$ 混合液为原料，NaOH 溶液和 NH_4OH 为沉淀剂和螯合剂，通过调控反应温度、pH 值和搅拌速度，制成前驱体 $Ni_{1-x-y}Co_xMn_y(OH)_2$，如 $Ni_{1/3}Co_{1/3}Mn_{1/3}(OH)_2$，再将前驱体与 $LiOH \cdot H_2O$ 或 Li_2CO_3 混合制备 $LiNi_{1-x-y}Co_xMn_yO_2$ 正极材料，如 $LiNi_{1/3}Co_{1/3}Mn_{1/3}O_2$、$LiNi_{0.8}Co_{0.1}Mn_{0.1}O_2$。

下面介绍主流方法，共沉淀-高温固相法。

4.8.2.1 共沉淀方法合成三元前驱体

化学共沉淀法在液相化学合成粉体材料中应用最广，一般是向原料溶液中添加适当的沉淀剂，使溶液中已经混合均匀的各组分按化学计量比共同沉淀出来。

三元前驱体可以是镍钴锰的氢氧化物、氧化物或碳酸盐，但目前最常用的是氢氧化物。用 $NiSO_4$、$CoSO_4$、$MnSO_4$、NaOH 为原料制备氢氧化物前驱体工艺流程如图 4-48 所示。将 $NiSO_4 \cdot 6H_2O$、$CoSO_4 \cdot 7H_2O$、$MnSO_4 \cdot H_2O$ 配制成一定比例的混合盐溶液，一定浓度的 NaOH 碱溶液和氨水为沉淀剂和螯合剂。将这些溶液过滤除杂后，以一定的流量加入反应釜，通过调控反应温度、pH 值和搅拌速度，使盐、碱发生中和反应生成三元前驱体晶核并逐渐长大，当粒度达到预定值后，将反应浆料过滤、洗涤、干燥，制成前驱体 $Ni_{1-x-y}Co_xMn_y(OH)_2$。其中硫酸盐的溶解在盐溶解釜中进行，氢氧化钠的溶解在碱溶解釜中进行，也有的公司将氢氧化钠和氨水混合后同时加入反应釜。反应好的浆料送陈化釜陈化，待沉淀完全后将料浆送至过滤和洗涤设备进行料浆和滤饼的洗涤。洗涤干净的滤饼送至干燥设备进行干燥，水分合格后即得到前驱体产品。

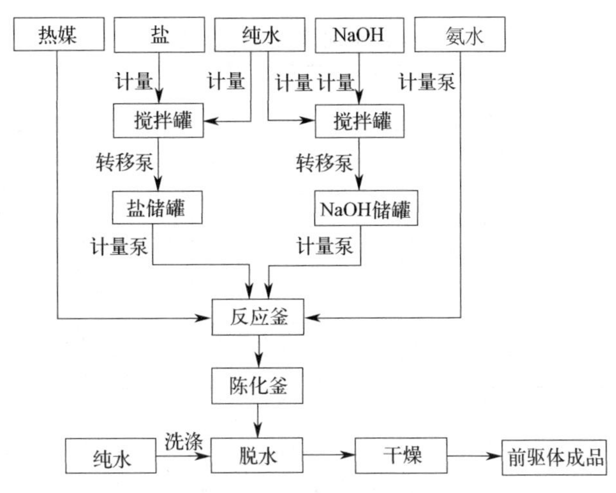

图 4-48 氢氧化物前驱体制备工艺流程

因 Co^{2+}、Mn^{2+} 极易氧化，若想制备出镍钴锰氢氧化物，则需要在整个制备过程中隔绝氧，包括液体中的溶解氧，采取氮气保护。虽然 Ni、Co 的溶度积相近，但 Mn 与 Ni、Co 的溶度积相差 2 个数量级，在制备均匀的三元氢氧化物共沉淀时较难。这就需要严格控制合成条件，使其达到均匀共沉淀。

前驱体的反应是盐、碱中和反应。其反应方程式：

$$NiSO_4 \cdot 6H_2O + CoSO_4 \cdot 7H_2O + MnSO_4 \cdot H_2O + NH_3 + NaOH \longrightarrow Ni_{1-x-y}Co_xMn_y(OH)_2 \downarrow + NH_3 + NaSO_4 + H_2O$$

硫酸镍产品的国家标准（GB/T 26524—2011）见表 4-30，标准中Ⅰ类主要用于电镀工业，Ⅱ类主要用于电池生产，对钴含量的控制并不严格。生产厂电池级硫酸镍产品指标对比见表 4-31。精制硫酸钴的国家标准（GB/T 26523—2022），见表 4-32，对于制备三元材料的硫酸钴来说，对镍含量控制不需要非常严格。生产厂电池级硫酸钴产品指标对比见表 4-33。目前还没有针对电池行业的硫酸锰标准，仅有工业硫酸锰的行业标准（HG/T 2962—2010），见表 4-34，电池级硫酸锰对杂质含量的要求远远高于此。国内某厂生产的高纯硫酸锰的指标见表 4-35。

表 4-30 硫酸镍产品的国家标准

项目	指标		检测方法	
	Ⅰ类	Ⅱ类	仲裁法	其他适用方法
$w(Ni)\geqslant/\%$	22.1	22.0	重量法	络合滴定法
$w(Co)\leqslant/\%$	0.05	0.4	分光光度法	原子吸收光谱法
$w(Fe)\leqslant/\%$	0.0005	0.0005	邻菲啰啉分光光度法	原子吸收光谱法
$w(Cu)\leqslant/\%$	0.0005	0.0005	—	原子吸收光谱法
$w(Na)\leqslant/\%$	0.01	0.01	—	原子吸收光谱法
$w(Zn)\leqslant/\%$	0.0005	0.0005	—	原子吸收光谱法
$w(Ca)\leqslant/\%$	0.005	0.005	—	原子吸收光谱法
$w(Mg)\leqslant/\%$	0.005	0.005	—	原子吸收光谱法
$w(Mn)\leqslant/\%$	0.001	0.001	—	原子吸收光谱法
$w(Cd)\leqslant/\%$	0.0002	0.0002	—	原子吸收光谱法
$w(Hg)\leqslant/\%$	0.0003	—	—	无火焰原子吸收光谱法,冷原子荧光法
w(总铬 Cr)$\leqslant/\%$	0.0005	—	—	原子分光光度法
$w(Pb)\leqslant/\%$	0.001	0.001	石墨炉原子吸收分光光度法	电感耦合等离子体原子发射发谱法
w(水不溶物)$\leqslant/\%$	0.005	0.005	—	重量法

表 4-31 生产厂电池级硫酸镍产品指标对比

项目	厂家 1	厂家 2	厂家 3	厂家 4
$w(Ni)\geqslant/\%$	22.2	21.5	21.5	22.0
$w(Co)\leqslant/\%$	0.0005	0.2	0.001	0.002
$w(Fe)\leqslant/\%$	0.0005	0.002	0.001	0.002
$w(Cu)\leqslant/\%$	0.0002	0.002	0.001	0.002
$w(Pb)\leqslant/\%$	0.0002	0.001	0.001	0.002
$w(Zn)\leqslant/\%$	0.0002	0.003	0.001	0.002
$w(Ca)\leqslant/\%$	—	—	0.001	0.002
$w(Mg)\leqslant/\%$	—	—	0.001	0.002
$w(Na)\leqslant/\%$	—	—	0.02	—
w(水不溶物)$\leqslant/\%$	0.001	0.03	0.02	—
氯化物(以 Cl^- 计)$\leqslant/\%$	—	0.1	0.01	—

表 4-32 精制硫酸钴的国家标准

项目	指标		标准中规定的检测方法
	优等品	一等品	
$w(Co)\geqslant/\%$	20.5	20.0	络合滴定
$w(Ni)\leqslant/\%$	0.001	0.005	原子吸收光谱法
$w(Zn)\leqslant/\%$	0.001	0.005	原子吸收光谱法
$w(Cu)\leqslant/\%$	0.001	0.005	原子吸收光谱法
$w(Pb)\leqslant/\%$	0.001	0.005	原子吸收光谱法
$w(Cd)\leqslant/\%$	0.001	0.005	原子吸收光谱法
$w(Mn)\leqslant/\%$	0.001	0.005	原子吸收光谱法
$w(Fe)\leqslant/\%$	0.001	0.005	邻菲啰啉分光光度法(仲裁法)
$w(Mg)\leqslant/\%$	0.02	0.05	原子吸收光谱法
$w(Ca)\leqslant/\%$	0.005	0.05	原子吸收光谱法
$w(Cr)\leqslant/\%$	0.001	0.005	原子吸收光谱法
$w(Hg)\leqslant/\%$	0.001	0.005	冷原子吸收光谱法(仲裁法),冷原子荧光法
w(油分)$\leqslant/\%$	0.0005	0.001	红外光度法
w(水不溶物)$\leqslant/\%$	0.005	0.01	重量法
$w(Cl^-)\leqslant/\%$	0.005	0.01	目视比色法
$w(As)\leqslant/\%$	0.001	0.005	目视比色法
pH 值	4.5～6.5		pH 值测定通则

表 4-33 生产厂电池级硫酸钴产品指标对比

项目	厂家 1	厂家 2	厂家 3	厂家 4
w(Co)≥/%	21.0	21.2	20.5	20.0
w(Ni)≤/%	0.0008	0.001	0.002	0.002
w(Zn)≤/%	0.0003	0.001	0.002	0.001
w(Cu)≤/%	0.0003	0.001	0.002	0.001
w(Pb)≤/%	0.001	0.001	0.003	0.001
w(Cd)≤/%	—	0.001	—	0.001
w(Mn)≤/%	0.0005	0.001	0.002	0.002
w(Fe)≤/%	0.0005	0.001	0.002	0.001
w(Mg)≤/%	0.001	0.001	0.003	0.002
w(Ca)≤/%	0.001	0.001	0.003	0.002
w(不溶物)≤/%	0.01	0.01	0.003	0.01
w(As)≤/%	0.001	0.001	0.002	—

表 4-34 工业硫酸锰的行业标准（HG/T 2962—2010）

项目	锰(Mn)/%	铁(Fe)/%	氯化物(Cl^-)/%	水不溶物/%	pH
指标	≥31.8	≤0.004	≤0.005	≤0.04	5.0～7.0
检测方法	—	邻菲啰啉分光光度法	电位滴定法(仲裁法)，目视比浊法	重量法	水溶液中 pH 测定通用方法

表 4-35 国内某厂生产的高纯硫酸锰的指标

w(Mn)≥/%	w(Fe)≤/%	w(Zn)≤/%	w(Cu)≤/%	w(Pb)≤/%	w(Cd)≤/%	w(水不溶物)≤/%	pH
32.0	0.0005	0.0005	0.0005	0.0005	0.0005	0.01	4.5～6.5

4.8.2.2 高温固相合成三元正极材料

高温固相反应指在 600℃以上包含固相物质参加的化学反应，适用于制备热力学稳定的化合物。高温固相合成法是将已制备好的前驱体与 $LiOH \cdot H_2O$ 或 Li_2CO_3 充分混合高温煅烧成 $LiNi_{1-x-y}Co_xMn_yO_2$ 正极材料。锂源的选择：工业生产一般选择氢氧化锂和碳酸锂，但氢氧化锂含有结晶水，混合效果不好，所以碳酸锂用得多一些。最常见的含锂矿物质为锂辉石和卤水。行业标准 YS/T 582—2013 对电池级碳酸锂的品质要求和检测方法规定见表 4-36，各生产厂电池级碳酸锂的性能指标对比见表 4-37。

表 4-36 对电池级碳酸锂的品质要求和检测方法规定

项目	含量指标	标准中规定的检测方法
Li_2CO_3 含量≥/%	99.5	按照国标 GB/T 11064《碳酸锂、单水氢氧化锂、氯化锂化学分析方法》中规定方法测试
钠(Na)≤/%	0.025	
镁(Mg)≤/%	0.008	
钙(Ca)≤/%	0.005	
钾(K)≤/%	0.001	
铁(Fe)≤/%	0.001	
锌(Zn)≤/%	0.0003	
铜(Cu)≤/%	0.0003	
铅(Pb)≤/%	0.0003	
硅(Si)≤/%	0.0003	
铝(Al)≤/%	0.001	
锰(Mn)≤/%	0.0003	
镍(Ni)≤/%	0.001	
SO_4^{2-}≤/%	0.08	
Cl^-≤/%	0.003	

续表

项目		含量指标	标准中规定的检测方法
磁性物质≤/%		0.0003	电感耦合等离子体发射光谱法测铁、锌、铬三元素含量
水≤/%		0.25	按 GB/T 6284 中规定方法测试
粒度/μm	D_{10}≥	1.0	按 GB/T 19077.1 中规定方法测试
	D_{50}	3～8	
	D_{90}	9～15	
外观质量		白色粉末，无杂物	目视法

表 4-37 生产厂电池级碳酸锂的性能指标对比

项目	A厂家	B厂家	C厂家
Li_2CO_2 含量≥/%	99.9	99.5	99.5
钠(Na)≤/%	0.020	0.025	0.025
镁(Mg)≤/%	0.010	0.010	0.010
钙(Ca)≤/%	0.003	0.005	0.010
钾(K)≤/%	0.001	—	0.001
铁(Fe)≤/%	0.0002	0.002	0.002
锌(Zn)≤/%	—	0.001	0.001
铜(Cu)≤/%	0.0002	0.001	0.001
铅(Pb)≤/%	0.005	0.001	0.001
硅(Si)≤/%	0.004	0.005	0.005
铝(Al)≤/%	0.0002	0.005	0.005
锰(Mn)≤/%	0.0005	0.001	0.001
镍(Ni)≤/%	—	0.003	0.003
SO_4^{2-}≤/%	0.003	0.08	0.08
Cl^-≤/%	0.002	0.005	0.005
水分≤/%	—	0.4	0.4
平均粒度(D_{50})/μm	3～5	≤6	≤6

在三元正极材料合成的过程中发生如下反应。

三元前驱体氢氧化物 $M(OH)_2$、锂源 $LiOH \cdot H_2O$ 或 Li_2CO_3 发生固相分解反应：

$$LiOH \cdot H_2O \longrightarrow LiOH + H_2O \quad (室温至 150℃)$$

$$2LiOH \longrightarrow Li_2O + H_2O \quad (过渡金属催化，500℃左右)$$

$$Li_2CO_3 \longrightarrow Li_2O + CO_2 \quad (过渡金属催化，500℃左右)$$

$$M(OH)_2 \longrightarrow MO + H_2O \quad (250～400℃)$$

三元材料高温制备固相化学反应发生在上述分解反应之后的 450～800℃之间。

$$\frac{1}{2}Li_2O + MO + \frac{1}{4}O_2 \longrightarrow LiMO_2 (>450℃)$$

从上述反应式中可以看出三元正极材料的烧成是氧化反应。

三元正极材料成品制备工艺流程如图 4-49 所示。将前驱体与锂源（倾向于 Li_2CO_3）按一定比例（锂化配比即 Li 与 M 的摩尔比，按上述化学反应方程式，Li/M=1，但可按实际生产过程合理选择最佳比例，一般比例在 1.02～1.15 之间）在混料机中混合均匀，然后放入匣钵中进入窑炉，在一定的温度（图 4-50）、时间（随温度的变化而变化，以 NCM523 为例，一般为 10h 左右）、气氛（氧化气氛）下进行煅烧处理，冷却后的物料进行破碎、粉碎、分级，得到一定粒度的物料，再将其批混干燥，可得到三元正极材料。其烧失率 25%左右。

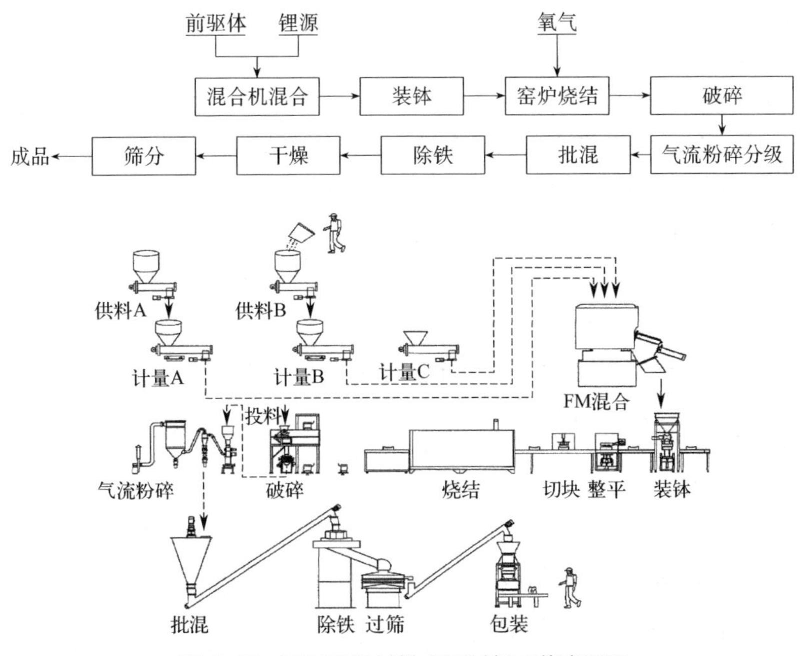

图 4-49 三元正极材料成品制备工艺流程图

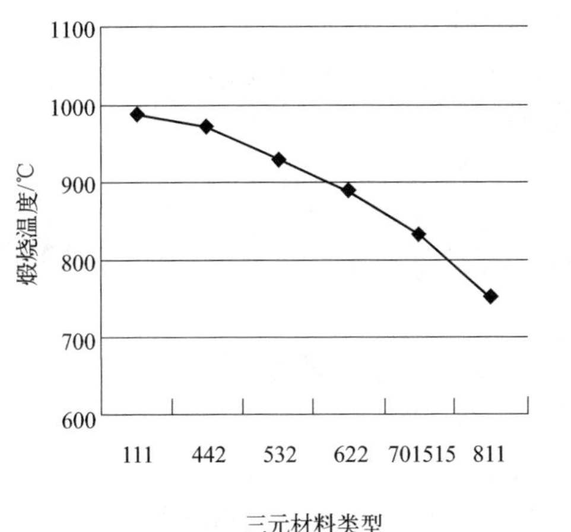

图 4-50 几种常见三元材料煅烧温度趋势

4.8.3 红土镍矿制备硫酸镍（$NiSO_4 \cdot 6H_2O$）、硫酸钴（$CoSO_4 \cdot 7H_2O$）

硫酸镍（$NiSO_4$）是一种无机物，主要运用于电镀和电池。在传统工业中，硫酸镍的使用较为广泛，除了电镀行业外还包括医药行业催化剂、无机工业镍盐、金属着色剂等。近年来，随着新能源汽车蓬勃发展，市场对动力电池的需求急剧增长，而三元电池作为动力电池的主力军也间接拉动了市场对硫酸镍的需求。2021 年，我国硫酸镍消费量约为 4×10^5t，其中新能源汽车动力电池领域硫酸镍消费量约占 60%。新能源汽车动力电池已成为硫酸镍需求的主要增长点。2021 年，我国新能源汽车市场销量为 3.52×10^6 辆，同比增长 1.6 倍。预计 2035 年我国新能源汽车产量将达到 2×10^7 辆，动力电池所需硫酸镍将增长至 1.05×10^6t 左右，约占硫酸镍总需求的 90%。

理论上讲，三元正极材料前驱体使用的镍盐、钴盐可以是硫酸镍、硫酸钴，氯化镍、氯化钴或硝酸镍、硝酸钴，但目前最常用的为硫酸镍、硫酸钴。其原因是氯化镍、氯化钴的 Cl^- 存在，极易腐蚀前驱体的制备设备，硝酸镍、硝酸钴价格高，且 NO_3 残留于前驱体中，在焙烧工序会产生 NO_x 有害气体，因此工业生产中不被采用。

典型的含镍物料制备硫酸镍和硫酸钴流程如图 4-51 所示。

4.8.3.1 硫酸镍（$NiSO_4 \cdot 6H_2O$）的制备

硫酸镍能生成由 $NiSO_4 \cdot 7H_2O$ 至 $NiSO_4 \cdot H_2O$ 等七种水合物，在一般工业生产条件下产出的六水合物较多。六个结晶水的硫酸镍分子量为 262.85，镍质量分数 23.2%，晶体密度 2.07g/cm^3，溶于水，易溶于乙醇和氨水。含水硫酸镍加热到 280℃时全部脱去结晶水，得到无水硫酸镍。

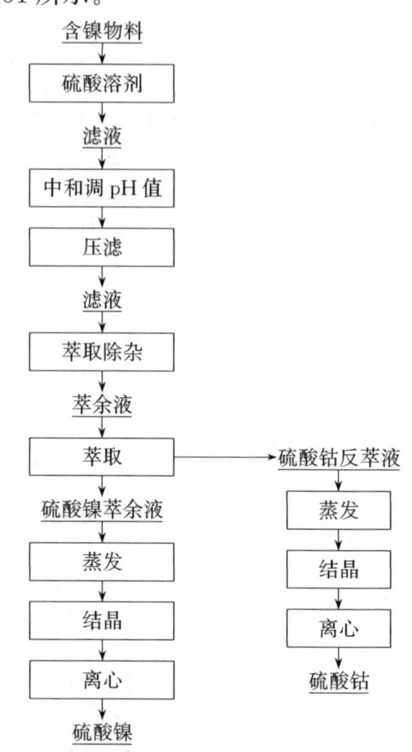

图 4-51 典型的含镍物料制备硫酸镍和硫酸钴流程

硫酸镍的制备方法：

① 采用电镍熔化-水淬或羰基镍粉经硫酸溶解，得到高纯镍液，蒸发结晶得到硫酸镍；

② 采用镍矿生产的高镍锍、MHP、MSP 等中间产品为原料，制备硫酸镍；

③ 采用电铜生产过程中产生的粗硫酸镍或镍电解生产过程中的废碳酸镍等为原料，经硫酸溶液、净化、除杂过程生产硫酸镍；

④ 采用镍钴废料为原料，利用湿法流程及火法和湿法联合流程处理，加工成硫酸镍产品。

硫酸镍生产工艺流程如图 4-52，其中红土镍矿制备硫酸镍工艺为工艺③、工艺④。

工艺③：红土镍矿—湿法冶金—镍中间品（如 MHP、MSP 等)—硫酸镍。

工艺④：红土镍矿—火法冶金—镍锍—硫酸镍。

利用红土镍矿经湿法冶金获得的中间品——混合硫化镍钴或经火法冶金获得的高镍锍分离出硫化镍生产硫酸镍工艺流程如图 4-53 所示。

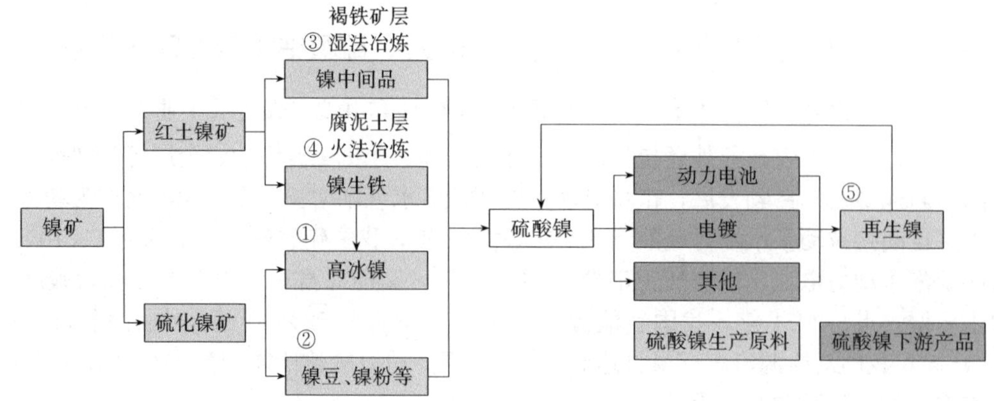

图 4-52 硫酸镍生产工艺流程

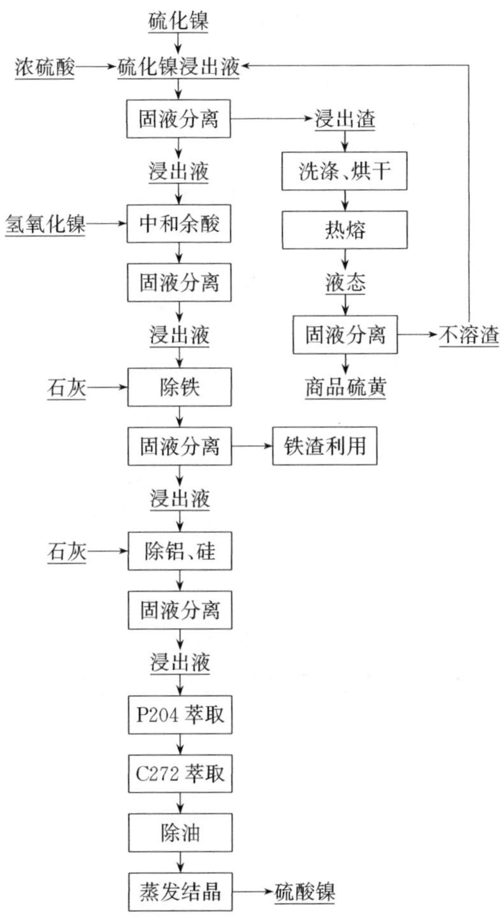

图 4-53 硫化镍制备硫酸镍工艺流程

4.8.3.2 硫酸钴的制备

硫酸钴的制备过程与硫酸镍类似。硫酸钴的提取比较复杂，因为钴通常伴生于硫化铜镍矿中并以硫化物形式存在，而且品位很低，无法直接提取。同样在红土镍矿中钴的含量极低，也是为提取镍而一同被提取的，如锍、MHP、MSP、纯金属钴等形式。工业中钴是作为提炼镍矿的副产品而被提取的。

4.8.4 红土镍矿制备锂离子电池正极材料 $LiFePO_4$ 前驱体研究

针对传统红土镍矿酸浸工艺中存在的 Fe 元素分离和利用困难、除铁能耗大等不足，李新海等学者首先提出以天然红土镍矿浸出液为原料，利用不同金属元素磷酸盐溶度积的差异，通过磷酸沉淀除铁，实现主要杂质元素 Fe 的分离，并同步合成锂离子电池正极材料 $LiFePO_4$ 的多金属掺杂前驱体 $FePO_4 \cdot xH_2O$。他们的试验工艺流程如图 4-54 所示。

红土镍矿经常压盐酸浸出，含有有价金属的浸出液通过磷酸沉淀除铁，并同时得到副产品 $FePO_4 \cdot xH_2O$，通过硫化沉淀富集出铁液中的 Ni、Co 等有价金属，形成混合硫化镍、硫化钴，即 MSP。

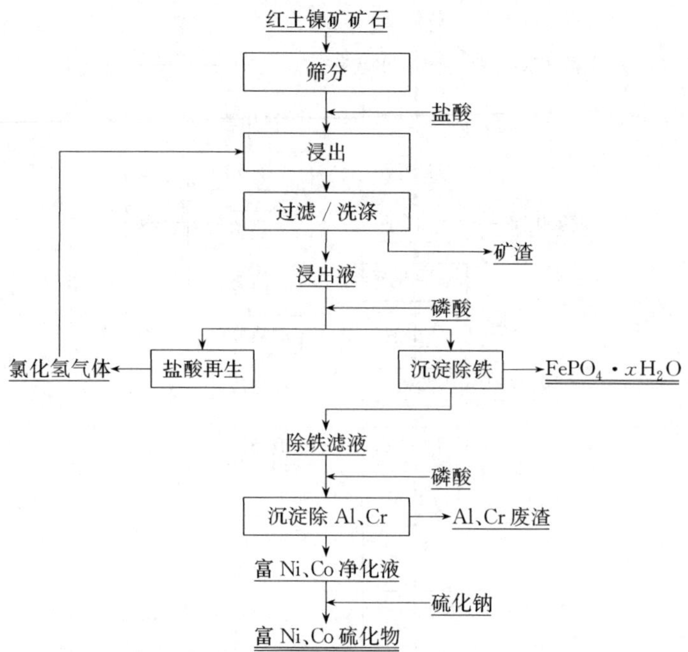

图 4-54　红土镍矿提取 MSP 同时制备 $LiFePO_4$ 前驱体试验工艺流程图

第5章 红土镍矿的火法与湿法联合冶金

为了更经济、便利、可能地从红土镍矿中提取金属，常常是既有火法过程又有湿法过程，即火法与湿法联合冶金。火法与湿法联合冶金概括为两种情形：一是红土镍矿的火法富集-湿法分离提取；二是红土镍矿的湿法富集-火法分离提取。红土镍矿先经火法冶炼，其产品仅是镍铁或镍锍，若想从中提取纯金属镍，则还须用湿法冶炼才有可能获得；若红土镍矿先经湿法冶炼，有些浸出工艺需要用高温还原焙烧的火法冶炼手段对原料进行浸出前处理。湿法冶炼的中间产品，如镍盐，还需要用煅烧或焙烧的方法得到氧化镍，再将氧化镍经还原冶炼得到金属镍，或将浸出物或浸出渣用熔炼的方法获得镍铁。前者实质是利用火法冶炼的经济、快速等特性来富集有价金属，利用湿法冶金可以分离、提取纯金属等特性来提取纯金属。后者实质是利用湿法的经济性富集有价金属，同时，可使仅通过火法冶金处理不能分离的元素，如铜、铅等分离，利用火法经济、快速地提取有价金属及其化合物或混合物。

红土镍矿的火法与湿法联合冶炼典型的工艺流程：

流程一：①火法冶炼：还原焙烧—矿热炉还原硫化熔炼—镍锍—转炉吹炼—粒化高镍锍，进入②湿法冶炼：高镍锍—浸出（高压硫酸浸出）—分离（浓密、洗涤）—富集、净化（中和除铁）—提取（水解沉淀）—氢氧化镍钴；或硫化沉淀—硫化镍钴。

或由火法冶炼的高镍锍铸成电解阳极，进入②湿法冶炼：高镍锍电解阳极—电解—阴极镍。

流程二：①火法冶炼：还原焙烧—焙砂，进入②湿法冶炼：焙砂—浸出（常压氨浸出）—分离（浓密、洗涤）—富集、净化（蒸氨、沉淀）—碱式碳酸镍，进入③火法冶炼：碱式碳酸镍—煅烧—氧化镍。

5.1 高镍锍的湿法精炼

20世纪40年代以前，除英国克莱达奇镍精炼厂采用常压羰基法处理高镍锍生产高纯镍外，几乎其他镍厂都采用电解精炼法处理高镍锍生产电解镍，但该流程比较烦琐。20世纪60年代后，国内外同步开展高镍锍的浸出-电解沉积、氢还原等湿法提取技术研究，已经工业化的方法主要有：硫酸选择性浸出-电解提取法（芬兰奥托昆普公司哈贾伐尔塔镍精炼厂采用），氯化浸出-氢还原法（加拿大鹰桥公司属挪威克里斯蒂安松精炼厂采用）和氨浸-氢还原法（加拿大舍里特·高尔顿公司、澳大利亚克维拉纳镍精炼厂采用）。现行高镍锍精炼工艺如图5-1所示。因硫化镍矿一般都含有铜，用其造锍所得之锍中含铜量较高，所以硫化镍矿的冶金都有一个镍与铜分离的问题，产生了几种高镍锍镍铜分离技术，图中的高锍磨浮工序即是镍铜分离技术之一，由于红土镍矿含铜极少，因此红土镍矿造锍之高镍锍精炼不需要此工序。同时也因硫化镍矿造锍比红土镍矿造锍含铜量较高，前者在浸出液的净化、富集环节更加担有除铜重任，而后者不含铜或极少含铜，则更便于精炼提取。虽然前者含铜量高，使二者湿法处理工艺有些差异，但此外几乎是一致的，因此，其成熟的工业化生产实例可供后者借鉴。

高镍锍的湿法冶金浸出同红土镍矿湿法冶金浸出的目的是一样的，即使其中的镍、钴能最大限度进入溶液，且铜不可避免地一同进入溶液。但其原理有所不同，前者是从金属硫化物中浸出有价金属，而后者是从金属氧化物中浸出。硫化镍阳极电解精炼与镍铁合金阳极电解精炼区别也是如此。

高镍锍的湿法冶金与硫化镍矿类似。

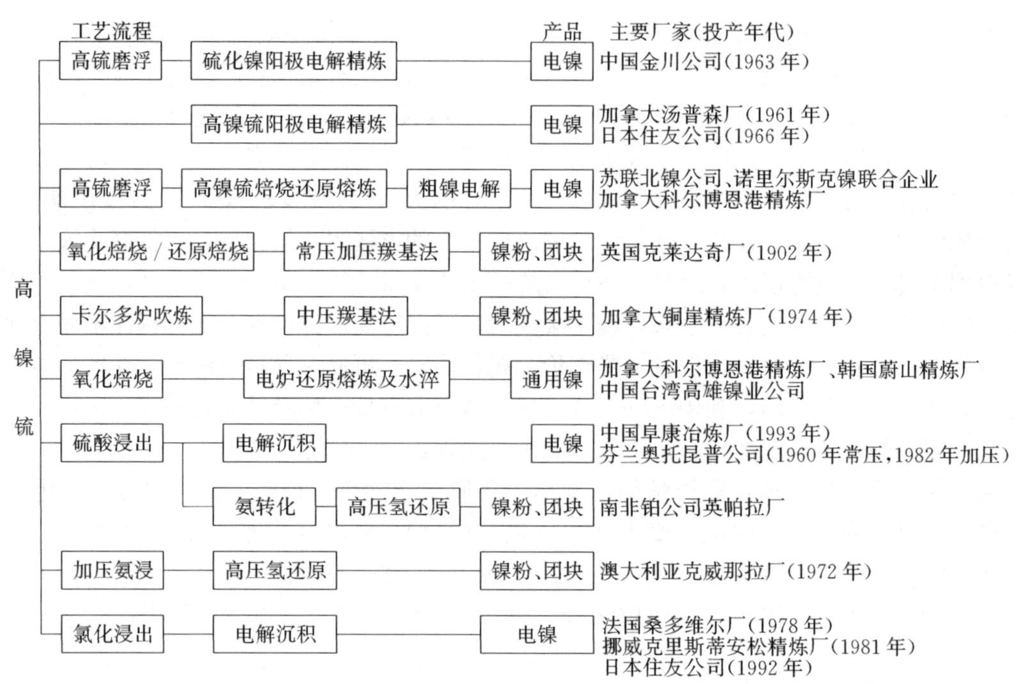

图 5-1　现行高镍锍精炼工艺

本节仅讲述将火法获得的硫化镍阳极、粗镍阳极经湿法电解精炼提镍，高镍锍再经湿法浸出—电解沉积或氢还原提镍以及高镍锍浸出提取硫酸镍等工艺。

5.1.1　硫化镍阳极电解精炼提镍

利用红土镍矿冶炼的高镍锍（高冰镍）可直接铸成硫化镍阳极。日本志村镍冶炼厂自制或进口新喀里多尼亚的高冰镍阳极进行电解。其生产工艺流程见图 5-2。进口硫化镍阳极成分：Ni 78%，Co 0.5%，Fe 1%，S 20%，Cu≤0.01%。阴极液成分：Ni 50g/L，H_3BO_3 25g/L，Cu 25g/L，Cu^{2+}、Fe^{2+} 等杂质都<0.001%，pH 3.5～4.5。电流密度 120～160A/m^2，电解液温度 50～55℃。阴极室用尼龙作隔膜。阳极电流效率 93%～95%，阴极电流效率 99%。

该厂电解镍两个牌号成分：①Ni+Co 99.95%，Co<0.3%，Fe<0.05%，Cu≤0.05%，Pb<0.001%，Mn<0.002%，C<0.02%，S<0.001%，Si<0.005%。②Ni+Co 99.95%，

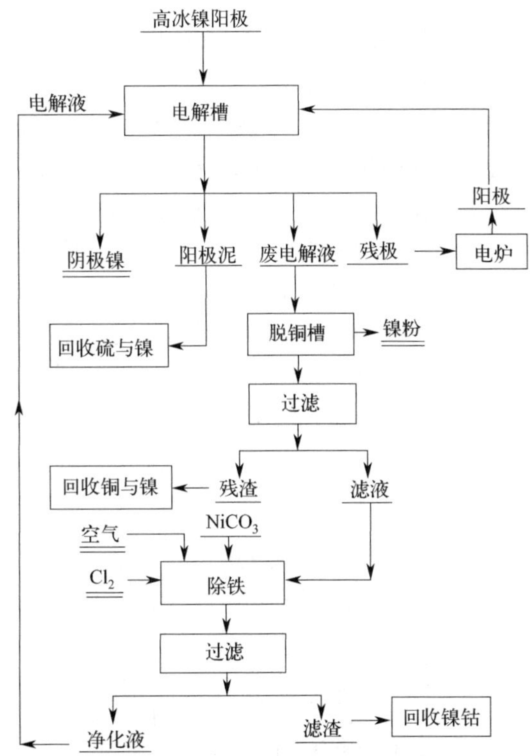

图 5-2　日本志村镍厂生产流程图

Co<0.03%，Fe<0.005%，其他杂质与牌号①相同。

与镍阳极的电解相比较，硫化镍阳极，即高镍锍直接电解的优点是省去了破碎、氧化焙烧和还原熔炼等工序，节省了冶炼费用，提高了金属回收率，但其缺点是阳极含硫高，易于使阳极钝化，使阳极液含镍量和 pH 都降低，从而使净液消耗大量的碳酸镍。为解决这些问题，使用缩小阴极表面积（如在电解槽内吊挂表面积小的金属棒或金属管作为阴极）以提高阴极电流密度的中和电解方法，即当阳极电流密度通常为 120～160A/m^2 时，阳极即可顺利地溶解，而阴极电流密度则变大为 1500～3000A/m^2，在这样高的电流密度下镍不能在阴极析出，而只有氢在阴极析出。

阳极电极反应：

$$SO_4^{2-} + Ni\text{-}2e \longrightarrow NiSO_4$$

阴极电极反应：

$$2H^+ + 2e \longrightarrow H_2$$

可见，溶液中镍浓度升高，而酸度则降低，溶液的 pH 值很容易由 1.8 上升至 5.0，溶液被中和。该法与以往的 $NiCO_3$ 中和法相比，$NiCO_3$ 的用量可大大减少，同时随 $NiCO_3$ 带入溶液中的 Na_2SO_4 也可减少，对净液有利。

阳极液的净化分两段进行。第一段用镍粉除铜，第二段用空气和 Cl_2 使 Fe^{2+} 氧化，加入 $NiCO_3$ 中和除铁。电解液中的铅、钴与锌也可同时除去。该厂曾用 H_2S 除铜，结果影响电解镍质量（电镍发黑），后改为镍粉除铜。

电解除获得阴极镍外，还有阳极泥、废电解液和残极。阳极泥（含硫 75%）经干燥后加入到马弗炉内蒸馏，硫蒸发、冷凝后成液体硫流出，蒸馏的残渣和残极一起用电炉熔化，再铸成阳极板（需缓冷）。

该工厂阳极液净化所用的镍粉和 $NiCO_3$ 及 $NiSO_4$ 均是利用高冰镍制出的。将高冰镍磨碎、加 H_2SO_4 浆化，经回转窑进行硫酸化焙烧（600℃），此时，Ni_3S_2 与 H_2SO_4 反应生成 $NiSO_4$ 放出 H_2S 气体，H_2S 气体用 NaOH 溶液洗涤吸收，生成 Na_2S。$NiSO_4$ 用水浸出、压滤。浸出液再经净化除铜、铁（净化方法同上述阳极液净化方法），加入 Na_2CO_3 得沉淀的 $NiCO_3$。$NiCO_3$ 经干燥、煅烧成为 NiO，再经氢还原（500℃）得镍粉。

在电解的过程中，对阳极液的净化是重要的工序。硫化镍阳极直接电解时，其阳极化学成分复杂，杂质较多，如铁、铜、钴、铅、锌等。杂质易在电解液中与镍一道溶解进入溶液。由于镍电解的阴极过程本身脱除杂质的能力有限，为防止杂质元素在阴极上析出，得到合格的电镍，在生产中采用隔膜电解槽，将阴极液和阳极液分开，同时阳极液必须净化处理（同前述的矿浸出液净化一样），除杂后得到纯净的阴极液，再送电解系统进行电解。某工厂镍电解阳极净化工艺流程如图 5-3 所示。

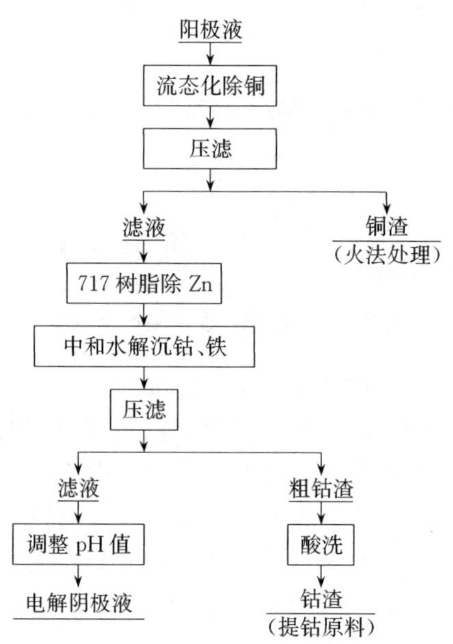

图 5-3　某工厂镍电解阳极净化工艺流程

5.1.2　粗镍阳极电解精炼提镍

利用红土镍矿冶炼的高镍锍再经氧化焙烧、还原熔炼成粗镍，铸成粗镍电解阳极。日本住友公司别子镍冶炼厂之四阪岛冶炼厂：红土镍矿＋硫化镍矿—（鼓风炉还原硫化熔炼）冰镍—（转炉氧化熔炼）高冰镍—（多膛炉氧化焙烧）氧化镍生产工艺流程见图 5-4。别子镍冶炼厂之新居浜精炼厂氧化镍—（电炉还原熔炼）阳极镍—（电解精炼）阴极镍—（熔铸）镍产品生产工艺流程见图 5-5。这是一个典型的火法-湿法联合冶炼金属镍的工厂。

（1）火法高冰镍、氧化镍生产工艺　四阪岛冶炼厂利用进口新喀里多尼亚、印尼苏拉威西岛的红土镍矿，即硅镁镍矿与加拿大、澳大利亚的硫化镍精矿作原料，成分见表 5-1。硅镁镍矿经干燥后与硫化镍精矿一起制团，并与焦炭、石灰石、石英石、转炉渣分层加入鼓风炉（带有电热前床）进行还原硫化熔炼。产出的低冰镍成分：Ni＋Co 27％～30％，Fe 41％～44％，S 20％～24％。

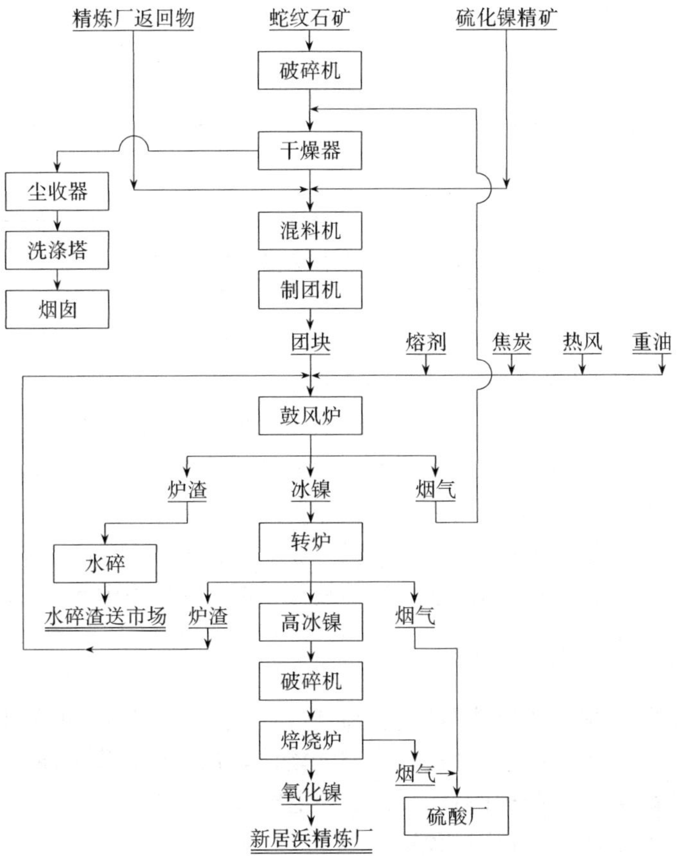

图 5-4　四阪岛冶炼厂高冰镍-氧化镍生产工艺流程

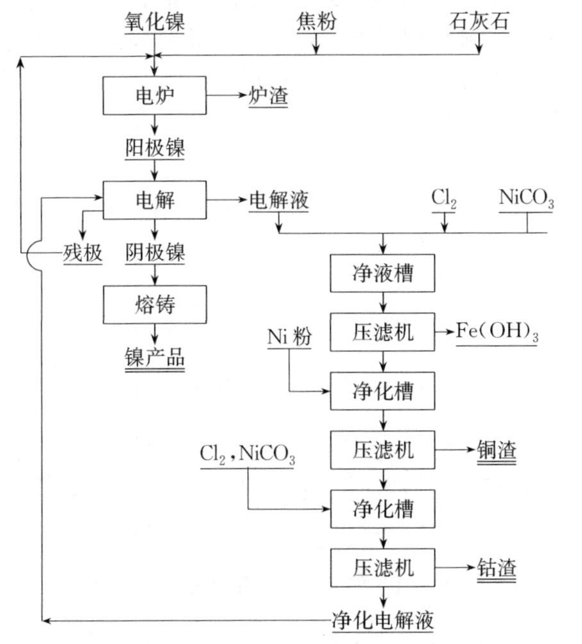

图 5-5　新居浜精炼厂电解镍生产工艺流程

低冰镍经 2 台立式转炉吹炼产出高冰镍，高冰镍再经多膛炉氧化焙烧产出氧化镍，氧化镍送新居浜精炼厂精炼，此外，有一部分氧化镍再用煤气还原成金属镍。产品高冰镍和氧化镍成分见表5-2。

表5-1　进口矿石平均成分

矿石	Ni+Co/%	SiO_2/%	MgO/%	Fe/%	S/%	烧损/%
硅镁镍矿	2.6～3	30～44	18～28	10～20	—	9～10
硫化镍精矿	12～16	10～18	2～5	20～30	20～25	—

表5-2　四阪岛冶炼厂高冰镍、氧化镍成分

名称	Ni+Co/%	Fe/%	S/%
高冰镍	75	0.7	20.4
氧化镍	75	0.7	0.3

（2）湿法电镍生产工艺　新居浜精炼厂利用四阪岛冶炼厂的氧化镍，与焦粉、石灰石一起加入4台阳极电炉（2台6t、2台4t），在电炉内进行还原熔炼生成粗镍-阳极镍，再浇铸成重125kg的阳极板。阳极板经电解得阴极镍，再经熔铸得镍产品。

电解液的净化，用氯气使其中的铁氧化成三价，再用碳酸镍中和以沉淀$Fe(OH)_3$，然后在脱铁溶液中加镍粉置换铜，再通氯气使钴氧化，再用碳酸镍中和以沉淀氢氧化钴。

5.1.3　硫酸浸出-电解沉积提镍

硫酸浸出-电解沉积提镍法的基本工艺为高镍锍经水淬、细磨，再采用常压和加压结合的方法进行分段浸出，镍、钴选择性被浸出进入溶液，铜、铁、贵金属则抑制于浸出渣中。浸出液经脱铅和除钴净化，经净化后的浸出液用电解沉积法产出金属镍。与镍电解精炼法相比，硫酸选择性浸出法的生产流程比较短。

红土镍矿浸出液富含镍、钴，几乎不含铜、铁，因而浸出液的净化不需要专设除铜工序，只需要脱铅和除钴。如采用碳酸钡（或氢氧化钡）脱铅，将碳酸钡与粉状高镍锍一起加入浸出系统中，生成硫酸钡和硫酸铅共结晶沉淀物，铅被脱除。采用特制的镍的高价氢氧化物NiOOH、$Ni(OH)_3$作氧化剂除钴，用其氧化溶液中的二价钴离子，使之呈三价氢氧化钴（CoOOH），$Co(OH)_3$沉淀出来，或采用萃取法分离钴。镍钴分离后，硫酸镍溶液用电解沉积法生产金属镍。

（1）高镍锍浸出主要反应　基于红土镍矿产的高镍锍主要由镍和硫组成，如多尼安博冶炼厂高镍锍产品含镍78%，硫20%，钴0.3%，铁0.07%。

硫酸浸出反应

$$Ni+H_2SO_4 = NiSO_4+H_2$$

$$Ni+H_2SO_4+\frac{1}{2}O_2 = NiSO_4+H_2O$$

$$Ni_3S_2+H_2SO_4 \longrightarrow NiSO_4+H_2S$$

钴也发生类似的反应，铁发生溶解和当pH值>2时，生成针铁矿沉淀反应

$$Fe+H_2SO_4 = FeSO_4+H_2$$

$$2FeSO_4+\frac{1}{2}O_2+H_2SO_4 = Fe_2(SO_4)_3+H_2O$$

$$Fe_2(SO_4)_3+4H_2O = 2FeOOH+3H_2SO_4$$

（2）影响高镍锍浸出的因素　其主要因素有高镍锍成分、磨矿细度、搅拌强度、鼓入空气量和浸出温度等。

① 高镍锍成分　高镍锍溶解率与其含硫量、镍铜比关系见图5-6。镍的溶解率随着硫含量的增高而降低；镍铜比<2的高镍锍，在硫含量一定时，镍的溶解率随着镍铜比的增高而降低。镍铜比>2的高镍锍，虽然镍的溶解率仍然随着硫含量的增高而降低，但不受镍铜比继续增大的影响。基于红土镍矿造锍产出的高镍锍，镍铜比远远大于2，而无论其镍铜比是多少，含硫高并不利于镍的浸出。

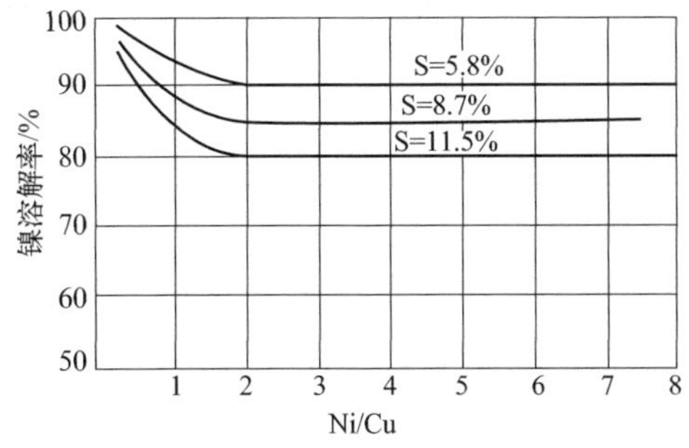

图5-6　高镍锍溶解率与其含硫量、镍铜比的关系

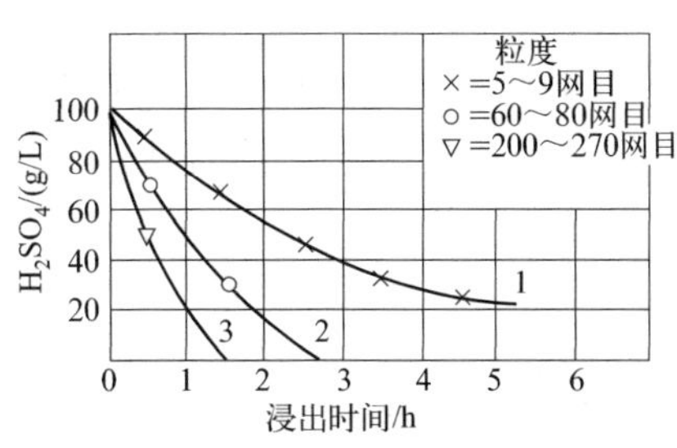

图5-7　磨矿细度、溶液含酸浓度与浸出时间的关系

② 磨矿细度　磨矿细度与溶解浸出时间的关系见图5-7。磨矿能使不同矿物相互间分离。高镍锍磨得越细，物料表面积越大，反应进行得也越快。当粒度为200～270网目时，仅用1.5h就能完全溶解；60～80网目时，需要2.7h能完全溶解；而5～9网目时，需要6h还不能完全溶解。

③ 搅拌强度　因为搅拌能保证空气、电解液、高镍锍之间有良好的接触，因此，搅拌对反应速度影响较大。通常在浸出槽设有空气搅拌器来搅拌矿浆，且在加入粉状高镍锍的第一个浸出槽加设机械搅拌器。

④ 鼓入空气量　鼓入空气量与溶解时间的关系见图5-8。鼓入空气量与溶解时间的关系呈负相关，随着鼓入反应槽的空气量的增加，溶解时间减少。

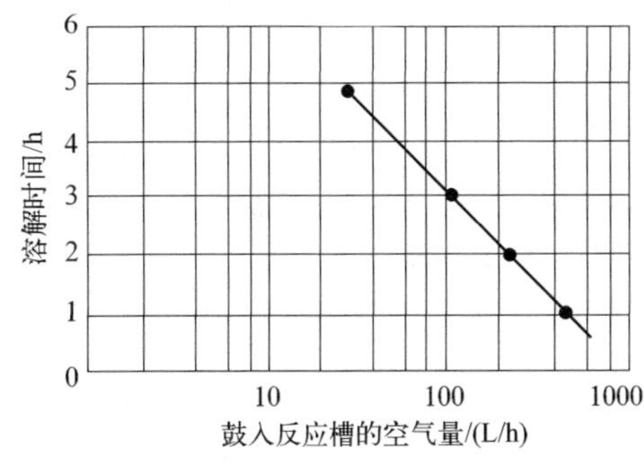

图5-8　鼓入空气量与溶解时间的关系

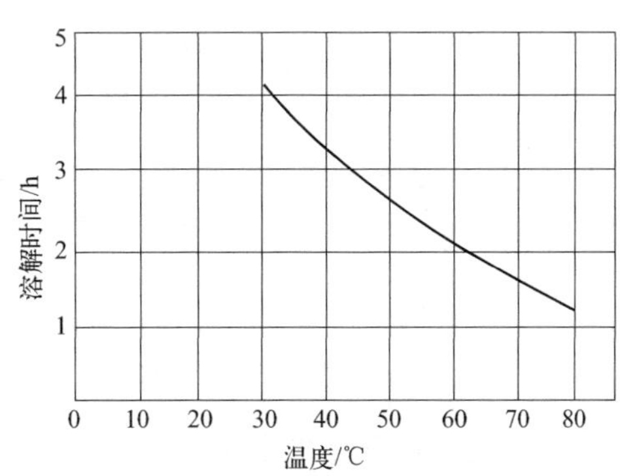

图5-9　浸出温度与溶解时间的关系

⑤ 浸出温度　提高浸出温度能增大物质的扩散系数，可导致加快浸出速度；提高浸出温度能增大可溶物质在溶液中的溶解度，也可导致加快浸出速度。可见，浸出温度对浸出速度的影响是多方面的。浸出温度与溶解时间的关系见图5-9。图中所示浸出温度与溶解时间的关系呈负相关，随着浸出温度的升高，溶解时间减少。例如在60℃条件下，溶解时间约需2h，而在30℃条件下，溶解时间约需4h。

(3) 哈贾伐尔塔镍精炼厂高镍锍处理工艺　芬兰奥托昆普公司哈贾伐尔塔镍精炼厂

(Harjavalta Refinery) 建于 1960 年，是最早采用硫酸浸出法处理高镍锍的工厂，最终产品为电解镍。该厂用高镍锍经硫酸选择性浸出。电解沉积生产电镍的工艺流程由四个工序组成：磨碎、浸出分离、净化、提取，见图 5-10。

① 磨碎　由哈贾伐尔塔镍冶炼厂 (Harjavalta Smelter) 生产的水淬高冰镍，其成分：Ni 63%，Cu 28%，Fe 0.4%，S 7.0%，送入球磨机湿磨，磨后产品小于 270 目 (0.053mm) 的占 90%。球磨机矿浆送圆盘过滤机过滤，滤液再返回球磨机，滤饼送浸出工序。

② 浸出分离　上道工序送来的滤饼 (高冰镍)，用含硫酸的阳极电解液进行两段逆流浸出。第一段、第二段浸出分别在四个槽、两个槽内进行。每个浸出槽的容积为 $35m^3$。经浓密机分离。

第一段浸出、分离：从铜电解作业返回的阳极电解液含游离 H_2SO_4 40g/L，将阳极液经加热器加热到 90℃ 与滤饼一同送入到浆化槽 (带机械搅拌器) 搅拌浆化。矿浆经四个槽逆流浸出 (带空气搅拌)，被浸出的矿浆经水力分级器分级，一部分 (细) 进入浓密机 (图 5-10 上部) 分离，溢流经压滤，富液送净化工序，压滤滤饼送冶炼厂，底流进入第二段浸出的浆化槽 (图 5-10 下部)。另一部分 (粗) 同底流一道进入浆化槽。

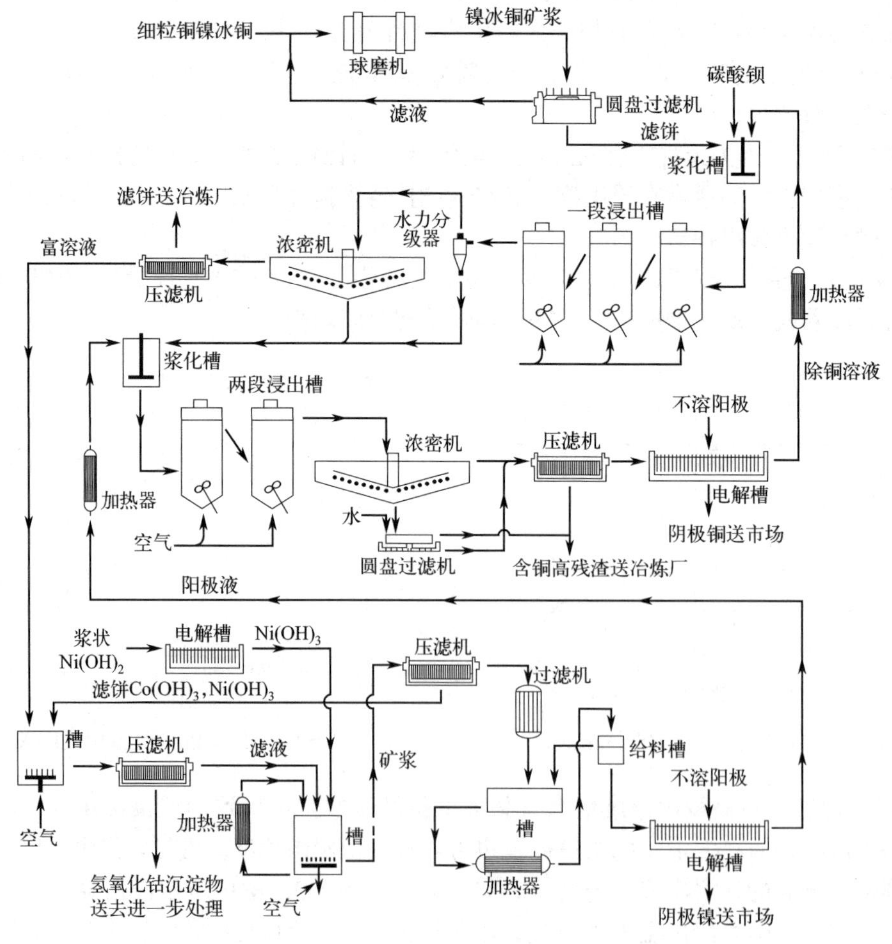

图 5-10　哈贾伐尔塔镍精炼厂生产工艺流程图

第二段浸出、分离：将第一段浸出分离出来的底流、浸出的另一部分矿浆（粗）和镍电解作业返回的含硫酸的阳极电解液（加热），在浆化槽搅拌浆化（带机械搅拌器），该矿浆经两个槽的逆流浸出（带空气搅拌），被浸出矿浆全部进入浓密机分离，底流经圆盘过滤，滤液同溢流一起再经过压滤机压滤，滤液送入电解沉积除铜工序除铜，滤渣送冶炼厂。除铜溶液，即阳极电解液送加热器加热，返回浆化槽。阴极铜产品销售。

在浆化槽中加入碳酸钡，碳酸钡生成硫酸钡，它与硫酸铅是同型结晶。由于硫酸钡的浓度大大高于硫酸铅，所以两者同时发生沉淀，即共晶沉淀，铅被除去。因此，在浸出的过程中，控制好一定的酸度，铁、铅、铜等杂质均可被除去，送往净化工序的溶液中杂质含量：Cu 0.0002%，Fe<0.00005%，Pb<0.000002%。这样，溶液中仅留下钴需要进一步净化分离。

③ 净化　溶液中的钴可用黑色的氢氧化镍 $Ni(OH)_3$ 氧化溶液中的二价钴离子，使其呈三价氢氧化钴沉淀出来。其反应如下

$$Co^{2+} + Ni(OH)_3 \longrightarrow Ni^{2+} + Co(OH)_3$$

氢氧化钴的沉淀是在两个空气搅拌槽（每个容积 $120m^3$）中分两段进行的。在第一段净化除钴过程中，溶液与已经部分起反应的氢氧化镍接触，溶液中有 50%左右的钴发生沉淀。矿浆经压滤机过滤，滤渣-氢氧化钴的沉淀物送出进一步回收钴，滤液送第二段净化除钴，此处，溶液经加热达 75℃，并在反应槽中加入新的氢氧化镍。

净化的溶液送到压滤机上过滤，滤液作为镍电解的阴极液，滤饼制成矿浆作为第一阶段的沉淀剂。

沉淀所需要的高价 $Ni(OH)_3$ 是用电解法制取的，是将 $Ni(OH)_2$ 在阳极上氧化而得到的。

④ 提取　提取工序采取的是电解沉积法。将已净化的硫酸镍溶液再过滤，并加热到 62℃，pH 值调到 4.5。使用 88 个电解槽（图 5-11）。每槽内有 40 块纯铅阳极和 39 块装在隔膜袋（涤纶布）中的阴极。阴极电解液分别给入每个隔膜袋内，流量为 12～14L/h，为使

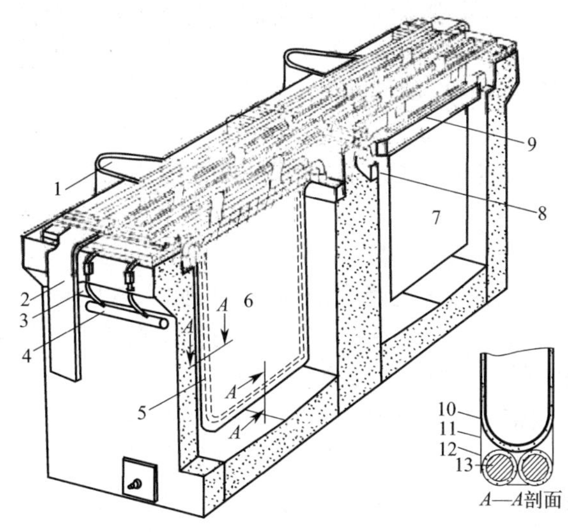

图 5-11　电解槽纵剖面图

1—阳极液溢流口；2—阴极液调节阀；3—阀；4—阴极液输送管；5—隔膜袋框架；6—阴极；7—阳极；8—流槽；9—阳极罩；10—涂有聚氯乙烯的撑架；11—涤纶布袋；12—聚氯乙烯管；13—钢棒

给液均匀，装有流量计。给入阴极袋的溶液流过隔膜布进入阳极室，溢流在槽的另一端排出，流往阳极电解液贮槽。进入阴极袋的阴极电解液平均含镍 70g/L，并含有硼酸和硫酸钠。阴极部分溶液的 pH 值 3.0～3.5，电流效率为 91%～96%。

从电解槽流出的阳极电解液含 Ni 46g/L，和游离酸 40g/L。袋内保持 10～20mm 的溶液压头，以避免阳极电解液与阴极电解液混合。电流密度平均为 $230A/m^2$，槽电压为 3.4V。阴极经过 7～9 天后，从电解槽中取出。

始极片是在不锈钢母板上经两天时间电解沉积制成的。从母板上撕下，切成规定的尺寸，并做上挂耳。始极片经过矫直和阳极液酸浸后，挂入电解槽。成品阴极尺寸为 890mm×970mm 或 890mm×1400mm，重约 75kg。

产出的阴极镍产品成分：Ni 99.97%，Co 0.02%，Cu 0.003%，Fe 0.001%，Zn 0.002%，Pb 0.0006%。

5.1.4 盐酸浸出-氢还原提镍

氯化浸出的浸出剂一般有盐酸、氯气、氯盐等，因此，氯化浸出的方法有盐酸浸出、氯气浸出和氯盐浸出等。盐酸浸出高镍锍的工艺仅是高镍锍氯化浸出的方法之一。加拿大鹰桥镍矿业公司（Falconbridge Nickel Mines LtD）是最早将氯化浸出应用于高镍锍精炼的，既有盐酸浸出工艺，又有氯气浸出工艺。该公司于 1929 年 6 月收购了建于 1910 年的挪威克里斯蒂安松镍精炼厂（Kristiansand Refinery），该精炼厂原是处理挪威埃维耶镍厂（Evje Smelter）所产的高冰镍，被收购后就一直处理加拿大鹰桥冶炼厂（Falconbridge Nickel Mines）的高冰镍。该精炼厂于 1968 年建成投产了一个年产镍 6800t 的工业试验厂，采用了盐酸浸出的高镍锍氯化浸出-氢还原提镍工艺，生产金属镍 98。其工艺流程如图 5-12、图 5-13 所示，由 5 个工序组成：①磨碎，②浸出，③分离，④富集、净化，⑤提取。主要内容为：将高冰镍碎至-325 目占 98%，用高浓度的盐酸浸出，过滤分离，萃取、氯化镍结晶净化、富集得氯化镍，最后经氯化镍水解生成氧化镍，再经氢还原提取金属镍。

（1）该高镍锍盐酸浸出的原理及特点　盐酸是一种强酸，能够与多种金属、金属氧化物及某些金属硫化物作用，生成可溶性的金属氯化物。同一种金属的氯化物在水中的溶解度一般比其硫酸盐的溶解度高，而且许多金属离子都能与氯离子形成配合物，在盐酸和氯化物的水溶液中氢离子的活度也更大。

① 高镍锍主要由金属硫化物组成。当磨细的高镍锍用盐酸浸出时，镍选择性地溶解，而铜和铂族呈不溶解渣而留下。浸出反应

$$MeS+H^{+}\longrightarrow Me^{2+}+H_2S+H_2$$

② 氯化镍的溶解度随盐酸浓度的增大而降低，因此，通过增大溶液的酸度而不用中和即可沉淀出镍盐或镍的氯化物，从而整个浸出系统可保持高酸度，避免了因要最大限度利用酸而采用多段逆流浸出时所必需的固液分离。

③ 在酸性条件下，溶液中大多数杂质与镍不同，它们都生成阴离子络合物。因此，溶液的净化可很容易地以溶剂萃取或阴离子交换来完成，而不需要预先中和溶液。

④ 由于在整个浸出过程中，有可能保持高酸度，因此，在温度不高于 70℃下即可获得高的浸出率，鉴于此，可采用衬橡胶的普通防酸设备。

（2）该高镍锍盐酸浸出的工艺流程　图 5-12 右半边所示为，镍被盐酸浸出、固液分离后的固渣，这些含有铂族金属、硫化铜等的固渣经氧化焙烧、硫酸浸出电解等工序，回收铜和铂族金属。左半边为浸出富液的处理流程。富液用空气氧化以除去溶解了的硫化氢，并使

铁转化成三氯化铁，然后就用磷酸三丁酯进行溶剂萃取分离，再用三异辛胺萃取除钴与铜。增大盐酸浓度使氯化镍沉淀，而 $PbCl_2$ 仍留在溶液中，氯化镍达到有效的分离。用此法获得的氯化镍结晶很纯，可以用氢直接将它还原成金属镍，或将晶体溶解后进行电解沉积。该流程工艺采用的方法是将氯化镍高温水解，生成氧化镍和氯化氢气体，然后用氢还原氧化镍生成金属镍粒，氯化氢气体吸收再生，返回浸出使用。表 5-3 所示为该工艺流程各工序阶段物料典型成分。

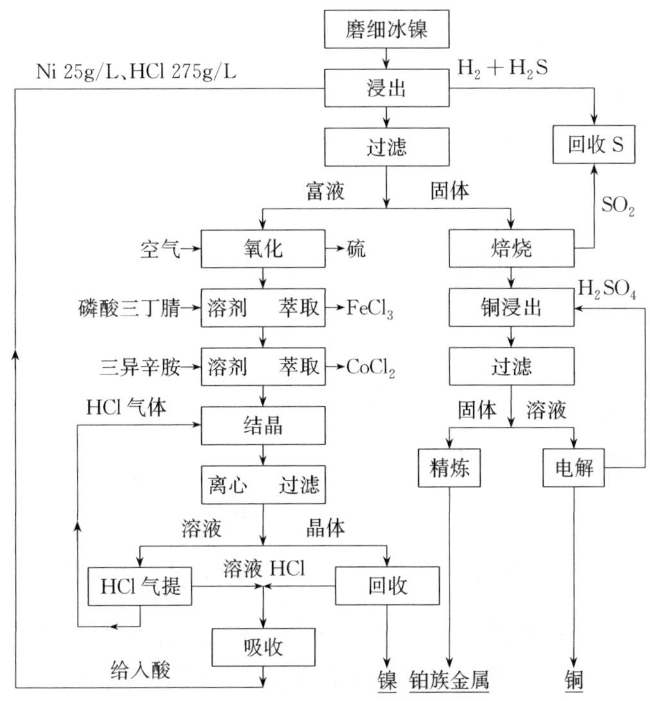

图 5-12 克里斯蒂安松精炼厂高冰镍盐酸浸出工艺流程图

表 5-3 高冰镍盐酸浸出工艺流程各工序阶段物料典型成分

物料	Ni /(g/L)	Co /%	Cu /%	Fe /%	S /%	HCl /(g/L)	H_2O /(g/L)	O_2 /(g/L)
高冰镍	50.5	1.1	23.5	1.3	23.2			
给入酸	29.7					280		
浸出残渣	5.3	0.10	73.0	0.70	19.9			
富液	118.0	2.0	2.2	1.6		165		
净化液	118.0	0.001	0.006	0.005		160		
含铁洗出液				32.8		25.4		
含钴洗出液		49.5	13.4	0.003		48.6		
含铜洗出液		0.5	34.5	0.005		6.1		
结晶液	157.0	0.001	0.005			160.0		
母液	26.0					330.0		
煮沸溶液	29.0					205.0		
绝热溶液	45					105.0		
$NiCl_2$ 晶体	27					0.3	35	
转化器给料	39						12	22
转化器产品	78							
镍 98	99.7^+	0.0005	0.0005	0.005	0.0004			0.25

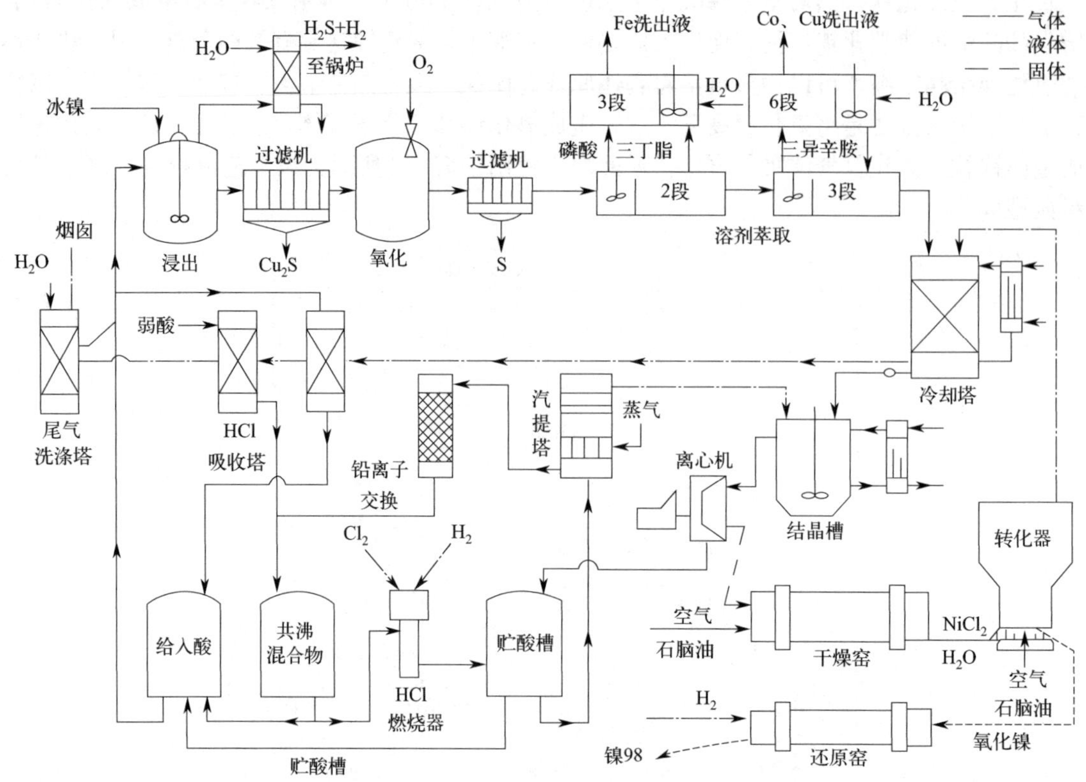

图 5-13 克里斯蒂安松精炼厂高冰镍盐酸浸出设备流程图

① 磨碎 在一个独立的破碎系统，将外购的高镍锍（Ni 50%）破碎至-325 目占 98%，然后储存在容量 180t 矿仓内，再从该矿仓分批加到 20t 的浸出给料仓，经密封的螺旋给料机送入第一个浸出槽。

② 浸出 浸出槽呈阶梯形式排列，带有机械搅拌装置和橡胶衬里，且浸出槽必须密封。将预热到 75℃的盐酸按冰镍的给入速度自动按比例给入。浸出时间大约 12h，平均温度 70℃，镍的浸出率 98%。浸出矿浆送分离工序。用此法浸出高冰镍有良好的选择性，表 5-3 中的数据说明了这一点。

③ 分离 浸出矿浆经压滤机过滤分离，富含硫酸铜的滤饼（Ni 5%、Cu 73%）经两次洗涤、干燥后（含水 10%）送炼铜车间焙烧—浸出—电解。浸出的气体是 H_2S 与 H_2 的混合物，用风机排出，经冷却、淋洗以除去酸雾后，在废热锅炉内燃烧，生成二氧化硫再予以回收。浸出富液（118.0g/L）送净化工序。

④ 净化 浸出富液除含有 165g/L 盐酸外，还含有钴、铜、铁等杂质元素各 2.0g/L、2.2g/L、1.6g/L。同时有一部分硫化氢溶解于富液中。用喷射器往溶液中通氧，使二价铁氧化成三价铁，并使硫化氢氧化成元素硫。溶液过滤脱硫后，冷却至室温，准备用溶剂萃取。

溶剂萃取分两步进行（图 5-14）：首先用磷酸三丁酯进行溶剂萃取除铁（采用三段），其次用三异辛胺萃取除钴与铜（采用六段）。萃取作业是在容积均为 $1m^3$ 带有搅拌叶轮的容器中逆流进行的。含有金属的有机物都用水进行反萃取。铜和钴是同时被三异辛胺萃取出来，经反萃取时，通过控制相比，使铜、钴分段反萃取，分离铜、钴。

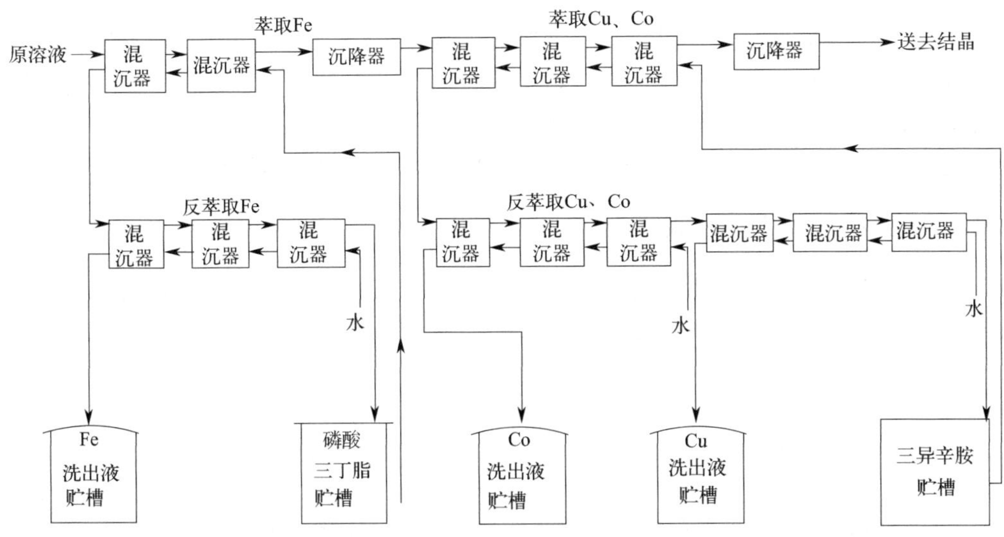

图 5-14 溶剂萃取系统工艺流程图

萃取余液，即净化的氯化镍溶液送结晶工序结晶富集。净化的氯化镍溶液先进入冷却塔（直径 2.8m，填有 $6m^3$ 的 50mm 石墨填充环），令其淋洗由后道工序在转化塔（沸腾炉）内氯化镍高温水解所产生的废气。由于这些废气中含有氧化镍细粒，可以使得净液的含镍量得到更大的富集，提高镍的浓度而不致降低盐酸浓度，可得到一种在 65℃下二者都达到饱和的结晶供料液。结晶器是一个装有搅拌器，衬有橡胶里子的 $75m^3$ 的槽子。结晶是连续进行的，温度控制在 26℃，自动调节供料液和氯化氢气体流量的比例，搅拌器使晶体保持悬浮状态。结晶淤浆用空气提升器不断地送到结晶器调节槽。为加速结晶过程，需将结晶淤浆通过两台串联的套管或石墨热交换器，以带走吸收氯化氢气体时所产生的热量。

由结晶器调节槽抽出的结晶淤浆是由 $NiCl_2 \cdot 4H_2O$ 与母液组成，母液含镍约 28g/L，HCl 330g/L。结晶淤浆进入卧式离心机过滤，母液流入两个 $35m^3$ 的浓酸储槽；而晶体排入缓冲料仓，再经置于缓冲料仓下部的底筛运输机加入到干燥回转窑（内径 2.5m，长 10m）中。控制干燥窑的温度使晶体内 4 个结晶水去掉 3 个，以脱出 75%的水分。废气经漩涡收尘器，进入绝热吸收塔，在 65℃下吸收。

被干燥的氯化镍送入转化器（沸腾炉）进行高温水解反应：

$$NiCl_2 + H_2O \xlongequal{} NiO + 2HCl$$

$$\Delta H = +163.9\text{kJ/mol}$$

转化反应所需要的热量由沸腾炉内用空气燃烧石脑油来补充，而燃烧生成的附加水又保证了水解反应的完全。

沸腾炉炉床内径 3.4m，上部空间 5m。在炉外专门装置中生成空气和石脑油的混合物，然后通过总管和支管送到分布在耐火炉膛的 420 个喷嘴。氯化镍用风力送入炉内。控制炉温大约在 850℃。转化反应的结果是生成一种致密的圆形氧化镍粒。产品从炉底部排出，经冷却、筛分后，将-35 目物料返回沸腾层作为转化反应的晶种。−14～+35 目的物料是转化作业的产品，贮存在 60t 的仓内作为还原炉的炉料。沸腾炉废气经冷却塔洗涤、冷却，使进气的温度约 750℃降至 95℃。冷却后的气体再经一小型洗涤塔进行最终净化，进入盐酸吸收塔以便回收再生的酸。

⑤ 提取　将氧化镍粒送入回转窑（钢制的，直径 1m，长 10m）内进行还原。预热至 600℃的电解氢气由炉子的排料端进入，离开给料端时为 300℃，再送至冷却塔内使其中的水汽冷凝。自动补充氢以保持回转窑 50mm 水柱的恒正压。另一端，进料端控制氧化镍粒的进窑速度，氧化镍粒经氢还原生成镍粒，经冷却得镍 98 产品，装袋、入库。

5.1.5　加压氨浸-氢还原提镍

（1）高镍锍加压氨浸-氢还原提镍原理　加压氨浸法主要工序有加压氨浸、蒸氨除铜、氧化水解、液相氢还原产出镍粉、镍粉经烧结获得镍块。

① 高镍锍加压氨浸　加压氨浸法研发初衷是处理硫化镍精矿，之后证明也可以处理镍冰铜，且更有优势。该法镍、钴、铜的回收率分别可达到 90%～95%、50%～75% 和 88%～92%，可见钴的回收率较低，红土镍矿处理过程中也有此类现象存在。

高镍锍的氨浸同红土镍矿氨浸的目的是一样的，即使其中的镍、钴能最大限度进入溶液，且铜不可避免地一同进入溶液。但其原理有所不同，前者是从金属硫化物中浸出有价金属，而后者是从金属氧化物中浸出。在无氧存在的条件下，金属硫化物几乎不溶于水，甚至当温度升至 400℃时也不溶于水。当有氧存在时，金属硫化物易溶于水。影响加压氨浸反应速度和浸出率的主要因素有温度、氧分压、氨浓度和矿的磨细度。

在一定的压力和温度条件下，当有氧存在时，金属硫化物能与溶解的氧、氨和水反应，镍、钴、铜等生成可溶性的氨络合物进入溶液，而铁的络合物很不稳定，转变为不溶的三氧化二铁留于渣中，硫最终氧化为硫酸盐和氨基磺酸盐。

高镍锍（金属硫化物）加压氨浸反应为

$$MeS+2NH_3+2O_2 = [Me(NH_3)_2]^{2+}+SO_4^{2-}$$

例如硫化镍生成镍的六氨络合物 $Ni(NH_3)_6^{2+}$ 和硫酸根离子 SO_4^{2-}，即硫酸六氨合镍 $Ni(NH_3)_6SO_4$。

$$NiS+6NH_3+2O_2 = Ni(NH_3)_6^{2+}+SO_4^{2-}$$

$$2FeS_2+15\frac{1}{2}O_2+8NH_3+(4+n)H_2O = Fe_2O_3\cdot nH_2O+4(NH_4)_2SO_4$$

高镍锍中的硫被浸出的过程是：$S^{2-}\rightarrow S_2O_3^{2-}\rightarrow S_3O_6^{2-}\rightarrow SO_3\cdot NH_2^-$ 和 SO_4^{2-}，即首先氧化成硫代硫酸根离子（$S_2O_3^{2-}$），然后氧化成连多硫酸根离子（$S_3O_6^{2-}$），最后氧化成氨基磺酸根离子和硫酸根离子（$SO_3\cdot NH_2^-$ 和 SO_4^{2-}）。如果浸出时间足够长，大多数不饱和硫化物（$S_2O_3^{2-}$ 及 $S_3O_6^{2-}$）就会被氧化。

为满足下一工序除铜所需要的硫，要求浸出液中含有一定数量的未饱和硫氧离子，如 $S_2O_3^{2-}$、$S_3O_6^{2-}$ 及 $SO_3\cdot NH_2^-$ 等。这样既不必另外消耗试剂，同时使浸出液中有足够高的镍离子浓度。有研究提出，处理硫化镍矿，浸出条件为 70～80℃，空气压力 0.46～0.66MPa，浸出时间 20～24h。其产品为镍粉、钴粉、硫化铜（CuS）和硫酸铵。但钴的浸出率较低，铂族金属分散在浸液和浸渣中，因此该法一般适用于钴含量小于 3%和铂族金属含量较低的矿物原料。

② 蒸氨除铜　浸出液在氢还原之前必须净化降氨和除铜。蒸氨除铜工序的目的是两个：一是将游离氨降到一定的浓度；二是沉淀脱掉铜。

蒸氨使游离氨减少。因有未饱和氧硫离子存在，随着游离氨逐渐被排除，铜离子与未饱和氧硫离子发生反应，生成硫化物沉淀，即硫酸铜沉淀。除铜反应为

$$Cu^{2+}+S_2O_3^{2-}+H_2O \longrightarrow CuS\downarrow+2H^{+}+SO_4^{2-}$$

$$Cu^{2+}+S_3O_6^{2-}+2H_2O \longrightarrow CuS\downarrow+4H^{+}+2SO_4^{2-}$$

③ 氧化水解　蒸氨除铜后的溶液还含有大量的不饱和的 $S_2O_3^{2-}$、$S_3O_6^{2-}$ 和氨基磺酸氨（$NH_4SO_3 \cdot NH_2$）的残留物，如果不破坏这些不饱和物，就会使镍粉产品受到污染。因此，净化后的溶液在进行氢还原之前，需将硫代硫酸根和连多硫酸根氧化，再水解氨基磺酸氨，以形成较稳定的硫酸根离子，这一过程称为氧化水解。

氧化水解包括氧化和水解两个化学反应，先进行使不饱和的硫化物氧化的氧化反应，后进行氨基磺酸氨水解的水解反应。其氧化反应

$$S_2O_3^{2-}+S_3O_6^{2-}+4O_2+3H_2O+6NH_3 \longrightarrow 6NH_4^{\ +}+5SO_4^{2-}$$

水解反应是在较高温度下进行，且要使硫酸铵维持一定的比例，如果硫酸铵太多，氨基硫酸镍可能发生水解反应，沉淀。其水解反应

$$NH_4SO_3 \cdot NH_2+H_2O \longrightarrow 2NH_4^{\ +}+SO_4^{2-}$$

工业实践中氧化水解是在温度 250℃、压力 4.1MPa 的条件下，在高压釜内进行的，溶液在釜内停留时间约 20min。

④ 液相氢还原　液相氢还原是提取纯金属的最后一道工序。提取纯金属的方法有置换法、电解沉积法以及用气态还原剂，如 SO_2、CO、H_2 还原法。液相氢还原的优点是还原过程有较好的选择性，能实现不同金属的分离，金属产品的纯度较高，且反应速度快，设备紧凑，与电解沉积法比生产成本低。

氢还原金属的反应

$$Me^{n+}+H_2 \longrightarrow Me+nH^{+}$$

镍虽然是负电位金属，但是可以通过调节溶液的 pH 值，维持足够高的 pH 值，可以使镍的氢还原反应得以进行。但溶液 pH 值过高，镍离子会发生水解。控制适当的 pH 值的有效方法之一是加入氨。加入氨的优点是氨呈弱碱性便于 pH 值的调节，即使加入过量，Ni^{2+} 和 Co^{2+} 会与 NH_3 发生配合反应而不至于水解沉淀。但是在金属离子总浓度一定时，正因为 Ni^{2+} 和 Co^{2+} 会与 NH_3 发生配合反应，形成了一系列配位数不同的配离子，使游离金属离子的浓度降低，而不利于金属的还原。也就是说，加氨产生了两种相反的效应：一是由于中和了还原过程产生的酸，降低了氢的电势，有利于还原反应的进行；二是由于配合反应降低了金属离子的浓度，降低了金属的电势，从而削弱了还原反应的推动力。因此必然有一个最佳的氨加入量问题。理论与实践证明：$NH_3/Ni=2.0\sim2.5$ 为最佳值。

虽然钴的标准电极电位低于镍的标准电极电位，但两者电位接近，为实现镍与钴分离，通过控制溶液 NH_3 与 Ni 比值和还原尾液含镍量来防止钴被还原。

镍的液相氢还原是一个气液固多项反应过程。通常采用硫酸亚铁 $FeSO_4$ 作为晶种来提供初始固相表面。$FeSO_4$ 在氨溶液中能生成分散的 $Fe(OH)_2$ 固体颗粒，镍离子吸附在 $Fe(OH)_2$ 表面，再被还原成金属粉，其反应如下

$$FeSO_4+2NH_3+2H_2O \longrightarrow Fe(OH)_2+(NH_4)_2SO_4$$

排出晶种尾液后，再往还原釜内注入料液，通入氢气，料液与氢气在晶种表面发生反应，镍在晶核上沉积，镍粉颗粒增大。

图 5-15 所示为用高压氢还原沉淀回收和分离镍钴的原则流程。

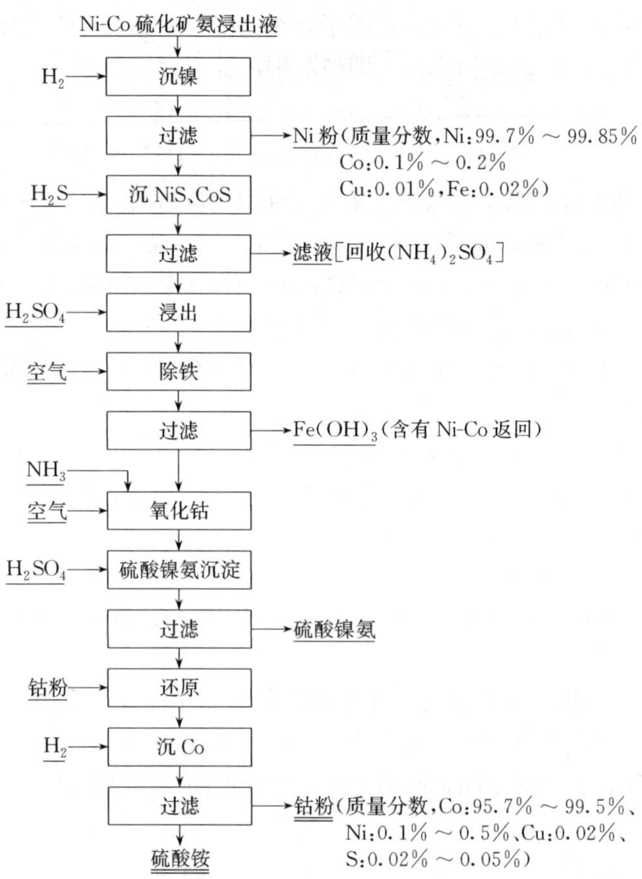

图 5-15 用高压氢还原沉淀回收和分离镍钴的原则流程

（2）克维拉纳镍精炼厂工艺流程 澳大利亚克维拉纳镍精炼厂（Kwinana Nickel Refinery）采用加压氨浸-氢还原方法处理卡尔古利镍冶炼厂（Kalgoorlie Nickel Smelter）的高镍锍，生产镍粉和镍块。该厂高镍锍处理工艺流程由①破碎（球磨机）、②浸出（加压氨浸）、③分离（浓密机）、④净化和富集（蒸氨除铜、氧化水解）、⑤提取（加压液相氢还原、烧结制镍块）等工序组成，如图 5-16 所示。

① 破碎 来自卡尔古利镍冶炼厂的高镍锍，其成分平均为：Ni 72%，Cu 5%，Co 0.6%，Fe 0.7%，S 20%，贮存在 500t 的仓内，在 $\phi 2.4m\times1.8m$ 球磨机上磨细。

② 浸出 磨细的高镍锍经计量给料机 4 送入浆化槽，即调节浸出供液槽 5，向槽内同时按比例加入硫酸铵、二次浸出溢流、返回氨液 2、脱铜后矿浆 3 和其他工序的返料进行浆化到含固体 25%，然后泵入浸出高压釜 8 进行加压氨浸。高压浸釜设备如图 5-17 所示。由不锈钢制作的高压釜，规格 $\phi 4m\times18m$，每个釜分成四个室，并带有机械搅拌桨、调节阀和冷却蛇形管。由于硫化镍的氨浸过程为放热反应，故用冷却管冷却，以控制釜内温度在 72～78℃。高压釜的工作压力为 $9kgf/cm^2$，由氨回收系统的阀门控制。浸出矿浆经冷却器 10 冷却后进入浓密机（$\phi 38m$）15 进行分离工序作业。排气 9 送氨回收系统。

③ 分离 将二氧化碳 11、絮凝剂 12 加入浓密机 15 的矿浆锍中，经浓密的矿浆底流用氨水浆化后用泵 7 送到二次浸出工段。两台高压釜 16a 串联工作，脱水氨 24 和空气 25 经分配器加入高压釜 16a 底部。两台高压釜的排出气体导入一次高压釜 8。二次浸出矿浆经冷却器冷却进入二次浓密机 16b，加入絮凝剂，溢流送回调节浸出供液槽 5，底流（二次浸出渣）

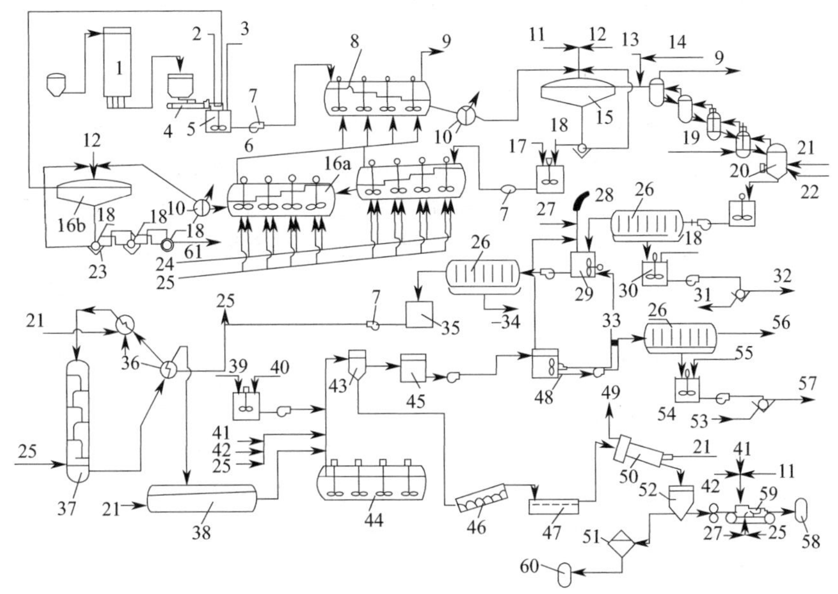

图 5-16 克维拉纳镍精炼厂生产工艺流程图

1—精矿仓；2—返回氨液；3—脱铜后矿浆；4—计量给料机；5—调节浸出供液槽；6—送往浸出；7—泵；8—浸出高压釜；9—送氨回收系统的排气；10—矿浆冷却器；11—CO_2；12—絮凝剂；13—硫酸铵；14—SO_2；15—浓密机；16a—二次浸出高压釜；16b—二次浓密机；17—析镍尾液；18—水；19—硫黄粉；20—溶液煮沸除铜；21—蒸汽；22—H_2SO_4；23—浸出渣洗涤；24—脱水氨；25—空气；26—过滤机；27—丁烷；28—火焰；29—脱铜；30—浆化器；31—送浓密机的滤液；32—硫化铜沉淀物；33—H_2S；34—溶液返回前面槽；35—脱铜后溶液贮槽；36—热交换器；37—氧化水解反应器；38—镍的还原供液槽；39—硫酸铵溶液；40—硫酸亚铁；41—H_2；42—N_2；43—高位槽；44—还原高压釜；45—还原后液贮槽；46—洗涤机；47—盘式过滤机；48—镍钴硫化物；49—放空；50—干燥机；51—混合机；52—镍粉仓；53—送往铜浆化槽；54—浆化槽；55—洗涤液；56—送硫酸铵厂的溶液；57—混合硫化物；58—镍块；59—烧结炉；60—镍粉；61—送尾矿场

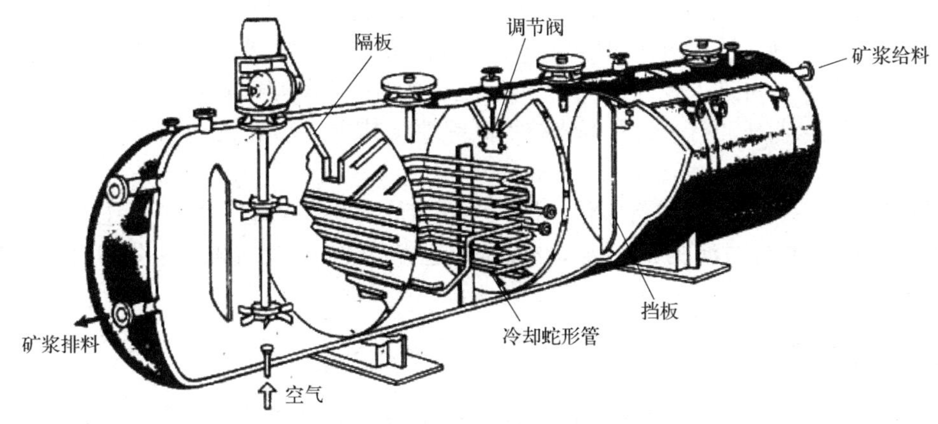

图 5-17 高压浸釜设备剖视图

洗涤后，洗涤水返回二次浓密机，洗涤渣送尾矿场 61。

经一次浓密的溢流送往净化富集工序。

该厂有两台一次浸出高压釜和四台二次浸出高压釜。高压釜排成两列，每列设高压釜三台。

④ 净化和富集　首先将高压氨浸溢流进行蒸氨除铜，其次再将脱铜溶液进行氧化水解。蒸氨是用四台串联的蒸煮罐（ϕ2.7m×3.3m）在 110℃下进行的，向溢流加入硫酸铵 13 和 SO_2 14，溶液和蒸馏放出的气体逆向而流。往铜的再煮器通入蒸汽 21 和硫酸 22，硫酸用于调节氨的比例。再煮器和第三、第四蒸煮罐都装有搅拌器，使硫化铜沉淀物维持悬浮状态。排气 9（氨气）由第一蒸煮罐送氨回收系统，被蒸氨的溶液经过滤机 26 过滤。脱铜的滤液仍含 Cu 0.1g/L，Ni 45～50g/L 和 Co 1～2g/L，往溶液中通入硫化氢 33 脱铜 29，进一步除去残铜；滤渣（含硫化铜）进入浆化器 30，加水 18 洗涤、过滤，硫化铜沉淀物 32 被分离得到副产品，滤液 31 送浓密机。

经两次脱铜的溶液再经过滤机过滤，滤渣 34 返回前槽，滤液进入脱铜后溶液贮槽 35，脱铜溶液经热交换器 36 送入氧化水解反应器 37，进入氧化水解工序。

在除铜后液中含有不饱和硫氧离子及氨基磺酸盐，它们在氢还原制取镍粉的条件下会发生分解，造成镍粉含硫升高。因此，在氢还原以前，必须采用氧化水解法除去之。用此法使不饱和的硫化物氧化和硫酸盐水解，以免沉淀的镍被硫所污染。

除铜后液经高压蒸汽加热后，进入加有空气 25 的氧化水解反应器中进行氧化水解反应。氧化水解过程所用的空气压力为 42.1kgf/cm^2，温度为 245℃，以使水解过程能有效地进行。溶液在反应器内停留时间为 30min。经氧化水解的净化液送到镍的还原供液槽 38，以备提取-氢还原工序所用。

⑤ 提取　首先进行净化液的加压液相氢还原产出镍粉，再者通过将镍粉烧结制得镍块。

镍还原是在四台还原高压釜 44（ϕ2.3m×9.6m）内进行的。在釜内的表面要有一层空气 25 和含少量游离氨的硫酸铵溶液 39，随后用氮气 42 清洗高压釜以除去空气。然后往高压釜内加入硫酸亚铁 40 溶液和氢气 41，使溶液中产生镍的晶核。温度维持在 200℃时，才允许通入氢气。氢气压力维持 31.5kgf/cm^2 一段时间，直到溶液中镍的含量下降到 1g/L 为止。然后搅拌器停止运转，以便溶液澄清。澄清后溶液放入还原后液贮槽 45，粉末晶种留在高压釜内。

溶液分批加入高压釜，每加一批溶液，进行一次还原镍的作业，使结晶颗粒长大一次。这种使颗粒长大的作业，在产出一批成品镍粉之前要反复进行 25～50 次。产出的镍粉放入高位槽 43——闪蒸槽。从闪蒸槽卸出的镍粉经洗涤机 46 洗涤，过滤机 47 过滤，进入干燥窑 50 蒸汽 21 干燥，再进入镍粉仓 52。再经混合机 51 混合得到成品镍粉，或经压块机压块，在中性气氛烧结炉 59 于 990℃下烧结得到镍块。其成分：Ni 99.8%，Cu 0.006%，Co 0.08%，Fe 0.08%，S 0.006%，C 0.006%。

还原尾液通入硫化氢 33 进行净化，使其中残留的镍与钴呈硫化物 48 形态沉淀。镍钴硫化物沉淀后的残液再经过滤机 26 过滤，滤液 56 送硫酸铵厂，滤渣再浆化分离后分别得到混合硫化物 57 副产品。

5.1.6 浸出制取硫酸镍

红土镍矿经火法冶炼成高镍锍，高镍锍再经湿法浸出的冶炼实质是对金属硫化物的浸出，类似于硫化镍矿得高镍锍的浸出，但前者硫化物几乎不含铜。将含镍物料选定为高镍锍制备硫酸镍和硫酸钴，即可得到以高镍锍为原料硫酸浸出生产硫酸镍的工艺流程。浸出原理参见“5.1.3 硫酸浸出-电解沉积提镍”一节。

高镍锍浸出制取硫酸镍工艺流程由①破碎、②浸出、③分离、④净化和富集、⑤提取等工序组成。

① 破碎　高镍锍的成分一般为 Ni 75%～80%、Cu 0.3%～0.5%、Fe 0.2%～0.3%、S 17%～19%、Co 0.3%～0.5%，且镍金属化率 20%左右。将粒化的高镍锍经球磨机磨细，粒度为-325 目 65%以上。

② 浸出　硫酸、水和磨细的高镍锍在浆化槽内浆化，浆化的矿浆被泵入常压浸出釜（带有机械搅拌装置），机械搅拌并向釜内通入空气，连续浸出，浸出温度 60～80℃，进出时间 4～8h。当浸出终点 pH 5.3～6.3，溶液中的铜、铁几乎全部被沉淀，浸出液中的 Cu、Fe 含量均小于 0.001g/L 时，将矿浆送浓密机分离。

③ 分离　经酸浸的矿浆送入多级浓密机逆流洗涤、浓缩，溢流经压滤机过滤，滤液送萃取工序，滤渣返回浓密机，底流送尾矿库。

④ 净化和富集　在浸出过程中由于有效地控制浸出酸度和强烈的鼓风，使浸出终点的溶液杂质含量很低，可直接送蒸发结晶。蒸发采用自然循环外加热真空蒸发系统。蒸发釜真空度保持在 53.5kPa（400mmHg），蒸发操作时控制蒸发釜液面，每隔半小时左右向釜内补充溶液。溶液逐渐浓缩，当其相对密度 1.5 左右时，将溶液放入带有机械搅拌装置的结晶槽进行冷却结晶。

⑤ 提取　结晶与萃取。结晶作业是在 $3m^3$ 机械搅拌结晶槽中进行。结晶时间约 6h，当溶液，即晶浆温度降至 40～45℃时，进行离心过滤分离，结晶率 52%～57%，得到含钴硫酸镍产品。对离心过滤母液采用 P204 溶剂萃取的方法除杂、净化，Cynex272 镍钴分离，得低钴硫酸镍（Ni∶Co=1000∶1）和硫酸钴溶液，再经蒸发结晶，得硫酸镍和硫酸钴产品。硫酸镍产品的国家标准（GB/T 26524—2011）见表 4-30。标准中Ⅰ类主要用于电镀工业，Ⅱ类主要用于电池生产，对钴含量的控制并不严格。生产厂电池级硫酸镍产品指标对比见表 4-31。

5.2 高镍铁的湿法提取

红土镍矿经火法冶金获得含镍量 90%的高镍铁，再经湿法冶金可获得金属镍和镍化合物。如将该镍铁铸成镍铁合金电解阳极，再经电解精炼制得金属镍；将该镍铁可粒化成镍铁粒，再经浸出-电解沉积制得金属镍，或镍铁粒再经浸出制得硫酸镍等。

5.2.1 镍铁阳极电解精炼提镍

希腊拉瑞姆纳矿业公司先将红土镍矿冶炼成镍铁合金阳极（Ni+Co=90%），之后进行电解精炼提镍，即将该合金阳极在电解槽内稀盐酸溶液中溶解，然后将含氯电解阳极液化学净化成阴极液，阴极液电解成阴极镍。高镍铁电解精炼工艺流程见图 5-18。

镍铁阳极板（730mm×980mm×50mm）挂在阳极室。车间有 36 个电解槽，每槽悬挂 31 块阳极和 30 块阴极。阴极由镍片或高纯钢板制成，镍离子直接沉积在阴极板上，很容易剥下来。

阳极溶解所得的阳极液在加热的条件下进行化学净化，以除去铁和钴的混合物。铁与钴在特制的塑料槽内通入氯气使其氧化，然后加入 $Ni(OH)_2$ 和 $Ca(OH)_2$ 或 NaOH，在给定的 pH 值下使它们呈氢氧化物［$Fe(OH)_3$、$Co(OH)_3$］形态而沉淀下来，过滤之后，滤渣与溶液分离，将滤渣中沉淀下来的铁、钴与镍的氢氧化物再经盐酸浆化浸出，沉淀

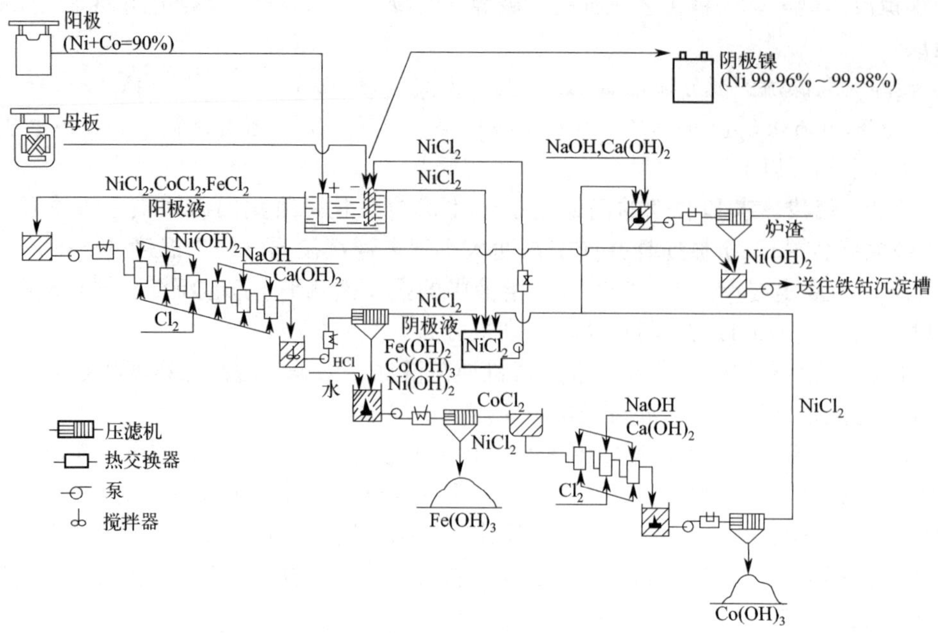

图 5-18　高镍铁电解精炼工艺流程图

$Fe(OH)_3$，除铁，再加入 $Ca(OH)_2$ 或 NaOH 沉淀 $Co(OH)_3$，所得 $NiCl_2$ 溶液回到 $NiCl_2$ 贮槽，经加热引入阴极室电解。滤液，即纯 $NiCl_2$ 溶液进 $NiCl_2$ 贮槽，经加热引入阴极室进行电解。电解的电流密度为 $300A/m^2$。产出的纯阴极规格为 830mm×1080mm×14mm。

在净化工序所用的 $Ni(OH)_2$ 是用电化方法制取的，其原理如图 5-19 所示。同时该厂还设有生产 Cl_2、HCl 和 NaOH 的部门，以满足这些试剂的需求。

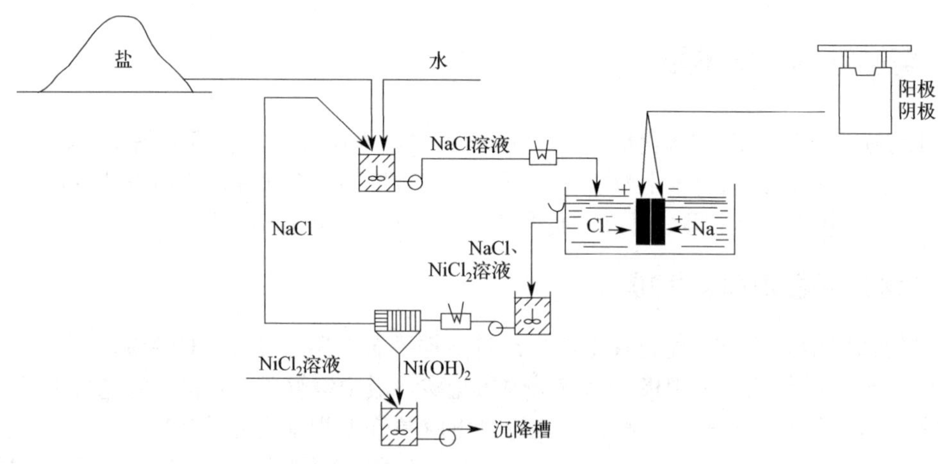

图 5-19　$Ni(OH)_2$ 的生产原理图

5.2.2　高镍铁浸出提镍或制取硫酸镍

红土镍矿经火法冶炼富集成镍铁合金（Ni+Co=90%），由于其含镍品位已经很高，同时硫、磷、碳、硅和锰等杂质元素几乎不存在了，再经湿法浸出工序提取金属镍或制取硫酸镍主要任务是除铁和铜（尽管含量极少）。利用成熟的高压酸浸或氨浸（不需要焙烧工序）

方法均可将镍铁浸出。其具体的浸出、提镍或制取硫酸镍工艺这里不赘述。

值得一提的是高镍铁的浸出较高镍锍浸出更容易，浸出后用二者的浸出净化液提镍和制取硫酸镍的方法是一样的，如果在火法冶炼高镍铁和高镍锍两工艺镍的回收率一致的条件下，是否还需要将本无硫元素的红土镍矿加硫熔炼成含硫的镍锍，再除硫。

5.3 红土镍矿还原焙烧-氨浸

在“4.1.2 还原焙烧-氨浸工艺（RRAL）”一节所述的生产工艺，就是一个典型的火法与湿法结合的制镍工艺。其工艺流程为：红土镍矿—干燥—还原焙烧—氨浸—煅烧—烧结，其中还原焙烧、煅烧及烧结三个工序属于火法冶金，而氨浸工序属于湿法冶金。

选择性还原焙烧的目的是，使镍钴氧化物还原成易溶解于 NH_3-CO_2-H_2O 系溶液中的金属镍钴或镍钴铁合金，而铁只还原成 Fe_3O_4。如果用红土镍矿直接氨浸，由于 Ni、Co 以极细的氧化物颗粒分布于矿体中，浸出率很低，只为 10%～15%。其原理参见“3.1.2.1 回转窑焙烧原理”。

氨浸出含 Ni、Co 络合物的滤液蒸去 NH_3 及 CO_2 后，Ni 以碱式碳酸镍 $Ni(OH)_2 \cdot 2NiCO_3$ 形式析出；而 Co 则以氢氧化钴 $Co(OH)_3O$ 形式析出。

对碱式碳酸镍进一步通过火法煅烧，使其发生分解反应，生成氧化镍、水和二氧化碳

$$3Ni(OH)_2 \cdot 2NiCO_3 = 5NiO + 3H_2O + 2CO_2$$

最后，将经回转窑煅烧获得的 NiO 粉，再经火法烧结得 NiO 块。

5.4 红土镍矿还原焙烧-盐酸浸出-熔炼镍铁

褐铁矿型红土镍矿因含镍低而含铁高，直接用矿热炉冶炼镍铁不经济，同时在同等镍铁产量的条件下需要建设的矿热炉较多，投入较大，且对于缺少电力的地方还需要建较大规模的发电装置。如采用湿法富集与火法提取联合工艺，则可解决上述问题，同时还可以提取镍钴混合物及金属镍、钴等。下面介绍一个工业性试验方案，其工艺流程如图 5-20 所示。

该工艺流程为①破碎，②干燥和煅烧，③氢还原焙烧，④盐酸常压浸出，⑤沉淀分离，⑥熔炼镍铁，⑦萃取镍钴混合物及金属镍、钴，⑧结晶、焙烧氧化铁。即镍铁产品工艺：矿石—筛分、破碎—流态化焙烧炉干燥、煅烧—回转窑氢还原焙烧（H_2 回收循环使用）—水淬焙砂—盐酸浸出（H_2 回收循环使用）—浸出矿浆—过滤—矿浆滤渣—洗涤—过滤—洗涤渣运出备用，洗涤液同矿浆滤液一道—中和沉铁［加 $Fe(OH)_2$］—置换沉淀（加 Fe）—过滤—滤渣（含 FeNi）—回转窑焙烧（HCl 回收循环使用）—压块机焙砂热压块—矿热炉还原熔炼—镍铁水—脱硫—粒化—镍铁粒；而滤液（含 Co，$FeCl_2$）则进行副产品生产。副产品工艺：置换沉淀后滤液—溶剂第一次萃取—萃余液—镍钴混合物—第二次萃取—镍、钴；第一次萃取的萃取液—盐酸反萃—$FeCl_2$ 溶液—蒸发、结晶—过滤—滤渣—回转窑焙烧—氧化铁球团、HCl 回收；滤液—中和— $Fe(OH)_2$、$MgCl_2$、$CaCl_2$。

（1）破碎　矿石采用印度尼西亚北科纳威镍矿区的低品位红土镍矿，矿石化学成分及粒度分布见表 5-4、表 5-5。矿石的体密度 1.05t/m^3，自由水 25%，结晶水 10%。

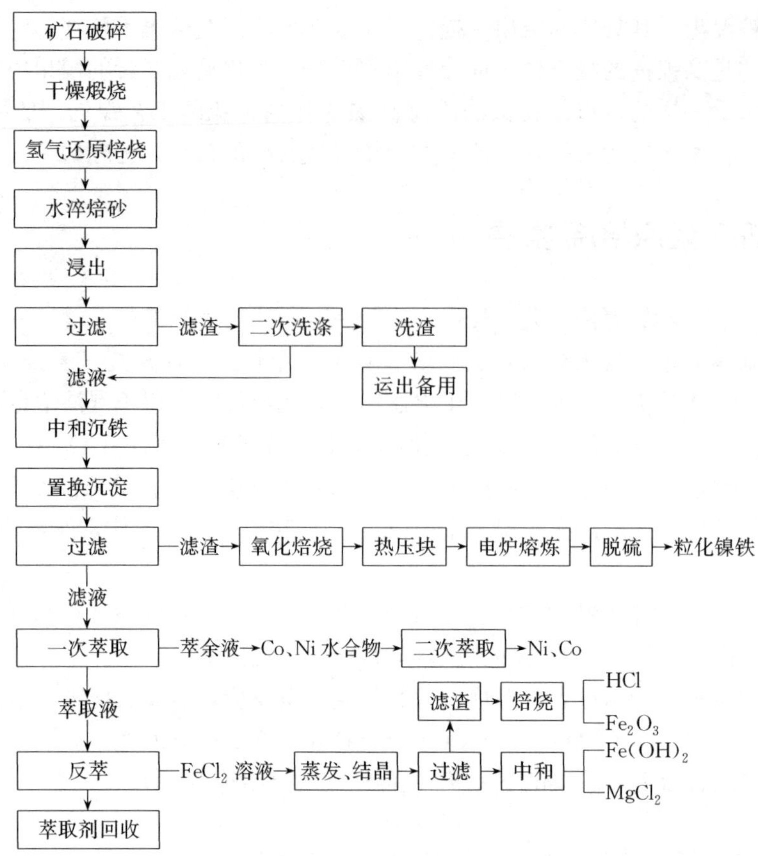

图 5-20 还原焙烧-盐酸浸出-熔炼镍铁工艺流程图

表 5-4 矿石化学成分

单位：%

Ni	Co	Fe	Mn	Mg	Cr	Si	Al	Ca
1.32	0.10	41.38	0.21	2.98	1.96	6.25	4.01	0.00

表 5-5 矿石粒度分布

项目	≤20mm	20～30mm	30～40mm	40～50mm	50～150mm	≥150mm	总量
质量分数/%	86.6	0.7	2.1	0.6	3.6	6.4	100

矿石破碎工序：该工序是将储存的矿石筛分、破碎至尺寸＜40mm，并运输至下道工序。即红土镍矿经滚筒筛分，筛下物－40mm送入干燥和煅烧工序。筛上物经一破，其筛下物－40mm与筛上物再经二破之后送入干燥和煅烧工序。

（2）干燥和煅烧　该工序是将矿石（＜40mm）细磨、干燥和煅烧矿（粒度＜1mm，结晶水＜1%，700℃），一并送至下道工序。即矿石（＜40mm）经锤击式粉碎机粉碎—粒度分级器—旋风收尘器—布袋—收入矿仓，再送入闪速煅烧器干燥、煅烧，产出煅烧矿（温度＞700℃，粒度99%＜1mm），送入保温仓。煅烧所用热风，由燃煤的热风炉提供。其中发生的反应

干燥：除自由水

$$H_2O(l) \longrightarrow H_2O(g)$$

煅烧：高温分解，除结晶水，例如

$$FeOOH(s) \longrightarrow Fe_2O_3(s) + H_2O(g)$$

(3) 氢还原焙烧　该工序是将煅烧工序所得的金属氧化物用氢还原为镍和铁。即将热态(700℃)煅烧矿通过螺旋给料器送入氢还原回转窑，还原氢气与进料逆流进入回转窑，经还原后的焙砂从窑尾卸除并进行水淬收集以防止 Fe 和 Ni 重新被氧化，为浸出做准备。进料到窑内的温度一般为 600℃，回转窑的温度 800～900℃，卸料温度≤200℃。回转窑的热风靠喷嘴喷煤粉燃烧提供。H_2 可回收循环使用。其中发生的反应

$$MO+H_2 \longrightarrow M+H_2O$$

$$Fe_2O_3(s)+H_2(g) \longrightarrow 2FeO(s)+H_2O(g)$$

$$FeO(s)+H_2(g) \longrightarrow Fe(s)+H_2O(g)$$

$$NiO(s)+H_2(g) \longrightarrow Ni(s)+H_2O(g)$$

$$CoO(s)+H_2(g) \longrightarrow Co(s)+H_2O(g)$$

(4) 湿法浸出　该工序是将处理好的氢还原水淬焙砂用盐酸浸出，以浸出镍钴有价金属。即将焙砂和盐酸送入带有搅拌装置的浸出槽，搅拌矿浆，常温常压下盐酸浸出 1h，矿浆经压滤机过滤，浸出矿浆的滤渣经两级洗涤、过滤，洗涤液（含镍）和浸出矿浆滤液一同送入中和槽，加入 $Fe(OH)_2$ 中和沉铁（pH 2.9～3.2），再送到沉淀槽，洗涤渣搁置备用。

用盐酸作为浸出剂与硫酸浸出相比，具有更高的浸出率和更快的浸出速率，剩余残酸更容易回收利用，浸出液也更易于采用高温水解除铁和溶剂萃取提取有价金属。同时本工艺对矿石还进行了还原处理，更可高效浸出。

李金辉、徐志峰、王瑞鑫等学者，对低品位红土镍矿常压盐酸浸出，镍、钴、锰、铁、镁的浸出率与 6 个工艺条件，即矿料粒度、初始酸浓度、浸出温度、固液比、搅拌速度和浸出时间的影响关系作了许多实验研究，实验结果见图 5-21～图 5-26。

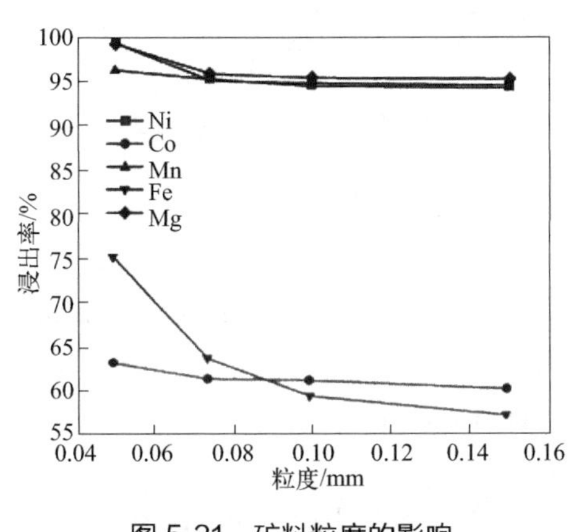

图 5-21　矿料粒度的影响

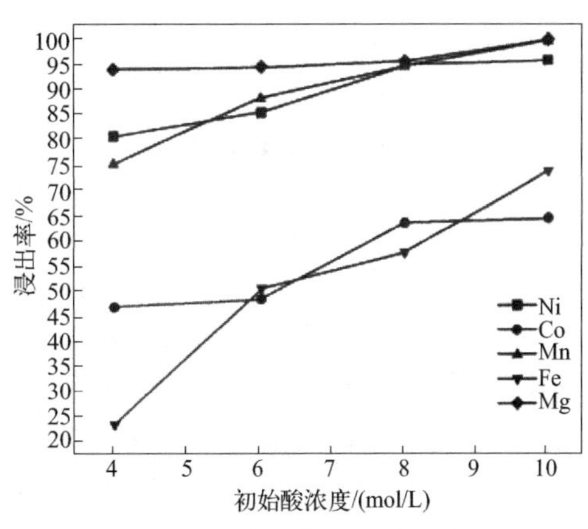

图 5-22　不同初始浓度的影响

从这 6 张图中可以看到：铁和钴的浸出率较低、较接近，始终低于锰、镁、镍，且受初始酸浓度、浸出温度影响很大。而镍、镁、锰的浸出率很高、很接近。镍、钴、锰、铁、镁的浸出率除与矿料粒度增大负相关外，与其余五个工艺条件的增加均是正相关。铁的浸出率最低。

在本工艺中，虽然矿物经过了还原处理，但浸出规律可借鉴上述试验研究结果。加之中和除铁技术的运用，在常温常压下盐酸浸出液中含铁量会很少，镍浸出率较高，钴的浸出率会较低。还原焙砂浸出反应

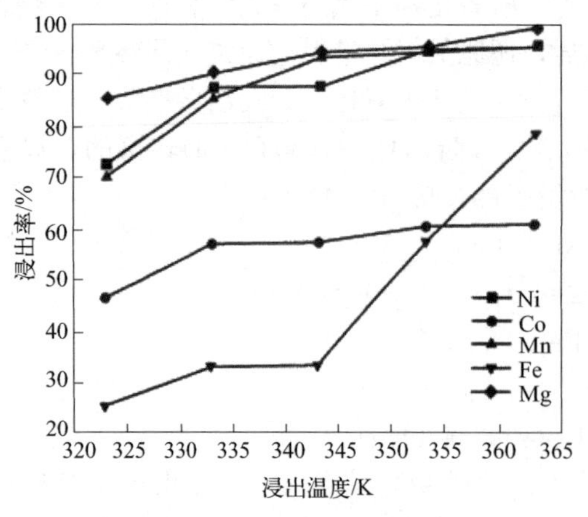

图 5-23 浸出温度的影响

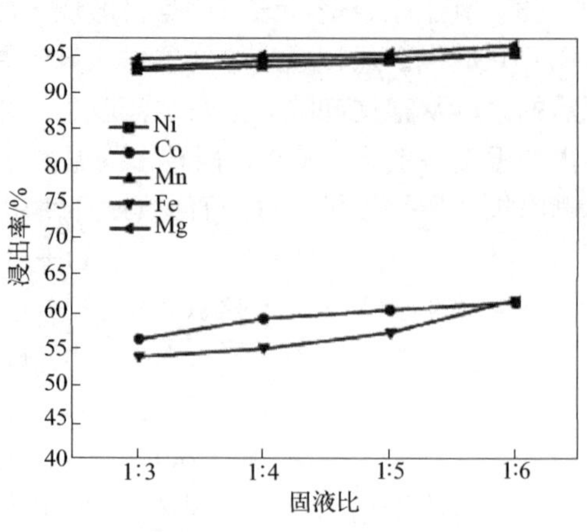

图 5-24 固液比的影响

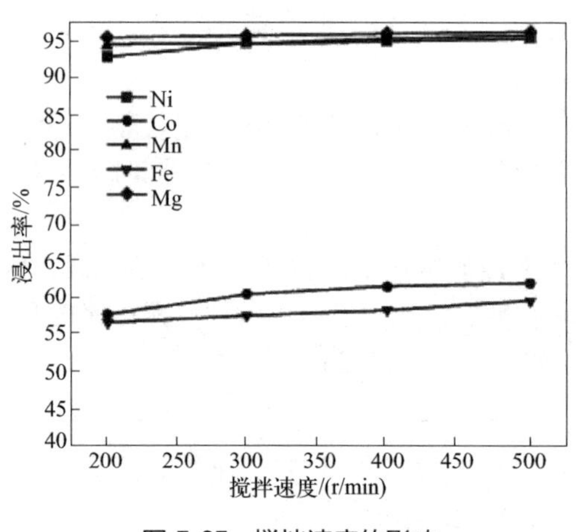

图 5-25 搅拌速度的影响

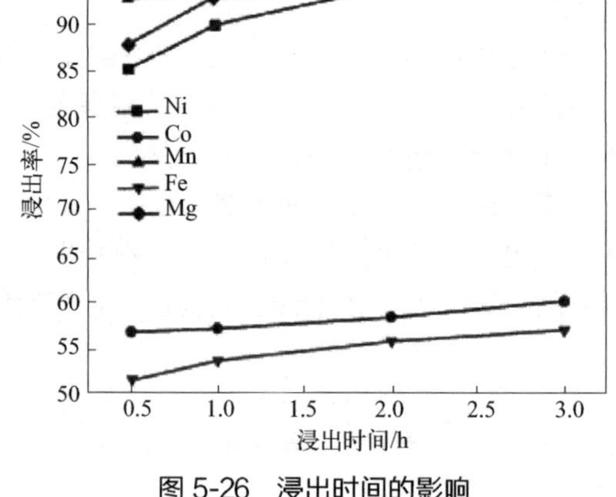

图 5-26 浸出时间的影响

$$(Fe,Ni,Co)+2HCl \longrightarrow (Fe,Ni,Co)Cl_2+H_2\uparrow$$

浸出反应产生的 H_2 会送到 H_2 还原系统。

（5）沉淀分离　该工序是将送入沉淀槽的中和沉铁后的矿浆进行置换沉淀，镍铁沉淀物经压滤机过滤，其滤饼送镍铁冶炼工序，其滤液（$FeCl_2$ 溶液，含 Co）送第一次萃取工序。浸出液用较镍负电性的金属铁来置换镍离子生成金属镍沉淀反应

$$NiCl_2+Fe = FeCl_2+Ni\downarrow$$

（6）熔炼镍铁　该工序是将滤饼（FeNi 块）[成分约 $FeCl_2$ 10%，Fe 44%，Ni 8%～10%，自由水 25%] 经回转窑焙烧（中段温度 850℃），产出焙砂（FeNi 粉）和 HCl（回收循环使用）。出窑热焙砂（750℃），用压块机将焙砂热压块，压块尺寸 44mm×25mm×15mm，温度 600℃。热压块成分见表 5-6。力争压块 500℃左右装入矿热炉内，经炭还原熔炼产出镍铁水，再将镍铁水炉外脱硫、粒化浇铸成镍铁粒，其尺寸 10～50mm，成分见表 5-7。

表 5-6　热压块成分

投入	Fe_2O_3	Ni	Cr_2O_3	SiO_2	Al_2O_3	CaO	MnO	MgO
质量分数/%	41～43	7.0～9.5	1.6～3.0	4～9	3～6	<0.1	<1.0	<4.0

表 5-7 镍铁成分

元素	Fe	Ni	Si	P	S	Cu	Co
质量分数/%	>76	>18	≤4.0	≤0.02	≤0.03	≤0.1	≤1.75

(7) 萃取镍钴混合物及金属镍、钴 该工序是将沉淀滤液（主要含 Co，$FeCl_2$），即镍、钴盐酸溶液进行第一次萃取，利用萃取剂 P204，通过调节不同的 pH 值及相应的参数，使溶液中的铁、锌、铜、锰等杂质进入有机相，使含有杂质的萃取液与镍钴分开，而镍钴留在原液水相，即萃余液中，经水解沉淀生成镍、钴水合物 MHP，其成分见表 5-8。

表 5-8 镍、钴水合物成分 单位：%

Co	Ni	Mg	Fe	Mn	Zn
27.96	13.65	3.91	0.19	0.036	0.067

再将第一次萃余液进行第二次萃取，与第一次同理从溶液中萃取钴，镍留在水相中，再通过反萃得钴，从钴萃余液中再萃取镍，反萃得镍，镍萃余液（含有 Mg^{2+}、Ca^{2+}）送到结晶、焙烧氧化铁工序作中和剂。

萃取剂 P204 在酸性介质中，萃取分离金属的顺序是：

$$Fe^{3+}>Zn^{2+}>Cu^{2+}>Mn^{2+}>Co^{2+}>Ni^{2+}>Mg^{2+}>Ca^{2+}$$

通过调节不同的 pH 值及相应的参数，就可以分别萃取和富集有价金属。但为了更有效、更纯净和更经济地萃取镍和钴，可根据料液中的钴镍比，采用萃取剂 P204、P507、Cyanex272 等进行萃取作业。这三种萃取剂的萃取性能见图 5-27。

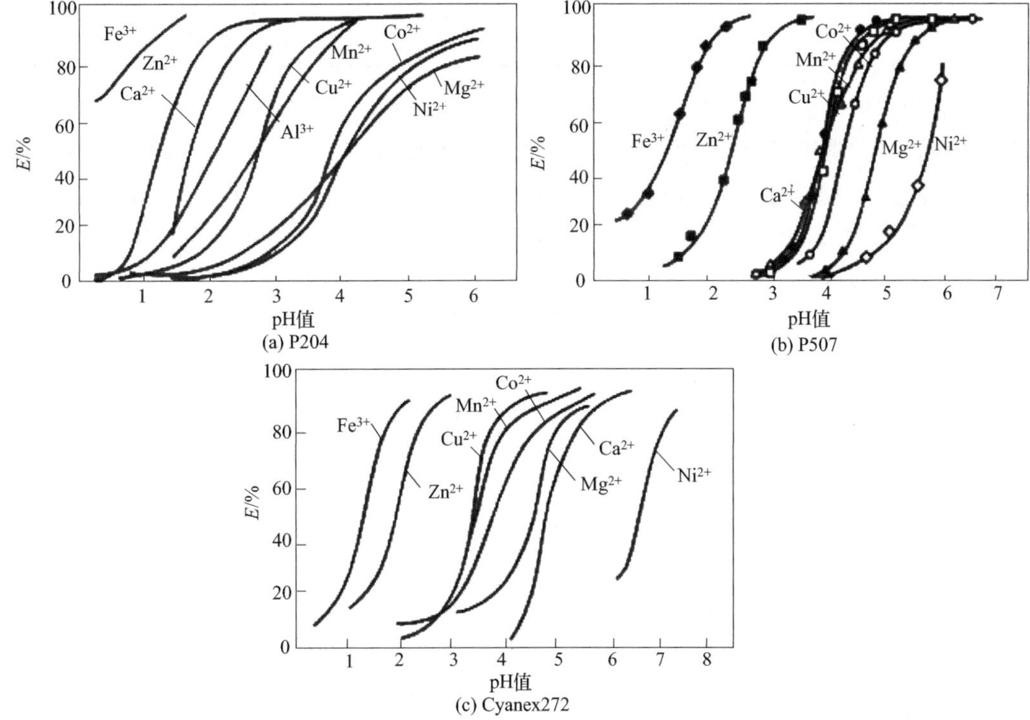

图 5-27 硫酸介质中三种有机磷酸萃取剂对不同金属的萃取性能

萃取剂 P507 萃取分离金属的顺序是：

$$Fe^{3+}>Zn^{2+}>Ca^{2+}>Cu^{2+}>Mn^{2+}>Co^{2+}>Mg^{2+}>Ni^{2+}$$

萃取剂 Cyanex272 萃取分离金属的顺序是：

$$Fe^{3+} > Zn^{2+} > Cu^{2+} > Mn^{2+} > Co^{2+} > Mg^{2+} > Ca^{2+} > Ni^{2+}$$

（8）结晶、焙烧氧化铁　该工序是将第一次萃取的萃取液经盐酸反萃，生成 $FeCl_2$ 溶液，再经蒸发高效除水后结晶和过滤，其滤渣经回转窑煅烧生成氧化铁粉（含铁 68%）和 HCl（回收循化利用），结晶滤渣与铁粉成分见表 5-9、表 5-10。还可进一步将氧化铁粉，经造球、回转窑还原焙烧，得直接还原铁（DRI）金属化球团。其滤液中加入第二次萃取的萃余液（含有 Mg^{2+}、Ca^{2+}），溶液被中和，生成 Fe（$OH)_2$、$MgCl_2$、$CaCl_2$。其反应

蒸发结晶

$$FeCl_2 + H_2O \longrightarrow FeCl_2 \cdot nH_2O$$

煅烧

$$FeCl_2 \cdot nH_2O \longrightarrow Fe_2O_3 + HCl$$

焙烧

$$2Fe_2O_3 + 3C = 4Fe + 3CO_2$$

滤液中和

$$FeCl_2 + Mg^{2+} + Ca^{2+} + H_2O \longrightarrow Fe(OH)_2 + MgCl_2 + CaCl_2$$

表 5-9　$FeCl_2 \cdot 2H_2O$ 化学成分

Fe	Mn	Mg	Cl	Ca	H_2O
32.23%	0.61%	0.77%	45.49%	0.11%	20.79%

表 5-10　Fe_2O_3 粉化学成分

TFe	Ni	Co	Ca	Mg	Mn	Si	Al	Cu	Cr	Cl
68.04%	0.05%	0.021%	0.256%	1.6%	0.137%	0.468%	0.324%	0.01%	0.211%	0.061%

本工业化试验方案是利用低品位红土镍矿，通过湿法富集，火法提取镍铁主产品，通过矿石预处理，盐酸常压浸出，置换沉淀镍与铁，再经 RKEF 火法工艺冶炼镍铁。通过萃取的方法获取副产品 MHP 和镍、钴金属，通过结晶、煅烧、焙烧、中和的方法获得副产品金属化球团、$Fe(OH)_2$、$MgCl_2$ 和 $CaCl_2$，同时回收循环利用 H_2 和 HCl。特别是氢还原工艺与盐酸浸出工艺的共同使用，使 H_2 和 HCl 互相转化、回收循环利用成为可能，对减轻碳排放的问题提出了一个解决方案。但需要单独设立 H_2 工厂和 HCl 回收厂。

第6章

红土镍矿冶炼工厂及生产实例

本章列举了中外29个以红土镍矿为矿源，采用火法冶金工艺技术、湿法冶金工艺技术以及这两种方法联合工艺技术，冶炼镍铁合金、奥氏体不锈钢、镍锍、氢氧化镍钴混合物（MHP）、硫化镍钴混合物（MSP）、氧化镍、硫酸镍、锂电池三元前驱体及镍金属的工厂。其中有的工厂建在19世纪末，有的建在21世纪，有的开创了红土镍矿湿法或火法冶金的先河，有的代表当今世界最先进的红土镍矿冶炼技术，它们见证了红土镍矿100多年来现代冶炼技术的发展进步与应用。

6.1 多尼安博冶炼厂

多尼安博冶炼厂（Doniambo Nickel Smelter）位于新喀里多尼亚的努美阿（Noumea），隶属于法国镍冶金公司（SLN）。

1863年，法国人在新喀里多尼亚发现氧化镍矿，取名硅镁镍矿，1880年建立镍公司，1885年，镍公司建立法国阿弗尔冶炼厂，专门处理新喀里多尼亚镍矿，其成分见表6-1。1909年，高炉公司在多尼安博建立一个冶炼厂。1931年，镍公司和高炉公司合并，共同负责多尼安博厂的镍生产。此时，多尼安博已使用鼓风炉熔炼生产低镍锍和镍铁，直到1962年。1963～1964年三台矮鼓风炉熔炼（鼓入热风）代替了以前鼓风炉。1958～1969年，先后安装了八台圆形（Elkem）还原矿热炉。后来又建成了吹炼转炉，用来精炼镍铁和冰镍。矿热炉建成之后，多尼安博冶炼厂采取两种不同的冶炼方法处理红土镍矿，用鼓风炉生产冰镍，用矿热炉生产镍铁，其工艺流程如图6-1所示。1973年产量为57000t（含镍量），其中镍铁占60%，高冰镍占40%。2003年生产含镍量6万吨产品（80%为FeNi，20%为冰镍）。

表6-1 新喀里多尼亚镍矿成分

成分	Ni+Co	Fe_2O_3	MgO	Cr_2O_3	SiO_2	Al_2O_3	CaO	MnO	自由水	烧损
含量/%	2.3～3	～22	20～28	1～3.5	32～39	0.5～3	0.1～0.8	0.2～0.8	20～30	12

多尼安博镍冶炼厂（1971年之前）生产工艺流程：

① 冰镍工艺流程：红土镍矿经烧结机烧结成烧结矿，将其与还原剂和硫化剂，即焦炭和石膏加入鼓风炉进行还原硫化熔炼生成低镍锍，再经转炉吹炼成高镍锍，铸成阳极板或块后出售；

② 镍铁工艺流程：红土镍矿经回转窑干燥、煅烧除去结晶水，煅烧矿物保温吊入矿热炉，同时向炉内加入还原剂，即焦粉进行还原熔炼生成粗镍铁，再经炉外脱硫、转炉吹炼脱硅、脱碳、脱磷、脱铬等精炼成精炼镍铁，铸成块出售。

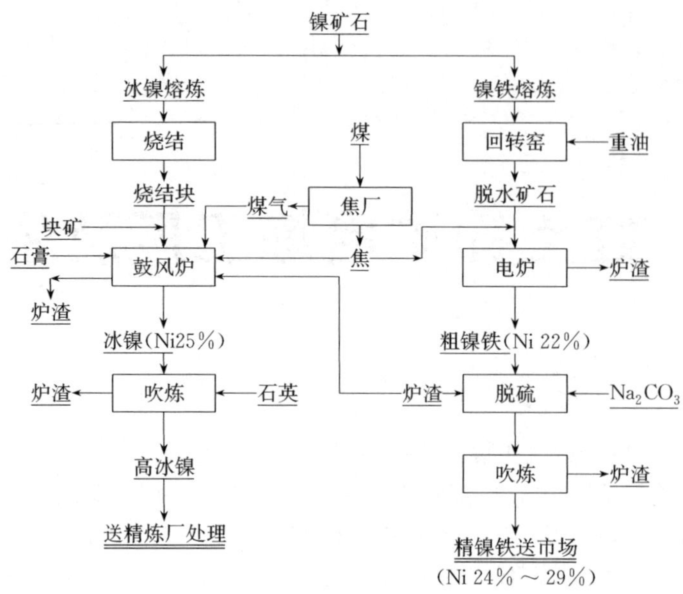

图 6-1　多尼安博镍冶炼厂冰镍、镍铁生产工艺流程图

(1) 高冰镍工艺流程　该工艺流程由红土镍矿烧结成烧结矿、鼓风炉还原硫化熔炼产低镍锍和转炉吹炼低冰镍产高镍锍等工序组成，如图 6-2 所示。

① 烧结　矿石先经筛分和破碎，然后同焦粉混合入烧结机烧结成烧结矿。

② 鼓风炉还原硫化熔炼低冰镍　烧结矿连同由珀罗地区矿石（含镍 2.6%）制成的球团矿（含 Ni 2.9%），以及石灰石、焦炭（粒度 30～100mm）、石膏按比例分批次由炉顶加入炉中。其中：烧结矿是热装的，其温度为 315～370℃；石灰石作为难熔的高镁渣熔剂，每吨干矿用量约 205kg；石膏作为生产镍锍时的硫化剂，每吨干矿用量约为 79kg；焦炭是自产的；为了更好地回收镍，还原过程应补充 15%的焦炭。当然，有一部分铁也同时被还原，被还原的铁量与矿石中的 Fe/Ni 值有关。

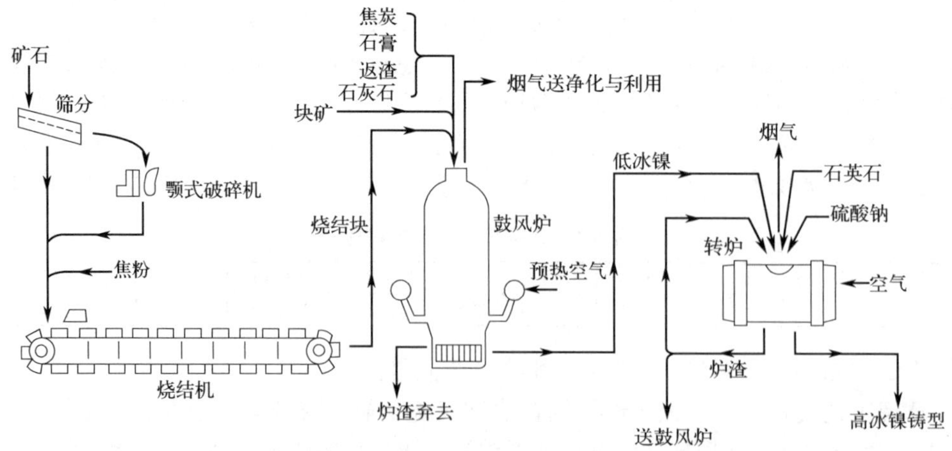

图 6-2　多尼安博镍冶炼厂冰镍生产工艺流程图

炉内生成的冰镍在 1372℃下由炉缸内定期放出，每吨干矿石产出 815kg 炉渣，产冰镍 90kg，其典型低镍锍、炉渣成分见表 6-2。镍的回收率 90%。低镍锍送转炉吹炼工序，炉渣弃去。

表 6-2　炉渣、低镍锍成分　　单位：%

炉渣	Ni+Co	Fe	CaO	MgO	Al_2O_3	SiO_2
	0.30	8～12	10～15	25～30	约 5	45～50
低镍锍	Ni+Co	S	Fe			
	27	约 20	63			

多尼安博厂矮鼓风炉结构见图 6-3，其有两个特点。一是工作容积较小，约为 $75m^3$，其中风口平面至加料平面的高度约为 4.95m，炉身断面约为 $15m^2$。矮炉身的优点是，基建费用少，节约鼓风动力，热损失小，炉身冷却费用低。炉壳采用淡水或海水沿炉壁流入开口水箱进行冷却。二是具有长椭圆形的断面，可使相对的两个风口距离小一些，这样从每个风口到炉子中心以及整个炉子断面，都能为热气体所贯穿，而不必过量鼓风。为了保证加料均匀，炉顶设有两个双料钟加料装置，并沿炉子长轴设有一根三角形长梁。

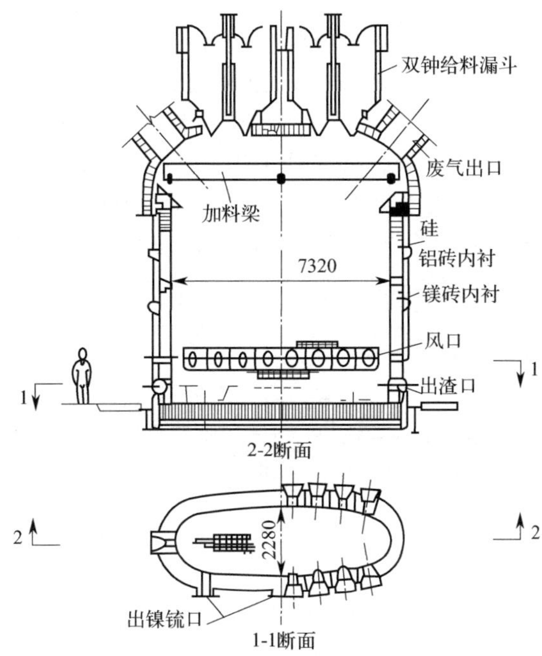

图 6-3　多尼安博厂矮鼓风炉结构

鼓风压力 24kPa，热风炉保证风口处温度超过 820℃。热风炉利用矮炉的炉气加热。但是由于矮炉炉气发热量较低，约为 $2625kJ/m^3$，因此要混入一部分焦炉煤气，混合后的气体发热量为 $3214kJ/m^3$，可以提供较高的热风温度。热风通过 16 个直径为 114mm 的风嘴送入炉内，风嘴深入炉内 100mm。

矮鼓风炉排出的炉气特性如下：

温度：265～375℃；

成分：CO_2 12%、CO 20%、H_2 1%、N_2 67%；

最低发热量：$2625kJ/m^3$；

含尘量：$23～34g/m^3$。

每台矮鼓风炉日处理干矿量约 700t，可产出镍锍 70t。当热风温度为 760～820℃时，焦比为 480kg/t 干矿。

图 6-4 所示为按照回收到冰镍中 1t 镍量计算的该矮鼓风炉热平衡。

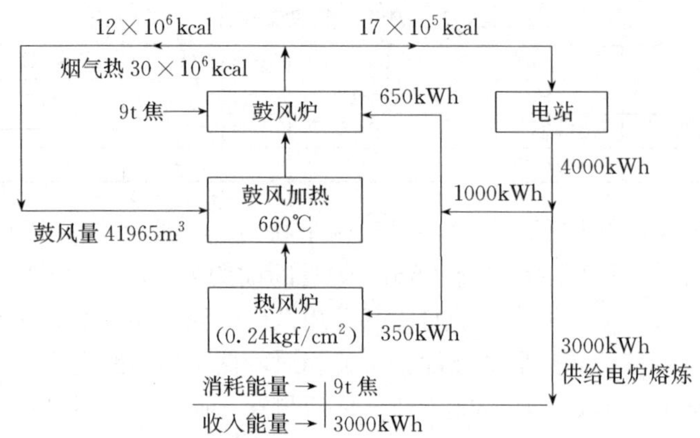

图 6-4 多尼安博厂矮鼓风炉的热平衡图

③ 转炉低冰镍吹炼 低冰镍在水平式侧吹碱性转炉(容量 20t 和 60t)内吹炼以除铁。造渣时,转炉温度逐渐降到 1067℃,炉渣变黏。加入硫酸钠以增加硫渣的流动性,产出含铁 0.1%的高冰镍。炉渣经水解后,一部分返回转炉,另一部分则送鼓风炉。高冰镍成分:Ni+Co 75%,S 22%和少量杂质。高冰镍铸成阳极板或镍块。高镍锍块送往法国镍冶金公司勒阿弗尔镍精炼厂,将其制成氧化镍和金属镍(见勒阿弗尔镍精炼厂一节)。

(2)精炼镍铁工艺流程 该工艺流程由红土镍矿回转窑干燥、煅烧,矿热炉还原熔炼产粗镍铁,镍铁精炼等工序组成,如图 6-5 所示。

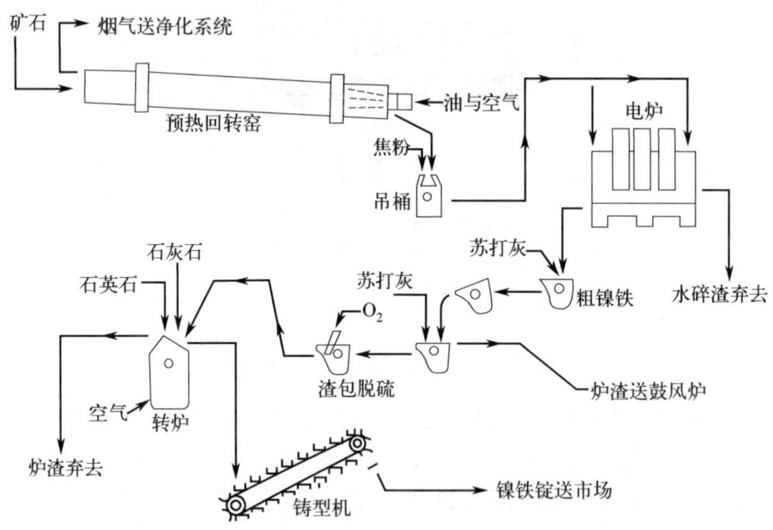

图 6-5 多尼安博镍冶炼厂镍铁生产工艺流程图

虽然红土镍矿是一种难熔矿石,但采用电炉熔炼可获得高的冶炼温度,因而在不加熔剂的情况下,可保证炉渣有足够的流动性,使其与还原的金属能良好地分开。该工艺与 RKEF 工艺不同点是:①在回转窑内进行煅烧(不加还原剂);②在矿热炉熔炼中不加熔剂。当然目前 RKEF 工艺也有视原料情况不加熔剂的。1971 年以前该厂 RKEF 流程的工厂工艺设备平面布置如图 6-6 所示,RKEF 流程的工厂剖面如图 6-7 所示。当时有三台回转窑与四台矿热炉配套。

① 回转窑干燥、煅烧 红土镍矿送入三台回转窑(长 73m,干燥带 ϕ2.75m,脱水带

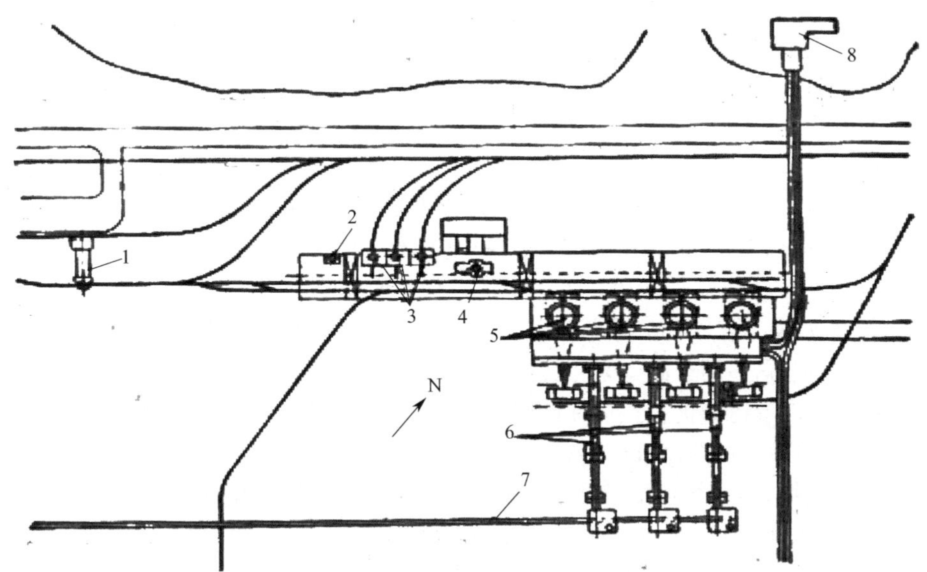

图 6-6 多尼安博镍厂 RKEF 流程的工艺设备平面图

1—浇铸机；2—脱硫电炉；3—转炉；4—精炼电炉；5—熔炼电炉；
6—回转窑；7—矿石运输机；8—水泵站

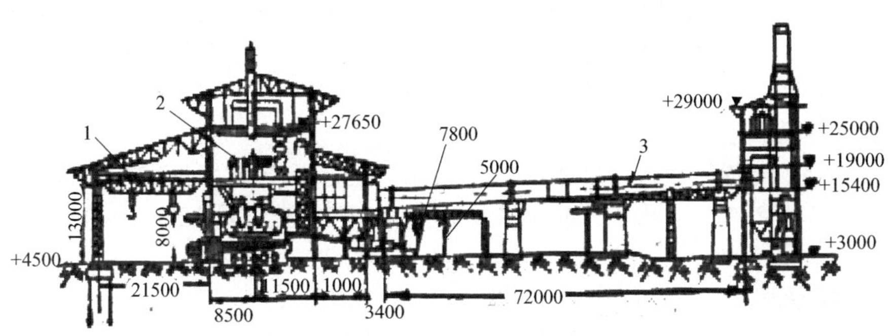

图 6-7 多尼安博镍厂 RKEF 流程工艺设备剖面图

1—20t 与 5t 吊车；2—熔炼电炉；3—回转窑

ϕ3.05m）内进行干燥，矿石在窑内于 700℃温度下脱水。当矿石加热到 110℃时，大约占原矿重量 20%～30%的水分已全被除去，成为干矿。当温度达到 485℃时，才开始脱出矿石中的结晶水（10%～13%），当达到 700℃时，结晶水便完全除去。每台窑设计处理能力 500t/d 干矿。

经煅烧出窑矿石温度为 700℃，此温度可避免矿石烧结。经有保温衬里和活动桶底的吊桶（容积 4m^3）吊运并热装入电炉。

② 矿热炉还原熔炼 脱水后的矿石，经四台电炉安装有四台吊车，从相应的三个回转窑运料车处，将矿石经炉顶气封加料装置送到四台电炉（13500kVA）内熔炼。每台炉子每小时能装 7 桶炉料。还原剂采用 10～35mm 粒度的焦粉，加入矿石中的固定碳量按每吨 31.3～37kg。自焙电极，直径 1.24m，电极插入炉渣，热是由炉渣的电阻产生的，电耗为 1t 干矿 605kWh。

粗镍铁每 2h 放一次，镍铁放出温度为 1500℃，而炉渣温度为 1580℃。粗镍铁成分：Ni+Co 20%～25%，Fe 65%～75%，C 1.8%～2.2%，Cr 1.5%～1.7%，S 0.25%～0.35%，

P 0.02%～0.09%，Si 2%～4%。炉渣经两个放渣口轮流放出，炉渣经水淬后与水一同流入贮水池，然后用泵打到海滩上。

③ 镍铁精炼　电炉产出的粗镍铁按两个阶段进行精炼：①首先在10t回转式电炉内加入石灰粉脱硫，使硫从0.25%～0.35%降到0.02%～0.03%；②脱硫后在10t侧吹碱式转炉内吹氧脱铬、硅、碳和部分磷。整个精炼工序镍的回收率为90%。精炼镍铁在1650～1700℃下放出。用包运到铸锭机，铸成18～27kg的锭子，转炉渣弃去。精炼镍铁的成分：Ni+Co 24%～27%，C 0.021%～0.029%，S 0.021%～0.024%，P 0.019%～0.024%，Si 0.023%～0.028%，其余为Fe。粗镍铁两段精炼的镍的直接回收率为96%。

1977年有文献介绍多尼安博镍冶炼厂经改造后的镍铁生产工艺流程如下：多尼安博厂在努美阿海湾有一个码头用于卸运来自四个矿区，即东海岸的卜洛、占奥洼、梯握，西海岸的内布勒矿石。矿石由皮带运输机直接运往储料场，那里有四个堆料场，由2台堆料机按顺序将来自不同矿区的料混合堆放，至每堆矿料有均匀的化学成分。取料用链斗运输机，每个使用效率为700t/h的斗轮挖掘机，从料堆把矿石添加到两个运输机上，然后运送到生产率为220t/h的2台干燥筒，在干燥筒中矿石的含水量将从25%～28%降到18%～20%。干燥后，进行筛分，分离出粒度为+50mm的矿石，随后入库。粒度为-50mm的矿石添加到配料器中，小颗粒低磷的粉状无烟煤耗量为干矿石质量的3%～5%。然后，炉料进入回转窑焙烧。焙砂温度为900℃。工厂有11台回转窑，其中7台ϕ(2.7～3.1)m×72m，这7台回转窑为8台圆形三相矿热炉（Elkem工艺：回转窑密闭式电炉法）供应焙砂。剩下的4台ϕ4m×95m，为3台矩形六相矿热炉供应焙砂。使用抓斗车将焙砂添加到矿热炉。将矿热炉熔炼好的镍铁倒入容量为3m^{3}的钢包中，进一步进行精炼（4台15t转炉）、浇注。矿热炉炉渣使用海水进行渣粒化处理。

主要设备情况：

a. 干燥设备。干燥筒2台，尺寸：4m×32m，额定生产能力（干矿）220t/h。加入矿石的含水量25%～28%，排出矿石的含水量18%～20%，蒸发量72kg H_2O/m^3。燃料为重燃料油。

b. 焙烧-还原设备。11台回转窑，其中7台ϕ(2.7～3.1)m×72m，4台ϕ4m×95m。焙砂排出温度900℃。用无烟煤作还原剂，平均还原剂消耗50kg/t干矿。粉尘率10%，将粉尘送回转窑混合装置处置。

c. 熔炼设备。8台三相圆柱形矿热炉，其直径为12.5m，高度为5.2m，功率为11MVA。所有炉底面积为123m^2，炉底面积的功率为89.0kW/m^2。自焙电极的直径为1250mm。炉衬的使用期限为6年。3台矩形六相电极矿热炉，最大功率为50MVA，平均功率为36MVA，自焙电极的直径为1400mm。炉体尺寸33m×13m×5.5m，炉底面积430m^2，功率密度为94kW/m^{2}炉膛。平均电压300V，二次电流20kA。每台矿热炉额定生产能力76t焙砂/h（在36MVA时）。

2004年7月，JOM发表了美国冶金学会（TMS）项目有关非铁金属冶炼厂家的调查，由此知多尼安博冶炼厂使用工艺设备为5台ϕ4m×95m回转窑和3台矩形矿热炉（最大功率50MVA）冶炼镍铁。焙砂温度为900℃。

镍铁的生产情况：

多尼安博冶炼厂创建初期，使用鼓风炉，是世界上第一家生产镍铁的厂家，经历了鼓风炉、高炉、矿热炉（圆形、矩形）冶炼镍铁的众多工艺，积累了丰富的经验。电炉能耗从20世纪60年代末的660kWh/t焙砂降低至2003年的475kWh/t焙砂。矿热炉粗制镍铁镍含量为 22%～28%。

所用原料化学成分见表 6-3。

表 6-3　原料化学成分

Ni /%	Co /%	Fe /%	Fe/Ni	SiO_2/MgO	金属回收率 /%
2.7	0.06	13	4.8	1.75	90～93

矿热炉出铁温度 1550℃，出渣温度 1660℃，铁水含镍量 22%～28%。

矿热炉炉渣化学成分见表 6-4。

表 6-4　矿热炉炉渣化学成分

SiO_2/%	MgO/%	SiO_2/MgO	Fe/%	Ni 分配系数
55.8	31.9	1.75	5.7	185

6.2　勒阿弗尔镍精炼厂

勒阿弗尔镍精炼厂（LeHavre Nickel Refinery）也译为哈维尔镍精炼厂，隶属法国镍公司。该冶炼厂有两个较特殊的镍冶炼工艺：一是处理来自多尼安博镍冶炼厂的高冰镍，用两段氧化焙烧和还原法生产镍丸；二是将外供的镍铁经空气吹炼，得金属镍和氧化物，再进行熔化可获得含镍 92%～95%的高镍铁，这种镍铁合金铸成阳极板。

（1）镍丸工艺　1970 年该厂年生产能力为 12000t 镍粒，其生产工艺流程如图 6-8 所示。由多尼安博产的高冰镍，成分：Ni 78%，Co 0.3%，Fe 0.07%，S 20%，用船运到该厂后，经破碎、磨矿、氧化焙烧脱硫。焙烧分两段进行，第一段将磨细的矿物经沸腾炉流态化焙烧，因是放热反应，无需额外添加燃料，产出含 S 0.5%的氧化物焙砂，其反应式为

$$2Ni_3S_2+7O_2 = 6NiO+4SO_2$$

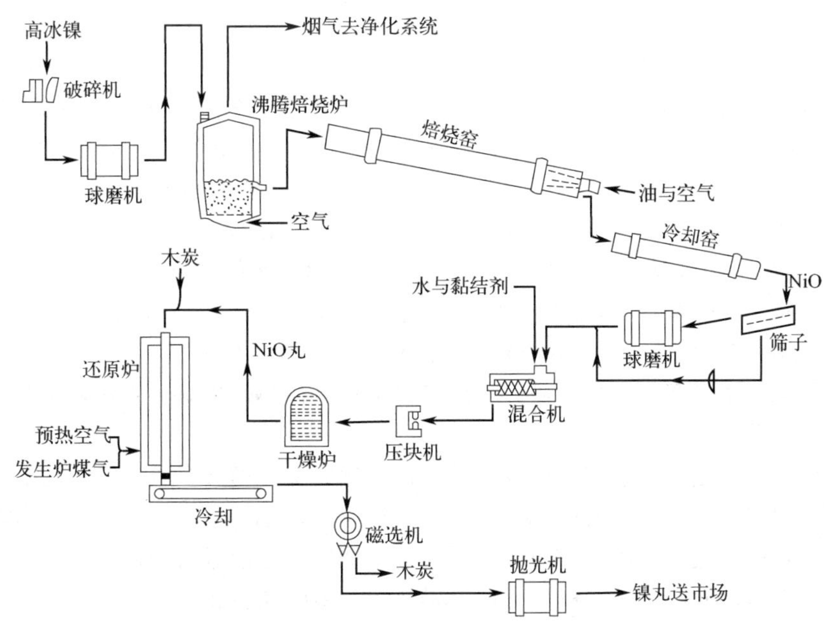

图 6-8　勒阿弗尔镍精炼厂生产流程图

第二段将氧化物焙砂经回转窑再氧化焙烧（烧油），产物为含 S 0.02%的氧化物焙砂。产出的氧化镍经冷却、筛分，筛上物细磨后与筛下物合并，在氧化镍细粉中加水和黏结剂压团（直径 32mm、厚 19mm）。球团干燥后，用竖罐加木炭还原，氧化镍在 1315℃条件下还原成金属。经磁选辊分离木炭，金属镍再经洗涤与滚筒抛光机抛光后销售。金属镍成品成分：Ni 99.25%，Co 0.45%，Cu 0.07%，Fe 0.1%，S 0.004%，C 0.04%。

（2）阳极板工艺　将由新喀里多尼亚生产的镍铁放入电弧炉中熔化，再将熔化后的镍铁用压缩空气气流吹碎，将其吹入一个光滑的金属壁的氧化室内，同时吹入二次空气使金属铁氧化，从室壁与底部取出片状的金属镍与氧化物的混合物，再进行熔化，结果获得含镍 92%～95%的高镍铁，这种镍铁合金铸成阳极板。

这个工艺利用了铁比镍易氧化的原理，使低品位镍铁中的铁被选择性地氧化，镍被铁保护不被氧化，形成镍及金属氧化物混合物（如 FeO），再将镍及金属氧化物混合物熔化，金属氧化物高温分解，部分被氧化的镍，即 NiO，比 FeO 易于分解，几乎全部分解或被分解的单质铁所还原，则形成 Ni＋Fe＋FeO 熔体，液态 Ni＋Fe 与 FeO 靠质量密度分开。部分铁进渣，镍铁得到富集。随着所获得的镍铁镍品位的增高，镍回收率下降。

6.3 日向冶炼厂

日本日向冶炼厂（Fyuga Smelter）隶属于住友金属矿业公司，于 1956 年 9 月建立，1957 年 4 月投产，采用从新喀里多尼亚进口的硅镁镍矿为原料，采用烧结敞开式电炉（2000kVA×1,2500kVA×4）还原法生产镍铁。1964 年生产含镍量 7717t 的镍铁。在 1968 年搬迁到日向临海工业区的厂址（填海造地）上新建了回转窑密闭式电炉法（Elkem 法）生产线，1970 年 12 月建成专用码头，成为当时世界上屈指可数的临海冶炼厂。由于矿石的主要来源是新喀里多尼亚和印度尼西亚，所以该厂成为日本距矿石产地最近，运输成本最低的冶炼厂。这种状况迫使居日本海内陆位置的富山冶炼厂取消了镍铁的生产，全部转由日向集中生产。

在新厂址第一阶段完成了两条生产线建设，每条线配有一套 35t/h 回转窑、15MVA 矿热炉。1968 年 3 月第一套投产，1969 年 4 月第二套投产，搬迁工作全部完成。于 1970 年 12 月建成专用码头。在第二阶段建设中，于 1971 年 1 月又投产了两条生产线，共用一台 220t 湿矿/h、ϕ5m × 40m 干燥筒，每条线配有一套 65t/h 回转窑（ϕ4.8m × 105m）、28MVA 矿热炉（ϕ18.5m）。在 1990 年 12 月更新 5 号 40MVA 矿热炉（ϕ17.5m）。

2004 年 7 月，JOM 发表了美国冶金学会（TMS）项目有关非铁金属冶炼厂家的调查，由此知只开 3 号、5 号两座大型电炉，且 3 号电炉功率为 60MVA。还有 4 台精炼炉（2 台低频感应炉、2 台氧气顶吹转炉），生产能力（镍）达 2.2 万吨每年。

该厂工艺流程由破碎、干燥、破碎、回转窑焙烧、矿热炉熔炼、转炉精炼和粒化等工序组成，如图 6-9 所示。

（1）还原焙烧　由运输船将进口的矿石运抵专用码头，由 2 台具有筛分功能起重机直接卸货，同时可以将凝结的块矿进行破碎筛分，再运至料场堆料。由于矿石中含有 25%～35%的吸附水，而且还含有大块，所以必须在进入回转窑之前进行破碎及干燥处理。干燥前按照一定的碱度（MgO/SiO_2）和一定的 Ni/Fe 比，用铲式装载机进行适当配料。从料仓里出来的矿石经一次破碎机破碎至－150mm 后送入回转式顺流干燥筒（ϕ5m×40m，干燥能力为 220t/h）。干燥筒用粉煤作为燃料，使其在直接燃烧式热风炉内燃烧，用一部分矿热炉废气（经空气稀释）作干燥热风，用船用C级油点火，则使产生的温度约900℃的热风干燥矿石。这种干燥方式若用来干燥类似于镍矿石这样的黏土状矿石，热效率也非常高。

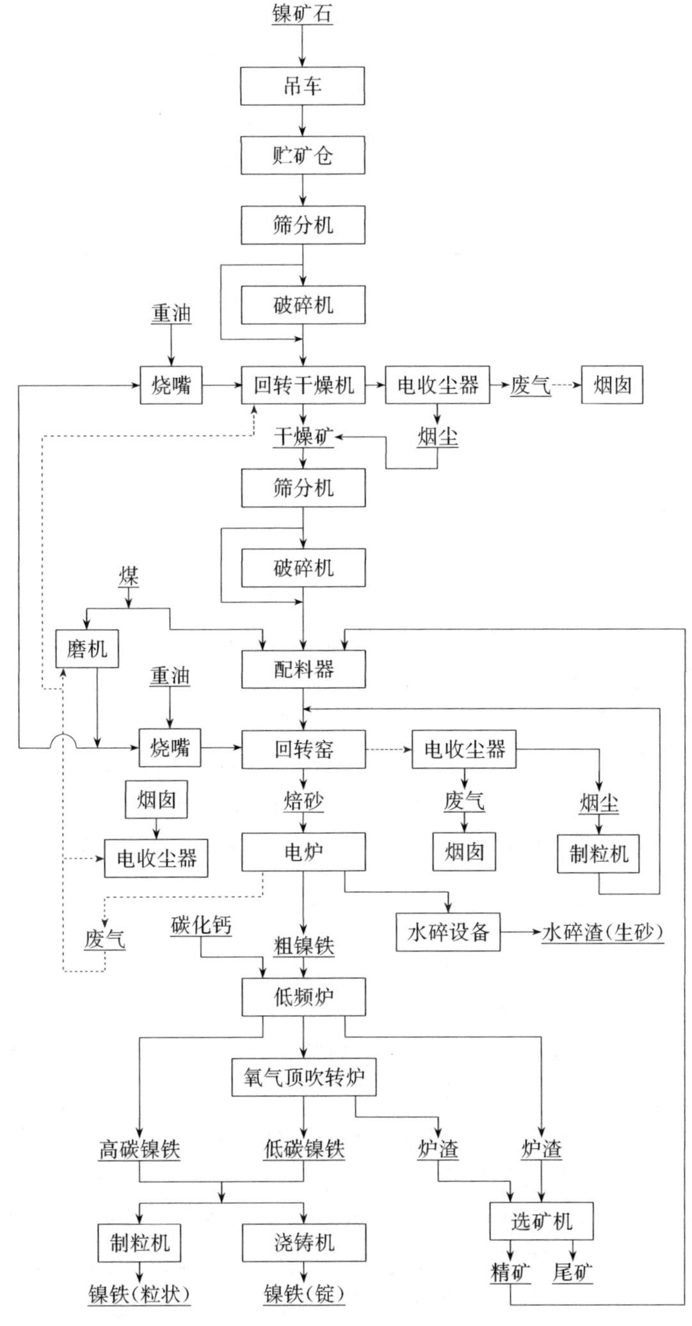

图6-9　日向冶炼厂工艺流程图

含吸附水25%～35%的矿石，给入干燥设备进行干燥到含水为20%～22%以避免下道筛分、破碎工序发生故障。干燥筒产生的烟尘通过电收尘器捕集后与干燥矿混合，一道送入下道工序。自从1971年增设了回转式干燥筒以后，对高水分矿石的适应性有了很大提高，回转窑的处理能力以及运转率都得到了较大幅度的增加。

干燥筒干燥后的矿石，经过筛分后用对辊破碎机进行破碎，然后通过带式输送机送进配料设备计量配料，再送到自动堆料的二次堆场堆存。

二次堆场堆存的干燥矿石，用铲式装载机装入矿斗，经板式给矿机和带式输送机运入计量仓。计量仓的个数与回转窑的台数相对应设置，各仓之间可以自动切换，以满足整个系统的用矿量。各仓下面都设有定量给料装置，按设定给矿量定量供给各台回转窑。同样各窑所对应的还原剂仓下面也设有定量给料装置。

烟煤或无烟煤作还原剂，与干燥过的矿石配料后装入回转窑。烟煤经过煤磨机粉碎后用作干燥筒及回转窑的燃料。烟煤及无烟煤的成分组成见表 6-5。

表 6-5　烟煤及无烟煤的成分组成

种类	固定碳/%	挥发分/%	灰分/%	P/%	S/%	$H_2O_{总}$/%	总发热量/(kcal/kg)
烟煤	55.7	30.9	13.4	0.003	0.41	10.0	7.050
无烟煤	82.5	7.3	10.2	0.008	0.53	8.6	7.450

回转窑的热源主要是粉煤燃烧热。如果使用烟煤作镍矿石的还原剂，由于烟煤中，挥发分燃烧放热，可以节约 20%左右的粉煤用量。使用回转窑进行焙烧的目的，是除去干燥矿中的吸附水、结晶水，更重要的是给矿热炉稳定地提供高温焙砂，从而降低矿热炉的电力消耗。

回转窑产出的烟尘（烟尘率为 10%～15%），全部制粒后再返回回转窑处理。从前，为了维持球粒的强度，曾将粉碎后的镍矿粉作为黏结剂添加在烟尘中，而今已掌握了不添加任何黏结剂，只用烟尘制出强度高、在高温下不炸裂的球粒技术。

粉煤制备过程中，煤的干燥全部用矿热炉废气作热源。

（2）还原熔炼　从回转窑排出的焙砂，经缓冲仓、计量仓、搬运用料罐和炉上加料仓，由投料管加入矿热炉。为了尽量防止焙砂温度降低，每个料仓、料斗都采取了绝热保温措施。特别是加料仓，除料罐卸焙砂时之外，一般都盖上盖以防止散热。由于焙砂流动而导致磨损严重的地方，都使用耐磨性高的材料，并在其外部采取了绝热保温措施，因此，炉衬寿命很长。

炉上加料仓中焙砂的料位采用料位计测定，并与料罐开关联锁，自动完成加料仓的加料。矿热炉还原生产中，为了达到几乎全部的镍及 55%～65%的铁被还原成金属，需要控制加入回转窑的还原剂量。被还原出的金属形成粗镍铁，定时从铁口放出，然后送往精炼工序。产出的电炉渣定时从渣口放出，全部水碎后堆存。

生产的成品为镍铁锭块（20kg/块）和水碎镍铁丸。这种镍铁丸形状呈豆状，具有运输方便、容易熔化等优点，可以在不锈钢精炼的氩氧顶吹转炉等的吹炼过程中加入，深受用户欢迎。对于高碳镍铁，在本行业中率先开发研制了制丸技术，并成功地列入了正式产品范围。这种镍铁丸的制造方法不仅取得了日本专利，而且在法国、美国和哥伦比亚等国家都获得了专利，并已向印度尼西亚的国营矿业公司出口了制造设备，也向美国的格林布罗克公司出口了生产技术。

每台矿热炉额定生产能力 60～65t 焙砂/h，平均电耗 470～480kWh/t 焙砂。由于采取了以下措施，电耗降低到 430～440kWh/t 焙砂：①强化矿石的筛分；②回转窑烟尘球粒化；③电炉操作方法的改进；④改进电炉炉衬，减少热损失；⑤设置重油喷吹装置。

电极消耗约 1kg/t 焙砂。镍铁产品形式：1%铸块，99%金属粒。原料化学成分见表 6-6。

表 6-6　原料化学成分

Ni/%	Co/%	Fe/%	Fe/Ni	SiO_2/MgO	金属回收率/%
2.1～2.5	<0.1	11～23	4.8～10	1.46～1.67	97～98

要将新喀里多尼亚和印度尼西亚的硅镁镍矿混配使用，故需将其配料，以保证原料成分稳定。经配出的原料 Fe/Ni=5.56～7.14，SiO_2/MgO=1.49～1.67。矿热炉粗制镍铁化学成分见表 6-7。

表 6-7　矿热炉粗制镍铁化学成分

Ni/%	Co/%	Fe/%	金属温度/℃
17～25	<0.8	70～75	1400～1450

矿热炉炉渣化学成分见表 6-8。

表 6-8　矿热炉炉渣化学成分

SiO_2/%	MgO/%	SiO_2/MgO	Fe/%	Ni 分配系数
50～55	32～36	1.49～1.67	7～10	210

注：Ni 分配系数是指镍铁中 Ni 含量与渣中 Ni 含量之比。

(3) 精炼　该厂精炼工艺为两步：用低频感应炉脱硫；用氧气顶吹转炉脱硅、碳、磷等。

① 脱硫　矿热炉粗制镍铁水（1400～1450℃）化学成分见表 6-9。将其兑入低频感应炉，用 CaC_2 作脱硫剂脱硫。该方法脱硫效率极高，不仅可以利用感应炉电磁感应功能进行搅拌，还可以利用其加热功能补偿脱硫过程中的温降，使处理高硫金属成为可能，而且还可以进行加碳等成分调整、冷料熔化以及熔体保温等操作，具有很强的适应性。

表 6-9　粗制镍铁水化学成分

元素	Ni	Co	Si	P	C	S	Cr
含量/%	22.3	0.63	0.65	0.012	1.55	0.38	0.49

通常粗镍铁含硫为 0.3%～0.4%，经脱硫后含硫一般控制在 0.02%以下。低频炉的捣固炉底材质应根据金属的性质而分别选用二氧化硅或氧化铝。

② 脱硅、碳、磷等　将脱硫后的镍铁兑入氧气顶吹转炉进行进一步精炼。氧气顶吹转炉从炉顶吹入纯氧，用以除去镍铁中所含的硅、碳、磷等杂质。同时加入生石灰（CaO）等熔剂调整炉渣成分。铁水温度 1600～1650℃，浇注成颗粒。精炼镍铁化学成分见表 6-10。

表 6-10　精炼镍铁化学成分

项目	Ni/%	Co/%	C/%	S/%	Si/%	P/%	Cr/%
高 C	16	<Ni×0.05	<3	<0.03	<5	<0.05	<2.5
低 C	17～28	<Ni×0.05	<0.02	<0.03	<0.3	<0.02	

6.4　中宝滨海镍业有限公司

中宝滨海镍业有限公司位于渤海岸河北省沧州市黄骅港开发区，是中国中钢集团有限公司独资子公司。

中宝镍业设计规模为年产 8 万吨镍铁（镍含量为 1.6 万吨），镍铁产品执行 ISO 6501：1998（E）优质低碳低磷镍铁质量标准，其 20%镍铁化学成分见表 6-11。产品形状：10kg

铸块、5～50mm 粒铁。

表 6-11 镍铁产品化学成分

元素	Ni	S	P	C	Cr	Cu	Si
含量/%	20.0	<0.03	<0.03	<0.03	<0.1	<0.2	<0.2

中宝镍业镍铁项目由乌克兰国立钛研究设计院做基本设计和部分详细设计，由南昌有色冶金设计研究院（瑞林）做工厂设计。项目采用回转窑—矿热炉—转炉精炼工艺技术，即 RKEF 加精炼工艺，于 2012 年 5 月 9 日产出第 1 炉粗制镍铁。

工艺流程如图 6-10 所示：红土镍矿→干燥筒干燥（干燥后含水量 20%～26%）→筛分（−300mm）→破碎（−50mm）→原矿、石灰石（30～50mm）、无烟煤（−6mm）三种炉料按比例混合→回转窑还原焙烧→热焙砂（900～950℃）→自行卸料小车→矿热炉熔炼→粗制镍铁（1300～1400℃）→钢包脱硫→酸性 GOR 转炉脱硅→碱性 GOR 转炉脱碳、脱磷→精制镍铁→铸块（铁水温度 1540～1590℃）或粒化（铁水温度≥1630℃）。

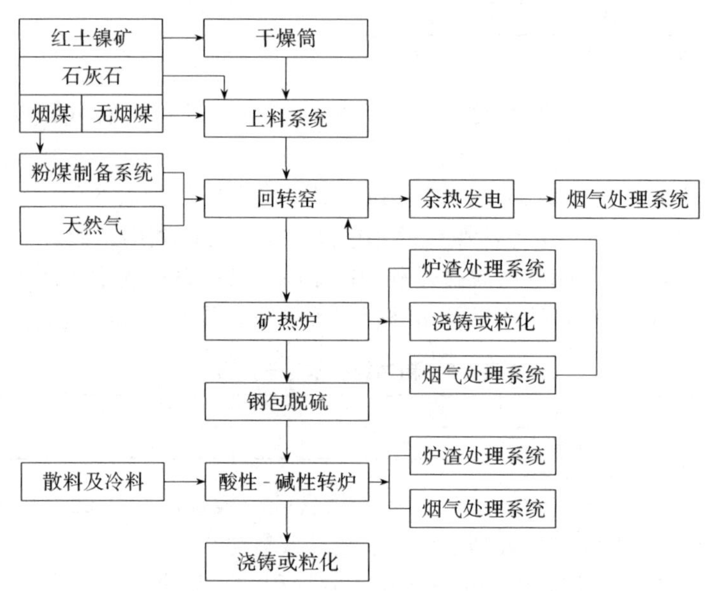

图 6-10 中宝滨海镍业有限公司镍铁生产工艺流程图

（1）还原焙烧 由汽车将海运至黄骅港码头的红土镍矿运至工厂露天料场，经干燥筒干燥，设有 1 台干燥筒，直径为 3.6m，长 32m，生产能力为 100～120t 干矿/h。干燥后的矿石送至原料库（室内），外购的熔剂（石灰石）、还原剂（无烟煤）也送至原料库。通过上料系统完成上料、破碎及配料。配比混合后的炉料进入回转窑进行还原焙烧，回转窑设有 4 台，每台回转窑直径为 4.85m，长 75m，每台生产能力按炉料（湿矿）计为 40～50t/h。回转窑所需燃料为天然气（外购）、回收矿热炉煤气及粉煤（粉煤制备系统提供）。2 台回转窑与 1 台矿热炉组成一条生产线，共两条生产线。炉料经回转窑预热、干燥和焙烧产出焙砂。回转窑烟气经除尘脱硫后放空，余热用于发电。

回转窑工作为连续运转，窑内物料流向为逆流，筒体旋向从卸料端看为顺时针旋转。

炉料在回转窑内的停留时间为 3h，按其发生过程的特性，回转窑可划分为三个区：

烘干区——距回转窑冷端 35～40m 长度段，炉料加热至 120℃，可除去吸附水；

加热区——19～22m 的长度段，炉料加热至温度 700℃，除去结晶水；

还原焙烧区——9～13m 长度段，炉料加热至 950～1000℃，炉料中的铁、镍氧化物被部分还原。一般回转窑中 80%～90%的 NiO 还原成 Ni，5%～10%的 FeO 还原成 Fe。

焙砂温度为 900～950℃，卸入至窑尾的受料仓，装料室负压 60～120Pa，排料室负压 50～100Pa，并定时地卸入位于地磅秤上的自行卸料小车上的料罐中。

回转窑窑头（卸料端）设有回转窑复合燃烧器，燃烧器伸入回转窑高温焙烧段，所处区段炉温为 1100～1250℃，压力为－50～－100Pa。回转窑燃烧器所用燃料为天然气、煤气及粉煤，各种燃料燃烧量正常运行时，以保证矿热炉炉顶煤气全部用完为前提，供热不足部分再由粉煤燃烧提供，天然气主要是为了冷炉启动和作为粉煤燃烧时的稳定剂，要求火焰的长度为 10～20m。复合燃料的助燃空气为常温常压空气。燃烧器上设有一次、二次风口，一次风主要用来调节火焰形状，通过调节二次风量来控制窑内的还原性气氛。粉煤由粉煤制备车间输送至窑前粉煤仓内贮存，采用环状天平计量装置将粉煤通过风机定量地送入燃烧器内。从回转窑排出的烟气温度为 400℃，通过回收余热、净化脱硫后达标排放。

（2）矿热炉还原熔炼　矿热炉熔炼工艺流程见图 6-11，热焙砂通过矿热炉运料系统进入 2 台 48MVA 圆形平顶全封闭式矿热电炉熔炼，每台矿热电炉采用 3 台 16MVA 的单相变压器供电，经过还原熔炼，产出粗制镍铁。粗制镍铁于转运钢包中完成脱硫后经铸铁机/粒化系统，铸块/粒化形成粗制镍铁产品或送精炼车间进一步精炼。炉渣处理系统完成炉渣水淬及脱水干燥，烟气处理系统将净化后的合格烟气入回转窑作为补充燃料。

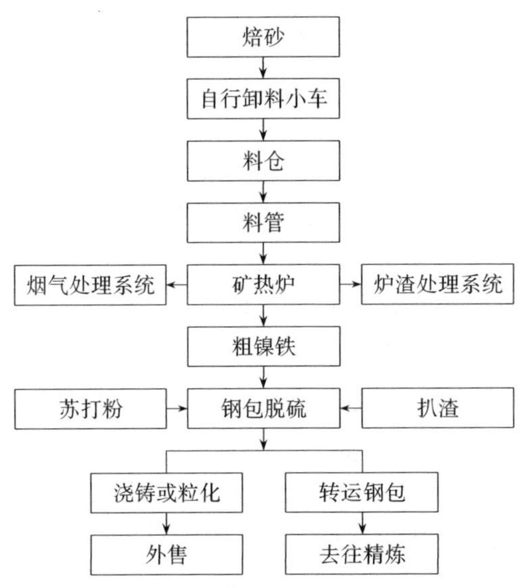

图 6-11　矿热炉熔炼工艺流程图

从回转窑中排出的焙砂通过自行卸料小车卸至受料仓中，自行卸料小车沿着矿热电炉顶上两边轨道运行，每台矿热电炉配备两台自行小车，焙砂通过自行卸料小车按自动操作程序运送至矿热炉的受料斗内（带称重装置），也可以通过在自行卸料小车平台上的操作人员实现对矿热炉加料过程的监控，再通过加料管加入到矿热炉中。每台矿热炉有 14 个料仓、28 根加料管，加料仓下均设有气动阀门以控制加料，防止热损失和烟尘。使用电能对焙砂进行还原熔炼，焙砂在电炉内熔化后分成渣和金属两相，焙砂中残留的碳及消耗的电极将镍和部分铁还原成金属，形成含镍 10%的粗制镍铁。

炉渣通过位于矿热炉一端两个排渣口中的一个排渣，每小时排渣一次，每天排渣 24 次，每次排渣 20min。炉渣温度为 1600℃左右。炉渣通过溜槽进入水淬系统。

粗镍铁通过电炉另一端两个出铁口中的一个出铁，经溜槽定期排入有内衬的 30t 钢包中，2h 排镍铁一次。粗镍铁温度为 1300～1400℃。出镍铁前，在钢包中预先添加苏打灰完成脱硫作业。盛有脱硫后的粗镍铁的钢包放置在钢包车上，由钢包车运至转炉车间浇注或精炼。

矿热炉炉盖下空间温度不高于 1000℃，固态炉料温度为 950℃左右，矿热炉排出的烟气温度为 800～950℃，烟气中的 CO 浓度为 50%～75%，净化处理后回收送至回转窑使用。

矿热炉炉渣经粒化塔粒化后进入脱水转鼓完成脱水干燥，然后输送至渣仓。

(3) 转炉精炼　该厂精炼工艺由铁水包脱硫，酸性 GOR 炉（底吹氧气、氮气和天然气转炉）脱硅，碱性 GOR 炉脱碳、脱磷等工序组成，如图 6-12 所示。

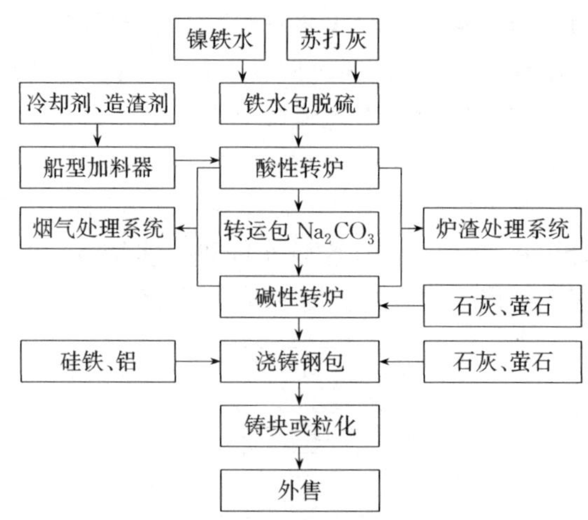

图 6-12　镍铁精炼工艺流程图

① 脱硫　矿热炉产的粗镍铁水（1300～1400℃），设计化学成分见表 6-12，直接在转运铁水包中进行脱硫。无渣的铁水从矿热炉的出铁口流入到事先放入了苏打灰的 30t 铁水包中，铁水冲兑搅拌脱硫。苏打的耗量在 15kg/t 镍铁水以内。再经吊车将脱硫的铁水包吊运至扒渣位扒渣。铁水包精炼的脱硫程度为 50%～70%。

表 6-12　设计矿热炉粗镍铁化学成分

元素	Ni	Fe	Cu	Co	Si	C	S	P
含量/%	10.0～11.0	80.0～84.0	≤0.07	≤0.03	≤7.0	≤2.0～2.5	≤0.15	≤0.13

② 脱硅　将脱硫后的镍铁水称重、取样、测温之后兑入酸性转炉。在向转炉中倒入半成品前，必要时添加造渣剂，如红土镍矿、铁矿、铁鳞等以及可能添加的固态炉料，转炉渣磁选金属料、回转窑除尘灰等。固体炉料重可占入炉料的 10%～20%，视炉温而定。本精炼工序的主要任务是：降低金属中硅的含量；处理当前生产的金属废料；将铁水温度提高到 1500～1550℃。

GOR 炉炉底装有 3 个喷枪，喷枪为管套管式，形成中心管和环缝两个气体通道。中心管主要用于喷氧气（供养）和氮气（搅拌），环缝主要用于喷保护喷枪气体——天然气。

工艺操作的顺序和估计时间：

- 装固体金属炉料　　　5min；
- 兑入粗镍铁　　　　　3min；

● 氧化产品　　　　　　20～25min；
● 取样（倾炉）和测温　5min；
● 吹氮　　　　　　　　2～4min；
● 出铁　　　　　　　　5min；
● 出渣　　　　　　　　3min；
● 未考虑到的热停　　　5min；

共计：48～55min。

转炉吹炼向炉底喷嘴送气的程序见表 6-13。

表 6-13　底喷嘴送气程序

序号	操作名称	中央喷嘴	环缝喷嘴
1	装金属炉料	氧	天然气
2	倒入粗镍铁	氧	天然气
3	氧化产品	氧或氮氧混合气	天然气
4	取样	氧或氮	天然气或氮
5	吹氮	氮	氮
6	出金属	氮	氮
7	出渣	氧或氮	天然气
8	未考虑到停顿	氧	天然气

金属吹氧强度为 1.2～2.2m^3/t。同时经底吹装置环缝通道送入的天然气的流量为氧流量（体积）的 10%。在金属的氧化喷吹结束后，在 2～4min 期间吹氮，其强度为 0.5～0.6m^3/t。氮送入中央和环缝两个喷嘴通道。1t 粗镍铁氧的耗量在 60～75m^3 以内。

若有必要，经酸性转炉精炼后，镍铁水可通过炉口倒入预先放有苏达灰的铁水包中再一次脱硫。

酸性转炉脱硅后金属的大致化学成分见表 6-14。渣的成分：SiO_2 45%～55%，FeO 30%～40%，MgO（CaO）6%～8%。

表 6-14　酸性转炉脱硅后金属的大致化学成分

元素	Ni	Si	C	Fe
含量/%	12.0～13.0	0.25	1.0～2.2	其余

③ 脱碳、脱磷等　完成脱硅工序后，金属从铁水包中倒入碱性转炉进行第 3 步精炼。第 3 步的主要任务有：金属脱磷、脱碳、部分脱硫及去除所有其他杂质。

金属吹氧伴有保护气体（天然气），吹炼强度为 1.5～2.0m^3/t。保护气体（天然气）用量为氮气用量的 10%（按体积）。在精炼的结尾，在 3～5min 期间吹氮，其强度为 0.5～0.6m^3/t。

在喷吹过程中通过下料仓添加造渣剂（石灰石、萤石精矿）。

精炼完成后无渣金属液倒入浇铸钢包中，金属液倒入浇铸钢包前，若有必要可进行再次脱硫，即往钢包中加入石灰石 3～4kg/t 镍铁水，萤石精矿 1～1.5kg/t 镍铁水。钢包中可加入硅铁合金或铝进行脱氧。在钢包中的成品金属浇铸前，温度应在 1540～1590℃范围内；如果需要粒化，应不低于 1630℃。成品镍铁中的镍含量不低于 15%。完成精炼的合格铁水用钢包转运到下一工序进行铸铁块或粒化处理，而渣则装在渣罐中运至炉渣处理工段。

工艺操作的顺序和估计时间：

- 兑入酸性转炉脱硅半成品镍铁　3min；
- 氧化产品　25～30min；
- 取样（倾炉）和测温　5min；
- 吹氮　3～5min；
- 出铁　5min；
- 出渣　3min；
- 未考虑到的热停　5min；

共计：48～56min。

在进行转炉吹炼工艺操作时，向底喷嘴送气的程序同酸性转炉，参见表6-13。

碱性转炉脱磷、脱碳后精炼镍铁的大致化学成分见表6-15。

表6-15　精炼镍铁大致化学成分

元素	Ni	Si	C	S	P	Fe
含量/%	≥15.0	0.20～0.30	0.05	<0.03	<0.03	其余

镍铁生产对红土镍矿、无烟煤和石灰石的技术要求见表6-16～表6-18。

表6-16　红土镍矿技术要求

Ni/%	Fe/Ni	MgO/%	SiO_2/%	Al_2O_3/%	P/%	S/%	Fe/%
≥1.50	≤10	≤20	≤45	≤5	≤0.005	≤0.05	≤20

表6-17　无烟煤技术要求

灰分/%	挥发分/%	水分/%	碳/%	硫/%	灰的熔点/℃	粒度/mm	低位热值/(kcal/kg)
≤10	≤9	≤8	≥82.0	≤0.25	≥1150	≤6	≥7000

表6-18　石灰石技术要求

CaO/%	MgO/%	SiO_2/%	P/%	S/%
≥52.0	≤2.5	≤2.0	≤0.010	≤0.060

实际生产的红土镍矿、无烟煤、石灰石成分见表6-19～表6-21。炉料配比：红土镍矿83%，石灰石12%，煤粉5%。于此获得的焙砂、矿热炉粗制镍铁、炉渣成分见表6-22～表6-25。

表6-19　红土镍矿化学成分

Ni/%	TFe/%	SiO_2/%	CaO/%	MgO/%	Al_2O_3/%	P/%
1.79	15.56	36.88	2.05	21.22	0.77	0.001

表6-20　无烟煤成分

水分/%	灰分/%	挥发分/%	固定碳/%	S/%
5.5	8.22	9.50	81.2	0.022

表6-21　石灰石化学成分

SiO_2/%	CaO/%	MgO/%	P/%	S/%
0.6	53.5	2.6	0.002	0.022

表 6-22 3# 回转窑焙砂化学成分

编号	Ni/%	TFe/%	SiO_2/%	CaO/%	MgO/%	Al_2O_3/%	P/%	Cr/%	C/%	S/%
1	1.39	11.94	30.24	15.62	21.39	1.17	0.0046	0.46	7.01	0.033
2	1.70	14.18	31.84	12.87	21.87	1.23	0.0055	0.49	6.92	0.036
3	1.70	15.18	35.73	7.76	24.42	1.41	0.0053	0.69	6.13	0.039
4	1.83	17.68	37.08	3.33	24.08	1.76	0.0065	0.54	7.36	0.046
5	1.63	14.17	33.47	10.61	22.65	1.59	0.0067	0.61	7.16	0.060
6	1.65	13.59	31.62	13.36	21.86	1.30	0.0052	0.56	7.82	0.034
7	1.70	15.62	35.81	5.81	23.17	1.60	0.0056	0.58	6.36	0.064

表 6-23 4# 回转窑焙砂化学成分

编号	Ni/%	TFe/%	SiO_2/%	CaO/%	MgO/%	Al_2O_3/%	P/%	Cr/%	C/%	S/%
1	1.35	11.67	29.96	15.73	21.29	1.14	0.0046	0.45	7.62	0.035
2	1.95	15.85	35.39	6.01	24.04	1.37	0.0060	0.61	6.80	0.041
3	1.65	14.12	34.34	8.97	23.82	1.39	0.0066	0.63	7.57	0.038
4	1.84	17.21	34.91	4.78	22.29	2.04	0.0097	0.52	7.75	0.046
5	1.82	16.40	36.04	6.17	23.38	1.80	0.0065	0.61	7.15	0.062
6	1.44	12.31	29.04	16.51	20.14	1.29	0.0067	0.48	10.09	0.057
7	1.52	13.47	31.37	14.06	20.29	1.44	0.0044	0.53	7.31	0.048

表 6-24 2# 矿热炉粗制镍铁化学成分

编号	Ni/%	C/%	Si/%	S/%	P/%	Cr/%	Mn/%
1	10.90	2.73	1.52	0.062	0.025	2.86	0.17
2	10.96	3.33	1.73	0.059	0.027	2.99	0.19
3	10.93	3.34	2.17	0.057	0.026	3.17	0.22
4	10.87	2.88	2.75	0.035	0.027	3.36	0.26
5	10.96	3.24	3.05	0.033	0.029	3.48	0.29
6	10.89	3.43	2.92	0.034	0.029	3.51	0.30
7	10.91	3.06	3.30	0.038	0.029	3.43	0.30

表 6-25 2# 矿热炉炉渣化学成分

编号	Ni/%	FeO/%	SiO_2/%	CaO/%	MgO/%	Al_2O_3/%
1	0.062	3.71	44.44	12.97	34.69	1.64
2	0.065	3.73	44.98	13.70	33.40	1.70
3	0.062	3.66	44.31	13.25	36.56	1.59
4	0.072	2.93	44.55	13.77	35.86	1.65
5	0.064	2.80	45.54	14.86	33.59	1.79
6	0.082	2.84	44.97	14.52	33.94	1.74
7	0.071	2.86	45.59	14.51	35.17	1.72

主要设备：

干燥设备：1台回转干燥筒，ϕ3.6m×32m；100～120t干矿/h；入矿含水量35%，出矿含水量－26%，燃料为天然气。

焙烧-还原设备：4台回转窑，炉子尺寸ϕ4.85m×75m；每台生产能力：40～50t湿矿/h或25～35t焙砂/h；焙砂排出温度900～950℃；使用的燃料：煤粉、矿热炉煤气、天然气；将除尘灰返回红土矿库与新矿混合后再使用。

熔炼设备：2台3根电极48MVA圆形平顶全封闭式矿热炉。每台矿热电炉采用3台16MVA的单相变压器供电。电极直径1500mm，极心圆直径4350mm。炉壳直径×炉膛高度：18m×7m。矿热炉额定生产能力16.13t粗制镍铁/h。2台30t酸性转炉（GOR），一用一备，2 台 30t 碱性转炉（GOR），一用一备。

6.5 中色镍业有限公司

中色镍业有限公司于 2007 年 12 月成立，是中国有色矿业集团有限公司和太原钢铁（集团）有限公司共同组建的合资公司，全权负责共同投资建设的缅甸达贡山镍矿项目。

项目冶炼系统采用 RKEF 加精炼工艺。产品形状：铸块、粒化镍铁。

工艺流程如图 6-13 所示：红土镍矿经露天开采、抛废和破碎（−50mm）→管状带式输送机输送到冶炼厂料场→干燥筒干燥（含水 22%）→配料→回转窑还原焙烧→热焙砂（775℃）→矿热炉熔炼→粗制镍铁水（Ni 25%，1460℃）→精炼脱硫、脱硅、脱碳、脱磷→铸块或粒化。

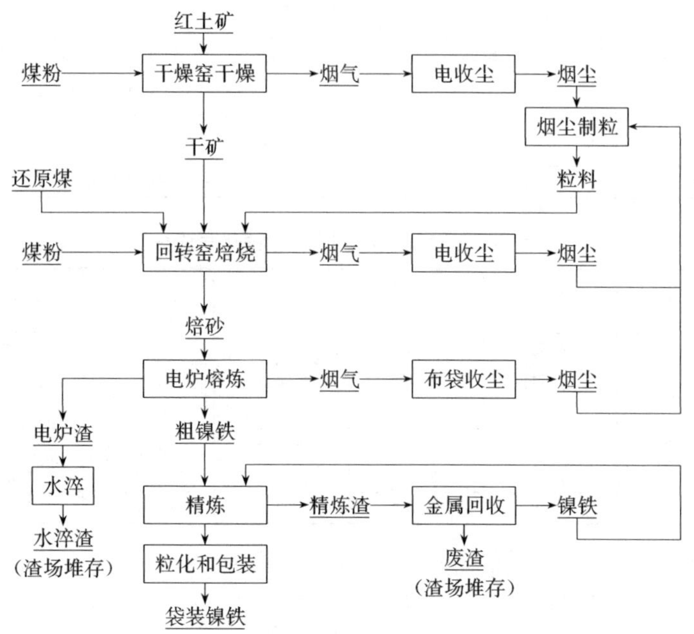

图 6-13　中色镍业有限公司镍铁工艺流程图

（1）矿石运输　采用 1.8km 管状带式运输机和 2.8km 普通胶带运输机将红土矿从矿山运输至冶炼厂，开创了矿山开拓运输之先河，不仅确保了技术可靠性，还充分发挥管带输送机适应复杂地形的优点，运输成本约汽车运输成本十分之一，大大降低了项目的运营成本。

（2）还原焙烧　采用 ϕ5.5m×115m 国内最大的红土矿回转窑，将红土矿焙烧预还原，降低了电炉冶炼能耗，控制镍铁品位，提高了电炉生产率。

（3）矿热炉还原熔炼　采用 72MVA 大型矿热炉对热焙砂进行还原熔炼。该炉是全密封、铜水套冷却、高电压操作、全自动控制的大型镍铁电炉，与国际先进水平相当。炉渣通过位于炉子一端两个排渣口中的一个排出，每台炉子每天约放渣 11h，放渣温度 1560℃。炉渣流入水淬系统。镍铁水通过位于炉子另一端两个放铁口中的一个放出，进入 50t 镍铁罐内。每台炉子每天放铁 6～7 次，放铁温度 1460℃。

达贡山矿石属于硅镁型镍矿，含镍品位较高，同时含有较高的硅和镁，矿石平均成分中 Fe/Ni=7.04，SiO_2/MgO=2.4，硅镁比大于 2。

镍铁化学成分见表 6-26，炉渣化学成分见表 6-27。

表 6-26　镍铁成分

Ni/%	Cr/%	Si/%	P/%	S/%	C/%	回收率/%		
						Ni	Co	Fe
25.3	1.2	0.16	0.083	0.354	1.5	94	79.5	33.8

表 6-27　炉渣成分

Ni/%	FeO/%	SiO_2/%	CaO/%	MgO/%	Al_2O_3/%	温度/℃
0.15	11.14	51.34	1.32	25.27	3.48	1501

（4）精炼　采用喷吹技术和升温技术，形成镍铁精炼新工艺。工艺分两步：①脱硫；②脱硅、脱碳、脱磷。喷吹精炼工艺的脱硫、脱硅、脱磷、脱碳和升温均在一个铁水罐中完成，即精炼的喷吹粉剂、吹氧、加铝扒渣等操作在一个罐内完成。通过加入不同的试剂，改变镍铁罐内的还原、氧化气氛，从而完成脱硫和脱硅、脱碳、脱磷的过程。熔剂通过喷枪喷入熔池底部，促使反应迅速并起到搅拌作用。

① 脱硫　产自矿热炉的粗镍铁放出到铁水罐，铁水罐运至喷吹站，进行化学升温，通过顶加铝，氧枪吹氧升温。将石灰粉基脱硫剂通过插入铁水中的喷枪喷入铁水的深部，石灰粉基脱硫剂在高温镍铁水深部上浮的过程中同硫反应，形成渣（造渣），扒渣机扒渣。

② 脱硅、脱碳、脱磷　向铁水罐内脱硫后的镍铁水中喷吹石灰粉基，同时吹氧进行脱硅、脱碳和脱磷。先脱硅，进而脱碳。脱硅脱碳生成的渣通过扒渣机扒除。若粗镍铁含磷量超标，则进一步喷石灰粉基，继续吹氧，生成脱磷渣，扒除。

脱磷后镍铁温度降低，继续加入铝锭并吹氧，升温到 1590℃，运往浇注车间粒化。精炼前后镍铁成分如表 6-28 所示。

表 6-28　精炼前后镍铁成分

元素	Ni	Fe	C	Cr	Cu	Co	P	S	Si
粗镍铁含量/%	25.00	72.84	0.37	0.37	0.07	0.39	0.02	0.58	0.37
精镍铁含量/%	25.49	73.48	0.01	0.23	0.07	0.40	0.02	0.03	0.26

该厂在投产后，结合粗镍铁含碳、含硅偏低的特点（铁水升温慢，需要外加铝升温）及市场、用户对精炼镍铁特殊要求，特别是不锈钢生产企业对镍铁低磷的要求（P≤0.02），对其喷吹工艺做了调整，即主要完成脱磷和升温（满足镍铁水粒化）两步工艺。脱磷精炼前后镍铁成分如表 6-29 所示。铁水温度 1600℃左右。

表 6-29　脱磷精炼前后镍铁成分

元素	Ni	C	P	S	Si
粗镍铁含量/%	25.00	0.59	0.06	0.40	0.35
精镍铁含量/%	25.49	0.40	0.018	0.30	0.019

但是，如此高的硫还是会给不锈钢冶炼带来麻烦。

主要设备：

干燥设备：2 台回转干燥筒，ϕ5m×40m；150t 干矿/h；入矿含水量 35%，出矿含水量 20%～22%，燃料为煤粉。

焙烧-还原设备：2 台回转窑，炉子直径×长 ϕ5.5m×115m，焙砂排出温度 775℃；使用的燃料为煤粉；将除尘灰制粒后再使用。

熔炼设备：2 台 6 根电极 72MVA 矩形矿热炉；炉子长×宽×高 30m×10m×7.5m；3 台 24MVA 变压器；每个炉子有 12 个料仓，分成两行，每个料仓有 3 个料管；一般每次加焙砂量为1～2t。

6.6 宝钢德盛不锈钢有限公司

宝钢德盛不锈钢有限公司位于福建罗源湾开发区金港工业区，坐北朝南，背山面海，东距罗源湾鲁能码头6km，西接罗源县城13km，南濒罗源湾海域，占地3268亩，均为滩涂填海造地。东邻三金钢铁公司，西邻亿鑫钢铁公司，南面为河流和堤内疏港公路。该公司由宝钢集团和吴钢集团分别出资，于2011年2月重组，公司前身是成立于2005年12月的福建德盛镍业有限公司，工程于2006年10月开工建设，2009年10月正式投产。引进乌克兰、德国技术装备，利用菲律宾、印尼红土镍矿。

该公司改造前生产工艺设备情况：冶炼部分主要工艺是高炉冶炼低镍镍铁（含镍1.5%左右），铁水直送炼钢厂，经混铁炉兑入AOD氧氩脱碳炉冶炼不锈钢。2011年生产含镍高炉铁水76万吨，不锈钢钢水94.7万吨，不锈钢板坯92.9万吨，不锈钢热轧卷95.7万吨，不锈钢酸洗白卷103万吨。主要产品规格：(2.5～4.0mm)×(550～1050mm）的热轧不锈钢卷板带。本节主要介绍其用高炉冶炼红土镍矿，生产低镍镍铁工艺流程，以及用镍铁水作为母料，经转炉＋GOR＋LF炉生产节镍型奥氏体不锈钢工艺流程。

（1）高炉镍铁生产　冶炼镍铁主要生产设备及产量：高炉$450m^3$×3（其中3号高炉2011年没生产），镍铁产量76万吨每年；$126m^2$×3烧结机，烧结矿产量293万吨每年；72孔×2，4.3m捣固焦炉，焦炭产量95.8万吨。

主要工艺流程为红土镍矿（低品位Ni 0.8%～1.0%）、熔剂—烧结机烧结—烧结矿、焦炭—高炉还原熔炼—低镍铁（镍品位1.5%左右）。

① 烧结　由于红土镍矿镍、铁品位低，粉矿率高，含水量高（水分在35%左右），镍矿成团，不易打碎，不容易和熔剂、燃料混均，烧结矿粉化严重，转鼓强度比较低。为此，红土镍矿拌3%～6%生石灰，在料棚中堆放一周，这样可以减少矿的湿度。

3台$126m^2$烧结机产量9690t/d，年工作天数330d。

a. 利用系数1.068t/(m^2·h)。

b. 烧结矿质量（表6-30）。

表6-30　烧结矿质量

TFe/%	FeO/%	CaO/SiO_2	粒度/mm	粉矿率/%
43	13	1.6	5～70	37

c. 原、燃料单耗量（表6-31）。

表6-31　原、燃料单耗量

红土镍矿/(t/t)	氧化铁皮/(t/t)	高炉返矿/(t/t)	蛇纹石/(t/t)	焦粉/(t/t)	无烟煤/(t/t)	石灰石粉/(t/t)	白云石粉/(t/t)	生石灰/(t/t)	高炉煤气/(m^3/t)
0.88	0.05	0.37	0.015	0.04	0.07	0.013	0.018	0.07	65

d. 主要动力消耗。电耗：75kWh/t；新水：$0.4m^3$/t；高炉煤气：$65m^3$/t。

e. 红土镍矿成分（表6-32）。

表6-32　红土镍矿成分

Fe/%	Ni/%	S/%	P/%	MgO/%	SiO_2/%	Cr/%	Al_2O_3/%	H_2O/%
47～49	0.8～1.0	0.16	<0.02	1.2～2.6	5～7	−2.0	3～7	40

因含镁量少，加蛇纹石配镁（3% MgO）。根据 Al_2O_3 配镁，Mg/Al=0.5。适当加入1%～3%铬矿（含35%～42% Cr_2O_3）和锰矿。加入CaO（7.5%～12%），使 R_2=1.5～1.7。

f. 烧结矿化学成分（表6-33）

表6-33 烧结矿化学成分

指标	TFe/%	FeO/%	SiO_2/%	CaO/%	MgO/%	Al_2O_3/%	P/%	S/%	Ni/%	Cr/%	R_2
样1	46.85	12.18	7.21	10.80	3.06	6.48	0.013	0.062	0.75	2.96	1.49
样2	46.65	13.33	7.32	11.18	3.15	6.42	0.013	0.049	0.74	2.94	1.53

② 高炉还原熔炼

a. 燃料：焦比530kg/t；喷煤100kg/t；焦丁40kg/t；燃料比670kg/t。

b. 利用系数：3。

c. 渣铁比：890kg/t。

d. 烧结矿单耗：1730kg/t。

e. 动力消耗：电210kWh/t；新水0.9m^3/t；氧气30m^3/t；氮气30m^3/t；高炉煤气1075m^3/t（按发生量的45%）。

f. 热风温度：1070℃。

g. 富氧率1.6%。

h. 炉顶压力135kPa。

i. 镍铁成分（表6-34）。

表6-34 镍铁成分

Si/%	Cr/%	Ni/%	S/%	Mn/%	P/%	Cu/%	C/%
0.52	3.89	1.57	0.107	0.76	0.038	0.070	4.68

j. 渣成分（表6-35）。

表6-35 渣成分

SiO_2/%	CaO/%	Al_2O_3/%	MgO/%	MnO/%	FeO/%	Cr_2O_3/%	S/%	R_2
32.57	30.14	22.08	10.30	2.01	1.31	1.94	0.563	0.92

(2) 不锈钢生产　利用高炉生产的液态镍铁作母料，生产节镍型不锈钢工艺：由高炉产低镍镍铁送入转炉进行吹氧脱硅，由中频炉熔化高碳铬铁，再将脱硅的镍铁水与熔化的高碳铬铁水兑入GOR精炼炉吹入氧气、气氩（氮气）脱碳、脱硫及其他杂质等精炼，再将钢水兑入LF精炼炉调温、调成分等精炼得合格钢水，将钢水兑入钢水包，钢水包吊入连铸跨进行铸坯。

不锈钢冶炼主要生产设备及产量：LD转炉100t×1，中频炉30t×3，GOR精炼炉100t×3，LF精炼炉100t×2，连铸机一机两流2×200mm×1200mm，一机一流1×200mm×1600mm；1×1150连轧机。节镍型奥氏体不锈钢板坯产量92.9万吨每年。

LD转炉出钢到出钢时间35min，其中15min吹炼。

GOR出钢到出钢时间90min，热停工时间较长，炉口喷溅严重需清理（0.5h），换炉底接缝时间较长等。炉衬寿命200炉，100炉换一次炉底。

为了降低成本，用电解锰而不用锰铁，减少了冶炼时间和消耗。

高炉铁水成分：C 4.5%，Si 0.7%～2.7%；LD转炉脱硅金属液成分：C 3%，Si 0.10%～0.20%。

根据宝钢德盛不锈钢有限公司发展规划知：工程建设分两期进行。规划一期完善现有生产线，形成以高炉流程低镍铁水冶炼200系列不锈钢的生产线，产能为150万吨每年板坯。除部分板坯外供，120万吨板坯在现有1150热连轧机轧制热轧卷，用现有1# ～6# HAPL生产116万吨不锈白卷。40万吨白卷使用DRAP冷轧线生产40万吨冷轧产品，其余白卷外供市场。

规划二期采用4座25MVA矿热炉冶炼高镍铁水——新建不锈钢炼钢连铸生产线冶炼75万吨300系列不锈钢板坯。建设1×600t混铁炉、2×50t中频炉、1×100t EAF、1×120t AOD-L、1×120t LF、1×120t VOD、1×200×2150mm^2板坯连铸机、1×2250mm炉卷轧机和1×2100mm HAPL（7# HAPL）。将75万吨全300系列不锈钢板坯和一期的29万吨200系列板坯轧制成100万吨热轧卷。建设7# HAPL线生产98万吨白卷。二期工程后不锈钢总产能将达到225万吨每年，其中300系列75万吨、200系列150万吨。

6.7 山西达康科工贸集团公司镍冶炼厂

山西达康科工贸集团公司镍冶炼厂坐落在山西省河津市，共拥有两座镍铁冶炼厂、三台生产镍铁高炉和一座焦化厂，主要从事高炉冶炼含镍5%左右的中镍镍铁。该企业利用焦炭便利及低磷焦的优势冶炼中镍铁。本节主要介绍该厂380m^3高炉生产线，其中主要设备：88m^2烧结机一台，380m^3高炉一座和在建一套镍铁精炼和粒化装置。

一般国内不锈钢企业对中镍镍铁的化学成分要求是：Ni≥4%，Si＜3.0%，S＜0.25%，P＜0.06%。

380m^3高炉镍铁生产线主要工艺流程为：红土镍矿、熔剂、焦粉—烧结机烧结—烧结矿、焦炭—高炉还原熔炼—中镍铁（镍品位4%～6%）—精炼镍铁—铸块或粒化镍铁。

（1）烧结机烧结　从菲律宾进口低品位的红土镍矿（Ni 1.3%左右）卸至日照港，经铁路运抵该厂专用线，再经汽运至料场。因原矿含自由水较大（35%左右），烧结车间先行镍矿摊平晾晒，再拌灰，即直接将石灰粉按一定的比例拌入镍矿中，一般采取体积比1∶9的比例；将混合镍矿（含矿泥、块矿、石灰）在料棚中堆放一周后进行筛分，粉矿进入烧结配料仓，块矿经破碎后运抵高炉。

烧结配料，即根据烧结实际生产情况将高炉返矿、烧结返矿、镍矿粉矿、焦末、无烟煤或洗精煤、石灰石末（或石灰粉）经配料室比例配料后，送入一、二混合料筒，加湿后进入烧结机进行烧结。烧结矿经冷却、分筛后由皮带直接送入高炉高架料仓。以下按2013年4月生产平均指标统计。

一台88m^2烧结机产量1200t/d，年工作天数330d。

a. 利用系数0.58t/(m^2·h)。

b. 原、燃料单耗量（表6-36）。

表6-36　原、燃料单耗量

红土镍矿 /(t/t)	返矿 /(t/t)	焦粉 /(t/t)	无烟煤 /(t/t)	生石灰 /(t/t)	电耗 /(kWh/t)
1.2	0.36	0.105	0.03	0.168	65.82

c. 红土镍矿成分（表6-37）。

表6-37　红土镍矿成分

项目	Fe/%	Ni/%	S/%	P/%	MgO/%	SiO_2/%	CrO/%	Al_2O_3/%	H_2O/%
泥矿	30.54	1.51	0.068	0.056	7.03	17.54	2.88	7.85	35
块矿	9.25	1.46	0.022	0.0063	17.37	25.34	3.19	2.34	12.7

d. 生石灰主要成分：CaO 77.39%，SiO_2 1.86%。

e. 焦粉、无烟煤成分（表 6-38）。

表 6-38　焦粉、无烟煤成分

项目	水分/%	灰分/%	挥发分/%	固定碳/%	S/%	P/%
焦粉	16.95	12.17	2.44	84.35	0.77	0.032
无烟煤	12.17	8.95	9.01	81.54	0.27	0.005

f. 烧结矿成分（表 6-39）。

表 6-39　烧结矿成分

TFe/%	FeO/%	S/%	P/%	Ni/%	R_2	R_4
23.41	14.49	0.08	0.015	1.39	0.74	0.86

（2）高炉还原熔炼　炼铁车间负责高架料仓上料，包括烧结矿、焦炭、石灰石、萤石、块矿上料、高炉冶炼、铸铁机铸铁及向精炼车间混铁炉注入铁水。

a. 焦比：1218kg/t。

b. 利用系数：0.81。

c. 块矿单耗：140kg/t。

d. 烧结矿单耗：3.84t/t。

e. 电耗：高炉工序 475kWh/t 铁，烧结工序＋高炉工序＝65.82×3.84＋475＝728kWh/t 铁。

f. 热风温度：＞950℃。

g. 焦炭成分（表 6-40）。

表 6-40　焦炭成分

水分/%	灰分/%	挥发分/%	固定碳/%	S/%	P/%
11.62	12.67	1.54	83.9	1.53	0.011

h. 镍铁成分（表 6-41）。

表 6-41　镍铁成分

Si/%	Ni/%	S/%	P/%
1.69	4.90	0.122	0.048

i. 渣成分（表 6-42）。

表 6-42　渣成分

SiO_2/%	CaO/%	Al_2O_3/%	MgO/%	R_2	R_4
40.61	23.03	13.17	17.45	0.563	0.75

（3）精炼　在建的一套镍铁精炼和粒化装置与高炉生产中镍铁工艺衔接，其工艺流程是红土镍矿→烧结机烧结→烧结矿、焦炭→高炉还原熔炼→粗镍铁水→100t 混铁炉→30t 吹氧精炼炉→精炼镍铁→粒化或铸块。粗镍铁产品化学成分见表 6-43。

表 6-43 高炉镍铁化学成分

Ni/%	C/%	Si/%	Cr/%	P/%	S/%	温度/℃
4～6	3.8～4.2	1.5～2.0	2.5～4.0	0.045～0.065	0.086～0.25	1310～1380

该精炼炉带有顶氧枪，炉体可倾翻，具有转炉冶炼的特点，具有脱硅、脱磷、脱碳、脱硫、升温、合金化、均匀铁水成分和温度等较多的冶金功能，可以根据原料条件和成品要求灵活调整冶炼工艺。精炼炉采用类似转炉的顶部吹氧脱碳技术，可以缩短脱碳时间、提高金属收得率。

该精炼工艺分两步：①吹氧脱硅、脱磷；②吹氧脱硫、脱碳。由于入精炼炉的粗镍铁中含有较高的C、Si、P、S杂质元素，所以采用双渣冶炼法。

① 脱硅、脱磷　为脱硅脱磷造第一次渣，同时也可脱去部分硫和碳，由于金属硅与氧的结合力强于磷与氧的结合力，所以只有将铁水中的硅降到很低时，铁水才能开始脱磷。由于硅与氧的结合力强，所以脱硅对铁水和渣的性能无太特殊要求。脱磷，在一般情况下，为提高脱磷效率应具备“三高一低”的条件，即要有高碱度、高 FeO 含量和高渣量的炉渣以及较低的温度。同时，渣的流动性要好。如果铁水中硅含量高，渣中硅氧化生成的 SiO_2 含量高，为保证脱磷的渣碱度，需要加入较多的石灰。

精炼炉装料完毕开始第一次吹氧造渣、脱硅脱磷。顶氧枪下降点火后，分批加入石灰、轻烧白云石、萤石等造渣料，根据铁水中硅含量，确定造渣料加入量，使铁水渣具有合适的物化性能；吹氧过程根据工艺要求适当调整枪位，高枪位化渣好，可以提高渣中的 FeO 含量，低枪位可以搅拌熔池、加速传质，提高反应速率；冶炼开始短时间较低枪位，然后采用适当高的枪位，一段时间后采用较低枪位，冶炼过程中要防止喷溅和炉渣返干。冶炼过程中，随着铁水中硅和部分碳的氧化，铁水温度将升高，控制铁水中碳的氧化程度，使铁水具有较低的温度便于脱磷；当铁水中的硅基本被氧化、磷大部分氧化、碳少量氧化后，停止吹氧，测温取样，进行第一次扒渣操作，扒渣在炉前操作平台进行，要求扒去 75%左右铁水渣，留 25%左右为第二次造渣提供条件。

② 脱硫、脱碳　为脱硫和部分脱碳造第二次渣，同时也可以继续少量脱去铁水中磷。为促进脱硫反应的进行，应采取“三高一低”措施，即高的炉渣碱度、大渣量、高的熔池温度和低氧化性渣。同时，渣的流动性要好；脱碳要求较强的供氧强度、较少的渣量、较好的铁水流动性。

精炼第一次扒渣操作后，开始吹氧造第二次渣、脱硫和部分脱碳。顶氧枪下降点火后，分批加入石灰、轻烧白云石、铁矾土等造渣料，根据第一次留渣量和脱硫对渣碱度要求，确定造渣料加入量，使铁水渣具有合适的物化性能；吹氧过程根据工艺要求适当调整枪位，冶炼开始采用适当高的枪位，短时间后采用较低枪位。冶炼过程中，随着铁水中碳的氧化，铁水温度升高，控制铁水中碳的氧化程度，可以控制铁水温度。渣流动性好、铁水脱碳达到要求，成分、温度合适，停止吹氧，测温取样，进行第二次扒渣操作，要求扒尽铁水渣。扒渣后出铁，要求全部出尽。

精炼炉将铁水出至浇铸包内。出铁后检查浇铸包内铁水表面带渣情况，如铁水渣已覆盖铁水表面，将浇铸包用吊车吊至扒渣位人工扒渣，以便于浇铸。

装有精炼镍铁水的 30t 浇铸包由吊车吊至铁水粒化装置的倾翻机构上，浇铸包倾翻，铁水经金属流槽进入中间包，控制浇铸包倾翻速度，从而控制浇铁速度，如果浇铸包倾翻速度过快，中间包内铁水过多将溢出，溢出的铁水通过紧急溢流槽进入溢流盘。中间包位于粒化罐的上方，铁水通过中间包水口流向喷头中心，铁水碰到喷头后，由于冲击力的作用，以喷头为中心如雨伞状四散飞溅开来，形成成千上万个熔滴掉入水中，入水的刹那淬火，继而形成固体颗粒。

粒化后的固体颗粒由粒化罐的底部排入喷射排出系统，喷射排出系统强行将冷却水和颗粒经喷射管道送到脱水筛；脱水筛是一个振动筛分器，作用是将颗粒同水和小于2mm的小粒屑分离开，脱水颗粒经溜管排出，前往旋转干燥窑干燥，干燥后的颗粒进入旋转的滚筒筛进行筛分，干燥的粒径为2～50mm的成品，通过输送机进入成品料仓，打包发运。

精炼镍铁还可经铸铁机铸成铁块。精炼镍铁化学成分见表6-44。

表6-44　精炼镍铁化学成分

元素	C	Ni	Mn	P	S
含量/%	≤2.0	≥4.5	≤1.0	≤0.030	≤0.040

6.8　新发田镍铁冶炼厂

日本新发田（Shibata）镍铁冶炼厂隶属于太平洋镍公司，于1959年投产，采用RKEF工艺冶炼镍铁，用转炉脱硫和氧化精炼。1969年该厂产出含镍量7581t的镍铁。

新发田镍铁冶炼厂镍铁冶炼工艺流程由原料准备及还原焙烧、还原熔炼和精炼三个主要工序组成，如图6-14所示。其主要设备见表6-45。

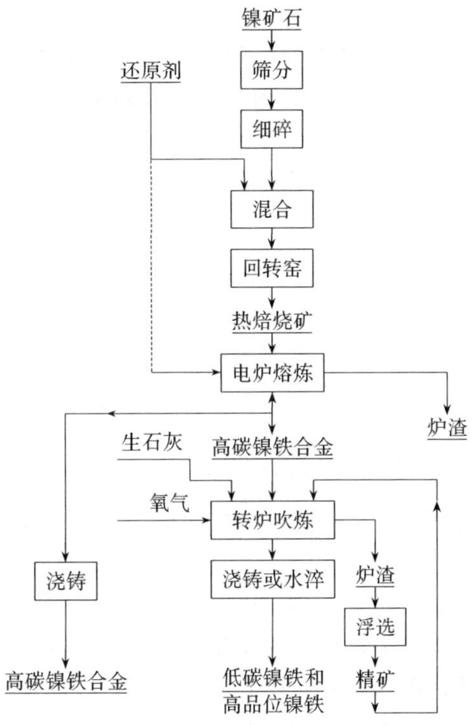

图6-14　新发田镍铁冶炼厂镍铁冶炼工艺流程

表 6-45　新发田镍铁冶炼厂主要设备

名称	规格	数量
回转窑	ϕ3m×60m	2台
	ϕ3.5m×75m	1台
圆盘烧结机	30t/d	11台(流程中未用)
敞开式电炉	4000kVA	4台
密封式电炉	7500kVA	1台
	11000kVA	1台
	14000kVA	1台
转炉	5t、10t	各1台
电弧炉	10t	1台

(1) 原料准备及还原焙烧　原料是来自于新喀里多尼亚的硅镁镍矿，成分见表 6-46，含水 25%。矿石经筛分、破碎，再配以适量还原剂装入回转窑进行干燥、还原焙烧，出窑的 900～1000℃热焙砂送矿热炉上面的料仓中，以便炽热的焙砂连续加入矿热炉。

该厂在采用回转窑干燥、还原焙烧工艺之前用的是烧结机。烧结块需要进行破碎甚至需要冷却，同时对电炉不能提供热炉料。而回转窑易使窑内的粉矿形成团粒，块矿受热而崩裂成小块，故窑内排出的矿石粒度较均匀，炽热的矿石可直接加入电炉内。

表 6-46　新喀里多尼亚硅镁镍矿典型成分

Ni/%	Co/%	Cr/%	Cu/%	Mn/%	Fe/%	SiO_2/%	MgO/%	Al_2O_3/%	P/%	S/%	结晶水/%
2.81	0.06	0.65	0.002	0.17	13.40	39.99	27.44	0.77	0.001	0.015	11.19

(2) 还原熔炼　热焙砂经矿热炉还原熔炼产出粗镍铁，镍铁和炉渣的成分见表 6-47。粗镍铁一部分可以直接作为生产不锈钢的原料，其余的则被精炼成镍铁。为了提高镍的回收率，在冶炼中要不断地分析镍铁中的硅和炉渣的含镍量。硅的还原率低，则镍的还原率就低。每吨干矿石耗电 550kWh。

表 6-47　镍铁和炉渣的成分

高碳镍铁						炉渣				
Ni+Co /%	C /%	Si /%	Cr /%	P /%	S /%	Ni+Co /%	SiO_2 /%	MgO /%	Fe /%	CaO /%
24.32	2.45	3.18	1.68	0.015	0.067	0.09	56.46	35.01	5.04	0.38

(3) 精炼　电炉生产的粗镍铁，即高碳镍铁含碳、硅、铬等杂质较高。转炉脱硫是根据高碳镍铁的含硫量，每吨投入 30～60kg CaC_2 和碳酸钠。如摇动转炉 10min，硫便降低到 0.01%。脱硫结束后倾出炉渣，同时将熔体转移到氧化精炼的转炉内，加入生石灰作溶剂进行氧气精炼。因镍铁中的硅含量高，因此脱硅和脱碳要分开进行。脱硅时，重点放在硅和铬的氧化上；除碳时，重点放在碳和磷的氧化上。

制造高品位镍铁时，脱碳结束后再加入生石灰，反复除渣并进行吹氧脱铁，直到镍铁达到既定的品位后才出炉。

使用转炉吹炼法脱硫及氧气吹炼生产的精炼镍铁成分见表 6-48。

表 6-48 精炼镍铁成分

Ni+Co/%	C/%	Si/%	Cr/%	P/%	S/%
25.05	0.01	0.01	0.08	0.005	0.010

6.9 佐贺关镍铁冶炼厂

日本佐贺关（Saganoseki）镍铁冶炼厂从1933年开始用电炉法生产镍铁，以后曾多次变动。1969年该厂使用从新喀里多尼亚及赛来伯斯运入的硅镁镍矿，成分见表6-49，一般含水25%～30%，采用鼓风炉法和克虏伯法生产镍铁，年产含镍量9657t的镍铁，其中鼓风炉法的产量约占60%。

表 6-49 矿石成分

名称	Ni+Co /%	Fe /%	Cr /%	SiO_2 /%	MgO /%	Al_2O_3 /%	CaO /%	Cu /%	P /%	S /%	烧损 /%
新喀里多尼亚	3.0～3.2	12～15	0.5～0.6	37～41	22～23.6	0.5～1.4	微	微～0.01	微	0.03	9.2～9.8
赛来伯斯	2.9～3.8	10～12	0.5～0.6	42～43	19～22	1.5～1.9	微～0.6	0.01	微	0.02～0.03	9～11

（1）鼓风炉生产线　其工艺流程为矿石处理、鼓风炉还原熔炼、精炼。根据几种原矿及冶炼所需矿的成分，经配矿作业得混合矿，入回转干燥窑干燥，使矿石所含的自由水降到18%，经筛分、破碎、制团，然后与焦炭、熔剂，如石灰石、石英石一并加入鼓风炉进行还原熔炼得到粗镍铁，粗镍铁定时放出，在钢包内加CaC_2进行脱硫，脱硫率大于97%，脱硫后的熔体送精炼工序，放出的炉渣经水淬后作为硅酸苦土（氧化镁）石灰的原料。粗镍铁和炉渣成分见表6-50、表6-51。粗镍铁脱硫后进碱性氧气转炉吹炼，进行脱碳、脱硅、脱磷等除杂操作，再经硅或铝脱氧后铸成锭或粒化成镍铁粒。精炼镍铁、炉渣成分见表6-52、表6-53。

表 6-50 粗镍铁成分

Ni+Co/%	C/%	Si/%	S/%	P/%	Cr/%	S①/%
19.91	2.81	4.40	0.464	0.066	2.11	0.008

① 脱硫后的含硫量。

表 6-51 鼓风炉炉渣成分

Ni+Co/%	Fe/%	SiO_2/%	MgO/%	CaO/%
0.05	3.43	50.32	24.85	17.01

表 6-52 精炼镍铁成分

Ni+Co/%	C/%	Si/%	P/%	S/%	Co/%	Cu/%	Cr/%	Mn/%
23.1～28.0	<0.02	<0.3	<0.02	<0.03	Ni的1/20	<0.08	<0.10	<0.5

表 6-53 精炼炉渣成分

Ni+Co/%	Fe/%	CaO/%	MgO/%	SiO_2/%	Al_2O_3/%	Cr/%	P/%	S/%
0.36	33.73	25.63	3.63	16.09	1.75	4.16	0.04	0.13

（2）克虏伯法生产线　该厂用两台回转窑采用克虏伯法生产镍铁粒，月处理干矿12000t，月镍产量300t。生产工艺流程如图6-15所示。

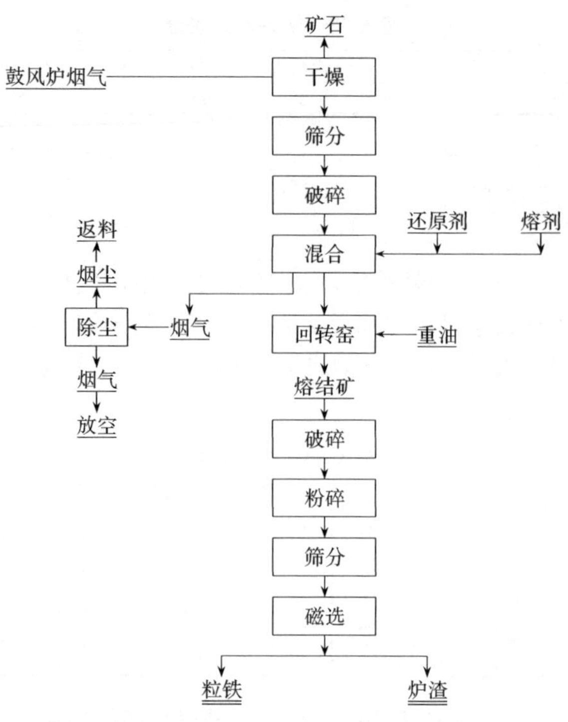

图 6-15　克虏伯法生产镍铁粒工艺流程图

6.10　大江山冶炼厂

日本大江山冶炼厂（Nippon Yakin Oheyama Smelter）隶属于日本冶金工业株式会社，位于宫津市须津。该社成立于 1925 年，是一家以不锈钢和新的品牌产品功能合金材料为核心，研发与一体化生产镍矿石、高级不锈钢、超合金等，具有悠久历史的不锈钢专业厂商。目前该厂有 5 台回转窑（ϕ3.6m×72m×4 台、ϕ4.2m×84m×1 台），每个窑带一个预热炉箅（链篦机），处理从新喀里多尼亚、菲律宾和印度尼西亚进口的矿石，年产量 1.5 万吨。熔炼方法很独特，称为日本冶金大江山法。

该工艺使用烟煤和无烟煤取代电能和焦炭，是目前处理硅镁镍矿最为经济的方法。熔炼方法简单，预处理步骤是将原料（如硅镁镍矿：Ni 2.3%、Fe 13.6%、$\frac{SiO_2}{MgO}=1.6$）磨细后，与含碳物料和熔剂石灰石混合，后者用于调节含水量，然后制团。接着通过预热器将团块连续给入回转窑，进料速度（每个窑）27t 干矿/h。在回转窑中，团块与煤燃烧所产生热气流逆流运动，经受所有熔炼步骤，即干燥、脱水、还原和金属成长。金属是在窑中半熔融条件下生成的。烧成的物料叫熔块。从窑出来就将它水淬，磨细后，用跳汰机和磁选机将还原成的镍铁合金从排出的熔块中分离出来。然后将此产品运往川崎钢厂作为不锈钢生产的镍源。其中粒铁带温度 1200～1250℃。矿物燃料平均消耗 80kg 煤/t 干矿，矿物还原剂平均消耗 130kg 无烟煤/t 干矿。

典型粗镍铁呈直径 0.5～20mm 的颗粒，并夹带 1%～2%炉渣，其化学组成为 C<0.10%，Ni 23%。颗粒状的产品，在炼钢过程中相当有利于连续加料和作为冷却剂物料快速溶解。

当只采用回转窑进行大江山法操作时，熔炼实践应在半熔化而不在熔化条件下进行。在实践中，使含脉石高的硅镁镍矿的氧化镍在半熔化条件下还原和使镍铁合金聚集成粒是困难的。

大江山工艺的优点：①能耗很低；②熔炼的主要能源是廉价燃料，如烟煤和无烟煤等，而不是昂贵的电；③镍铁粒适于连续添加到 AOD 炉中。

大江山生产工艺（图 6-16）分为 3 个阶段：①原料预处理阶段——矿石进行磨细、混合和压团作业，以提高回转窑操作效果；②熔炼阶段——在回转窑内进行熔炼作业，其中有焙烧，金属氧化物的还原和还原出的金属颗粒进行团聚，获得熔块，进而水淬；③渣、铁分选阶段——用重力和磁力分选法将水淬熔块中团聚的镍铁金属颗粒分离出来。

1987 年时的主要设备明细及规格见表 6-54。目前又增建一套 ϕ4.2m×84m 回转窑作业线。

下面介绍 1969 年时的工艺流程及装备。

1969 年该厂年产含镍量 8588t 的镍铁，有职工 460 人。主要设备如表 6-55 所示。1969 年生产工艺流程如图 6-17 所示，其由原料处理、回转窑还原熔炼和选分三个工序组成。

（1）原料处理　原料的粉碎和混合有湿式和半干式两个系统。湿式处理系统是将镍矿石、石灰石、石英石及无烟煤在湿式管磨机内磨成混合料浆，料浆浓度 50%，料浆贮于矿浆槽中。再经过滤得到含水 25%～30%湿料。半干式处理系统是将少部分石灰石、石英石及无烟煤经过干燥后，按比例加入镍矿石中，经混合机混合后用反击式破碎机进行粉碎得半干原料。这两种

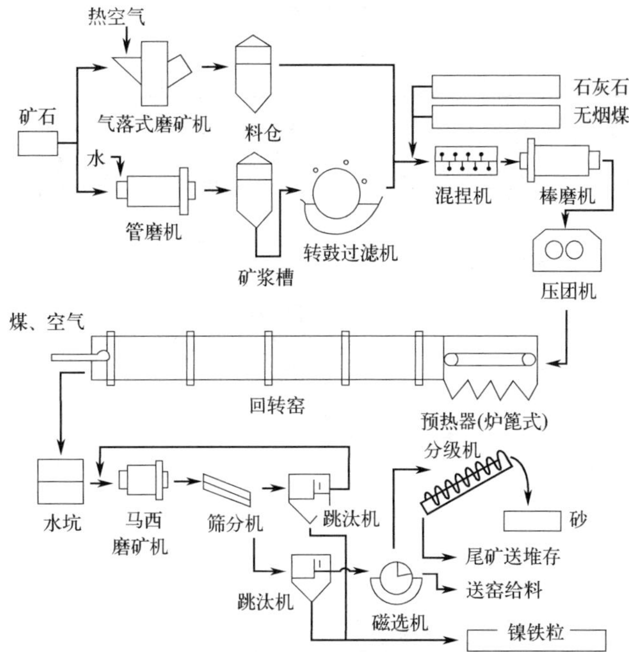

图 6-16　日本大江山厂镍铁生产工艺流程

原料再经混合后，用压团机压团或圆盘造球，经预热炉预热后装入回转窑处理。

表 6-54　主要设备明细及规格

设备名称	数量	能力	规格
管式磨	2	65t/h(干)	ϕ2.2m×8m
空落式球磨机	1	40t/h(干)	ϕ6.9m×1.6m
料浆槽	7	325m^3	ϕ6m
矿仓	5	325m^3	ϕ6m
过滤机	4	18.5t/h(湿)	过滤面积 70m^2
棒磨机	2	45t/h(湿)	ϕ3m×4.2m

续表

设备名称	数量	能力	规格
制团机	4	22.5t/h(干)	ϕ0.72m×0.6m^2
预热器	4	27t/h(干)	4m×17m
回转窑	4	27t/h(干)	ϕ3.6m×72m
马氏磨	5	25t/h(干)	ϕ2.4m×1.8m
跳汰机	13	15t/h(干)	
磁选机	18	15t/h(干)	
分级机	1	300m^3/h	ϕ1.5m×10m

表 6-55　主要设备表（1969 年）

名称	数量	规格
破碎机	2 台	50t/h
破碎机	2 台	10t/h
管磨机	4 台	60t/h
回转窑	4 台	ϕ3.6m×70m(长)
辊式制团机	各 1 台	ϕ730mm,ϕ500mm
圆盘制粒机	1 台	ϕ5m
颚式破碎机	4 台	500mm×250mm
球磨机	5 台	2.4m×1.8m
跳汰机	7 台	
摇床	18 台	
磁选机	18 台	

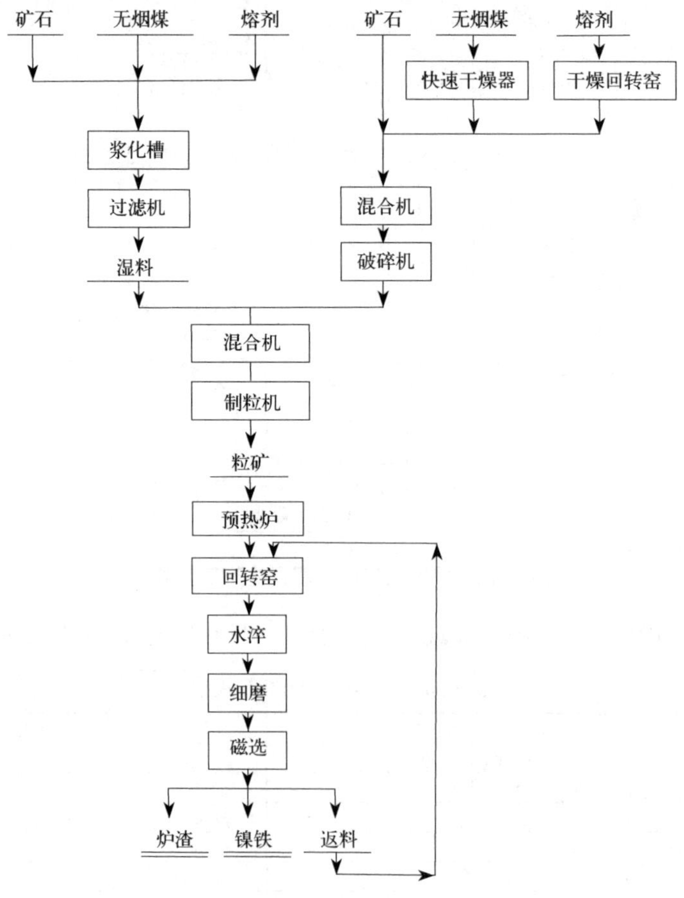

图 6-17　大江山冶炼厂（1969 年）生产工艺流程图

原料由硅镁镍矿、还原剂（无烟煤）和熔剂（石灰石、石英石）所组成。矿石来自于新喀里多尼亚和澳大利亚赛来伯斯，矿石成分见表 6-56，无烟煤主要来自韩国，小部分来自朝鲜和越南，成分见表 6-57。石灰石、石英砂都是附近产的。

表 6-56　矿石成分

产地	烧损/%	SiO_2/%	Fe_2O_3/%	Al_2O_3/%	MgO/%	Ni+Co/%
新喀里多尼亚	10～11	38～40	16～19	0.5～1.0	23～25	2.7～3.1
赛来伯斯	9～10.5	40～45	16～20	1.5～2.1	20～23	2.8～3.5

表 6-57　无烟煤成分

产地	水分/%	灰分/%	挥发分/%	固定碳/%	S/%	P/%
韩国	4.4～5.2	19.1～20.9	2.4～2.8	71.5～73.7	0.25～0.35	0.012～0.026
朝鲜	3.9～4.1	9.9～12.6	4.4～3.2	77.8～83.0	0.24～0.51	0.015～0.024
越南	1.8	18.8	6.7	72.7	0.33	0.008

（2）回转窑还原熔炼　回转窑使用的燃料为含硫低的重油，重油燃烧器设在回转窑的排料端（炉头）。

处理好的原料由窑尾装入回转窑内，并用重油加热。炉料是逆流加热进行还原熔炼。入炉料借助炉子的回转作用进行搅拌并向窑头前行。首先在预热带除去残留的自由水，随着炉温升至 850℃，炉料中的结晶水和挥发物完全排除。同时，在矿石中所见到的蛇纹石（$3MgO \cdot 2SiO_2 \cdot 2H_2O$）及滑石（$3Mg \cdot 4SiO_2 \cdot H_2O$）消失，变为顽辉石（$MgO \cdot SiO_2$）和方镁石（$2MgO \cdot SiO_2$）。在窑的中部（还原带），镍及铁开始还原，当温度达到 1200℃时还原反应迅速进行，生成海绵状的镍铁。硅镁镍矿石中的铁和镍的还原性较差，对于 CO 气体的还原作用很微弱，而几乎全部靠固体碳直接还原。随着炉料的不断向前移动而开始造渣，并形成半熔融状态。在窑的这一部分即所谓粒铁带，生成粒铁。

粒铁的生成机理按 F·约翰逊的说法是：在还原带还原的铁（镍）是有一定数量熔渣的海绵状粗金属，其中一部分铁被气相中的氧氧化成 FeO 而进入炉渣中，从而增加了渣的流动性，这时随着氧化热和造渣热的放出使温度升高，炉渣具有良好的流动性而使得炉渣与海绵状粗金属分离，金属相互之间则自然熔合。炉渣中的 FeO 借助炉子的回转而卷入炉料内部，与残留碳接触再次还原成铁而形成粒铁。粒铁成分见表 6-58。克虏伯法的特点是冶炼温度较低，因而产出的粗镍粒中 C、Si、Cr、P 等杂质含量较低。

在回转窑的排料端，温度约为 1300℃，熔融物由此排出经水淬后送选分工序处理。炉渣中的主要化合物是方镁石（$2MgO \cdot SiO_2$）、顽辉石（$MgO \cdot SiO_2$）和 α-石英，也发现有少量方英石。炉渣成分见表 6-59。

表 6-58　粒铁成分

C/%	Si/%	Mn/%	P/%	S/%	Cu/%	Cr/%	Ni+Co/%
0.1～1.5	0.03～0.20	微	0.02～0.06	0.20～0.40	微	0.2～1.2	20～28

表 6-59　炉渣成分

SiO_2/%	MgO/%	CaO/%	Al_2O_3	FeO/%
50～55	26～33	4～6	3～6	3～6

（3）选分　由回转窑排出的熔结物经水淬后用颚式破碎机、反击式破碎机及圆锥破碎机进行破碎，使粒铁从渣中呈单体分离出来。粉碎后的力度大致在 0～50mm 的范围内，用振动筛筛分成+5mm、−5～1.2mm、−1.2mm 三种粒级。粒铁相对密度 7.3，而炉渣相对密

度3.0，密度差较大，则精选方法采用重力选矿法。力度大的，+1.2mm的用哈兹跳汰机处理，-1.2mm的细粒用摇床处理。部分-1.2mm的用磁选机进行磁选。这样经重选和磁选法分离粒铁和炉渣，从而获得粒铁产品，而夹杂有金属微粒的炉渣再返回处理。

6.11 北海诚德镍业有限公司

北海诚德镍业有限公司位于广西北海铁山港区，隶属北部湾经济区，是由广西北部湾国际港务集团与广东佛山诚德特钢有限公司共同出资建设的钢铁生产企业。公司总投资160亿元，主要厂区占地3000余亩。公司拥有烧结机-高炉低镍铁熔炼，回转窑-矿热炉镍铁熔炼，回转窑-分选（大江山法）镍铁粒，AOD精炼炉不锈钢精炼和轧钢系统，以及配套的制氧站、水处理、供配电等辅助公用设施。

2014年时主要工艺设备：烧结机两台$180m^2 \times 1$和$132m^2 \times 1$；高炉$450m^3 \times 2$座；矿热炉36000kVA×2台；AOD精炼炉60t×6台（带顶枪）；LF精炼炉70t×2台；中频炉40t×3台；4台ϕ3.6m×72m回转窑；一机两流板坯连铸机，1600mm×200mm、680mm×160mm；1700连轧机×1套。

该公司是一个典型的集红土镍矿高炉法冶炼镍铁（含镍1.5%）、回转窑-矿热炉法（RKEF）冶炼镍铁（含镍10%）、大江山法（克虏伯法）冶炼镍铁（含镍10%）和镍铁水作为母液直接由AOD冶炼节镍型（如200系）及300系奥氏体不锈钢于一身的公司。这里仅介绍2013年、2014年时不锈钢和镍铁粒的生产情况。

（1）节镍型不锈钢生产　该公司除生产300系不锈钢外，主要生产节镍型奥氏体不锈钢，牌号如J1、J4等，其成分见表6-60。其生产工艺是利用上道工序$450m^3$高炉产镍铁水作母液，成分见表6-61，直接兑入AOD精炼炉冶炼不锈钢，即高炉镍铁水（一般含Ni 1.8%，Cr 3.5%），以及由中频炉熔化的铁合金加入到AOD精炼炉中，经90min吹炼后加入到LF精炼炉中，经40min精炼后，合格钢水吊入连铸跨进行铸坯。

表6-60　不锈钢部分代表钢号成分

钢种	C/%	Si/%	Mn/%	P/%	S/%	Cr/%	Ni/%	Cu/%	N/%
J1	≤0.11	0.3～0.6	11.0～11.5	≤0.045	≤0.030	≥13.05	≥0.72	≥0.70	
J4	0.08～0.10	0.3～0.6	11.0～11.5	≤0.045	≤0.030	13.5～13.8	0.93～1.3	1.54～1.59	0.15～0.25

表6-61　高炉镍铬铁水成分

成分	Ni	Cr①	Si	S	Mn	P	C
某日平均含量/%	1.95	3.87	1.47	0.094	0.72	0.024	4.91

① 在红土镍矿中加入部分铬矿。

镍铁水（测温取样1250～1300℃）→AOD-脱硅→加高碳铬铁（FeCr65，两次第一次7～8t，共17～18t）→吹氧、氮、氩气→调整氮氧比例→C=0.7%→测温取样→AOD氧调下、氮调上，氧氩比1∶2→碳到终点→取样-配合金→调氧、氮、氩→还原期，加硅铁、硅锰、电解锰、石灰→成品取样→1580～1650℃→出钢→LF→连铸。

由于高碳铁水直接进入AOD炉熔炼，导致AOD炉龄偏低，约70炉，最高95～105炉，所以AOD炉三吹二配置。

另，在矿石烧结工序，为了经济地获得铬，在烧结的过程中加入了一部分铬矿，使铁水中铬含量达4%左右。由于高炉铁水直接进入AOD炉吹炼，使得铁水加铬成为可能。红土镍矿加铬矿后成分及烧结矿成分见表6-62、表6-63。

表6-62 红土镍矿加部分铬矿成分

成分	TFe	CaO	SiO_2	MgO	Ni	S	Al_2O_3	H_2O	$Cr_2O_3$①
含量/%	48.58	1.05	4.13	1.88	0.93		4.44	36.40	4.13

① 在红土镍矿中加入部分铬矿。

表6-63 烧结矿成分

成分	TFe	FeO	CaO	SiO_2	MgO	Cr_2O_3	R_2
含量/%	46.2	13.31	10.61	8.72	3.42	6.07	1.22

(2) 镍铁粒生产　主要设备：一条干燥窑、四条 ϕ3.6m×72m回转窑，共用一条原矿干燥、处理、压球生产线；共用一套收尘、余热利用系统；共用一套破碎（两条线）+磁选（一条线）系统。配料：还原剂（煤+焦粉）5%，熔剂用石灰粉（$CaCO_3$），矿料<3mm，压球强度要够。该生产工艺技术采用的是类似大江山的方法，即回转窑还原熔炼-分选的方法生产镍铁。即红土镍矿→初筛→破碎（−200mm）→干燥窑干燥→筛分→破碎（−3mm，80%）→混料：破碎矿+还原剂+熔剂→高压压块（尺寸：43mm×42mm×20mm）→预热器预热→回转窑还原熔炼（克虏伯法）→熔炼产物-熔结物（熔块）→水淬→刮板捞渣机捞水淬镍铁粒→堆放（>8h）→选矿车间→一破→二破→三破→粒铁排出收集，余下细料→球磨机磨粉→三级磁选机磁选→镍铁粉收集，尾矿回收处理。

粒镍铁（≥2mm）约占50%，粉镍铁约占50%。镍铁粉最好用电炉熔化、除渣，或送回转窑给料系统。

生产炉况：窑头火焰温度约1300℃，料面温度约1100℃，窑尾尾气温度约350℃，处理混合矿量约17t/h，烧成矿经水淬后有明显的3～5mm镍铁颗粒。

操作过程中，窑口浇注料（镁铝）距窑口800mm这一段料损坏很快；有结圈现象。喷煤量：2t/h，耗时1.5t/h。

窑头窑温：通常1250～1420℃。

高温操作（1320～1420℃）：比较好操作、结圈率低、窑口耐材寿命低。

中温操作（1250～1320℃）：运行成本低，但不好操作。

二次风预热加热到600℃。

回转窑前没有设置链篦机预热器，入窑前的团矿没有得到烘干、强化，不利于回转窑的操作稳定，另外产量也可能受影响。

我们对现场压块矿、粒镍铁取样，其成分见表6-64、表6-65。

6-64 压块矿样化学成分

成分	S	SiO_2	CaO	MgO	Al_2O_3	P	Ni	R_2	R_4
含量/%	0.077	30.05	15.23	10.38	6.61	0.013	0.57	0.51	0.70

表6-65 粒镍铁化学成分

元素	Si	Ni	P	S
含量/%	0.61	7.80	0.042	0.173

6.12 华乐合金股份公司

华乐合金股份公司是一家民营股份制企业，位于连云港市开发区，占地1500亩。它是一个典型的利用高炉冶炼的镍铁水作母液，直接兑入AOD炉冶炼节镍型奥氏体不锈钢的企业。

主要装备：$128m^2$×1台烧结机；$450m^3$×1座高炉；600t×1台混铁炉；60t×2台AOD炉；20t×3台中频炉；70t×1台LF炉；两机两流板坯连铸机，铸坯断面为160mm×(485～710) mm，定尺长度为8m；750轧机生产线和酸洗线一条。

主要生产节镍型奥氏体不锈钢，主要生产J2、J4钢种。产量：2011年12月28日投产，产能60万吨每年。2012年的不锈钢产量达到40万吨左右。

该公司的原矿主要来自菲律宾，由其三个股东之一供应，$450m^3$高炉日产镍铁水1200～1300t左右，利用系数达到2.7～2.9t/(m^3·d)。原矿经混料后直接供应烧结机烧结，因原料含水量有时很高，故备有一座干燥回转窑（长20m），必要时对矿石进行干燥处理。

生产工艺：红土镍矿或经干燥由烧结机进行烧结，烧结矿与焦炭分批次投入高炉进行还原熔炼得镍铁，镍铁水(Ni 1.6%～1.8%，C 4%，P 0.05%，S 0.05%）与中频炉熔化的合金料、返回料等熔液加入AOD炉吹炼，出钢再兑入LF炉精炼，合格钢水吊送连铸机铸坯。

高炉铁水由机车送至炼钢车间后，进入600t混铁炉，20t中频炉作为熔化铁合金，连铸坯头、坯尾之用。根据工艺需要，混铁炉的铁水加上部分中频炉熔化的钢水装入AOD炉冶炼。AOD炉的冶炼周期大约在80min左右，出钢后进入LF炉，然后上连铸机铸坯。AOD炉无顶枪，采用底吹方式，底枪8支。为快速更换炉体，托圈为U形。不锈钢实物成分见表6-66。

表6-66　不锈钢实物成分　　单位:%

炉号	工序	C	Ni	Cr	Mn	Cu	Si	P	S	N
1	AOD	0.068	1.12	14.11	10.856	0.63	0.098	0.05	0.011	0.207
	LF	0.068	1.11	14.09	10.892	0.62	0.346	0.05	0.01	0.276
	连铸	0.118	1.12	13.92	10.376	0.62	0.222	0.051	0.009	0.226
2	AOD	0.106	1.14	14.04	10.041	0.61	0.423	0.046	0.024	0.226
	LF	0.119	1.12	14.09	10.768	0.59	0.399	0.046	0.021	0.209
	连铸	0.117	1.12	13.69	10.62	0.58	0.386	0.046	0.017	0.205
3	AOD	0.072	1.12	14.01	9.19	1.38	0.43	0.049	0.014	0.208
	LF	0.084	1.1	13.94	9.4	1.52	0.41	0.047	0.01	0.181
	连铸	0.09	1.14	14.47	9.51	1.53	0.41	0.047	0.009	0.186

AOD炉炉衬寿命较低，仅在90炉左右，两座炉子共有7个炉壳。设有4个修炉位置，以满足炉子晾炉、拆炉、修砌和烘烤之用。

6.13 福建鼎信实业有限公司

福建鼎信实业有限公司位于福建省福安市湾坞经济开发区，是青山控股集团旗下的一个镍铁和不锈钢生产企业，成立于2008年。其占地500亩，集干燥窑、回转窑、矿热电炉、电炉、AOD炉、LF钢包精炼炉、板坯连铸机和轧钢工艺于一体。该公司是国内首家利用红土镍矿采用RKEF工艺生产镍铁的工厂，也是第一家将RKEF工艺生产的镍铁水作为母液冶炼不锈钢的工厂，其真正实现了钢铁生产的短流程工艺，且还是由矿石作原料的短流程工艺。2012年矿热炉镍铁（含Ni 9%～12%）产量30万吨，不锈钢产量60万吨。

主要工艺设备：干燥窑ϕ5m×40m×1台；回转窑ϕ4.5m×100m×5台；矩形矿热炉3.3MVA×2台、圆形矿热炉4.2MVA×3台；电弧炉100t×1台；AOD炉100t×2台；LF炉100t×1台；连铸机两机两流500mm×180mm；850连轧机一套。

鼎信的短流程工艺：红土镍矿→干燥窑→回转窑还原焙烧得热焙砂→矿热炉还原熔炼得

镍铁+电弧炉钢水→AOD炉吹炼→LF炉精炼得300系不锈钢→连铸机铸坯，即湿红土镍矿（含水30%～35%）经筛选、破碎后输送至干燥窑干燥至含水量20%左右，干燥后的矿石入原料库待用。干燥矿和还原剂经配比后，送至回转窑下料管入回转窑焙烧。出窑焙砂热送（750℃左右）至矿热炉进行选择性还原，含镍品位10%左右的镍铁水成分见表6-67，热送炼钢车间，兑入AOD炉，同时由电炉熔化的废钢和高碳铬铁也一同兑入AOD炉，经AOD炉进行脱碳、脱硫和还原等熔炼，再经LF炉微调成分和温度后进行连铸，连铸坯送轧钢车间轧制。

表6-67　矿热炉镍铁水成分（随机某一炉）

Ni/%	Cr/%	Si/%	P/%	S/%	C/%	温度/℃
10.08	1.38	0.16	0.020	0.10	3.19	1533

6.14 利德冶炼厂

美国利德冶炼厂（Riddle Smelter）隶属于美国汉拿熔炼公司（Hanna Nickel Smelting Co），于1954年开始生产，其利用硅镁型红土镍矿生产含镍45%～48%的镍铁。1965年处理红土镍矿110万吨，生产含镍量11340t镍铁合金。

该厂使用镍矿平均成分见表6-68，含水量17%～25%。主要设备有7台电炉，其中14000kVA×4台矿热电炉用于熔化矿石，13500kVA×1台矿热电炉用于硅铁生产，2500kVA×2台电弧炉（9t）用于精炼镍铁，2台箕斗混合器，4台回转台车，8台包子车，22个反应包，12个渣包，3台桥式吊车和1台浇铸机。

表6-68　红土镍镍矿平均成分

成分	Ni	Fe	SiO_2	MgO	Al_2O_3	CaO	Cr
含量/%	1.5	8～15	45～55	25～38	1～3	1～2	0.8～1.2

利德冶炼厂生产工艺流程由矿石处理、煅烧、还原熔炼、精炼等4道工序组成，即红土镍矿→干燥→破碎、筛分→回转窑(+20目）和多膛炉(−20目）煅烧→热焙砂→矿热炉还原熔炼→熔融物(金属熔体）→电炉精炼→精炼镍铁→浇铸机铸锭，如图6-18、图6-19所示。

(1) 矿石处理　矿石在矿山粗碎后，+76mm的矿石运往堆场，−76mm的矿石由架空索道运往冶炼厂干燥系统，经干燥窑（ϕ3.05m，长30.5m）用煤气进行逆流干燥，将水由17%～25%降到3%～4%。干燥后的矿石经破碎与筛分，+32mm的矿石送往堆场弃去，这些弃去的矿石占总量17%～18%。因弃去的矿石主要成分是硬橄榄石，这样就使送去冶炼的物料中MgO含量降低了。送往冶炼的物料成分见表6-69，弃去的矿石平均成分见表6-70。

(2) 煅烧　为避免在熔炼时产生“翻料”现象，需将准备送去熔炼的干燥物料在650～700℃温度下进行煅烧，将残余的游离水和60%～70%的结合水除掉，然后将热物料送去熔炼。煅烧作业在两种设备中进行，+20目的粗物料在回转窑内煅烧，−20目的细物料则在多膛炉内煅烧。

(3) 还原熔炼　熔炼按两个平行作业线操作。每一条线有2台电炉，1台箕斗混合器，2台回转台车，2个反应包和2个渣包。在箕斗混合器两侧各放一个装熔融物的反应包和装熔融镍铁的反应包。将煅烧的热焙砂加入4台14000kVA矿热炉，加入木炭进行熔化及镍、铁的还原熔炼。矿热炉放出的熔融物（1640℃左右）放入熔融物反应包，用

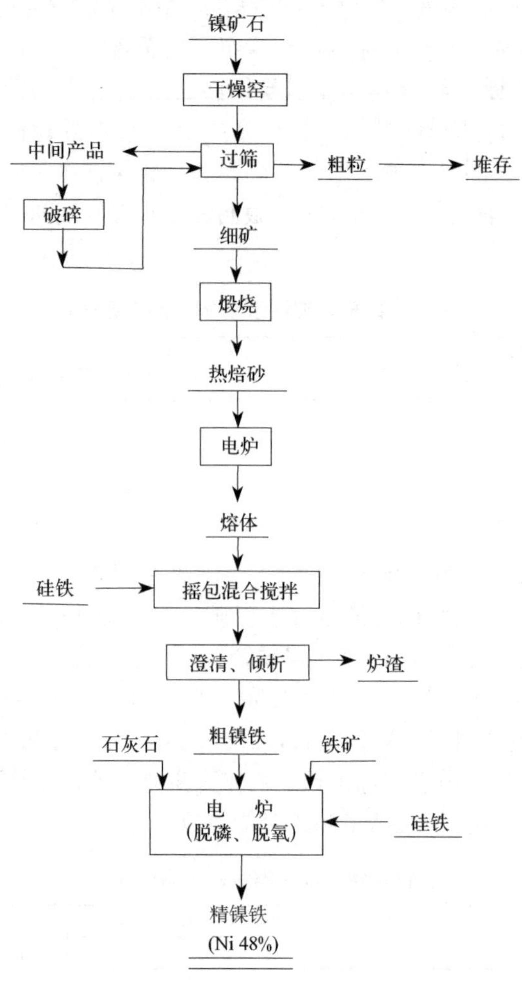

图 6-18　利德冶炼厂生产工艺流程图

来自硅铁电炉的含有硅 45%的硅铁作为还原剂，也放入该反应包内。再将装有熔融镍铁的反应包提起并迅速地倒入熔融物反应包。当硅铁与熔融氧化物料混合时，产生剧烈的搅拌，使还原剂与熔融物充分混合，并放出大量的热量。此时将熔融物由一个包子迅速倒入另一个包子，重复进行 5 次，当反复倾倒结束后，将装有熔融物的包子静置 3min 以促成金属粒子的沉淀。提升、倾斜反应完成后的包子，小心地将渣放出，进入渣包，渣经水淬弃去。

放渣时，另一台熔炼炉倒出的熔融物准备进行另一个还原期的操作。每个还原周期约 15min。每一个周期可产出 360～410kg 粗镍铁，当重量增至 12.7～13.6t 时，便放出一部分，作为精炼原料进行下一工序精炼，从而实现镍铁的还原反应，制取含镍 45%的粗镍铁。

(4) 精炼　精炼是在 2500kVA 电炉中进行的。粗镍铁分二批用吊车加到精炼炉中，每批料重 3.6～4.1t。粗镍铁磷约 0.15%～0.40%，含量较高，其余元素含量均满足美国国家标准，即 Ni>25%，C<0.2%，Cr<0.25%，P<0.05%，S<0.05%。因此，精炼的任务仅有除磷和脱氧。向炉中加石灰和铁矿石，造四次渣除磷，加硅铁脱氧，最后由精炼炉放出镍铁，经中间包流入铸模。铸锭重 15kg，经冷却、抛光产出成品镍铁，其成分见表 6-71。

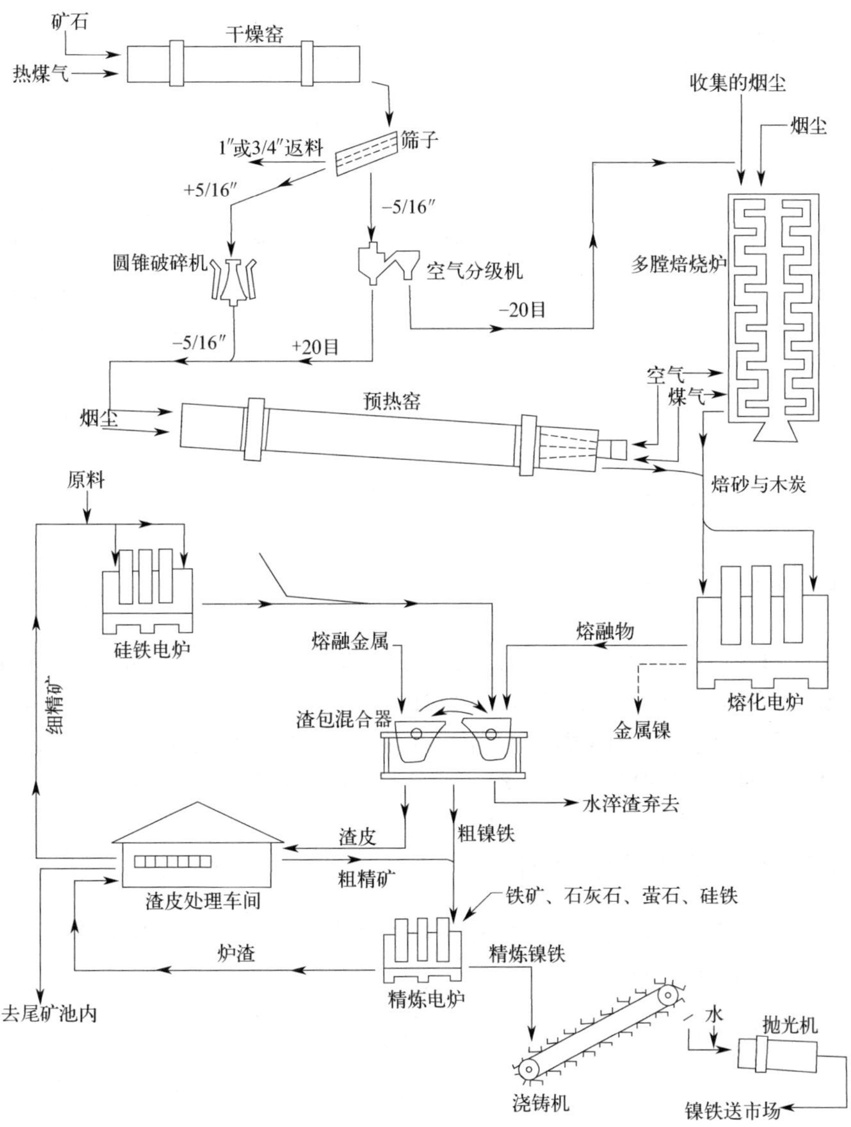

图 6-19 利德冶炼厂生产工艺设备连接图

表 6-69 送往冶炼的物料成分

成分	Ni	Co	Fe	SiO_2	MgO	Al_2O_3	Cr	烧损
含量/%	1.6～1.7	0.02	10～15	45～58	24～32	1～3	0.8～1.2	6～8

表 6-70 弃去的矿石平均成分

成分	Ni	Fe	SiO_2	MgO	镍损失(占总镍量)
含量/%	0.65	6～8	40～45	35～43	10

表 6-71 精炼镍铁成分

成分	Ni	Co	Cu	S	P	C	Si	Cr	Fe
含量/%	48.5	0.5	0.1	0.005	0.01	0.02	0.9	0.02	其余

6.15 毛阿湾镍厂

古巴的毛阿湾镍厂是最早使用硫酸加压浸出红土镍矿工艺的。该厂由美国负责设计建设，于1959年建成投产。设计年产镍22700t、钴2000t，1967年镍产量27000t。2003年镍产量30000t。其硫酸加压浸出红土镍矿工艺：经高压釜在240～265℃条件下，用硫酸进行浸出，使Ni、Co等氧化物与H_2SO_4反应形成可溶的硫酸盐进入溶液，而铁则形成难溶的赤铁矿留在渣中。浸出矿浆经浓密机逆流洗涤后，再经珊瑚浆中和游离酸，得到的浸出液在沉淀加压釜内通入硫化氢，选择性沉淀浸出液中的Ni、Co，得到品位较高的镍钴硫化物精矿，送镍钴精炼厂进行镍钴的分离提取。

通常毛阿湾镍厂镍钴硫化物产品送往美国自由港镍公司镍港精炼厂，在镍港精炼厂提取纯金属镍和钴。

毛阿湾镍厂的工艺流程详见“4.1.1红土镍矿的加压酸浸工艺（HPAL）”一节。

6.16 镍港精炼厂

镍港精炼厂(Port Nickel Refinery）位于美国路易斯安那州新奥尔良附近，隶属于自由港镍公司，年产镍4万吨，电解铜2.25万吨，硫酸铵8.6万吨。该厂与毛阿湾镍厂同时兴建，采用高压酸浸-氢还原法处理毛阿湾镍厂的产品——浆状的镍钴硫化物精矿，提取金属镍、钴。

镍港精炼厂工艺流程详见“4.1.1红土镍矿的加压酸浸工艺（HPAL）”一节。

6.17 中冶瑞木镍钴有限公司

中冶瑞木镍钴有限公司（Ramu）镍红土矿项目位于巴布亚新几内亚马丹省境内，该项目由中国冶金科工集团公司投资建设，2004年中冶委托中国恩菲工程技术有限公司进行了可研设计，2006年委托北京矿冶研究总院进行了小型验证和补充试验。2008年开始建设。项目主要由矿山（含选厂）、冶炼厂以及连接矿山和冶炼厂的135km输送管路等三部分组成。矿山位于马丹西南方向75km的Kurumbukari，冶炼厂选择在马丹东南方向55km的Basamuk海湾岸边，矿山和冶炼厂相距约90km，管线距离约135km。于2012年3月试运行，2012年12月6日投产竣工。

中冶瑞木采用加压酸浸工艺（HPAL）生产氢氧化镍钴混合物（MHP），设计年处理红土镍矿321万吨，产出氢氧化镍钴79331吨，其中含镍41%、钴4.2%，按金属量计镍32600t，钴3300t。镍、钴回收率分别为96%、94%。2017年生产含镍量31000t及含钴量3000t的镍钴中间产品，目前已达产达标。其所拥有矿石具有镍含量低（0.8%～1.5%），铁含量高(40%～50%)，硅镁含量低，钴含量高的特点。原矿储量及成分见表6-72～表6-74。

表6-72 原矿成分

Ni/%	Co/%	Fe/%	Zn/%	Al/%	Cr/%	Mg/%	Mn/%	SiO_2/%	Ca/%
1.138	0.117	41.9	0.04	1.58	0.52	2.25	0.653	14.59	0.01

表6-73 原矿典型成分

Ni/%	Co/%	Fe/%	Al/%	Mg/%	Mn/%	Cr/%	Zn/%	Ca/%
1.094	0.104	41.627	2.203	2.397	0.689	1.347	0.039	0.055

表 6-74　2015 年上半年原矿资源量

资源类型	探明储量			控制储量			推测储量			合计		
	储量/Mt	Ni/%	Co/%	储量/Mt	Ni/%	Co/%	储量/Mt	Ni/%	Co/%	储量/Mt	Ni/%	Co/%
褐铁矿层	31.7	0.87	0.1	20.9	0.96	0.11	37	0.88	0.11	89.6	0.90	0.10
残积矿	10.7	1.07	0.14	1.7	1.16	0.16	12	1.09	0.14	24.4	1.09	0.14
含砾石残积矿－2mm				7.2	1.35	0.10	22	1.28	0.07	29.2	1.30	0.08
合计	42.4	0.93	0.11	29.8	1.07	0.11	71	1.04	0.10	143.2	1.01	0.10

该公司生产工艺流程包括矿石预处理、加压浸出、固液分离、富集、提取工序，即 HPAL—矿浆中和—CCD 洗涤—溶液中和—NaOH 沉淀工艺生产镍钴氢氧化物，如图 6-20、图 6-21 所示。该公司共有卧式加压釜 3 台，尺寸 ϕ5.1m×34m，7 个隔室，每隔室装有 4 桨片搅拌器。

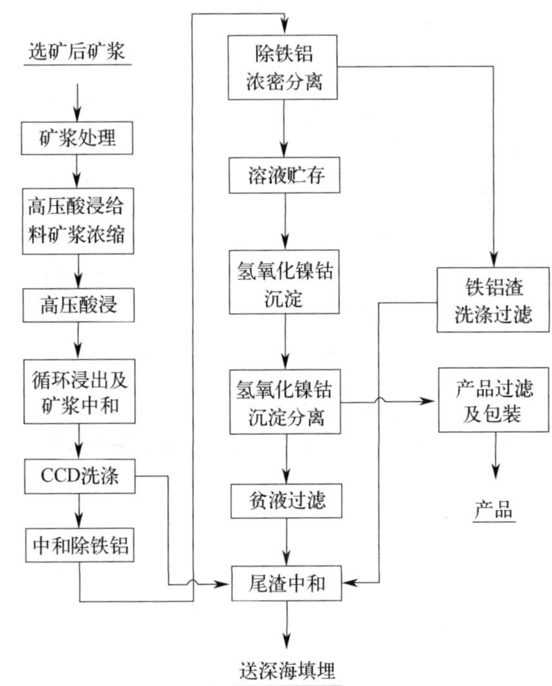

图 6-20　中冶瑞木 HPAL 生产 MHP 工艺流程图

（1）矿石预处理　红土镍矿经筛分、破碎，－150μm 矿石浆化，矿浆浓度 12%～18.3%，由 135km 输送管输送至冶炼厂，冶炼厂用浓密机浓密矿浆至 32%。

（2）加压浸出　工艺流程如图 6-22 所示。浓密矿浆经预热器三级预热升温，即低温预热达 92℃、中温预热达 154℃和高温预热达 205℃，加热蒸汽分别来自于低压、中压和高压闪蒸槽。将高温矿浆泵送高压釜，高压釜直接通蒸汽加热，使其达到操作温度 245～255℃、操作压力 4.1～4.8MPa。浸出时间控制在 60min。

操作温度不能低于 240℃，否则加酸多少，镍和钴的浸出率都会下降，这由皮关华等人生产实践得出，见表 6-75。他们在生产中还发现，高压釜内的反应温度低于 240℃时，铝的浸出率将升高，由正常情况的浸出率 15%～20%提高到 50%以上，这将导致酸耗增加、后期脱铝量增加、高压釜排料管堵塞等不利情况。同时他们还对浸出时间、矿酸比对镍钴浸出率的影响做了比对研究，如表 6-76、表 6-77 所示。

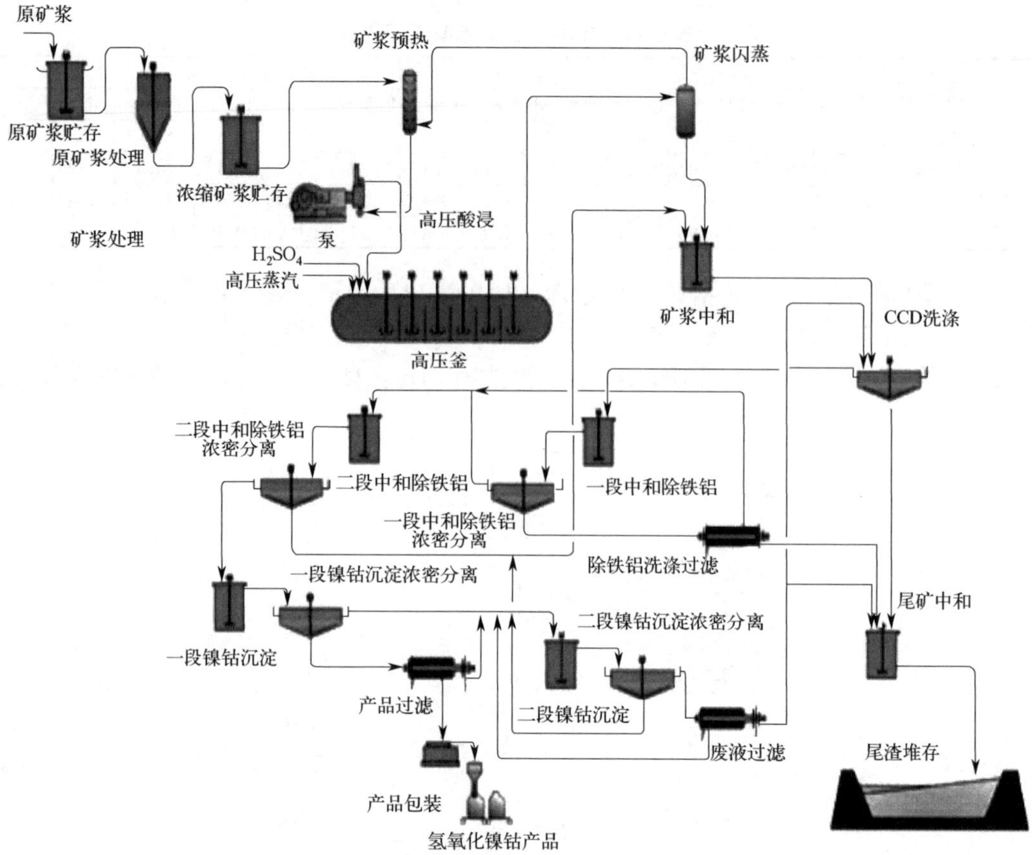

原矿浆
原矿浆贮存
原矿浆处理
矿浆预热
矿浆闪蒸
浓缩矿浆贮存
泵
高压酸浸
矿浆处理
H_2SO_4
高压蒸汽
高压釜
矿浆中和
CCD洗涤
二段中和除铁铝
浓密分离
二段中和除铁铝
一段中和除铁铝
一段中和除铁铝
浓密分离
除铁铝洗涤过滤
一段镍钴沉淀浓密分离
尾矿中和
二段镍钴沉淀浓密分离
一段镍钴沉淀
产品过滤
二段镍钴沉淀
废液过滤
尾渣堆存
产品包装
氢氧化镍钴产品

图 6-21　中冶瑞木 HPAL 生产 MHP 工艺设备连接图

原矿浆
矿浆浓密
矿浆中和
低温预热
低压蒸汽
低压闪蒸
中温预热
中压蒸汽
中压闪蒸
高温预热
高压蒸汽
高压闪蒸
高压酸浸

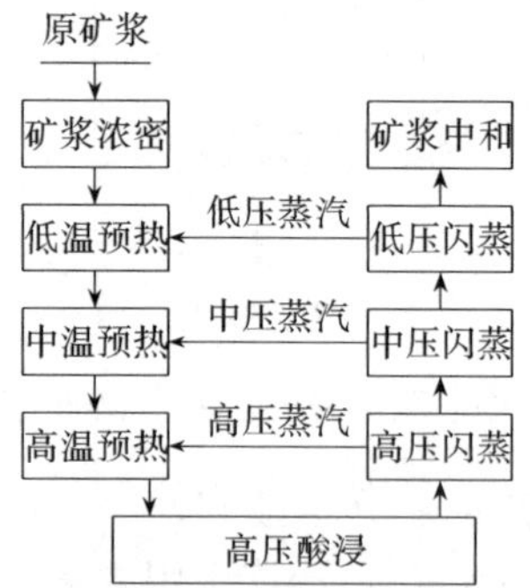

图 6-22　中冶瑞木硫酸高压浸出工艺流程图

表 6-75　高压酸浸反应温度对镍钴浸出率的影响

反应温度/℃	镍浸出率/%	钴浸出率/%
235	90.20	89.14
240	93.64	92.25
245	94.68	94.17
250	95.52	94.96
255	95.88	95.02

注：酸矿比 250kg/t 干矿，反应时间 60min。

表 6-76　高压酸浸浸出反应时间、矿酸比对镍钴浸出率的影响

反应时间/min	镍浸出率/%	钴浸出率/%
30	91.28	90.16
45	94.44	93.61
60	95.52	94.96
75	96.07	95.33

注：酸矿比 250kg/t 干矿，反应温度 250℃，反应压力 4300kPa。

表 6-77　浸出时间、矿酸比对镍钴浸出率的影响

序号	酸矿比/(kg/t 干矿)	镍浸出率/%	钴浸出率/%	铁浸出率/%
1	262.60	96.38	87.73	4.04
2	256.38	96.68	88.73	3.86
3	268.32	97.34	89.62	3.81
4	249.07	97.22	95.94	3.63
5	228.28	97.43	96.80	3.60
6	205.07	95.20	90.42	2.95
7	214.99	96.23	95.63	3.06
8	219.62	95.87	94.77	2.27
设计值	275.00	95.50	95.00	2.96

将在高压釜内浸出反应后的矿浆依次通过高压、中压和低压闪蒸槽进行三级减压和冷却，三级闪蒸槽蒸汽温度分别为 220℃、170℃和 105℃。经过三次闪蒸的矿浆泵送至中和槽，镍、钴浸出率为 95.5%、95%。

(3) 固液分离　在浸出矿浆分离前就开始进行预中和沉铁，开始了预净化、富集作业。

矿浆中和与 CCD 洗涤：循环浸出主要是利用高压釜闪蒸后溶液中的残酸，去浸出两段除铁铝渣和两段沉淀镍、钴渣，以提高镍的浸出率；然后多余的游离酸将被石灰石中和。循环浸出和矿浆中和在六个串联的中和槽内完成。

循环浸出后的矿浆由浓密机进行 CCD 逆流倾析处理。为了降低镍、钴的损失，提高 CCD 洗涤效率，洗涤系统采用 7 段 CCD 工艺，洗涤比控制为 2.5∶1（浓密机中洗涤水与固体的重量比）。CCD1 溢流送至第一段中和除铁、铝，CCD7 底流送至尾渣中和系统。

(4) 富集　中和除铁、铝是为了去除 CCD1 溢流液中的铁、铝、硅等杂质元素。该工序将采用两阶段除铁、铝完成。具体来说，采用石灰石浆料作为中和剂，鼓入空气氧化溶液中的亚铁元素，并将终端 pH 值控制在 3.6～4.0 范围内，进行第一段除铁、铝，实现铁、铝的水解沉淀。铁、铝去除后，对矿浆进行浓密和分离。在除铁、铝的过程中，浓密机底流液的一部分作为晶种，以促进沉淀物的颗粒沉降。第一级除铁、铝的底流液将用于铁、铝的洗涤和过滤，产生的铁、铝残渣送尾渣中和。

第二段除铁、铝的终端 pH 值控制在 4.6～5.0，使第一段除铁、铝溶液中的铁、铝进一步水解，第二段除铁、铝的溢流液送至镍、钴沉淀；底流液一部分作为晶种返回，另一部分返回循环浸出系统，以回收渣中的镍、钴等有价金属。

(5) 提取　利用水解沉淀法来提取氢氧化镍钴，沉淀过程分成两个阶段完成。在第一段氢氧化镍钴沉淀过程中，采用氢氧化钠作为沉淀剂，使溶液中的镍钴生成氢氧化物沉淀；在第一段沉淀后，矿浆送至浓密机进行液-固分离，一部分底流液作为晶种返回，另一部分经洗涤、过滤后包装成产品。第一段浓密机的溢流液送至第二段镍钴沉淀系统，该段采用石灰乳作为沉淀剂。第二段沉淀后的矿浆将进行浓密分离，底流液的一部分作为晶种，另一部分返回循环浸出系统，以回收镍、钴等有价金属。第二段镍钴沉淀系统的溢流液一部分经酸化处理后，将作为CCD和铁铝渣的洗涤水；另一部分将用作石灰石浆和石灰乳的配制和稀释用水，其余的将在深度除锰（尾渣中和）后排出。

为了满足环保排放要求，冶炼厂的废水和尾渣在排放前必须进行处理。

洗涤后加压浸出渣采用深海填埋工艺处理。将CCD7浓密底流、铁铝尾渣、高压酸浸的水洗液、第二段镍钴沉淀的浓密溢流液等冶炼厂废水在尾渣中和槽混合，加石灰乳通过压缩空气进行中和处理，调节浆液pH值为8.1～8.5，使Mn^{2+}氧化水解沉淀，然后送至掺混槽用海水稀释，由于其密度大于海水密度，依靠密度差，通过一根外径800mm、长415m的高密度聚乙烯尾渣排放管，输送到深海排放点。

产品氢氧化镍钴成分一般为：Ni 39.0%～41.30%，Co 3.40%～3.90%，Mn 5.0%～6.0%，Mg 1.75%～2.94%。

6.18 考斯镍冶炼厂

澳大利亚考斯（Cawse）镍冶炼厂位于西澳大利亚州中南部卡尔古利，于1999年投产，设计能力为9000t阴极镍，含钴量1300t硫化钴。该厂采用加压浸出，经固液分离、中和除杂质、水解沉淀得氢氧化镍钴混合物，而后氨浸，萃取，电积生产阴极镍和硫化钴产品。主要设备是1台卧式高压釜（ϕ4.6m×30m，六隔室）。

考斯红土镍矿储量表6-78。

表6-78 考斯红土镍矿资源量（2008年）

探明	资源量/×10^6t	镍含量/%	钴含量/%	镍金属量/t	钴金属量/t
资源	73.71	0.72	0.03	509151	23817
控制	资源量/×10^6t	镍含量/%	钴含量/%	镍金属量/t	钴金属量/t
资源	265.3	0.69	0.03	1814033	74425

该厂生产工艺流程为：浸出，红土镍矿矿浆经三级预热至165℃，泵送加压釜进行硫酸加压浸出反应，反应条件为250℃，4.1MPa。浸出矿浆经闪蒸塔2级闪蒸冷却。考斯镍厂加压釜、闪蒸塔实物见图6-23、图6-24。分离，冷却的浸出矿浆经一段中和除铁后开始CCD洗涤，使溢流-浸出液与底流-浸渣固液分离，浸出渣送尾矿库，浸出液送净化富集工序。净化富集，浸出液经二段中和除铁，硫酸镍钴溶液得到净化，利用硫酸镍钴水解法得到沉淀的氢氧化镍钴。提取，将沉淀富集的氢氧化镍钴再用氨浸出，进一步除杂，净液萃取得镍反萃液，镍反萃液再经电解沉积，得金属镍-电镍。含钴萃余液经加入硫化氢进行硫化沉淀得到沉淀的硫化钴，经液固分离进而获得硫化钴成品。沉降槽见图6-25。

图6-23 考斯镍冶炼厂加压釜实物图

图 6-24　考斯镍冶炼厂闪蒸塔实物图

图 6-25　考斯镍冶炼厂沉降槽实物图

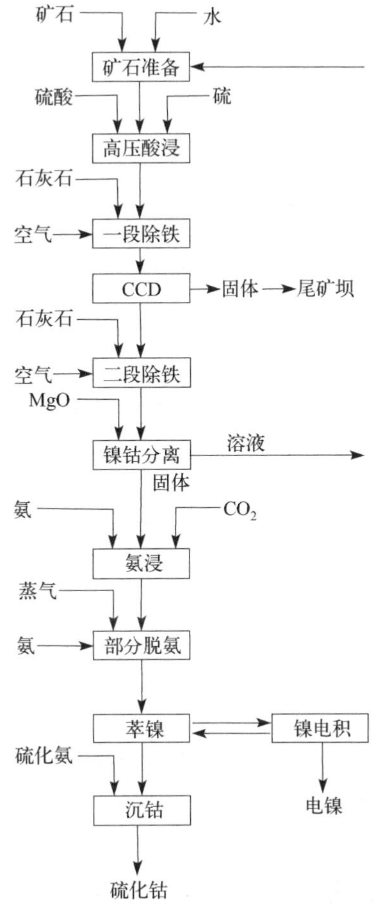

图 6-26　考斯镍冶炼厂加压浸出矿浆预除铁工序流程图

该工艺流程可以比照中冶瑞木 HPAL 生产 MHP 工艺流程看，考斯前部分工序与瑞木工艺是一样的，得到氢氧化镍钴，而且也同瑞木工艺一样，有浸出矿浆预除铁，即一段除铁，如图 6-26 所示。但瑞木仅仅做到氢氧化镍钴工序，而考斯则做到了电镍。图 6-27 所示的是考斯镍厂全貌。考斯、布隆、莫林莫林镍厂工艺设备参数见表 6-79。

图 6-27　考斯镍冶炼厂全貌图

表 6-79　澳大利亚考斯、布隆、莫林莫林镍厂生产工艺设备参数

参数		考斯厂	布隆厂	莫林莫林
所属公司		Centaur Mining & Exploration	Preston Resources	Minara 60%，Glencore 40%
投产时间		1999 年	1999 年	1998 年
温度/℃		250	250	255
压力/kPa		4500	4100	4300
停留时间/h		1.75	1.3	1.5
进料固体含量/%		35	31	40
加热器段数		2	4	3
进料泵	型号	Wirth	GEHO	GEHO
	台数	2	2	6(用于 4 台高压釜)
高压釜	台数	1	1	4
	尺寸(直径×长度)/m×m	4.6×30	4.6×28.6	4.9×33.4
	隔室数	6	6	6
	搅拌数	6	6 个双叶轮	6
	衬里钛品位	—	17	2
	衬里厚度/mm	—	8	6
吨矿酸耗/kg		375，加硫	518	400
酸浓度(g/L)		98	98	98
剩余酸		35	35	20～35
闪蒸段数		2	4	3
浸出	Ni/%	95	94	96
	Co/%	95	94	93
	Fe/(g/L)	3～5	6	1～2
	Al/%		2	5～12
	Mg/%		98	94
闪蒸后矿浆	固体/%	30	26	35
	Ni/(g/L)	9	7	7
	Co/(g/L)	1.8	0.5	0.5

6.19　布隆镍冶炼厂

布隆（Bulong）镍冶炼厂位于西澳大利亚州中南部卡尔古利，于 1999 年投产，设计能力为 9000t 阴极镍，以及相应的阴极钴。Bulong 厂与 Cawse 厂几乎是同时投产，采用加压酸浸从含镍红土矿中浸出镍钴，经石灰中和后直接采用溶剂萃取电积法生产阴极镍。由于石灰中和产生大量石膏，它们在后续工序中如萃取过程中大量沉淀，堵塞管路，萃取时形成三相，严重阻碍萃取工序正常进行。在电积时几乎所有 Ni 阳极板变形、腐蚀，不得不将钴电积阳极板挪用，甚至从外厂购买始极片。但 Bulong 厂加压浸出部分是成功的，由于后半部工艺失误，导致整个工厂的工艺失败。

主要设备是 1 台卧式高压釜（ϕ4.6m×28.6m，六隔室）。

布隆红土镍矿储量（探明＋控制＋推断）约 1.7 亿吨，镍金属量 1403020t，钴金属量 85904t。

该厂生产工艺流程为：浸出，红土镍矿矿浆经 4 级预热至 175～195℃，泵送加压釜进行硫酸加压浸出反应，反应条件为 250℃，4.1MPa。浸出矿浆经闪蒸塔 4 级闪蒸冷却。分离，冷却的浸出矿浆经 CCD 洗涤，使溢流-浸出液与底流-浸渣固液分离；提取，经石灰中

和后直接采用溶剂萃取电积法生产阴极镍，即将含有大量杂质的浸出液采用 Cyanex272 直接萃取钴，钴反萃液再经净化后电解沉积得阴极钴；萃取钴之后的萃余液采用 Versatic10 萃取镍，镍反萃液再经电解沉积，得阴极镍——电镍。布隆镍冶炼厂工艺参数见表 6-79。

6.20 莫林莫林镍冶炼厂

莫林莫林（Murri Murri）镍冶炼厂位于澳大利亚奥诺拉以东 60km 处，1998 年投产。设计能力年产 4.5 万吨镍，3000t 钴。矿石储量 3.24 亿吨，含镍量 1.03%，钴 0.064%，氧化镁 5.8%。主要设备有 4 台卧式高压釜（ϕ4.9m×33.4m，六隔室）。

该厂工艺流程如图 6-28 所示，矿浆—高压酸浸—CCD 洗涤—中和除杂—硫化沉淀—加压氧化浸出—萃取—氢还原，产出镍球、钴球和铵肥。即矿浆经三级预热至 210℃，泵送至高压釜进行浸出，同时向釜内加酸和热蒸汽，浸出温度、压力控制在 255℃、4.5MPa，浸出矿浆经闪蒸槽冷却至 100℃左右，经 CCD 洗涤进行固液分离，浸出渣送尾矿库，浸出液经中和除杂，再行固液分离，净液经硫化氢沉淀成硫化镍钴，硫化镍钴再经加压氧化浸出，得到硫酸镍钴，实现镍钴的富集，采用 Cyanex272 优先萃取钴，钴反萃液用氢还原得钴球。萃余液经氢还原制得镍球和铵肥。莫林莫林镍冶炼厂工艺参数见表 6-79。

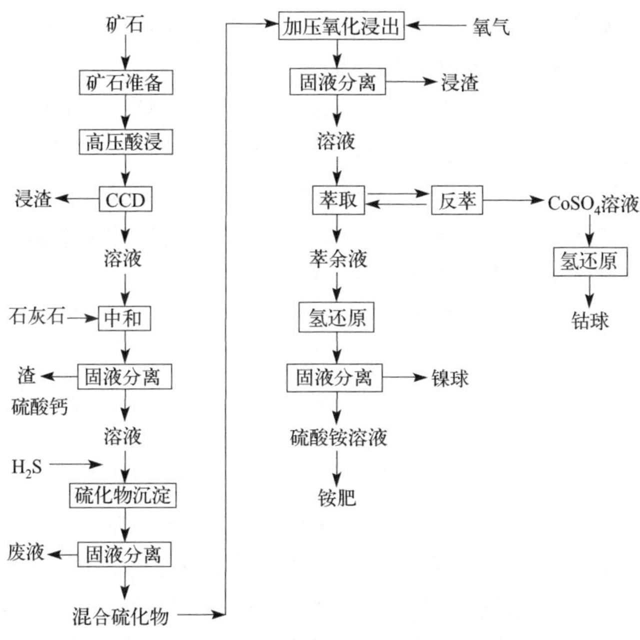

图 6-28 莫林莫林镍冶炼厂工艺流程图

6.21 中冶瑞木新能源科技有限公司

中冶瑞木新能源科技有限公司位于唐山曹妃甸，毗邻港口，南临渤海，海陆空交通发达。该公司成立于 2017 年 9 月 6 日，是中冶集团下属子公司，由中冶集团、合肥国轩高科动力能源有限公司、比亚迪股份有限公司及唐山曹妃甸发展投资集团有限公司合资成立。主要任务是将中冶瑞木产于巴新的氢氧化镍钴产品，最经济地制造用于镍锂离子电池的镍钴锰三元正极材料前驱体。该工程是中国恩菲工程技术有限公司在处理红土镍矿方面，继达贡山镍铁项目、巴新瑞木 MHP 项目之后，又一次拥有超前开发先进工艺技术、世界领先水平的伟大工程。

项目一期工程已于 2018 年底按计划建成并投产。中冶集团投资的巴新瑞木项目产出的氢氧化镍钴产品较其他红土镍矿高压酸浸项目具有钴高、镍钴比例合适的原料优势，即产品中镍钴锰的摩尔比为 10∶1∶1.8，特别适合于生产高镍锂离子电池镍钴锰三元正极材料前驱体。2017 年 1 月中冶瑞木 MHP 产品平均成分如表 6-80 所示。项目一、二期总处理原料量 30000t/a 镍金属量的氢氧化镍钴，其中二期处理 15000t/a。

表 6-80 中冶瑞木 MHP 产品平均成分

Ni/%	Co/%	Fe/%	Al/%	Cr/%	Mn/%	Mg/%	Zn/%	Cu/%	Ca/%	Sc/%
39.06	3.82	0.31	0.26	0.03	5.88	1.26	0.86	0.12	0.14	0.04

一期项目采用的工艺主流程为：氢氧化镍和钴中间品经浸出、除铁铝、脱硅、萃取、除油分别制得符合三元正极材料前驱体制备要求的硫酸镍溶液、硫酸钴溶液，反铜锰液通过化学净化、萃锰、反萃得到精制硫酸锰液，硫酸镍、硫酸钴、硫酸锰溶液再经配液、三元前驱体制备、干燥、包装生产出最终产品——锂离子电池三元正极材料前驱体。

在除铁铝过程中产生的一次铁铝渣经酸浸后送现有副产物无害化系统处理，浸出液送原料制浆工序；酸浸液经沉钪、酸溶、钪萃取、沉淀、煅烧生产氧化钪；钪回收后经二次除铁铝、沉镍后得到碳酸镍返一次除铁铝工序作为中和剂，沉镍后送硫酸钠蒸发结晶预处理工序。合成过程产生的含氨硫酸钠液经脱氨处理后得到硫酸钠液，与萃取和废液处理过程中产生的硫酸钠溶液合并，经除油、除重等预处理后进行蒸发结晶生产元明粉。萃取过程得到的硫酸镁溶液经除油、除重等预处理后进行蒸发结晶生产硫酸镁。元明粉蒸发冷凝液送入膜处理系统，经换热、过滤、吸附等处理后，送入反渗透膜制备纯水。三元合成系统的洗液经过超滤后采用电渗析＋纳滤的膜处理方式，纳滤产出的淡水再通过反渗透膜产出纯水，浓缩后的洗液与三元材料合成母液合并，送氨回收工序。

二期主产 NCM 三元前驱体和电池用硫酸镍产品，同时副产元明粉、七水硫酸镁、锌精矿、铜精矿等产品。工艺主流程为氢氧化镍钴—浸出—除铁铝—依次萃取—钴、镁、镍、锰—钴、镍、锰各自配液—NCM 配液—合成—NCM 产品，即：①氢氧化镍钴→浸出→一次除铁铝→过滤→精滤→P204 萃取除杂→P507 萃钴→反萃→净化除油→钴液→配液；②P507 萃钴→萃余液→P507 萃镁→C272 萃取→组合除油→镍液→配液；③P204 萃取→反萃→含铜锰液→除油→精制→除油→锰液→配液；④NCM 配液→精滤→NCM 合成→过滤→干燥→NCM 产品；⑤NCM 合成母液→汽提脱氨→硫酸钠液→一期蒸发结晶→干燥、包装→Ⅰ类元明粉；⑥NCM 前驱体洗液→膜处理→浓硫酸钠液→送一期蒸发结晶；⑦一期及二期含油硫酸钠溶液→二期元明粉预处理→二期蒸发结晶→干燥包装→Ⅱ类及Ⅲ类元明粉；⑧P507 萃镁→反萃→硫酸镁溶液→捞镍钴→预处理→硫酸镁蒸发结晶→工业硫酸镁副产品。提纯系统产出的废水主要为用于间接加热产生的一次蒸汽冷凝液、蒸发结晶产生的二次蒸汽冷凝液以及工艺系统产出的系统废液。其中，大部分一次蒸汽冷凝液和二次蒸汽冷凝液返回生产流程使用，剩余少量排厂内废液处理工序处理；三元材料洗涤液通过膜处理系统制备的淡水返系统使用，浓水返工艺系统。

6.22 拉瑞姆纳镍冶炼厂

拉瑞姆纳（Larymna）镍冶炼厂位于希腊雅典西北 120km，建于 1963 年，1966 年投产。

该厂生产工艺流程为红土镍矿预处理—干燥窑干燥—回转窑焙烧—电炉还原熔炼得粗制镍铁—转炉吹炼得精炼镍铁和镍铁阳极—精炼镍铁出售，镍铁阳极电解精炼—电镍。拉瑞姆纳镍冶炼厂生产工艺流程见图 6-29、图 6-30。工厂年产含镍量 10000t 镍铁，电解镍 3600～4000t，镍回收率 86%。主要设备 2 台 4.2m×90m 回转窑；4 台电炉，其中有效功率 16000kVA ×2 台，13000kVA ×2 台；10～15t LD 转炉一台；年产 4000t 电解精炼镍电解精炼设备一套。

（1）矿石预处理　该厂矿石由附近两个矿区供应，一个矿含 Ni 1.5%～1.6%，另一个含 Ni 1.1%～1.2%，两种矿混合使用，混矿含 SiO_2 控制在小于 26%，如 SiO_2 含量过高会大大恶化电炉熔炼。矿石经破碎机破碎至－65mm，再在磨矿机内破碎至－12mm。湿矿需经干燥窑干燥。

（2）回转窑焙烧　沿窑长方向布置测温点和三次风吹入口，见图 6-31。炉料在窑内停留约 10h。还原产物焙砂在 920℃下从窑内卸出，每小时加入炉料 58t，卸出 45～48t。焙砂中镍钴的氧化物全部还原，FeO 很少，主要呈 Fe_2O_3 形态，也不含金属铁。

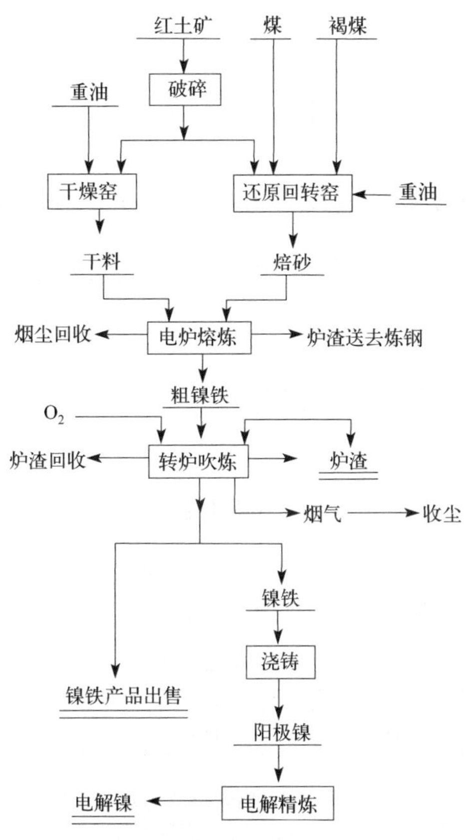

图 6-29　拉瑞姆纳镍冶炼厂生产工艺流程图

（3）电炉熔炼　每台电炉昼夜放出镍铁 3 次，放镍铁物温度 1520℃，总重量约 48t；放渣 9 次，放渣温度 1410℃，总重量约 480t。炉渣水淬。产出粗镍铁成分见表 6-81，渣成分见表 6-82。

（4）转炉吹炼　粗镍铁倒入转炉中，吹炼时间需要 2h，每隔 6min 放渣一次。吹炼开始时金属温度 1450℃，终点时达到 1560℃，因此需加入含镍与 SiO_2 低的红土镍矿来控制炉温的迅速提高，以保护炉衬。精炼镍铁的品位需要约 25%～30%，粗镍铁的品位 16%，所以在一次

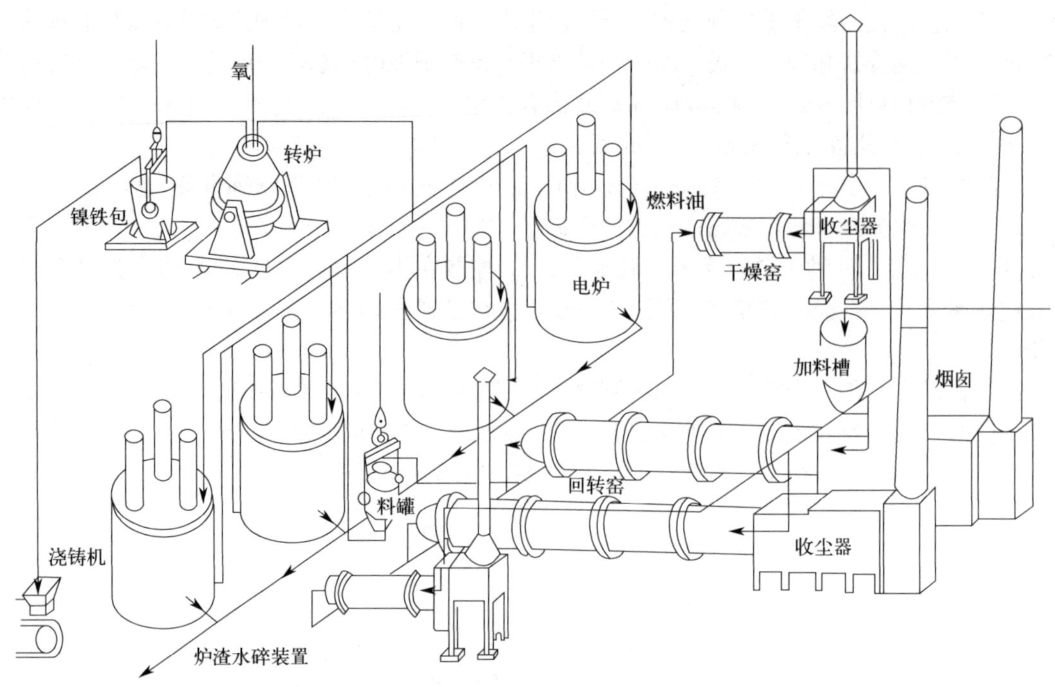

图 6-30　拉瑞姆纳镍冶炼厂生产工艺设备连接图

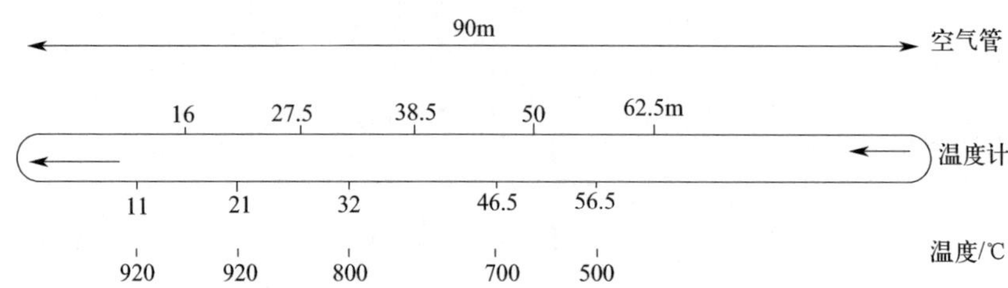

图 6-31　沿窑长方向布置测温点和三次风吹入口

吹炼操作中，镍铁总量由 16t 减少到 8t，硫从 0.25%降到 0.06%。精炼镍铁铸成锭块成品销售。锭重 38kg 或 500kg。精炼镍铁和转炉渣成分见表 6-83、表 6-84。

表 6-81　粗镍铁成分

成分	Ni+Co	C	S	As	P++	Cu	Si	Mn	Fe
含量/%	14～17	0.015	0.25	0.2	痕量	痕量	痕量	痕量	其余

表 6-82　电炉炉渣成分

成分	拉瑞姆纳矿石含量/%	拉瑞姆纳与欧波亚混合矿石含量/%
$Fe_{总}$	37.0	35.2
FeO	42.0	44.6
Fe_2O_3	6.0	0.8
SiO_2	22.7	30.2
CaO	8.8	4.6
MgO	2.5	3.4
Al_2O_3	12.2	12.2
Cr_2O_3	3.1	3.7
Ni+Co	0.13	0.11

表 6-83　精炼镍铁成分

成分	Ni+Co	C	S	As	P++	Cu	Si	Mn	Fe
含量/%	28	0.01	0.06	0.2～0.3	痕量	痕量	痕量	痕量	其余

表 6-84　转炉渣成分

成分	Fe_T	FeO	Fe_2O_3	SiO_2	CaO	MgO	Al_2O_3	Cr_2O_3	Ni+Co
含量/%	64	76	7	6.8	1.8	2.7	3.8	1.4	0.28

（5）电解精炼　详见“5.2.1 镍铁阳极电解精炼提镍”一节。

6.23 尼加罗镍厂

尼加罗镍厂（Nicaro Nickel Plant）位于古巴奥连特省北海岸。该厂 1944 年建成投产，设计产量 2 万吨烧结氧化镍，是世界上最早采用还原焙烧-氨浸工艺（RRAL）处理红土镍矿的工厂。详见“4.1.2 还原焙烧-氨浸工艺（RRAL）”一节。

6.24 雅布卢镍冶炼厂

雅布卢（Yabulu）镍冶炼厂位于澳大利亚昆士兰州敦斯维尔市以北 27km，隶属于澳大利亚格林韦尔公司。该厂采用类似尼加罗镍厂湿法氨浸流程处理格林韦尔矿山的红土镍矿。其产品有两种：一种是镍钴硫化物，含镍约 39%，钴 13%，年产量约 9000t；另一种是氧化镍块，含镍量 90%，年产量为 20500t。图 6-32、图 6-33 分别为雅布卢镍冶炼厂总平面布置和生产工艺流程。

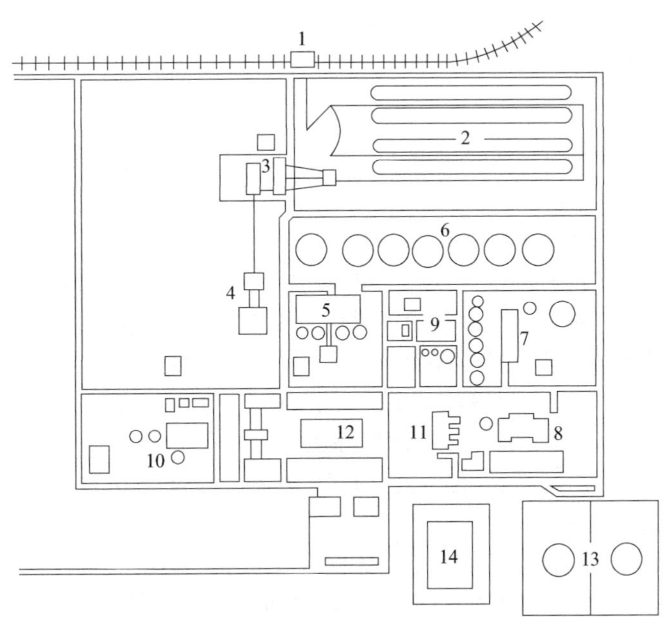

图 6-32　雅布卢镍冶炼厂总平面布置图

1—翻车机；2—矿石贮存场(4×60000t)；3—矿石干燥车间；4—破碎与磨碎车间；5—多膛炉还原车间；6—焙砂浸出与洗涤的浓密工段；7—镍钴硫化物车间；8—氧化镍车间；9—氨回收车间；10—氨与氢生产车间；11—热电站；12—成品库与办公楼；13—燃料油库；14—贮水池

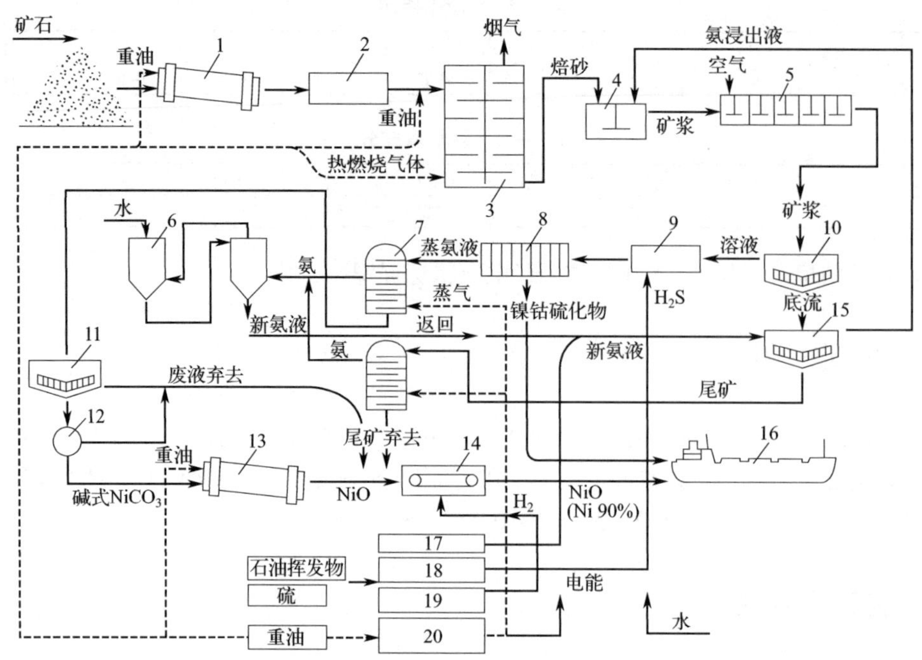

图 6-33　雅布卢镍冶炼厂生产工艺流程图

1—干燥窑(3 台，ϕ3m×30m)；2—磨碎车间；3—多膛焙烧炉(10 台)；4—骤冷槽；5—充气器；6—氨与二氧化碳吸收器；7—蒸氨塔；8—过滤机；9—反应器；10—浸出浓密机；11—产品浓密机；12—过滤机；13—煅烧炉；14—烧结炉；15—洗涤浓密机；16—由船运出；17—氨车间；18—H_2S 车间；19—氢车间；20—动力车间

6.25 志村镍冶炼厂

志村（Shimur）镍冶炼厂位于日本东京板桥区，隶属于日本志村化学公司。该厂早年进口新喀里多尼亚硅镁镍矿，成分见表 6-85，生产镍铁、电解镍以及电镀镍阳极、硫酸镍、氯化镍、用真空熔炼的各种高级镍合金。志村镍冶炼厂平面布置见图 6-34。1969 年产电解镍 4336t，产镍铁 1149t（含镍量计）。下面介绍的是 1969 年时的生产情况。

该厂电解镍生产工艺流程：矿石经烧结机烧结送往鼓风炉熔炼成低冰镍和钙镁磷肥，低冰镍在转炉内吹炼成高冰镍，铸成高冰镍阳极，电解精炼得阴极镍——电镍。该厂除了自产高冰镍外，也进口高冰镍阳极进行电解精炼。鼓风炉高冰镍生产工艺这里不赘叙，该厂高冰镍精炼生产工艺技术详见“5.1.1 硫化镍阳极电解精炼提镍”一节。

镍铁生产工艺流程：矿石经烧结机（1 台 10.4m^2）烧结送往电炉（2 台，6000kVA、2000kVA）还原熔炼成镍铁。

烧结的目的是脱水并煅烧成小块。炉料中配入 8%的无烟煤作燃料，每天烧结 300t 炉料。

烧结矿中加 2%～3%的无烟煤作为还原剂，并加入石灰石作熔剂，投入电炉中进行熔炼，固体料层的下面有 1m 深的熔池。炼成的粗镍铁经炉外加苏打脱硫后，送往铸锭机铸锭或送往转炉吹炼。炉渣水淬处理。脱硫粗镍铁成分、炉渣成分见表 6-86。

每吨烧结矿耗电量 900kWh，消耗电极 2.5kg/kWh。

粗镍铁兑入转炉，该转炉同炼钢氧气顶吹转炉一样，经转炉吹炼 1h，耗氧量 900m^3，得

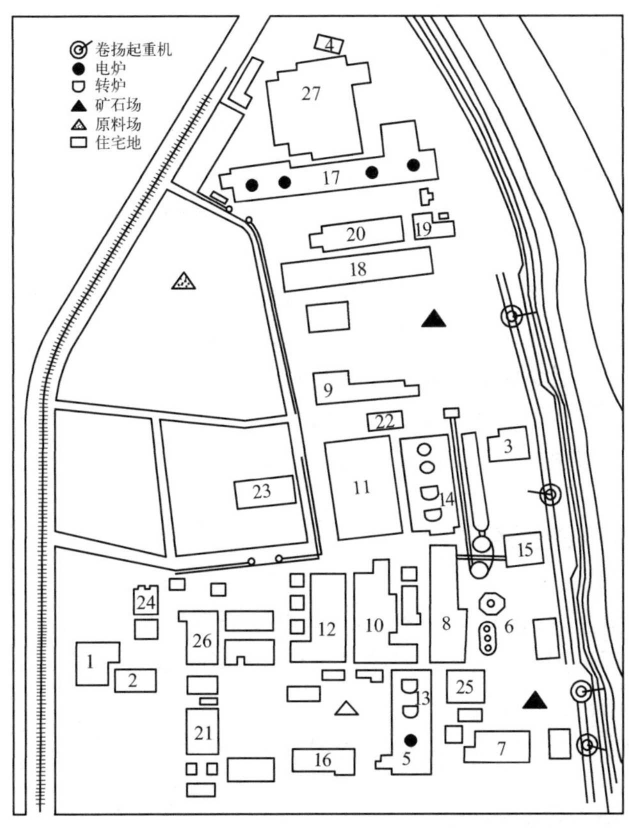

图 6-34　志村镍冶炼厂平面布置

1—公司办公楼；2—公司分办公楼；3—炼镍厂办公室；4—特殊钢厂办公室；5—电炉；6—鼓风炉；7—1#烧结机；8—2#烧结机；9—3#烧结机；10—第一电解车间；11—第二电解车间；12—精炼车间；13—1#转炉；14—2#转炉；15—选矿车间；16—化肥车间；17—不锈钢生产车间；18—酸洗车间；19—镍还原车间；20—第一变电所；21—第二变电所；22—第三变电所；23—汽车修理车间；24—技术科；25—锅炉房；26—机修车间；27—锻造车间

精炼镍铁，其成分见表 6-87。

表 6-85　矿石成分

Ni/%	Co/%	Mg/%	Fe/%	Si_2O/%
2	0.02	30	10	50

表 6-86　粗镍铁、炉渣成分

镍铁	Ni/%	C/%	Si/%	S/%
	20	3.5	5～6	0.08～0.1
炉渣	SiO_2/%	MgO/%	FeO/%	Al_2O_3/%
	55～60	25～30	2～3	4～5

表 6-87　精炼镍铁成分

Ni/%	C/%	Si/%	S/%	P/%
24～28	<0.02	<0.02	<0.02	<0.01

6.26 别子镍冶炼厂

别子（Besshi）镍冶炼厂隶属于日本住友公司，于1939年投产。该厂的冶炼部分设在四阪岛，即四阪岛冶炼厂，而精炼部分设在新居浜，即新居浜精炼厂（Niihama Refinery）。1969年产电镍6264t，此外，还生产钴、硫酸镍和氧化镍。该厂是一个典型的火法-湿法联合冶炼金属镍的工厂。

四阪岛冶炼厂生产工艺为：红土镍矿与硫化镍矿（硫化剂来源）混矿经鼓风炉还原硫化熔炼得低冰镍，低冰镍经转炉氧化熔炼生成高冰镍，高冰镍经多膛炉氧化焙烧制得氧化镍。

新居浜精炼厂生产工艺为：四阪岛冶炼厂生产的氧化镍经电炉还原熔炼铸成阳极镍板，阳极镍经电解精炼制得阴极镍，阴极镍板再经熔铸成镍产品。

该厂生产工艺技术详见“5.1.2 粗镍阳极电解精炼提镍”一节。

6.27 哈贾伐尔塔镍精炼厂

哈贾伐尔塔镍精炼厂（Harjavalta Refinery）隶属于芬兰奥托昆普公司，建于1960年。哈贾伐尔塔镍精炼厂最早采用硫酸浸出法处理高镍锍，最终产品为电解镍，即采用高镍锍经硫酸选择性浸出-电解沉积法生产电镍。

该厂生产工艺技术详见“5.1.3 硫酸浸出-电解沉积提镍”一节。

6.28 克里斯蒂安松镍精炼厂

挪威克里斯蒂安松精炼厂（Kristiansand Refinery）建于1910年。原系处理挪威埃维耶镍厂（Evje Smelter）所产的高冰镍。该公司于1929年6月出让与加拿大鹰桥镍矿业公司（Falconbridge Nickel Mines LtD）。之后就一直处理加拿大鹰桥冶炼厂（Falconbridge Nickel Mines）的高冰镍。该精炼厂于1968年建成投产了一个年产镍6800t的工业试验厂，采用了盐酸浸出的高镍锍氯化浸出-氢还原提镍工艺，生产金属镍。其工艺技术详见“5.1.4 盐酸浸出-氢还原提镍”一节。

6.29 克维拉纳镍精炼厂

克维拉纳镍精炼厂（KwinanaNickel Refinery）位于珀特城南32km，属于澳大利亚西部采矿公司。该厂于1970年投产，采用加压氨浸-氢还原方法处理卡尔古利镍冶炼厂（Kalgoorlie Nickel Smelter）的高镍锍，生产镍粉和镍块。

该厂生产工艺技术详见“5.1.5 加压氨浸-氢还原提镍”一节。

参考文献

[1] 黄其兴，王立川，朱鼎元．镍冶金学［M］．北京：中国技术出版社，1990.
[2] 韩明荣，张生芹，陈建兵，等．冶金原理［M］．北京：冶金工业出版社，2008.
[3] 彭容秋．镍冶金［M］．长沙：中南大学出版社，2005.
[4] 何焕华，蔡乔方．中国镍钴冶金［M］．北京：冶金工业出版社，2009.
[5] 蒋开喜．加压湿法冶金［M］．北京：冶金工业出版社，2016.
[6] 王成艳，马保中．红土镍矿冶炼［M］．北京：冶金工业出版社，2020.
[7] 魏寿昆．冶金过程热力学［M］．北京：冶金工业出版社．2010.
[8] 马荣骏．湿法冶金原理［M］．北京：冶金工业出版社，2007.
[9] 周建男，周天时．利用红土镍矿冶炼镍铁合金及不锈钢［M］．北京：化学工业出版社，2016.
[10] 周建男．钢铁生产工艺装备新技术［M］．北京：冶金工业出版社，2006.
[11] 《国外有色冶金工厂》编写组．国外有色冶金工厂镍与钴［M］．北京：冶金工业出版社，1977.
[12] 德・阿・季摸米多夫斯基，勃・普・奥尼辛，弗・德尼涅夫．镍铁冶金［M］．吉林昊融技术开发有限公司编译．莫斯科：冶金出版社，1983.
[13] 邱竹贤．有色金属冶金学［M］．北京：冶金工业出版社，2011.
[14] 傅崇说．有色金属冶金学［M］．北京：冶金工业出版社，2020.
[15] 陈国发．重金属冶金学［M］．北京：冶金工业出版社，1992.
[16] JOSEPH R. BOLDT，JR. The Winning of Nickel Its Geology，Mining，and Extractive Metallurgy［M］. Longmans Canada Limited：Toronto，1966.
[17] 王卫东，仇卫华，丁倩倩．锂离子电池三元材料——工艺技术及生产应用［M］．北京：化学工业出版社，2022.
[18] 王洪忠．化学选矿［M］．北京：清华大学出版社，2012.
[19] 唐谟堂，曹刿．湿法冶金设备［M］．长沙：中南大学出版社，2014.
[20] MICHAEL FREE. 湿法冶金原理与应用［M］．李育彪，译．北京：冶金工业出版社，2020.
[21] 李金辉，徐志峰，王瑞祥．红土镍矿氯化冶金技术基础研究［M］．北京：冶金工业出版社，2019.
[22] 李栋，郭学益．低品位镍红土矿湿法冶金提取基础理论及工艺研究［M］．北京：冶金工业出版社，2015.
[23] 方兆珩．浸出［M］．北京：冶金工业出版社，2010.
[24] 郭培民，赵培，李正邦．矿物炼钢［M］．北京：化学工业出版社，2007.
[25] 黄卉，刘自力，张凤霞，等．湿法冶金-净化技术［M］．北京：冶金工业出版社，2022.
[26] 郭远生，罗玉福．中国和东南亚红土型镍矿地质与勘查［M］．北京：地质出版社，2013.
[27] 李新海，李灵均，王志兴，等．红土镍矿多元材料冶金［M］．长沙：中南大学出版社，2015.
[28] 李东波，陈学刚，王忠实．现代有色金属侧吹冶金技术［M］．北京：冶金工业出版社，2019.
[29] 克里・佩兰特．岩石与矿物［M］．鼓祖纲，李桂兰，译．北京：中国友谊出版公司，2007.
[30] 石富，王鹏，孙振斌．矿热炉控制与操作［M］．北京：冶金工业出版社，2010.
[31] 王数，东野光亮．地质学与地貌学教程［M］．北京：中国农业大学出版社，2007.
[32] 秦善．结构矿物学［M］．北京：北京大学出版社，2011.
[33] 梅炽．有色冶金炉［M］．北京：冶金工业出版社，2008.
[34] 周佑明．硫酸镍在锂电正极材料的应用与发展［R］．长沙：2017 中国锂电池正极材料峰会暨镍钴锂市场研讨会，2017.
[35] 唐有根．锂离子动力电池发展现状与趋势［R］．长沙：2017 中国锂电池正极材料峰会暨镍钴锂市场研讨会，2017.
[36] 李伟．新能源汽车动力电池发展浅析［R］．长沙：2017 中国锂电池正极材料峰会暨镍钴锂市场研讨会，2017.
[37] 徐爱东．新能源汽车发展对镍钴消费的拉动［R］．长沙：2017 中国锂电池正极材料峰会暨镍钴锂市场研讨会，2017.
[38] 湖南邦普循环科技有限公司．从竞争格局探讨 xEV 电池未来的发展［R］．长沙：2017 中国锂电池正极材料峰会暨镍钴锂市场研讨会，2017.
[39] 方启学．新能源矿产资源保障与供应链形势分析［R］．2022 年中国新能源材料产业链高端论坛，2022.
[40] 曹文玉．新能源汽车动力电池发展形势分析［R］．2022 年中国新能源材料产业链高端论坛，2022.
[41] 严大洲．技术创新引领新能源材料产业安全、高效、低碳发展［R］．2022 年中国新能源材料产业链高端论坛，2022.
[42] 殷瑞钰．钢铁行业低碳发展路径讨论［R］．2022 年 13 届中国钢铁发展论坛，2022.
[43] 李新创．中国钢铁工业绿色低碳高质量发展路径［R］．2022 年 13 届中国钢铁发展论坛，2022.
[44] 中国恩菲工程技术有限公司．中冶新材料项目二期可行性研究报告［R］．2021.
[45] 中国恩菲工程技术有限公司．印尼友山镍业有限公司年产含镍量 34kt 高镍锍项目可行性研究报告［R］．2019.

[46] 中国恩菲工程技术有限公司．华友-淡水河谷印度尼西亚红土镍矿项目湿法冶炼厂预可行性研究报告［R］.2018.
[47] 王帅，姜颖，郑富强，等．红土镍矿火法冶炼技术现状与研究进展［J］．中国冶金，2021，3（10）：1-7.
[48] 中国恩菲工程技术有限公司．红土镍矿浸没燃烧熔炼技术生产镍锍的进展及经济性分析［R］.2021.
[49] 田庆华，李中臣，王亲猛，等．红土镍矿资源现状及冶炼技术研究进展［J］．中国有色金属学报，2023，33（09）：2975-2997.
[50] 周建男．基于红土镍矿的镍冶炼及三元锂电池正极材料［R］．在罕王集团实业有限公司等企业培训，2022.
[51] 王寨寨，李博，魏永刚．红土镍矿处理工艺研究现状［J］．矿产综合利用，2022（05）：95-101.
[52] 朱有康，沈强华，董梦奇，等．红土镍矿冶金工艺现状及前景分析［J］．矿冶，2022，31（4）.DOI：10.3969/j.issn.1005-7854.2022.04.017.
[53] 邢姜，冷红光，韩百岁，等．红土镍矿湿法冶金工艺现状及研究进展［J］．有色矿冶，2021，37（05）：26-32.
[54] 皮关华．关于高压釜结垢原理分析及控制措施［J］．有色设备，2018（06）：64-68.
[55] 龙华．氧化镍矿硫酸浸出液中钴镍镁分离研究［D］．桂林：广西师范大学，2016.
[56] 董宪辉.CCD洗涤过程计算机控制系统设计与开发［D］．沈阳：东北大学，2010.
[57] 车小奎．红土镍矿浸镍预处理工艺及机理研究［D］．沈阳：东北大学，2014.
[58] 任鑫，张艳飞，邢佳韵，等．我国硫酸镍产业发展趋势及对策研究［J］．中国工程科学，2022，24（03）：40-48.
[59] 李丹.Ramu红土镍矿矿浆的生产实践［J］．金属矿山，2019（12）：26-33.
[60] 苗壮，孙宁磊，李少龙．镁含量对瑞木红土镍矿加压酸浸成本的影响［J］．中国有色冶金，2020，49（04）：11-13.
[61] 鹿宁．印尼不锈钢产业发展及影响［J］．中国国情国力，2019（08）：64-67.
[62] 李文杰．缅甸达贡山红土型镍矿概述［C］//中钢集团马鞍山矿山研究院，金属矿山安全与健康国家重点实验室，冶金矿产资源高效开发利用产业技术创新战略联盟，中国冶金矿山企业协会矿山技术委员会，金属矿产资源高效循环利用国家工程研究中心．中国矿业科技文汇—2013. 中国十五冶金建设集团有限公司.2013：3.
[63] 王哲．矿热炉与AOD炉双联法冶炼不锈钢的设计与研究［D］．西安：西安建筑科技大学，2009.
[64] 任鑫，陈其慎，邢佳韵，等.2021—2035年全球硫酸镍供需形势分析［J］．中国矿业，2021，30（09）：1-7.
[65] 工业和信息化部.2021年镍钴锂行业运行情况［EB/OL］.2022. https：//www.miit.gov.cn/jgsj/ycls/ysjs/art/2022/art_d014dd313ee64244872929726566a393.html.
[66] 王永慧．奥托昆普公司哈贾伐尔塔冶炼厂的改造［J］．有色冶炼，1996（05）：1-2.
[67] 李国成．奥托昆普哈贾瓦尔塔冶炼厂镍的加压浸出工艺［J］．甘肃冶金，2005（01）：23-25.
[68] 汪海洲，蒋永胜，包四根．澳大利亚镍工业的特点［J］．世界有色金属，2001（06）：9-13.
[69] 何金祥．澳大利亚镍矿业前景光明［J］．世界有色金属，2010（05）：28-30.
[70] 徐爱东，青峰．澳大利亚三个采用PAL新工艺的红土矿开发项目进展状况［J］．世界有色金属，2001（04）：62-64.
[71] Canterford J H，龙纪钰．澳大利亚氧化镍矿的现状［J］．国外金属矿选矿，1984（12）：1-11.
[72] 关志红，项红莉，朱意萍，等．澳大利亚伊尔岗克拉通科马提岩型镍矿成矿作用及找矿方法［J］．地质通报，2014，33（Z1）：238-246.
[73] 李雷，李文光，陶思，等．巴布亚新几内亚瑞木镍钴矿地质特征及成矿规律［J］．矿产勘查.2011，2（04）：441-444.
[74] 孙雷雷．从含镍铁粉中提取镍的应用研究［D］．兰州：兰州理工大学，2011.
[75] 孙燕娟．法国镍公司多尼安博电冶炼厂（新喀里多尼亚）［J］．有色冶炼.1977（03）：9-11.
[76] 陈龙义，玉日泉．高冰镍加压浸出技术［J］．世界有色金属，2022（21）：1-3.
[77] 王亚秦，付海阔．工业硫酸镍生产技术进展［J］．化工进展，2015，34（08）：3085-3092，3104.
[78] 范兴祥，汪云华，董海刚，等．还原-磨选法处理澳大利亚某红土镍矿［J］．有色金属工程，2012，2（03）：39-42.
[79] 赵顶，马保中，王成彦，等．褐铁型红土镍矿湿法工艺研究进展［J］．中南大学学报（自然科学版），2023，54（02）：401-414.
[80] 李中臣，王亲猛，王松松，等．红土镍矿高温硫化熔炼镍锍［J/OL］．中国有色金属学报，1-18［2024-01-15］http：//kns.cnki.net/kcms/detail/43.1238.tg.20221220.1848.006.html.
[81] 王帅，姜颖，郑富强，等．红土镍矿火法冶炼技术现状与研究进展［J］．中国冶金，2021，31（10）：1-7.
[82] 许欣．红土镍矿火法冶炼制备高镍锍工艺及关键设备研发方向展望［J］．有色设备，2022，36（05）28-32.
[83] 司俊起，赵云，王传强．吉恩镍业转炉吹炼生产高冰镍生产实践［J］．中国有色冶金，2019，48（06）：30-33.
[84] 朴东鹤，周敖东．吉林镍业公司硫酸镍的生产［J］．有色冶炼，1990（04）：48-50.
[85] 羊卫平，唐仲谋．硫酸镍生产工艺改进［J］．邵阳学院学报（自然科学版），2009，6（02）：42-45.
[86] 贾露萍．浅谈三个澳大利亚镍红土矿项目［J］．有色设备，2018（06）：6-10.
[87] 冯建华，周通，李亦婧，等．球形镍氧化物制备硫酸镍的方法研究［J］．无机盐工业，2019，51（03）：53-56.
[88] 皮关华，孔凡祥，贾露萍，等．瑞木红土镍矿高压酸浸的生产实践［J］．中国有色冶金，2015，44（06）：11-14.

[89] 范翔，曹昌盛，刘建新，等．提高硫酸镍产能的生产实践［J］．有色冶金节能，2019，35（06）：29-32.
[90] 任鑫，张艳飞，邢佳韵，等．我国硫酸镍产业发展趋势及对策研究［J］．中国工程科学，2022，24（03）：40-48.
[91] 苏平．西澳大利亚三个镍红土矿项目的工程化比较［J］．中国有色冶金，2010，39（02）：1-8，41.
[92] 兰兴华．加拿大国际镍公司的发展战略、项目和研发工作［J］．中国金属通报，2006（20）：32-35.
[93] B. M. 斯特隆斯基．矿热熔炼炉［M］．彭石之，等译．北京：冶金工业出版社，1980.
[94] 黄希祜．钢铁冶金原理［M］．3版．北京：冶金工业出版社，2002.
[95] B. H. 别列国夫斯基，H. B. 古吉玛．镍冶金学［M］．李潜，译．北京：中国工业出版社，1962.
[96] 陆世英．现代铁素体不锈钢发展概貌［J］．不锈钢，2004（2）：1-8.
[97] J. R. 小博尔德，等．镍（提取冶金）［M］．金川有色金属公司，译．北京：冶金工业出版社，1977.
[98] 陆世英．不锈钢概论［M］．北京：中国科学技术出版社，2007.
[99] 张鉴．炉外精炼的理论与实践［M］．北京：冶金工业出版社，1993.
[100] 李慧．钢铁冶金概论［M］．北京：冶金工业出版社，1993.
[101] 郭培民，赵沛，庞建明．高炉冶炼红土矿生产镍铁合金关键技术分析与发展方向［J］．有色金属（冶炼部分），2011（05）：3-6
[102]《选矿手册》编委会．选矿手册：第八卷第一分册［M］．北京：冶金工业出版社，2009.
[103] 宗树森．对贫氧化镍矿冶金的几点意见［J］．福州大学学报，1962（02）：103-110.
[104] 兰兴华．诺里尔斯克镍公司——处在镍界的顶尖上［J］．中国金属通报，2001（50）：6-10.
[105] 周建男．特殊钢生产工艺技术概述［J］．山东冶金，2008（02）：1-7.
[106] 周建男．特殊钢生产工艺技术概述（续）［J］．山东冶金，2008（03）：1-7，12.
[107] 周天时．我国电炉短流程炼钢发展趋势浅析［J］．中国钢铁业，2020（08）：55-58.
[108] 周天时．浅谈国内绿色设计产品发展现状［J］．冶金经济与管理，2022（04）：14-17.
[109] 周天时，尹晓强．严准入、促退出、优存量，推动钢铁行业实现减污降碳协同增效［J］．冶金经济与管理，2023（03）：16-17，21.
[110] Tetsuya Watanabe，吴筱锦．日本大江山厂用直接还原硅镁镍矿法生产镍铁［J］．有色冶炼，1989（03）：22-26，21.
[111] 陶高驰，肖峰，蒋伟．国内采用回转窑生产镍铁的实践［J］．有色金属（冶炼部分），2014（08）：51-54，59.
[112] 王多冬．中国红土镍矿湿法冶炼的探索及生产实践［R］．南宁：2011中国国际镍钴工业年会报告，2011.
[113] 卢笠渔．红土矿火法冶炼技术［R］．南京：2011中国国际镍钴工业年会报告，2011.
[114] 周建男．中宝滨海镍业有限公司8万吨镍铁项目介绍［R］．长沙：2010中国国际镍钴工业年会报告，2010.
[115] 周建男．氧化镍矿"RKEF"火法冶炼技术［R］．2010易贸铁合金大会报告，2010.
[116] 周建男．镍铁项目简介及未来镍市场分析［R］．天津：2011第二届镍及镍合金不锈钢国际大会报告，2011.
[117] 周建男．目前镍生铁生产情况及未来市场预测［R］．青岛：2011年镍矿大会报告，2011.
[118] 周建男．镍铁生产技术及应用［R］．上海：2011中国国际不锈钢大会报告，2011.
[119] 周建男．我国利用红土镍矿生产镍铁的技术进展［R］．上海：2012中国镍会议报告，2012.
[120] 周建男．中国镍铁市场现状及各种工艺的竞争力分析［R］．无锡：2013年中国镍产业论坛报告，2013.
[121] 周建男．关于在海外建设镍铁厂的几点建议［R］．福州：第七届中国国际镍业峰会报告，2014.
[122] 周育建．青山发展和中国不锈钢企业对于红土镍矿的利用［R］．2011年中国不锈钢暨原料市场研讨会报告，2011.
[123] 杨大海，储少军，陈佩仙．关于矿热炉冶炼镍铁工艺中磷的问题［J］．铁合金，2011，42（04）：1-4.
[124] 李长山，谷立国，李洪坤，等．镍铁生产工艺的探索［J］．铁合金，2009，40（05）：6-10.
[125] 张友平．红土矿"一步法"生产镍铁合金的实验研究［J］．铁合金，2012，43（01）：25-27.
[126] 兰兴华．世界红土镍矿冶炼厂调查［J］．世界有色金属，2006（11）：65-71.
[127] 谷新艳．最佳镍铁精炼工艺［J］．有色冶炼，2000（02）：41-44.
[128] 王定武．我国含镍生铁生产的发展和前景［J］．冶金管理，2008（05）：59-60.
[129] 石文堂．低品位镍红土矿硫酸浸出及浸出渣综合利用理论及工艺研究［D］．长沙：中南大学，2011.
[130] 李一为．竖炉法冶炼不锈钢母液的理论及工艺研究［D］．上海：上海大学，2005.
[131] B. P. 阿尼辛．在乌克兰镍铁公司用新加厘多尼亚矿熔炼镍铁［R］．俄罗斯镍设计研究院报告．
[132] 唐思琪．镍精矿冶炼镍铁试验研究［D］．长春：吉林大学，2004.
[133] 徐小锋．红土镍矿预富集-还原熔炼制取低镍铁合金研究［D］．长沙：中南大学，2007.
[134] 杨慧兰．红土镍矿电炉还原熔炼镍铁合金的研究［D］．长沙：中南大学，2009.
[135] 符芳铭．云南元江低品位红土镍矿浸出研究［D］．长沙：中南大学，2009.
[136] 饶明军．红土镍矿制取镍铁合金原料的新工艺及机理研究［D］．长沙：中南大学，2010.
[137] 马小波．红土镍矿焙烧-还原熔炼生产镍铁的研究［D］．长沙：中南大学，2010.
[138] 安月明．采用干法粒化技术处理镍铁冶炼渣的可行性分析［J］．冶金能源，2008（06）：54-57.

[139] 智炳信．直接还原铁大型煤基回转窑投产运作要点 [J]．天津冶金，1998 (01)：38-44.
[140] 李一为，杜洪缙，姜敏，等．低成本生产不锈钢母液新工艺 [C] //中国金属学会冶金物理化学专业委员会冶金工艺理论学术委员会．第八届全国冶金工艺理论学术会议论文专辑．宝钢不锈钢分公司，宝钢技术中心，上海大学材料科学与工程学院，2005：6.
[141] 阮书锋，江培海，王成彦，等．低品位红土镍矿选择性还原焙烧试验研究 [J]．矿冶，2007 (02)：31-34，67.
[142] 赵守强，林华，郑少波，等．短回转窑高温快速直接还原工艺 [J]．钢铁，1990 (06)：15-20，5.
[143] 邱国兴，石清侠．红土矿含碳球团还原富集镍铁的工艺研究 [J]．矿冶工程．2009，29 (06)：75-77.
[144] 黄冬华，张建良，林重春，等．红土镍矿含碳团块直接还原生产镍铁粒工艺 [J]．北京科技大学学报，2011，33 (12)：1442-1447.
[145] 张伟，王再义，王相力，等．粒铁法炼铁技术进展及应用前景 [J]．鞍钢技术，2013 (01)：6-9，62.
[146] 陶高驰，肖峰，蒋伟．国内采用回转窑生产镍铁的实践 [J]．有色金属 (冶炼部分)，2014 (08)：51-54，59.
[147] 王瑞恒，华金兆．镍铁合金经济熔炼法 [J]．有色冶炼，1996 (05)：20-23.
[148] 王尚槐，冯俊小，姚夏漪，等．环形转底炉海绵铁生产方法 [J]．冶金能源，1996 (06)：7-9，31.
[149] 辽阳粒铁厂，东北工学院粒铁小分队．回转炉粒铁法的初步实践 [J]．东北工学院学报，1973 (00)：13-22.
[150] 周积礼．迴转炉粒铁法半工业性试验 [J]．四川冶金，1981 (02)：70-77.
[151] 段东平，万天骥，任大宁．利用普通品位铁矿的煤基直接还原新工艺研究 [J]．钢铁，2001 (08)：7-11.
[152] 崔瑜．低品位红土镍矿选择性还原——磁选富集镍的工艺及机理研究 [D]．长沙：中南大学，2011.
[153]《有色冶炼》编辑组．1974 年国外镍冶金工业概况 [J]．有色冶炼，1976 (01)：21-24，45.
[154] 高明权，赵少儒．"湿型"红土镍矿床特征及开采特点 [J]．中国矿业，2010，19 (05)：81-84.
[155] 付伟，周永章，陈远荣，等．东南亚红土镍矿床地质地球化学特征及成因探讨——以印尼苏拉威西岛 Kolonodale 矿床为例 [J]．地学前缘，2010，17 (02)：127-139.
[156] 王志刚．菲律宾迪纳加特岛红土型镍矿床地质特征及找矿勘查方法 [J]．地质与勘探，2010，46 (02)：361-366.
[157] 冶金工业部赴菲斑岩铜矿地质考察组．菲律宾红土镍矿的生成及找矿勘探 [J]．地质与勘探，1980 (01)：26-29.
[158] 刘成忠，尹维青，涂春根，等．菲律宾吕宋岛红土型镍矿地质特征及勘查开发进展 [J]．江西有色金属，2009，23 (02)：3-6，10.
[159] 中国恩菲工程技术有限公司．海外大型红土镍矿资源开发简介 [J]．中国有色冶金，2013，42 (05)：33-35.
[160] 王瑞江，聂凤军，严铁雄，等．红土型镍矿床找矿勘查与开发利用新进展 [J]．地质论评，2008 (02)：215-224.
[161] 冉启胜，朱淑桢．红土型镍矿地质特征及分布规律 [J]．矿业工程，2010，8 (03)：16-17.
[162] 张道红，孙媛．缅甸达贡山含镍风化壳地质地球化学特征及成矿作用 [J]．桂林理工大学学报，2010，30 (03)：332-338.
[163] 王庆文．浅析东南亚地区红土型镍矿地质特征及成矿规律 [J]．吉林地质，2014，33 (01)：63-67.
[164] 付小锦，王志刚，张启军，等．土壤地球化学测量在菲律宾红土型镍矿勘查中的应用 [J]．地质找矿论丛，2010，25 (04)：372-376.
[165] 徐强，薛卫冲，徐素云，等．印度尼西亚红土镍矿的生成及找矿勘探 [J]．矿产与地质，2009，23 (01)：73-75.
[166] 何灿，肖述刚，谭木昌．印度尼西亚红土型镍矿 [J]．云南地质，2008 (01)：20-26.
[167] 高树起，刘青．印度尼西亚红土型镍矿找矿勘探——以苏拉威西岛 Deluck 矿床为例 [J]．内蒙古科技与经济，2013 (14)：41-43.
[168] 罗太旭．印度尼西亚卫古岛风化壳型硅酸镍矿床地质特征与成矿机制 [J]．地质与勘探，2008 (04)：45-49.
[169] 张新国，何新荣．印尼苏拉威西岛红土型镍矿的地质特征及成因分析 [J]．新疆有色金属，2014，37 (02)：38-40.
[170] 刘中根，陈友生，蒲东鸿．印尼中苏拉威西省 Mo Yowali 县镍矿床成因及找矿探讨 [J]．西部探矿工程，2011，23 (08)：120-121.
[171] 周建男．钢铁生产工艺流程技术的演进及未来 [N]．世界金属导报，2008-04-08 (12，13)．
[172] 周建男．钢铁制造流程技术进步与钢铁企业可持续发展 [J]．山东冶金，2008，30 (06)：7-11.
[173] 末次政雄，陈彰勇．日本八户冶炼厂最近的节能概况 [J]．有色冶炼，1985 (07)：26-31.
[174] 李炬．日向冶炼厂的镍铁冶炼 [J]．有色冶炼，1996 (06)：42-45，51.
[175] 张荣海，杨春芳，徐爱东．日本镍及不锈钢工业发展的道路 [J]．世界有色金属，2004 (05)：21-25.
[176]《有色冶金炉设计手册》编委会．有色冶金炉设计手册 [M]．北京：冶金工业出版社，2004.